生态农业景观设计丛书

水利工程景观设计

严力蛟
蒋子杰　主　编

中国轻工业出版社

图书在版编目（CIP）数据

水利工程景观设计/严力蛟，蒋子杰主编. —北京：
中国轻工业出版社，2021.9
（生态农业景观设计丛书）
ISBN 978 - 7 - 5184 - 3010 - 9

Ⅰ.①水…　Ⅱ.①严…②蒋…　Ⅲ.①水利工程－景观
设计　Ⅳ.①TV222

中国版本图书馆 CIP 数据核字（2020）第 085389 号

责任编辑：钟　雨　　责任终审：滕炎福　　整体设计：锋尚设计
策划编辑：钟　雨　　责任校对：晋　洁　　责任监印：张　可

出版发行：中国轻工业出版社（北京东长安街 6 号，邮编：100740）
印　　刷：三河市万龙印装有限公司
经　　销：各地新华书店
版　　次：2021 年 9 月第 1 版第 1 次印刷
开　　本：710×1000　1/16　印张：35
字　　数：630 千字
书　　号：ISBN 978-7-5184-3010-9　定价：80.00 元
邮购电话：010-65241695
发行电话：010-85119835　传真：85113293
网　　址：http://www.chlip.com.cn
Email：club@chlip.com.cn
如发现图书残缺请与我社邮购联系调换
200178K1X101ZBW

本书编委会

主　编　严力蛟　蒋子杰
副主编　容建波　童　悦　谭　晓　陈　宇
编　委　（按拼音顺序排列）
　　　　陈　苇　陈　宇　蒋子杰　李　婧
　　　　梁　露　容建波　谭　晓　童　悦
　　　　王　越　王菁菁　王浥尘　徐孝银
　　　　严力蛟　杨锦瑶　张群成　郑　浩

前　言

　　水利工程景观设计是继水利工程除了防洪、防涝、发电等功能以外，为了开发其他功能，如休闲、度假、旅游、景观等而提出的新需求，特别是在水利部提出建设水利风景区以后，对水利工程进行景观设计变得越来越迫切和必要。

　　水利工程景观设计是对水利工程建设区域及其影响区域内的场地、土地、环境等进行规划设计，完善区域内的地形、水体、植被、建筑及构筑物的景观形态、景观功能及生态文化，营造一个景观宜人、生态良好、文化丰富的休憩空间。水利工程景观设计要在分析和构建当代水利工程科学、景观美学和系统生态学的基础上，从景观美学效应、景观空间格局、景观生态功能、景观环境控制和景观运营管理与日常维护等角度对水利工程设施进行环境景观的营造和保持、完善，是一项系统工程和长期工程。水利工程景观设计必须按照一定的程序和步骤，遵循一定的原则和方法，并与水利工程的规划设计、施工建设、管理运营同步考虑进行。

　　本书由严力蛟和蒋子杰担任主编，容建波、童悦、谭晓、陈宇担任副主编。具体编写分工如下：第一章由严力蛟、容建波、蒋子杰编写；第二章由陈宇、严力蛟、童悦编写；第三章由张群成、王越、梁露编写；第四章由容建波、严力蛟、童悦编写；第五章由陈苇、谭晓、张群成编写；第六章由蒋子杰、杨锦瑶、严力蛟编写；第七章由童悦、严力蛟、徐孝银编写；第八章由谭晓、王泪尘、蒋子杰编写；第九章由郑浩、陈宇、徐孝银编写；第十章由王菁菁、李婧、容建波编写。全书由严力蛟、容建波和童悦统稿。

　　本书在编写过程中参阅了大量的国内外有关学术论文和著作，以及部分非正式出版的资料和网上的资料、图片等。这些为本书的编写提供了坚实的基础。在本书付梓之际，衷心感谢书中所列文献的各位作者，以及未在此列出文献的各位作者。同时谨此要感谢的还有浙江大学生命科学学院、浙江大学生态规划与景观设计研究所、浙江大学旅游与地产规划设计研究中心的同人，以及中国轻工业出版社的大力支持。

由于水利工程的景观设计是一个新的领域，可以参考的教材和案例不多，加之编写人员学识和水平所限，书中存在错漏与不足之处，敬请各位同人和广大读者批评指正。

严力蛟于浙江大学紫金港校区

2021 年 2 月 12 日

目　录

第四章　水利工程水景观设计 / 187

第八章 水利工程景观与建筑 / 418

第一章
水利工程景观设计概论

【导读】

　　水利工程景观设计包含了水利工程设计、景观环境设计、文化品位提升等多方面内容，与水利、建筑、农林、气象、水文、生态、美学等不同学科存在着千丝万缕的联系，是一项综合性很强的系统工程。 景观设计师在进行水利工程景观设计时，必须明确定位，思路清晰。 首先要明确设计对象（水利工程）所属的类型及其特点，对水利工程景观有一个清晰的认识与界定；其次，了解水利工程景观设计过程中应该遵循的一些基本原则、程序和方法；最后，根据科学应用与艺术加工来创新和完善整个设计。

　　本章对水利工程景观设计中的相关基础理论进行了梳理和解读，通过本章的学习，要求读者对这些内容有一个理性的认识和全局的把握，明确各概念间的包含与递进关系。

　　在本章节的学习中，读者要重点掌握水利工程的几种常见类型、水利工程景观的基础理论、水利工程景观设计的基本概念和范畴，以及水利工程景观具有的一些基本特点。 与此同时，要求读者掌握水利工程景观设计所遵循的一般原则、程序和方法，明确各阶段中应解决的重点设计任务，以此为理论基础指导下一步的具体方案设计。

　　目前，一些水利工程项目经过多年开发和建设已经成为重要的旅游目的地和风景名胜区，水利风景区悄然形成。所谓水利风景区，是指以水域（水体）或水利工程为依托，具有一定规模和质量的风景资源与环境条件，可以开展观光、娱乐、休闲、度假或科学、文化、教育活动的区域。随着我国经济、政治、社会、文化、生态文明建设的深入开展，发展水利旅游是我国水利建设工作转型升级以及拓展旅游事业的一个重要举措。

　　在探索能源综合利用过程中，为解决水资源短缺、水资源分布不均等问题，实现水资源的合理配置，满足防洪抗旱、农田灌溉、电力供应、旅游发展、合理配置有限水利资源等方面的要求，修建水利工程是一个行之有效的方法。

　　水利工程的建设对发展工农业生产，改善人民生活，提供安全能源，调节水资源，发展旅游业等都起到了积极作用。水利工程也是水利旅游中极其重要的景观观赏节点，但是很多水利工程的设计建设大多只考虑水利工程需求、经济成本等问题，忽略了其潜在的景观价值、建设区域以及水利工程本身的人文文化挖掘、艺术形象塑造，更忽略了水利工程与其周围的自然生态肌理、环境景观之间的和谐关系，以至于建成的水利工程形式单一，外形雷同，大多只停留在水工建筑体量、形式上的差异，景观上没有本质的区别。水利工程景观多样性的缺乏与水利旅游的快速发展是不相符的，对水利旅游可持续发展建设模式的实现也是不利的。这种不良现象的症结之一在于对水利工程景观及其设计缺乏全面、清晰、系统的认识。理论不足，是水利工程景观设计不尽如人意的短板所在。目前，人们对水利工程景观尚未形成一套完善的理论指导体系和方法论体系，其规划设计手法与理论指导大多沿袭公园景观、城市景观等传统景观设计理论，这使得水利工程景观设计捉襟见肘。

然而，水利工程景观是一种景观与工程相结合的特殊的景观类型，与传统景观设计既有联系，又有区别。两者在方法论上既要继承，更要创新。现代水利工程要从工程和景观的双重视角出发，将水利功能和生态功能、景观美化功能、可持续发展能力紧密联系起来，实现水利工程安全、资源、环境和景观的四位一体。

本章详细解读了水利工程景观及水利工程景观设计的相关理论基础。同时，给出了水利工程景观设计应遵循的一些基本原则和可供选择的方法，说明了水利工程景观设计应包含的基本内容和一般程序，为后续水利工程景观设计的具体实施提供理论基础和方向指导。

第一节　水利工程景观设计概念与内涵

一、水利工程景观设计的基本含义

1. 水利工程

水利工程（water project，又称 hydro project）是用于控制和调配自然界的地下水和地表水，以达到除害兴利目的而修建的工程，也称为水工程。其功能主要是在严格保护自然资源的前提下，通过科学设计、合理改造山河湖海等的形态和走向，来改变自然界中天然水流的流向、流速和势能形态，以期实现防洪蓄水、趋利避害、一水多用效果，实现对水资源的综合开发和合理利用的目标，配合积极有效的保护和科学先进的管理，使之更好地服从人们的意志，更好地造福于人类，能为当地经济社会发展提供得力的资源和能源支持。水利工程要实现调控自然水能资源的目标，通常需要修建坝、堤、溢洪道、水闸、进水口、渠道、渡槽、筏道、鱼道等不同类型的水工建筑。

　　根据水利工程服务对象和所承担的任务不同，水利工程主要可以分为防洪工程、农田水利工程、水力发电工程、航道和港口工程、供水和排水工程。而那些兼具有多种水资源调控功能，可同时为防洪、供水、灌溉、发电、旅游、休闲等多种目标服务的水利工程，称为综合利用水利工程，如三峡水利枢纽工程等。

　　（1）防洪工程　　自古以来，我国就是洪灾频发的国家之一，历代各地有很多触目惊心的重大洪灾记录，它事关百姓安全和社会稳定，乃至王朝兴衰，故统治者通常相当重视抗洪防洪，并设立专门机构和官员专司治水。在各地地方志中关于名人贤达修建水利工程的记载不胜枚举，诸如李冰修建都江堰的治水故事等，无数对防洪抗洪有着重大贡献的人物被后人所传颂。同时，在上古传说中，也有很多关于治水的故事，如大禹治水的故事。

　　① 防洪工程主要是为了控制、防御洪水以减免洪灾损失所修建的工程，主要有堤、河道整治工程，分洪工程和水库等。按功能和兴建目的可分为挡、泄（排）和蓄（滞）几类。

　　② 水库是一种常见但十分重要的防洪工程。其在汛期可以拦蓄洪水，削减洪峰，通过拦蓄的水体可以用来进行农田灌溉、航运、发电等生产生活需求。20 世纪 50～70 年代，我国各地都修建了不同规模的水库，为 20 世纪 80 年代南方推广双季稻，应用杂交稻，发展粮食生产，调整生产结构，发展二、三产业，振兴区域经济，提供了重要的水资源保障。同时，拦蓄水体而形成的宽阔水面以及水工设施等是很好的游憩景观元素，具有很好的景观利用价值。

　　③ 河道整治工程主要是通过整治建筑物和其他工程措施，防止河道冲蚀、改道或淤积，使河流的外形满足防洪和兴利的各项需求。人类天生具有亲水特性，河道经过规划设计，河道两岸可以营造出优美的河道景观和亲水环境，是具有重要利用价值的景观资源。

　　④ 海堤是在河口、海岸地区防范天文大潮、高潮和风暴潮，乃至海啸的主要海岸建筑物，是沿海地区防御风暴潮体系中最直接、最有效的工程措施。我国是一个海洋大国，大陆海岸线长达 18000 余 km。自古以来，沿海地区的劳动人民为保护家园不受海浪和风暴侵袭而创建了诸多海堤工程。现代社会，随着农业、港口、

水产养殖、水上运输和海上贸易的日益繁荣，修建海堤和护岸工程已成为沿海各地发展生产的重要手段和措施。纵观全球，海洋是重要的旅游资源，海堤工程的景观营造对提升海洋景观品位具有重要意义。

（2）农田水利工程　农田水利工程是以农业增产为目的的水利工程措施，它通过兴建和运用各种水利工程措施，调节、改善农田水分状况和地区水利条件，提高农业生产抵御天灾的能力，促进生态环境的良性循环，以利于农业生产和人居环境。农田水利工程一般包括取水工程、输水配电工程和排水工程，如著名的都江堰、郑国渠、灵渠（图1-1）等农业水利工程，不仅在农业生产方面发挥了重要作用，而且也成为景观优美的风景区。

（3）水力发电工程　水力发电工程是指将具有巨大位能和冲击能的水流通过水轮机械等工程技术措施转化为机械能，再通过发电机将机械能转化为电能的工程措施。水力发电主要利用水资源的高差位能，其必须满足落差和流量两个基本要素。为了能有效利用天然水资源中蕴藏的能量，人们往往需要修建能集中落差和调节流量的水工建筑。三峡大坝（图1-2）巨大的水位落差，往往能够形成壮观的瀑布景观，使水利工程成为具有极高观赏价值的景观吸引点。

图1-1　兴安灵渠

图1-2　三峡大坝

（4）航道和港口工程　水路航运运费低、运输量大，对促进物质交流、经济发展有重要作用。航道和港口工程是利用工程技术进行河道疏浚、河床整治、改善河流弯曲情况、设计港口及航道标志等，可满足运输需求。通常通过拦河建闸筑坝来抬高河道水位可解决河道通航深度不足的问题。物流业也有通过人工水道来缩短航程，节省人力物力。如始建于公元前486年，于1293年全线贯通的京杭大运河（图1-3），为南北航运交通发挥了重要作用，同时，大运河沿河两岸又是一道亮丽的风景线。

（5）供水和排水工程　供水工程是从天然水资源中取水，经过净化、加压，以管网的形式供给城市、居民、企业等用水部门的系统工程。供水工程系统包括取水构筑物、原水管道、给水处理厂和给水管网等工程设施。

图 1-3 京杭大运河杭州段夜景

排水工程是指为排除工矿企业及城市废水、污水等而修建的工程设施，如污水处理厂、截污纳污管道等。供排水工程中的水体净化系统、污水处理系统不仅可以解决水体污染问题，为人类提供干净饮用水、减少环境污染，同时也是很好的科普教育景观资源。

2. 景观

景观（Landscape）是一个具有丰富内涵，并且随着时代的发展处于不断发展中的概念。"景观"一词最早出现在希伯来文的《圣经》旧约全书中，最初是用来描写圣城耶路撒冷所罗门皇城优美景色的。这里的"景观"同汉语中的"风景""景致""景色"等的含义基本一致，属于视觉美学的范畴。随着研究的不断深入，以及各学科的发展与体系的完善，当今的"景观"涉及地理、生态、建筑、园林、文化、哲学、美学等多个学科，且在不同学科中被赋予了不同的概念内涵。

从生态学的角度看，景观是指具有结构与功能整体性的生态学单位，多是被置于系统的背景下考虑的，其强调与周围事物的相互关系；在地理学中，景观是指总体环境空间的可见整体以及区域特征，其侧重于自然形态的形成与演化；从艺术的角度，景观是具有审美价值的景物，应使观察者从视觉、听觉、触觉等多方面感受到美的存在。

根据形成划分，景观可以分为自然景观、人造景观和复合景观。自然景观是自然界各种要素相互联系、相互作用所形成的景观物象；人造景观是指人类通过有目的、有计划的规划设计而形成的景观；复合景观是自然景观和人造景观有机融合而组成的新景观。

综上所述，景观既是一个由不同土地单元镶嵌组成的具有明显视觉特征的地理实体，也是一个处于生态系统之上、大地理区域之下的生态系统的载体，同时包括了大地上的建筑、道路系统等人文要素。其所包含的内容可以表现为以下几方面。

风景——视觉审美的空间和环境；

栖居地——人类生活其中的空间和环境；

生态系统——具有内在和外在联系的有机系统，彰显生态多元性和生物多样性；

符号——记载人类过去、表达希望与理想的环境语言和精神空间。

3. 景观设计

著名景观设计专家俞孔坚教授认为："景观设计是关于土地的分析、规划、设计、管理、保护和恢复的科学和艺术"，是建立在广泛的自然科学和人文艺术基础上的应用科学。对景观设计的理解具有广义景观设计和狭义景观设计之分。

广义的景观设计主要包含规划和具体空间设计两个方面。规划是从大规模、大尺度上对景观的把握，具体包括：场地规划、土地规划、控制性规划、城市设计和环境规划。

狭义的景观设计主要是指场地设计和户外空间设计。主要要素是地形、水体、植被、建筑及构筑物以及公共艺术品等，主要设计对象是城市开放空间，包括广场、步行街、居住区环境、城市街头绿地以及城市滨湖滨河地带等，其目的不但要满足人类生活功能上、生理健康上的要求，还要不断地提高人类生活的品质、丰富人的心理体验和精神追求。

4. 水利工程景观

水利工程不只改变了水，也改变了周围的自然环境和社会环境。人们对这些临水而建、规模宏大、使用年限长的工程设施的要求不再停留在只满足防洪、安全这样单一的工程效益上，还对其提出了美化环境的要求，使环境得到保护、生态得到平衡、人们生活得更舒适。即在确保水利工程原有功用的前提下，使水利工程及其附属设施景观化，将水利工程用地及其腹地开发成集水土保持和旅游于一身的综合用地。

大量实践表明，许多水利工程在发挥它们应有的工程效益的同时，也发挥着很好的景观效果。如埃及的阿斯旺大坝，是20世纪70年代世界第一大坝，由于世界各地的游客纷至沓来，因此阿斯旺市也成了著名的旅游胜地。再如广西的龙胜梯田、云南的元阳梯田，经过劳动人民两千多年的不断改造，不但使其成为水利工程中的经典作品，而且其波澜壮阔的规模更令人叹为观止。重庆长寿湖是我国最早建设的水库之一，水库蓄水后，岛屿星罗棋布，构成了一幅幅美丽的画卷。这些工程的最早设计者当时并没有意识到，工程的本身会在若干年以后为后代带来如此巨大的经济效益和景观价值。这种自发的景观也给我们自觉地规划设计水利工程景观带来一定的思考和启示，即有意识的挖掘、拓展、丰富水利工程的景观价值。

从景观构成上看，水利工程景观属于大地自然景观的一种，是由水利工程本身及其周围环境组成的综合景观体系，既包含了形状、大小、色彩等物质属性的景观特征，也承载着历史人文、社会经济、视觉心理、形象符号等精神属性的人文特征。简单地说，水利工程景观就是水利工程及其影响区域范围内环境的视觉主体，包括自然景观和人文景观。

自然景观是水利工程景观中原有的基础景观。保护和修复这些景观，如水体景观、驳岸景观、植物绿地景观等十分重要。现代水利工程设计需要很好地保护自然生态体系和美化景观。水利工程要创造自然空间、工程量尽量小，同时应保护现有的生态体系和景观，工程建设时被破坏的部分要尽可能地加以恢复。

人文景观通常是指水利工程景观空间中的人造景观，如人造的水工建筑物等。水利工程将人造景观与水利工程本身结合起来，将生态水利融入水利工程当中，不但水利工程本身要满足防洪的要求，其工程建筑物的设计也是这类景观的一个亮点。此外，水利工程景观空间中活动着的人及其构成的景观，包括人的活动、节庆活动的开展及与之相关的人文活动，还包括与河流有关的历史文化等，都是重要的人文景观元素。如黄河、长江等河流就承载着人类厚重的历史文化，江南小镇、田园景观及"小桥流水"园林则是另外一种风格的人文景观。

从景观主体角度上看，水利工程景观是一个给人以视觉感知的物质形态及其空间环境的综合体，是对美学原则的诠释，其运用于水利工程建设所获得的美感体验和认知，具有功能价值、生态价值、美学价值、旅游价值和人文价值。因此，综合看来，水利工程景观应具备如下两种属性。

自然属性，即水利工程景观作为一个形、色、体兼备的可感受的综合体，应具有一定的空间形态，并且较为独立，易于从区域景观背景中分离出来。

社会属性，即水利工程景观必须有一定的社会文化内涵，不仅具有使用功能，还兼具有美学欣赏、改善环境等功能，并且可以通过其内涵引发人的情感、联想、移情等心理反应，即景观效应。

5. 水利工程景观设计

水利旅游以其秀美的山水、壮观的水利工程、浓郁的水文化，吸引了越来越多的游客前去观光游览，成为新兴的旅游增长点。然而，水利工程的建设往往会对周围自然景观环境、视觉景观环境产生一定的消极影响，影响了水利景区旅游功能的发挥。因而，加强水利风景区景观设计，特别是水工建筑物的景观环境营造对提升水利风景区的档次具有重要意义。

水利工程景观设计即是对水利工程建设区域及其影响区域内的场地、土地、环境等进行的规划设计，可完善区域内的地形、水体、植被、建筑及构筑物的景观形态、景观功能及文化内涵，不但要满足水利工程的工程需求，还要为人类提供一个景观宜人、生态良好、文化丰富的游憩空间，满足人类日益增长的精神文化需求。

水利工程景观设计包含了水利工程设计和景观设计两个方面，是包含多重因素，满足多元化需求，技术含量高、综合性强的一项系统工程。

水利工程景观设计具有系统性特征，是在分析和构建当代水利工程科学、景观美学和系统生态学基础上，并从景观美学效应、景观空间格局、景观功能、景观控制和景观管理与维护等一系列角度对水利工程设施进行环境景观营造，注重景观的多样性、异质性、稳定性的设计表达。

水利工程景观与自然环境、水工建筑是一个相辅相成的统一体，只有他们有机地组合才能让水利工程景观增鲜加色，整个景观环境的质量品位得到提升。因而，水利工程景观设计不是一个孤立静止的过程，必须与水利工程的设计、建设同步进行，避免在水利工程建设完成后再对其进行二次景观设计而影响了景观与环境，否则，不仅劳民伤财，而且易导致工程碎片化，极易破坏景观与工程建筑间的整体性和互补性。

二、水利工程景观的一般特性

1. 雄伟壮观的水工建筑

水工建筑是使得水利工程项目能够按照人类预期发挥调控作用的建设要素之一，具有不可或缺的重要地位。水工建筑大多具有建筑体量大、建筑外观雄伟等特点。诸如大坝、泄洪道、溢洪洞、发电厂房、输水渠道、跨河桥梁、过水渡槽等一系列雄伟壮观的水工建筑物，都是水利工程景观中独有的景观资源。如大坝一类的水工建筑从坝址的选择、坝型的设计、坝高的确定及发电设施的布置等都体现了设计者较高的科学技术水平与文化修养，其建筑本身也具有很高的科学价值、景观价值和经济价值。如1956年安徽金寨建成梅山水库（图1-4），坝高88.24m，为中国最高的混凝土连拱坝。再如三峡水电站总装机1820万kW，年发电量为846.8亿kW·h，是世界上装机容量最大的电站；三峡水库回水可改善川江650km的航道，使宜渝船队吨位由现在的3000t级提高到万t级，年单向通过能力由1000万t增加到

图 1-4　安徽梅山水库

5000 万 t；宜昌以下长江枯水航深通过水库调节也有所增加，是世界上航运效益最为显著的水利工程……三峡众多的世界之最，使之成为水利科普旅游的重要基地。

2. 山环水绕的山水格局

我国幅员辽阔，地大物博，在漫长岁月（长至距今数亿年，短至距今 1 万多年）里相继经过加里东、华力西、印支、燕山、喜马拉雅等多次"造山运动"而形成了变化万千的自然地形，奇峰峻岭、沟谷深邃，高原平川、峡谷盆地、低丘山岗等构筑了我国的大好河山。水利工程大多选址建设于崇山峻岭、高山峡谷之间，以充分利用自然地形的集雨汇水的优势来减少工程建设量。因而，水利工程项目周围大多山体连绵不断，树木葱茏，具有良好的植被生态环境。正是由于沟谷和山岗这些曲折变化的自然地形，使得水岸蜿蜒曲折，同时，随山形地势形成了许多湖湾和犄角，也形成了山环水绕、山水交相辉映的山水景观格局，极具自然趣味。这也使得水利工程景观景点的分布具有动静相宜，疏密有序，有开有合，有藏有露的布局形态，趣味无穷。连绵的山体、丰富的植被、清澈的水体给人留下山清水秀、鸟语花香的美好印象。郦道元《水经注》形象生动地描述了三峡景观："两岸连山，略无阙处；重岩叠嶂，隐天蔽日；素湍绿潭，回清倒影。绝巘多生怪柏，悬泉瀑布，飞漱其间。清荣峻茂，良多趣味。"此外，四川仁寿县的黑龙滩水库（图 1-5）也是被连绵山体围绕，水库及其周边山清水秀，极具自然魅力。

图 1-5　四川黑龙滩水库

图 1-6　杭州千岛湖

3. 星罗棋布的岛屿分布

水利工程常在江湖河流筑坝拦水而使自然水位抬升形成众多水塘湖泊，从而使得部分山体被水淹没而成为洲岛，在地势较高的高山地区多形成半岛，在丘陵地区则半岛和岛屿兼而有之，数量的多少取决于水位高程与原有地形海拔之间的关系。以千岛湖（图 1-6）为例，由于水位较接近库区内大多数原有山峰的海拔，故形成了"千岛"的自然奇景。岛屿往往是开展野营、探险、休闲疗养和动植物考察等旅游、科普教育活动的良好场所，具有很好的观赏性和景观可塑性。

4. 历史悠久的人文遗迹

水利工程项目大多依靠大江大河建设，然而，大江大河又往往是各时期人类文明的发祥地。如两河流域文明（幼发拉底河和底格里斯河）以及中国的长江、黄河流域等，在人类的文明进程中都扮演着十分重要的角色。中华民族上下五千年的悠久文化历史，纵横交错的河流水系，催生了独具魅力的东方文明，给后人留下的名胜古迹、人文奇迹数不胜数，是世界文明史中一颗璀璨的明珠。

依靠江河建设的水利工程，其工程基址或流域范围内往往分布着许多的古村寨、古建筑、石刻、异石和古树名木等具有地域风情的文化景观资源，这些文化底蕴深厚的人文遗迹是水利工程景观中的宝贵财富，具有很好的景观价值和文化价值，对提升水利工程景观的文化品位具有重要意义。

诚然，在现实建设的过程中，在一定程度上，由于筑坝蓄水而引起的水位抬升，以至于一些人文遗迹被淹没水下而难以再现人间。例如，由于三峡水利工程的建设而导致的水位上涨淹没了共 155 处已经公布的文物古迹，其中不乏全国重点文物保护单位和省级重点文物保护单位。但这些人文古迹中所蕴含的文化却能够作为一段历史而长存世间，在水利工程景观设计过程中，只要对其深入挖掘，用园林艺术手法对其引景、造景、借景，也能够让其再现，以勾起游人无限遐想，提升景观的文化底蕴。但是，历史文物是无价的和不可替代的，故在水利工程的建设过程中，我们提倡尽量对这些文化遗迹做好迁移保护工作，使其能够长留人间。

三、水利工程景观的主要功能

景观建设是一项社会性的建设工程，是城市建设发展中必不可少的内容之一，其具有明显的社会效益、生态效益和经济效益。

经过景观营造的空间能够使空间内容丰富，不落俗套，给人以美的享受。在这些空间可开展多形式的活动，向群众进行文化宣传、科普教育等，使游人在景观欣赏中受到教育、提高文化修养等。此外，优美的景观环境常是人们相互交流的理想场所，从而有助于人们之间的团结友爱，增进友谊，在一定程度上促进社会的安定和谐，激荡起人们的爱国热情，推动生态文明向经济、政治、社会、文化、文明建设的全过程渗透。因此，优美的景观营造，具有很强的社会功能。

从生态学角度看，景观营造常需要借助大量的植物、水体等自然资源，通过这些自然资源的合理利用使得景观环境具有了调节温度、相对湿度，净化空气、水体，保持水土，减少噪声和粉尘（国际标准化组织规定，粒径小于 $75\,\mu m$ 的固体悬浮物定义为粉尘，包含 PM_{10} 和 $PM_{2.5}$ 等细颗粒物），减少碳排放等生态效益功能。

从经济学角度看，景观的经济效益功能体现在直接经济效益和间接经济效益。前者，主要指景观产品、门票、服务的直接收入；后者，主要是指由景观环境所产生的良性生态环境效益和社会效益。

水利工程景观作为一种特殊的景观形式，除了具有一般景观所具有的社会效益、生态效益和经济效益外，其自身所具有的固有特点，具有一些区别于其他景观实体的功能特点。其不同点主要体现在以下四个方面，即使用功能、精神功能、安全保护功能以及综合功能。

使用功能是水利工程景观功能的首要方面。水利工程的首要目的是按照人们的意愿调控自然水资源，进而追求其景观功能。使用功能是水利工程景观的外在因素，水利工程景观首先要起到固坡护土、防止水土流失、促进生产生活的作用；其次，它自身是能够被人所感知的客观存在，能够给观赏者提供一个安全、舒适、美观、生态的景观环境。

精神功能是指水利工程景观所展现出来的环境气氛，通过近水、亲水、嬉水、游水，满足观赏者在视觉、情感、自然、人文等方面的精神需求，其往往需要借助大面积的水域空间来实现。水利工程景观精神功能的表现方式是多种多样的，需要设计者对自然、社会、生态、艺术、历史、水上乐园等方面的独特理解以及个性化的设计表现方法，强调设计者对景观环境的内涵与本质的独特认识，使得所有置身于景观环境之中的观赏者都能够充分享受到多方面的精神文化。

安全保护功能可从以下两个方面来进行认识和理解：一方面，水利工程景观的建设营造可以对水工建筑进行有目的的保护；另一方面，通过水利工程景观的设计可以避免水利工程建设项目给周边的生态环境带来的破坏，或是能够防止周边环境给人们带来的自然灾害。水利工程景观中对人的保护采取的主要方式有阻拦、半阻拦、劝阻、警示四种表现形式，以防止人们过于靠近危险水体、危险构筑物等。其中，阻拦是对人的行为加以积极主动的控制，为保障人的安全而设置禁止翻越的阻拦设施，如设置绿化隔离带、护栏等。半阻拦设施是通过地面材质的变化或高低变化等来使其行动产生相对困难，从而起到劝告作用。警示形式是直接利用文字或标识的提示作用，来告诫行人的活动界线，以警示越界的危险性。

综合功能是指水利工程景观的多重性价值，除了具备明显的视觉特征、安全、生态和美学价值，还有促进水利工程项目可持续发展的作用。其中水利工程景观的生态价值主要体现在通过景观的规划设计对保持河道、山体等的生物多样性等方面有重要作用；可持续发展的作用体现在使人意识到人与自然的共生是人类发展的必然趋势，可促进全社会加强对景观资源的维护、利用和开发。

四、水利工程景观设计与相关学科的关系

水利工程景观设计包含了水利工程设计和景观设计两个方面，工程设计需要掌握水利工程专业知识，景观设计需要掌握社会学、环境科学、景观规划、建筑学、艺术学、心理学、地理学、农学、林学、气象学、水文学、生态学、美学等多学科知识。此外，景观设计关系到区位、人口、交通、环境、生态、经济，是涉及多方利益和价值观的工作，因此在其规划设计时，需要和国务院国有资产监督管理委员会、国家卫生和健康委员会，自然资源、交通、气象、城建、水利、电业、环保、农业、园林、地方志办、档案等不同专业和部门协调沟通。本书从以下几方面加以详细说明。

1. 水利工程景观设计与城市规划学

景观设计是要解决土地和人类空间环境的问题。其与现代意义上的城市规划的区别：景观设计是物质空间的规划和设计，包括城市与区域的物质空间规划；而城市规划则是基于宏观框架的经济、社会发展计划，通过有效的空间组织来调控城市

区域的未来发展，是一个范围更大的宏观概念。水利工程景观是一种特殊的景观形态，其必须与城市规划专业紧密结合，以城市规划的整体发展理念、水利工程的功能需求及功能实现为依据来指导、协调水利工程的建设选址及其景观设计营造，实现水利工程及水利工程景观与城市协调、可持续发展。

2. 水利工程景观设计与生态学

生态学是研究生物与其周围环境（生物环境和非生物环境）相互关系的科学。从生态学角度来看，河流是生态环境中能量转换和生物活动的重要廊道，为生态环境敏感区域。在河道上修建水利工程，一方面，在一定程度上会破坏河流生态环境、打破原有生态系统的生态平衡；另一方面，水利工程能改善河流的水质，提高河流的自净能力。尽管河流生态系统有自我恢复的能力，恢复期与河流生态生命力有关，但不能百分百地恢复，有些河流的生态甚至完全不能恢复。因此，水利工程建设需要严格兼顾全局与局部、长远与当前的利益，因地制宜，全面协调，高度注意对周边环境以及流域的生态进行保护，不应以生态的破坏、环境的退化为代价。注重环境和生态的保护始终是水利工程景观设计应遵循的原则之一。

3. 水利工程景观设计与建筑学

水利工程中涉及很多水工建筑，包括大坝、堤、泄水建筑物、取水建筑物、引水渠、干渠、灌溉渠、运河等。这些水工建筑物都是保证水利工程功能发挥的物质基础，也是水利工程景观中重要的人造景观，具有很高的观赏价值。水利工程建设常以水利工程专业（以下简称"水工专业"）的人才为主，他们常缺乏建筑美学知识，导致受多方面因素的影响和制约，以往的水利工程建筑设计经常是功能第一，经济第二，美观第三。设计出的建筑物很多都是外形单调沉闷，厚重笨拙，重复雷同，体现不出建筑美和线条美，使得水利工程景观的美学价值大打折扣。为满足水工建筑的使用功能与美学功能，其设计建造应有机结合水工专业与建筑学专业的学科优势，在保证水工建筑功能的前提下，以建筑学的建筑美学理论优化建筑布局、结构、外观等，并与周边的自然环境有机融合，提升水工建筑的美学价值。水利工程景观设计要重视建筑布局和建筑美化，争取建一个工程，添一处美景，增一方效益。

第二节 水利工程景观设计的基础研究

近年来，随着社会经济和旅游业的发展，水利工程旅游已逐渐成为一个重要的旅游休闲方式。在这个背景下，促使水利工程建设催生出新的要求和新的内容，除满足防洪安全的要求外，还提出改善和美化环境的要求。水利工程的环境功能与美学价值是国际国内在水利工程规划设计方面的新趋势，同时也是人们新时代的发展需求。它既可以使城市环境得到保护，生态保持平衡，还兼顾了城市居民的生活体验，使市民生活更趋舒适。因而，如何营造良好的水利工程景观成为相关学者新的研究热点。

一、水利工程景观设计的发展历程

1. 中国古代的水利工程发展

"水利"一词，中国最早见于《吕氏春秋·孝行览·慎人》中，仅指捕鱼之利。汉武帝时期，司马迁考察了许多河流和治河、引水工程，指出了水与人类生存之间的关系，分析了水的有利与危害两个方面，在中国历史上首次给予"水利"一词以兴利除害的完整概念。从此，中国便沿用"水利"这一术语。

我国是文明古国，科学技术在 18 世纪之前一直处于世界领先地位，科技创新、发明一直占世界总量的 60%，伟大的水利工程数不胜数。历朝历代君主和当权者，从来都把"治水"当作严重的政治问题对待。历史上，凡有作为的帝王都非常重视水利，都直接领导和参与治水。古代的水利工程以灌溉、航运两用的水渠为多。可在一定程度上防止水旱灾害，改良土壤，提高农业产量，促进农业的发展，有利于国运昌盛。细数中国古代水利文明，就不得不提及都江堰、灵渠、京杭大运河等。

（1）四川都江堰 都江堰水利工程在四川省都江堰市城西，是全世界至今为止，年代最久、唯一留存、以无坝引水为特征的宏大水利工程。公元前 256 年秦昭襄公在位期间，郡守李冰率领蜀地各族人民创建了这项彪炳史册、千古不朽的水利工程。这项工程主要有鱼嘴分水堤、飞沙堰溢洪道、宝瓶口进水口三大部分构成，科学地解决了江水自动分流、自动排沙、控制进水流量等问题，消除了水患，使川西平原成为"水旱从人"的"天府之国"。

（2）京杭大运河 京杭大运河是中国古代一项伟大的水利工程，历经三次大变更，始于春秋（公元前 486 年），完成于隋朝（隋炀帝大业元年即 605 年，下令着手两大工程：迁都洛阳和开凿大运河。成千上万的劳工花了六年的时间，将原有的运河连接起来），繁荣于唐宋，取直于元至元三十年（1293 年），疏通于明清，前后持续 1779 年完成的京杭大运河，也是世界上开凿最早，里程最长的大运河。它和万里长城并称为我国古代的两项伟大工程而闻名于世界。京杭大运河南起浙江杭州，北至北京通州北关，全长 1794km，贯通六省市，流经钱塘江、长江、淮河、黄河、海河五大水系。京杭大运河畅通了 1390 多年，这对促进大江南北经济文化的交流和繁荣，解决南粮北调等问题，均发挥了重要作用。

（3）兴安灵渠 灵渠位于桂林东北 66km 处的兴安县境内，是现存世界上最完整的古代水利工程，为秦始皇嬴政所建，至今有 2200 多年的历史，其设计之精巧，令人赞叹，与都江堰、郑国渠被誉为"秦代三个伟大水利工程"，有"世界奇观"之称。灵渠的建成，保证了秦军南征粮食和物资供应，完成了统一中国的大业，促进了中原和岭南经济文化的交流以及民族的融合。即使到了今天，灵渠对航运、农田灌溉，仍然起着重要作用。

（4）郑国渠 郑国渠，是古代陕西关中地区大型引泾灌区。秦始皇元年（公元前 221 年），由韩国水工郑国主持兴建，约十年后完工。干渠西起泾阳，引泾水向东，下游入洛水，全长 150 余 km（灌溉面积号称 4 万 hm^2）。郑国渠的建成，使关中干旱平原成为沃野良田，使粮食产量大增，直接支持了秦国统一六国的战争。为纪念郑国的功绩，当时的人遂命名该渠为郑国渠。郑国渠是我国继战国时期（公元前 475—公元前 221 年）都江堰之后的又一大型水利工程，它从规划、设计、施工以及用洪用沙方面都有许多独到之处，可谓为我国古代水利史上的首创。

2. 近现代水利工程发展

19 世纪后，由于帝国主义列强入侵以及连年战争，近代水利设施的修建处于停滞状态。直到 1930 年前后，中国才兴建了一些近代水利工程。1933 年，中国水利工程学会第三届年会的决议提出："水利范围应包括防洪、排水、灌溉、水力、水道、给水、污染、港工八种工程在内。"这是近代中国对"水利"一词所含内容的概括。

随着国力增强，社会经济发展，人民生活质量的提高，现代水利内容不断更新与丰富，即增加了水利经济、环境水利、水资源保护、海洋工程等。新中国成立以来，全国人民进行了大规模的水利建设，水利事业得到空前发展。如 20 世纪 50 年代兴建，被人们誉为"长江三峡的试验田"的第一座新中国自行设计和建设的新安江水电站；素有"治理黄河之丰碑"之称的黄河小浪底水利工程；世界最大水利枢纽工程——长江三峡等。这些水利工程不仅在防洪、灌溉、发电、航运、供水等方面发挥着巨大的综合效益，而且还兼顾对水资源的环境功能、生态功能、景观功能的开发和保护，逐步形成了自然景观与人文景观的结合，是具有较高开发价值的旅游景点或景区。

（1）新安江水电站　新安江水电站位于杭州建德市新安江街道以西 6km 的桐官峡谷中，建于 1957 年 4 月，是中国第一座自行设计、自制设备、自己施工建设的大型水力发电站，被人们誉为"长江三峡的试验田"。

水电站坝顶有 9 个泄洪孔，最大泄洪量 13200m³/s。泄洪形成巨大人工瀑布，白浪排空，云雾升腾，吼声如雷，山摇地动，雾化区方圆达 800m，气势磅礴，蔚为壮观。泄洪之水过雾化区后，依然一江碧水逶迤东流。站在坝顶，远眺大坝以西，水库碧波万顷，岛屿点点，青山绿水，西子三千，它使新安江截流成湖，其库区面积达到 473km²，蓄水量达到 178 亿 m³ 以上，其水位正常时平均水深 37.5m，淹没了一个半县城（遂安和淳安），使许多原来的小山成了如今的小岛，从空中俯瞰，只见众多小岛如翠珠般洒落在万顷碧波中，造就了蜚声中外的旅游胜地——千岛湖。

（2）长江三峡　随着三峡工程建设的顺利进行，这一世界上最大的水利工程吸引了越来越多的游人前来参观游览。1997 年，三峡工程大江截流，就有数十万人在截流前后赶来观看。据不完全统计，从大江截流至今，仅三峡坝区旅游部门接待的旅客数就已达 1500 万人次以上。

长江三峡是世界著名的峡谷风光带，为中国十大风景区和游览胜地，自古以来就以雄、险、奇、幽闻名于世。其中作为主体工程的葛洲坝水利枢纽工程建于 20 世纪 80 年代，该大坝是万里长江上的"第一坝"，为此吸引了数千万人参观旅游。"三峡天下壮，西陵甲三峡"，作为当今世界最大的水利工程，三峡工程的修建将世界上著名的自然景观和超大型水利工程的人文景观结合，使得三峡地区自 20 世纪 90 年代以来持续成为旅游界和新闻界的"热点"。

（3）黄河小浪底水利枢纽工程　黄河小浪底水利枢纽工程是小浪底景区内最具特色的风景线之一。小浪底大坝位于河南省洛阳孟津县小浪底镇。小浪底大坝不仅是中国治黄史上的丰碑，而且是世界水利工程史上最具有挑战性的杰作，也是我国跨世纪第二大水利工程。小浪底具备了防洪、防凌、发电、排沙等多项功能，是旅游者观赏黄河沧桑巨变的一大景观。一年一度的调水调沙，气势磅礴，媲美钱塘潮。水库蓄水后在大坝上游所形成的浩渺水面、曲折河巷与雄伟山势竞相生辉，构成了"北国山水好风光——黄河小浪底"的雄伟景象。

二、当代水利工程景观设计发展现状和未来发展方向

目前我国水利工程景观设计正处于稳定的发展状态，不管是相关的法规制度，

还是设计上的生态学和美学价值，都得到了有效的完善、加强和提升，但从工程设计的执行与落实现状来看，水利工程景观设计的实际发展状态并不是很好。

1. 水利工程景观设计现状问题分析

（1）水利工程景观设计脱节　在我国现阶段，大多数水利工程中的景观设计都滞后于主体工程的建设，这种景观设计与之前的工程建设基本脱节，不但增加了整体把握的难度，其最终效果也不尽如人意。

另外，由于水利工程景观的主体为水体，景观设计中往往会着重做水的文章，而忽略了周边区域的景观设计，其结果景观变得单调而封闭，使景观与周围环境脱节。

（2）景观设计中缺少文化依托　现今大多数的水利工程景观设计与周围环境不协调，缺少人文气息和文化的依托，不能很好地结合工程所处位置的自然地貌景观和当地文化等要素。水利工程景观设计应当有效地将人造景观和人文要素良好的融入周围环境中，突出其独有的人文特色。

（3）景观立意"窥一斑而见全豹"　当前，许多景观设计存在盲目跟风的现象，景观大体雷同，缺少独特性和鲜明的景观设计创意。然而景观独特性却是一个景区区别于其他同质景区最具竞争力的地方。很明显，景区个性越强，吸引力就越强，游客就会乐游不倦。譬如黄山以奇绝的山形，恢宏的气势，特有的植被（黄山松），妙不可言的云海而有别于其他名山，故才有"五岳归来不看山，黄山归来不看岳"的赞誉。杭州、桂林都是以山水取胜的著名风景区，杭州西湖有"浓妆淡抹总相宜"的秀丽风光，桂林漓江有"水作青罗带，山如碧玉簪"的优美山水。

（4）只考虑设计感，忽略管理和维护　许多景观采用轴线式的设计，但其远端的景点经常会无人光顾，也无人管理维护，最后导致使用寿命不长，很快会衰败残破，较早地失去其实在意义。

2. 水利工程景观设计发展趋势

（1）景观设计体系更专业化　随着水利工程的快速发展，由此延伸出的水利工程景观设计体系也日益健全，整体规划设计会逐步取代滞后设计和改造设计。水利景观设计人才也逐步专业化，以期替代建筑学、城市规划学和风景园林学等单一学科，成为综合性的水利工程景观设计专业。

（2）景观基础设施的完备　水利工程景观的基础设施包括交通运输、通信、安全等支持大尺度公共功能的物质系统。基础设施的完备要求将基础设施嵌入到目标景观的肌理之中，把公共空间与基础设施融合在一起，从而将传统上单一功能的水利工程融入更加综合的"大水利"公共体系之中。通过综合协同，景观基础设施在无生命"灰色基础设施"与有生命"绿色基础设施"之间架起了一座桥梁。它的综合结构使得景观具有整体统一的特性，更便于理性发展，同时又有利于创造令人激动的景观复杂性和丰富性，从而实现区域内从简单、功能单一的景观形式向复杂、多职能的城市形式的转变。

（3）景观多元化　随着经济全球化的发展，国内外商务往来频繁，加上我国人民物质文化和精神文化需求不断提高，人们对游憩的需求也呈现多元化发展趋势，进而推动了水利工程景观的多元性发展，其表现为生态意识的多样化、社会价值的多元化、文化内涵的形态化。

① 生态意识的多样化。现代生态学派在资源价值观上，强调资源为整个生态系统服务。在资源使用方式上，提倡削减资源消费和资源的循环利用，因此，在景观发展历程上体现了由"占有"到"利用"，由"对立"到"和谐"的生态意识加强过程。前者注重景观资源潜能的挖掘，而后者注重对自然环境的适应。

② 社会价值的多元化。现代化在带来高度现代物质文明的同时，也改变着现代社会的价值观念，并进一步拓展了现代景观的内涵。现代水利景观环境的社会价值不仅突出表现在满足日常社会生活的需要上，它还更多地体现在对于现今社会价值的有效提升上，它以其特殊的艺术表现形式渗透到社会生活的各个领域中，引导人们的行为方式、生活习惯和价值观念，潜移默化地影响和感染着社会生活中的每一个人。

③ 文化内涵的形态化。从一定意义上说，景观是文化的载体，是文化内涵的物化形态；同时，文化又将以特有的潜质影响并改变着景观的发展演变。从景观的表现形态来看，景观可分为两种：一种为具有显性物质形态的景观，如城市土地利用格局、乡村聚落的演变、江南水乡的延续以及具体的物质景观，这类景观因具有物质形态的文化品质而易于被人们理解和传播；另一种为隐性非物质形态的景观，如文化精神、社会习俗、宗教信仰和生活方式等，因隐藏在物质形态的背后而需要一定的诠释和解析，方能被人们感知，因此具有相对的稳定性和长久的持续性。

三、水利工程景观设计的基本范畴

1. 景观设计分类

水利风景资源是指水域（水体）及相关联的岸地、岛屿、林草、建筑等能对人产生吸引力的自然景观和人文景观。

自然景观是由自然地理环境要素构成的，其构成要素包括地貌、植被、动物、山体、溪流、道路、光线、村落、风、水，以及历年气候、群落结构等，在形式上则表现为高山、丘陵、平原、谷地、江海、湖泊等。自然景观是自然地域性的综合体现，不同地理类型的自然景观呈现出不同的地理特点，也体现出不同的审美特点，如雄伟、秀丽、幽雅、辽阔、平静、奇特等。自然景观分地理地貌类景观、地质类景观、生态类景观、气象类景观、气候类景观等。人文景观是指人类所创造的景观，包括古代人类社会活动的历史遗迹和现代人类社会活动的产物，如古村落景观、名胜古迹景观、宗教庙宇景观等。人文景观是历史发展的产物，具有历史性、人为性、民族性、地域性和实用性等特点。

2. 水利工程景观设计范畴

水利工程景观设计包括植物景观的设计、硬质景观的设计、水体景观的设计、声光电景观的设计等。

（1）植物景观的设计　植物景观是指环境中起观赏、组景、分隔空间、庇荫、防止水土流失、美化地面作用的植被、植物群落、植物个体所表现的形态，这种形态通过人们的感观传到大脑皮层，能够让人产生一种实在的美的感受和联想。恰当的园林植物配置设计，常使生硬的景观变得柔和，使景观的季相不再单调。

水利工程从刚开始的大江截流，到后来的围堰、挡水坝、导流洞、泄水孔、溢洪道等水工建筑的处理和施工，都伴随着对原有自然环境的改变和破坏，并同时产生垃圾。例如水利工程的料场、地基处理、边坡开挖、索道、电网、公路、大型广告等，对原有地形和植被造成了大量的破坏，影响了原有生态环境系统。

因此，在设计中，应注意对环境破坏力度的控制，考虑到当地几十年一遇甚至百年一遇的自然灾害因素，并注意改善生活和工作环境，进行环境绿化，这样既可以改善地质、水文和自然环境，保持水土，提高建坝的安全性，也可以改善工作人员的居住生活环境，使人们在舒适的环境下工作和生活。植物绿化景观是整个水利工程景观的重要部分，能够为整体景观增添一分色彩。

（2）硬质景观的设计　硬质景观是指水利工程空间环境中以休闲、娱乐、观光、使用为主要功能的，以场所景观、水景构筑物、道路景观、地面铺装、景观设施和装饰小品等为主要内容的景观。

从硬质景观的景观功能出发，将其分为实用型、装饰型和综合功能型景观三大类：实用型硬质景观包括场所景观、道路景观、地面铺装、景观设施四类；装饰型硬质景观以装饰小品为主，又分为雕塑景观和装饰小品两类；一些硬质景观同时具有实用性和装饰性的特点，如景观设施中的灯具、洗手器、坐凳、景桥、凉亭、亲水平台等，既具有使用功能，也具有美化装饰作用。

（3）水体景观的设计　水体景观是水利工程的主要景观，不论在水利工程运行的发电、运输、输水、旅游等各个时期，只要水库蓄水，就会有水体景观的出现。水利工程景观里大面积的水体是一道风景线，而下游的溢洪道、渠道、涵洞等所形成的不同水体形态更是独树一帜，让人们领略到大自然的美丽壮观。水对人类来说，除了是人们生理上的必需品之外，还是情感上的依托，人天生就具有亲水性。水不仅可以从味觉，还可以从视觉、听觉、嗅觉等角度给人以美感，水带给人的感觉是其他物质所不能替代的。

水是重要战略资源，不论城乡都必须切实加以保护和利用。在水利工程中，常采用挡水坝拦截江河湖等形成水库，抬高水位，减缓水流流速，形成大面积的静止水体，这样便形成了水体景观中的静水景观。而水电工程中的涵洞、溢洪道在下泄流水时，形成高速运动的水体，成为动水景观。因此，水体景观设计大致分为静水景观设计和动水景观设计。其中静水景观设计可利用倒影的效果、增加植物装饰点、养殖水生植物以及建设人工设施等；动水景观设计则可利用动水设计美丽景色、利用落水和喷水造就壮丽景观。

（4）声光电景观的设计　随着社会经济的发展，人们对夜间的休闲娱乐场所的要求在不断提高。声、光、电元素在水利工程中的应用变得尤为重要。声光电技术在水利工程中应用的关注和推广实施，已成为现代水利工程景观设计的重要部分。

声景观根据视觉景观的不同功能分区，各区声音主题不同，体现意境也不尽相同。将景观规划对人们的视觉引导延伸到听觉是重要的途径，利用具有引导性的仿生声音实现人们对听觉的引导，达到未见其景已先闻其声的意境。如在安静休息区域，若配以水、鸟、虫等自然声景则能进一步带来丰富的声环境。

光电景观在水利工程景观设计中的应用是在美学与意境、欣赏与认知、空间与场所、环境知觉与环境认知等理论及灯光艺术、电力电子技术的共同作用下产生的。

四、水利工程景观设计的基本策略

景观总体规划包括景观立意、景观形态、景观布局、景观设计构思、景观设计定位和道路交通组织。书画爱好者有一个说法叫"意在笔先",而景观设计工程师在总体规划之初,也应有一个"景观立意",它影响并决定着景观形态与景观布局,进而支配着景观设计构思、景观设计定位和道路交通组织。

1. 水利工程景观立意

水利工程景观是水利工程区域内的综合表征,是整个水利旅游业赖以依存的客体资源。这种独特的客体资源处在一定的自然和人文环境中,为旅游者提供游览、观赏、求知、度假、娱乐、探险、狩猎、考察研究、体育锻炼及友好往来等提供资源,是旅游环境的重要组成部分。水利工程景观的质量和优化组合,决定了其在旅游业中的价值与地位,而其中景观设计立意与意境创造是水利工程景观艺术创造过程的最初环节,也是直接影响其旅游形象与特色的关键环节。

2. 水利工程景观布局与形态

(1) 景观布局　景观布局理念上要重实践,讲效果,既继承,又创新。方法上要注意疏密、动静、正侧、开合、仰俯、主次、平衡、协调、韵味、意境、节奏、舒适、呼应、错落、借景、形象、材质和色差等环节。简单说,就是注意多元化、组合化、艺术化配置,把景观节点沿景观轴合理布置形成景观区。通常目标景观的景点、景区在游览线上的逐次展开过程分为起景、高潮、结景三段式进行处理,也可将高潮和结景合为一体,到高潮即为风景景观的结束,即成为两段式的处理。

对一个水利工程而言,景观主体自然是水体,水体是高潮部分,是景观轴交会的地方。对于边界狭长的水体,可以将其设计成三段式,呈带状景观轴;而对于边界是圆弧的水体,则可以将其设计成二段式,呈放射状或环状的景观轴。

(2) 景观形态　所谓景观形态,指的是整体布局的一种外在的表现形式。一般可以分为以下三种。

① 几何型。又称整形式或者规则式。强调的是轴线的一种统率的作用,结构明确的轴线使得景观更显严谨与庄重。

② 自然型。常用于山区型的设计。主要骨架是山、水以及地形地貌。

③ 混合型。顾名思义,混合型是指将上述两种形式交错组合而成的一种表现形式。

3. 景观设计构思与定位

(1) 景观设计构思　景观设计构思包括确定景观节点、景观轴线和景观区。景观节点是单一的景观特征个体,是某一景观特征的组成成分。景观节点通常包括视觉控制点、视线的交汇和转折点以及对景点。景观轴线是人们在欣赏景观时视觉上的运动边界，不同的景观轴线所通过的区域不同，给人的视觉效果也不尽相同。不同特征和主题的景观群落就形成了大的景观区。

（2）景观设计定位 景观设计定位是对景观设计的方向进行确定，如探险、观光、科学考察、度假休闲、运动旅游、生态旅游或综合旅游类等。不同的景观定位方向，有着不同的设计内容和方法。例如有些水利景观具有丰厚的历史渊源和壮丽的人工景物，可用来弘扬民族文化、传播科学知识，适合作科普类的旅游开发；又如一些水利景观是发扬文化和体现水利文化的好地方，那里有着悠久的人文历史，抑或有着惊人的人工景观，因此非常适合用来开发旅游；地形地貌的奇特、水生动植物的多样化构成了库区内外丰富的旅游资源；而有些水库虽然有着很不错的观赏性，但水环境可能会比较脆弱，这样的话就只适合于观光旅游；也有一些水库会被用来度假旅游或者建设各类疗养方面的项目，这与其具有优良的水质、适宜的气候条件或者是水体本身所含的有益物质有关。但水质好、水面清洁是首要的。

第三节　水利工程景观设计的基本原则

水利工程是一种综合性、系统性工程，具有防洪抗灾、供水于民、保障电力、航行运输、旅游观光等方面的功能，与人们的生产、生活密不可分，在现代景观设计中也有着举足轻重的地位。近年来，随着科技和经济的发展，人民生活水平提高，旅游市场不断升温，越来越多的部门和单位将目光投向了水利风景区的开发建设，甚至出现了盲目雷同开发和资源疯狂掠夺的情况，致使水生态环境遭受急剧破坏，水土流失、水源和水体被污染，影响到工程安全运行甚至造成重大事故。因此，如何合理地进行水利工程景观设计，适度、科学开发，使之保持与自然和谐相处的良好态势，实现可持续发展则显得尤为重要。景观设计原则是指引设计方向的基石，为了促进水利工程景观更好地发展，在水利工程景观设计过程中应该遵循以下基本原则。

一、安全原则

2003年2月我国颁布《中华人民共和国水利法》，其中着重强调在水利工程开发项目中应遵守安全原则，在水利工程建设的同时考虑防洪安全，保障居民供水及生产灌溉安全，确保航运安全、环境安全和建筑安全。因此，在水利工程景观设计中应将安全原则放在首位。安全原则主要包含水利工程设施安全、人身安全和生态安全三方面。

1. 工程设施安全

一个工程从上马到落成，安全是第一位的。在水利工程景观设计中要充分考虑防洪、灌溉、供水、发电、航运等基础性需求，也要符合地质学、地理学、水文学、工程力学、景观设计学、水利工程学和生态学的规律，以确保景观工程落地时的安全、稳定和耐久。同时，水利工程景观设计也需要在设计标准规定的范围内，考虑对洪水、侵蚀、风暴、冰冻、干旱等自然灾害的荷载力，在抗击"数十年一遇"甚至"百年一遇"的洪涝灾害、干旱、风沙、特大暴雨、泥石流等方面都应体现一定效果。对于河流水利工程而言，由于涉及上下游和左右岸的河流侵蚀、泥沙堆积等方面的问题，不仅要满足景观设计美观性，同时水利工程景观设计也需进行必要的安全性措施。例如，在设置临景观建筑时，应考虑到其是否足以应对当地较常见的自然灾害。

2. 人身安全

水利工程景观设计更多地考虑了"人与生俱来的亲水特性"。因此，水利工程景观设计以提升亲水品质，最大限度地满足游客亲水要求为主流。但是，在水利工程景观中，滨水区是水体自然灾害和安全隐患的易发地带，例如钱塘观潮每年都存在一定人员伤亡。因此在此类设计过程中应结合当地的水文状况、地域气候、生态等因素，注重分析环境特征及人的游憩行为方式，综合开发防洪堤岸、配套安全防范设施，通过设置各种限制条件，在工程设计中满足人们亲水、嬉水的要求，同时也要确保人们的生命安全。

3. 生态安全

生态安全是自然生态系统对建设开发环境是否安全，自然生态系统遭人工环境干扰后，自身结构是否稳定安全。而在水利工程景观设计中，生态安全也是必须要考虑的重点，在设计建设中应尽量使用天然材料，以免造成过度的硬质景观破坏原有生态环境。注意对生物多样性的保护，合理构建绿色廊道。使用绿色廊道与交通廊道、水利工程相间分布的景观格局，在其流域沿途应避免电镀、印染、水晶、造纸、油漆、采砂、养殖等企业的污水侵入，或者依法加以强有力的专项整治，有效地阻止水利工程发展所造成的生态恶化。

二、整体性原则

无论设计尺度为多大，水利工程景观设计中均有较为清晰的领域界限和空间规模。虽然水利工程地块的自然环境和现状属性存在不同，其内部功能空间在使用上也有所差异，但景观环境并不是独立的游赏空间，而是人与自然的结合。因此，水利工程景观的设计应首先加强其所在的地域环境与周边区域的融合性，依托现有的区位与自然环境条件，明确水利工程景观区块的性质定位，建立"自然一人类一生态系统"的景观环境，从整体的角度考虑空间的构成形态，突出和谐感与整体感，从而带动该区域的繁荣。

1. 生态整体性

水利工程景观设计要遵循"生态整体性"原则，应立足生态系统的结构与功能，掌握生态系统中不同要素间的内在关系，同时了解其互相作用的原理，提出有针对性的整体、综合的系统手段，不能单纯地考虑水利工程的水文系统，也不能仅考虑该区域的单一动物或者单独某一区块的植被情况。同时要从区域发展的大视野去观察分析其量变与质变，不能只考虑点上或者线上的局部问题，从而忽视了水利工程周边水域和生态环境的易变性、流动性与随机性的特征，其可表现为降水季节、降水强度、泥沙含量、河床断面、落差、流速、流量、水位（含警戒水位和危急水位）和总水量的水文周期变化和随机变化，也表现为河流淤积与侵蚀的交替变化造成河势的左右和深浅摆动。这些变化在某种程度上决定了生物种群的基本条件。水域生态系统会受到降水、水文以及潮汐等因素的影响，它的范围在生境受到限制时期的高度临界状态和生境扩张时期的冗余状态之间变化。在考虑到水域生态系统变化的同时，也要考虑到生境边界的动态、混沌扩展问题。由于动物迁徙和植物的随机扩散，外来有害生物入侵，生境边界也随之发生动态变动。所谓"三十年河东，三十年河西"，河床立体剖面是呈动态性的，因此在水利工程景观设计中要注意对地区生态整体性的考虑。

2. 规划整体性

目前由于受经济条件、决策者、设计者和施工者等因素的制约，水利工程建设和水利景观建设不能同步进行，通常是水利水电工程先实施，而后几年甚至十余年时间将陆续进行景观设计，开发旅游。为了避免工程建设和景观旅游开发建设相脱节而带来的种种问题，我们倡导规划者在进行整体规划时要将工程规划设计与景观规划设计有机地结合起来，综合考虑，尽最大的可能为后期景观旅游开发建设留有余地和空间，并提供必要的延伸性和衔接性条件。整体规划、分期建设、分步实施是结合水利水电工程发展旅游的一条行之有效的途径。

三、生态可持续原则

人与自然和谐统一始终是可持续发展长远设计的主题，在保护原有自然景观和遵循自然规律的基础上，在考虑工程、景观以及生态要求的条件下，应充分发挥自然环境的优势，采取因地制宜的举措，使自然景观和人文景观高度结合，从而体现人与自然的融合。生态化观念和结合自然的观念已被设计师和研究者倡导多年。生态的设计关系到人们的生活和工作、安全和健康，也关系到人类的可持续发展，因此，在水利工程景观设计中，生态可持续原则是必须坚持和遵循的，即在尽可能保护原有生态环境的同时，也要充分考虑到生态的可持续性。

1. 生态维护

水利工程的水域和陆域环境构成了完整的生态系统，在水利工程景观设计中要尽量避免不适当的水利工程对区域生态环境的破坏。在水利工程景观设计中，水域是重要的设计区块，在设计中要体现水域的自然形态，保护水域的自然要素。例如，尽量保留天然河流蜿蜒曲折的形态，利用深潭和浅滩相间创造景观。或者在景观设计中运用工程措施使水域景观区块重归"近自然"状态。另一方面，水利工程景观修建后应满足生物的生存需要，适宜于多种生物的生息、繁衍，保护生物多样性、效法自然、顺应自然、创造自然生趣。

2. 生态可持续

随着生态学和可持续发展观念的引入，景观设计不再是单纯地营造满足人们活动、构建美丽的户外空间了，而是要协调人与环境持续和谐相处。景观设计作为一种人类行为，不可避免地会对自然环境产生干扰。可持续景观设计的重点在于对现有资源的永续化利用。而生态可持续性也是如此，努力通过恰当的设计手段促进自然系统的物质交换利用和能量循环，维护和优化原有生态格局，保持或增加生物多样性。这同样适用于水利工程景观设计。在水利工程景观设计中，大多将风景资源开发为旅游资源，但不管哪种资源，他们的共性是不可避免的破坏性和消耗性。工程建设和旅游开发过程中，会影响与消耗当地土地、水流、森林等资源；会破坏某些动物、植物、微生物的栖息地，以致危及呈块状分布的湿地，严重者可导致某些物种灭绝，水、土、生物资源枯竭，因此，水利工程景观设计要坚持在可持续发展前提下，顺应自然规律，保护生态环境，与生态环境相适应、相协调，尽可能减少对当地土地、水流、森林和其他自然资源，以及能源的影响与消耗，尽可能减少碳排放。水利工程景观设计在生态可持续性的建设上需遵循以下几点。

（1）合理利用水利工程区块的土壤、植被、生物等自然资源；

（2）注重景观营造材料的重复利用和循环使用，减少能源的消耗；

（3）注重生态系统和生物多样性的保护与建立；

（4）充分利用自然景观元素，减少人工痕迹。

四、地域原则

地域，既是一个独立的文化单元，也是一个经济载体，更是一个人文区域，每一个区域、每一个城市都存在着文化差异。有多少个地域就有多少种地域性，"地域"的本质随需求、目的以及概念的使用标准而变化。两个地域之间一般具有较为明显的差异，因此，在景观设计中需要注意所处环境的地域性。地域性景观设计应传承自然的文化内涵，体现自然与历史存在的"必然性"。不同地域的水利工程在设计中也需要因地制宜，与当地的自然环境、经济条件、社会情况，乃至与市场、交通、科技、人才、信息条件相结合。

1. 地域自然

水利工程景观设计中，地形地貌特征、植物种类与种植方式、气候特征等往往是景观设计应遵循的基础，并且是设计灵感的来源。同样水利工程区域内的气候、地貌、水文、土壤、物种、动植物等组成的自然地理景观也是水利工程景观设计的依托。遵循水利工程区域内的自然特性创造独特景观的理念贯穿设计始终，在此类设计中必须注意以下几方面。

（1）生态理念 在指导思想上，必须持现代生态理念，即了解水利工程所在区域的规划，用生态的概念系统地分析其与周边区域所存在的自然板块和生态廊道。

（2）调查研究 在方法论上，对水利工程景观区块的现状必须进行周密的调查研究，深入分析已经存在的或更新改造后可能存在的生态廊道和其他自然资源。

（3）科学论证 在步骤上必须结合以上两者，分析区域内自然资源在生态系统和局部地域生态系统中所处的位置，以及它们对规划区域在生态上的影响和要求。

（4）综合运用 在实施过程中必须落实到位，加强水利工程区域与周边自然环境的结合。

2. 地域文化

地域文化是指来自某一地区的历史全部创作，这些创作以传统为依据，由某一群体或一些个体所表达，并被认为是符合地区期望的，作为其文化和社会特性的表达形式、准则和价值，它通过模仿或其他方式相传。它的形式包括语言、文学、音乐、舞蹈、书画、曲艺、游戏、神话、礼仪、习惯、民间工艺、建筑、酿造、编织、食品等，这些都是地域文化的要素。在当今文化大繁荣的时代里，景观与文化往往是相互作用、相互影响的，好的景观设计必有深厚的文化内涵作为支撑。自古以来，水利工程所在区块也常是城市历史和文化积淀最深厚的地方，如何挖掘当地的地域文化，并将其运用于水利工程景观设计，以体现地域特色是值得设计者注意的关注点。在遵循文化的地域原则方面应当做到以下几点。

（1）就地取材　要充分运用当地的地方性材料，包括能源和建造技术，特别是独特的地方性植物。

（2）因地制宜　要顺应并尊重地方的自然景观特征，如地形、地貌、气候、市场等。

（3）入乡随俗　根据地方特有的民俗、民情，设计人文景观。

（4）唯美恂选　根据地方的审美习惯与使用习惯，设计景观建筑及构筑物、小品。

（5）珍惜资源　保护和利用景区内现有的古代人文景观和现代人文景观。

（6）继承创新　既尊重和利用地方特色，又补充和添加新的体现现代科技文化的景观。

五、美学原则

景观设计必须坚持美学原则，即在自然景观的基础上，通过人为的艺术加工和处理而形成。景观具有多元性，其表现在构成景观的要素多元和各要素之间的不同组合之中。同时，景观美还具有多样性，由于民俗、地域、文化、时代特征的多样，使得景观呈现不同的自然美、社会美的差异性，展现出美的多样形式。一般美分为内容和形式两大类。景观设计所带来的美的内容包括自然美、文化美、功能美、造型美、意境美和个性美等方面。在水利工程景观设计中也需要遵循美的原则，展现区域内美的内容。

1. 自然美

水利工程区块往往是水资源丰富的地域，具有较好的自然风光，符合人们对景观的基本审美要求和对水的喜爱之情，同时也具备良好的自然美。自然之美往往以自然物体为主体，用自然材料做元素，充分挖掘并将自然美提炼升华，浓缩在景观之中。因此，对于水利工程景观建设，充分考虑区域的自然美尤其重要。

2. 文化美

文化美在景观中无处不在，不同的地域和风土人情造就了多彩的地区文化。水利工程依山傍水，有着深厚的历史和灿烂的文化，更包含了人类对理想生活的向往和追求。

3. 功能美

水利工程景观设计的布局不能单纯追求美学效果，它首先要实现有助于调控水资源的基本功能。在满足水利工程的安全、稳定、技术可行和经济合理等基本要求下考虑景观构成元素的美学调整。

4. 造型美

景观设计师常用造型的塑造和合理布局来表现景观的美感。对于水利景观工程而言，要使造型与周边自然环境相融合，做到四季得体，疏密有度，而塑造最合理的形式来表现工程的精神、象征、标志、意义就是对造型美的诠释。

5. 意境美

意境是艺术的灵魂，是中国景观设计的艺术特征之一。意境就是通过意向的深化与心境相合，形成形神兼备的艺术境界，从而使人们达到情由景生，情景交融的心理感受。它是主观情感与客观物象之间的交融，是心灵与景物之间的碰撞，也是景观设计的一种至高境界。

6. 个性美

在纷繁复杂的现代社会中，经济、文化、艺术的交织与融合，使得人们越来越注意对个性的追求。独具人性化、个性美的景观越来越受人们青睐，而个性化的表现手法却能很好地表现奇特的美，其独特的风格能给人们带来视觉上的刺激，使人们摆脱旧思维和旧手法的束缚，从优美景观中获得心灵的愉悦。

除去内容美之外，形式美也至关重要。它影响着人们的审美感受。形式美是人类在长期社会生产实践中发现和积累的，主要由景物的材料、质感、体态、色彩、光泽、线条等要素组成，具有一定的普遍性、规定性和共同性。但基于不同的意识形态和地域环境，形式美又具有相对性和差异性，总的来说形式美的特性和发展趋势是相对一致的。

在水利工程景观设计中应注重形式美的体现。营造形式美景观设计应当把握设计中的对比与协调、对称与均衡、韵律与节奏、多样与统一几个方面。体量、形状、明暗、虚实的对比与协调在景观设计中也尤为重要，它可以调和空间效果，使得空间富有变化，达到步移景异，季变景新的效果。景观设计具有一定的整体性，而通过相互之间的衬托、借景、呼应和主次关系的类别分层、跌宕起伏等手法，可以使得整个景观设计达到浑然一体的效果。对称与均衡的运用是形式美中的调节器，可使得设计的不同部分之间具有一种平衡感。而韵律与节奏在景观设计中展现了一定的合理规律，针对景观内部细节设计采用重复、交替和渐变的手法，使景观增加层次感、丰富度。多样与统一是形式美的基本法则，主要在形式的多样变化中融入和谐与统一的关系，这样既可以显示形式美的独特性，又具有艺术的整体性，在景观设计的变化中寻求统一，在统一中糅合变化。其中形式与内容、风格与流派、材料与质地的统一是实现多样与统一的三种方式，可以在水利工程景观设计中应用，以达到突出整体风格、强化景观印象的效果。

第四节　水利工程景观设计步骤与工作内容

掌握水利工程的特点，分清景观构图元素的主次关系，是水利工程景观设计的基础。实践证明，水利工程景观设计是一个由浅入深、从粗到细不断完善的过程。此过程中的每个链条必须环环扣紧，认真对待。规划设计者应先进行基地调查，熟悉地理环境、物质环境、社会文化环境和视觉环境后，对设计所有相关内容进行概括、分析和提炼。最后，根据项目目标、设计要点，通过科学策划、计算和运筹及绘图，逐个细化，并经审核组合成章，拿出合理的方案、完成设计。大致来讲，整个设计过程可分为五个阶段：设计准备工作阶段、概念设计阶段、方案设计阶段、详细设计阶段、施工设计阶段。具体步骤及工作内容如下所述。

一、设计准备工作阶段

1. 明确设计任务

一般来说，在做水利工程景观设计之前，委托方（甲方）会出具《规划设计任务书》（或《设计招标书》），以书面的形式明确设计内容和要求。设计任务书是设计者（乙方）进行方案目标定位的直接依据和重要参考资料。甲乙双方在平等、协商、求实的基础上，通过签订《项目协议书》的形式加以确定双方职责与权益，并受现行国家法律保护。其格式虽有所不同，但大体上可参考国家企事业单位通用的标准协议版本（具体从略）。通常在详细的《景观设计任务书》中会交代设计对象的基本状况、委托方关于设计对象的初步构想、对设计进度的控制要求、最终的设计成果要求，并附有场地现状图纸和场地设计条件图纸等。关于设计内容和要求，设计单位一定要与委托方事先明确好，并经双方协商达成一致意见。但个别情况，例如，委托方自己对设计内容也不是很确定时，就需要规划设计师在综合考虑工程概况以及基地气候、土质、资源分布等基本条件和周边环境特点的基础上，向委托方提出指导性的参考意见，从而明确设计内容及相关设计要求，为设计工作各阶段打下一个良好的基础。

2. 基础资料收集

水利工程景观设计实际上是集植物景观、硬质景观、水景观、声光电景观等为一体的环境综合设计。在开展设计之前必须收集充足的数据和资料，并对其进行合理的归纳与分析，从而作为设计的基本依据。收集的资料应包含以下几方面。

（1）自然方面

① 气候。气温、光照、相对湿度、风向、风速、降雨量、小气候、各种气候灾害频率、大气污染指数等。

② 地貌。地形、地势、标高、坡度、坡向、起伏度等。

③ 地质。地质构造、岩层切割、垂岩滑坡、水土流失等。

④ 土壤。成土母质、土类、土壤类型、土壤结构、土壤侵蚀状况、农药残留、土壤有机质、pH、含盐量、承载力、土壤生物种类等。

⑤ 水体。降水、水流、水质、地下水位、河流、湖泊、水渠水系分布、水生生物、水体污染等。

⑥ 景观。地方特性、景观资源种类与分布等。

⑦ 生物。乔、灌、草、花等植被种类与分布、野生动物资源。

（2）人文方面

① 历史。历史遗迹、地方历史、古镇、古村落、古建筑、历史传说与典故等。

② 文化。文化资源、文化特性、文化区、民风习俗、宗教、居民习性、乡规民约等。

③ 其他。管理体制、企业状况、周边城市、乡村分布、人口、市场、GDP、土特产、民间艺术、交通流量、经济产业总量、区域发展态势与前景等。

（3）上位规划

① 城市。城乡总体规划、水利规划、土地利用规划、交通规划、绿地系统规划等。

② 社会发展。经济发展计划、开发建设规划、产业发展规划、社会发展规划等。

③ 交通。公路、高速道路、铁路、轻轨、航空、机场、码头等交通规划等。

（4）基地条件　红线范围、地理区位、道路、交通系统、上下水通道、燃气、供电、排水、给水、树木品种、古树名木、噪声、空气指数、雾霾指标、出入口、建筑及构筑物、广场等现状设施及游客容量、游客特点、客源市场等。

基础资料收集要尽可能地全面、详细。一般委托方会事先选派熟悉基地情况的人员，陪同规划师到基地现场勘察，收集规划设计前必须掌握的原始资料。已有的数据资料由委托方直接提供，其他所需资料数据需要由设计单位安排相关设计人员到图书馆、档案馆、统计局、水利局、水文站、气象台、农业农村局、畜牧兽医局、自然资源与规划局、民政局、发改委、生态环境局、防洪抗旱指挥中心、疫病预防控制中心、农业综合行政执法部门等相关单位借阅，也可从公共网站上查阅下载。另外，设计单位可以在收集数据之前先制作一个资料收集表，有针对性、有计划地收集资料，这样可以大大提高质量与效率，力求做到资料翔实完整。

3. 现场勘察

现场勘察的目的是核实现状图纸的准确度，修正一些现场已经变化的要素或是现场勘测获取一些规划设计所需的数据，从而帮助设计师对场地内外部状况形成更直观的印象，这有助于设计师把握对场地的特性。一般现场勘察需要完成以下任务。

（1）进一步勘察核实基地的地形地貌特征、危险地形的具体位置和范围、地形的陡缓程度和分布等要素的现状。

（2）基地的日照、雨量、风力等气候状况，包括是否有大型的构筑物或地形、地势影响日照等客体情况，标注长期处在被遮挡位置的地块等。

（3）基地的水体分布情况，包括水面的大小、水系以及与基地外水系的关系（含流向与人工水利设施的状况）、水岸的情况（形式稳定性、水岸植被生长情况）等。

（4）基地内植物的种类与分布，要求对植物的生长状况进行简单的判断，如基地内的景观树或者珍贵的古树名木、珍奇花草等需要予以保留，要标明种类、生长状况等，最好拍摄现场实物照片，对场地内的植被现场勘察后可单独绘制植被现状分布图，列出植被种类表，以备后用。

（5）需要现场确定各类构筑物和建筑物（含古坟、古庙宇）的分布及新旧程度，判断是否还有改造和使用的价值等。

（6）了解场地内的市政设施（含国防与科技保密重地），确定地下管线的具体位置及道路设置和新旧程度，考虑其在后期设计中是否继续利用等。

二、概念设计阶段

基地现状勘察和相关基础资料收集是设计的基础，需要及时整理和提炼所收集的资料，在此基础上进行理性的分析和推敲，从而触发设计灵感、构思总体方案。

1. 现状分析

现状分析的目的是发现自然、社会、经济、文化、科技、交通、人口、市场、人文、历史方面的规律，帮助设计者厘清各类现状条件，为制定规划设计目标、方针和要点做准备，并且进一步修正和完善原来的规划内容。考虑到设计目标的达成必然受到现状条件的制约，因此需要对前期收集的数据资料进行整理分析，进一步摸清现状情况。一般初步收集的资料包括文本、图纸、表格、音像等各种形式，内容上比较杂乱，需要进行一定的取舍，并对其进行归纳、分类。设计者可以根据需要将相关资料制成各种现状分析图，包括地形图、坡向图、坡度图等，也可以根据需要将其制成各类资源分类梳理表，如通过查阅地方志了解当地历史沿革、文化传承、传统民俗、特殊节庆、旅游状况等情况，将其分为物质文化、名人文化、民间文化、宗教文化、民族风情几类梳理表，从而帮助设计师找到设计灵感，获得素材，创作出具有地方特性、尊重当地文脉的景观。

2. 明确设计目标、方针和要点

在对现状进行充分分析的基础上，明确规划设计的基本目标，并确定方针和要点。基本目标是规划设计的核心，是方案思想的集中体现，是希望在设计实施后达到的最佳效果。目标的制定应该符合现实状况、突出重点。规划设计方针是实现目标的根本策略和原则，是规范景观建设的指南。它的制定应该服务于规划设计基本目标，应简明扼要。规划设计要点是具有决定意义的设计思路，关系到方案是否成功，所以，其设计要点必须符合目标。

设计目标是用文字概括设计所必须达到的功能、效果、意义，是高度概括性的语言，必须是在对委托方的项目意向、地块功能、现状条件等信息充分理解分析的基础上形成的，从而作为后续方案设计、详细设计的指导。因此，在着手确定设计目标前，必须认真阅读业主提供的《规划设计任务书》（或《设计招标书》）。在设计任务书中要详细列出业主对建设项目的各方面要求，如总体定位、建设内容、投资规模及设计周期等。

3. 明确功能

地区、空间具有各种各样的功能，如交通、居住、商业、娱乐等，但任何设计都不能是单一功能的，必须体现复合功能，而且要有主要功能和次要功能、过去的和现有的功能之分。在基本目标、方针、要点明确之后，需要进行功能的规划和配置，然后在空间上进行组合。常用的方法就是制作功能分区图。根据基地的特性和制约条件，明确基地内各个部分可以承担的功能和规模，在此基础上进行大致的功能配置。

水利工程景观设计与其他类别的景观设计一样，景观设计的主要功能为提供休闲、游憩场所，促进人们交往交流，促进生态系统恢复。次要功能包括进出、停车、餐饮、休憩、接待、住宿等。根据项目定位和基地条件，功能的选择会有所不同。因此，明确功能的同时还需确定项目的定位方向，是定位于科学考察类、探险类、观光类、度假休闲类、生态旅游类、运动旅游类，还是综合旅游类。设计的定位不同，景观设计的内容和方法也有所不同。

4. 总体构思

在进行总体规划构思时，要将委托方提出的项目总体定位做一个构想，并与抽象的文化内涵以及深层的警世寓意相结合，同时必须考虑将设计任务书中的规划内容融合到有形的规划构图中去。

构思草图只是一个初步的规划轮廓，接下来要将草图结合收集到的原始资料进行补充与修改。逐步明确构图中的入口、广场、道路、水面、绿地、建筑小品、管理用房等各元素的位置。经过修改，集思广益，使整个规划在功能上渐趋于合理，在构图形式上符合景观设计的美观、舒适的基本原则。

三、方案设计阶段

确定了设计目标、方针和要点，有了总体构思之后，就将进入实质性的方案设计阶段。此阶段在全面考虑满足各种限制要求的同时，应突出其特色。方案设计阶段需要完成的任务包括功能分区、道路交通规划、确定结构、绿化布局和总平面等。

1. 功能分区

分区决定着场地景观格局的框架，通过合理、充分地使用场地，将各种功能编织到场地的要素布局中去，使两者形成一个有机整体。功能分区是根据基地各个部分的特性和制约条件，明确规划范围内各个部分的功能，进行功能的空间配置。功能分区要特别注意和其他功能之间的联系，同时考虑基地的自然特性。例如，靠近河道水体的地方，适合作为滨水散步带；大面积的水体，一般考虑配置相应设施做水上活动；平坦地考虑设置大规模集中活动区；丘陵坡地则可以作为生态绿化区。另外，功能组合上还应充分考虑利用者的便利性。景观路线组织应避免重复，兼顾各个功能区；休息区应当分散布置在人流聚集处附近；出入口尽量配置在交通便利处；而管理区、综合服务区一般设置在出入口附近，为适应车辆日益增多的趋势，需配置有相当充裕的专用停车场地，搭配工作人员生活工作设施。同时，从经济角度出发，在功能分区时应当考虑降低日常管理维护成本。各个功能区应该尽可能发挥不同地段优势，做到地尽其利。

2. 道路交通规划

道路交通规划是确定交通路网基本形态走向，包括出入口大小和位置、机动车道路、人行道路、道路样式、停车场位置和规模。

出入口的设置主要考虑进出的方便。一般来说，至少设置主、次入口各一处，形成环游线路。主要入口处根据需要配置停车场地。道路的走向有规则式和曲线式。规则式道路一般要求地形平坦，具有方便、快捷、对称、宏伟、壮观的特点，还可以作为规则的中心轴线使用。曲线式道路避免了规则式道路单调、呆板的缺点，能适应不同的地形，形成移步换景、多姿多彩的效果。现在的大多数景观设计采用规则式和曲线式道路相互结合的路网形式。

3. 确定结构

结构是确定各个节点、轴线的空间关系。实际上就是布局与资源配置。规划设计过程中应确定景观主次轴线、主次节点的位置，作为重点景观打造对象。轴线的形式不仅是道路，还包括河流，从空间而言，路径轴线的组织需要注意移步换景，避免界面过于单调。

4. 绿化布局

绿化在使用功能性方面不像建筑要素和道路要素等对面积规定得很严格，绿化是相对最有弹性的要素。一般绿化布局有三种形态：点状绿化、线状绿化、面状绿化。点状绿化在空间布局中一般是最具有标志性的景观点，因此在布置时需要选择合适的位置，一般会选取对景点、视线焦点的位置，如大门的入口处等；线状绿化常用于道路、河道及建筑旁。在场地用地有限的情况下，尽量多布置线状绿化使其联系在一起，扩大绿色背景，使人有融入其中的感觉；大面积的绿化布置则最好结合场地现状特性来选址，如地势起伏较大的地块、现状植被保存较好地块、生境类型较多地块等。

5. 总体平面

总体平面是景观结构、功能分区、路网、绿化在平面图纸上的具体表现。除此之外，总体平面还需要表现建筑设施和构筑物的分布情况。

总体而言，初步规划方案阶段基本确定了空间未来的形态、材料和色彩，要与委托方、公众不断交流协调，反复推敲，必要时需要制定多套候选方案，以资参考与比较。

四、详细设计阶段

初步概念设计方案确定后，下一步就进入详细设计阶段。详细设计是对初步规划方案的深化和细化，同时也是为建设施工做准备。一般详细设计时不对原有方案进行大改动，但是在这一阶段如发现方案存在重大失误时就需要重新进行规划设计。整体进程上首先要对节点和轴线进行细化，其次要对各个不同的功能区进行细化。

1. 具体设计

具体设计时，构筑物与场地的关系、植物栽种的定位、工程管线的排布、夜间照明的做法等细节都应该交代清楚。其设计内容主要包括以下几方面内容。

（1）场地竖向设计 重点落实建筑物、构筑物、道路、水体等要素在竖向上的定位，排水、电力等市政管线的铺设，场地内外高程的衔接。采用的竖向设计图一般有平面标高控制图和剖面标高图两类。

（2）道路广场设计 确定道路的线性定位，道路与场地衔接关系，停车位尺寸与形状，道路与广场的铺装布置等。

（3）建筑小品 对场地内设计的建筑物、构筑物等小品的具体位置、各个方向的立面以及节点大样等进行设计。

（4）植物配置 明确植物的种类、种植的具体位置、种植面积、树龄、规格等信息。

（5）照明设计　需要对地面照明的位置、规格详细说明。

（6）其他设计　休憩凉亭、滨水廊道等的景观设计和标识标牌、解释导引系统等内容。

2. 文本包装

具体设计完成后，设计单位需要向委托方出具方案文本。方案文本是对方案进行详细说明的文本材料，里面内容包括文字说明和各类设计图件。文本包装应将规划方案的说明、投资匡（估）算、水电设计的一些主要节点，汇编成文字部分；将规划总平面图、功能分区图、绿化种植图、小品设计图，全景透视图、局部景点透视图、鸟瞰图，汇编成图纸部分。文字部分与图纸部分的结合，就形成一套完整的规划方案文本。

方案文本一般包括以下内容：项目概况，区位分析（位置图、区位图、范围图），现状条件（基本地形图、坡度图、坡向图、用地现状图），设计目标、设计方针、设计原则，规划总体构思，功能分区（功能分区图），景观结构（景观结构图），总体布局（总体布局图），道路交通规划（道路系统图、道路断面图、步行道路图），详细设计（详细平面图、剖面图、节点效果图），植被设计（植被意向图），铺装设计，照明设计，主要技术经济指标（用地面积、建筑面积、建筑密度、绿地率、容积率、层数、建筑高度等）等内容。

3. 扩大初步设计

委托方在收到方案文本后，会组织相关人员召开专家评审会。评审会结束以后会给出打印成文的专家组评审意见。设计者结合专家组方案评审意见，进行深入一步的扩大初步设计。在扩大初步设计文本中，应该有更详细、更深入的总体规划平面、总体竖向设计平面、总体绿化设计平面、建筑小品的平面、立面、剖面（标注主要尺寸）。在地形特别复杂的地段，应该绘制详细的剖面图。在剖面图中，必须标明几个主要空间地面的标高（路面标高、地坪标高、室内地坪标高）、湖面标高（水面标高、池底标高）。总的来说，若扩大初步设计做得越详细，则施工图设计越省力。

五、施工设计阶段

施工设计阶段是景观设计的最后阶段，也是后期现场施工、建设单位和施工单位进行工程预算的基础。设计单位要充分了解和遵照国家和行业规范，熟悉各类景观工程材料的性质、做法，贯彻方案意图，尽量降低工程造价，做到生态、节能，在细节处理上做到多样统一、独具匠心。

对于施工设计图的制作，不仅要求细致明确，还要求设计者深入了解各种建筑材料的性能和施工方法。随着建材工业的持续发展，建筑材料种类越来越多，材料性能也在逐渐提高。不同的建筑材料有不同的质感，应该根据其质感特征选择建筑材料，同时还要考虑到使用年限、耐用程度和费用等。

施工图设计完成后，设计单位需要协同施工单位、监理方和建设单位进行现场交底，对于图纸中的问题应进行具体解答。如果后期方案有所更改，设计单位则需要出具设计变更图，直至项目施工完成。

第五节　水利工程景观的总体设计

一、水利工程景观总体设计

水利工程景观总体设计即是要合理规划设计水利工程主体建筑物、各种景观元素及其配套设施的总平面布局。在规划上要做到功能分区的布局合理，内部交通顺畅、有序，建筑物之间相互联系密切，尽量减少不同功能之间的交叉与干扰。另外，要考虑绿化空间及休息空间等的整体造型。进行规划的过程中，景观与建筑要因地制宜，根据具体的环境进行规划，有层次的突出建筑，强调环境格调，从而达到移步换景的效果。尽可能地扩大水体边缘的绿地，从而形成较为连续的绿化带，使用绿色进行景观轮廓的勾画。同时，利用绿色空间优化环境景观质量，以表现现代化水利工程景观的新形象与新要求。

水利工程以物的形式体现于人类赖以生存的社会环境中，其作为景观的美感并不是孤立且静止的，随着我国社会和科技的发展，其存在于社会的形式也会相应产生变化。水利工程的功能美与形式美的协调关系，将会呈现出符合时代潮流的不同风格特征。所以，水利工程景观的总体设计首先要坚持"天人合一"的理念，做到以人为本，满足人们的精神需求；另一方面，设计者在规划设计时要注重坚持可持续发展的理念，使设计能够带来持久、长远的效益。从这个角度来说，现代水利可以被称为"大水利"，即"通过流域的综合整治与管理，使水系的资源功能、环境功能、生态功能都得到完全的发挥，使全流域的安全性、舒适性（包括对生物而言的舒适性）得到不断改善，进而支持流域实现可持续发展"。

二、水利工程景观总体设计的成果

在充分熟悉水利工程景观设计区域调查资料的基础上进行总体设计。首先要认真组织各功能分区。从占地条件、占地特殊性和限制条件等方面分析，定出该地区可能接受的功能及其规模大小等，并对某些必要的功能进行大略的配置。在本区域包含的功能中，要有主要的功能单元，首先决定出规模，然后探讨单元，再定出较合理的功能组合。功能图即组织整理和完成功能分区的图面，也就是按规划的内容，以最高的使用效率来合理组合各种功能，并以简单的图画形式表示的图。合理组织结构与功能的关系、人流动线与车流动线的关系，可抽象地在图面上进行讨论。另外，为了获得较好的功能分区，可将同一个方案分配给数人同时进行，经讨论分析，再形成新的方案。也可用功能不同的纸板移动的方法或者用统计学、运筹学的方法来探讨最好的功能组合方案，然后再进行图面设计。由于占地条件的限制，在规划时应把功能确定在理想的范围内；或者根据地块本身具有占地的优势，据此将功能图修正。但必须注意，在功能配置时可能导致自然环境的破坏，必须保证把地块现有自然环境中最有潜在价值的方面，加以保护利用，尽可能地将设计施工对环境造成的影响降低到最低限度。

如果所要设计的水利工程景观占地面积较大、现状较复杂，可采用"叠合图法"，即将图号等大的透明纸的现状地形地貌图、植物分布图、土壤分布图、道路及建筑物分布图，层层重叠在一起，以利于综合考虑，消除其相互之间的矛盾，做出符合章法且更为合理的总体规划图。

在总体规划时，需要做出以下图件。

1. 设计区块位置图（1：5000～1：10000）

要表现该水利工程景观所在的位置、轮廓、交通及其与周边环境的关系。

2. 现状分析图

将分析后的现状资料归纳整理，形成若干空间，用圆圈或抽象图形将其粗略地表示出来。如对四周道路、环境分析后，可划定出入口的范围。对周围景观现状分析后，可充分利用园外借景，处理好障景。若某一方向居住区集中、人流多、道路四通八达，则可划分为比较开放、活动内容比较多的区。

3. 功能分区图

根据规划设计原则和现状分析图确定该公园分为几个空间，使不同的空间反映不同的功能，既要形成一个统一整体，又要能反映各区内部设计因素间的关系。

4. 道路系统规划图

道路系统规划图是在确定主要出入口、主要道路和广场的位置、消防通道，同时确定出主、次干道等的位置、各种路面的宽度、主要道路的路面材料和铺装形式等后制作的图。它可协调修改竖向规划的合理性。在图纸上用虚线画出等高线，再用不同粗细的线条表示不同级别的道路和广场，并标出主要道路的控制高度。

5. 园林建筑规划图

根据规划设计原则，分别画出园中各主要建筑物的布局、出入口、位置及立面效果图，以便检查建筑风格是否统一和景区环境是否协调等。彩色立面图或效果图可拍成彩色照片，以便与图纸配套，送甲方审核。

6. 竖向规划图

根据规划设计原则以及功能分区图，确定需要分隔遮挡成通透开阔的地方。另外，加上设计内容和景观的需要，绘出制高点、山峰、丘陵起伏、缓坡平原、小溪河湖等；同时要确定总的排水方向、水源以及雨水聚散地等。还要初步确定主要建筑所在地的海拔高程及各区主要景点、广场的高程，用不同粗细的等高线控制高度及用不同的线条或色彩表示出图面效果。

7. 电气规划图

以总体规划方案及树木规划图为基础，规划总用电量、利用系数、分区供电设施、配电方式、电缆的敷设以及各区各点的照明方式、广播通信等设施。可在树木规划图的基础上用粗线、黑点、黑圈、黑块等表示。

8. 管线规划图

以总体规划方案及树木规划为基础，规划上水水源的引进方式、总用水量、消防、生活、造景、树木喷灌、管网的大致分布、管径大小、水压高低及雨水、污水的排放方式等。如果工程规模大、建筑多、冬季需要供暖，则需考虑取暖的方式、负荷量、锅炉房的位置等。在树木种植规划图的基础上用粗线表示，并加以说明。

9. 绿化规划图

根据规划设计原则，总体规划图要考虑苗木来源等情况，安排全园及各区的基调树种，确定不同地点的密林、疏林、林间空地、林缘等种植方式和树林、树丛、树群、孤立树等以及花草栽植点等。还要确定最好的景观位置（透视线的位置），应突出视线集中点上的树群、树丛、孤立树等。力求大、中、小，高、中、低，乔、灌、草，以及常绿树和落叶树的合理搭配，兼顾传统园林与现代园林优势。在图纸上可按绿化设计图例表示，但树冠表示也不宜太复杂。

10. 总体规划平面图（1∶500，1∶1000，1∶2000）

总体规划平面图包括设计红线、大门出入口、道路、广场、停车场、导游线的组织，功能分区活动内容、种植类型、种植分布、苗木计划、建筑面积分布、地形、水系、水底标高、水面、工程构筑物、铺装、山石、栏杆、景墙、公用设备网络、人流动线及方向等。

11. 总体规划的表现图、设计说明书

按总体规划做成模型，各主要景点应附有彩色效果图，并将其拍成彩照、图纸和照片，有的可制成PPT，全部交付甲方审核批准。

表现图有全园或局部中心主要地段的断面图或主要景点鸟瞰图，以表现构图中心、景点、风景视线、竖向规划、土方平衡和全园的鸟瞰景观，以便检验或修改竖向规划、道路规划、功能分区图中各因素间是否矛盾、与景点有无重复等情况。

设计说明书，主要是说明设计意图。它包括位置、现状、范围、面积、游人量、工程性质、规划设计原则、规划设计内容（出入口、道路系统、竖向设计、河湖水系等）、功能分区（各区内容）、面积比例（土地使用平衡表）、树木安排、管线电气说明、管理人员编制说明、估算（按总面积、规划内容，凭经验粗估。按工程项目、工程量，分项估计汇总）、分期建园计划等。

随着我国近年来社会经济的蓬勃发展及现代化进程的加快，人民物质生活水平显著提高，人们对水利工程的功能要求也在不断提高，从而在水利工程的建设中提出了新要求。人们希望看到贴近自然、生态的水文景观。另外，在生态经济环境水利阶段，人们普遍关注环境与生态问题，普遍重视资源开发与环境保护、生态保护的协调发展。在这样的前提下，强调水利工程的环境功能和美学价值，已成为水利工程设计方面的新趋势。因此，水利工程建设与规划需要主动地适应人们的这种需求，逐步从传统的工程水利向资源水利、生态水利转变，注重水利工程的景观规划与美学要求，从单纯防洪工程向集防洪、生态平衡、景观为一体的综合型水利工程方向发展。要通过新理念进行规划设计，将水利建设与时代发展同步进行，为人民生活创造良好的条件。

第六节　水利工程景观专项设计

水利工程的专项景观设计共分为植物景观设计、硬质景观设计、水景观设计以及声光电景观设计等。

一、水利工程植物景观设计

植物景观，主要指由植物个体、群落和植被所表现的形象，通过人们的感官传到大脑皮层，产生一种视觉冲击，得到美的感受和联想，其中也包括人工运用植物题材来创作的景观。

水利工程施工过程中经常伴随着地形的改变、植被的破坏，大量的边坡、道路、场地等需要恢复植被、保持水土，游憩区、广场等也需要绿化。与此同时，水利工程因水而有、依水而存，植物的存在对水景观的延续必不可少。因此，在水利工程景观设计中，需要尽量加强植物景观要素的运用，恢复和创造生态环境，弱化水工建筑的生硬，不仅将水利工程变成景色优美、绿色充分、环境宜人的生态空间，而且让身处其中的人们感受到水利景观带来的舒适与愉悦。

1. 植物景观的特点

与其他景观素材相比，植物有其独特之处。

（1）植物是有生命的有机体　景观设计中其他的无生命要素因此而鲜活。

（2）植物有其固有的生命活动周期和生长发育规律　同一种植物在不同生长时期及不同生长条件下有形体的变化。

（3）植物色彩富有变化　植物的叶色因受遗传基因及气候等影响而变化多端，花色、果色更是丰富多彩，并随生育期和季节而变化，有的双子叶落叶树种，还会受气温和 pH 的制约，导致花青素、叶黄素代谢受影响，呈现出春秋绚丽多彩的不同叶色，或者在叶柄处因产生隔离层而落叶，其丰富的景观带给人们新的精神愉悦和享受。

（4）植物可与风雨雪雾等自然元素结合成景　植物是水利工程景观设计中最生动、最活泼的造景要素。作为硬质景观的柔滑剂，植物不但可以自成一景，还可以与建筑、道路、山石、水体等配置结合成新的景观。植物景观的充分应用可以起到绿化、美化、亮化的作用，可以完善水利工程的环境功能。

2. 植物配置理论

植物的配置是展现植物景观，体现景观艺术的重要方式。植物配置理论内容丰富，包括背景衬托、装饰点缀、空间分割等造景手法，不同的手法表现不同的景观，形成多种多样的植物景观。在适当的景观点使用适当的植物配置方法，更能营造出所需的景观，展现景观的艺术性。

（1）植物配置的主要原则

① 适地适植物的原则。了解工程区域立地条件和植物特性，尽量选择当地植物。

② 因地制宜合理配置的原则。根据绿地不同性质和功能选择植物，合理配置。

③ 高度搭配要适当的原则。上层乔木、灌木分枝点较高，种类较少时，下层地被植物可适当高一些，而种植区面积较小时，要选择较为低矮的种类，花坛边缘则宜选择一些更为低矮或蔓生藤本种类，将会更加衬托出花朵的艳丽。

④ 色彩搭配要协调的原则。植物搭配要注意色彩的变化和对比，通常具有丰富季相变化，常绿树下可选耐阴性强、花色明亮、花期较长的植物。

（2）植物配置方法　在水利工程的植物景观中，不仅可独赏植物体态、色彩所表现出的个体美，而且可赏其通过对植、列植、丛植、群植、林植等种植方式所营造出的群体美，还可以利用借景、障景、配景等艺术手段来丰富水利工程景观，以增加景深层次，创造景观意境。

3. 水利工程植物景观设计

（1）生态护堤　在水利工程中，生态护堤的规划可采取自然土质岸坡、自然缓坡、植树、种草等进行美化护堤，这样既防止了水土流失，又能为水生植物的生长、繁育及两栖动物的栖息繁衍活动创造良好条件。河岸边坡比较陡的地方，采用木桩及木框加毛块石等工程措施，这样可使工程既能稳定河床，同时也能改善生态及美化环境，这样就避免了混凝土工程所带来的负面作用。

（2）边坡绿化　边坡绿化不仅能防止裸露土、岩边坡水土流失的继续发展、丰富当地的物种资源，而且能有效地改善当地气候、涵养水源，增加空气中负氧离子，是生态快速恢复的重要举措。边坡绿化的原则有：先保基质后绿化、美化；乔、灌优先，乔、灌、草、花、藤相结合；坚持生物多样性、近自然性和可持续性。边坡绿化的方法多种多样，按固定植生条件的方法不同，可分为客土植生带绿化法、纤维绿化法、框格客土绿化法；按所用植物不同，可分为草本植物绿化、藤本植物绿化、草灌混合绿化、草花混合绿化。

（3）沿河绿地　沿河绿地设计要尽可能扩大沿河绿地空间，形成较为连续的绿化带，用绿色来勾画水利工程的轮廓，延续水利文化。同时以绿色空间优化环境景观质量。树种选择上应选择适应性强，根系发达、枝繁叶茂，不易遭受病虫害，观赏期长且景观效果好，具有较强抗污染能力的树种，滨水地带还应选择耐水（湿）的树种。在植物选择时，要遵循如下原则：保护原有物种的生物多样性，人造景观与自然景观的完美融合；首先符合水土保持要求，然后再考虑绿化美化的需要，并将二者有机地结合起来；水土保持的植物防护措施以乔、灌、草、花相结合为原则，尽量选择本地速生粗生的乡土品种；适地适树，以当地乡土物种为主，引种驯化后适应当地气候特点物种为辅；根据四时节气变换，合理搭配彩色叶树种。

二、水利工程硬质景观设计

硬质景观包括建筑景观、场所景观、道路景观、地面铺装、景观设施等。

1. 建筑景观设计

建筑是构成水利工程的主体物，宏伟壮丽的水利建筑是水利工程特有的景观资源。它既是蓄水、发电、防洪、灌溉的载体，也是水利景观的核心要素之一，其独特的风格、色彩以及艺术造型往往成为一个水利工程的形象。水利工程的建筑景观设计，需要根据当地的水利文化，详细地做出规划设计的思路，在满足水利服务的基础上，重视水利建筑的视觉效果，将其打造成水利景区的点睛之笔。水利工程景观中建筑景观的设计应遵循以下原则。

（1）优化水利建筑单体，合理调整结构体系　水利工程建筑有其固有的特点，其结构布局需要按水工建筑设计规范、满足配套设备安装的要求。在与建筑专业配合上，需要多方面、多回合的商讨，才能相互协调。水工结构与建筑艺术的配合过程，是一种磨合和相互适应、相互促进、相互提高的过程。

（2）精心布置和设计附属设施　各种各样的启闭机房及电站厂房等附属设施，有如风景园林中的小品，是造景的上佳素材。利用不同附属设施的特点，使建筑景观显得错落有致，既富于节奏感，又不失均衡感。

（3）重视色彩设计　建筑艺术离不开色彩，色彩的变化能刺激人的感官，并留下深刻印象。为了改变水工建筑物单调、沉闷的感觉，根据各单体建筑的功能和所处位置合理使用色彩，丰富建筑景观。

2. 场所景观设计

场所景观包括出入口、广场、儿童娱乐场地、停车场地等。出入口是游客集散的重要场所，其规划设计应充分考虑人流的聚散场所，合理安排场地，在设计上应结合水利工程独有的景观要素，以体现水利景区的独特性。广场的设计应与水利工程相联系，具备人文或纪念含义的水利工程宜建设主题广场；对于缺少主题的水利工程则可以不考虑建设广场，而增加特色亭台、怪石或大的空当草坪等。对于儿童娱乐场所可以考虑设计儿童游戏场、戏水池等。

3. 道路景观设计

道路景观设计，就是将所有的景观要素沿道路网巧妙和谐地组织起来的一种艺术。道路网是为适应水利景区内景点布置要求，满足交通和游人游览以及其他需要而形成的。景点就像珍珠，道路就像串珍珠的线，不同的道路路线串出风格各异的珍珠串件。所以景点固然重要，优秀的道路路线布置更重要。与普通景区相比，水利工程内的道路景观设计有其独特之处，其需要与防洪通道结合考虑，须合理规划主干道与林荫道的布局。在水利景区内，沿线优美的自然风光和水利景观，能提高游览过程中的趣味、避免单调，道路的设计既要使空间紧凑给人以丰富的体验，又要有足够的回旋余地。从通过方式来说，可分为车行道、船行道和步行道，主要包括生态小道（步行）、骑马小道、自行车小道、汽车行道、航道等其他各种通道。

直线、曲线是道路的线型，不止一条的曲线和直线组成了道路网。为了游览过程更有趣味、不再单调，道路沿线就必须有令人叹为观止的自然或人工景观。道路交通组织便是这样的一种艺术，它沿着道路网将景观要素组织得巧妙而和谐。

常用的道路布置有以下四种。

（1）自由式 路网没有格式，根据景点的布置进行设置，变化丰富，被很多景区所采用。

（2）方格网 这种方式也是常见类型，适用于平原式地形相对平坦的景区。

（3）环形 这种道路网形式的特点是由几个近似同心的环行组成路网主干线，并且环与环之间有一通向外围的干道相连接，有利于景区中心同外围景点及外部景点相互之间的联系，在功能上有一定的优势，可以组织无重复的游览路线和交通引导。

（4）混合式 根据景区的具体情况考虑，克服其他模式的缺点，总结几种形式的优点，从而有意识地规划，就形成了混合式的系统。

4. 地面铺装

根据诸多有关人的行为分析，一般人行走习惯看前方偏上的地方，所以铺装的设计尤为重要。在铺装设计时要充分运用心理学与美学原理，为行人提供逐渐展开的各种景观和给人丰富的空间感受。无论从其材料的选用上，还是从色彩的应用上，铺装都应具有调和与统一环境的美感，以一定图案和色彩有规律地铺设是铺装最普遍的铺设形式。水利风景区的铺装设计一般要注意以下几点。

（1）平坦无障　即注意地面铺装要平坦，尽量减少高差的变化，不得已有高差变化时应做明显标志。

（2）动静结合　即注意动态铺装与广场等静态铺装的设计。

（3）铺中有景　即铺装有参与造景的作用。

（4）因地选材　即根据不同的气候条件，选择不同性能的材料。

5. 景观设施

景观设施即各种服务设施，包括座椅、雕塑、标示牌、解说系统、垃圾箱等。座椅的主要功能是供游客眺望风景、交谈、阅读和休憩小坐时使用，其数量、尺度、形状、种类、材质及分布位置等都要人性化设计。雕塑常位于景观视觉的焦点或中心，用来突出景观设计的主题，现代人们观念的改变要求雕塑小品不能只用来观赏，人们希望与雕塑零距离接触，希望参与到环境景观当中，充分享受景观带给人的闲暇与快乐。其他的标示牌、垃圾箱、导游图等设施在设计时要保证其艺术性与实用性的统一，还要保证其数量。

三、水利工程水景观设计

水是景观的主体，可以通过艺术加工，以不同形态达到不同的景观效果，并综合四周景物和倒影及水中、水边的动植物等，供人享受并使人愉悦的整体组合，即为水景观，包括水利风景区、湿地、水文化景点等表现形式。

水是水利工程最重要的景观元素。人类除了维持生命需要的水之外，在情感上也喜欢水。水不仅具有五光十色的光影，也能发出悦耳的声响和众多的娱乐内容，其带给人的感官享受是其他景观元素所无法替代的。在水利工程中，不仅有平静的广阔水面，更有气势磅礴的泄流景观，异常丰富的水文景观折射出现代水利的水文化，在为人们提供亲水平台的同时，更能号召人们了解水利建设、支持水利建设、参与水利建设。

水利工程景观中的水景观主要分为静水景观与动水景观，水的情态则是指动态或静态的水景与周围环境相结合而表达出的动静、虚实、开合等美感关系。

1. 静水景观设计

静态的水宁静祥和、朴实明朗。在水利工程中，人工营造的近自然化的水面常能呈现多种多样的景观。在光照下，水面因反射变得波光粼粼、色彩缤纷；在微风的吹拂下，水面则会形成微动的波纹和层层间断的浪花……这些水文景观与周围的景观元素有着密切的关系，周围丰富的景观更能烘托出水库内水域的自然化，而且这一池静水也会使得水利景区充满灵气，富有意境。

优美的静水景观可以通过以下方法实现。

（1）倒影的组织　水利工程中的静水景观通常是大面积静水。静态的水面可以反映出周围景物的倒影，虚实结合扩大了视觉空间，丰富了景物的层次，给游人无限的想象空间。在色彩上，静水能映射出周围环境的四季景象，表现出时空的变化；在光线的照射下，静水可产生倒影、逆光、反射出"海市蜃楼"，这一切都能使水面变得波光晶莹，色彩缤纷。因此，有意识的设计、合理的组织水体岸边各景观元素，可以使其形成各具特色的倒影景观。

（2）植物装点　在水利工程中，水体与岸边交界处常会形成浅水湾或死水湾，此处经常是蚊虫肆虐的地方，也是游人容易到达的地方。在此处种植水生植物不仅可净化水体，而且可以丰富水面效果、形成生态斑块，一些植物还能增加经济收入。适宜的水生植物有芦苇、菖蒲、荷花、莎草等，种植成片，或者种植成疏密相间的点状、块状等几何形态，既增加了水面的绿色层次，又有"平户照长蒲、荷花映日红"的自然野趣。

（3）水生动物的放养　在水利工程的静水中放养适量水生动物，如鱼、蚌等，不仅可净化水质，更能增添情趣、增加经济收入。很多大中型水库都放养有鱼，如安徽梅山水库、河南结鱼山水库等，在下网捕鱼季节，网中千万条鱼翻腾跳跃、鳞光闪耀，令人惊叹不已。当红日欲落、微风拂面，在平静的水库岸边垂钓，也别有一番情趣。

（4）增添人工景观设施　可在蓄水形成的全岛和半岛上点缀一些建筑小品，用以吸引游客视线，也可考虑建设观景台、小憩甚至垂钓处。有的水利工程水体水面开阔，莽莽苍苍，一望无际，观感单调，不易引起游人的兴趣。为此可用亲水平台、景观桥亭、亲水步道、滨水建筑等点缀或分割宽阔而单调的水面，以增加亲水性。

2. 动水景观设计

动水，即流动的水，包括河流、溪流、喷泉、瀑布等。与静水相比，动水更具有活力，令人兴奋欢快，如小溪的潺潺流水、喷泉的水花四溅、瀑布的磅礴轰鸣等，都会不同程度地影响观者的情绪。

在水利工程中，动水景观主要分为流水、落水、喷水等几种景观类型。

（1）流水景观　河湖蜿蜒会使水体增添些许神秘，也使得景观设计中景点的布置疏密有序，有移步易景、"路转溪头忽现"的趣味。水利工程中的下游河道生态用水、供水设施的明渠、泄水设施的开敞式进水口、尾水渠等都会形成或平缓或激荡的流水景观。在景观规划和设计中合理布局，精心设计，均可形成动人的流水景观。

（2）落水景观　落水景观主要有瀑布和跌水两大类。瀑布是河床陡坎造成的，水从陡坎处滚落下跌形成恢宏的瀑布景观。跌水景观则是指有台阶落差结构的落水景观。水利工程景观中最典型的落水景观莫过于水利工程中的水库泄水。水库泄水消能的方式主要有挑流消能、底流消能、跌坎面流消能、自由跌落消能、水股空中碰撞消能以及台阶消能等。其中挑流消能、自由跌落消能和水股空中碰撞消能可形成瀑布景观，而跌坎面流消能、台阶消能和底流消能等，则可形成跌水景观。

（3）喷水景观　喷水景观以人工建造的具有装饰性的喷水装置为基础，是动水景观中运用最为广泛的人造景观。它的功能有湿润周围空气、减少尘埃、降低温度等。再者，喷水的细小水珠同空气分子撞击，能产生大量的负氧离子，提高环境景观质量。水利工程的生活区、水利景区的游客中心等人群集中的地方常会设计各种形态的喷水景观，以增加景观元素，活跃气氛。

四、水利工程声光电景观设计

1. 声景观设计

20 世纪 60 年代末，加拿大作曲家、音乐教育学家莫雷·沙弗尔（R. Murray Schafer）首次提出了"声景观"的概念，其意义是"用耳朵捕捉的景观"或"听觉的风景"。声景观与传统意义上的声有以下区别。

（1）从单个到整体的转换　声景观研究的是多数个别的声音组合而成的整体声音效果及其所创造的环境。

（2）从孤立到联系的转换　一方面，声景观会因环境的不同而不同；另一方面，人们对于声景观的主观感受会因环境和个人心理有很大的不同。

（3）从物理性到社会性的转换　历来对声音现象的研究主要是用数量的分析方

法，而声景观对声音的把握要对声音的多重特征进行综合考虑，并根据人的个体差异，附加有不同的价值和文化内涵。

声景观的设计就是运用声音的要素对空间的声音环境进行全面的规划和设计，并加强与总体景观的协调。水利工程中的声景观设计不仅强调对声音的设计和规划，还重视对声音的感受、理解、体验和评价，重视对声音的"价值化"和"意义化"。在以视觉为中心的水利景观设计中引入声景观的要素后，把景观中固有的听觉要素加以明确的认知和积极的表现，可以更加客观全面地设计景观，让游人积极地去感受、去联想，从而提高游人对周围环境的关心程度，触发人们对水利环境的亲近感。

2. 色彩与光景观设计

色彩是最引人注目的景观元素，它往往能表达某些事物的特殊性或重要性。人对色彩的感受比较复杂，这不仅取决于颜色的特质，还与其背景有关系，因为色彩与一定的情景结合会产生特定的象征意义。水利工程景观设计中色彩的控制和运用很重要，恰当的色彩运用可以有效地烘托气氛，协调景观各要素，增加景观的可识别性。在景观色彩设计时，要考虑当地的气候特点，利用色彩的视觉特性来改善环境心理感受。如在南方炎热地区，由于夏季气温高、时间长，可以考虑多用冷色调，从而增加视觉的舒适性。

光景观也是水利工程景观设计中的重要元素。灯光环境艺术是灯、光、物、影的综合，是不同空间由整体到局部的综合，是与不同艺术形式的综合，它给人的感受是全方位的，是从感官直抵心灵的。目前，灯光艺术有两种发展趋势，一种是更贴近我们的现实生存环境，另一种是更加贴近环境艺术，这种灯光将人处于刻意营造的灯光环境之中，通过一系列的灯光综合手段，创造一定的氛围，表达一定的情趣。

水利工程景观的灯光设计应充分考虑工程特点，与建筑、绿化、水景结合，有主有次，且加强重点景观灯光，从而丰富水利景区空间内容、重塑绿地环境形象。在具体设计中，泛灯光使用最多，灯具类型也较丰富，且随部位的不同作相应的隐蔽处理。在景观建筑及防洪堤的轮廓线上设灯光带，广场照明则以散点灯光及反射为主，辅以射灯、探照灯等重点灯光，绿化丛中配置园林灯使之亮化。在满足照度的前提下，注意灯光色彩和层次的变化，柔和的光线、别致的灯具、多角度的光线投射和主次分明的照明设计，将极大地丰富整个水利景区的夜景，也展示了水利工程的夜景标识。合理运用灯光的"点—线—面"布局，高低错落，明暗相间，光景观就会成为水利景观的点睛之笔。

3. 电景观设计

电景观设计就是运用电力电子技术，对水利工程中的用电设施进行规划和设计。电力电子技术是指以物理与材料科学为基础的技术，综合了光学、电子、电机、机械与控制工程等技术。现代的电力电子技术使声光电在景观设计中的应用成为可能，并且电力电子技术的发展使得这些设备更为智能与节能。在水利工程中应用的电力电子技术所涉及的范围很广，它包括以电力为能源的所有设备，如喷泉设备、喷雾设备、灯光设备、音乐系统、智能控制系统等。

【本章小结】

水利工程景观属于大地自然景观的一种，是由水利工程本身及其周围环境组成的综合景观体系，是水利工程及其影响区域范围内环境的视觉总体，包含了自然景观和人文景观两个基本组成元素。同时，它又是一个给人以视觉感知的物质形态及其空间环境的综合体，具有自然属性和社会属性。

水利工程景观设计即是对水利工程建设区域及其影响区域内的场地、土地、环境等进行规划设计，完善区域内的地形、水体、植被、建筑及构筑物的景观形态、景观功能及人文文化，营造提供一个景观宜人、生态良好、文化丰富的休憩空间。

水利工程景观设计要在分析和构建当代水利工程科学、景观美学和系统生态学基础上，从景观美学效应、景观空间格局、景观功能、景观控制和景观管理与维护等角度对水利工程设施进行环境景观营造，是一项系统工程。水利工程景观必须按照一定的程序步骤、遵循一定的原则方法，并与水利工程的设计建设同步进行。

水利工程景观设计必须遵循的首要原则即是在满足工程安全的前提下进行景观设计，运用生态学原理构建一个功能完善的小型生态系统。水利工程景观设计涉及建筑设计、水利工程设计、道路组织、植物配置、声光电景观的运用等，需要建筑学、景观美学、水利工程学、风景园林学等多学科的专业人才协调进行。

【参考文献】

[1] 康明宇. 水利水电工程景观设计研究 [D]. 硕士学位论文, 西安: 西安建筑科技大学, 2007.

[2] 杜菲菲. 水利水电工程景观影响评价的初步研究 [D]. 硕士学位论文, 哈尔滨: 东北林业大学, 2012.

[3] 陈圣浩. 景观设计语言符号理论研究 [D]. 博士学位论文, 武汉: 武汉理工大学, 2007.

[4] 胡圣能. 高速公路景观规划与设计技术研究 [D]. 博士学位论文, 西安: 长安大学, 2011.

[5] 邬建国. 景观生态学——格局、过程、尺度 (第二版) [M]. 北京: 高等教育出版社, 2009.

[6] 沈振中, 等. 水利工程概论 [M]. 北京: 中国水利水电出版社, 2011.

[7] 陈斌, 王海英. 景观设计概论 [M]. 北京: 化学工业出版社, 2012.

[8] 陈伯超. 景观设计学 [M]. 武汉: 华中科技大学出版社, 2010.

[9] 胡长龙. 城市园林绿化设计 [M]. 上海: 上海科学技术出版社, 2003.

[10] 康明宇. 水工建筑物景观的设计 [J]. 陕西水利, 2007, (1): 22-24.

[11] 李蓉, 郑垂勇, 马骏, 等. 水利工程建设对生态环境的影响综述 [J]. 水利建设, 2009, 27 (2): 12-15.

[12] 尹三春. 水利工程中的建筑景观设计研究 [J]. 科技传播, 2009 (3): 37-38.

[13] 王牧. 景观设计的功能解读 [J]. 四川建筑科学研究, 2006, 32 (6): 215-219.

[14] 张蕾. 城市水利风景区设计探讨 [D]. 硕士学位论文, 济南: 山东大学, 2012.

[15] 郭永庆, 杨洪杰, 何文波, 等. 浅谈水利工程中的景观设计 [J]. 黑龙江水利科技, 2001 (3): 26-27.

[16] 朱秀清. 生态学在水利工程建设中的应用 [J]. 海河水利, 2004 (5): 35-36.

[17] 谷晓昆. 对生态水利工程的规划设计基本原则的探讨 [J]. 科学技术应用, 2013 (Z2): 128.

[18] 王丽英, 毕庆双, 韩奎军. 基于生态水利工程规划设计的基本原则 [J]. 黑龙江水利科技, 2013 (5): 215-217.

[19] 尹平, 郭江华. 城市水利工程中的河流景观设计 [J]. 东北水利水电, 2009 (9): 16-17.

[20] 杨鑫. 地域性景观设计理论研究 [D]. 博士学位论文, 北京: 北京林业大学, 2009.

[21] 段强华. 城市滨水景观设计研究 [D]. 硕士学位论文, 武汉: 武汉理工大学, 2006.

[22] 王鑫. 探讨水利工程中的景观规划与设计 [J]. 广东科技, 2013 (3-4): 80.

[23] 许长云, 范立康. 现代水利工程设计要点探讨 [J]. 江西建材, 2012

（6）：150-151.

[24]　石艳霞. 水利工程规划设计的基本原则 [J]. 工程管理，2012
　　　（24）：161.

[25]　孙新全. 浅析水利工程景观规划 [J]. 科技向导，2010（4）：262.

[26]　郭永庆，杨洪杰，何文波，等. 浅谈水利工程中的景观设计 [J]. 黑
　　　龙江水利科技，2001（3）：26-27.

[27]　董哲仁. 生态水工学探索 [M]. 北京：中国水利水电出版社，2007.

[28]　王蜀南，王鸣周. 环境水利学 [M]. 北京：中国水利水电出版
　　　社，1996.

[29]　孙明英，刘枫彩. 浅谈黄河水利工程景区景观设计 [J]. 山东林业科
　　　技，2008，26（6）：80-81.

[30]　郭永庆，杨洪杰. 浅谈水利工程中的景观设计 [J]. 黑龙江水利科
　　　技，2011（3）：26-27.

[31]　董哲仁. 生态水工学的理论框架 [J]. 水利学报，2003（1）：1-6.

[32]　许继清. 现代景观的内涵及多元化发展趋势 [J]. 华中建筑，2007，
　　　25（7）：113-118.

[33]　许长云，范立康. 现代水利工程设计要点探讨 [J]. 江西建材，2012
　　　（6）：150-151.

[34]　李淑玲. 水利风景区景观设计研究 [D]. 硕士学位论文，福州：福建
　　　农林大学，2008.

[35]　许浩. 景观设计从构思到过程 [M]. 北京：中国电力出版社，2011.

[36]　王萍，杨珺. 景观规划设计方法与程序 [M]. 北京：中国水利水电
　　　出版社，2012.

[37]　刘蔓，刘宇. 景观设计方法与程序 [M]. 重庆：西南大学出版
　　　社，2008.

[38]　王蜀南，王鸣周. 环境水利学 [M]. 北京：中国水利水电出版
　　　社，1996.

[39]　朱党生，王超，程晓冰. 水资源保护规划理论及技术 [M]. 北京：
　　　中国水利水电出版社，2001.

[40]　曾毅，吴泽斌. 水利工程生态环境影响评价方法探讨 [J]. 中国水
　　　运，2008（3）：143-146.

[41]　日本土木学会编. 孙逸增译. 滨水景观设计 [M]. 大连：大连理工
　　　大学出版社，2002.

[42]　刘滨谊. 景观规划设计三元论——寻求中国景观规划设计发展创新的
　　　基点 [J]. 新建筑，2001，（5）：1-3.

[43]　杨芸. 论多自然型河流治理法对河流生态环境的影响 [J]. 四川环
　　　境，1999（1）：20-25.

[44]　路毅. 城市滨水区景观规划设计理论及应用研究 [D]. 博士学位论
　　　文，哈尔滨东北林业大学，2007.

[45]　郭屹岩. 城市滨河生态适应性护岸的景观设计初探 [M]. 北京：北
　　　京林业大学出版社，2008.

[46]　徐继填. 水利工程景观化及其旅游开发前景 [N]. 中国水利报，

2011（01）：07004.

[47] 郭雪莽. 水利工程设计导论［M］. 北京：中央广播电视大学出版社，2005.

[48] 王蜀南，王鸣周. 环境水利学［M］. 北京：中国水利水电出版社，1996.

[49] 王松. 水库型水利风景区景观规划研究［D］. 硕士学位论文，福州：福建农林大学，2011.

[50] 肖磊. 声光电在园林中的应用［D］. 硕士学位论文，北京：北京林业大学，2005.

[51] 王钊. 农田水利与乡村景观融合方式研究［D］. 硕士学位论文，哈尔滨：东北农业大学，2012.

[52] 崔军，周凤扬，陈玉斐，等. 淮安市小型水利工程景观设计现状与思考［J］. 工程建设与管理，2013（4）：34-35.

[53] 王红旗. 论潮州供水枢纽工程的景观设计［J］. 中国农村水利水电，2004（8）：69-70.

[54] 唐承财，钟林生，成升魁. 水利风景区的景观生态设计方法初探［J］. 干旱区资源与环境，2013，27（9）：124-128.

[55] 尹三春. 水利工程中的建筑景观设计研究［J］. 科技传播，2009（9）：37-38.

[56] 殷丽，张保祥，徐征和，等. 水文化与水景观及其在现代水利中的作用——以肥城市为例［J］. 南水北调与水利科技，2012，10（6）：137-141.

[57] 吕为春，黄坤，彭奇. 水利水电工程景观设计研究［J］. 现代装饰·理论，2012（12）：39.

[58] 葛坚，赵秀敏，石坚韧. 城市景观中的声景观解析与设计［J］. 浙江大学学报（工学版），2004，38（8）：994-999.

[59] 孙新全. 浅析水利工程景观规划［J］. 科技致富向导，2010（4）：262.

[60] 张植强，董平. 水利工程园林化设计要点及实践［J］. 工程与建设，2011，25（2）：173-174.

[61] 陈冬冬，崔军，周淮，等. 水利建设中的景观设计探讨［J］. 中国水利，2013（11）：61-62.

[62] 李方正. 水利工程中园林与植物景观设计的应用［J］. 工程建设与管理，2011（7）：32-33.

[63] 程建新，董爱芹，户三林. 水利工程水文化与建筑景观化研讨［J］. 河南水利与南水北调，2011（11）：27-29.

[64] 中共中央，国务院. 关于全面深化农村改革加快推进农业现代化的若干意见. 2014年中央一号文件. 新华社，2014-01-19.

第二章
水利工程植物景观设计

【导读】

　　植物景观是构成整个水利工程景观的重要组成部分，既包括自然界存在的植被、植物群落和植物个体所展现出来的自然美景，也包括通过人工植物材料创作出的景观。 水利工程的植物景观设计主要指以水体或水利工程构筑物为依托，对其相应的水体和绿地空间进行植物景观设计的一项技术工作。 设计师在进行设计时应首先做好充分的调研分析，然后根据现场条件和上位规划进行构思立意，最后按生态景观美学的理念来完成植物景观的平面布局、立面组合以及详细设计。

　　本章对水利工程植物景观设计意义、方法和内容做了详尽叙述，通过本章的学习，要求读者对植物景观设计在整个水利工程景观设计中的重要性有一定的认识，并掌握基本的植物景观设计方法和程序，熟悉水利工程中常见的植物材料。 在本章中，读者要重点掌握水利工程构筑物、河湖型水利工程、水库型水利工程以及湿地型水利工程的特点，能够针对这些特点，依据所学的植物景观设计理论、方法和程序，创造出科学性与艺术性高度统一的水利工程植物景观。

　　植物景观，主要指自然界的植被。而植物景观设计是指运用包括乔木、灌木、地被等这些植物题材，通过专业化与艺术化的设计手法，进行空间的布局、形体的组合以及色彩的搭配，从而形成具有艺术美的植物景观的过程。进行植物景观设计的必要性在于植物群落、植物个体所表现的形象能够通过人们的感观传到大脑皮层，让人产生一种实在的美的感受和联想。而这些美感能增加人们对生活环境的满意度。

　　水利工程植物景观设计主要指以水体或水利工程构筑物为依托，对其相应的水体和绿地空间进行植物景观设计的一项工作。以往的水利工程设计只是关注工程质量、安全、进度、投资方面的问题，往往忽略了另一方面，即忽略了人文、艺术以及自然景观之间的和谐，以至于所建设的水利工程大多没有自己的特色，通常景观显得单调和枯燥。随着现代水利事业的开展，水利旅游业的兴起，人们对水利工程的要求也将越来越高。我国有许多水利工程，经过多年的开发与建设已经成为著名的旅游景点和风景名胜区。如宁波天河生态风景区、黄河三门峡大坝风景区等，都是平时大家休闲旅游的好去处（图 2-1、图 2-2）。因此，将水利、生态、审美等功能融为一体，同时具备一定的艺术性和人文性的水利工程设计，实现水利安全、资源、环境和景观"四位一体"，必将成为现代水利工程的发展趋势。

图 2-1　宁波天河生态风景区　　　　　　图 2-2　黄河三门峡大坝风景区

　　作为环境和景观功能重要载体之一的植物，在水利工程中扮演着越来越重要的角色。因此，通过植物景观设计，营造出一种科学与艺术高度统一的水利工程植物景观势在必行。

第一节　水利工程与植物景观概述

一、水利工程中植物景观设计的意义

1. 发掘植物景观美

水利工程中有效地发掘并利用自然与人工的植物景观，可使景观更具生态特色，为渴望与自然亲近的人们提供了好去处，成为城市内外的一道亮丽的风景线。

（1）沿河绿地　滨水环境的总体构思应尽可能扩大沿河绿地，形成较为连续的绿化带，用绿色来勾画景观轮廓，传承与延续文脉。同时，以良好的绿色空间，优化环境景观质量，体现水利工程的新形象。

（2）生态护堤　采取植树或植草等生态工程护堤，可以防止水土流失并塑造优美的湖河岸线。

2. 水土保持和生态环境保护

水利工程中的植被在防止水土流失方面起着关键作用。影响土壤流失的因素包括降雨强度、坡度、土壤的可侵蚀性、植被覆盖和土壤持续保持工程。大量的实验和实践证明：植被覆盖率是影响土壤流失的最为关键的因素。良好的植被覆盖可比自然裸地流失减少 1000 倍，而植物对土壤的加固作用主要是通过根系及其相应的微生物区系起作用的。

水利工程中的植物景观设计是水生态环境保护的有效途径之一。水利工程建设中和建成后，多少会对当地的生态环境产生一些破坏，如高坝大库、人工河道等大幅度建设会改变大自然的景观。通过植物景观设计，可使工程建设对当地生态环境所造成的破坏最小化，并修复和维护生态环境，增加环境容量，维持生态平衡。

3. 陶冶情操

水利工程中优秀的植物景观能激发人认识自然的积极性、促进人际交往。随着经济的发展，生活水平的提高，人们对生活品质越来越重视，城市公园、广场、绿地、娱乐场所等已不能满足人们日益提高的精神需求，选择去户外乃至出远门去观光、度假、修养、旅游等已逐渐流行，水利工程风景区便是这样一处理想场所，为游客提供了进行摄影、写生、观鸟、攀岩、自然探究、科学考察、交友联谊、亲近自然、认识自然、欣赏自然、保护自然，并成为教育下一代的良好场所。水利工程植物景观将使旅游者置身于自然、真实、完美和舒适的情景之中，可以陶冶性情、净化心灵，充分感悟和审美大自然。

二、水利工程植物景观设计的主要工作

1. 自然植被的保护

在工程建设过程中，人类行为经常会破坏或影响最原始、最本色的自然植物景观。譬如树木的砍伐、植被的破坏等，最终势必会造成大面积水土流失、洪水、泥石流、干旱等自然灾害，带给人类无数痛苦的记忆。

自然植被资源的形成是一个漫长的从量变到质变的过程，而且是取之有限、用之有度的物质资源，人们务必珍惜、严加保护。因此，水利工程植物景观设计首先要做的就是保护自然植被和自然景观。如果没有保护就谈不上可持续的利用与开发。很显然，坚持"保护是前提，发展促保护"的理念，是我们进行景观设计的基本准则。

2. 自然植被的利用与修复

水利工程建成区及其周围常有一些特殊的自然植物资源，如国家级或地方级保

护的植物、奇花异草等，应将他们有效地纳入景观设计的范围内。本着"尊重自然、保护自然"的原则通过专业的景观设计手法将其妥善利用，使其成为我们的景观亮点。常用设计方法一是划分专门的珍稀植物保护区，设置参观走廊；二是在邻近保护区设立观景点。

3. 人工植物群落的营造

人工植物群落就是要遵循自然规律进行种植设计，借鉴地带性自然植物群落的种类组成、结构特点和演替规律，根据不同植物的生态幅度及生态位，营造以乔木为骨架和建群种为主题的乔、灌、藤、草相复合的有机群体。人工植物群落配置的核心是生态位的配置，即利用不同物种生态位的分异，采用耐荫性、个体大小、叶形、根系深浅、养分需求和物候期等方面差异较大的植物，避免种间直接竞争，形成互惠共生，结构与功能相统一的良性生态系统。营造人工植物群落时，要考虑群落个体的数量和植物种类的分布状况，群落的密植度和复杂程度；还要考虑群落的结构、层次和空间分布。

人工植物群落景观是通过艺术构图原理体现出植物个体及群体的形态美及人们在欣赏时所能感受的意境美，其外部千姿百态、丰富多彩，其内部景象奇特、充满活力。植物群落自然景观由群落的天际线、林缘线和植物季相色彩等元素构成，例如，高低错落的树木构成自然优美的天际线；花境、灌木和大花乔木等构成丰富多彩的林缘线；通过选择不同花期的灌木和色叶植物，并加以巧妙配置来表现季节性的色彩变化。

第二节　水利工程植物景观设计的方法

一、设计要求与原则

1. 基本要求

根据植物景观设计要求，结合水利工程景观项目的具体情况，水利工程植物景观设计一般要求如下所述。

① 根据水利工程规划和建设以及水利工程景观规划中对项目的性质、定位、规模、功能等的基本规定和要求，在国家有关政策法规的指导下，按当地的自然地理实际情况，确定植物景观设计的基本目标和设计原则。

② 在水利工程景观规划的指导下，结合项目的地形、地貌、气候、水文等条件，合理进行植物景观的布局，确定基调树种、主干树种和外来引进树种。

③ 提出对现状植物景观、驳岸以及种植场地的改善要求和方法，论证实施方案的主要技术措施。

④ 依据水利工程景观规划的总体定位和功能分区，结合设计主题，合理配置各区域内的植物群落，选定合适的树种。

2. 设计原则

水利工程中植物种植环境复杂，有许多不适宜植物生长的地方需要在设计中重点考虑，同时水利工程中还包含各种人工构筑物，如驳岸、坝体、桥梁等，如何合理进行植物景观设计，使得各种要素能互补共存也是设计师主要解决的问题。从以上这两个角度出发，我们在水利工程植物景观设计中应该遵循以下原则。

（1）自然性原则 植物景观设计的自然性，一方面指的是设计中遵守植物自然习性的科学原则，另一方面则是因地制宜地根据当地的自然条件和植物分布特点进行植物配置。

首先，植物设计不同于其他设计，他们是有生命的、动态的、多元的、富有意境、节奏和韵味的。环境中的任何环境因子如光照、土壤、温度、湿度、气候、季节等都对植物有着重要的影响。因此，在植物景观设计中，必须首先满足植物最基本的生态、生理、生长发育要求。如果植物栽植在与其生活生长相悖的环境中，那么植物生长就会出现问题，甚至衰竭死亡，这当然达不到应有的景观效果。在进行水利工程植物景观配置时，植物生长环境往往临近水域或经常受到水淹，许多不耐水湿的植物则很难成活，如许多滨水绿地中大量应用红叶李、水蜜桃、红枫、银杏、日本山茶、白玉兰、鸡爪槭、枇杷等植物，虽然观花、观叶、赏果，四季景致分明，但植株却不耐水湿，种植在潮湿的水岸边，必然会使其根部因长期浸水而霉根缺氧，乃至出现腐烂死亡。

其次，景观设计中应注重因地制宜，即植物配置能体现出植物群落的自然特性，达到"虽由人作，宛若天开"的境界。植物景观设计要求设计师首先对设计场地的环境条件进行周密调查和深入了解，包括对温度、相对湿度、光照、空气和耕地土壤的"水、气、固"三相结构、砾砂粉比、酸碱度（pH）、有机质含量、氮磷钾等矿物质组成、地下水位等情况。在充分掌握第一手资料的基础上应作综合性分析和评估，得出正确结论。根据场地生态环境的不同，因地制宜地选择适当的植物品种及栽培方法，使植物本身的生态习性和栽植地点的环境条件达到基本一致，进而使设计方案得以完美的实施，达到应有的效果。

（2）区域性原则 水利工程中植物景观的营造应能充分反映当地的区域特色，做到适地适树和本土优先。

水利工程项目类型繁多，景观各异，有山环水绕的水库湖泊、有岛屿众多的湿地沼泽、有蜿蜒曲折的溪流河道和雄伟壮观的大坝桥梁。在进行植物景观设计时，应该充分考虑场地条件、项目类型，以及当地的自然和人文景观，从生态学角度和美学角度出发，结合区域景观规划，对设计地区的景观特征进行综合分析。

水利工程植物景观设计在进行树种选择时要做到本土优先，应优先选用当地乡土树种。一方面，本土树种适应性强，成活率高，生长旺盛，对项目所在地的环境有着更高的适应能力。另一方面，本土树种的树形外貌更能反映地方景观的特质，传递地方的文化特色。植物景观设计除了营造人们习惯的美学形态景观外，还必须设计出具有本土文化特色的个性化设计。使得营造的植物景观不仅具有美学价值，同时还能体现场地特质的内涵，让人们在欣赏之余，还可以产生情感上的共鸣。水利工程植物景观设计同样要重视水利景观资源的继承、保护和利用，以自然条件和区域性植被为基础，将当地的水文化融合在植物景观中，赋予植物景观新的内涵，使其成为区域的一种标志。如著名的水利工程杭州白堤堤岸上的"一桃一柳"植物景观，"尽管湖面浪花起，桃红柳绿终相宜"，已经成为西湖的一种标志乃至杭州市的一个城市符号。

（3）整体性原则 水利工程景观是一系列生态系统组成的具有一定结构与功能的整体。植物景观设计要求将植物群落与外部环境综合起来，将其看成一个整体来考虑。设计师应从场地的整体角度，进行系统而全面的规划，如在进行滨湖植物景观设计时，应把景观作为整体来考虑。除水面种植水生植物外，还要注重水池、湖塘岸边耐湿性乔灌木的配植设计。尤其要注意落叶树种的栽植，尽量减少水边植物的代谢产物，以达到整体最佳状态，实现优化利用。

（4）多样性原则 景观多样性不仅是生物多样性的重要组成部分，而且景观本身又是生物多样性存续的场所。植物景观设计的多样性原则主要包括三方面，一是植物品种的多样性，二是植物形态的多样性，三是植物群落的多样性。在一个生境中，空间异质性程度越高，也就意味着生境类型越多，越能增强物种共存的总体潜力，为更多生物提供生境基础。如今用于园林造景的植物品种越来越多，而且同一品种还驯化栽培出许多形态迥异的变种，这些都为植物景观设计追求多样性提供了丰富的物质基础，可以利用这些植物品种进行各种类型的植物群落组合，营造适应于各类水利工程的植物景观。

（5）动态性原则　植物景观设计不同于其他的工程设计，植物是有季相变化的，其随着生长变化、随着环境变化会形成不同的景观变化，在一年内也会随着季节的不同产生不同的季相变化。因此，植物景观是一种动态景观，具有时间属性。水利工程植物景观设计应该遵循动态性设计原则，在植物景观营造中体现植物群落的季相变化、年际变化和植物群落的演替。

3. 设计主要内容

水利工程植物景观设计一般应包括以下内容。

① 水利工程中绿地和植物景观的现状分析。

② 设计依据、范围与规模、设计原则。

③ 各类水利工程中植物景观的构思和总体规划。

④ 各类水利工程中植物景观的详细规划。

⑤ 各类水利工程中植物的选择和配置。

⑥ 必要的说明材料。

二、设计程序和方法

水利工程植物景观设计的程序，主要包括 4 个阶段，即调研分析阶段、构思立意和空间布局阶段、平立面设计阶段和详细设计阶段。

1. 调研分析阶段

调研分析阶段也可以称作设计前准备阶段，该阶段包括明确设计目标、现场勘查和评价、收集相关资料和进行场地功能分析等工作内容。在这个阶段所收集资料的深度和广度，对设计目标的把握以及前期的场地功能分析将直接影响到后面的一系列设计程序。

步骤 1　明确设计目标

影响设计总定位和目标的主要因素有以下几方面。第一方面，水利工程景观具有开放性和公益性的特点，是面向广大人民群众的。许多水利工程建设项目建成后成了城市滨水公园、开放型绿地或者风景区，这类项目就是以吸引广大群众走进来，进行文化交流、体育健身和享受探索自然等活动为目的；第二方面，水利工程景观作为人类改造自然水系的工程，必然要考虑人与自然的和谐，以生态学角度和美学角度进行设计与建设；第三方面，部分水利工程景观设计，应充分考虑业主从开发建设角度对设计提出的要求。天津蓟运河古道水岸起步区景观设计项目，在设计前就充分征求了市民的意见，结合区域环境对功能的要求，明确了设计目标为将现有的运河水岸进行水利改造和优化，将其打造成以生态恢复示范区、活力社区公园和旅游目的地三位一体的绿色景观带（图 2-3）。

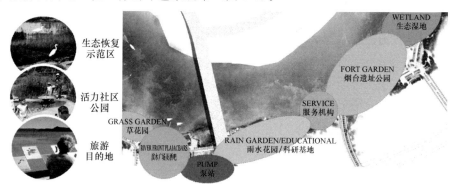

图 2-3　天津蓟运河古道水岸起步区景观设计项目

资料来源：俞孔坚等，2009。

步骤 2　现场勘查和评价

现场勘查和评价是设计的重要依据。水利工程植物景观设计的调查内容和重点应该包括：项目所在处的地形地貌、河流、水文情况、土壤、气候和现有植被等情况。如果初期调研不充分，设计方案的可行性可能受到影响，甚至无法实施。

步骤 3　收集相关资料

在开始规划设计前必须收集下列相关资料。

（1）自然条件资料

① 地形。地形状况直接影响到了植物的生长好坏。首先，在植物景观设计前要先收集项目地形的翔实资料；其次，对地形进行充分评价，看它是否适宜植物种植，并确定合适的植物配置；最后，还要尽可能注意坡面的朝向位置和坡度，以便更好地提出具体植物种植建议。

坡度为 0～3％的等级是平缓斜坡，主要解决坡面的排水问题。在这个数值区间的坡度，适合栽植大土球乔木。坡度数值越大植物生存环境则越差，在坡度为 15％～25％范围内，地表水受冲刷严重，植物种植的地形问题也最为严峻。

② 土壤。众所周知，土壤是植物生长的基质，植物生长离不开土壤。植物生长的好坏决定于土壤的理化生物状态和营养肥沃程度，以及"水、肥、气、热"协调状态。土壤对植物最明显的作用之一就是提供植物根系生长的场所和支撑点。没有土壤，植物就不能挺立，更谈不上植物水分生理和营养生理，以及植株生长发

育。土壤还为根系呼吸供应丰富的氧气，为使植物生长良好，土壤环境不应过酸、过碱、含过量盐分或被污染了的基质，理想的土壤是保水保肥性强，通气性好，有机质含量丰富，形成的土壤气、固、液"三相"协调，中性至微酸性，地下水位较低，土壤微生物区系发达，土层深厚的土壤环境。

不同的岩石风化后形成不同性质的土壤母质，其后在物理、化学、生物等多种成土因素的共同作用下，经过漫长岁月的成土演化过程，形成了不同性质的土壤及其不同的植被和植物景观。而岩石风化物对土壤性状的影响，主要表现在物理、化学性质上，如土壤厚度、质地、结构、水分、空气、湿度、养分等状况，以及酸碱度等。如石灰岩主要由碳酸钙组成，属钙质岩类风化物。风化过程中，碳酸钙可被酸性水溶解，随水大量流失，使土壤中缺乏磷和钾，多具石灰质，呈中性或碱性，宜种植喜钙而较耐旱的植物（如枇杷、枣、花生、苜蓿、三叶草等），上层乔木则以落叶树为优势树种。而发育在第四纪红色黏土母质的低丘红壤，土层虽较深厚，但土壤黏实，呈现酸性，适宜于杜鹃（映山红）、茶叶、马尾松等植物生长，但盛夏期间植株易受干旱影响，在植被稀少的荒山裸地，雨季时特别遇到暴雨时则更易受到冲刷，极易招致水土流失，且随降雨强度、坡度增大而增大。故景观设计中的树种配置必须充分考虑土壤因子，即谓"因地制宜，因土种植"。

③ 水文。水是植物生存的物质条件，也是影响植物形态结构、生长发育、繁殖及种子传播等的重要生态因子。不同植物种类，由于生活在不同水文条件环境中，对水分的需求也有着明显差异，根据植物对水的依赖程度，可把植物分为水生、湿生、中生、旱生等形态。水利工程中的水文对植物景观设计而言是成败的关键，因此在植物景观设计前，首先要掌握以下内容：水利工程中水体的流域集雨面积、山脉走向、交通区位、海拔高程、总容量、流向、流量、面积、深度、水质、岸线等情况。

④ 气候。区域气候与植物生长以及现存植被的数量有直接明显的关系。年降雨总量、降雨持续时间和气温的波动是关键因素。植物物种的基因和其生长环境相适应，而气候的变化可以限制或者扩大某个植物品种作为设计元素的作用。另外，区域气候一般是先通过影响土地承载力来影响植物生长，从而影响土地承载力的。基本气候数据包括：月平均温度和降水量、每天的温差变化值、积雪天数、霜冻天数、月平均相对湿度、台风、热带风暴、潮水等。

（2）社会资料

① 历史文化。场地的历史使用情况决定了设计的定位和方向，所选择的用地

（如滩涂、果园、垃圾堆或荒地）对后面的设计有着重要的意义和影响。对这类资料的收集，主要包括项目所处地段原有的用地性质、现存的人造设施以及历史人文相关资料，如历史、典故、文物保护对象、名胜古迹、革命旧址、历史名人故址、纪念地等。

② 区域社会经济条件。区域社会经济条件直接体现了国家对该区域的定位和发展的决策，需要收集的资料包括：城市社会经济发展战略、国内生产总值、财政收入及产业产值状况、城市特色资料等。

（3）植物物种资料　植物物种资料包括：项目所在区域的自然植被物种调查资料、周边范围内古树名木、主要的植物病虫害情况以及和当地有关的园林绿化植物的引种驯化及科研情况。

步骤 4　进行场地功能分析

通过对现场的勘察，对收集资料的分析，确定设计中的必要因素和功能及需解决的困难和问题。为下一阶段明确植物景观的设计主题打下坚实基础。一个优秀的设计，无论何种尺度和类型都必须在初期把植物的影响因素考虑进去，结合方案要求及其他设计要素，设计中空间的密闭与开放、透景线的贯通、主题景物的放置以及借景等在功能分析阶段就应当做到心中有数（图 2-4）。

2. 构思立意和空间布局阶段

植物景观设计构思与立意应该与总体景观设计的定位吻合，然后依据植物材料的特性来进行合理的创新。水利工程植物景观设计在立意构思上重点考虑三个方面。

（1）根据景观生态类型立意、构思。

（2）根据水体类型，进行立意构思，包括动、静水体及其结合结构，带状和块状水体、大水体和小水体等。

（3）与园林整体空间景观布局和滨水风景园林建筑的布置相结合。

水利工程景观项目有很多种类型，有些是作为观光旅游的，有些是纯粹为水利工程构筑物做陪衬的，有些是形成水利改造性质的城市滨水公园的。不同类型的水利工程景观项目，在立意上也就有很大的区别。

案例分析

宁夏宝湖湿地水利景观工程中（图 2-5），以细胞-生境作为主题概念，将细胞壁和林地边界、细胞核和核心水体、细胞核膜和湿地保护层以及细胞各功能体和湿地功能体等联系起来，把湿地水利所形成的生境看成一个完整的细胞体，形成了一

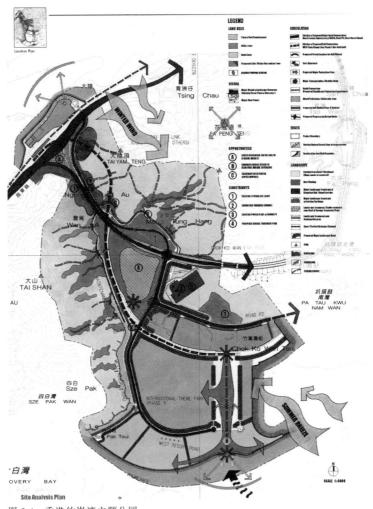

图 2-4　香港竹蒿湾主题公园

资料来源：泛亚环境，2002。

个以山体林地作为生境边界，以大型水面作为生境核心，将森林—灌木—湿生—水生—水面的圈层类比细胞的生境结构。而植物景观设计中也明确提出了指导思想，指出植物的乡土性与场地适宜性，这使设计场地具备了自身的特色，游人置身其间也会产生不同的感受。在浓密的林荫下，在水边的疏林草地旁，在体现场地记忆的水生植物群落间，忙碌于城市喧嚣中的人们体验到了真正的宁静与自然。通过生态群落演替发展，在未来的三年、五年、十年……随着时间的推移，人们置身于场地中将有着完全不同的视觉及心理感受，整个场地将是一处与时间、岁月共同运动变化的生态景观区，即可持续的生态景观绿地。植物种植规划也提出了维持芦苇优势种地位，引入伴生物种，既能维持现有芦苇群落的完整性，同时也能丰富现有芦苇群落的植物多样性。

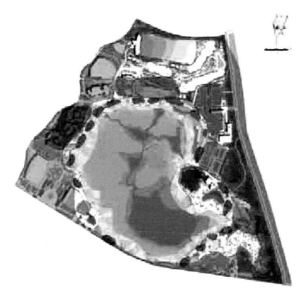

概念布局图

图 2-5　宁夏宝湖湿地

资料来源：土人设计，2011。

景观空间的布局、划分一般是和景观的立意糅合在一起的。首先，通过写意山水的主题，提炼和模拟自然山水的生态过程和空间规律，即从总体上去确定整个植物景观的空间布局形态、地形及植物群落之间的关系，然后进行空间的艺术布局。空间艺术布局主要应做到以下几点。第一，把握空间的形态变化。对空间进行动静布局和差异性功能布局，同时注重空间变化和时间过程的一致性。第二，植物空间景观布局应与设计主题或意境相协调。第三，植物景观空间之间应该有联系，过渡和分隔应交代清楚，为需要的视觉景观留出足够的视线通廊。第四，景观空间的布局还应考虑周边环境。在水利工程景观设计中，尤其应该重视植物景观空间与水体之间的有机结合。

3. 平立面设计阶段

植物景观空间的景观布局、划分需要在景观立意确定之后，通过平面上的林缘线和立面上的林冠线设计来完成。同时，还需要与空间主景的设置、植物的组合布局、季相变化及空间边缘设计等相结合考虑，这样才能更好地体现植物景观空间的立意。

（1）林缘线设计　林缘线指树林或树丛、花木边缘上树冠垂直投影于地面的连接线（即太阳垂直照射时，地上影子的边缘线），是植物配置在平面构图上的反映，是植物空间划分的重要手段。

空间的大小、景深、透视线的开辟和气氛的形成都是依靠林缘线来设计的。如在大空间中创造小空间，就要进行林缘线设计。一片树林中用相同或不同的树种独自围成一个小空间，就可以形成如建筑物中的"套间"般的封闭空间，当游人进入空间时，就会产生"别有洞天"之感；也可在四五株乔木之旁，密植花灌木（植株较高的）来形成荫蔽的小空间；林缘线可将面积相等、形状相仿的地段与周围环境、功能、立意要求结合起来，创造不同形式与情趣的植物空间。此外，林缘线的曲折，还可以增加空间的层次与景深。

（2）林冠线设计　林冠线设计要与地形相结合。同一高度的植物树群，由于地形高低不同，树冠线仍然有所起伏。树木的快长与慢长、落叶与常绿的不同特性，都能使林冠线变化多端。林冠线也体现于多层树丛上，有时在林冠线起伏不大的树丛中，突出一株特高的孤立树，好似"鹤立鸡群"，可起到标志与导游的作用。这些变化因素是在设计林冠线的艺术构图时，就应该仔细考虑进去的。除林冠线以外，树木分枝点的高低也会让人产生不同的空间感。

4. 详细设计阶段

在植物景观设计的详细设计阶段，应重点考虑：设计的植物景观与地形、其他园林要素的配合，主景、配景、背景基调的确定以及季相色彩的设计。在此基础上进行植物的树种选择，明确主干树种、基调树种，确定植物配置的形式，进行植物的详细配置。

三、植物景观设计的方法

1. 传统设计方法

植物与其他园林素材相比较有它的独特之处。第一，植物是具有生命的有机体，是最生动、最活泼的要素，园林中其他的无生命要素会因它而鲜活；第二，植物有其固有的生命活动周期和生长发育规律，不同种类的植物其外形不同，同一种植物在不同生长时期及立地条件下也有形体的变化；第三，植物在色彩方面的特征，植物的叶色、花色和果色丰富多彩，四季更替时，植物呈现出来的绚丽多彩带给了人们多姿多彩的精神享受；四是植物可与自然气候结合形成富有意境的植物景观，如风和柳绿、雨打芭蕉、踏雪寻梅、高山雾凇等。

园林植物在景观设计中可运用散点透视法和高、深、平"三远"法。

散点透视不受视域局限，是一种移动视点的观察法与表现法。它源于我国春秋时孔子"游于艺"和古代《周易》。不同角度的透视，会使人产生不同的视角感受。通过移动视点，从不同的角度、方位、视域、时空、不同的自然环境与社会环境中，可全面地观察、感悟与认识物象所呈现的状态、形式、特性、神韵、气质、情趣及活动变化的自然规律等，以便从中综合滤取与寻求最神采、最能激情动意，表达设计者"心源"的意境。散点透视不仅可独赏植物姿态、色彩与体量表现出的个体美、层次美和曲线美，以及缺失美和朦胧美，也能通过对植、列植、群植、林植等种植形式营造群体植物景观，还可以通过背景衬景、借景、障景、配景等传统手段来丰富园林景观，增加景深层次，创造意境。散点透视的几种表现法：一是步步看，它不受视域、空间的局限；二是面面观，即从四面八方看，如看山，要从山前走到山后看，山下走到山顶看，取其景观精华；三是近推远，"以大观小"；四是远拉近，"以小观大"，使人入画；五是建筑取轴侧投影；六是从整体观念来要求，做到结合为一。

"三远"法，即高远法、平远法和深远法。它源于宋代山水画家郭熙《林泉高致》"高远之色清明；深远之色重晦；平远之色有明有晦。高远之势突兀，深远之意重叠，平远之意冲融而缥缥缈缈"。高远法能表现出山川的雄伟高大，达到"高山仰止"的艺术效果。深远法能充分表现景物的深度和远度。平远法可移动左右视点，使画面收入更多的景物。此后宋代画家韩拙在《山水纯全集》中又提及阔远、迷远和幽远。元代画家黄公望《写山水诀》中也有提及相关内容。

（1）种植形式

① 孤植。孤植是在空旷地上孤立地种植一株或几株乔灌木来表现单株栽植效果的技术。孤植既可当作主景构图，展示个体美，也可起遮阴作用。孤植树主要体现植物的个体美。从观赏角度来考虑，要求其姿态和轮廓优美，色彩鲜明，树体高大，具有浓郁芳香、寿命较长等特性；从遮阴角度来考虑，孤植树种应具有分枝点高、树冠开展、枝叶茂密、冠大荫浓、病虫害少、无飞絮等特点。

② 对植。对植是两株或两丛树按照一定的轴线关系，左右对称或均衡种植方式，在构图上形成配景或夹景，很少作主景。其主要用于强调建筑、道路、广场的出入口，起庇荫与装饰美化的作用。

③ 列植。乔灌木按照一定的株行距、成行成列的列植方式，其景观整齐、单纯、气势宏大。它是规则式园林绿地中广泛采用的应用形式。列植树木常起到引导视线、提供遮阴、作背景、衬托气氛等功效。如幽密的行道树，既提供荫凉，还体现整齐对称的美感。假如前方有观赏点，列植树木还起到夹景作用。

④ 丛植。丛植是将二三株至一二十株相同或相似种类的乔灌木，高低错落紧密的种植在一起，使其林冠线彼此密结而形成一个整体的外轮廓线。丛植有较强的整体感，所以要处理株间、种间关系，如疏密远近、生态习性等方面的协调关系。同时树丛的群体美形象，又通过个体的组合来体现，每一个植株都能在统一的构图中表现出个体美。因此，组成树丛的单株树木应在树姿、色彩、芳香、遮阴等方面有特殊的观赏价值。

⑤ 群植。群植是由二三十株至数百株的乔灌木组成大片树木群体的应用形式。树群以观赏群体美为主，因此对树种个体美的要求不严格。树群通常可做构图的主景，用于观赏，若在有足够观赏视距的地方，如林缘、大草坪、林中空地、岛屿、水滨、山坡、山丘、悬崖、石笋等处。树群也常用作背景或配景，以衬托环境、遮蔽不良视线、围合或隔离空间。

⑥ 林植。成块、成片大面积栽植乔灌木，以形成林地和森林景观的应用方式称为林植。较适合应用于风景区。结合基地地形地貌，营造符合当地气候条件的自然林相景观。例如，东北、华北杨桦林林相景观，以白桦、白杨为纯林或混交林，构成树干挺拔和以灰白色环纹树干为基调的北国风光的群体景观；华中、华东竹子与杉木刚柔相济、黄绿相间的俊秀美的林相景观；此外，如江北水城徒骇河部分在东岸大面积种植毛白杨、红瑞木、大叶黄杨等防护带形成了很好的林相景观。

（2）传统手段

① 背景衬景。植物可用在水利工程建筑和构筑物的背景和衬托上，以植物立体空间的布局作背景，也可围合与衬托景观建筑，让具有生命力的植物赋予构筑物以活力，目的是为了突出景观的整体形象，添加整体景观环境的活跃气氛，让环境更加柔和充满生机。构筑物只有在景观植物中才会显现出生机和活力，随着植物的生长及四季的变化，构筑物也随之发生变化并增色。

② 借景。借景是传统园林景观中最常用的一种手法，有远借、近借、邻借、上借、下借等。不同的是其观物的主体。远借：借山、借林、借水等；近借：花草、树木、景观建筑等；邻借：景观植物、景观建筑等；上借：天际、云彩、日、月、星、辰等；下借：草坪、水溪、景石、石块铺装等。

③ 框景。植物景观的框景即是将植物用作景框，把美好的景观犹如古时候的窗框或门框展现在植物景框之中。框内之景可以取远处的山水，也可以框取近景，框取水利建筑等。用植物作取景框，其特色就是自然美丽，远近景交织，形成一幅别有情趣的画面风景。植物景框的特色是变化的、有生命的，它可以是绿叶缠绕的框，也可以是鲜花缠绕框。因此，植物景框具有浪漫美丽的、季相变幻的独特之处。

④ 障景。障景是植物景观设计中常用的手法。所谓障景就是让遮挡部分景色起到景观多变的效果或掩盖不够美观的环境。植物障景就是用植物作障眼、遮挡。一般用植物障景都以绿篱方式为主，用小乔木列植（高于 1.5m 的树），形成绿墙，也有用人工花架等作装饰来障景的设计。植物障景视觉效果较好，通风、生态、环保，值得提倡。

⑤ 漏景。植物漏景手法其实与植物框景有点相似，不同的是没有人为框景的痕迹，而是自然地透露出的景观，忽隐忽现，步移景迁。常用的手法是：植物群中的漏景，花木中的小森林、丛林步道中的漏景，池塘或者湿地也可通过水生植物形态错落等进行空间布局，增添美景。

⑥ 夹景。夹景手法是植物景观设计中的常用手法。植物夹景是用树丛、绿篱的两侧排列栽植的方法，使植物形成较封闭的狭长空间，利用轴线的导向及透视焦点的视觉特征，凸显尽端景观的方法称之为夹景。夹景的特点是，既统一又有变化。水利工程植物景观设计中，经常运用在河堤、堤岸两侧，在绿树丛的夹持下，减弱两侧视线，使视线集中到狭长空间的尽头，从而突出河道、堤岸景观特色，形成夹景空间，同时两侧树丛还能起到障景的作用。

2. 艺术设计手法

（1）统一与变化　"统一"，即"一致、调和、和谐、协调"。"变化"，即"变调、变换、求变"。"统一与变化"在艺术设计中是常遇到的一对矛盾。处理得好就能使统一与变化达到完美，反之则是一团糟。艺术设计的形式美法则是"统一中求变化"，在造险中求平衡，在大统一中追求变化，做到"刚柔相济，彼此呼应，粗中有细，有惊无险"。"统一"有形式的统一、形态的统一、色彩的统一、树种的统一、手法的统一等。植物景观是以植物为主要构成元素的统一设计。统一是以形成一个相对完整的、和谐的环境气氛为目的的，追求一种相同或相似的整体设计。设计中应把各种元素，通过形态、色彩、肌理等不同组合布局，达到视觉上的和谐完美的统一。

（2）调和与对比　即协调和对比的原则。植物景观设计时要注意相互联系与配合，体现调和的原则，使人具有柔和、平静、舒适和愉悦的美感。找出植物的近似性和一致性，配植在一起才能产生协调感。相反地，用差异和变化可产生对比的效果，具有强烈的刺激感，形成兴奋、热烈和奔放的感受。因此，在植物景观设计中常用对比的手法来突出主题或达到引人注目的效果。

（3）对称与均衡　这是植物配植时的一种常用布局方法。将体量、质地各异的植物种类按均衡的原则配植，景观就显得稳定、顺眼。如色彩浓重、体量庞大、数量繁多、质地粗厚、枝叶茂密的植物种类，会给人以繁重的感觉；相反，色彩素淡、体量小巧、数量简少、质地细柔、枝叶疏朗的植物种类，给人以轻松的感觉。故在配植时需要规则式均衡（对称式）和自然式均衡（不对称式）。

（4）节奏与韵律　植物配植中有规律的变化，就会产生韵律感。杭州白堤上桃、柳间隔种植就是一例；云栖竹径，两旁为参天的毛竹林，如相隔 50m 或 100m 就配植一棵高大的枫香，则沿径游赏时就会感到不单调，而是有韵律感的变化。

第三节　水利工程中植物的选择

水利工程中的植物一般选择以水边空间作为生长的植被绿化，在进行该类植物设计选择时，最重要的是根据各自场所的绿化目的，全面考虑植物的生活形态与功能，以达到必要的生长量为基础，来选定适合的植物。

一、水边植物的生活形态

水边植物主要生长在池塘边、河流边，有的生于田间、山坡、路旁。水边植物的品种类型繁多，主要用于观赏。水边植物可以种植在小型野生生物水池边，可为水鸟和光顾水池的动物提供藏身处。水边植物也可在自然条件下生长发育，成片蔓延。

在水边，植物分布在与各自形态相适应的场所里。例如，在有水位变动且几乎没有水流动的湖沼中，植物的生活形态与有水流动的河流中的植物生活形态完全不同。

1. 湖沼边植物的生活形态

湖沼除水库、水池等在某一时刻有较大水位变动外，与河流相比，受到水流和洪水等的影响较小，是一个相对比较封闭而安定的环境。

从陆地到水域，水边植物的分布可依次分为：水边林、湿生植物、直立水生植物、浮叶植物、沉水植物。我们把它称为群落过渡带。群落过渡带的构成种类，因地形、地质、气候等条件而发生复杂的变化。另外，还有漂浮在水面上的植物，它们通过叶和茎等浮体浮游在水面上生活。

湖沼边植物的具体形态、适应环境和品种见表 2-1。

表 2-1　　　　　　　　　　　　湖沼边植物

生活形态	环境	原有种类	导入种类
水边林	淹水频率极低,地表干燥,地下根系大部分处在地下水位以下部位	湿地松	垂柳
湿生植物	涨水或降雨将场地淹没形成潮湿陆地	玉簪、百日草、鱼腥草、芦苇、虎耳草、千屈菜、菖蒲等	花菖蒲、黄菖蒲、花叶芦竹等
直立水生植物	岸边的浅水域,水深在 1m 左右	灯芯草、泽泻、香蒲、芦苇、茭白等	慈姑、荷花
浮叶植物	与直立水生植物生活环境相同或水深在 2m 左右	荇菜、萍蓬草、睡莲等	水生虞美人
沉水植物	与浮叶植物生长环境相同,植物种类较少	水藻、黑藻、石菖蒲等	狐尾藻
浮游植物	直立水生植物和浮叶植物很少的水域	浮萍、芡实	凤眼莲

资料来源：《地面绿化手册》。

2. 河流边植物的生活形态

河流中的水体与湖沼相比，水位变化容易受到大雨、洪水等的影响，通常都是流动的。因此，生活在河流中的植物形态是多种多样的。在河流的横断面可以明显地看出陆域到水域的变化，纵断面可以明显地看出上游到下游的变化。由于中下游流域受蜿蜒曲折的流水路线的影响，可形成水流的冲击部，而反侧则会形成沙洲部。水流中形成了被割断的弯道部等各种各样的环境，水边植物也在各自适应的环境中生长着。

二、水边植物的功能

水边植物具有各种功能，也是鱼类鸟类等自然生物重要的繁殖和生活场所。近年来，人们开始重视建造和恢复自然的河流、湖泊的水边环境，重视植物对河岸的保护以及不断净化水质等。营造水利工程的绿化环境时，也应导入具有相应功能的植物。

1. 保护岸线、资源供给功能

保护湖岸或河岸的功能。近年来采取的自然土质岸坡、自然缓坡、植树、植草等生态工程护堤，既防止了水土流失，抗冲刷，又有利于堤防保护和生态环境的改善。同时，水边植物自古以来就一直被作为生活用品及食物，具有资源供给功能。

2. 作为动物栖息环境的功能

水边植物的功能，最重要的一点就是作为动物的栖息环境。通过栽植水边植物，可促进生态系统的建立，建造和恢复丰富的自然环境。鱼类、鸟类、昆虫类等在水边生活的各种各样的动物，大多数都依赖水边植被生存，它们在水边植被中觅食、产卵、养育后代、隐藏巢穴等。为了保持动物的多样性，关键是要保证多种植物能以多种形态在此生存。

3. 改善景观的功能

将水边植物所在的水边空间中的水域和陆地的景观融为一体，自古以来就被作为植物造景的重点。

（1）水库造景　水库湖岸由于水位的变动，容易形成裸地，在景观护岸方面会出现很大的问题，很多水库都在进行绿化方面的改造，如温州中雁荡山龙山湖水库（图 2-6、图 2-7），其因水库水位变化高差达 2m 以上，因此，给岸边的景观营造带来了极大的难度。

图 2-6　温州中雁荡山龙山湖水库护岸改造前

图 2-7　温州中雁荡山龙山湖水库护岸改造后

（2）湖沼造景　湖沼的植物造景，不仅能改善景观、恢复自然环境，还能净化水质，对改善水边环境有着重要的作用。

（3）河流造景　很多中小河流浅水处，都进行了护岸改造，形成了自然式护岸，许多河流工程引入了群落生境概念，让河流蜿蜒流淌，促进各类绿化植物生长，从而改善了水体环境。

4. 净化水质的功能

水生植物通过光合作用，吸收 CO_2，并放出 O_2，起到净化空气和水质的效果，同时它还具有吸收水中氮、磷等营养元素的功能，特别是生长迅速的大型芦苇和香蒲，生长迅速的凤眼莲和荷兰芥菜等有着很高的净化功能。这种净化效果不仅是植物自身的吸收，还有附着在茎叶上的藻类和微小生物的吸收，并有可能随着进一步的物质循环，发挥出累加效应。例如，浮叶植物就具有通过茎捕捉水中游浮生物，使其沉淀的能力。部分水边植物的净化水质能力见表 2-2。

表 2-2　　　　　　　　已确定具有净化能力的水边植物

类 型	植 物 种
湿生植物	水芹、水田芥、薄荷
直立水生植物	芦苇、水葱、茭白、雨久花、芦苇、黄菖蒲、空心菜、花菖蒲
浮叶植物	荇菜、金银莲花、萍蓬草、荷花、菱角
沉水植物	虾藻、黑藻、竹叶藻、穗叶藻、狐尾藻
漂游植物	浮萍、大红浮萍、小浮萍、风眼莲

资料来源：《地面绿化手册》。

三、水边植物的栽植条件

水边植物需要良好的阳光和水分，因此，种植水边植物要选择阳光和水分充足的地方，如果阳光照射不足，植物则容易出现徒长、不开花等现象。

1. 生长水深

水边植物的生长与水深有紧密关系，直立水生植物生长在浅水域，浮叶植物生长在深水域。在自然状态下，沉水植物可以在 4m 深的水域中生长。进行栽培时，芦苇和茭白等直立水生植物最好在浅于 1m 的水域中栽培；浮叶、根生、沉水植物最好在 0.5~1.5m 深的水域中进行栽植，但最适水深也会随着水的浊度和立地条件等发生改变。

2. 土壤质地

土壤质地与水质有关，在营养贫乏的河流中为砂质土壤，营养丰富的河流中为泥质土壤。大型直立水生植物既可以在沙砾中生长，也可以在泥土中生长，而小型直立水生植物和浮叶根生植物则喜好泥质土壤，沉水植物喜好砂质土壤。

3. 立地坡度

只要立地的坡度不会大到致使土壤流失的程度，水边植物通常就能良好地生长。在自然状态下坡度很大的地方宜种植芦苇、茭白、香蒲等大型直立水生植物，而菱等浮叶根生沉水植物则宜在坡度较小或者近水面的地方生长。

四、植物品种选择的思路

1. 水边植物选择的基本要求

（1）考虑水体与陆地的互相联系　景观设计中为了使水体与陆地能很好地结合，往往通过缓坡草地进行过渡，使水面与草地空间形成自然式的低矮驳岸（如传统园林中的太湖石、黄石驳岸，现代园林中的卵石驳岸），并在植物设计中配以披散生长或横生的灌木及湿生草本，诸如垂柳、夹竹桃、迎春、鸢尾、兰花等。

（2）考虑园林植物与水体的互相联系　在植物选择时往往需要考虑以下四点。

① 枝条下垂的乔木或披散性的丛生大灌木，杉科树木完整的树冠。

② 大树舒展的主枝临水或开展的伞形树冠：槭树、合欢、榉树。

③ 一般园林树木的临水配植：斜植、俯水枝叶的造型。

④ 湿生植物的过渡。

2. 水边植物品种的选择

水边植物品种首先要具备一定的耐水湿能力，另外还要符合设计意图中美化的要求。我国从南到北常用的水边树种包括以下这些。

常见耐水湿的园林树种：水松、蒲桃、小叶榕、高山榕、水瓮、紫花羊蹄甲、木麻黄、蒲葵、椰子、落羽松、池杉、水杉、大叶柳、垂柳、旱柳、枫香、枫杨、水冬瓜、乌桕、苦楝、悬铃木、三角枫、重阳木、柿、榔榆、桑、梨、白蜡、柽柳、海棠、香樟、棕榈、无患子、蔷薇、紫薇、南迎春、连翘、棣棠、夹竹桃、桧柏、丝棉木等。

常见的水生植物主要包括：千屈菜、鸢尾、水烛、花叶芦竹、再力花、水仙、莎草、水蜈蚣、席草、姜花、显脉香茶菜、泽泻、水芹、鱼腥草、芒萁、翠云草、节节草、金毛狗等。这些植物都具有较好的观赏性，并能够有效改善当地的生态环境。

表 2-3 所示为常见的不同水生植物与耐水湿植物的生长习性。

表 2-3 **水边植物的生长习性**

植物名	荇菜
科名	龙胆科
形态区分	浮叶,多年生草本植物
自然分布	在我国西藏、青海、新疆、甘肃均有分布

· 花色:黄色

· 花期:5～10 月

· 植株形态:荇菜生于池沼、湖泊、沟渠或河口的平稳水域。水深为 20～100cm;其根和横向走的根茎生长于底泥中,茎枝悬于水中,生出大量不定根,叶和花飘浮水面。当水干涸后,其茎枝可在泥面匍匐生根

植物名	莼菜
科名	睡莲科
形态区分	多年生宿根水生草本植物
自然分布	江苏、浙江、江西、湖南、四川、云南等

· 株高:80～100cm

· 花色:暗紫红色

· 花期:5～8 月

· 植株形态:根状茎细瘦,横卧于水底泥中。叶漂浮于水面,椭圆状矩圆形,长 3.5～6cm,宽 5～10cm,盾状,着生于叶柄,全缘,两面无毛;叶柄长 25～40cm,有柔毛,叶柄和花梗有黏液

植物名	水鳖
科名	水鳖科
形态区分	直立水生,浮游,多年生草本植物
自然分布	我国大部分地区和亚洲其他地区

· 株高:30～50cm

· 花色:白色

· 花期:7～10 月

· 植株形态:须根可长达 30cm。匍匐茎发达,节间长 3～15cm,直径约 4mm,顶端生芽,并可产生越冬芽。叶簇生,多漂浮,有时伸出水面;叶片心形或圆形,长 4.5～5cm,宽 5～5.5cm,先端圆,基部心形,全缘,远轴面有蜂窝状贮气组织,并具气孔;叶脉 5 条,稀 7 条,中脉明显,与第一对侧生主脉所成夹角呈锐角

续表

植物名	狸藻
科名	狸藻科
形态区分	一年生草本
自然分布	主要分布在长江和黄河流域各省。此外,在吉林和内蒙古的池塘中也可以采集到

· 花色:黄色、淡紫色和白色
· 花期:6~8 月
· 植株形态:茎较粗,成绳索状,多分枝。叶互生,呈二回羽状分裂,裂片线形,长 2~4cm,边缘具刺状齿,小羽片下生有捕虫囊,卵形,具短梗。叶轮生,羽状复叶,分裂为多数

植物名	慈姑
科名	泽泻科
形态区分	直立水生,多年生草本植物
自然分布	分布于我国南北各省,在南方各省有栽培

· 株高:30~80cm
· 花色:白色
· 花期:7~9 月
· 植株形态:地下具有根茎,先端形成球茎,球茎表面附薄膜质鳞片。端部有较长的顶芽。茎基部着生叶片,出水成剑形,叶片箭头状,全缘,叶柄较长,中空。沉水叶多呈线状,花茎直立,多单生,而上部则着生出轮生状圆锥花序,小花单性同株或杂性株,但不易结实

植物名	灯芯草
科名	灯芯草科
形态区分	直立水生,多年生草本植物
自然分布	分布于我国大部分温暖地区

· 株高:40~100cm
· 花色:绿褐色
· 花期:6~7 月
· 植株形态:根茎横走,密生须根。茎簇生,直立,细柱形,直径 1.5~4mm,内充满绵状乳白色髓,占茎的大部分。叶鞘红褐色或淡黄色,长者达 15cm;叶片退化,呈刺芒状

续表

植物名	杞柳
科名	杨柳科
形态区分	湿生，木本植物
自然分布	分布于山东临沂地区临沭县、东北地区及河北燕山

- 株高：200～300cm
- 花色：淡绿色
- 花期：3～5月
- 植株形态：落叶丛生多年生灌木。高达 3m。树皮灰绿色；小枝淡黄色或淡红色。芽无毛。叶对生或近对生，萌枝叶有时 3 叶轮生。椭圆状长圆形，长 2～5cm，宽 1～2cm，先端短渐尖，基部呈圆形，全缘或上部有锯齿

植物名	泽泻
科名	泽泻科
形态区分	直立水生，多年生草本植物
自然分布	泽泻产于黑龙江、吉林、辽宁、内蒙古、河北、山西、陕西、新疆、云南等地

- 株高：50～100cm
- 花色：白色
- 花期：6～8月
- 植株形态：泽泻，多年生沼生植物，地下有块茎，球形，直径可达 4.5cm，外皮褐色，密生多数须根。叶根生，叶柄长达50cm，基部扩延成中鞘状，宽 5～20mm；叶片宽椭圆形至卵形，长 5～18cm，宽 2～10cm，先端急尖或短尖，基部广楔形、圆形或稍心形，全缘，两面光滑；叶脉 5～7 条

植物名	水芹
科名	伞形花科
形态区分	多年水生宿根草本植物
自然分布	原产亚洲东部。分布于我国长江流域、日本北海道、印度南部及菲律宾等地

- 株高：70～80cm
- 花色：白色
- 花期：7～8月
- 植株形态：二回羽状复叶，叶细长，互生，茎具棱，上部白绿色，下部白色。伞形花序，花小，白色；不结实或种子空瘪

续表

植物名	宽叶香蒲
科名	香蒲科
形态区分	直立水生,多年生草本植物
自然分布	我国四川、陕西、新疆、甘肃、河南等地

- 株高:100～300cm
- 花色:绿黄色
- 花期:5～10 月
- 植株形态:根状茎乳黄色,先端白色。地上茎粗壮。叶条形,叶片长 45～95cm,宽 0.5～1.5cm,光滑无毛,上部扁平,背面中部以下逐渐隆起。下部横切面近新月形,细胞间隙较大,呈海绵状。叶鞘抱茎

植物名	黄菖蒲
科名	鸢尾科
形态区分	湿生,直立水生,多年生草本植物
自然分布	原产欧洲,我国大部分地区均有引种栽培

- 株高:60～120cm
- 花色:黄色
- 花期:4～6 月
- 植株形态:植株基部有少量老叶残留的纤维,根状茎粗壮,直径可达 2.5cm,斜伸,节明显,黄褐色。须根黄白色,有皱缩的横纹。基生叶灰绿色,宽剑形,长 40～60cm,宽1.5～3cm,顶端渐尖,基部鞘状,色淡,中脉较明显

植物名	百日草
科名	菊科
形态区分	一年生草本
自然分布	原产于北美墨西哥高原,现我国各地均有种植

- 株高:30～100cm
- 花色:颜色多样
- 花期:6～9 月
- 植株形态:茎直立粗壮,上被短毛,表面粗糙。叶对生无柄,叶基部抱茎。叶形为卵圆形至长椭圆形,叶全缘,上被短刚毛。头状花序单生枝端,梗甚长。舌状花多轮花瓣呈倒卵形,管状花集中在花盘中央黄橙色,边缘分裂,瘦果广卵形至瓶形

续表

植物名	鸭舌草
科名	雨久花科
形态区分	直立水生,一年生草本植物
自然分布	各地均有分布

- 株高:10~40cm
- 花色:青紫色
- 花期:8~9 月
- 植株形态:根状茎极短,具柔软须根。茎直立或斜上。全株光滑无毛,叶基生或茎生,叶片形状和大小变化较大,由心状宽卵形、长卵形至披针形,长 2~7cm,宽 0.8~5cm,顶端短突尖或渐尖,基部圆形或浅心形,全缘、具弧状脉

植物名	莎草
科名	莎草科
形态区分	多年生草本植物
自然分布	我国华北、中南、西南及辽宁、河北、山西、陕西、甘肃、台湾等地

- 株高:50~150cm
- 花色:淡褐色
- 花期:7~10 月
- 植株形态:茎直立,三棱形;根状茎匍匐延长,部分膨大呈纹外向型形,有时数个相连。叶丛生于茎基部,叶鞘闭合包于茎上;叶片线形,长 20~60cm,宽 2~5mm,先端尖,全缘,具平行脉,主脉于背面隆起

植物名	凤仙花(又名指甲花)
科名	凤仙花科
形态区分	湿生,一年生草本植物
自然分布	中国和印度

- 株高:40~100cm
- 花色:紫红色
- 花期:6~8 月
- 植株形态:凤仙花茎高 40~100cm,肉质,粗壮,直立。上部分枝,有柔毛或近于光滑。叶互生,阔或狭披针形,长达10cm 左右,顶端渐尖,边缘有锐齿,基部楔形。叶柄附近有几对腺体。其花形似蝴蝶

续表

植物名	荷花
科名	莲科
形态区分	多年生水生草本花卉。花粉红,具芳香;果称莲蒲;子实坚硬,称莲子;莲心入药;茎横生,富气室,称为藕,系佳肴
自然分布	除西藏自治区和青海省外,全国大部分地区都有分布。武义宣平"宣莲"、杭州"西湖藕粉"均颇负盛名

- 株高:100～200cm
- 花色:白色,淡红色
- 花期:6～9 月
- 植株形态:根状茎横生,肥厚,节间膨大,内有多数纵行通气孔道,节部缢缩,上生黑色鳞叶,下生须状不定根。叶圆形,盾状,直径 25～90cm,表面深绿色,被蜡质白粉覆盖,背面灰绿色,全缘稍呈波浪状

植物名	眼子菜
科名	眼子菜科
形态区分	浮叶,多年生草本植物
自然分布	我国东北及江苏、浙江、江西、福建、台湾、河南、湖北、湖南、四川等省

- 株高:50～100cm
- 花期:5～6 月
- 植株形态:幼苗子叶针状,下胚轴不甚发达,初生叶带状披针形,先端急尖,或者锐尖,全缘。后生叶叶片有 3 条明显叶脉。成株有匍匐的根状茎,茎细长。浮水叶互生,长圆形或宽椭圆形,略带革质,先端急尖,或者锐而具突尖,全缘,有平行的侧脉 7～9 对。叶柄细长,托叶膜质透明,披针形,抱茎。沉水叶互生,叶片线状长圆形或线状椭圆形,有长柄

植物名	凤眼兰
科名	雨久花科
形态区分	直立水生,多年生草本植物
自然分布	我国四川西部、云南西北部、西藏东部和青海东南部

- 株高:30～60cm
- 花色:浅紫色
- 花期:6～10 月
- 植株形态:浮水草本。浮水或生于泥土中,生于河水、池塘、池沼、水田或小溪流中,或栽培,无毒。根状茎短粗,密生多数细长须根。叶基生成丛,叶柄长短不一,中部以下肿胀呈膀胱状,基部具鞘状苞片。叶片直立,卵心形或近扁圆形,长达 8cm,宽达 12cm

续表

植物名	茭白
科名	禾本科
形态区分	直立水生,多年生草本植物
自然分布	分布于我国南北各地

- 株高:100～300cm
- 花色:淡紫,淡绿色
- 花期:8～10 月
- 植株形态:有叶 5～8 片,叶由叶片和叶鞘两部分组成。叶鞘自地面向上层层左右互相抱合,形成假茎。茎可分地上茎和地下茎两种,地上茎是短缩状,部分埋入土中,其上发生多数分蘖,地下茎为匍匐茎,横生于土中越冬,其先端数芽次年春萌生新株,新株又能产生新的分蘖

植物名	水龙
科名	柳叶菜科
形态区分	直立水生,浮叶,多年生草本植物
自然分布	分布于长江以南各地

- 株高:20～60cm
- 花色:黄色
- 花期:6～9 月
- 植株形态:多年生草本,全株无毛。茎圆柱形,基部匍匐状,由节生出多数须根,上升茎高约 30cm。叶互生,长圆柱状倒披针形至倒卵形,长 3～7cm,宽 1～2cm,全缘,先端钝形或稍尖,羽状脉明显,基部狭窄成柄,两侧具有小而似托叶的腺体

植物名	睡菜
科名	睡菜科
形态区分	直立水生,多年生草本植物
自然分布	朝鲜、日本及我国华北地区等沼泽地

- 株高:20～40cm
- 花色:白色
- 花期:3～8 月
- 植株形态:多年生沼生草本,丛生。根状茎匍匐状,肥厚,淡黄色,覆盖有枯叶。三出复叶,基生,小叶 3 枚,椭圆形,长 4～10cm,宽 2～4cm,边缘微波状,基部楔形,无柄

续表

植物名	驴蹄草
科名	毛莨科
形态区分	直立水生,多年生草本植物
自然分布	分布于我国各地

- 株高:15~60cm
- 花色:深黄色
- 花期:4~7 月
- 植株形态:多年生草本,无毛,须根肉质。茎直立,实心,具细纵沟,中部或中部以上分枝,稀不分枝。基生叶 3~7 枚,草质,有长柄,柄长 7~24cm;叶片圆形、圆肾形或以形,长 2.5~5cm,宽 3~9cm,先端圆,基部深心形,边缘密生小牙齿

植物名	水葱
科名	莎草科
形态区分	多年生宿根挺水草本植物
自然分布	产于我国东北各省、内蒙古、山西、陕西、甘肃、新疆、河北、江苏、贵州、四川、云南

- 株高:100~200cm
- 花色:淡黄褐色
- 花期:6~8 月
- 植株形态:匍匐根状茎粗壮,具许多须根。秆高大,圆柱状,高 1~2m,平滑,基部具 3~4 个叶鞘,鞘长可达 38cm,管状,膜质,最上面一个叶鞘具叶片。叶片线形,长 1.5~11cm。苞片 1 枚,为秆的延长,直立,钻状,常短于花序,极少数稍长于花序。长侧枝聚缴花序简单或复出,假侧生,具 4~13 或更多个辐射枝。辐射枝长可达 5cm,一面凸,一面凹,边缘有锯齿

植物名	风车草
科名	莎草科
形态区分	多年生草本植物
自然分布	长江流域多有分布,野生的遍生鄂东山区各地。蕲春、黄梅、浠水等县甚多

- 株高:100~150cm
- 植株形态:水茎下部的紧贴而扁平,上部的则叶面凹入呈舟形;小枝常单生,有叶 2~5 片;叶鞘上部常具微毛,鞘口两侧各具一微小叶耳,叶片矩圆状披针形,宽 8~16mm,除下面基部外无毛或近于无毛。小穗丛生于具叶小枝的顶端,其下托以具有较缩小而呈卵形的叶片,小穗含小花三朵到四朵

续表

植物名	泽苔草
科名	泽泻科
形态区分	多年生水生草本
自然分布	分布于黑龙江、内蒙古、江苏、云南等省区。生于湖泊、水塘、沼泽等静水水域

- 株高：30～60cm
- 花色：白色
- 花期：7～9 月
- 植株形态：根状茎直立，通常较小。叶基生，多数；沉水叶较小，卵形或椭圆形，浮水叶较大，卵圆形，先端钝圆，基部心形，花序分枝轮牛，每轮 3 个分枝，下部 1～3 轮可再次分枝，花两性

植物名	金银莲花
科名	睡菜科
形态区分	多年生浮水草本
自然分布	我国东北、华北、华南、河北、云南

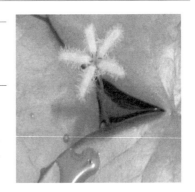

- 花果期：8～10 月
- 花色：花冠白色，基部黄色
- 植株形态：叶飘浮，近革质，宽卵圆形或近圆形，长 3～18cm，下面密生腺体，基部心形，全缘，具不甚明显的掌状叶脉，叶柄短，圆柱形，长 1～2cm

植物名	水毛花
科名	莎草科
形态区分	多年生草本
自然分布	中国、马来西亚、印度、日本、朝鲜、俄罗斯（远东地区）

- 花色：淡棕褐色
- 花期：5～8 月
- 植株形态：秆高 50～100cm，直立，丛生，径 3～5mm，锐三棱形，每面稍凹下。叶鞘膜质状，无叶片，顶端斜截形，长约 15cm，基部者鳞片状，暗褐色。苞片 1 枚，直立向下，三棱状，长 2～7cm。长侧枝聚伞花序聚缩成头状，假侧生，呈星状放射，具 3～18 个小穗。小穗无柄，长圆状圆柱形或披针形，淡棕褐色。下位刚毛 5～6 条，与小坚果近乎等长，具倒生刺

续表

植物名	萍蓬草
科名	睡莲科
形态区分	多年生浮叶型水生草本植物
自然分布	分布于广东、福建、江苏、浙江、江西、四川、吉林、黑龙江等地。日本、俄罗斯的西伯利亚地区和欧洲也有分布

- 花色:黄色
- 花期:一年四季
- 植株形态:根茎肥厚,呈圆筒状,地下茎约在水底烂泥下1m深横走,直径可以到2cm,老熟的地下茎呈白色,直径约3cm

植物名	睡莲
科名	睡莲科
形态区分	多年生水生花卉
自然分布	国内各地均有栽培

- 花色:黄、白、蓝、红等
- 花期:5~8月
- 植株形态:睡莲喜强光,通风良好。在岸边有树荫的池塘,虽能开花,但生长较弱。对土质要求不严,pH 为 6~8,均生长正常,但喜富含有机质的壤土。生长季节池水深度以不超过 80cm 为宜。3~4 月萌发长叶,5~8 月陆续开花,每朵花开 2~5d,日间开放,晚间闭合。花后结实。10~11 月茎叶枯萎。翌年春季又重新萌发

植物名	萤蔺
科名	莎草科
形态区分	多年生草本
自然分布	生于水稻田、池边或浅水边。在有些水稻田中发生量较大,水稻受害较重

- 株高:25~60cm
- 花期:7~11月
- 植株形态:根状茎短,有多数须根。秆丛生,圆柱形,直立,高 25~60cm,较纤细,平滑。无叶片,有 1~3 个叶鞘着生在秆的基部。苞片 1 片,直立,为秆的延长。小穗假侧生,鳞片宽卵形。柱头 3 枚,下位刚毛 5~6 条。小坚果宽倒卵形,暗褐色,具不明显的横皱纹

续表

植物名	雨久花
科名	雨久花科
形态区分	多年生挺水或湿生草本
自然分布	我国东北、华南、华东、华中地区。日本、朝鲜、东南亚也有

• 株高:50～90cm

• 花期:7～8 月

• 植株形态:根全株光滑无毛。具短根状茎。茎直立或稍倾斜。叶多型,挺水叶互生,具短柄,阔卵状心形,长 6～20cm,宽 4～18cm,先端急尖或渐尖,全缘,基部心形,绿色,草质。沉水叶具长柄,狭带形,基部膨大成鞘,抱茎;浮水叶披针形。花两性,花序梗长 5～10cm,总状花序顶生,有时排成总状圆锥花序

植物名	水生美人蕉
科名	美人蕉科
形态区分	多年生大型草本植物
自然分布	南美洲、中国

• 花期:4～10 月

• 花色:黄色、红色或粉红色

• 植株形态:生性强健,适应性强,喜光,怕强风,适宜于潮湿及浅水处生长,肥沃的土壤或沙质土壤都可生长良好。生长适宜温度为 15～28℃,低于 10℃不利于生长。在原产地无休眠期,周年生长开花,在北方寒冷地区冬季休眠。根茎需温室保护越冬

植物名	千屈菜
科名	千屈菜科
形态区分	多年生草本
自然分布	我国南北各地均有野生

• 花色:紫红色

• 花期:7～8 月

• 植株形态:原产欧洲和亚洲暖温带,因此喜温暖及光照充足,通风好的环境,喜水湿。比较耐寒,在我国南北各地均可露地越冬。在浅水中栽培长势最好,也可旱地栽培。对土壤要求不严,在土质肥沃的塘泥基质中花艳,长势强壮

续表

植物名	芦苇
科名	禾本科
形态区分	植株高大,地下有发达的匍匐根状茎
自然分布	世界各地均有生长,在中国则广布

- 花色:白色
- 花期:夏秋
- 植株形态:芦苇的植株高大,地下有发达的匍匐根状茎。茎秆直立,秆高 1~3m,节下常生白粉。叶鞘圆筒形,无毛或有细毛。叶舌有毛,叶片长线形或长披针形,排列成两行。叶长 15~45cm,宽 1~3.5cm

植物名	水竹芋
科名	落叶科
形态区分	多年生草本植物
自然分布	国内各地均有栽培

- 花色:淡紫色
- 花期:7~9 月
- 植株形态:植株高可达 2m。叶互生,叶片卵形,叶色青绿,叶缘紫色,上被白粉,叶片长 20~40cm,宽 10~15cm,具较长叶柄

植物名	花叶芦荻
科名	禾本科
形态区分	多年生草本
自然分布	分布于地中海地区,逸生美洲和亚洲暖地。在中国的东部地区也有生长

- 株高:30~60cm
- 花期:秋季
- 植株形态:根部粗而多结。茎部粗壮近木质化,丛生。叶互生,排成两列,弯垂,灰绿色,具白色纵条纹。羽毛状大型散穗花序顶生,多分枝,直立或略弯垂,初开时带红色,后转白色

续表

植物名	梭鱼草
科名	雨久花科
形态区分	多多年生挺水或湿生
自然分布	我国华北、东北、华东、华南、西北、华中、西南地区

- 株高:80~150cm
- 植株特性及形态:喜温、喜阳、喜肥、喜湿、怕风不耐寒,静水及水流缓慢的水域中均可生长,适宜在20cm以下的浅水中生长,适温15~30℃,越冬温度不宜低于5℃,梭鱼草生长迅速,繁殖能力强,条件适宜的前提下,可在短时间内覆盖大片水域

植物名	黄花蔺
科名	花蔺科
形态区分	多年生挺水草本植物
自然分布	分布于缅甸、泰国、斯里兰卡、印度尼西亚及美洲热带地区,我国云南西双版纳也有

- 株高:10~40cm
- 花色:浅黄色;花期:7~9月
- 植株形态:具有质须根,老根黄褐色,新根白色,最长的根15~20cm。叶基部丛生,叶片挺水生长,叶色亮绿,椭圆形,长约13cm,全缘,先端圆形或微凹,基部钝圆,叶面光滑,弧形脉10~12条。叶柄三棱形,长15~20cm,内具海绵组织,基部鞘状

植物名	刺芋
科名	天南星科
形态区分	有刺草本
自然分布	分布于我国云南南部和西南部、广东南部、台湾。也见于印度锡金、孟加拉、印度东北部、缅甸、泰国、马来半岛至印度尼西亚的沙捞越。生于阴湿山谷、泽地、池塘

- 株高:60~120cm
- 植株形态:根茎圆柱形,径约2.5cm,有结节及硬刺,旁生侧根。叶革质,长15~45cm,幼时戟形或箭形,而有阔或狭的基生裂片,老时常宽甚于长,羽状深裂,基部心形,裂片披针形,长渐尖,有主脉1条,沿背脉有刺;叶柄圆柱形,长60~120cm,有刺,基部有鞘

续表

植物名	水蓼
科名	蓼科
形态区分	一年生草本
自然分布	生长于湿地,水边或水中。我国大部分地区有分布

- 株高:40~80cm
- 花色:淡绿色或淡红色
- 花期:7~8月
- 植株形态:茎直立或倾斜,多分枝,无毛。叶有短柄;叶片披针形,长4~7cm,宽5~15mm,顶端渐尖,基部楔形,全缘,通常两面有腺点。托叶鞘筒形,膜质,紫褐色,有睫毛。花序穗状,顶生或腋生,细长,下部间断。苞片钟形,疏生睫毛或无毛

资料来源:《植物造景》。

第四节　水工建筑物的植物景观设计

一、堤岸

　　堤岸是为了防止洪水漫溢和泛滥而修建在江、河、湖、海边的水工建筑物。在水利工程中,堤岸主要考虑满足防洪、取水和排水功能,其强度和剖面尺寸需要与区域的防洪标准相匹配。在此基础上再来根据景观要求,进行美化。但在早期,堤岸的美化工作还只是停留在简单地进行岸边绿化栽植这一层面上。真正景观化工作受到重视还是在2000年之后,人们开始注重对传统城市堤岸的景观化改造,如河南开封黄河标准化堤防工程、河南郑州郑东新区熊耳河治理工程(图2-8、图2-9),

图2-8　河南开封黄河标准化堤防工程

图2-9　河南郑州郑东新区熊耳河治理工程

这些都是新时代堤岸工程建设和改造的经典案例。经过改造后的堤岸不仅满足水利上的基本功能，同时，还成为沿河优美的风景游览带。

在堤岸的景观化工程中，植物是重要的组成部分。从景观角度出发，堤岸植物景观设计主要满足以下要求：一是将堤岸融入整体景观风貌中去，柔化生硬的堤岸形态。二是依据总体景观规划要求，营造富有意境的植物景观，丰富堤岸风景。

1. 堤岸植物的作用

（1）稳定和保护堤岸　在堤岸利用植物进行护坡的做法已经非常普遍。以植物为主的生态堤岸不仅能提高堤岸土壤的黏聚力，还明显地改善了水流对堤岸的冲刷力，对堤岸起到了明显的保护作用。

（2）有利于生态系统的多样性　在堤岸进行植物种植后，可将水陆空间有机结合起来，形成一个更适合生物生存的近自然空间，丰富了生物多样性，有助于生态系统的可持续性发展。

（3）增强水体自净能力　堤岸的植物尤其是水生植物，对水体水质的保护有着重要的作用。堤岸上的植物群落可对两岸人们活动产生的有害物质进行过滤，在一定程度上可减少水质污染。堤岸靠近水域的水生植物本身能净化水体，其周边生活的其他生物也可吸收分解大量的污染物，从而增强水体的自净能力。

2. 堤岸的植物景观设计

堤岸的植物景观设计，应合理处理好植物景观与堤岸的主次关系。许多堤岸工程景观以体现堤岸的秩序感和流线型为主，重点展现堤岸上的堤顶、道路、边坡等。植物景观在配置上应注意对堤岸周边植物的保留，堤顶和道路应尽量沿道路两侧进行规则式种植，上层乔木与下层灌木呼应，形成堤顶林荫道。岸坡、堤脚和岸滩则配置由植草护坡向乔灌树群过渡的植物群落，以增强岸带植物景观层次并减少堤防人工坡面的可视面积，同时对堤岸起到固土和削浪作用。如山东济南黄河标准化堤防工程中的绿化植物配置（图 2-10、图 2-11），堤顶绿树成荫，岸坡草坪蜿蜒平整，岸滩植物茂盛成林，是水利工程中的优秀案例。

堤岸两侧护坡绿化需要结合护坡工程结构进行。堤脚处依据自然地形地貌或人工微地形特点进行种植设计，设计中合理处理起伏、缓急和进退的关系，以增强空间层次的变化，同时满足种植和排水的坡度。品种选择上，首先确保原有植被的有效保留和培育。将原有植被作为堤岸自然景观的基调树种，选用其他乡土树种和色叶树种进行点缀配置，丰富季相，凭借植物千变万化的形态和色彩，使堤岸工程置

图 2-10 山东黄河堤防工程堤顶道路绿化 　　　　　图 2-11 山东黄河堤防工程边坡绿化

于多层次、色彩丰富的林带之中。有较宽滩地条件的岸段，以片植为主，形成堤岸侧的规模林区，增强景观空间变化。硬体的护岸应多考虑运用垂直绿化。植物应达到步移景异的变化效果，以大乔木为骨架，穿插亚乔木、灌木、地面植被及草花。水中和水旁的水生植物及湿地植物，要求形态、色彩及其倒影都要强化水体美感，使水系和绿化形成整体感，做到春夏观花，秋季赏叶，冬季看形。

二、边坡

　　水利工程施工过程中经常会大量地改变原有地形或山体，从而形成各种形式的边坡，包括山体斜坡、河堤坡岸等。这些边坡由于人工破坏严重，同时其所提供的植物生长条件较平地而言相对要差，若不进行专业的植物景观恢复，很容易产生水土流失。因此，坡地也是水利工程构筑物中进行植物恢复和改造的重要区域（图2-12、图 2-13）。

图 2-12 河南开封黄河标准化堤防工程 　　　　　图 2-13 黄河临河边坡及堤顶公路

1. 原则

（1）边坡基质稳定原则　边坡绿化设计应在满足基质稳定的前提下进行。植物对边坡只能起到防止水土流失、增加稳定性等作用，真正的边坡防护还应以具体的工程设计要求为主，在此基础上，可通过植被绿化来完成长期固表的功能。

（2）与环境相协调原则　边坡植物配置，应该与水利工程整体环境相协调。配置时，注重乔、灌、草、藤相结合的立体绿化，选择符合当地气候的植物品种。

（3）植物防护优先原则　边坡防护从经济角度来看，工程防护造价要高于植物护坡。从景观角度来看，植物护坡更是改善了工程景观，美化了环境。

2. 边坡植物景观设计

边坡植物景观设计，一方面，充分考虑边坡上植物的生长环境，包括土壤条件、坡度、坡面工程做法等，选择能适应以上条件的植物进行配置；另一方面，尽量考虑用乡土树种，并注重季相变化。

一般在边坡下段，坡度较缓，植物生长环境较好。在南方地区，可以直接选择禾本科和豆科植物进行配置。在上边坡，植物种植条件差，一般通过人工播种、喷播或植被坡等形式进行种植，在品种选择上，除选用禾本科、豆科等植物外，乔木上可选用观赏价值高、经济、根系发达、生长迅速的苦楝、桉树、紫薇、红千层、夹竹桃、阴香、红绒球、乌桕等。如果有条件可以选择常见的花灌木作为下层植被，丰富边坡的景观多样性。

三、高河滩

高河滩一般场地平整且宽阔，是景观设计的重要区域。因其处于堤岸和河道之间，可以开发成为滨水公园，供人们休闲、游憩、娱乐活动。高河滩的植物景观设计，需要同总体景观设计相结合，并全面考虑河道水位的变化对植物生长生活的影响，同时植物种植还不能影响水利的管理要求。

具体的植物设计主要可以考虑以下几点。

1. 用植物进行空间划分

高河滩在景观上设计了不同的功能区域，这些区域之间可以通过高大耐水湿的高大乔木和低矮灌木进行空间分隔。形式上尽量自然，位置上要做到不遮挡重要的视觉通廊。

2. 形成区域的景观标志

通过栽植高大、树形优美的景观树，形成该区域的标志性景观。种植设计重点考虑栽植的位置，应选择岔路口附近、景观广场中心、近水处、堤岸的坡道附近等处，让人们能从周围轻易地看到这些景观树。树种可以选择杨树、朴树、重阳木、榉树等，这些树既形态优美又耐水湿，能起到较好的景观效果。

3. 体现区域的季节感

植物季相设计是体现区域季节感的最好手段。在高河滩上，可以利用植物的季相变化，将植物按设计主题进行配置，如春天的翠柳和红桃、秋天红叶秀美的乌桕和朴树等。另外，也可以适当栽植些乡土果树，如板栗、柚子等，营造富有野趣的高河滩风光。

四、大坝

大坝包括了大坝坝体和其他配套的水工构筑物，如坝顶附近建筑物、溢洪槽、溢洪道的消能段、进水口、出水口、栏杆、阶梯、照明设施、观望台、台阶等。这些构筑物互相作用和影响，形成了大坝的景观（图 2-14）。

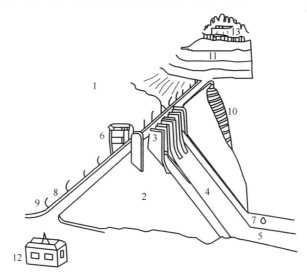

图 2-14　混凝土坝景观设计范围

1—整体景色　2—坝下游面（不包括溢洪道）　3—溢流坝顶附近的建筑物　4—溢洪槽　5—溢洪道的消能工
6—进水建筑物　7—供水出口　8—栏杆　9—照明设备　10—阶梯　11—开挖边坡　12—控制室　13—观望台

从景观角度来看，大坝和这些配套的水工构筑物体量庞大，非常地显眼，难以融入自然环境中去。因此，需要精心的植物设计。

坝体是其中尺度最大的一项水工构筑物。水利上的功能性要求，使得坝体不能像常规绿地那样进行植物设计，其设计重点应放在坝体的色彩与周边环境景观的搭配和协调上。一般根据坝体的结构设计，结合坝体的形体、材料、颜色和质感，进行坝体表面的绿化（图 2-15），或者通过坝体两侧空余绿地的植物栽植进行景观上的修饰（图 2-16），使得大坝与周围的自然环境整体和谐。

图 2-15　海南省宁远河大隆水利枢纽工程　　　　图 2-16　广东省江门市锦江水库大坝

大坝配套构筑物的植物景观设计，则以辅助修饰为主，主要起到的是"画龙点睛"和"锦上添花"的作用，植物配置色彩则不宜过浓、过艳、过俗，图案应简洁大方，避免喧宾夺主。

第五节　水利景观中重点区域的植物景观设计

一、江心岛

1. 设计方法

当河流之水流到平原，坡度变缓、河面变宽、流速变小时，通常容易在河道中形成沙洲，慢慢形成"江心岛"。如浙江省兰溪市中洲公园，原称中洲背，是衢江与婺江汇合处，由泥沙冲积而成，过去荒岛由木船桥相连接，作为城乡人民过往的通道，如今人们已将其改造成规模宏伟的人民公园了。景观设置优美，近水设施完备，由钢铁船嫁接两岸，兰花、郁金花遍地盛开，江面轻舟如梭，楼台亭阁、防洪工程、城市建筑、水面倒影交相辉映，市民在其上嬉戏、健身、娱乐，彰显出一派水乡城市特色，把古老而现代繁华的兰溪装扮得更加艳丽，成为浙中远近闻名的文化休闲场所。江心岛周边都被水体包围，具有以下几个特点。

（1）地区性、独立性强。

（2）具有强烈的渡河愿望。

（3）对于面积而言是水线的相对延长空间。

在进行江心岛植物景观设计时，应尽可能考虑以上特性，植物设计时首先分析岛周边水体的最高水位、常水位和最低水位，以此来进行植物品种的选择；在具体品种搭配与配置时，应根据江心岛自身的特点，进行植物景观风貌的营造。

2. 案例介绍

江西省南昌市赣江江心岛（图 2-17），由于该岛所处赣江中心，水位变化较大，因此，休闲观光、野营篝火、户外活动为岛上主要的活动。植物配置则以耐水湿植物为宜，同时布置时应尽量体现自然风貌，空间上以疏林为主。

浙江省绍兴市环城西河百花苑的江心岛（图 2-18）位于绍兴市环城西河上，水位变化不大，同时位于市中心，因此岛上布置了众多园林建筑和园林植物，岛与周边岸线通过拱桥或平桥进行联系，让游人可以登岛游览。人们在环岛设置了垂柳，间植刺槐、侧柏、合欢、紫

图 2-17　江西省南昌市赣江江心岛

图 2-18　浙江省绍兴市环城西河百花苑江心岛

藤等植物，下层灌木选用迎春等进行边界美化。岛中心则根据岛内地形及建筑进行季相丰富的植物配置，将岛上的亭台楼阁掩映其中。

江苏省南京市八卦洲江心岛（图 2-19）位于河道内，由于水速变缓泥沙自然堆积形成了一种水象地貌。由于江心岛四面环水，所以其自然风貌能够保持得比较完好，成为都市圈难得一见的"世外桃源"。但独特的地理位置也使江心岛成为自然生态敏感区，因此其植物配置综合了多方面的因素。

图 2-19　南京八卦洲江心岛雨中柳林湿地风光
资料来源：图片来自南京美丽乡村摄影大赛作品。

八卦洲江心岛的植物配置主要考虑以下三方面。

（1）沿江两岸直接接触长江水体的开放水域，设计者充分考虑到水位变化对湿地植物的影响，尤其是发生季节性水淹的区域，在树种的选择上更是需要精心挑选了耐水湿的植物。

（2）在进行岛内封闭水体中的植物群落设计时，考虑到了多种水生植物的应用，例如，狐尾藻、菖蒲、花叶芦竹、茭白等，形成了丰富的湿地景观，打破了传统中由芦苇构成的单一湿地景观状况，拓宽了湿地公园植物造景的途径和方法。

（3）江心岛的地形复杂、生态相对脆弱，有较多的水塘、沟、渠，易受人类活动的干扰和外来物种的入侵，植物配置时要充分考虑当地的植物现状，因地制宜地筛选、引入耐水湿、易管理的植物，通过植物景观的塑造突出湿地特色。

根据八卦洲湿地植物群落现状，在植物配置时充分利用现有植物品种，适当改造生物群落，营造一个景观丰富、健康稳定的湿地生态系统。目前，八卦洲湿地公园的植物配置可根据功能区划分为 4 种景观类型，分别是保育区、恢复区、合理利用区和宣传教育区。各区内按照"保护、利用"两种规划模式进行植物配置，具体植物配置见（表2-4）。其中植物品种中乔木62种，灌木15种，草本54种。

表2-4　　　　　　　　八卦洲湿地植物群落配置表

功能分区	陆生植物群落	水生植物群落
保育区	以水松、落羽杉群落为主，配置乔木有乌桕、枫杨、七叶树、垂柳、梧桐、紫叶李；灌木有杜鹃、红花檵木等；地被有三色堇、吉祥草、马蹄莲等	以芦苇为主建群种，辅以野生茭白、花叶芦竹、菖蒲等
恢复区	以池杉、枫杨群落为主，配置乔木有水杉、银杏、合欢、南川柳等；灌木有栀子、卫矛、粉团蔷薇等；地被有紫璐草、三色堇等	配置各种水生植物。挺水植物有：芦苇、美人蕉等；沉水植物有：凤眼莲、睡莲、金鱼藻等
合理利用区	配置植物以桃树、藤蔓植物、观花植物、观果树种、保健型树种、药用草本等结合	浅水区配置：荷花美人蕉；开阔水域配置：沉水群落—浮水群落
宣传教育区	配置植物以银杏、栾树、梧桐为主；辅以喜树、圆柏泡桐、三角枫、柿树、桂花等乔木，石楠、木香、栀子等灌木，鸢尾等草本	配置沉水群落—浮水群落—挺水群落—湿地森林群落组合

二、桥头

桥头一般是交通和人流比较集中的场地，而且往往是水利工程中的视线通廊，是作为形成河流等水体印象的重要节点。

从景观观赏视角来看，以桥为对象的观景点如图2-20所示，可分为以下三个观景点。一是位于沿河的视点场，能俯视桥或把桥看作河流中的一个景物；二是位于高河滩的视点场，能仰视桥，并能观察桥的侧景和细部；三是位于水面的视点场，可以从船上看连续画面的景物，远景接近A点，近景接近B点，而在桥中央的梁下观景的C点和D点，则和A、B视角都不同。

在桥头进行植物景观设计时，无论栽植乔木或灌木，都应做到能让人形成强烈

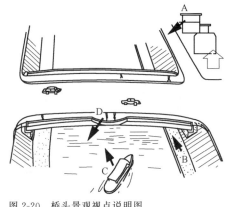

图2-20　桥头景观视点说明图
资料来源：日本土木学会，2002。

的印象，使河流的整体形象在此更为突出、深刻和亲切。一般我们会在桥头植物景观设计时运用孤植的手法，设计"迎宾树"。树种最好选择树形高大挺拔、枝干粗壮饱满的较引人注目的品种。如果是观花树或者色叶树种则最为相宜，可以选择大胸径的香樟、乌桕、白皮松、重阳木、银杏等。这些树从景观角度来看，应该具有造型奇特、形象明快等特点。同时许多地区的桥头本身就保留了现有的大树，有些已经成为该地区的一个景观与文化的象征，在设计的时候应该重点考虑保护与利用的问题，在保留大树的同时进行配景设计，通过其他的乔木灌木进行修景，从而形成和谐统一、主次分明的桥头植物景观（图2-21、图2-22）。

图 2-21　宁波广济桥

图 2-22　桥头植物景观

　　以山东省滕州荆河景观茂源桥桥头植物景观设计为例，桥头原有绿地年代较久，植物长势较差，景观效果不佳（图2-23、图2-24）。设计中应统一设计桥头两侧绿地，中心梳理绿化景观，组织交通。桥头两处配合景石，利用大枫香、刺槐等本地树种作为桥头树，通过引入美女樱、鸢尾、玉簪、八宝景天、石竹、八宝景天、萱草和鼠尾草等地被进行合理搭配，形成既具有当地特色又具有丰富的层次与色彩的桥头植物景观（图2-25）。

图 2-23　滕州茂源桥桥头绿地设计改造前 1

图 2-24　滕州茂源桥桥头绿地设计改造前 2

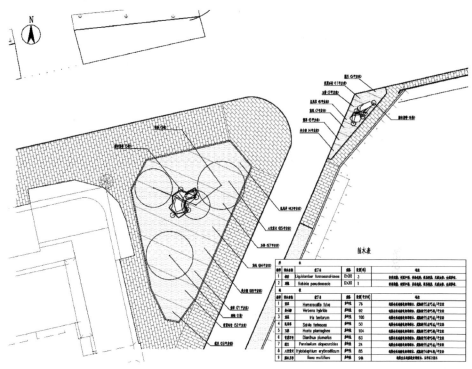

图 2-25　滕州茂源桥桥头绿地植物景观设计平面

三、汇流与分流部分

1. 特点与设计方法

河流汇流、分流部分的基本特点在于汇集或分岔出若干条河流，形成水流汇集和分岔的形态。按日本土木学会编制的《滨河景观设计》中对这部分特点的阐述，这种形态特点形成的重要区域的景观特点可归纳为以下三点。

（1）从水流方向眺望时能形成视野尽头的印象　一般向水流方向眺望，直视距离长，给人以强烈的深远感。但对汇流部位和分流部位而言，由于其形态特点，眺望上下游时，有时出现视线被遮挡，从而形成了视野尽头。

（2）被河流围成三个方向的空间，是景色被明显紧缩的地方　在连续的河流空间中，在汇、分流部位形成尽端，所以和普通河流空间比，是一个被明显紧缩了的特殊空间。

（3）可以同时眺望不同的河流姿态　最基本的特点是在汇流和分流前后，可以将所形成的若干不同的河流姿态纳入同一视野中。在做汇流和分流部分的景观设计时，关键是要充分发挥这些景观优势，这样才能在整条河流和整个地区中建造出非常有特色景观的重要场所。

以上三个特点，决定了汇流与分流部分的植物景观应该具备有序、开放和多样的特征。植物景观应该充分考虑沿岸的视觉景观，组织有序的植物景观序列，引导水流方向上的视线，增强景深效果。景观设计的要点在于利用水工结构的整治过程来配置建筑物和设施，使之成为视野尽端如画的景物，并要留出眺望这些景物的良好视点；同时，应符合该区域开放的空间特性，在植物群落营造上，设计成以疏林草地为主的开放绿地。另外，植物景观应该统一整体风格，展现区域特色，但在各条河流的风貌展示上，可以根据各自的主题和文化有所不同。

除了以上特点外，在进行汇流与分流部分的植物景观设计时，还应该对汇流与分流部位各自的特色进行区分。在汇流部位，由于两条河流顺畅地汇流，形成了具有缓冲带作用的导流区，这一地区多半存在可有效利用的河流空间，这些空间往往可以作为开放的滨水绿地，供人们休闲、娱乐和活动，在植物景观营造上无论品种还是形式都将极为丰富。在分流部位，因水流直接冲刷分流部位的上流，难以形成像汇流部位那样安稳、富于利用价值的空间。加强防洪功能顽强顶住水流的冲击，使景观给人一种坚实的印象，但这部分空间往往作为沿河的带状绿带，在植物景观营造上则相对较为单一。

2. 设计案例——宁波市新三江口公园规划设计（EDAW，2012）

宁波市新三江口位于宁波市城市母亲河——姚江的北岸，距离三江口核心4km，是宁波"三江文化长廊"核心区段的一个重要组成部分，是典型的三江汇流之处（图 2-26）。

图 2-26　宁波新三江口平面

　　整个新三江口区位优越，位于三江交汇处，同时也是三江文化走廊的北部尽端，场地视野开阔，环境优美。植物景观设计一方面要烘托历史文化和现代文明融汇的主题，另一方面要为市民提供沿江开放空间中的各种植物景观。由于要考虑水利上防洪的要求，亲水空间受到影响，基地进深被压缩，因此植物景观利用堤岸处理应进行变化。如新三江口水流冲刷处的防洪堤，堤岸离水面较高，植物景观设计时，应重点考虑与建筑的搭配协调、视觉的序列引导以及天际线的组织上；而水流缓冲处的浅滩区域，则可以构建亲水湿地植物、岸边耐水湿植物以及岸上自然坡地植物的多层次植物群落，形成逐层推进的植物空间（图 2-27、图 2-28）。

图 2-27　宁波新三江口防洪堤植物景观　　　　图 2-28　宁波新三江口浅滩区域植物景观

第六节　河湖型水利工程植物景观设计

　　河湖型水利工程是以城市及周边区域的河湖为依托发展起来的，从其类型上可以分为城市型和自然型。城市型河湖与自然型河湖相比，前者流经城市，受城市居民生活影响较大，水文化更加突出；后者功能上更为单一，以水利为主，但近些年随着旅游事业的发展和城市建设的推进，自然型河湖在景观上也逐渐受到重视。总的来说，水利工程中河湖的功能性是综合的、多元的，不仅具有行洪排涝、供水灌溉、蓄水抗旱和运输养殖和生态环保等功能（图 2-29），同时还承担着为社会提供休闲、娱乐、旅游的生态场所的功能（图 2-30）。随着城市化的推进和城乡建设的飞速发展，河湖型水利工程已经成为城乡生态建设中的重要组成部分，其景观功能与生态作用也越来越受到人们的重视。

图 2-29 河湖水利的行洪排涝功能

图 2-30 河湖水利工程的休闲娱乐功能

一、设计要求

河湖型水利工程植物景观设计在设计时要求能适应不同水文条件和运行条件下水动力特性的变化，在不影响河湖行洪、排沥、输水、通航等功能的前提下，根据园林植物自身的生长特性进行景观营造，从而达到最佳的景观效果。因此河湖型水利工程植物景观设计必须根据水利工程相关技术要求以及景观设计学的具体要求，从以下几方面进行科学的控制。

1. 水位变化要求

河湖型水利工程中水位是经常变化的，季节性较强，在枯水期，水位下降；在丰水期或行洪期，水位则上涨，并随流量变化而变化。植物景观设计中，就要充分考虑水位变化对植物景观的影响。设计中应保证景观水位的最低和最高限度的要求，在河道、湖岸各阶段确定适宜的景观控制水位，综合考虑各种需求，包括景观的需求、水资源保证的可能性、排洪和输水控制的要求以及通航净空的要求，有针对性地制定出适应水位变化下的植物景观营造方案。

2. 岸线安全要求

河湖型水利工程中要特别注意护岸等设施的安全以及游人的游憩安全。河道湖泊护岸形式的选择，主要取决于水体的流速和水势变化。流速低的岸线可采用自然生态护岸。而对流速高的河道或险工段，护岸结构形式多为刚性结构，主要采用浆砌或干砌块石结构、现浇或预制混凝土结构、钢筋混凝土结构的护岸形式。植物景观设计既要充分考虑景观设施对植物生长条件的影响，还要考虑植物在安全围护方面起到的作用，在自然护岸边，尤其是未设置景观围护设施的，更需要通过植物的配置和围合来满足岸线的安全要求。

3. 行洪功能要求

从防洪角度来讲，河湖堤顶越高则越安全，抵御洪水的能力越强。然而从景观角度来考虑，过大的高差将阻碍景观视线，影响美观。在景观设计中要求尽可能缩小堤顶与常水位及道路之间的高差，降低堤顶高程。这就使得设计中需通过优选综合河湖整治方案来提高水利要求的行洪能力，以确保整体行洪的安全。植物景观设计中应结合景观设计的具体要求进行合理的配置。

4. 生态功能要求

修复河湖生态功能是河湖水利工程综合整治的重要内容。在水利工程植物景观设计中，通过研究水力条件与生态状况的相对关系，调整水深、流速等水力特性以达到河湖的植物生长要求。另外维持植物群落的多样性，能形成河湖水利工程中特殊的生物环境，对维持生态系统的持续、稳定和发展有支持作用。

5. 文化展示要求

水系与文化有着密切的联系，任何一条河流，任何一个湖泊都有一段属于自己的历史，有自己的水文化，能体现自身独特的历史价值。从物质方面看，水文化记载了人们对水的认识，以及利用、改造水的实践活动；从精神方面看，水文化是人们从水体及其变化中得到的启迪并形成的一种哲学想法和审美意识。城市河湖型水利风景区的水文化能诱发游人心灵与自然的沟通。

二、植物选择原则

1. 以乡土树种为主

河湖植物景观在营造过程中，应以乡土树种为主。选用乡土树种可有效提高苗木成活率，减少病虫害，尽可能节约造价，节省后期养护成本。同时，乡土树种往往代表了一个区域的特色，对本土景观风貌特征的营造及景观文化传承有着很好的作用。在此基础上，可适当辅以外来植物品种的搭配组合。但在外来植物选择上，应该考虑经过长期驯化，长势与景观效果均较好的品种。

2. 适应性要求

因河湖型水利工程的防洪排涝特殊性，在雨季时水位下降缓慢，滨水区的植物会遭受长时间的水淹。因此，在制定植物配置原则时要综合考虑植物对水淹的耐受性。在地势较高的地方则要注意植物的抗逆性及其生态习性。

3. 种类丰富

为使植物群落能健康、稳定、持续地发展，在植物选择上就不能过于单一。另一方面，植物种类较多，可创造出多样的空间，能提供更多样的食物和栖息场所，有利于生物多样性的提高。

4. 因地制宜

在进行植物种植时，需要考虑种植物地块的水流速度、洪水情况等，进行因地制宜的搭配。如在城市河道中，因水流速度较快，需要选择须根较多的植物，以免在洪水来临时对植被造成损害。另外，如果主根太粗壮，时间一久，也会对破坏河湖驳岸，造成损失。在河湖型水利工程的植物景观设计中还要考虑其行洪排涝的功能。在滨水区域不宜种植高大的植物，以免影响水流速度，阻碍河流泄洪。要根据功能区要求进行植物选择，如在对水上活动区进行植物选择时，要考虑植物是否会对游人产生不利的影响。

三、植物景观设计要点

1. 不同水位下的植物选择和设计

河湖型水利工程在植物景观营造中，需要重点关注水位及水位变化问题。设计师在设计中应对植物在景观竖向上的要求，如等深线及等高线，按照植物对不同水深的适应性，以及植物的耐水湿情况进行分类与分析，从而做出合理的植物配置设计。

根据河湖型水利工程中水体的水位变化情况，我们可以将水岸空间以常水位高程为界进行空间划分。

（1）常水位以下区域　该区域可以根据水深分为深水植物区和浅水植物区。深水植物区可以选择种植水生植物中的沉水植物和漂浮植物，如荇菜、金鱼藻、狐尾藻、黑藻、苦草、眼子菜、泪草、金鱼草、浮萍、槐叶萍、大漂、雨久花、凤眼莲、满江红、菱、睡莲等；同时也可以考虑种植水生植物中的对水位要求较高的挺水植物及浮叶植物，如荷花、睡莲、萍蓬草、慈姑、泽泻、水芋、黄花水龙、芡实、苦草、金鱼草等。而在浅水植物区则应种植植株高大对水深具有一定适应度的挺水植物，如再力花、芦苇、芦竹、水葱、水烛、慈姑、海寿花、黄菖蒲、梭鱼草、香蒲、菰、石龙芮等；也可以种植水生植物中适宜在浅水生长的植物品种，如泽泻、水生美人蕉、千屈菜、凤眼莲、菖蒲、玉蝉花、花叶芦苇、蜘蛛兰、灯芯草、香菇草、节节草、石菖蒲、旱伞草、梭鱼草、紫芋、蔺草、水薄荷、玉带草等。

（2）常水位以上区域　该区域属于湿生环境，没有水直接浸泡，但土壤长期处于饱和状态。应种植适宜在湿润环境中生长的植物，如河柳、旱柳、柽柳、杞柳、水芹、银芽柳、美人蕉、千屈菜、红蓼、灯芯草、水葱、芦苇、芦竹、银芦、香蒲、草美蓉、马兰、香根草，旱伞草、狗牙根、假俭草、紫花苜蓿、紫花地丁、菖蒲、燕子花、二月兰等。

2. 河湖树种种植设计方法

在河湖型水利工程植物景观设计时应重点考虑设计地区和场地的自然条件以及现状环境。在充分分析和认识现有场地的基础上，对植物从适应性、树形等角度进行挑选，进行树种的搭配以形成适合的群落结构。

（1）注重河湖风貌的展示　植物树种的选择应能体现地区特色，具有一定的历史象征，并能展现丰富的季相景色。沿岸线区域需要进一步加强实地勘察，掌握各区段的河湖特点。在我国南方种植于河湖水边的常有垂柳、碧桃等，我国古代"杨柳满长堤，花明路不迷""花满苏堤柳满烟"等诗句就是赞颂西湖水边一株杨柳一株桃的经典植物布置方法的。在日本，水边树木常有垂柳、樱花、松树、枫树、竹等常见树种，这些树种也是日式园林中经常选用的，作为日本水边代表性景观的重要元素。而在西欧各国一些传统古典规则河道、运河两岸则常种植高大的椴树等乔木。设计中，应把这些体现文化定式化配置模式加以灵活运用，并形成设计区域内自身的特色。

（2）植物群落结构应与地方风格和水体风格统一　植物群落的配置要适合当地的风格。河湖型水利工程有些位于城市内，如城市河道、城市内湖。城市河道和湖泊强调城市轴线，注重秩序感。植物景观设计经常有规律的间隔种植树形优美的大小乔木，有效地强调连续性；有些则位于城市外或郊区，植物景观设计则要考虑体现该区域的自然特征，配植时应接近自然河流、湖泊风格，树种选择参考自然植物群落进行高中低不规则搭配，使水域附近植被风格更为显著，并能同周边环境紧密结合。

3. 槽谷形态的河湖植物设计要点

槽谷形态的河道和湖泊是比较常见的，由于防洪和安全的需要，这类河道和湖泊往往在岸线边设置围栏，围栏形式又比较呆板，缺少生气，严重影响景观效果。在这类岸线空间进行植物景观设计时，除了展示水体风貌，还应体现其自然性和亲水性。

（1）强调环境的整体性　槽谷形态河道和湖泊的驳岸形式相对而言较为生硬，水面与地面之间缺少自然联系。植物景观设计应尽可能软化驳岸界面，让地面在绿化的过渡下与水面连成整体。置身于河湖岸边，应让人能感受到被水面和绿化连成一体的空间包围感。设计中可以尽量把植物栽植到靠近岸边的地方，应选择枝条柔顺下垂或侧枝发达悬挑的植物。通过垂枝、悬枝，拉近了与水面的距离，视觉上形成统一，取得水岸自然连接的效果。同时水面的倒影可以使得岸边植物变一为二，上下交映，正侧呼应，使景深增加，空间扩大。

（2）增强岸线的可达性　槽谷形态河道和湖泊应注重岸线的亲水性，增强可达性，提高接近岸边的便利性。视觉上要保证通透，使水面和沿岸景观同时进入视野；到达岸边的路应保持畅通不受阻，需要保证无论是在视觉上还是活动上都能轻易到达岸边的效果。沿岸步行道靠近岸边一侧应密植灌木以保证安全。在此基础上，根据河湖特性进行列植或自然式栽植乔木，但要尽量疏密有致，有节奏感，避免出现长距离的植物墙，如北京市北环水系综合整治工程转河段绿色航道（图2-31），河岸两边植物配合浮雕驳岸，景色宜人。

图 2-31　北京市北环水系综合整治工程转河段绿色航道

4. 堤岸形态的河湖植物设计要点

堤岸的植物景观设计在之前的章节已经讲过，这里主要谈的是堤岸内侧的植物景观设计。如果是城市河湖的堤岸，内侧堤岸往往与城市住宅商业等区域相连接，如果简单处理将影响城市景观。

植物景观设计重点考虑的是堤岸内边侧区域。设计时可以考虑通过竖向对原先的斜坡面进行改造，把边侧地带填高，形成自然式的微地形。栽植包括乔木在内的各种植物，从而保证堤内外视觉的联系。如果内侧区域空间较小，又有一定坡度，则需考虑在坡面上进行绿化，通过乔木列植和灌木塑形，形成规则坡面绿地景观效果。树种则要根据土壤、坡度等现场条件来定，对于酸性土壤上常用桦木、花楸、荚迷等树种；坡度较大的话，宜选用深根性乔木或者以灌草复层混交的绿色植物组团。

四、设计案例

(一)设计案例 1：天津蓟运河故道水岸起步区景观设计 (EDAW，2009)

1. 概况

天津蓟运河是海河流域北系的主要河流之一，蓟运河故道是鸟类的栖息繁衍地和迁飞停歇地，也是流经生态城的重要水系和部分现状湿地保留区域。天津蓟运河故道水岸起步区南至蓟运河故道闸口，北至中泰大道，长约 3600m，宽 60～280m 不等。天津蓟运河是体现生态城市人与自然和谐共处的重要景观，以游览观光、雨水收集净化、湿地保护为主。

2. 现状植被

设计场地内植被群落较为丰富，典型的植被群落主要包括以下六点。

（1）翅碱蓬（俗称黄须草）群落　伴生有碱茅、盐角草等，分布在滨海地带的近海区域，是滩涂地的先锋群落，也是改造盐土地理环境的先驱植物，整体外貌呈一片紫红。

（2）芦苇群落　常伴生大米草、蒿草等，多分布在常年积水的洼地及河畔，其群落生长旺盛。

（3）柏树、榆树、枣树群落　常伴生狗尾草、芦苇等植物，分布在地势较高的地方，植被密集，物种组成丰富。

（4）獐毛（俗称马绊草）群落　分布在近海区域，不仅会成片分布，而且也常形成小群落分布于其他较大的群落中。外貌呈灰绿色，结构较简单。

（5）碱菀（又称野菊花）群落　分布在盐渍化低湿地，为盐碱土的指示植物，花呈黄色，常镶嵌于其他群落中。

（6）狗尾巴草群落　常伴生白茅、芦苇等，分布在地势低洼且平坦的区域，多为洼地失水后由沼泽植被演替而成，生命力极强。

3. 问题与挑战

根据现场景观调查和收集资料，发现本项目在植物景观设计上面临三大问题与挑战。

（1）生态植被再造　现状环境基础较差，土壤盐碱化比较严重，盐碱土有机质含量少，土壤肥力低，加上水分生理上的反渗透作用，植物不易成长，不利于绿化建设，植物景观营造相对困难。因此，如何在盐碱地上营造和谐的生态环境成为面临的首要问题。

（2）湿地系统恢复　现场拥有良好的自然滨海河口湿地特色景观，水滩纵横、盐田交错、鸥鸟齐翔，但有部分湿地遭受人为破坏，如何恢复并使他们与原有的自然湿地相统一，并使其发挥生态教育意义成为设计师关注的焦点。

（3）构建人性场所　在现有的空旷场地上将营建大量适宜人生活居住的场所和空间。在此过程中，如何协调人为因素与自然环境之间的关系，同样成为设计师必须考虑的因素。

4. 软景设计

软景设计主要以乔木灌木为主要设计要素，通过植被恢复和营造使得本次项目达到以下设计目标：确保水岸的安全性、生态型和多样性，塑造疏密有致、节奏感强的水岸。

在乔木种植设计上，天津蓟运河故道水岸依据总体景观设计的分区，将河岸乔木分成了四大功能区：即风景道路林带、社区防护林带、栖息地林带和公园景观林（图 2-32）。四大分区根据自身场地性格和设计要求，在空间营造、空间性格、层次分布和品种选择上各有不同，具体见表 2-5。

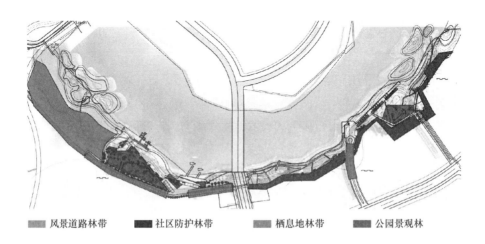

风景道路林带　　社区防护林带　　栖息地林带　　公园景观林

图 2-32　天津蓟运河故道水岸起步区功能分区图

表 2-5　　　　　　　天津蓟运河故道水岸起步区分区乔木品种选择表

分类/分区	风景道路林带	社区防护林带	栖息地林带	公园景观林
空间营造	线性元素和强力的视线导引	自然分布、创造林下生活空间	突出生态恢复示范作用	塑造活力空、突出季相变化
空间性格	开敞	围合	幽闭	聚焦
层次分布	简洁	高低错落	丰富、多层次	简洁
品种选择	国槐、白蜡	臭椿、白蜡、毛白杨	苦楝、柽柳、桑	白蜡、黄栌、紫玉兰

灌木种植依据乔木种植分区，配合乔木形成更为丰富的植被空间层次。在具体配置上，主要按三种类型进行配置，即与乔木搭配构建自然群落的灌木群、亲水性强耐水湿的水际植物以及形成林下空间耐阴性植物（图 2-33）。

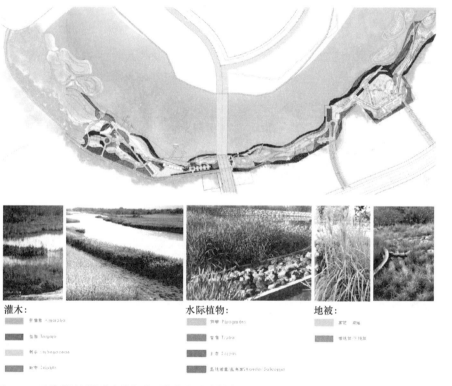

图 2-33　天津蓟运河故道水岸起步区灌木配置示意图

在具体植物材料选择上：水生生境植物以开放水体和浅滩沉水植物和浮叶植物为主，其具有净化水体的功能，品种见表 2-6。

湿地生境植物，用于游禽类栖息，可营造出水鸟栖息景观。设置供鸟类栖息的安全岛，安全岛同样留有裸露泥涂、种植部分芦苇等水生植物；设置浅水区，以种植水葱、香蒲为主，以吸引涉禽类水鸟，在此栖息与繁殖，可形成涉禽水鸟栖息繁殖地，同时还可以美化湿地景观，其品种见表2-7。

草地生境植物，包括游憩草地和生态景观草地。游憩草地主要植草皮，定期维护，以供游客休闲娱乐，生态景观草地主要是恢复天然草本和灌木，以增加生境类型和动物栖息地，品种见表2-8。

林地生境植物，选用本地植物和耐盐碱植物，以适应本地鸟类的栖息繁衍和改良土壤，并减少景观用水。通过人为维护，增加次生林地的抗干扰能力，品种见表2-9。

(二)设计案例2：福建平潭竹屿湖景观设计（奥雅，2010）

1. 概况

项目基地位于福建省平潭综合实验区的竹屿湖区块，处于平潭岛的中部，背依三十六脚湖山脉，西侧与竹屿湾相接。设计范围包括面积4.3km² 的概念性规划用地，其中规划水域面积约3.5km²，位于西南角的会议中心区占地约68hm²。目前区内在建项目有会议中心、临时指挥部两组建筑。

2. 项目SWOT分析

项目SWOT分析方法如图2-34所示。

图2-34 SWOT 分析

表2-6　蓟运河放道水岸起步区灌木品种选择表

物种名	菹草	黑尾藻	金鱼藻	黑藻	眼子菜	浮萍	板叶萍
拉丁名	*Potamogeton crispus* L.	*Myriophyllum spicatum*	*Ceratophyllum demersum*	*Hydrilla verticillata*	*Potamogeton octandrus* Poir.	*Lemna minor* Linn.	*Salviniamatans* (L.)
意向图片							
生活型	多年生沉水草本	沉水植物	沉水性多年生水草	叶多年生沉水植物	多年生沉水浮叶型的单子叶植物	浮叶植物	浮叶植物
生境	池塘、湖泊、溪流中	池塘和湖泊中	池塘、水沟、小河及水库	净水沼泽	静水池塘	不流动的水域	低洼地或自然池塘
备注	菹草的生长时期与大多数水生植物有所不同，冬季和春季生长良好，对水域的富营养化有较强的适应能力			主要种植于沼泽区河边及开放水体的中央区域，为淡水型植物，能忍受酸盐碱化水体，pH<8，水深小于2m且光线能照射到的区域			主要种植于挺水植物深水区的内侧，为淡水型水生植物

表2-7　蓟运河放道水岸起步区湿地植物品种选择表

物种名	芦苇	盐角草	盐地碱蓬	藻毛	溪荇	水葱	扁杆藨草	香蒲
拉丁名	*Phragmites Australis*	*Salicornia europaea* L.	*Suaeda salsa* (Linn. Pall.)	*Aeluropus sinensis* (Debeaux)Tzvel	*Atriplex patens*	*Scirpus validus* Vahl	*Scirpus planiculmis*	*Typhaorie ntalis* Presl
意向图片								

续表

物种名	芦苇	盐角草	盐地碱蓬	獐毛	溪荭	水葱	扁杆藨草	菖蒲
生活型	多年生水生或湿生的高大草本	一年生草本	一年生草本	多年生禾本	一年生草本	多年生宿根挺水草本	多年生草本	多年生宿根沼泽草本
株高	1~3m	0.05~0.2m	0.2~0.8m	0.15~0.25m	0.2~0.6m	1~2m	0.6~1m	1.4~2m
生境	生长在河堤沼泽地	盐湖边、潮湿盐碱地	盐碱地、河岸、湖边	盐化低地草甸	轻度盐渍化湿地及沙地	湿地或沼泽边	河岸、沼泽等湿地	池塘、河滩、潮湿多水处
备注	天津乡土植物，盐生植物群落的主要种，为盐地滩涂的先锋种和优势种，可大量应用					淡水型植物，能耐轻度盐碱，景观效果好，人工维护成本高，可在重点区域点缀种植		

表2.8　衡运河故道水岸起步区草地植物品种选择表

物种名	碱菊	碱茅	碱地肤	鹅观草	狗尾草	虎尾草	白茅
拉丁名	Flos Chrysanthemi indici	Puccinellia distans	Kochia scoparia	Roegneria kamoji Ohwi	Setaria viridis (L.) Beauv.	Chloris virgate Swartz	Imperata cylindria Beauv.
意向图片							
生活型	多年生草本	多年生草本	一年生草本	多年生草本	一年生草本	一年生草本	多年生
株高	0.5~1.5m	0.1~0.7m	0.15~0.6m	0.15~0.3m	0.1~1m	0.2~0.6m	0.25~0.8m
生境	路旁、山坡、原野	草坪建植和公路护坡	河流两边的冲积平原、阶地	适应的土壤pH4.5~8	农田、路边、荒地	路旁、荒地、沙质地	生于路边草地、河滩沙地
备注	盐碱土壤的乡土植物，在早期开发中可大量运用				该种适应性强，生态幅广，是自然草地生态系统的常见种、耐轻度盐碱		

表 2-9　蓟运河故道水岸起步区林地植物品种选择表

物种名	乔木							灌木			
	国槐	白蜡	臭椿	毛白杨	苦楝	侧柏	桑	紫穗槐	柽柳	荆条	酸枣
拉丁名	Sophora japonica Linn.	Fraxinus syelutina Torrbie	Allanthus altissima	Populus tomentosa	Melia azedarach L.	Platyctadus orientalis	Morus alba L.	Amarpha fruticosa L.	Tamarix chinensis Lour	Verbenaceae	Ziziphus jujuba var. spinosa Hu
意向图片											
生活型	落叶乔木	落叶乔木	落叶乔木	落叶乔木	落叶乔木	常绿乔木	落叶灌木	落叶灌木	落叶灌木	落叶灌木	落叶灌木
株高	25m	15m	30m	30m	20m	20m	10m	1～4m	10m	1～5m	1～3m
花期	4～5月	4月	5～6月		4～5月	3～4月	4月	5～6月	6～8月	6～8月	4～5月
花色	浅黄绿色		白色		淡黄色	绿白色	紫黑、淡红	蓝紫色	粉红色	蓝紫色	黄绿色
生态习性	喜湿润、喜肥、较耐瘠薄	喜温暖、湿润、耐寒、耐劳、耐干旱	耐寒、耐旱、不耐水湿	温暖湿润气候，不耐干旱	强阳性树、不耐干旱	喜光、耐干旱、抗风能力较弱	阳性、适应性强	耐寒、耐旱、抗风沙	耐旱、耐寒、较耐水湿	喜光、喜干燥、耐寒、耐旱	喜光、耐寒
土壤	耐轻度盐碱地	耐盐碱	耐轻度盐碱	稍耐盐碱	较耐盐碱	耐轻盐碱	耐轻度盐碱	较耐盐碱	极耐盐碱	耐贫瘠土壤	稍耐盐碱
用途	行道树、庭院特色树种	行道树、遮荫树	观赏树	庭荫树或防护林	庭荫树、疗养林	观赏树木	庭荫树、风景林	观赏灌木	堤岸绿化树种	观赏、防护	观赏、食用
备注	寿命长、对有毒气体有抗性	秋叶橙黄，天津市树	生产迅速、对有毒气体抗性较强	耐烟尘、抗污染、生长较快		生长缓慢、寿命长	抗风、耐烟尘、抗有毒气体			叶、茎、果实和根可入药	果实能健脾

3. 愿景与设计目标

（1）愿景　希望将竹屿湖构建为自然、和谐之湖；依托独特的自然环境，改善生态水系统，积蓄淡水，防洪排涝；作为新城市片区的后花园，营造优美宜人的都市休闲空间；成为中国面向世界的新窗口，打造极具吸引力的投资环境。

（2）目标　建立可持续发展的优美环境；为新城建造具有功能性和寓意性的开放市民公园；完善和强化城市设计，使土地价值最大化，将公园纳入城市绿地系统；充分利用多方资源（自然和文化），提升旅游和商业投资环境；利用自然生态和水利工程的多种手法，改善水环境，将现状水体逐步转换为较大规模的淡水湖，并起到蓄洪排涝作用；综合多种功能为一体，满足不同使用者的需求；选取本土植物和带有特殊寓意和功能性的植物，构造具有浓郁海洋文化特色的绿色空间体系。

4. 植物种植设计

（1）从调查研究入手，全面而正确地分析当地的客观环境条件　陆生植物正常生长所需的土壤条件是中性或弱酸性，排水良好，富含有机质的肥沃壤土，乔木类植物根据不同根系至少需要 1～1.5m 的土层厚度。

由于平潭县竹屿湖位于沿海地区，受海水影响，土壤含盐量比较高，呈碱性，故对大部分植物生长不利，或不能生长。而且受气候干燥，常年大风的影响，表层种植土多为沙质土，平均厚度仅 0.5m，土质干燥贫瘠，也对多数植物生长非常不利。故基地现状植物种类较少、群落结构单纯，植物设计若要改变现状、丰富植物群落，需要从以下几点着手。

① 外围设置防风缓冲林带，通过成片密植高大乔木，减弱大风的干扰，形成对内部植物的保护，树种选择上既要耐盐碱，耐贫瘠，又要具备抗风性。

② 内部通过回填土，施有机肥，增加土层厚度和土壤养分，丰富种植层次，形成乔灌草多层次植物群落，有机肥能增加土壤的腐殖质，有利于团粒结构的形成，改良沙质土结构，同时有机质分解后产生的有机酸还能中和土壤的碱性，要选择稍耐盐碱的树种。

③ 局部重点景观区域，通过换土和盐碱地改良的方式，为植物提供一个良好的生长环境，营造优美的景观效果，树种选择上以观赏性强的南方植物为主。

（2）外围抗风耐盐碱林带植物选择　由于盐雾中的盐离子沉降在林缘的数量是林中的 5 倍，而且阔叶树种的耐盐雾性强于针叶树种，常绿树种抗风能力比落叶树种强，深根系树种抗风力比浅根系树种强。所以林带适宜深根系阔叶树和常绿树混合搭配。

（3）内部多层次群落植物选择　因有外围防风林带的保护，所以内部风力相对小一些。树种选择主要以具耐碱性的观赏性植物为主，并结合回填土、换土和盐碱改良，创造良好的种植条件，形成高低层次组团搭配丰富的群落效果。

（4）湿地水生植物选择　由于竹屿湖地块的特殊地理位置，形成特殊的咸淡水湿地。故植物选择上要选择具有一定的抗性，能适合在咸水中生长的植物。

此外，除了水面以上可见的景观效果，还要兼顾植物对水体净化过滤的作用。沉水植物在这方面具有很好的效果，它治理污染和富营养化水体的效果较挺水和浮水植物都强，且能为水生动物提供食物。通过种植挺水植物、浮水植物、沉水植物，可形成上中下立体的湿地群落结构。

第七节　水库型水利工程植物景观设计

水库型水利工程是指以水库为主体而形成的具有一定景物风貌的水利工程总称。水库作为水利工程中一个重要构筑物，兼顾水利工程的防洪、除涝、灌溉、发电、供水、围垦、水土保持、移民、水资源保护等各项功能，几乎涵盖了各种水利工程的作用，成为众多水利工程的综合体。水库安全也一度成为一个城市水安全的重要指标之一。同时，由于水库对地形、水位的重大改变，生态也随之发生彻底的变化。可以说，水库是人为干涉最明显的水利工程，也是最需要恢复的生态和文化环境工程。

水库型水利工程较其他类型的水利工程而言，其空间环境更为复杂。首先，水库中的水体随季节变换而变化，水位落差非常大，这就给水体周边的景观营造及旅游开发带来了极大的难度；其次，水体的流动性和下渗性使得水库与周边的山地、水体与地下及坝下空间均联为一体，这成就了水库型水利工程的特殊性。因此，水库型水利工程在进行植物景观设计时，应充分地研究水库型水利工程的规划和设计方式，使得设计真正科学可行。

一、水库型水利工程的景观特征

水库型水利工程景观有别于一般意义上的河湖型水利工程景观，其主要特征有以下几点。

1. 山体环抱

水库是在江河中筑坝拦水而成的。周围往往都是群山环绕，还有的部分山体因水库水位较高而被水淹形成小岛屿，例如，浙江淳安的千岛湖就因此景色而闻名。

2. 沟谷山岗

水库所处的山地之中都有众多的沟谷山岗，水库在蓄水前后都形成了风格各异的景色，这也是水库坝区景观的与众不同之处。

3. 人文积淀

许多水库的基址周围都包含了大量的历史文化遗产，如古建筑、奇峰异石等，这些自然人文景观资源和水库大坝相辅相成，更加衬托出坝体的雄伟壮丽。只要在设计时能引景得当，就能创造出优美的坝区景观形象。著名的三峡大坝就是范例。

二、设计的定位与分区设计

水库型水利工程景观类型众多、特征鲜明。与一般的景观湖泊不同，水库担负着城市供水储备和保障重任，这就意味着水资源的严格保护将是水库型水利工程景观设计时最应考虑的。是否面向公众开放、水源保护范围的划定等问题将直接关系到设计中的具体分区和布局。在进行植物景观设计时应根据水库本身的总体定位进行相适应的分区和布局，例如，温州南雁荡山的白石水库。在最初一轮规划方案中有相当一部分人提议开展水上活动，包括亲水平台、垂钓、泛舟等，最后因为水源保护问题，被全盘否决；香港的万宜水库（图 2-35、图 2-36）是海湾水库，位于山海之间，香港将其定性为郊野公园，现在不仅面向公众开放，而且成为香港著名的旅游景点，游人如梭。植物景观设计中的功能与布局必须在水库的总体定位下进

图 2-35 香港万宜水库大坝

图 2-36 香港万宜水库风景

行，明确水库中哪些区域是可以对公众游人开放、哪些区域又是需要严格保护的。根据不同的分区进行景观设计和植物配置。一般而言，一个水库型水利工程所形成的景观设计区域在功能分区应当包含主入口区、水利工程观赏区、水土涵养和植被保护区这三个基本的功能区和其他功能区。

主入口区是进入水库前的集散场所，是展现水库型水利工程景观风貌的第一站。要安排足够的场地并考虑人流以及观赏视线等问题。在植物景观设计应以体现水库及水利工程构筑物的特色，树种选择应以当地植物为主，在进行空间围合时应组织好视景线，在主入口区应尽量形成开阔的视线空间，将水利工程雄伟壮观的一面展示出来（图2-37）。

水利工程观赏区是水库型水利工程向市民和游人展示水利工程构筑物的最为重要的功能区，因此在景观规划上应当注重景观的多样性和连续性，植物景观应以辅助和衬托为主。该区域应当以展现水库平静的大湖面和坝体景观的雄伟壮阔为主，植物景观或作为水库展示主体的背景，或作为构筑物的装饰物，在配置上应尽量保证与观赏主体和谐统一，同时能起到画龙点睛的作用。如何巧妙地安排植物景观与构筑物以及硬质景观的合理布局至关重要。在湖岸边上的植物选择和配置上与一般的湖泊类似，选择季相分明的色叶树种作为前景，而选择一些常绿的乔木作为背景。不同的是，由于水库边上往往是被山体围绕的，因此，对现有山体的维护和改造将是设计的重点，应着重从林相的改善以及植物密度的控制上进行处理，适当增加色叶树种丰富季相，同时对一些植被覆盖稀少景观较差的区域进行植被抚育与改造（图2-38）。

图2-37　浙江宁海白溪水库枢纽工程　　　　　图2-38　白溪水库库区景观

水土涵养及植被保护区则是针对因为水利工程开发建设过程中所造成的水质恶化、山体滑坡等水环境破坏而形成的区域。这些区域在工程建设后会对水库的上下游水土产生较大影响。因此，水土涵养及保护区应当位于水库的上下游，以利于生态环境的保护。植物景观设计重点在于边坡和工程建设施工面的护坡以及修复，植物景观应配合工程护坡的相关技术进行植物选择和配制，通过植物的栽植恢复受工程建设而破坏的生态环境。

三、水库型水利工程植物景观设计方法

水库型水利工程的植物景观设计应重点突出植物景观的多样性和区域分布的特点，保护水库周围现存的古树名木。设计时应对区域内的植被覆盖率、林木郁闭度、植物结构、季相变化、主要树种等做明确的规划和设计，保证植物景观的丰富多样。

1. 水中生活的植物

水库兼顾水利工程中的防洪、排涝、灌溉、发电、供水等众多功能，因此其中的水体与一般水体有所不同，许多水库对水质有很高的要求。水生植物虽然在一定程度上可以美化水域景观，但是植物生长将对水库水质和坝体的安全性产生一定的影响。如藻类的大量生长极容易使水体富营养化，导致鱼类、贝壳类动物无法正常生存，并最终影响水库水质。而其他植物如荷花、睡莲等生长容易产生淤泥，会造成水库的淤积，从而影响水质甚至是水库大坝的安全。因此，在植物景观设计中，水生植物的设计需慎之又慎。

2. 库岸和湿地生活的植物

库岸和湿地植物景观的营造，应根据所处位置综合考虑，如水库枯水线至常水位线段的植物应以草本类植物为主。该类植物不仅能与水面组合形成自然生态的景观，而且草本植物的生长能够起到稳定驳岸的作用；水库常水位线至丰水位线段的植物应当以草灌类植物为主，配以少量耐水湿的乔木，这种植物配置形式不仅可以丰富水库沿岸的景观，也可以减弱丰水期洪水对水库沿岸的冲击；丰水位以上的湿地应以种植耐水湿乔木为主，从而加强库岸的稳定。其他湿地生长的植物应当注重植物的生态习性，从而形成多样化的植物景观。

3. 山林中生长的植物

山林地应当选择抗瘠薄能力较强的植物进行绿化，同时避免山林植物的纯林化，营造时应注重乔、灌、草的搭配，实行针阔混交，以形成植物物种多样化的山林地。尤其是松树类（黑松、马尾松等）易发生松毛虫等虫害，更要避免单纯种植，宜营造针阔混交林。

四、设计案例

(一)设计案例 1：南京中山陵东部整治工程景观设计 (XWHO, 2005)

1. 概况

南京中山陵东部整治工程位于南京市钟山风景区之东北角，占地 63hm²。历代就有人以"虎踞龙盘"来形容巍巍钟山。基地东北侧临环陵大道，并通过环陵大道连接南京的主要城市道路，东接钟山国际高尔夫球场和仙林大学城，其他边界背靠山体，场地内有两个水库——上黄马水库、下黄马水库。该地块拥抱山水，拥有得天独厚的自然风光，加之钟山浓厚的历史文化底蕴和便捷的现代化交通，使得本工程地块的优越性不言而喻。

2. 景观总体构思

此项工程主要为"十运会"配套服务，目的在于为南京提供一座高标准、高规格的接待中心，同时达到最大限度的对外开放要求，景观设计应充分尊重场地地形、地貌、植被、水体，依据建设项目尽可能在保护前提下，合理规划布局、巧妙利用景观资源，创造自然、生态、"世外桃源"般的仙居环境。

3. 场地分析

（1）气象、水文　南京地处中纬度地区，属于亚热带季风气候，具有冬冷夏热、四季分明的特点。年度最佳季节为秋季（9～11 月）。绝对最高温度 43℃，绝对最低温度-14℃，年平均气温为 15.6℃，最热月平均气温 28.1℃，最冷月平均气温-2.1℃，土壤最大冻结深度-0.09m，夏季主导风向东南、东风，冬季主导风向东北、东风，无霜期为 237d。

南京的年平均降水量在 1021.3mm 以上，属于湿润地区。每年初夏，往往受锋面雨带影响，南京进入梅雨季节。梅雨过后，天气晴燥，常会形成伏旱，甚至伏秋连旱。

场地位于南京市钟山风景区内，世界闻名的紫金山天文台、中山陵和明孝陵就在附近，这些风景区人文品位高，植被茂盛，且有两个水库，能形成局部小气候，如夏季气温比城区相对较低，湿度较高。

（2）土壤、植被　场地内土壤瘠薄，主要为风化的红砂岩土壤，土层一般在 30～40cm。

场地内植被茂盛，主要为发育较好的人工次生林，西面水库上游为少量苗圃地。现状树种主要以落叶的乡土树种为主：如马尾松、构树、刺槐、枫杨、板栗、三角枫、枫香、黄连木、乌桕、朴树、榔榆等。大部分树种都有 30 年以上的树龄，树高 15m 左右，林木郁闭度在 80％以上，森林覆盖率除去水域和滩涂地几乎100％。林下灌木较少。

（3）坡度分析　场地内地形坡向复杂，水库岸线曲折，有多条冲沟汇集于水库。山脊线上不宜放置主体建筑，登山游步道一般设置于此；山谷线是创造水利景观的理想区域；登高点通常是观景的最佳位置。

场地地势为低坡地形，水库北侧最高点 65m，水库南侧最高点 76m。

（4）水位分析　场地内上、下黄马水库目前枯水季节的水面面积为 144670m²，具有灌溉防洪的功能，但随着中山陵风景区环境整治的进行，水库的功能以景观和防洪为主。水库汇水面积 2.448km²，总库量 87.2 万 m³，丰水期一般集中在夏季的 6、7、8、9 月，枯水期集中在冬季的 11、12、1、2 月。由于景观的需求，人们会通过补水等方法使水位尽可能保持在较小变化的常水位。依据现状地形、建筑与水体的关系、景观的实际效果，在尽量对现状水体减少破坏的前提下，设计将岸线作了细微的调整，具体数据如下。

上黄马水库坝高为 50.50m；洪水位为 52.00m；常水位为 50.30m；现状常水位水域面积为 51580m²；现状泛洪区水域面积为 22450m²；设计常水位水域面积为57330m²。

4. 植物景观设计

由于本项目位于南京市钟山风景区内，现状植被已形成了较为良好的景观效果，而且由于场地土壤瘠薄，土层较浅，植物生长较为缓慢，目前的林木基本已有40 年左右的树龄，能形成现在的效果实属不易。因此，在进行植被改造时需要十分慎重，应该以保护为主，局部进行林相改造。结合建设项目及景观要求，道路沿线、建筑周边、滨水区域等种植较为丰富的适宜当地生长的原林植物，其余区域应尽量保护现有林木。由于场地内现有林木品种单一，主要为造林用树种。因此，结合项目建设与景观定位，需要在建设区内增加常绿树、香花植物、大花植物等，在总体自然生态的大环境中，局部应创造更为丰富多彩的人工园林美。林木保护区视线所及处去除林下杂树，大面积种植耐荫地被。主要树种如下所述。

（1）常绿乔木　广玉兰、香樟、雪松、龙柏、罗汉松、杜英、桂花、枇杷、石楠、日本五针松。

（2）落叶乔木　金钱松、银杏、臭椿、垂柳、合欢、黄山栾、梧桐、乌桕、榉树、水杉、池杉、落羽杉、白玉兰、二乔玉兰、枫香、无患子、鹅掌楸、七叶树、柿树、南酸枣、杜仲、国槐、龙爪槐、三角枫、樱花、梅花、碧桃、沙梨、海棠花。

（3）灌木　红枫、垂丝海棠、荚蒾、牡丹、四季桂、海桐、构骨、含笑、山茶、四照花、木槿、紫薇、花石榴、蜡梅、紫荆、结香、红瑞木、金钟花、棣棠、金边大叶黄杨、茶梅、雀舌黄杨、龟甲冬青、铺地柏、十大功劳、八角金盘、火棘、麻叶绣线菊、南天竹、洒金珊瑚、毛杜鹃、丰花月季、凤尾兰、迎春、牡丹、贴梗海棠、八仙花。

（4）耐荫地被　美人蕉、二月兰、玉簪、常春藤、花叶蔓长春花、葱兰、麦冬、阔叶麦冬、金边麦冬、吉祥草、红花酢浆草、红花石蒜、结缕草、早熟禾、黑麦草。

（5）水生植物　千屈菜、旱伞草、纸莎草、雨久花、萱草、黄菖蒲、金钱蒲、香蒲、观赏芋、鸢尾、芦苇、蒲苇、茭白、荷花、睡莲、水葱、慈姑、水蓼、再力花、海寿花、紫栗、萍蓬、泽泻、荸荠、芡实、芦竹、姜花。

以下为部分植物设计图（图2-39、图2-40、图2-41、图2-42）。

图2-39　植物种植改造区示意图

(二)设计案例 2：大连市青云河水库坝下泄洪区景观工程设计（北京土人，2012)

1. 概况

（1）青云河地理位置　青云河上游为青云河水库，自北向南汇入常江湾，于得

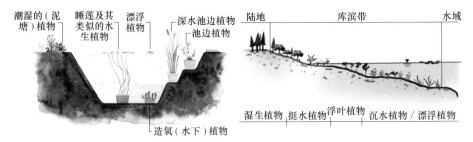

图 2-40 水生植物种植示意图

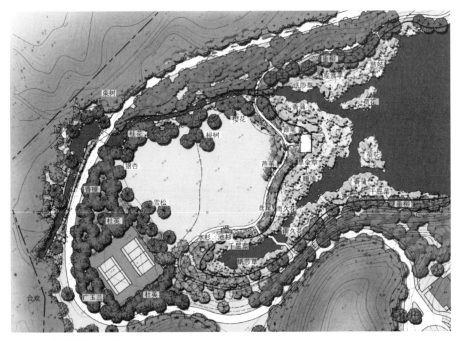

图 2-41 局部植物配置图

胜镇、大李家镇的交界处入黄海。本次设计的青云河全流域面积约 4.2km², 流域全长约 7.8km, 大致可分为三个区段: 坝下湿地泄洪区, 长约 2.0km; 城市景观区, 长约 3.9km; 水上运动区, 长约 1.9km, 平均比降为 4.27‰。水库坝下现状河道防洪标准为 10~20 年一遇的标准设计。

(2) 青云河自然状况 青云河起于青云水库, 水库坝下现状河道防洪标准为 20年一遇, 该河流为季节性河流, 水量随季节变化大, 流域内孕育着大片湿地, 成为行洪的缓冲区; 流域内自然条件尚好, 植物覆盖率较高, 河道两侧大部分为土堤, 有少部分人工修葺的石质堤岸, 对原有生态的影响较小; 入海口部分现存大片养殖

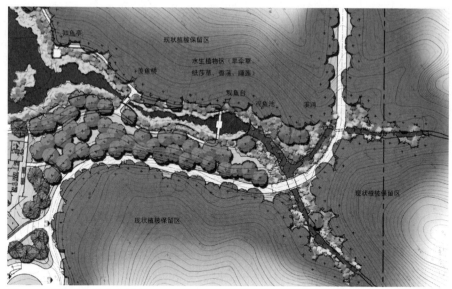

图 2-42　局部植物景观示意图

池及大量湿地，海潮倒灌的现象较小。河道整体还保持一定的自然形态，从未来开
发利用角度考虑，需要进行水利防洪标准提升、生态恢复及景观规划设计。

（3）青云河流域现场条件

① 青云河水库现场（图 2-43）。水库总库容为 1015.3 万 m³，防洪库容为
483.3 万 m³，调节库容 132 万 m³。水库设计标准为百年一遇；水量充沛，自然条
件非常好。

图 2-43　大连青云河水库现场

② 水库坝下泄洪道现场。坝下泄洪河道口部河堤为硬质砌筑，两侧用地内植
物覆盖率较高，原有生态保持较好。

③ 丹大高速路河道现场。下穿丹大高速路的河道两侧由于防洪和固堤需要有
部分硬质石砌堤岸，水面宽阔开敞，周边植物覆盖率高，有良好的景观条件。

2. 问题和建议

（1）存在问题　植被树种单一、分布不均匀，林带形态不好，缺乏管理维护，

单株植物形体不佳；水系与用地关系不紧密，甚至被看作阻隔用地与交通的障碍。

（2）建议植被　梳理流域内及临近用地的现状植被，对长势好、成林的植物进行保留，对树形好、树龄长的单株树进行选择保留，如果植被与开发建设及河道治理冲突，可考虑作为临时苗圃种植，依据工程进度与设计要求可进行移栽；以流域种植作为集中植被区域向两侧用地进行绿色廊道渗透、延展，形成连续的城市网状绿化系统。

3. 原则与定位

（1）设计原则

① 人本原则。以人为本，亲人宜人。

② 功能原则。实用、简洁、摒弃表面文章。

③ 生态原则。优美健康，人与自然共生。

④ 技术原则。运用新技术、新材料、保证方案有技术层面的支撑。

⑤ 工程经济原则。遵循投入产出规律、节约成本、节能减排、避免浪费。

⑥ 可持续发展原则。站在高处，放眼未来，空间的可衍生性和能源与资源的节约化。

⑦ 时代性原则。求实创新，时代精神，生态文明，开放包容。

⑧ 地方性原则。显现地方精神，增强文化个性特征。

（2）设计定位

一要建立景观安全格局，以青云河河道为主体合理规划青云河流域及周边用地的景观安全格局，保护现有自然条件，合理开发利用生态资源，提升城市安全机能；二要打造一条"生态的河流"，以青云河河道为主干建立景观生态廊道，用科学的分析方法建立一个稳定且多样性的生态景观系统，在此基础上制定开发策略、创造土地价值；三要营造城市生态景观，规划青云河景观系统，配合城市开发建设的功能定位，借用自然条件，建立亲水的河道、湿地生态景观，创造生态城市景观风貌，提供城市优质人居环境（图 2-44）。

4. 植物景观设计

（1）规划原则

① 以保护原有植被为主要原则，补植乡土树种为主，对场地原有植物进行梳理，适当移植和补植。

② 满足植物的生态习性，坚持适地适树的原则。

③ 符合城市功能与美化的要求，局部点缀色叶、针叶。

图 2-44 坝下休闲区产业规划

④ 与景观设施要求相协调，充分满足植物地上地下生长空间。

⑤ 与道路、建筑、水体空间尺度相协调，符合美学要求，利用植物季相创造丰富景观。

⑥ 与空间设计结合，整合并引导游人视线与活动。

（2）种植结构

植物分为乔、灌、草三层（图 2-45），种植形式有密林、疏林草地、湿地植物。

① 大乔木。赤松、紫杉、黑榆、辽东栎、蒙古栎、火炬树、水杉、元宝枫、雪松、北美鹅掌楸、栾树、银杏、皂荚、悬铃木、国槐、刺槐、白桦、龙柏。

② 小乔木。红花洋槐、玉兰、合欢、山桃、山杏、樱花、紫叶李、盐肤木。

③ 灌木。珍珠梅、木槿、东北山梅花、二月兰、西府海棠、紫穗槐、东北溲疏、胡枝子、东北山梅花、丁香、枣树、红瑞木、砂地柏、铺地柏。

④ 草本。细叶芒、拂子茅、狼尾草、细茎针茅、蒲苇、画眉草、碱蓬、卤蒿、罗布麻。

⑤ 水生植物。水葱、千屈菜、芦苇、荷花、睡莲、红菱、大藻、美人蕉、金鱼藻、石菖蒲、蝴蝶花、宽叶香薄、水烛、茭白、伞草、菖蒲、灯芯草。

■ 乔木层
▨ 灌木层
▨ 草本层

图 2-45　整体种植结构

（3）河道两侧空气净化植物　由于未来青云河两侧用地将有大量城市建设，空气质量状况可能会受到影响，根据城市空气污染物质主要为二氧化硫（SO_2）、二氧化碳（CO_2）、粉尘以及烟尘的特征，在河道绿化中建议栽植部分具有较强吸尘能力的乔灌木树种，以绿色、生态的方式对提高空气质量起到辅助作用，配合河道生态基础设施的净化功能，改善整体环境质量。以下列举了若干具有吸尘功能的园林树种，以供绿化方案参考。

① 榆树

学名：*Ulmus pumila* L.

科名：榆科

地理分布：产于我国东北、华北、西北、华东等地区。

园林用途及吸尘特性：一般用于庭园、工厂绿化。具抗污染性，叶面滞尘能力强。

② 泡桐

学名：*Paulownia fortunei*

科属：泡桐科 泡桐属

地理分布：原产于我国，在我国北起辽宁南部、北京、延安一线，南至广东、广西，东起台湾，西至云南、贵州、四川都有分布。

园林用途及吸尘特性：有较强的净化空气和抗大气污染的能力，是城市和工矿区绿化的好树种。

③ 紫薇

学名：*Lagerstroemia indica* L.

科属：千屈菜科 紫薇属

地理分布：我国华东、华中、华南及西南均有分布，各地普遍栽培。

园林用途及吸尘特性：作大型绿化带、护坡植被，也可作花坛及造型植物，极耐盐碱，对二氧化硫（SO_2）、氟化氢（H_2）及氮气（N_2）的抗性强，能吸入有害气体。据测定，每 kg 叶能吸硫 10g 而生长良好。又能吸滞粉尘，在水泥厂内距污染源 200～250m 处，每 m^2 叶片可吸滞粉尘 4042g。是有害气体超标的大中城市、工矿区绿化的首选小乔木树种。

④ 夹竹桃

学名：*Nerium indicum* Mill.

科属：夹竹桃科 夹竹桃属

地理分布：我国南北方均能栽培，在北方冬季严寒地区有时需要进行越冬管理措施。

园林用途及吸尘特性：公园、厂矿、行道绿化。各地庭园常栽培作观赏植物。夹竹桃有抗烟雾、抗灰尘、抗毒物和净化空气、保护环境的能力。夹竹桃的叶片，对二氧化硫（SO_2）、二氧化碳（CO_2）、氟化氢（HF）、氯气（Cl_2）等对人体有毒、有害气体有较强的抵抗作用。据测定，盆栽的夹竹桃，在距污染源 40m 处，仅受到轻度损害，170m 处则基本无害，仍能正常开花，其叶片的含硫量比未污染的高 7 倍以上。夹竹桃即使全身落满了灰尘，仍能旺盛生长，被人们称为"环保卫士"。但夹竹桃有一定毒性，需加以科学布局与防范。

另外，乔木树种如银杏（又称白果树），盛夏叶色翠绿，秋冬金色鲜黄，十分美丽，且可入药，但果实因含氢氰酸，生食有毒。小乔木或灌木如丁香，草本植物如美人蕉等，也对 SO_2 以及粉尘等有着很好的吸收作用，也均可以在山西地区栽植成活。

（4）湿地水生植物　湿地植物配植形式：综合考虑景观效果，建议成片栽植芦苇、香蒲等去氮（NO_3^-）、磷（PO_4^{3-}）能力相对较强的北方常见自然湿地挺水植物，与岸边湿生树木形成完整、连续的群落过渡结构以及整齐的湿地群落外貌，并点缀以荷花等浮水植物提高夏季湿地景观的观赏性（图 2-46）。

浮水群落

湿生群落

挺水群落

图 2-46　沿岸水生植物种植模式

第八节　湿地型水利工程植物景观设计

湿地与海洋和森林并称为全球三大生态系统。湿地的含义在国际上有 60 多种，分广义和狭义两大类。目前普遍采用的是《拉姆萨尔公约》（《湿地公约》）中所定义的广义定义，湿地指不问其为天然或人工、长久或暂时性的沼泽地、湿原、泥炭地或水域地带，带有或静止或流动，或为淡水、半咸水或咸水水体，包括低潮时水深不超过 6m 的水域。这一定义包含狭义湿地的区域，有利于将狭义湿地及附近的水体、陆地形成一个整体，便于保护和管理。

湿地水利工程就是湿地与水利完美结合，广义上来讲，既包括了自然湿地，也包括了人工湿地，是通过水利工程设施使湿地为人类所利用，并对其加以保护。

一、设计的方法

1. 功能分区的植物景观规划

景观功能分区是景观设计中对规划区的不同功能区域根据动静原则、公共私密的原则和开放封闭等原则进行区分，并确定它们各自在进行整体规划区内的位置、地位、范围和相互关系。而功能分区的植物景观规划主要是根据不同景观分区的功能及景观需求，对规划区的植物群落进行规划，营造不同主题的植物景观。同时对各类植物景观的植被覆盖率、林木郁闭度、植物结构、季相变化、主要树种、地被与攀缓植物、特有植物群落、特殊意义植物等，应有明确的分区分级的控制性指标及要求。例如，温州三垟湿地公园的规划设计形成一带、两核、三轴、多点的总体格局，并依据功能需求将湿地公园分为生态核心保护区、文化核心保护区、退化湿地恢复区、缓冲区、户外游憩区、公园服务区，进而对不同的景观功能分区的植物特色进行了规划，如生态核心保护区，依据区内不同湿地动物，特别是游禽、涉禽、陆禽和攀禽类鸟对生境的不同要求配置和营造植物群落，包括丛林湿地型、高草湿地型、低草湿地型、浅水湿地型等，为不同生态位物种提供多样性的生态环境。

2. 植物设计的分区规划

湿地型水利工程的不同区域，植物景观都应该有着不同的种植方式和景观特色，应根据总体景观规划中不同的用地性质、不同区域的立地条件和保护级别，进行相应的植被规划和植物种类的选择。例如，杭州西溪湿地依据不同区域的立地条件和保护级别将湿地公园植被划分为外围防护景观林带、内部生态廊道景观林带、堤岸植物景观带及水域植物景观带，并结合当地植物种类对不同分区的植物做了选择。

3. 植物的季相景观设计

湿地型水利工程的植物季相景观设计，应充分考虑植物在各种不同季节花、叶、果和干的色彩，丰富和活跃湿地的植被层次和色彩。设计时，应根据季相色彩构思来选择植物种类，再进行艺术与科学的植物配置。例如，青岛大沽河流域城阳段湿地在规划过程中，根据地形条件，结合景观要求，着力打造"九星连珠"的景观结构。由北向南，规划区将以春夏秋冬为主题，以展现大沽河至桃源河丰富的景观风貌。整个规划区域内湖光春色、莲池夏郁、秋色连波和飞虹映雪分别展现了四季植物景观风貌，让游览者感受不同的植物季相魅力。

二、植物选择和配置模式

1. 植物品种选择

湿地型水利工程的植物选择和配置应该要遵循适应性、多样性的原则，同时还要从艺术角度来进行植物个体和群落的搭配。

（1）在植物选择上要充分考虑植物的适应性 湿地型水利工程上，植物品种选择时除了考虑土壤、气候等常规条件外，一定不能忽视水体这一重要的环境因素。湿地中的水体可以分为咸水和淡水，植物在品种的选择上也应该根据情况，选择耐盐碱和不耐盐碱的植物进行设计和种植。在实际工作中，选择乡土树种是最合适的，成活率高、适应性强。在华北地区的湿地中常用钻天杨、刺槐、旱柳、欧美杨、丝棉木、白梨、紫穗槐、红瑞木等；在华东地区的湿地中常用水杉、池杉、落羽杉、重阳木、乌桕、三角枫、湿地松、海滨木槿等；在华南地区的湿地中则常用泡桐、蒲桃、刺桐、黄槐、湿地松、鸡蛋花、鳝兜树、红千层等。

（2）植物材料选择应该注重生物的多样性 尽量创造植物品种丰富的湿地环境。植物设计上，尽量选择乔灌草和水生植物相结合的植物群落，体现"陆生—湿生—水生"的湿地生态系统的渐变特点和"陆生的乔灌草—湿生植物—挺水植物—浮水植物—沉水植物"的生态型。如杭州西溪湿地的自然植被种类丰富，植被可分为4个植被型组，6个植被型，20个群系组和20个群系，其中乔木群落包括南川柳群落、枫杨群落、构树群落等，湿生植物群落主要有荻群落、芦苇群落等。

（3）植物配置还要讲究植物的形态美 应综合考虑植物个体形态和环境的结合，如水生植物和驳岸、水面、陆地的关系，尽量使得植物群落组合形成高低错落、层次丰富多变的植物景观，让人赏心悦目，流连忘返。

2. 配置方式

对于设计师而言，好的湿地植物景观营造，就是要求我们在有限的空间内，用科学合理的配置方式对植物进行合理布局，在符合植物生长规律的前提下，最大化地利用空间，实现景观、生态效应最大化。湿地营造必须科学、合理地进行规划设计，保持其生态的完整性。植物设计也需要遵循这个原则，避免湿地生境破碎化，植物种植设计必须全面考虑、整体布局，实现植物种植设计的合理性、生态性，实现可持续发展的终极目标。

湿地植物景观是以水面为主、地面为辅的，主要的植物景观集中在水陆衔接的岸线上。在布局时，通过成组成片、起伏错落的植物配置形成丰富多变的岸线景观，配置时忌等距和重复种植，应有疏密、有远近、有主次，同时不能过于拥挤，通常在水边留出约1/3岸线作为陆上植物倒影位置。水域、水边和陆上植物应该统筹安排，统一考虑，根据水位和植物的习性综合配置，形成高低错落的水岸和水体空间。另外，远离人的区域，如湿地中的候鸟保护区、湿地植被保护区可以有茂密而层次丰富的植物隔离带，这能较好地避免它们的相互干扰，对湿地保护有着重要的意义。而为人提供服务的区域，层次可以简单一点，树木可以稀疏一点，让人享受更多的阳光，同时欣赏远处的美景。最大化地丰富植物层次，是模拟自然生境的一种手法。

三、设计案例

(一)设计案例1：哈尔滨群力新区生态湿地景观工程 (北京土人， 2009)

1. 概况

哈尔滨群力新区生态湿地地处湿润、半湿润和半干旱气候带。现状湿地随着城市的发展建设侵蚀严重，面积逐年缩减。湿地生态系统退化严重，补水量不足，生境退化，生物多样性锐减，目前已处于水生演替后期阶段，湿地景观面临消逝的局面。该湿地是城市建成区中宝贵的生态资源，但已被建设用地割裂为湿地孤岛，与城市生态系统缺乏联系，需要进行生态保护及恢复，并适当的丰富其生态服务功能。

2. 定位

保护优先，恢复先行，建立湿地与城市之间良性、有序的发展模式，恢复场地记忆，保护原生态湿地风貌，构建一个人与自然和谐发展的城市湿地公园。

湿地心脏——纳入城市生态体脉。

湿地遗产——延续场地历史记忆。

都市绿肺——创建城市中央公园。

湿地模型——构建城市湿地保护方法。

3. 总体布局和平立面设计

该湿地项目由内部原生湿地与外围缓冲区两大区域共同构成两大布局结构，结构中含有五大组成系统，即原生湿地系统、人工湿地系统、地形系统、空中栈桥系统、边界系统。

植物总体布局上，在原生湿地外围建立密林带可达到阻隔城市视线、噪声，保护内部原生湿地的作用；人们游赏活动集中的人工湿地区域，适宜隐匿于密林中，以减少人类活动对恢复中的原生湿地的生物造成影响；对于林下的空间可以为游赏于人工湿地区域的人群构建舒适的观赏休闲区域。

植物种植设计方面，对现状芦苇群落增加了湿地植物种类，尽量避免其他优势物种入侵对原有芦苇群落造成破坏。植物配置原则上应选用当地其他芦苇群落中的伴生植物，在维持现有芦苇群落的完整性的基础上，丰富现有芦苇群落的植物多样性。

人工湿地系统平面图见图 2-47、断面图见图 2-48。

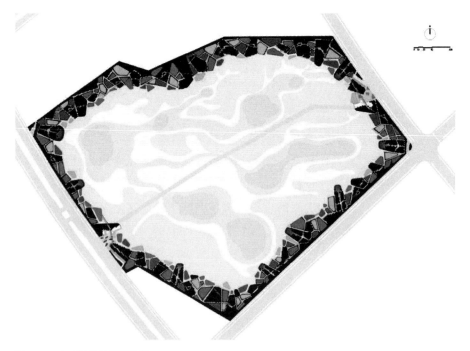

图 2-47　人工湿地系统平面图

4. 地形泡研究

地形泡构建了湿地公园面向城市的景观界面，其上的植物种植展现了湿地的外部形象。原生湿地是湿地建设恢复的重点，同样也是湿地景观风貌的特点，因此在地形泡的种植设计上，应将湿地景观外围设计成纯林景观，单一而富有特色，却能

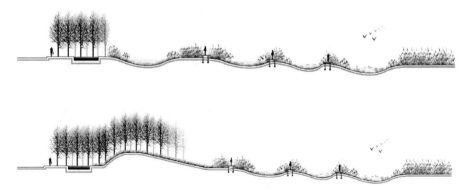

图 2-48 人工湿地系统断面图

使湿地景观更为凸显。选择最具北方气质的树种——白桦作为整体的基调树种，采用密植的形式，林下种植野生的花卉等草本植物；随着白桦林逐年的生长，需进行疏伐，增加林内的通透性，以促进林下萌蘖幼苗的生长，从而实现白桦林由人工种植林向自然纯林的转变，达到白桦种群的天然更新（图 2-49）。

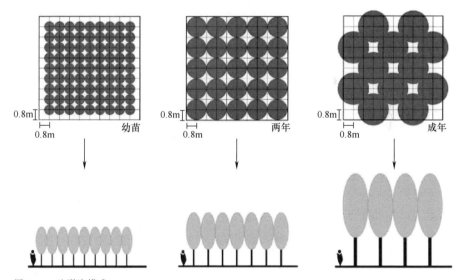

图 2-49 地形泡模式

5. 湿地泡群落研究

人工湿地泡种植形式分为旱生植物群落种植、旱生＋湿生植物群落、湿生植物群落种植。不同的种植形式展现了不同水位下的湿地景观。旱生植物群落是湿地泡无水时的景观体现，应选择当地野生草本植物种植，可选植物有波斯菊、蜀葵、千屈菜、孔雀草、狼尾草、萱草、景天等；旱生＋湿生植物群落是湿地泡水量少时的景观体现，应选择旱生性草本与湿生性草本共同组合的方式进行种植，可选植物有波斯菊、蜀葵、千屈菜、狼尾草、雨久花、水葱、千屈菜等；湿生植物群落位于人工湿地泡的内侧区域，是湿地泡有充足水量时的景观，应选湿生和水生植物共同组合种植，可选植物有雨久花、水葱、千屈菜、睡莲、荷花、菱角、荇菜等。原生湿地种植以保护现有湿地芦苇群落为主，尽量避免其他优势物种入侵对芦苇群落的破坏，在植物配置原则上应选用黑龙江其他芦苇群落中的伴生植物（图 2-50）。

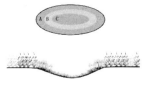  

旱生植物群落
原则：A、B植物区域分别选择两种植物混种，并以一种为主导植物；C植物区域选择种植一种低矮植物。
A、B：蓍草、黑心菊、孔雀草、蜀葵、千屈菜、波斯菊、狼尾草等；
C：萱草、三七景天、楼斗菜等。

旱生+湿生植物群落
原则：A、B植物区域分别选择两种植物混种，并以一种为主导植物；C植物区域与选择种植一种湿生植物。
A、B：蓍草、黑心菊、孔雀草、蜀葵、千屈菜、波斯菊、狼尾草等；
C：水葱、花蔺、千屈菜、香蒲、雨久花等。

湿生植物群落
原则：A植物区域选择两种植物混种，并以一种为主导植物；C植物区域选择种植一种水生植物。
A：水葱、花蔺、千屈菜、香蒲、雨久花等；
B：菱角、睡莲、荇菜、水生马蹄莲等。

	蓍草	黑心菊	孔雀草	蜀葵	千屈菜	波斯菊	萱草	三七景天	楼斗菜	水葱	花蔺	香蒲	雨久花	菱角	睡莲	荇菜	水生马蹄莲
花期																	

图例
月份　1　2　3　4　5　6　7　8　9　10　11　12
花期

图 2-50　湿地泡群落中的伴生植物

6. 树种选择

乔木：白桦

地被：楼斗菜、波斯菊、蜀葵、千屈菜、孔雀草、蒲公英、狼尾草、萱草、红景天等。

湿生/水生植物：芦苇、香蒲、雨久花、花蔺、水葱、千屈菜、睡莲、荷花、菱角、荇菜、荷花、狭叶黑三棱、水蓼、槐叶萍等。

（二）设计案例 2：山东省鸡龙河公园湿地植物景观设计（杭州经典，2011）

1. 植物现状

现状植物陆地上主要是人工栽种的防护林和经济林，以及部分农田。防护林主要品种以意杨为主（占陆域的 23.9%），经济林以板栗、苹果、樱桃林等为主，农田以小麦田、土豆田、花生地为主，其他还有油菜、白菜等蔬菜及少量苗圃等。村落附近、桥头边及道路两旁有散生的枫杨、大叶柳、柿子树、香椿、朴树、榆树、槐树、竹子及水杉等，其中卧佛寺公园内保留有一棵年龄百年以上的唐槐。

水生植物主要以芦苇、香蒲为主，在整条河道均有分布，具一定的规模。

野生种类则以禾本科、菊科、唇形花科和蓼科杂草为主，以小飞蓬、黄鹌菜、蛇莓等生长最好。

2. 景观总体布局

根据绿带与城市的关系，结合《莒南城市绿地系统规划》对鸡龙河两侧绿地的定位，规划将其分为三段，分别为生态公园段、城市公园段、郊野公园段（图 2-51）。

（1）生态公园段　位于西一路和西环路之间，南面为规划中的工业园区，考虑生态防护与隔离；绿地系统规划定义该段为生态防护带。

（2）城市公园段　位于天桥路和西一路之间，与城市用地联系密切，现状已建部分滨河绿带，规划中的鸡龙河公园位于此段落。

（3）郊野公园段　位于城市边缘，天桥路以西部分，与现有卧佛寺公园的功能整合。

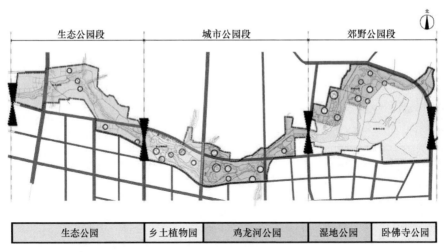

图 2-51　布局结构图

3. 种植设计策略

规划原则为最大力度保留原生植物，鼓励使用乡土树种；适地适树，引入具强大适生能力或已驯化改良的外来树种；强调湿生植物的使用；打造整体统一，兼具分区特色的绿化种植体系。

4. 种植整体布局

将两岸现状存在最多的高大的意杨林看成一条绿色的"飘带"，我们引入开花树种——泡桐，青与紫的不断交织，和着鸡龙河缓缓流动的河水向下游流去，"飘带"的段落中又添加了设计师精心挑选的特色植物，他们有的土生土长，有的与莒南人们的生活息息相关……我们旨在表达一个整体统一又兼具分区特色的绿化种植体系（图 2-52）。

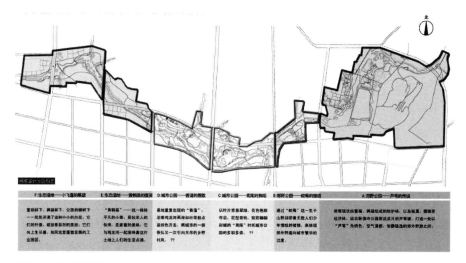

图 2-52　种植分区布局

5. 植物选择和配置

各分区基调树、骨干树、一般树的确定，见表 2-10～表 2-15。

表 2-10　　　　　　　　A区基调树、骨干树、一般树

植物	基调树种	骨干树种	一般树种
乔木	·意大利杨树 ·枫杨	·旱柳 ·雪松	·垂柳 ·榆树 ·泡桐
小乔木 至灌木	板栗	·桑树 ·蜡梅 ·樱桃	·苹果 ·杏树
地被植物	·羊胡子草	·结缘草 ·蒲公英	·二月兰
水生植物	·芦苇	·荻	·荷花 ·浮萍

表 2-11　　　　　　　　　　B 区基调树、骨干树、一般树

植物	基调树种	骨干树种	一般树种
乔木	·意大利杨树 ·榆树	·泡桐 ·国槐	·广玉兰
小乔木至灌木	·桑树	·板栗 ·迎春	·樱桃 ·海桐 ·木槿
地被植物	·蛇莓	·紫花地丁 ·蒲公英	·独行菜 ·蜀葵
水生植物	·芦苇	·浮萍 ·菱	·黑藻 ·白茅

表 2-12　　　　　　　　　　C 区基调树、骨干树、一般树

植物	基调树种	骨干树种	一般树种
乔木	·国槐 ·白蜡	·女贞 ·银杏 ·鹅掌楸	·意大利杨树 ·榔榆 ·栾树
小乔木至灌木	·红枫 ·月季	·樱花 ·锦带花	·碧桃 ·木槿 ·石楠
地被植物	·杜鹃 ·萱草	·千日红 ·白三叶	·玉簪 ·紫花地丁 ·蛇莓
水生植物	·鸢尾	·荷花	·千屈菜 ·浮萍

表 2-13　　　　　　　　　　D 区基调树、骨干树、一般树

植物	基调树种	骨干树种	一般树种
乔木	·国槐 ·女贞	·栾树 ·黄金槐	·鹅掌楸 ·青桐 ·白玉兰
小乔木至灌木	·碧桃	·紫薇 ·木瓜	·海桐 ·石楠 ·无花果
地被植物	·马尼拉	·石竹 ·白三叶	·小毛茛 ·萱草
水生植物	·香蒲	·千屈菜 ·水葱	·浮萍 ·凤眼莲

表 2-14 　　　　　　　　E 区基调树、骨干树、一般树

植物	基调树种	骨干树种	一般树种
乔木	·意大利杨树 ·泡桐	·合欢 ·银杏	·枣树 ·柿树
小乔木至灌木	·海桐 ·紫薇	·丝棉木 ·西府海棠	·李树 ·杏树
地被植物	·黄鹌菜	·二月兰 ·紫花地丁	·霞草 ·结缕草
水生植物	·千屈菜	·柳叶箬	·水葱 ·凤眼莲

表 2-15 　　　　　　　　F 区基调树、骨干树、一般树

植物	基调树种	骨干树种	一般树种
乔木	·意大利杨树 ·榔榆	·泡桐 ·刺槐	·厚朴
小乔木至灌木	·小叶黄杨 ·丝棉木	·红枫 ·贴梗海棠	·无花果
地被植物	·小飞蓬	·蒲公英 ·小毛茛	·霞草 ·独行菜
水生植物	·柳叶箬	·香蒲 ·白茅	·荻

6. 养护分级

一级：在人流较集中的地方及主视线上种植需要人工精心养护管理的植物，如月季、月见草，时令花卉，修建草坪等。

二级：选用较需要人工管理的植物，一般养护即可健康生长，如：特别栽植的水生花卉，花灌木及建筑周边的植物。

三级：林下选用人工栽植适宜当地生长的野生地被，减少管理，尽量做到低维护，控制人工痕迹。

四级：林下灌木选用十分适宜当地地区生长的野生灌木，地被任其自然生长，适者生存，真正做到免维护。

【本章小结】

　　水利工程中的植物是水利工程景观的重要组成部分，不仅能展现水利工程中自然景观的优美、衬托水利构筑物的雄伟与大气，能陶冶人们的情操，提高人们的审美情趣，激发人们对大自然的热爱、增强人际交往，还能有效地防止水土流失，保护生态环境。

　　水利工程植物景观设计，一方面要充分考虑种植的自然环境和人工环境对植物的影响，包括土壤、温度、光照、水分、人工构筑物等，选择的植物品种应该能很好地适应水利工程环境，让植物健康良好的成长，并达到设计的植物景观效果；另一方面要做到科学与艺术两方面的完美统一，在设计程序和方法上，应严格按照植物景观设计原则进行，综合考虑工程技术和生态技术等方面的要求。在植物群落的营造上，又要通过美学原理，结合审美意识，以及对植物规格、形态和色彩等的合理搭配，来创造出动人的植物景观。

　　水利工程植物景观设计，应该充分掌握水利工程中的各类构筑物的特征，了解不同类型的水利工程项目各自的特点，如水库大坝应雄伟壮观、湿地池沼应幽静动人、河流小溪应秀丽清澈，融合并提炼出优秀的植物设计理念，创造出与工程项目完美结合植物景观，做到真正的"虽由人作，宛自天开"。水利工程分类众多，本章重点介绍了常见的水利工程类型的植物景观设计方法，包括水利工程构筑物、水利工程中的重点区域、河湖型水利工程、水库型水利工程和湿地型水利工程等，希望能抛砖引玉。其他类型的水利工程植物景观设计也可以依据设计程序和方法，结合工程自身特点进行特色性的设计和创作。

【参考文献】

[1] 苏雪痕. 植物造景［M］. 北京：中国林业出版社，1994.

[2] 沈洁，史童伟. 植物种植设计程序初探［J］. 安徽农业科学，2009，37（30）：15062-15964.

[3] 康明宇. 水利水电工程景观设计研究［D］. 硕士学位论文，西安：西

安建筑科技大学，2007.

[4] 刘冠美.《岳阳楼记》对水利景观规划的启迪 [J]. 华北水利水电学院学报（社科版），2011，27（2）：17-20.

[5] 赵莲蓉. 城市河湖型水利风景区规划设计研究 [D]. 硕士学位论文，福州：福建农林大学，2011.

[6] 杜钦. 崇明岛南岸不同植物配置模式护岸能力及优化策略研究 [D]. 硕士学位论文，上海：华东师范大学，2011.

[7] 王瑞兰. 广州住宅区滨水植物景观配置模式研究 [J]. 南方建筑，2006（2）：77-80.

[8] 贾永国，徐淑贞，徐秀强. 河北省城市水景观建设与植物的选择配置——以石家庄为例 [J]. 水科学与工程技术，2010，（S1）：77-78.

[9] 桂超. 基于地域特色的水环境景观规划设计研究 [D]. 硕士学位论文，福州：福建农林大学，2011.

[10] 叶碎高，王帅，韩玉玲. 近自然河道植物群落构建及其对生物多样性的影响 [J]. 水土保持通报，2008（05）：56-57.

[11] 徐继填. 水利工程景观化及其旅游开发前景 [N]. 中国水利报，2011-01-07004.

[12] 孙新全. 浅析水利工程景观规划 [J]. 科技致富向导，2010，（4）：262.

[13] 张东华，张姝姝，张银龙，等. 生态学原理在河道景观设计中的应用 [J]. 南京林业大学学报（自然科学版），2008，32（1）：115-118.

[14] 李方正. 水利工程中园林与植物景观设计的应用 [J]. 山东水利，2011（7）：32-33.

[15] 缪圣达. 白云湖植物景观设计 [J]. 科协论坛（下半月），2009（3）：158-159.

[16] 沈思阳，王伟锋. 海宁市河道工程生态整治理念与植物措施应用 [J]. 浙江水利科技，2009，164（4）：12-14.

[17] 蒋建灵. 杭州市七堡水闸工程与周围环境景观的协调性设计 [J]. 浙江水利科技，2007，151（3）：28-30.

[18] 王萍，杨珺. 景观规划设计方法与程序 [M]. 北京：中国水利水电出版社，2012.

[19] 刘媛媛. 三峡坝区景观生态修复规划研究 [D]. 硕学学位论文，武汉：华中农业大学，2008.

[20] 韩李荃，胡海波，鲁小珍，等. 长江江心岛湿地公园植物配置方法探究——以南京市八卦洲湿地公园为例 [J]. 湿地科学与管理，2013，9（2）：14-17.

[21] 赵聚国，叶碎高，岳春雷，等. 浙江省平原地区河道植物种类调查与筛选 [J]. 浙江水利科技，2007，153（5）：13-14.

[22] 汤锦燕. 湿地营造中的植物景观设计 [J]. 现代园艺，2011（7）：95.

[23] 李东海，林萍，刘榴，等. 剑湖湿地入水口的美化与植物景观设计 [J]. 绿色科技，2012（10）：1-3.

［24］　宋扬. 从某水库景观项目谈植被栽植的水库分区规划［J］. 山西建筑，2010，36（36）：359-360.

［25］　王松. 水库型水利风景区景观规划研究［D］. 硕士学位论文，福州：福建农林大学，2011.

［26］　段强华. 城市滨水景观设计研究［D］. 硕士学位论文，武汉：武汉理工大学，2006.

［27］　张雅卓，练继建. 基于水动力特性的河道景观设计方法［J］. 天津大学学报，2012，45（1）：64-69.

［28］　张植强，董平. 水利工程的园林化设计要点及实践［J］. 工程与建设，2011，25（2）：173-174.

［29］　赵广琦，崔心红，奉树成，等. 植物护坡及其生态效应研究［J］. 水土保持学报. 2007，21（6）：60-64.

［30］　刘志强. 南茅运河风光带绿化景观设计［J］. 林业与生态，2011（1）：36-37.

［31］　高雅玲，黄河. 浅析福建水利风景区湿地景观的保护与建设［J］. 绿色科技，2012（12）：145-147.

［32］　日本土木学会编. 孙逸增译. 滨水景观设计［M］. 大连：大连理工大学出版社，2002.

［33］　郭雪莽. 水利工程设计导论［M］. 北京：中央广播电视大学出版社，2005.

［34］　邬建国. 景观生态学——格局、过程、尺度（第二版）［M］. 北京：高等教育出版社，2009.

［35］　刘一婷. 城镇堤防工程景观设计初探［J］. 人民黄河，2009，31（5）：121-123.

［36］　王宏仕，周奇. 景观生态学原理在堤防生态设计中的应用［J］. 江西水利科技. 2008，34（2）：114-117.

［37］　张栋樑. 公路边坡植物防护和绿化的研究［D］. 硕士学位论文，哈尔滨：东北林业大学，2005.

［38］　王卓娟，王世梅. 边坡处治中的绿化技术综述［J］. 贵州水力发电，2007，21（1）：53-55.

［39］　龚建达，邱姬垚. 浅谈河道生态护岸及植物护坡设计［J］. 城市建筑，2013（18）：157.

［40］　汪颖俊. 滨水水工建筑物的景观设计［J］. 浙江水利科技. 2008，155（1）：39-41.

［41］　李振富，王春涛. 谈水工建筑物美学研究与景观设计［J］. 中国农村水利水电，2001，（11）：50-52.

［42］　陈斌，王海英. 景观设计概论［M］. 北京：化学工业出版社，2012.

［43］　陈伯超. 景观设计学［M］. 武汉：华中科技大学出版社，2010.

［44］　康明宇. 水工建筑物景观的设计［J］. 陕西水利，2007（1）：22-24.

［45］　苏雪痕. 植物景观规划设计［M］. 北京：中国林业出版社，2012.

［46］　赵荣纪. 中国传统绘画学［M］. 太原：山西教育出版社，2013.

第三章
水利工程硬质景观设计

【导读】

水利工程硬质景观是指水利工程空间环境中，以休闲、娱乐、观光、使用为主要功能的场所，以场所景观、水景构筑物、道路景观、地面铺装、景观设施和装饰小品等景观内容为主。从景观功能出发，将其分为实用型、装饰型和综合功能型景观三大类。

(1)实用型硬质景观 它包括场所景观、道路景观、地面铺装、景观设施四类。其中，场所景观又由出入口、广场、儿童娱乐场地、康体活动场地、停车场地等组成；道路景观包括人行路线、道路基本形式、标示设置、路缘石、边沟、雨水井和车档等；地面铺装包括材料材质的选择、铺装图案的设计、色彩的运用等；景观设施即包括景观座椅、垃圾箱、洗手器、雕塑、植物容器、标示牌、无障碍设施等。这类景观是以应用功能为主而设计的，突出体现了硬质景观使用功能强、经久耐用等特点。

(2)装饰型硬质景观 它以装饰小品为主，又分为雕塑景观和装饰小品两类。前者，所含种类、材料材质、题材都十分广泛，已经逐渐成为景观设计中的重要组成部分。后者，即园林景观中的水景、景石、景观墙、廊架、植物容器等。这类景观是以装饰需要为主而设置的，都具有美化环境、赏心悦目的特点，体现了硬质景观的美化功能。

(3)综合功能硬质景观 一些硬质景观同时具有实用性和装饰性的特点。如景观设施中的灯具、洗手器、坐凳、景桥、凉亭、亲水平台等，既具有使用功能，也具有美化装饰作用；装饰小品中的景石、景观墙、廊架等，既是观赏美景的对象，也是人们休憩游玩的好去处。这类具有综合功能的硬质景观设计正体现了形式与功能的协调统一，在现代景观设计中已经被广泛应用。

本章主要介绍水利工程场所景观设计，对水利工程中几个有特点的场所景观设计进行讲解，包括出入口景观、广场景观、儿童娱乐场地、健体活动场地和停车场地等的景观设计。要求学生了解每个场所的特点，掌握各种景观设施的功能、造型风格、空间尺度、色彩变化、材料的选择与应用，善于运用一切可借鉴的艺术形式和造景手法，根据景观工程项目的不同特点和景观空间要求进行合理的设计，更好地满足现代人对水利工程景观空间在使用功能、艺术审美、地域特色、本土文化等方面的需求。

　　我国江河纵横，湖泊众多，库、塘、池、泉、渠、布等星罗棋布，大小水利工程遍布全国各地，彰显其自身的独特魅力，如汹涌澎湃的海洋，川流不息的江河，静谧幽深的湖泊，飞琼溅玉的瀑布，逶迤清逸的山泉等。同时水体形式的多样性导致了水域景观的丰富多彩，将自然山水、花鸟鱼虫和人文园林融为了一体，使得景因水活，水随景转，步移景异，景象万千。水利工程景观凝聚了现代水利科技的精华，展示了国家水利事业发展和科技智慧的结晶，积淀了内容丰富、底蕴深厚的水利文化，是中华民族极为珍贵的物质和精神财富。特别是实行改革开放以来，国家综合实力愈发强盛，人们生活水平得到了明显的提高，然而人们也应该看到，一系列环境污染问题也随之出现，人的活动对自然环境的严重破坏已经到了威胁人们健康与生存的地步，因此改善水利工程景观环境和生态系统成为国家发展水利旅游事业中的主要目标和重要内容。同时，人们在水利工程景观建构方面也有了更多的需求：要把水利工程景观建构成为能反映地域独特历史文化、民俗风情的工程景观；能提供一个集生物多样、绿色生态、观光游览、休闲娱乐于一体的活动空间；能营造一个充满文化艺术、科普教育氛围，具有现代、时尚、人水和谐、亲水性强的景观空间场所。特别是水利工程硬质景观作为其中最主要和最重要的组成部分，它的构建对整个水利工程景观起着决定性作用。

第一节　场所景观

　　众所周知，景观场所大多为户外空间和公共空间。场所在提供人与场地对话的基础上，也包含许多感受，如归属感、认同感、领域感和行为心理空间等，这就要求场所在能满足一定功能的同时，又能使人在与场地交流中感受到环境的文化气息，满足广大游客的心理需求，塑造和提升自己的精神品位。本节需要学生理解场所景观设计的概念及场所景观的内容、各景观元素的功能和设计要点。

一、场所的概念

　　场所的意义是运用人的活动所赋予的，若离开了人的活动，场所也就无从谈起。作为场所，一般应具有以下三个条件。首先，在硬件和软件设施上，具有较强的吸引力，能将人较快较多地聚集起来；其次，在空间上，能提供足够的人活动的空间，让人在其中进行各自舒畅的自由活动；最后，在时间上，能保证某种活动的使用周期。对于场所和领域，芦原义信认为考虑空间领域时，无论如何必须有边界线。

二、水利工程场所景观设计

1. 场所特征

水利工程场所景观设计主要是对场所特征的塑造。应从水利工程的大环境出发，通过对基地、自然条件、地方特色、人的活动特征等因素的分析，然后形成一系列具有特色的场所空间，从而营造出富有活力的景观环境。

2. 尺度

由于人们生理和心理的原因，人对场所空间尺度的感受存在着某些恒定的共性。经环境心理学的研究表明，两人相距为 1～2m 可以产生亲切的感觉；相距约为 12m 能看清对方的面部表情；相距 25m 能看清对方是谁；相距 130m 能辨认对方身体的姿态。这说明空间距离越近则亲切感越强，反之，距离越远则越疏远。

3. 空间分层

为了满足不同活动、不同使用者的需要，应尽可能使一系列不同的场所空间有明确的层次。根据围合限定空间的方式划分，有封闭空间、开敞空间、半封闭空间；根据空间的领域层次划分，有私密性空间、半私密性空间、半公共性空间；根据空间的使用特征划分，有静态空间、动态空间；根据空间的界定状态划分，有硬质空间、软质空间。各种划分形式可以用道路作主线贯穿起来，形成一个功能完备的活动空间。

4. 功能分层

场所的使用功能是其重要特点之一。设计师在进行景观设计时要考虑到场所的组合是否与人们的户外活动相适应，人们是否能方便地找到适合自己的活动场所。

三、水利工程出入口景观设计

游人进入水利工程景区第一时间接触到的区域就是水利工程出入口。可见，出入口景观设计至关重要，它直接影响游客们对工程景观的第一印象。作为工程景观空间的构成要素，发挥着从景外到景内的过渡功能，将游人自然而然地引入工程景观之中。出入口景观空间的设计应重点在水文化和本土文化相互融合的基础上进行景观营造，除在满足交通组织、识别引导的功能外，还应该深入挖掘民俗民风，以彰显地域特色。

　　软质景观（植物、装饰水景）和硬质景观（地面铺装、景观雕塑、装饰小品等）、景观照明、休闲广场等是出入口空间的主要构成要素（图 3-1、图 3-2、图 3-3、图 3-4）。

图 3-1　西安大雁塔广场出入口景观柱

图 3-2　杭州西湖牌坊式出入口景观

图 3-3　苏州金鸡湖广场式出入口景观

图 3-4　以书为形的浮雕景墙出入口

四、出入口景观空间的设计要点

　　出入口的位置首先应根据水利工程的总体规划来确定，以确保水资源的可持续利用、水利工程安全正常运行、水生态保护为前提，给予出入口正确的形象定位，同时还要注意出主入口必须要和水利工程主要道路和广场直接相联系，以便于人们到达各个主要场所。而标志性出入口是区域的坐标，是所在场所性质的体现，要以独特的功能和形象被人们所熟知。标志性入口的规模、景观风格与周围的环境、主体工程风格应保持协调一致，因此必须综合考虑其地理位置、地域特色和水文化，在体量、造型、色彩、材质等方面反映区域的特色（图 3-5）。

图 3-5 杭州西溪湿地出入口景观

1. 引导性要强

出入口空间要有吸引人的引导因素，如休闲娱乐场地、文化景观设施（反映水利工程科技水平的景观模型、反映历史上为水利事业做出突出贡献的名人、历史故事的景观墙、地面铺装等）。在空间活动中人们多倾向于在开阔的区域进行活动，但也不能忽略空间的一些边角景观的营造（图 3-6）。

图 3-6 杭州西湖文化广场运河模型景观

2. 地域特色要突出

出入口空间的设计应该具有地域性特色和文化内涵。因为地域性特色和文化内涵容易让人们产生认同感，很自然会吸引人来此活动，创造良好的活动氛围，促进交往行为的发生，最终形成良好的交往平台。

3. 保证趣味性与安全性

出入口空间的设计要考虑到趣味性和安全性。趣味性可以让人心情愉悦，而安全性则让人们放松心情和有归属感。出入口空间除有良好的比例尺度外还可以加入一些趣味性的景观设施，这可让人感受到活动空间环境具有舒适感和亲和力；出入口空间的地形设计要相对平坦宽敞，需遵循无障碍设计原则，少设置台阶，要特别注意安全细节的考虑。

五、水利工程广场景观设计

水利工程广场应集中反映该工程的历史文化和魅力，是展现水利工程地域特色、延续文脉最重要的载体。设计精美、造型别致、色彩优雅、材质优良、内涵丰富的景观设施是广场特色文化的重要组成部分，它在广场景观空间中的艺术表达对形成特色鲜明的广场景观发挥着重要的作用，从而满足了现代人对广场在使用功能、艺术审美、地域特色、本土文化等方面的需求。

1. 广场的分类

广场是因景观空间功能的需要而产生的，并且随着时代不断地变化发展，根据不同的划分依据，有许多不同的分类方法。归纳起来，主要可以从广场的性质功能以及平面空间形态这两个方面来进行划分。

（1）从广场的性质功能分类　水利工程广场的性质取决于它在景观空间中的位置、环境、功能和活动内容以及广场内景观构筑物的性质。传统广场的功能较为单一，而现代社会需求的多元化决定了广场功能的多样化、空间多层次的特点。因此，按照广场的性质和功能进行分类是目前最为流行的一种划分方式，如分为商业广场、文化广场、休闲广场、交通广场等。

（2）从广场的空间形态分类　可分为单一平面形态广场（是由单一的规则或者不规则几何形状构成，如正方形广场、梯形广场、长方形广场、圆形、椭圆形和自由形广场）和复合形广场（由多个基本几何图形以有序或无序的结构组合而成，如上升广场、下沉广场、阶梯广场）两种形式。

2. 广场设计主题定位

在满足不同人群休闲、娱乐、观光等使用功能的基础上，创造一个地域文化浓厚、特色鲜明的现代文化广场，为人们提供一个展示民俗风情的平台。在广场的文化内涵上，宜体现传统水文化内涵与现代水利科技高度融合的景观空间。

3. 尺度

水利工程广场的尺度应彰显当代人所崇尚的生态文化性追求。注重结构布局合理、比例关系协调、色彩优雅时尚，营造一种尺度宜人的文化广场空间。

4. 广场的景观空间设计

广场空间设计应该体现功能性、多样性、文化性、艺术性、休闲性和综合性，满足不同年龄、性别的各种人群的多种功能需要，设置较丰富的服务活动设施。在空间的处理上，要注意对周围空间场所的吸引和渗透，还可以建立具有象征性的标志物，营造空间场所文化韵味，增强人们的地域认同感。

（1）景观设施设计　广场景观设施主要包括植物造景、地面铺装、景观小品（景墙、雕塑、座椅、标示牌等）（图3-7、图3-8、图3-9、图3-10、图3-11、图3-12）。景观设施的精心设计将会明显改善广场空间品质。如植物造景和地面铺装的巧妙结合能解决较大尺度空间带来的单调感、不舒适感；适宜的铺装材质能给人愉悦感；富含水文化的景观墙不仅可美化环境，而且还能加强不同区域空间的划分和限定；座椅造型的设计可根据使用功能的不同灵活运用，如装饰水景、花坛、树池等都可以作为座椅的设计元素。

图 3-7　植物造景

图 3-8　广场景观布局

图 3-9　浮雕式景墙

图 3-10　装饰雕塑

（2）广场的意境营造　景观意境的营造是通过具有一定体量、尺寸的建筑实体，通过景观造型、多维空间布局以及声光电技术的完美融合来体现，通过设计师对自然景象和人文景观的提炼概括和艺术升华，并赋予景观以某种思想和情感寄托，使人们能在游览的过程中触景生情，产生共鸣（图3-13、图3-14）。

图 3-11　带装饰图案的树池座椅

图 3-12　以建筑构件为元素的标示牌

图 3-13　有建筑构件的异形广场景观

图 3-14　不规则的广场景观

六、儿童娱乐场地景观设计

在儿童娱乐场地设计中，首先要满足儿童娱乐活动的行为需要，满足他们好奇、好动、好问的行为心理。应该考虑为孩子们创造机会接近自然，以开发智商，学会如何联谊交友为目标。首先，儿童游戏场地的布局应在遵循安全性的前提下，利用场地原有自然地形条件，因地制宜，尽可能保留场地的自然景观要素，有效保护原生态景观环境。其次，在选择儿童娱乐场地的材料时一定要注意环保，充分利用本地乡土材料，做到使用无任何妨碍儿童身心健康的娱乐材料，必须达到无毒、无害、无障碍。在水利工程区中的儿童娱乐场地景观设计应以科普教育为主要内容，如可以在场地上建构一些具有代表性的水利工程景观模型和在水利事业中做出突出贡献的人物、事件的浮雕景观墙,让儿童在游戏中潜移默化地受到科普文化教育(图 3-15、图 3-16、图 3-17)。

图 3-15　苏州金鸡湖儿童娱乐场地景观

图 3-16　杭州儿童乐园景观

图 3-17　苏州金鸡湖植物迷宫娱乐景观

儿童娱乐场地景观设计方法如下。

(1)规模和距离设计　儿童喜欢多样化的活动,因此,儿童娱乐场地需要根据儿童的数量来决定场地的尺度大小和娱乐设施的丰富程度。景观设计要考虑到娱乐设施的遮阴,儿童在夏季娱乐时不至于受酷晒,儿童娱乐区的边缘应设置一些通透性比较强的休息空间和足够的休息设施。

(2)色彩设计　由于儿童有强烈的好奇心,需要环境提供高频率的刺激来满足这种心理需要,因此娱乐设施、地面铺装以及周围的植物,都要注重丰富的色彩应用。纯度、亮度比较高的颜色显得活泼生动感,刺激儿童的视觉感知,提高他们的兴奋度,如红和绿、黄和紫,儿童在完全放松并且有丰富刺激性的环境下能最大限度地发挥自己的创造性、激发智商,从而达到促进成长的目的(图 3-18、图 3-19)。

(3)安全设计　儿童具有目标变换性强,判断能力弱的特点,因此安全性设计尤为重要。安全性因素除了要注意场所与景区主要道路的相对隔离来阻止机动车辆

图 3-18　趣味性儿童娱乐景观

图 3-19　色彩丰富的儿童娱乐设施

的进入和保持相对安静外，还要考虑铺装材料的防滑性、边角的圆滑性等，杜绝尖锐棱角的出现，现如今儿童娱乐场地铺装都采用塑胶材料，已基本消除了潜在的安全隐患。

（4）儿童娱乐设施的人机工学因素　儿童娱乐设施应该依据科学的儿童各阶段人体机能尺度来作为走、跑、跳、踢、攀、爬、转、滑等运动肢体强度参照，再配合具体动作的难度系数和系统整体的运动节奏安排进行设计。具体数据参照儿童娱乐设施设计规范表 3-1。

表 3-1　　　　　　　　　　儿童娱乐设施设计规范

序号	设施名称	设 计 要 点	适用年龄
1	沙坑	①居住小区沙坑一般规模为 $10\sim20m^2$，沙坑中安置游乐设施的沙坑要适当加大面积，以确保其基本活动空间，利于儿童之间的互相接触。②沙坑深 $40\sim45cm$，沙子必须以中细沙为主，并经过冲洗。沙坑四周应竖 $10\sim15cm$ 的围沿，防止沙土流失或雨水灌入。③沙坑内应敷设暗沟排水，防止动物在沟内排泄	3～6 岁
2	滑梯	①滑梯由攀登段、平台段和下滑段组成，一般采用木料、不锈钢、人造水磨石、玻璃纤维、增强塑料制作，保证滑板表面平滑。②滑梯攀登梯架倾角为 70°左右，宽 40cm，踢板高 6cm，双侧设扶手栏杆。休息平台周围设 80cm 高防护栏杆。滑板倾角宜为 30°～35°，宽 40cm，两侧直缘为 18cm，便于儿童双脚制动。③成品滑板和自制滑板梯都应在梯下部铺厚度不小于 3cm 的胶垫，或 40cm 的沙土，防止儿童坠落受伤	3～6 岁
3	秋千	①秋千分板式、座椅式、轮胎式几种，其场地尺寸应根据秋千摆动幅度及与周围游乐设施间距确定。②秋千一般高 2.5m，长 3.5～6.7m（分单座双座、多座），周边安全防护栏高 60cm，踏板距地 35～45cm。幼儿用距地为 25cm。③地面需设排水系统和铺设柔性材料	6～15 岁

续表

序号	设施名称	设 计 要 点	适用年龄
4	攀登架	①攀登架标准尺寸为 2.5m×2.5m（高×宽），架格宽为 50cm，架杆选用钢骨和木制。多组格架可组成攀登架式迷宫。②架下必须铺装柔性材料	8～12 岁
5	跷跷板	①普通双连式跷跷板宽度为 1.8cm，长为 3.6m，中心轴高 45cm。②跷跷板端部应防止以旧轮胎等设备做缓冲垫	
6	游戏墙	①墙体高控制在 1.3m 以下，供儿童跨越或骑乘，厚度为 15～35cm。②墙上可适当开孔洞，供儿童穿越和窥视以产生游乐兴趣。③墙体顶部边沿应做成圆角，墙下铺软垫	6～10 岁
7	滑板场	①滑板场为专用场地，要用绿化种植、栏杆等与其他休闲区分隔开。②场地用硬质材料铺装，表面平整，并且具有良好的摩擦力。③设置固定的滑板练习器具，铁管滑架、曲面滑道和台阶总高度不宜超过 60cm，并留出足够的滑跑安全距离	10～15 岁
8	迷宫	①迷宫有灌木丛墙或实墙组成，墙高一般在 0.9～1.5m，以能遮挡儿童视线为准，通道宽为 1.2m。②灌木丛墙须进行修剪，以免划伤儿童。③地面以碎石、卵石等材料铺砌	6～12 岁

资料来源：佳图文化，2010。

七、停车场地景观设计

1. 私家车发展与景区规划的矛盾

由于景区规划远远赶不上私家车迅猛的增加速度，这为景区景观规划设计提出了很大的挑战。

（1）侵占公共空间　由于停车位数量不足，将直接导致车辆占道停放和无序停放情况的出现，从而影响景区环境。

（2）环境污染　众所周知，汽车会带来严重污染，包括噪声污染、废气污染、光污染和清洗汽车时的水污染。

（3）安全问题　目前很多景区内部人行和车行基本上都是平面交叉或混行，私人汽车流量增多，再加上缺乏对车速的控制，人的生命安全会受到较为严重的威胁，而且导致车祸时有发生。

（4）停车布局与停车方式设计不合理　由于停车布局及停车方式不科学，会出现诸如停车场服务意识欠缺，而停车方式不科学必然造成停车场使用不便，停车位的利用率降低。按照 1988 年公安部、建设部颁布的《停车场规划设计规则（试行）》中的规定，机动车停车场的出入口应有良好的视野；出入口距离人行过街天桥、地道和桥梁、隧道引道须大于 50m；距离交叉路口须大于 80m；机动车停车场车位指标应大于 50h，出入口不得少于 2 个。

2. 机动车的停放方式

机动车的停放方式一般有平行停车、斜角停车和垂直停车三种形式，具体选择哪种方式依照实地情况而定。

（1）平行停车　停车方向与场地边线或者道路中心平行，采用这种停车方式每辆车所占地的宽度最小，是最适宜路边停车场选用的一种方法。但是，为了车辆队列之后，后面的车能够驶离，前后两辆车间的净距离要求较大。因此，在一定程度的停车场上，这种方式所能停放的车辆数比其他方式少 1/2～1/3（图 3-20）。

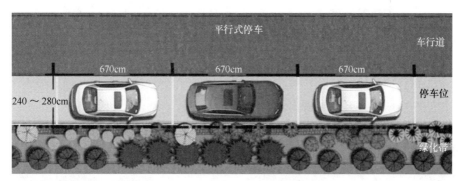

图 3-20　平行停车

（2）斜角停车　有前进停车和后退停车两种方式，前进停车比较普遍，适用于车道较窄的地方（图 3-21）。

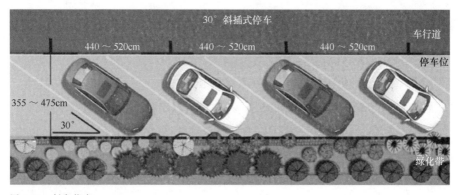

图 3-21　斜角停车

（3）垂直停车　车辆垂直于场地边线或者道路边线停放，汽车所占地面较宽，可达9～12m，并且车辆驶出停车位均需倒车一次。但在这种停车方式下，车辆排列密集，用地紧凑，一般的停车场和宽阔停车道都采用这种方式停车。

3. 非机动车停放方式

非机动车停放场所主要是停放摩托车、自行车的场所。景区非机动车停车设施有集中和分散停放两大类。大中型集中式独立停车库和停车棚通常设于景区中部或主要出入口处，并具有合适的服务半径，为整个景区服务；中小型集中式停车棚或露天停车场常设于公共建筑前后。

4. 停车场地景观设计

停车场地景观设计是对空间环境构成要素进行组合配置，并在景观要素的组成中贯穿其设计立意和主题。

（1）停车场地绿化设计　停车场绿化设计应该与景区的整体绿化结合起来，实现美观、实用、降噪、防污等多种功能的目的。

① 停车场地面绿化。在停车场设计中，最常见的地面设计为植草砖的设计。但是考虑到草种及养护问题，尤其是穿着高跟鞋的女性在植草砖上行走极不方便，所以新的停车场地大多采用绿化带或树池两种形式（图3-22、图3-23）。

图 3-22　停车位地面铺装与植物景观（绿化带）　　图 3-23　停车位地面铺装与植物景观（树池）

② 停车场周边绿化。停车场的功能性较强，尤其是在停放汽车较多时，因为车的外形与颜色很难与景区景观取得协调，我们可以考虑在停车场周边加强绿化措施，使之虚隐起来。同时周边绿化可有效地吸收因停放汽车而引起的噪声及尾气污染。

（2）景区其他停车配套设计　景区停车配套设计主要是交通服务设施的设计安装。在景区建筑转角、高大植被等视线阻挡处，建议安装凸面镜等辅助观察设施保证景区行车的安全（图 3-24）。

图 3-24　景区建筑转角凸面镜

第二节　水景构筑物设计

在水景观设计中为了营造氛围，一般会在水景周围增设其他景观构筑物，如桥、亭、亲水平台、木栈道和驳岸的景观设计。

一、桥

桥是指连接水体两岸的交通设施。桥的类型有拱桥、曲桥、亭桥、平桥和廊桥等；依其材质分类，有铁桥、石桥、木桥、水泥桥、混凝土砖石桥等；现代还有立交桥、引桥等。水利工程景观中的"桥"，往往是工程的视觉中心，是水体环境中最重要的组成部分。当进行桥的设计时，不仅要考虑其造型的设计，而且对其位置、路面宽度、桥栏杆、阶梯、坡道、踏面也要进行精心设计，可适当布置一些休息设施、服务设施，并配以绿化，充分发挥桥的装饰作用，使景观环境更具诗情画意。

1. 拱桥

拱桥的类型多样，有半圆、多边形、圆弧、椭圆、抛物线形等，丰富的造型，优美的曲线，使桥更具动态感。如杭州西湖的单拱桥，桥身以混凝土结合石块，形如玉带浮水（图 3-25）。多孔拱桥适于跨度较大的宽广水面，常见的多为三、五、七孔桥，如苏州七里山塘的五孔拱桥，桥形如垂虹卧波（图 3-26）。

图 3-25　玉带浮水拱桥　　　　　　　　　图 3-26　五孔拱桥

2. 曲桥

曲桥又称折桥，是我国传统园林景观空间中独特的造景形式之一，桥梁曲折有度，一般为奇数，取《易》乾阳刚之数，折的数量视造景需要而定，不论是远观景桥，或是桥上异步观景，均让人流连忘返，给人以美的享受（图 3-27、图 3-28）。

图 3-27　曲桥 1　　　　　　　　　　　　图 3-28　曲桥 2

3. 亭桥

所谓亭桥，就是在桥头、桥中段或桥的两侧巧妙地利用转角空间设置一个凉亭供游人休憩，遮阳避雨。亭桥结合，形式别致，增加了桥的形体结构的变化和美感，（图 3-29、图 3-30）。

4. 平桥

一般多见于风景园林景观空间中，分为石板结构、木质结构和混凝土结构等，造型结构极为简约，有柱、墩之分，形象古朴宜人。石板平桥多用低矮的石板或条石，略加栏护；木质平桥主要由桥柱、桥梁、桥板和护栏构成，特点是轻便美观，

图 3-29 杭州西湖亭桥

图 3-30 苏州东山亭桥

缺点是不好养护；混凝土平桥主要由钢筋和水泥浇筑而成，外贴装饰材料，特点是经济耐用（图 3-31、图 3-32）。

图 3-31 苏州博物馆平桥

图 3-32 杭州西湖平桥

5. 廊桥

廊桥也称虹桥、蜈蚣桥等，主要有木拱廊桥、石拱廊桥等。因其上有廊架和顶盖，既可保护桥梁，也可遮阳避雨、供人休憩、交流、聚会等（图 3-33、图 3-34）。

图 3-33 苏州拙政园廊桥

图 3-34 杭州西湖廊桥

二、亲水平台

依托城市江河、湖泊、湿地、海滨等建设的水利工程是满足人们亲水观水与水零距离接触的最佳平台。亲水平台是实现这一功能的良好景观设施，主要形式有木栈道、观景走廊、水上浮桥等，供游人驻足俯视水中鱼虾。游人在此可以挺身平视湖光山色，举头远眺碧水蓝天。

1. 木栈道设计

木栈道是为人们提供行走、休息、观景和交流的多功能场所，由于木板材料具有一定的弹性，因此游人行走其上会感到非常舒适。木栈道由表面平铺的面板（或密集排列的木条）和木方架空层两部分组成。面板常用桉木、柚木、冷杉木、松木等木材制成，其厚度要根据下部架空层的支撑点间距而定，一般为 3～5cm 厚，板宽为 10～20cm，板与板之间宜留出 3～5mm 宽的缝隙。面板不应直接铺在地面上，下部要有至少 2cm 的架空层，保持木材底部的干燥通风，以免被水体浸泡（图 3-35、图 3-36、图 3-37）。

图 3-35　方形木栈道

图 3-36　异形木栈道

图 3-37　海滨弧线形木栈道

2. 观景走廊

观景走廊和木栈道有很多相似之处，区别在于木栈道大部分是露天而建的；观景走廊则是一面向水，背靠建筑物，顶部有廊架或顶棚可以给游人遮挡风雨和阳光，材料常采用混凝土和木材，木质地面的做法与木栈道相同（图 3-38、图 3-39）。

图 3-38　东南亚风格的观景走廊

图 3-39　湿地型观景走廊

3. 亭

水边建亭称作"水榭"。水榭可以临水建于岸边或者跨水建于水中，面向水面，视野开阔，远观近视均有景可看，而榭本身优美的造型，也构成为景。榭一般设于不同水体、水态的最佳位置，并且需要与主要水景的体量大小、形态环境、风格等相协调（图 3-40、图 3-41、图 3-42、图 3-43）。

图 3-40　湖边观景凉亭

图 3-41　湖中观景凉亭

图 3-42　水边观景凉亭

图 3-43　岸上观景凉亭

4. 驳岸

驳岸是水景的重要组成部分，（图 3-44、图 3-45、图 3-46、图 3-47、图 3-48、图 3-49）。不同特点的驳岸对人的心理感受也不同（表 3-2）。驳岸要充分满足安全功能，让人们能够在水边安心玩赏。无论在哪个方位，人们都应能看到水面，毫不费力地接近水边并可接触到水，并且能够从对岸或者水面上观赏到美丽的水边景色。

图 3-44 斜坡式驳岸

图 3-45 海堤立式驳岸

图 3-46 河岸裙墙式驳岸

图 3-47 台阶式驳岸

图 3-48 缓坡、阶梯复合驳岸

图 3-49 自然生态式驳岸

表 3-2   驳岸的类型

驳岸类型	材质选用	特 点	条 件
斜坡式驳岸	砌石(卵石、块石),人工海滩沙石	易接触到水面,亲水性强、安全	驳岸空间开阔,堤岸稳定性强
立式驳岸	石砌平台	缺乏一定的建筑空间	水面和陆地的平面差距很大或水面涨落高差较大的水
带河岸裙墙的驳岸	边框式绿化,木桩锚固卵石	整齐、界限分明,亲水性较弱	以细长蜿蜒的水岸形式为主
阶梯驳岸	踏步砌块,仿木阶梯	容易接触到水、亲水性最高、形式单调	阶梯数量不宜太多、太密集
缓坡、阶梯复合驳岸	阶梯砌石,缓坡需种植保护	形式活泼,过渡自然	驳岸空间开阔
自然生态型驳岸	适当作一些软处理,植物种植	有利于滨水环境生态植物的良性发展	可作植物种植型驳岸、草石间置型驳岸、滩涂型驳岸

三、小品

小品是水景中不可缺少的趣味性景观,除了喷泉等各种水体、水态所必需的构筑物之外,还有可设置于水里面增加审美情趣的景观小品(表 3-3)。

表 3-3   水中小品

水中小品的种类	设计形式	要 点
趣味性景观小品	设置于湖边、河岸营造趣味性氛围的雕塑、景观小品	必须依附于一定设计的器物
水中雕塑	设置于水的岸边或中央,处于水面或半出于水表面,设立于水底	根据水利工程区的主题而设计
汀步	处于水面或半出于水面,形体上具有节奏、紧凑和韵律的变化	满足行走的功能,具有安全性

1. 趣味性景观小品(图 3-50、图 3-51、图 3-52、图 3-53)。

2. 水中雕塑(图 3-54、图 3-55、图 3-56)。

3. 汀步

汀步,又称踏步。在水中运用不同形状的天然块石或其他材料经人工处理成所

图 3-50　湖边景观小品

图 3-51　河边趣味雕塑

图 3-52　湖岸边的装饰小品

图 3-53　水中装饰小品与铺装

图 3-54　水中雕塑 1

图 3-55　水中雕塑 2

图 3-56　水中雕塑 3

需要的形状，并按一定的比例和尺度设置，露于水面，长度以短曲为美，石与石之间距离宜错落有致、疏密相间，这可丰富溪流或岸边的曲线美的变化，使人行走于其之上跨步而过别有一番情趣。水利工程景观中运用这种古老渡水设施，质朴自然，非常有趣（图 3-57、图 3-58、图 3-59、图 3-60）。

图 3-57　方形汀步

图 3-58　圆形汀步

图 3-59　不规则式汀步

图 3-60　长方形汀步

第三节　道路景观

在做道路总体设计时，应按照道路与其他场地和水利工程景观的关系做合理的分级设置。明确户外景观空间与道路之间关系的远近、疏密，这有助于对道路的合理分级和总体布局。

水利工程景观空间道路在设计的时候应从步行路线，交通标识设置，路缘石、边沟，雨水井和车档等几个方面来考虑。

一、步行路线设计

水利工程景观空间路线设计应该考虑不同年龄、不同身份、不同目的的人行路线的差异性。直线形的道路给人简单、直接和通透的感受，能引导人的视线汇聚于尽头（图 3-61）；曲线形的道路能增强使用者"步移景异"的趣味性，蜿蜒的道路能够使景观逐渐展开（图 3-62），例如人们在散步、交谈、游憩时总是喜欢走在环境优美、静谧的羊肠小道上。

图 3-61　直线形道路

图 3-62　曲线形道路

下面是道路的基本形式（图 3-63、图 3-64、图 3-65、图 3-66、图 3-67、图 3-68）。

图 3-63　环通式道路

图 3-64　尽端式道路

图 3-65　半环式道路

图 3-66　内环式道路

图 3-67　风车式道路

图 3-68　混合式道路

二、交通标识设置

道路景观设计应在一些特殊地段合理设置交通标识，如出入口、休闲锻炼活动场所、日常活动通道、交通交叉口等处。

三、路缘石、边沟

路缘石是设置在路面边缘与其他构造带分界的条石，其功能是确保泥土不被雨水冲入路面和确保行人安全，并进行交通引导。路缘石可采用预制混凝土、砖、石材和合成树脂材料，高度以 100～150mm 为宜，要求铺设高度整齐统一，局部可采用与路面材料相搭配的花砖或石材；绿地与混凝土路面、花砖路面、石材路面交界处可以不设路缘；与沥青路、草地交界处应设路缘石（图 3-69、图 3-70）。

边沟是用于道路或地面排水的，车行道排水多用带铁箅子的"L"形边沟和"U"形边沟；广场地面多用蝶状和缝形边沟；铺地砖的地面多用加装饰的边沟，

图 3-69　与沥青路交界的路缘石造型

图 3-70　路缘石与多种材质组合

平面形边沟、水箅格栅宽度要参考排水量和排水坡度来确定，一般为 250～300mm，缝形沟缝隙一般不小于 20cm（图 3-71、图 3-72、图 3-73、图 3-74）。

图 3-71　石材"U"形边沟

图 3-72　新材料格栅形边沟

图 3-73　灰色麻石格栅排水边沟

图 3-74　石材蜂窝状排水边沟

四、雨水井

雨水井是一种设置在地面上用于排水的装置，其形式多种多样。如排水沟采用有组织的暗渠排水方式，可在排水沟上方设置雨水箅，与地面铺装形成质感对比，或采用明沟排水方式，在用材上应与地面铺装相结合（图 3-75、图 3-76、图 3-77、图 3-78、图 3-79、图 3-80）。

五、车挡

车挡高度在 40～60cm，设置间距在 150cm 左右。在有紧急车辆、管理车辆出入的地点，应选用可移动式车挡，且这种车挡、缆柱只有成年人才能够移动（图 3-81、图 3-82）。

图 3-75　广场石材地面排水铺装

图 3-76　广场石材地面排水铺装（局部）

图 3-77　有卵石装饰的雨水井口

图 3-78　不锈钢雨水井盖

图 3-79　人行道边多孔雨水井盖

图 3-80　人行道边单孔雨水井盖

图 3-81　石质柱头路边车挡

图 3-82　不锈钢材质的路边车挡

第四节　水利工程铺装设计

地面是建筑物与景观环境之间的连接体。具有各种造型风格和色彩、质感变化的建筑耸立于地面上，如果地面是一大片平坦、暗淡的灰色柏油底板，建筑之间将呈现彼此孤立、分离的松散状态，且地面也像建筑一样不能吸引人们的视线。水利工程区中能够起到相互连接作用的最有效方法之一是地面铺装的格局。铺装应与建筑具有同等的景观作用，富有艺术性设计的铺装能够使建筑物与周围环境巧妙的结合起来。这样，建筑与景观环境才会形成紧凑的尺度、丰富的形式和质感，以及整个视觉上的连续性，从而创造出一种使人产生亲切感的空间环境。铺装是改变和美化水利工程景观地面空间的主要景观设施之一。本节着重介绍水利工程铺装的分类、功能、材质、色彩及适用场地。

水利工程景观空间铺装需要为人们提供坚实、耐磨、防滑的路面，以保证车辆或行人安全、舒适地通行；需要通过路面铺砌图案给人以方向感，通过铺砌图案的不同来区分不同性质的交通区间，增加水利工程区空间的可识别性；铺装景观可为人们创造适宜的交往空间，合理的铺装材料的运用能够创造出理想的交往环境；铺装的色彩变化，可以减弱人的视觉疲劳并活跃空间氛围。

一、水利工程地面铺装的分类

1. 按强度分

按强度可将地面的硬质铺装分为高级铺装（这里不作赘述）、简易铺装和轻型铺装。

（1）简易铺装　适用于交通量少、无大型车辆通行的道路。

（2）轻型铺装　用于景观园路、人行道、广场等的地面。此类铺装除沥青路面外，有水磨石路面、透水砖铺面等。

2. 按地坪材料分

按地坪材料可分为自然材料铺装和人工材料铺装。

（1）自然材料铺装　用卵石、石板、毛面石块等石质材料做的铺装，铺设图案丰富多样（图3-83、图3-84、图3-85、图3-86）。

图 3-83 鹅卵石福寿图铺装

图 3-84 鹅卵石图案铺装

图 3-85 石板地面铺装

图 3-86 毛面石块铺装

（2）人工材质铺装 如彩色混凝土压膜地坪铺装，具有美观、节能、经济、环保的特点，灰砖的不同铺法给人以古朴、素雅、稳重之感，红色透水砖铺装可给人环保、大方、欢快的感觉（图 3-87、图 3-88、图 3-89、图 3-90）。

图 3-87 混凝土与水磨石结合铺装

图 3-88 石板与灰砖结合铺装

图 3-89 灰砖四方连续铺装

图 3-90 工字形透水砖铺装

二、铺装材质及适用场地

路面分类及适用场地见表 3-4。

表 3-4 路面分类及适用场地

序号	道路分类		路面主要特点	适用场地								
				车道	人行道	停车场	广场	园路	游乐场	露台	屋顶广场	体育场
1	沥青	不透水沥青路面	①热辐射低,光反射弱,全年使用耐久,维护成本低;	√	√	√						
		透水沥青路面	②表面不吸水,不吸尘,遇溶解剂可溶解;		√	√						
		彩色沥青路面	③弹性随混合比例而变化,遇热变软		√			√				
2	混凝土	混凝土路面	坚硬,无弹性,铺装容易,耐久,全年使用,维护成本低,撞击易碎	√	√	√	√					
		水磨石路面	表面光滑,可配成多种色彩,有一定硬度,可组成装饰图案		√		√	√	√			
		模压路面	易成形,铺装时间短,分坚硬、柔软两种,面层纹理色泽可变		√			√				
		混凝土预制砌块路面	有防滑性,步行舒适,施工简单,修理容易,价格低廉,色彩样式丰富		√		√	√	√			
		水刷石路面	表面砾石均匀,有防滑性,观赏性强,砾石粒径可变,不易清扫		√			√	√			
3	花砖	釉面砖路面	表面光滑,铺筑成本较高,颜色鲜明。撞击易碎,不适应寒冷气温		√				√			
		陶瓷砖路面	有防滑性,有一定的透水性,成本适中,撞击易碎,吸尘,不易清扫		√			√	√	√		
		透水花砖路面	表面有微孔,形状多样,互相咬合,反光较弱	√	√						√	
		黏土砖路面	价格低廉,施工简单。分平砌和竖砌,接缝多可渗水。平整度差,不易清扫		√			√	√			

续表

序号	道路分类		路面主要特点	适用场地								
				车道	人行道	停车场	广场	园路	游乐场	露台	屋顶广场	体育场
4	天然石材	石块路面	坚硬密实,耐久,抗风化强,承重大。加工成本高,易受化学腐蚀,粗表面,不易清扫;光表面防滑差					✓				
		碎石、卵石路面	在道路基地上用水泥粘铺,有防滑性能,观赏性强。成本较高,不易清扫					✓				
		砂石路面	砂石级配合,碾压成路面,价格低,易维修,无光反射,质感自然,透水性强					✓				
5	砂土	砂土路面	用天然砂铺成软性路面,价格低,无光反射,透水性强					✓				
		黏土路面	用混合黏土或三七灰土铺成,有透水性,价格低,无光反射,易维修					✓				
6	木	木地板路面	有一定弹性,步行舒适,防滑,透水性强。成本较高,不耐腐蚀,应选耐潮木头					✓	✓			
		木砖路面	步行舒适,防滑,不易起翘;成本较高,需做防腐处理;应选耐潮木料					✓		✓		
		木屑路面	质地松软,透水性强,取材方便,价格低廉,表面铺树皮具有装饰性					✓				
7	合成树脂	人工草皮路面	无尘土,排水性好,行走舒适,成本适中;负荷较轻,维护费用高	✓	✓							
		弹性橡胶路面	具有良好的弹性,排水性良好。成本较高,易受损坏,清洗费时							✓	✓	✓
		合成树脂路面	行走舒适、安静,排水良好。分弹性和硬性,适于轻载;需要定期修补								✓	✓

三、水利工程铺装的设计方法

1. 空间布局

进行铺装设计时必须要考虑到铺装的鸟瞰效果。铺装能将整个区域的景观设施串联并统一起来。在开放空间环境中铺装形式应该简洁、明快；在半私密空间中，铺装应该体现铺装材料的精美质感和色彩，这样更容易让人停留。

2. 结构形态设计

当人们漫步于水利工程景观空间的时候，注意力很自然地会转向地面。因此，铺装的这种视觉特性对于设计的趣味性起着重要的作用。独特的铺装形式和色彩搭配，不但能够让行人驻足欣赏，高层建筑俯瞰的景观设施还能吸引人们走出建筑，到室外空间活动。铺装通过对点、线、面的构成形式与不同材质的结合，为区域空间环境带来不同的视觉感受。例如，线形图案具有导向性，有利于人流组织、聚散和引导行人转换方向；圆形图案具有极大的向心性，使空间具有聚合感；四边形的对称、反复给人以安定感，灰、白相间的四边形方格整齐并富有韵律。如图 3-91、图 3-92、图 3-93、图 3-94 所示。

图 3-91　螺旋形图案铺装

图 3-92　圆形图案铺装

图 3-93　四边形图案铺装

图 3-94　灰、白相间的四边形方格铺装

3. 色彩

水利工程景观空间铺装色彩的设计要体现地域特色，过强的色彩刺激和单一色彩都容易使人产生视觉疲劳。铺装一般作为空间的背景常以中性色为基调，以少量偏暖或偏冷的色彩做装饰性花纹，能做到稳定而不沉闷，鲜明而不俗气。一般明朗的色调使人轻松愉快，灰暗的色调则更为沉稳宁静（图 3-95、图 3-96、图 3-97、图 3-98）。

图 3-95　软硬材质的组合铺装

图 3-96　树池、透水砖和石板组合铺装

图 3-97　不同形状的石板组合铺装

图 3-98　同质不同色组合铺装

4. 纹理

铺装可以做到不同的纹理效果，主要以点、线、面和形的构成原理来表达。不同的铺装纹理可形成不同的空间视觉感受，或精致，或粗犷，或宁静，或热烈，或自然，能对所处的环境产生强烈的影响（图 3-99、图 3-100、图 3-101、图 3-102、图 3-103、图 3-104）。

5. 质感

事实表明，不同的材料有不同的质感，同种材料也可以表现出不同的质感。同种但不同质感的材料的运用可以使铺装在变化中求得统一，达到和谐一致的铺装效果。不同质感的材料组合，会产生特殊的视觉效果，尤其是自然材料与人工材料的结合，能够为铺装带来非常现代的效果（图 3-105、图 3-106、图 3-107、图 3-108、

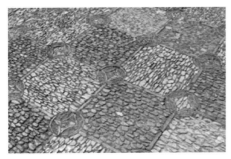

图 3-99　不同图案组合铺装

图 3-100　同质异色组合铺装

图 3-101　园路草坪铺装

图 3-102　趣味性草坪铺装

图 3-103　方形石材变化草坪铺装

图 3-104　大小方形石材组合草坪铺装

图 3-105　多种材料的铺装组合

图 3-106　多种不同材质的铺装组合

图 3-107　金属图案镶嵌式铺装

图 3-108　石质浮雕图案铺装

图 3-109、图 3-110）。中国古典园林中提倡"因地制宜"，每一种材料的产地、外观、质地、强度、使用条件等有其一定的特点，因此我们在选用材料的时候必须根据特定的环境条件、使用功能等来选取最合适的材料。运用特色材料结合景观建筑造型，并充分展现材料造型、质地、色彩、结构形式、组合方式，结合图像和文字等，进行环境人文气氛的渲染，表达某种特定的精神含义，如历史文化的传承、积极向上的精神，民俗文化的表现等。

图 3-109　不同形式的铺装组合

图 3-110　条形石材与草坪组合铺装

6. 尺度

铺装的尺度与场地空间的大小有着密切的关系。在一个空间内使用体型较大的铺装材料，将会给人一种宽敞的尺度感；而尺寸较小的铺装材料，则使得空间显得精致和紧凑。大面积铺装应使用大尺度的铺装材料，才能显得大器、大方，这有助于表现统一的整体效果；若材料太小，铺装则会显得琐碎。

7. 渗水性

硬质地面材料的蓄水或渗水能力需着重考虑。水泥、沥青地面不透水且导热性高，夏天行走其上会使人觉得脚底发烫；而石板路和透水砖路，其缝隙中的土壤、水分和草能起到降低地面温度的作用。下雨天，也容易解决场地的积水问题（图 3-111、图 3-112）。

图 3-111　石板缝植草铺装

图 3-112　人行道透水砖铺装

第五节　水利工程景观小品设计

　　景观小品的设置要根据水利工程区的形式、风格，市民的文化层次与爱好，空间的特性、色彩、尺度以及当地的民俗习惯等因素确定。

一、设计要点

　　1. 与水利工程区主题相统一

　　景观小品在形态及立意构思上，应突出水利工程区的主题特色。而景观小品具有造型和空间组合上的独特美感，发挥着活跃空间气氛、增加景观连贯性及营造趣味性的优势。景观小品在水利工程区景观中往往是局部景观中的主景，应具有一定的意境内涵以产生感染力。

　　2. 与水利工程区空间环境相和谐

　　作为整个水利工程区环境中的点睛之作，景观小品在体量上要与环境相适宜，风格上与水利工程区主题相统一。景观小品不同于纯粹的艺术品，它的艺术感染力不仅来自于其自身单体，而且应该与所处的环境有机融合。

二、景观小品设计

　　1. 水利工程区防护性小品（表 3-5）。

表 3-5   水利工程防护性小品分类

防护性小品		要点特征	作 用	材 质
安全防护	出入口	用于水利工程景观与外界的景观区分	有助于特色景观空间氛围的营造	砖石、混凝土和金属
交通安全防护	栏杆	防护性栏杆（例如地下车库两侧栏杆）的高度应为 0.85～0.95m；在花坛、草地旁的栏杆高度为 0.25～0.3m	防止车辆进入、标明边界、划分区域、分割空间的作用	石材、砖、不锈钢、铸铁、新材料等
	路障	路障多为 0.2～0.25m 方形或者圆形的短柱，柱高 0.6～0.9m，以红白相间涂刷油漆	标明边界、划分区域、按需移动方便、形式多种	石材、塑料、橡胶等
水土防护	台阶	当道路或斜坡的坡度大于 10% 时，需要设置台阶，小于 10% 的可局部设置台阶	防止水土流失；提供休憩空间	水泥、砖、石材、人造大理石等
	挡土墙	依照地势的起伏决定挡土墙的高度与厚度；将挡土墙做成雕塑墙或与绿化结合，更具艺术感染力	对环境起到整治作用，防止水土流失、雨水冲刷地形和建筑等	砖、石材料建造、钢筋混凝土、天然块石等

资料来源：高祥生，2002。

2. 景观座椅

在水利工程景观空间中，座椅以及台阶、花池、树池的边缘都可以作为休憩的设施。座位布局也可设置在树荫下、花丛中、花坛边，以方便人们的休憩使用。

台阶除可作为休憩设施外，还可丰富空间的层次感，尤其是高差较大的台阶会形成不同的近景和远景（图 3-113）。

户外休憩设施的制作材料可用天然石材、人工块石、木料和钢筋混凝土，石料面层可抛光也可用石木结合，还可以采用色彩鲜艳的塑料和新材料制作的座椅来调节水利工程景观的整体氛围（图 3-114、图 3-115、图 3-116、图 3-117、图 3-118）。

图 3-113 与草地组合的弧形阶梯

图 3-114 趣味树池木质座凳

图 3-115　植物空间内的休憩座凳

图 3-116　花坛边休闲座椅

图 3-117　木质座凳 1

图 3-118　木质座凳 2

3. 垃圾箱

垃圾箱是反映水利工程景观空间文明程度的标志。为保持景观空间活动场所的清洁卫生而设置,一般设在区域公共建筑、公共绿地、道路两旁等人流较大的地方;垃圾箱的造型要简洁、美观大方;摆放位置与距离要适当,便于人们使用(图 3-119、图 3-120)。

图 3-119　不锈钢双桶垃圾箱

图 3-120　铁皮喷漆双桶垃圾箱

4. 用水器

用水器在景观环境中具有实用与装饰双重功能，不仅方便了人们的户外洗涤，而且还提升了人们的健康质量，充分显示了以人为本的设计理念。用水器多设在区域中心广场、儿童娱乐区、健身活动区等人流集中的场所（图 3-121、图 3-122）。

图 3-121　不锈钢材质用水器

图 3-122　不锈钢材质喷漆用水器

5. 雕塑

雕塑是景观空间中一种重要的艺术表达方式之一，与建筑相辅相成。正如英国当代最著名的雕塑艺术大师亨利·摩尔所言："雕塑不是被动地依附于环境中，它与环境之间应有一种自然和谐的互动关系。"水利工程景观空间中雕塑景观的选择定位通常应考虑以下几种：题材和形式以装饰手法为主，多选择人物、动物等造型特点（图 3-123、图 3-124、图 3-125、图 3-126），或写实或抽象变形，在空间中布置灵活，体积尺度适中等，与植物、水景等其他景观要素搭配协调美观，能增添区域环境的艺术感染力。

图 3-123　装饰动物雕塑

图 3-124　三个玩纸牌的小男孩雕塑

6. 种植容器

种植容器是盛放容纳各种观赏植物的容器，在水利工程景观空间中应用极为广泛（图 3-127、图 3-128、图 3-129、图 3-130）。在露天开放性强的环境中，种植容

图 3-125　装饰人物雕塑

图 3-126　装饰鱼雕塑

器应考虑以抗损性强的硬质材料为主；在区域中心景观中，可设一些较永久性的以混凝土材料为主的种植容器；在一些多功能场所，则可设一些易迁易变的种植容器，以适应场所气氛的更换。

图 3-127　不锈钢种植容器 1

图 3-128　不锈钢种植容器 2

图 3-129　陶瓷种植容器 1

图 3-130　陶瓷种植容器 2

7. 标识标牌设计

水利工程景观空间信息标识系统主要包括指示牌与标识、出入口导视牌、平面布局导视牌、方位导视牌、交通导视牌和温馨提示导视牌。信息标识的位置应醒目且不能对行人交通及景观环境造成妨碍；标识的色彩、造型设计应充分考虑其所在空间环境以及自身功能的需要；标识的用材要求经久耐用，不易破损，方便维修；各种标识应确定统一的格调和背景色调，以突出该景观空间的品质和形象。

（1）指示牌与标识　指示牌是增强水利工程景区可识别性的重要内容。水利工程的各主要空间节点均需设置一些指示牌，如公共建筑、停车场地等地。

指示牌的高度和大小要适当，设置可以与路灯的设置相结合，以便于人们识别和使用。指示牌通常采用立地形式，并且设置在区域内的醒目位置；标识通常指楼号、楼名、组团名等小的识别性标识，可以悬挂在组团尽端醒目的建筑物外立面上。区域内指示牌和标识的设计应与建筑和景观设计的整体风格相协调，并且具有统一的设计要素，避免指示系统设计上的杂乱无章。

（2）出入口导视牌　出入口导视牌主要位于水利工程景观空间出入口的位置（图 3-131、图 3-132）。离水利工程景观空间出入口较远的导视牌，是引导访问者从离水利工程景观空间较远的地方逐步进入水利工程区出入口的必要指引。通过阅读导视物的信息内容，可以方便地到达该区域。

图 3-131　出入口导视牌 1

图 3-132　出入口导视牌 2

（3）平面布局导视牌　从水利工程景观空间位置来看，在出入口处应设置平面图或鸟瞰图以便人们准确地找到目的地。清晰地反映出水利工程、景观和绿化带以及交通道路的分布情况，是人们获得水利工程景观空间整体印象的便捷方式（图 3-133、图 3-134、图 3-135、图 3-136）。

（4）方位导视牌　当人们进入不熟悉的公共空间时，需要查看明确的方位导视牌。这些导视牌明确指引了该区域人群如何进入这些重要空间，如场所分布、出入

图 3-133　广场平面布局与电子显示导视牌

图 3-134　不锈钢平面导视牌

图 3-135　铁质喷漆平面布局导视牌 1

图 3-136　铁质喷漆平面布局导视牌 2

口、展示中心等（图 3-137、图 3-138、图 3-139、图 3-140、图 3-141、图 3-142）。

图 3-137　新材料方位导视牌 1

图 3-138　新材料方位导视牌 2

　　（5）交通导视牌　在水利工程景观空间内，行人和机动车辆的交通路线往往相互交叉。设置交通导视物（图 3-143、图 3-144、图 3-145），可以明确标明区域的出入地点、道路分布、停车场的位置等场所。

　　（6）温馨提示牌　温馨提示牌是要求人们在特定的空间环境下必须注意的事项，往往涉及空间人群的生命安全和财产安全，带有强制性或重要提示的性质，其信息内容是人们进入特定空间时必须严格遵守的（图 3-146、图 3-147、图 3-148、图 3-149）。

图 3-139　以建筑构件为造型的导视牌

图 3-140　简约式导视牌

图 3-141　不锈钢导视牌

图 3-142　不锈钢玻璃组合导视牌

图 3-143　地下车库入
口导视牌 1

图 3-144　地下车库入口
导视牌 2

图 3-145　入口导视牌

8. 无障碍设施设计

无障碍设施系统是专为残疾人设计的设施，这是社会的真诚关爱与尊重。在水利工程景观空间中也应考虑为残疾人提供方便。

图 3-146 不锈钢提示牌 1

图 3-147 不锈钢提示牌 2

图 3-148 温馨提示牌

图 3-149 以三潭印月为造型的提示牌

（1）交通无障碍设计

① 通行宽度及坡道的设置。根据我国《方便残疾人使用城市道路和建筑物设计规范》中规定，人行道宽度不得小于 2500mm。无障碍道路的宽度一般需要考虑手扶轮椅的宽度。轮椅宽 650mm，加上其他可通过一个人行走的宽度，宽度为1200mm，手扶轮椅双向通过时的双行道宽度不小于 2000mm。道路提供手摇三轮车形式的宽度为 1900mm，转向角度 180°，还需留有安全距离。成年人在使用轮椅时视线高度为 110～120cm，容易受行人或物体的遮挡，所以在电梯口、楼梯口、坡道处的导视牌就要设置在合适的视线高度，同时也要满足正常人的使用（图 3-150）。

根据我国《方便残疾人使用城市道路和建筑物设计规范》中规定，对于地形困难的地段最大坡度为 3.5%。

无障碍缘石坡道是指人行道高出车行道，需用路缘坡道进行过渡处理，以便轮椅及残疾人通过的坡道。无障碍缘石坡道有三种基础形式：单面坡缘石、外伸坡道和三面坡缘石坡道。缘石坡道的尺寸，正面坡的尺寸不得大于 1∶12。正面宽度不得小于 1200mm。缘石转角处最小半径为 500mm。

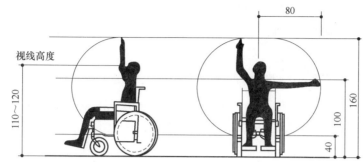

图 3-150　使用轮椅时的人体尺度

资料来源：《无障碍设计理论》。

坡道表面材料的要求与人行道表面的材料相同，由于有较大的坡度，因此要更注意坡道防滑处理，采用有花纹、表面粗糙的面层最为合适（图 3-151、图 3-152）。

图 3-151　无障碍防滑坡道 1

图 3-152　无障碍防滑坡道 2

② 楼梯与台阶。供挂杖者及视力残疾者使用的楼梯不宜采用弧形楼梯，楼梯的净宽不宜小于 1200mm，不宜采用无踢面的踏步和突缘为直角的踏步，梯段两侧在 900mm 高处设置扶手且保持连贯，楼梯起点及终点处的扶手应水平延伸 300mm 以上；供挂杖者及视力残疾者使用的台阶超出三阶时，在台阶两侧应设扶手。坡道、走道、楼梯为残疾人设上下两层扶手时，上层扶手高度为 900mm，下层扶手高度为 650mm。

③ 出入口。考虑残疾人使用的建筑物的出入口，应内外地面相平。如室内外有高差时，应采用坡道连接。在出入口的内外应留有不小于 1500mm×1500mm 平坦的轮椅回转面积。

（2）视觉无障碍设计　利用视力残障者听觉、触觉比较发达的特点，用手和脚的触觉可以感觉分辨出材料和物体表面材料的软硬程度、弹性大小、光滑粗糙、动与静等多方面的信息。在水利工程景观设计中应采用各种感触物或触辨物，用不同粗细、软硬的铺装来进行盲道和普通场地的区分。这些也可被用在地面、墙面、栏杆或者其他可以触及的任何地方。可触辨的标识或符号有：盲文、图案以及发生标识。

对于视觉障碍者，可以使用世界盲人联合组织规定的象征性图形如图 3-153、图 3-154 所示，告诉正常行为能力者，在日常的生活中注意不要与视觉障碍者产生空间使用上的冲突，保证他们的出行安全。交通路道上的盲道设置是最基本的。除此之外，还可以设置埋在地下的信息传感报知系统，给这些人群以行为方式上的提示，例如在日本，信息传感报知系统每当感知到特殊磁片靠近时，感应系统中的扩音器就会自动播放声音说明，提示视觉障碍者注意道路情况，这种设置就像我们在参观展览时，经常用到的感应式自动解说器一样。对于色盲和色弱的视力障碍者，需要避免使用他们不能识别的颜色。

图 3-153　盲文的应用　　　　　　　　　图 3-154　盲文的应用（局部）

资料来源：《城市环境设施设计》。

【本章小结】

本章介绍了水利工程各景观场所的空间尺度和设计方法、水景构筑物的类型、造型与材料的运用和设计方法，道路景观的基本形式、材料材质的选择和设计方法，地面铺装的结构形式、材料材质的选择运用和色彩变化，景观设施的主题定位标准与规范、无障碍设施设计的人性化处理和灯光照明的设计方法、光色变化等。尽管水利工程硬质景观种类复杂多样，形式千变万化，但归纳起来必须共同遵循以下几点设计原则。

（1）应用与艺术相结合的原则　使硬质景观兼备功能性与观赏性。

（2）地域性原则　使硬质景观与水利工程的功能、风格、地域文化协调融合。

（3）多样性原则　以满足使用者的不同行为及使用需求。

（4）安全与无障碍原则　确保不同年龄层次、不同体质、不同文化修养的使用者都能安全、平等地使用各种景观设施。

（5）可持续发展原则　水利工程景观设计的实质是一个解决空间环境可持续发展问题的过程，在此过程中人不是单一的主体，必须同时考虑人与自然的共生关系，以维护生态平衡为前提，尽可能地减少或避免对周边生态环境的破坏，注重资源的节约，并使其易于管理和维护。

【参考文献】

[1] 孙倩. 大学校园景观规划设计中场所精神的研究 [D]. 硕士学位论文，福州：福建农林大学，2012.

[2] 佳图文化，景观细部设计手册（1）[M]. 武汉：华中科技大学出版社，2010.

[3] （德）罗易德（Loidl，H.），（德）伯拉德（Bernard，S），著，罗娟，雷波，译. 开放空间设计/城市·景观·建筑设计解析丛书 [M]. 北京：中国电力出版社，2007.

[4] （英）西蒙·贝尔. 景观的视觉设计要素——国外景观设计丛书 [M]. 北京：中国建筑工业出版社，2004.

[5] 刘曼. 景观艺术设计 [M]. 重庆：西南师范大学出版社，2000.

[6] 袁明霞，唐菲. 园林小品建设中的误区及发展趋势 [J]. 安徽农业科学，2006（16）：3936-3937.

[7] 窦奕，郦湛若. 园林小品及园林小建筑 [M]. 合肥：安徽科学技术出版社，2003.

[8] 卢仁. 园林建筑装饰小品 [M]. 北京：中国林业出版社，2002.

[9] 王铁城，刘玉庭. 装饰雕塑 [M]. 北京：中国纺织出版社，2005.

[10] 郭少宗. 认识环境雕塑 [M]. 长春：吉林科学技术出版社，2002.

[11] 张群成. 居住区景观设计 [M]. 北京：北京大学出版社出版，2012.

[12] 高祥生，丁金华. 现代建筑环境小品设计精选 [M]. 南京：江苏科学技术出版社，2002.

[13] （丹麦）扬. 盖尔，拉尔斯. 吉姆松. 公共空间 [M]. 北京：中国建筑工业出版社，2003.

［14］ 国际新景观编. 全球顶尖 10×100 景观（中文版）［M］. 武汉：华中科技大学出版社出版，2008.

［15］ 刘冠美. 古代水工程的历史文化挖掘与利用［J］. 中国水利，2012（4）：59-61.

［16］ 卢俊杰. 城市河湖型水利风景区特性的规划设计研究［D］. 硕士学位论文，福州：福建农林大学，2012.

［17］ 桂超. 基于地域特色的水环境景观规划设计方法研究［D］. 硕士学位论文，福州：福建农林大学，2012.

［18］ 王松. 水库型水利风景区景观规划研究［D］. 硕士学位论文，福州：福建农林大学，2011.

第四章
水利工程水景观设计

【导读】

　　管子曰："水者何物？　万物之本源也。"水有万千姿态、至刚至柔，冷冻为冰、氤氲为雾、滋育为雨、遇寒为雪、飘逸为云、凝结为雹，始为涓涓细流终归滔滔大海。 水是水利工程中的根本景观要素，也是构景的关键。 大凡成功景观的塑造，都注重对水的运用。 水能够独立成景，但又不是孤立的存在，水与其他景观要素一起，可共同构成绚丽多彩的水景观世界。 水利工程景观的优势在于其具有丰富的水资源，水景观的营造是其从众多景观形式中脱颖而出的关键。 本章着眼于水文化内涵和水景观多样性，从多角度分别介绍了水利工程中静水、流水、落水、喷水等几种水景形式的一般设计原则、方法和注意事项，以及水景观与多种景观要素的关系。

　　通过本章的学习，读者要在理解水文化内涵及对水景观设计建设意义的基础上，了解水利工程中水景观的类型，重点掌握水利工程中常见水景类型的基本类群和设计手法，争取能够在一项水景设计中合理运用多种水景形式及景观要素进行综合设计，以营造具有特色的水利工程景观。

　　"逐水而居，因水而兴"，人类从古至今的生存发展，都与水有着密不可分的联系。"吉地不可无水""城有水则秀，居有水则灵""风水之法，得水为上"。水是人们日常生活中的重要内容，也是重要的景观对象。从美学角度看，水的意境深远，"上善若水，平淡如水"，富有哲理，富有潜能，同时水也是民族文化的重要组成部分。重要的河流湖泊是中华文明的摇篮，是民族文化的发源地，是中华丰富水文化的重要载体。

　　《水利风景区评价标准》（SL 300—2004）中明确指出"水文景观"是水利风景区风景资源评价的重要内容。水利工程拥有江河湖泊的丰富水资源，是体验水文化、欣赏水景观的良好场所。水利工程是为合理用水而建设的工程措施，与水有着密切的联系。

但是，在今天水利工程的建设过程中要么忽视水景的营造，要么对水景的设计都重在追求经济效益而忽略了对地域特色及水文化底蕴的挖掘，从而导致出现了水景观单调、缺乏特色及内涵、文化传承薄弱的问题。纵观各地的水利风景区往往大同小异、旅游产品单一，景区的建设只停留在表面，无法诠释水文化的深刻内涵，无法取得景观的可持续发展。究其原因在于水利工程景观设计缺乏理论指导，人们对水文化、水景观以及与水利工程间的关系认识不清，鉴于此，最终不能把水文化、水景观、水利工程三者有机地融合在一起进行景观营造。

本章以水文化启篇，通过文化类型的介绍，及其与水景观、水利工程关系的阐释，期望能为水利工程水景设计提供一些可用的借鉴。同时，针对水利工程中几种常见的水景形式从多角度、多类别等方面做了设计方法上的介绍，旨在丰富水利工程水景设计理论，进一步指导实践，以使我国水利工程水景设计上一个新台阶。

第一节　水利工程水景观与水文化

一、水利工程水景观的内涵

1. 水景观

水景观是景观类型中最有代表性的一种。在不同情况下，水景观的概念有不同的界定和描述。毛培林等在《水景设计》中指出：景观水体是指能调节区域小气候、美化环境并与周边的园林景观相协调形成景观的水面、湖泊、河流、喷泉等的水体，是构成园林景观的基本元素之一。刘树坤在《水利建设中的景观和水文化》中指出：原始的水域及周边的景观是自然生成的景观，水域景观由水域、过渡域、周边陆域三部分的景观构成。汪松年在《河道、湖泊在上海水环境中的作用》中明确提出了水景观的概念：水以各种目的，用各种形式达到各种不同的景观效果，从平面到立体、由静态及动态、从无声到有声，并综合四周景物和倒影及水中、水边的动植物等，供人享受并使人获得愉悦的整体组合，即为水景观。

综合而言，水景观是以水为主体，是水与人类社会审美过程、文化活动等双向作用的产物，是在人类文明进程中所产生的一定地域内的水景观客体和与之有关的观念形态（传说、掌故、文学等）和有形实体（建筑、交通工具、服饰等）的完美统一。

按照景观的构成，一般将水景观分为自然水景观和人工水景观。前者，包括江河、湖泊、瀑布、泉溪等风景资源。后者，是指从与水相关的活动，或者从旅游开发的角度进行分析所营造建设的景观，主要有仿自然式水景、园林式水景、泳池式水景、装饰式水景等。需要指出的是，两者并没有明确的界定，在前者当中仍渗透了很多人类文化的审美因素，并不是纯粹自在的对象，而后者的审美情趣和设计布局也大都来源于自然水景观，只不过是人们理想、观念、文化审美情趣的对象化，是人类为了生存和生活而对自然的适应、改造和创造的结果。

2. 水景观的风格类型

（1）中国传统风格　中国传统水景观设计注重水的自然形态，强调对自然山水特征的概括、提炼和再现。设计者一般对水景规模大小没有特殊要求，而对水景的自然艺术特征的表现认真写意，追求"虽由人作，宛自天开"的自然效果与完美意向。水景设计常依地而建，并巧妙运用藏引、聚分、动静、疏密、呼应、点缀、对比、声色、光影、衬托等一系列的手法，对各种自然水景观的形态特征进行描摹刻画，在理水程序上主要是仿照自然水势来设计表现的，富有诗情画意，符合人们心理上追求的潜、隐的回归自然的要求。中国水景与完全遵从几何构图的西方水景设计风格相比，更加注重追求一种理想化与完美无缺的自然景观化（图4-1）。

（1）　　　　　　　　　　　　（2）

图4-1　中国传统风格水景

（2）伊斯兰传统风格　伊斯兰水景艺术的产生受到气候、宗教、国民性等三大因素的综合影响。水在伊斯兰受人景仰甚至神化，按伊斯兰的宗教教义，用象征天堂的十字形四条水汇集起来，分别代表四条天河——水河、乳河、酒河、蜜河。伊斯兰在进行水景设计时，一般要经过精心策划，将一切可利用的水统筹起来，连成统一的水系。沟渠、贮水池、喷泉等水景工程，是伊斯兰的主要水景要素，水不在深，点到为止。伊斯兰水景的最大的特点在于以最小的水量取得最大的景观效果，并具有很强的宗教色彩（图 4-2）。

图 4-2　伊斯兰风格水景

（3）西方传统风格　西方传统水景设计可分为埃及与美索不达米亚、古希腊与古罗马、欧洲三个主要流派。最具代表性的主要有古希腊、古罗马时期、文艺复兴时期的水景设计。在古希腊、古罗马时期的水景观主要是为以享乐为特定目的的皇室或贵族而设计的，主要出现在皇室贵族的府邸中。

从 14 世纪文艺复兴开始，欧洲迎来了科学和艺术的繁荣发展时期，这个时期的景观设计者继承发扬了古希腊、古罗马的文学艺术，把古希腊、古罗马的雕像艺术发展再创造，用于装饰城市广场和私人花园。水景观设计的特点是将自然中的江河按照黄金分割比例（0.618 优选法）进行构造，把几何形的花坛、坡道用水流进行串接，使水景设计变成了建筑的室外延伸。将西方所欣赏的圆形、三角形、梯形等几何图形组成的花坛平台、坡道、水流连续布置，在对称轴上布置渠道（图 4-3），在最高处布置亭子，并用水体将其串联起来，用乔灌木、攀缘植物做出界定，以加强由水景的水平界面组成的主题造型效果。在 16 世纪后的巴洛克园林中，水景设计的手法达到巅峰，欧洲许多国家大量采用水池、

图 4-3　几何形水景

水渠、泉瀑进行造景。以凉廊、门柱、绿树丛为渗透组成庭园；或是将庭园敞开一面，再用空廊或绿篱做拱门围合起来；水平界面则强调地处理和花坛的精美构成。

（4）日本传统风格　日本水景艺术受到中国唐代文化影响甚深，传承了中华民族崇尚自然、喜爱庭院的思想，再经过长期的实践与创新，形成了日本独特的水景艺术。日本园林主要分林泉式、筑山式、平庭式、茶庭式、缩景式五种，瀑布、

溪、泉、湖、池景观是其构图中心。大体上日本水景继承了中国的水景传统，但在
水景观小品以及岸线的处理上，往往
更加工整细致，甚至连水景营造工程
中的水（挡土）墙，也是精心修饰的
自然景物（图 4-4）。

（5）热带地区风格　热带地区因
雨水充足，人们常把水景作为园林景
观设计的主要形式。从东南亚各国的
早期园林景观设计中不难发现，东南
亚的皇家宫殿或佛教、印度教的寺庙
庭园四周一般都环绕有水景，而且主

图 4-4　日本传统水景

要采用规则式水景。把水景观中出水口设计成神像或怪兽样式的雕塑，让水流通过
雕塑的涌流口流出，然后流入水渠或是池塘中。通过这些对水景局部的艺术化处
理，使之与周围的建筑风格一致、融为了一体（图 4-5）。

图 4-5　东南亚风格水景

3. 水景观分类

从不同的角度看，水景观有不同的分类体系。本章从水景观的结构与功能角度
出发，把水景观分为以下几类。

（1）观赏型水景观　观赏型水景观是指以观赏功能为主，人体非直接接触的水
景观，其价值主要在其观赏性，是水利工程水景观的主要部分。其中包括没有设置
娱乐设施的河道、湖泊及其他观赏性水景观，它们的水源由纯天然水或天然水加入

部分再生水组成。观赏型水景观一般是利用水的自然特性进行设计的，例如平静的水能给人以宁静、安详的感觉；流动的水则因灵动而令人兴奋；落水气势磅礴，令人激动；喷水千变万化，体态多姿，让人体验到动感细腻的美等。此外，加入人们的想象，利用水与光、色、风的结合使其产生特殊意境效果，并配置山石、绿植、水生生物等，突出其景观美感和观赏性。因此，在进行这一类水景观设计时，应更多考虑的是人们的审美需求，让人们在观赏的同时体验到动态、优柔、朦胧、残缺、宁静、轻快等美的享受。

（2）休闲娱乐型水景观　休闲娱乐型水景观是指人们可以直接接触到的水景观。其特点是将传统意义上的水景观赋予娱乐功能，使其具有娱乐与观赏的双重作用，强调体验参与性。这类水景观的设计更加注重趣味性，通过水上游乐设施与水的组合来满足人们观赏、参与、趣味的需求，使人们能够享受亲水、近水、戏水之乐。

（3）纪念型水景观　纪念型水景观是指为某一特定目的而设计的，用来纪念某名人、伟人或者某一历史事件的水景观，强调的是特定性。也就是说，其设计一定要有针对性、主题性。因此，这类水景观设计会更加强调其地域文化，一般多是根据历史上与水有关的人或者事而设计的水景观。此类水景观反映的是某个人的英雄气概或某个历史时期的时代精神，人们可以通过这些水景观感受到水的纯洁、神圣、高尚、恬静、淡雅、随和特性。

二、水文化的内涵

水景观除了作为人们的审美对象外，还具有文化意义上的美学和精神贡献特征。传统景观设计往往千篇一律，使人们出现了景观审美疲劳。现代景观设计不仅要追求景观外形上的艺术美、造型美，更要追求景观内在的文化价值，使得景观建设富有人文特色。只有充分融合了地域文化的景观才能不落俗套，在众多相似景观中脱颖而出，增加景观的可识别度和典型性。理水的方法和水环境的具体设计是一个地区水文化内涵的充分展现，它体现的是地区的风格和气质。所以当看到江南园林中的一个个叠泉飞瀑时就能领会其中所蕴含的中华文化；当看到一片片修剪整齐的几何形草地和规整的树木喷泉时，很快就能明白那是欧洲园林。两个水景形式的差别，其根源就在于东西方文化体系的差异。

作为自然环境的重要组成部分的"水"从古至今一直影响着人类的日常活动，

与人类文化史有着密不可分的联系。从新石器时代开始，一万年左右的历史长河中都有着"水"的流淌，由此诞生了众多古老的人类文明体系。水文化，是人们对"水"的诠释和理解，"文化"的概念有助于我们理解水与其他事物的关系。文化有广义与狭义之分，因此，水文化可以从广义水文化与狭义水文化去分别理解。

广义的水文化，是人们在社会实践中，以水为载体，创造的物质、精神财富的总和，是民族文化中以水为载体形成的各种文化现象的统称。它主要由三个层面的文化要素构成：一是物质形态的文化，如被改造的、具有人文烙印的水利工程、水工技术、治水工具等；二是制度形态的文化，如以水为载体的风俗习惯、宗教仪式、社会关系及社会组织、法律法规等；三是精神形态的文化，如对水的认识、有关水的价值观念、与水有关的文化心理等。

狭义的水文化，是人类水事活动的观念心理、方式及其所创造的精神产品，包括与水有密切关系的思想意识、价值观念、行业精神、行为准则、政策法规、文学艺术等。

不管是广义的水文化，还是狭义的水文化，它总是围绕着一个核心主题——水与人的关系。在此基础上，水文化可以有形态水文化、行为水文化、精神水文化、地域水文化、工程水文化、科技水文化等诸多表现形式。

1. 形态水文化

水之所以特别，就是因为它有着千变万化的形态：静阔、清柔、激荡、湖涌……无论是哪种形态都能带给人以不同的视觉冲击与感受，从而形成不同的心灵触感。形态水文化是一类比较直观的水文化。海、河、湖、潭、瀑、溪、泉、井、冰、雹、雪、霜、雨、露等这些地球上水的外在表现都归纳在了形态水文化中。

水的形态直接影响到人们的心理活动。当我们坐在潺潺的小溪边会感觉到无比恬静，觉得灵魂都是细腻而敏感的；当我们遥望大海的惊涛拍岸时，则会觉得全世界只有自己，能听得到自己内心最深处的呐喊；当我们漫步在湖畔边，一阵微风吹来，微波荡漾，杨柳丝丝，绿草茵茵，阳光和暖，鱼儿游弋，莺歌燕舞，春意浓浓，这一汪湖水使我们最烦躁的心灵得到了释然和平和。

2. 行为水文化

人之所以与水最亲，是因为人们在生活中离不开水，人类依附水而产生很多行为。最初的行为水文化可以理解为生活上对水的依赖，包括饮水、用水、治水等方面。当人类的科技水平和文明程度上升到一定程度后，行为水文化同样也上升到了亲水、管水、观水等方面，从生活所需上升到更为丰富的精神活动层面。

　　人类因为水而产生的众多行为，涉及艺术、文学、科学研究等众多领域，虽然每种行为差异较大，但是都反映了"人水和谐"这一文化内涵。随着社会的不断发展，人类对精神层次的不断追求，水域将成为人们展开一系列行为活动的地方，水旅游、水上运动等都将使人类从中得到锻炼和陶冶。喜水、乐水也将成为当代行为水文化的主题。

　　3. 精神水文化

　　精神水文化主宰着整个水文化的精神导向，是水文化的核心，它是人类长久以来参与水事活动而形成的心理积淀，经代代相传，得到世人所称颂。水哲学、水文学、水艺术、水精神、水风俗、水上运动、龙舟比赛等都属于精神水文化的范畴。老子曰："上善若水，水善利万物而不争"便是以水的高洁品质来谨思人生，希望人生能如水一般泽被万物而不争名利。

　　4. 地域水文化

　　不同的地域有不同的水资源条件、气候地貌与地区经济，因而形成不同的地域水文化，这是水文化的空间分类。

　　(1) 从全世界范围来看，文明的起源一般代表着一方地域水文化，古中国发源地的黄河长江文化；古埃及文明发源地的尼罗河文化；古巴比伦文明发源地的西亚两河文化；古印度文明发源地的印度河文化；古希腊文明发源地的爱琴海文化等。这些地域水文化分属于世界各个角落，从而形成了不同的经济、科学、文明。

　　(2) 从全中国范围来看，黄河流域是中华文明的最初发源地，它代表着黄河水文化。长江及其流域是中国第一大河流流域，同样代表着长江水文化；淮河代表了两淮水文化；海河代表了燕赵水文化；珠江代表了岭南水文化；松辽河代表了游牧水文化；还有其他内陆河流代表了各方地域水文化等。不同地区的水文化各呈特色。

　　5. 工程水文化

　　人类为利用水资源，修建了多种工程设施。古代人们制造水车、水渠为的是灌溉良田；现代的水塔、水库、蓄水池、鱼鳞坑、堤坝、水渠、水沟等则是为防旱蓄水，或为防火，或为灌排水；公元前256年修建的都江堰是为了治理水患。当代修建的长江三峡大坝和黄河小浪底工程等，这些浩大的水利工程以及小的水利工具——水车、水喷枪、戽水桶、喷雾器、滴灌、喷灌等都是工程水文化的表现，是人们掌控水、治理水的智慧结晶。

　　6. 科技水文化

　　随着时代发展，科技飞速前进，人类已经慢慢学会了如何运用科学技术的力量治理水、管理水。在这期间，科技与文化交融而生，科技水文化代表的是时代的进步与人类的新文明。

三、基于水文化的水利工程水景观设计

水景观设计是指通过特定的工程技术手段、艺术手法，对水体进行的景观化处理，形成兼具景观美质、生态保育功能和休闲游憩功能的景观空间。

水利工程水景观建设是一个融合多学科领域，在传统水景观的基础上，以自然生态肌理为基础，融合了水利工程学、景观学、生态学、园林学、美学以及系统论等，营造出的既能满足水利工程的功能需求，又能满足社会发展需求的人水和谐的景观。简单来说，水利工程水景观就是水利工程中水所呈现出来的各种各样的形态，可以表现为水利风景区、湿地、水文化景点等形式。

优秀的水利工程水景观离不开对地方水文化的诠释与融合，水文化让水景观更具生命力与可持续性。我国水利工程依托的大江大河拥有丰富的、历史悠久的水文化底蕴，水文化是不容忽视的文化景观资源。在现代水利工程水景观中，我们提倡基于文化，特别是具有地域特色的水文化的水景观设计。

水景观是水文化的感官表现形式，水文化是水景观的内在精髓，水文化与水景观是现代水利工程建设不可或缺的组成部分。景观与文化常是统一的，景观具有文化性，文化也可以通过景观来体现和表达。水文化在与人、与环境的相互作用过程中，是一个不断自我更新的系统，这又为水景观的后续开发及更新提供了新的思路，将会赋予水景观新的内涵和活力，最终达到以文促景、以景兴文的目的。水景观的艺术性和水文化的内涵体现，应着眼于地区特点，凸显水文化和水景观的特色和个性，这不仅能形成既有地域风情又富有一定特色的水域空间，而且也是对当地居民传统信仰及场所感情的尊重。因此，在现代水利工程建设中，要努力保护和发展当地的水文化和水景观特色。

水文化是推动水利工程水景观可持续发展的重要保证。要创造独具特色、有灵魂、有个性的水利工程水景，就必须植根于文脉进行设计，而水文化即是水景观的基石。把传承和发展水利事业与传承和发展水利文化有机结合起来，以先进的水文化引领水利景观的现代化建设，立足于创新思维，才能开创水利发展的美好未来。

水文化水景观建设是顺应时代潮流，在现代水利工程建设中具有重要作用：

（1）有助于引导我国人水关系向和谐方向发展；

（2）有助于加强水域景观娱乐和休闲效果；

（3）有助于我国水利事业向可持续发展方向迈进；

（4）有助于水利经济的提升；

（5）有助于生态文明的建设；

（6）有助于民生水利的发展。

水利工程水景设计应该把文化元素作为提升水景观的亮点。设计中，文化的体现有写意的也有写实的，而写意又可分为大写意和小写意。我们可以遵循以下三点建议：一是坚持地域分异原则，充分了解场地的文化内涵，实行分类指导，做到因地制宜；二是生态性原则，在污染日益严重的现实下，运用生态学原理进行水景设计，灌输生态环保理念；三是坚持经济、实惠、实用、美学原则，严格科学计算和经济核算，严格设计程序和工程质量管理，利用本土各种材料，利用传统的、现代的艺术手法、材质材料，是设计或具体或抽象，增加景观韵味和供人想象的空间。

水利工程除了宏伟的水工建筑和宽阔的水面，其吸引人的地方还在于在这里人们能够触摸到由人与水和谐共处所形成的水文化。不管是体现人类改造自然、驯服水害的宏伟水利工程，还是供游人休闲娱乐的优雅舒适的人工景观，不管是风景区关于水的各种传说轶闻，还是当地各种特有物品和特有工艺都具有无可比拟的人文价值。把这些治水文化、工程文化和当地特色文化深度挖掘、巧妙组合，展示给旅游者，必然会给游客留下深刻印象，使水文化得到有效的传承。水文化与水景观建设即是改变以往水利工程以工程建设为主，忽视其对周围环境和人的精神影响的做法。在进行水利建设的同时，兼顾实用与美观，工程措施和非工程措施齐头并进，软件硬件一起抓，使水域景观建设既有表象的景观美，又不失文化内涵和历史积淀，既保证了广大人民群众的生命安全，又能使身心得到休闲放松，同时能够促进人水关系的和谐，这是现代水利的思想。

我国传统水文化在水利工程水景设计中的应用体现在以下几方面：一是从中国古典诗词歌赋中提取原型，我国历史悠久，文化繁荣，对水的歌颂不胜枚举，将这些多元文化元素融入水景设计中，才能实现艺术与技术的真正融合；二是水利工程建设地区水资源丰富，水文化异彩纷呈，从治水到用水、亲水、近水，设计手法更是形式多样，并最终体现地域水文化的精神内涵；三是生态设计中的水文化，结合景观生态学和景观美学理论，在人工干预下对水体进行景观营造，用水来做大做活水文化产业，带动水利旅游产业的发展，推动繁荣水文化，美化区域环境、陶冶情操等。

第二节　水利工程水景观设计概论

一、水利工程水景观的作用

水利工程的建设往往能形成广阔的自然水域、湍急的河流小溪，或静或动，形态万千，是很好的风景旅游资源。符合水利工程安全要求的水景观的设计营造有助于使单调的河流、湖面更加楚楚动人，更具艺术性、观赏性，更富景观多样性。在水利风景区的内陆地区进行水景景点设计建设，通常能丰富与扩展景区的水域形象空间，能够使具有地域特色的水文化延伸到整个水利风景区。可以说，水景观是水利工程景观中的灵魂所在，具有无可替代的景观营造、文化传承等重要作用。此外，其还具有下列多方面的作用。

1. 基底作用

水利工程建设形成的水面视域开阔坦荡，有托浮岸畔和水中景观的基底作用。雄伟壮观的水工建筑物、蔚蓝的天空、水岸的花草植物依托水面交织形成若隐若现的"水中花"。水域周边景观借助水体产生倒影、扩大和丰富景观空间，并给人一种仙境般的缥缈感觉。

2. 连接系带作用

水面具有将不同的、散落的景观空间及景点连接起来从而产生整体感的作用，具有线型系带作用及面型系带作用之分。前者水面多呈带状线形，景点多依水而建，形成串联式效果；后者零散的景点均以水面为各自的构图要素，水面起到直接或间接的统一作用。水还具有将不同平面形状和大小的水面统一在一个整体之中的能力。无论是动态的水，还是静态的水，当其经过不同形状、不同大小、位置错落的容器时，它们都含有水这一共同因素，便产生了统一感。

3. 焦点和中心标识作用

哗哗的喷泉、跌落的瀑布等动态水的形态和声响能吸引人们的视线和注意力。它们特有的形态、体量和效果，往往能在景观空间中形成具有象征意义的主题景观焦点。在设计中除了处理好它们与环境的尺度和比例的关系外，还应考虑它们所处的位置。通常将水景安排在向心空间的焦点上、轴线的交点上、空间的醒目处或视线容易集中的地方，使其突出并成为焦点。

4. 软化环境作用

水利工程建设区域中大多场地是被改造硬化的场所，与水利工程周围的自然景观格格不入，极不协调。水景的设计营造，使得自然山水向硬质场地延伸，不仅使硬质场地有了形态上的软化，也使人与水利工程景点有了更多的情感交流。在水景设计中，需要与环境物像的形态确立对应关系，以对比的方式突出水景的形态特征，体现可变性与动态因素，削弱硬质水工构筑物所造成的场地硬化的呆板效果。

5. 亲水作用

"智者乐水，仁者乐山"，人生来具有亲水的特性。水景的作用不仅简单地提供一个供游客欣赏的景观场所，同时也应该是可亲近的游玩对象。水利工程中的自然水体景观，是人们亲近自然山水的良好载体，静水、流水、喷泉等水景形式，都可以被利用来进行亲水设计。例如，水利工程建设中形成的湍急的溪流可供人漂流嬉戏，水利工程中大面积的水库、水域等可供游泛舟、垂钓等。设计上，可根据人对不同水景的形态、特征的要求采取不同的行为方式进行合理设置，同时需着重考虑不同的人群在亲水过程中的安全因素。

二、水利工程水景观设计内容

1. 宏观格局要素

从水利工程水景观大的景观格局要素来看，通常由以下几方面构成，在具体设计时要予以充分考虑。

（1）水域和水际线　水利工程建设中有丰富的水域资源，是水景设计的重要设计对象。水域包括水体中的悬浮物、溶解物质、底泥、水生植物和生物等的完整生态系统。水际线是水域与陆域的交界线，护岸和岸线，还有桥梁等。

（2）近水区域　近水区域是人们亲水、欣赏水景观的重要活动场所。除滨水游步道、水景小品、水景照明等人工性景观外，通常还有许多种类的绿化植被等进一步衬托水系的景色。

（3）人类活动　水利工程水景观设计，要考虑到便于居民和游客休闲游憩、科技教育、娱乐体育等活动的开展。

2. 微观水景观设计要素

自然界中的水形态万千，水景观的设计就是在不同的环境中运用、借助水的不同形态、生态作用，并结合现代科技手段来获得预期的景观效果和生态、社会、经济效益的。

在水景设计中，通常有静水和动水两种基本形式。静水，特别是广阔的水面给人以静的印象，体现柔美，胸怀宽广，给人以平静、安详、温和之感；动水，包括了流水、落水、喷泉等形式，显示力量，令人欢悦、激动、精神焕发；在水利工程水景中，泄洪形成的水流给人以强有力的动感，隆隆轰响，气势磅礴；公共活动广场的喷泉跌水、溪流小品则充满着活力、俏皮趣味。这些不同的水景形式在不同程度上都会与周边环境产生或是有利，或是不利的交互影响。因此，在设计过程中要防止多乱杂，做到趋利避害，艺术化布局，综合考虑不同的场地条件、环境背景等因素，以此来决定水景的形式、体量规模等，使之能够充分发挥应有的景观作用和生态作用。

水利工程地处自然的河流水系当中，自然形成的江湖水系由大自然造就，顺应于自然应力，形态曲折多变，能与周边环境融为一体。然而，优秀的水利工程水景观不仅要利用水形来带动观赏者的视觉感官，也要充分调动人的五官感受，水对人的听觉、嗅觉、触觉等的景观效果也是设计者所必须考虑的设计因素。

（1）水的形　"水本无形，因器成之"，自然界中的水，形态多样，《山泉高致·山水训》中有这样一段对水的描写："水，活物也，其形欲深静、欲柔滑、欲汪洋、欲回环、欲肥腻、欲喷薄、欲激射、欲多泉、欲远流、欲瀑布插天、欲溅扑入池……"。这是对水形的经典描述，也充分说明了通过对地形、水口、堤岸的处理，可以塑造出千姿百态的水形景观。水体形态的设计应通过对驳岸的处理，根据环境特点，宜曲则曲，宜弯则弯，宜直则直，使其与环境协调统一。

水体的形状可分为规则式与自然式。规则式水体采用几何线条构图；自然式水体岸线曲折蜿蜒，模仿天然水景，自然生态。无论是规则式水景还是自然式水景，形状设计的灵感都来自于大自然，并加入了人类的思想而使其更显韵味。为了使水体的形状丰富多变，人们常在水体中设置树池、花池、小岛、半岛、堤等，以增加水景层次。

① 动态水体的形。动态水体的形比较复杂，分为喷、落、滚、流等类型。动态水体的形状并不像静态水体那样完全取决于承载它的容器，其形态受到喷水口、喷水组合方式、压力的大小、喷嘴旋转度、喷出方向和角度、气流状况等一系列因素的影响。而落水除受到出水方式的影响外还受到构筑物形态和受阻物设置的影响。

② 静态水面划分。水利工程中较大的静水水面，边际线和水型对观赏者来说

是模糊的，观赏者只能看到局部的水际线。较大的静态水面可以多设置岛、半岛、洲等的斑块或是堤、桥、通廊等的廊道，这样划分水面一则扩大了空间感，二则又增加水面的层次与景深，增添了水景的景致和情趣。

（2）水的色 陈从周先生在《说园》中有过这样的描述："色中求色，不如无色中求色。白本非色，而色自生；池水无色，而色最丰。"水本无色，却能通过对光影的折射，将周围丰富的景色倒映其中，使其随波而动，此时此刻，景物之色，便成了水之色，水就有了丰富的颜色。水表现出的色彩在景观中起到锦上添花的作用，又暗含着意境和哲理的表达。相反，若水利建设形成的空旷水面缺少了动态的光影变幻，就会变得平淡无奇，失去了原有的景观效果。

水中色彩的产生需要借助于周边植物、建筑、日月、星辰、山体，以及蜂虫蝶螂、飞禽走兽等其他景观要素，通过它们在水中的倒映，使水面产生丰富的色彩变幻。

水体沿岸其他景观要素的运用，应考虑色彩的变换。建筑、岸线设施、桥、码头这些要素的颜色是相对恒定的，而植物是有季相变化的，春夏秋冬四时景色不同，植物可以随季节的变换而产生丰富的色彩变换。水利工程中，可以通过以下途径来丰富水景色彩。

① 环境配色。利用水景周围的景物的色彩直接反映到水色上，水面反映出天光云影，还有环境景物，使之与整个水景的设计色彩相协调。

② 色彩补偿。景观水体给人的感觉是单调的，特别是人工水景观，如喷泉、景观水池等。若不能依靠水景周围的景物的反射产生色彩，就需要对池壁和池底进行着色。还可以根据环境绘制各种图案，使水景更具装饰性。水景周围地面的铺装，如果能与水景色彩形成烘托、对比，会使水景收到更好的环境效果。

③ 水中加色。通过在水体中进行动植物配置，为水增色。这种方法安全环保，还能使生态环境充满生机。动物添色多采用放养金鱼或是各色搭配的锦鲤等。植物添色，一般采用各种水生植物，特别是漂浮植物和沉水植物。浮水植物可以直接覆盖于水面，给人们色彩的视觉冲击；沉水植物可以间接映出水体色彩。

④ 光的渲染。水景的光色分为自然光和人造光，自然光主要是借助太阳一天丰富的光照变化渲染水体。人造光主要是在水中或者水旁，也可以是在水面上方的景物上增加人造光源，用灯光色彩营造水体色彩。

（3）水的声 "何必丝与竹，山水有清音"，水因流动、跌落、撞击所发出的声音，是自然界最动听的旋律之一。在水景观设计中，水的这一特性应得到充分的发挥和运用。水利工程中，流水从大坝倾泻而下，形成的轰隆巨响，就像激昂的进行曲，有万马奔腾之势，使人内心热血沸腾；溪流中叮咚流水又营造出一种闹中取静、怡然自得的氛围。

水利工程水景设计中，根据自然地形的起伏或借助水工建筑，或利用现代科技手段，都可以营造出优美动听的水声，从而使整体水利景区酷似水的音乐专场演出。

水利工程水景设计中利用水的自然声响而成景，或是用水声来增添意境、烘托艺术气氛的，减弱水工建筑的硬质线条是水景观设计手法之一。例如，集多种现代科技于一身的音乐喷泉，不仅音乐配合和声控音体惟妙惟肖，而且随着水体的翩翩起舞，喷泉水池成了一幕幕的舞台表演。作为水景艺术的一部分，悠缓的滴水声、叮咚的泉水声、潺潺的小溪流水声以及轰鸣的瀑布声、激流的浪涛声等，构成了水景观丰富多彩的音响效果，既可以单独使用，也可以组合使用，若运用得当，将使整个水利景区富有生机和神韵，使整个水景上升至高远清雅的境界。

（4）水的光影变化　水具有反射和折射光线的特性，在中国传统水景中借助光影手法进行设计有悠久的历史。利用水面倒影借景，既能丰富景观的层次，扩大视觉空间，还能增强水景韵味，产生一种朦胧虚幻的美感。利用阳光的投射，在水体中形成光束和逆光剪影，也是光影手法之一。水中或岸边的景物，被强烈的光线投射，或是被逆光反射到水面，能呈现景物面的深暗和清晰的轮廓线，出现剪影甚至出现版画般的效果。水景周围的建筑物相互之间无论是组合色彩上的不协调，抑或是单调，只要倒影在水中就会形成统一的色调，通过水波的作用使整个画面的色彩及层次丰富起来。由于倒影整合了水景周围的景物组合，可使整个水景更加统一协调（图 4-6）。

图 4-6　水景观的倒影效果

三、水利工程水景观设计方法

1. 对比手法

水的自然形态是柔和的、含蓄的，而水工建筑带给人的视觉感是坚硬的、实实在在的，水利工程景观中考虑到这两者间的明显反差，可运用对比手法，表现水与建筑实体柔与刚、虚与实的对比（图 4-7）。在运用此手法时，可参考以理水而著称的江南园林的做法，利用水面的聚散变化，而建筑空间依照水体的聚散也产生了相应的变化，形成具有幽静深谷情趣的景观空间。在单独水池进行布局时，也可参照对比手法，设计有聚有分、有跌有宕的水体形式，使水

图 4-7　水景与水工建筑的对比

景空间形成开合对比；也可利用水体的流动，形成空间动静对比，例如：瀑布的跌落可使空间产生伸展的态势，水池涌泉使水面出现起伏，有着生动的表现。

2. 借声手法

声音是人感受空间的要素之一，水声可让人真实地感受到水的存在，引发人们的联想，恰当地运用水声造景，有时会达到意想不到的动人效果。唐代诗人王维对此有着极为传神的描写："竹露滴清响"，夸张的描写了竹叶上的水滴落入水中传来的轻微响声，仅仅一滴水把人们引入了一个清新雅静的感觉空间中。

3. 点色手法

水色为万物之色中最为素淡的，但随着周围环境的变化，水也会有相应的变化。在空间环境中，水的色彩是丰富多彩的，它可以映照蓝天白云，也能映射出水体周围的环境景物。此外，在水利工程水景中，可利用人工彩色光源给小型动态水景增加绚丽的色彩。如用灯

图 4-8　水景的点色

光来照射喷泉瀑布，可增强空间的气氛（图 4-8）。

4. 光影手法

景观环境中水的光影手法主要有三种表现方法：一是借助水面的波光，水面的波光是由光照射在不断波动的水面上产生的一种光的现象，可使水体景观空间产生粼粼飘洒的景象；二是景物在水中的倒影，特别是月夜中的倒影，更富有诗意；三是波光的反射，这是水特有的性质，水面可作为反射面，将波光反射在墙面上、屋顶上，产生闪闪发光的装饰效果。

5. 藏引手法

藏引手法是将整体水面运用设计手法先"藏"起来，然后逐步展现出来的做法，手法要含蓄一些，让水面动静有序，时隐时现，富有节奏感。藏引手法主要有三种：引流、藏源、集散。引流是引导水体沿景观空间循序展开，安排细长水体时，应尽量做到宜曲不宜直。因为，曲线形的水体能够更好地增加水体景观的层次结构，使水的阻力加大，有效防止水土流失，保护周围的生态环境，即谓曲线美。所谓"藏源"，就是隐藏水源，或藏于洞穴，或藏于石缝内，观赏者会认为此水源为活水，能激发人们寻找源头的兴趣。水体的集散是用穿插和开合的手法恰当的布置水面的，既要增加水体深度，又要展现水体景观空间，同时防止水面的单调呆板。处理单一水面时，可用桥廊、曲岸将水面分隔，使水体具有开合、藏引的变化，时隐时现，构成多变的水景空间。

图 4-9　水的藏引集散

江南园林中的理水手法是水的藏引的典范（图 4-9）。

四、水与环境的形态尺度关系

水景效果的体现取决于水岸、场地环境和水景周边景观的相互关系，这种关系来自于两个因素，即景观形态和景观尺度。形态对比指水景观与环境景物间的形态对应关系，由有机形（自然形）与无机形（规则形）构成；景观尺度指水景观与环境景物间的体量比例关系，由大小、高低、远近、疏密等对比形成。在进行水景观设计时，要将这两方面同时考虑在景观对象上。例如，若水域面积较大而水岸景观形式简单、平缓，其总体景观就会显得单调而缺乏变化；相反，若水面较为狭小，而水岸景观形态高大，则使整个环境显压抑而无活动空间。因此，水景应该与环境的形态尺度相协调、对应。

1. 自然水景观的形态比例关系

自然水景观是水利工程水景观中最重要的存在形式，是水利景区最能够吸引游人的景观资源。水利工程所借助或因此而形成的高山流水、平原湖泽能呈现出不同的自然风貌，在大自然的鬼斧神工下具有优美协调的形态尺度关系。在自然水景观中，水面与水岸景观的形态尺度关系已基本形成，在设计时需要的是对再造景观关系的把握，如堤坝、护栏、亭台水榭等景观设施。自然水景观的营造要在顺应场地自然规律、尊重环境特征的前提下进行调整，使其原有的自然风貌不因再造而被破坏。因此，在设计中应注意以下几方面。

（1）尊重环境特征，协调水景观形态、尺度比例关系　水景观的设计要根据人的可望、可居、可游、可玩等需求要素对环境进行深入优劣势分析，在此基础上可营造出有利于人观赏的水景观环境。但是，我们也必须铭记，自然水景之所以让人陶醉，是因为它浑然天成的形态、尺度关系，天然去雕饰的景观形象能给人以无限的美的享受，这些自然机理是值得设计师尊重的。自然水景观设计的目的是协调人与自然景观的关系，协调山与水、水与其他景观的关系。即遵循自然环境特征，存优改劣，在保护的基础上进行水景观设计，以自然方式表现景观的形态与尺度比例。

（2）重视不同视距、视角状态下的比例关系　"横看成岭侧成峰，远近高低各不同。不识庐山真面目，只缘身在此山中。"自然水景环境中的水景观设计应根据人在景观环境中的行为状态和不同的视距、视角、视点的观景条件，来处理水域风景的形态与尺度比例关系，把握远望、近观的主客体关系，同时根据环境的风景优势，设置游玩路线、建筑、亲水平台等，尽量在最小的场地环境变动下呈现出最佳的景观效果。

2. 人工水景观的形态比例关系

人工水景观在水利工程水景观中主要起点缀和活跃硬质场地景观的作用。在陆地环境中，水景观设计需要根据场地的地形地貌、建筑、植被等因素被进行综合考虑，从而规划水景的形式、尺度等。人工水景的形态与尺度比例关系多根据场地关系和其他景观形态来确定设计对象的形状、大小、动静关系、供排水关系等。比例关系通常采用形态对比、均衡、呼应、借景等艺术手法将场地的平面、立面等景观构图关系与水景的不同表现形式相结合，形成多维的景观布局空间。在较规则的场地中，通常将水景设计成为相对安静、形态规则的形式；在场地开阔、起伏不大、相对集中的环境中则可以考虑用不规则的带状溪流进行分割，并结合喷泉、跌水、植物等造景手法，形成平面立体相互交叉、有隐有现的景观关系。但是，我们需要注意的是，水景形态和比例没有固定的通用法则，需要根据场地情况做出灵活的调整。一般情况下，水利工程中硬质场地的水景观设计以较小尺度或因势造景为佳，这有多方面的有利因素。

（1）有利于场地空间协调　人工水景常受到空间条件限制，小尺度水景的场地占有量小，营造便捷灵活，易于控制景观空间。

（2）有利于节约资源和能源　较小尺度的水景设计便于控制造景成本和节约水资源，能够最大限度地减少对现有场地的改造（填挖土方等），降低人工水景的设备能耗。

（3）提供亲水娱乐空间　小尺度的水景观便于人们近距离的欣赏游玩，给人更好的亲和力，易于满足人们的亲水需求。

3. 水利工程水景与人的行为关系

（1）观赏水景　人们对水景的观赏是一种休闲、自我放松的行为。水景作为水利工程景观中重要的景观焦点，自然成为人们观赏的首要选择。人们对水景的观赏分为三种。

其一为临水观赏，即人们在水边对水景的观赏；

其二是远水观望，即人们在水景的灰色空间（空间所处的环境与水景的距离较远）对水景的观赏，或是透过其他的空间对水景的观望；

其三是水中观景，即是人们可以处在水中汀步、景桥、栈道等空间全方位的对水景进行观赏。作为观赏作用的水景则需要水景具有丰富的造景形式和艺术的美感，使人们在广场中有景可看，可在水景空间中感受放松、回归自然的闲适与悠然。

（2）近水休憩　近水休憩是人们与水互动的主要方式，利用休憩亲近自然水体、对水景进行视听欣赏等。这种行为多以静态形式与水景进行情感交流，参与性较差。近水休憩行为一般分为以下两种。

一种是坐在水边的休息，即人们可以坐在水池岸上，或是沿着水景设置的座椅

或台阶进行休憩活动，以便能近距离观赏水景（图 4-10）。因此，需要设计合理的

岸边（座椅）布局来满足人们不同的休息、交往需求，这包括人们需要的私密性空间和公共开放性空间。许多学者对人们的行为研究后发现，人们在选择休憩地点时，往往会选择在凹处、转角、入口等空间的边缘或者可以依靠的地方，它们在小尺度上限定了休息场所，是既可提供防护，又有良好视野的地方，这样的地方满足了人们对领域感和安全感的需求。同时

图 4-10　水边的休憩行为

岸边（座椅）设置也应是便捷易达并有良好的景观视线的。总之，良好的岸边（座椅）布局与设计应摒弃单一的形式，合理运用条形、圆形、四方形、凹凸形、环形、"S"形等多种形式，给人提供舒适的安坐环境。如"S"形既可满足单独来广场中的人不希望被打扰的需求，又能满足多人一起聊天等小群体活动的需求。

　　另一种休憩行为是使指将休息区设置于水面上，或者被水包围着。参与者可以置身于水的环抱中，手足可以浸入水体中。其特点是人群在休憩时可以切身感受到水体的特性，修建形式可以是水中有休息平台，或是水中修有栈道。

　　（3）临水步行　临水步行主要分为两种方式：水边的休憩性步行和水中的穿越式步行。

　　水边休憩性步行是指专门为了休憩目的而进行的行为。人在水边活动在感受到湿润、凉爽的同时也能体验水环境带来的舒适感和愉快感。这类活动的特点是：活动本身是一种动态的过程，人的视线可随位移变化而变化，人对景观空间的感受则受动静变化的影响比较大，故在设计中切忌单调和缺乏变化。水景本身要求动静结合。水利工程中如步道在面积较大的水体旁，则可在道路边设计动态水景节点，如山涧溪流等自然式动态水景观。在步行区域要保证亲水人群的舒适性，考虑临水的特点，地面材质应有防滑处理，沿途应设置休息区（图 4-11）。

　　水中的穿越式步行对水景具有较强的敏感度。在设计时应主要考虑路径的流畅性，水体通过路径的交叉不宜过多。在设计中水景要保持一定的完整性，否则会使人产生片断感而影响水景的景观效果。穿越水体的可以是道路、汀步、景桥、栈道等，无论哪种形式，都要求水景的边界明确清晰，同时要求可穿越水体的周围空间视线开阔，有景可观（图 4-12）。

图 4-11 水边休憩式步行

图 4-12 水中穿越式步行

（4）娱乐戏水 亲水、戏水是人类热衷的欣赏水景方式（图 4-13），特别是儿童及青少年。水利工程水景的设计要针对不同年龄段的人群布置各种适合参与的戏水空间和戏水设施。在硬质环境中，降低水域堤岸高度或模糊水景边界，可使人们能够近距离与水接触。人们对戏水用水的水质要求较高，要求水质清澈纯净。在宽阔的自然水面，应多增加亲水设施，设置

图 4-13 娱乐戏水

伸入水体的亲水平台或台阶，增加亲水空间，使人们伸手即可触到水。

五、水利工程水景观设计原则

水利工程水景观作为水利景观的一个重要组成部分，涉及河流水体、滨水陆地空间以及水利风景区的内陆陆地空间，与传统水景观既有联系，又具有一定的独特性。水利工程作为人类改造自然水系的重要方法手段，对自然生态格局有积极或消极的影响。为了营造优秀的水利工程水景观，水景观的设计除了要遵循前文提到的水利工程景观设计的一些基本原则外，结合水景观的特殊性，其还应在整体上遵循一些基本原则。

1. 从生态美学视角审视水利工程水景观设计中的人水关系

生态美学是生态学和美学交叉融合而成的一门新型学科，侧重从生态哲学的视野、生态科学的原理、生态伦理学的情怀出发，利用自然美学的方法研究人与自然、社会、艺术的审美关系。生态美学强调生克互济、形神和谐、意境协调的整体

美，适应环境、协同进化的共生美，物质循环、能量交换、信息传递与反馈的动态美。生态美学研究的逐步深化，有利于继承、传播、弘扬中国传统的"天人合一"等生态美学智慧，这对水利工程水景观设计艺术的蓬勃发展也具有很强的启迪和指导作用。水利工程大多建设于秀美的自然山川之中，周边生态环境在开发前所受到的人为干扰相对较小。进行水利工程开发要注重维护当地的生态平衡，从生态美学视角审视水景观设计，并应着重把握好以下三项原则。

（1）积极促进水资源循环利用　　我国是水资源短缺的国家，目前每年缺水量达500多亿 m^3，近2/3的城市不同程度存在缺水情况，水利工程的建设便是要合理利用水资源。生态美学倡导系统整体观点，反对"人类中心主义"，基于这种思想进行水景观设计，应优先考虑收集和利用周边的雨洪资源来维持水源，或者选择经过处理的废水作为水源，倡导水景科学、节约用水。在前两者不能满足需求的情况下，应适度补充少量外来水。虽然，水利工程建设区域往往水资源丰富，但水利工程水景观设计中引入生态美学思想，有利于推动全社会增强水忧患和水危机意识，可引导人们逐步形成符合生态文明要求的用水意识、用水习惯和价值体系。

（2）尽量保持水域的自然形态　　自然水体的存在形式，是大自然多种自然力共同作用的结果：其中包括降雨量、地表径流，土壤的运动、沉积、沉淀、澄清、水流、波浪以及各种生物的作用等。对水体岸线的改变，将引起整个水域生态系统发生相互关联的变化。生态美学倡导现实主义，反对扭曲和破坏自然。基于这种思想进行的水景观设计，应充分尊重水域的自然形态，在场地规划时首先考虑不破坏自然条件，新设计水体应尽可能按原有的流向及岸线，尽量采用自然界原有的材料，少用人为的方法改造。即使在不得不进行人工建设的情况下，也应创造自然生态系统得以延续的人工模拟环境，使生态循环不至于中断，例如选用干砌块石进行护岸，就为水中的藻类、鱼虾等动植物和微生物提供生存栖息繁殖的环境。

（3）充分考虑水环境承载力　　水资源是生态环境的控制性要素。不考虑水生态承载力的做法，使得水资源进一步枯竭，水环境污染严重。生态美学倡导社会责任，反对环境污染，基于这种思想进行的水景观设计，应注意周边环境的生态保护，应始终把水景观作为生态环境改善不可分割的保障系统来看待，坚决不以生态破坏、环境退化为代价实施景观建设或改造，要注意保留河流、湖泊等水景观补充地下水的功能，水体岸坡的处理不应损害水体的自净能力，包括水流的设计、水生植物的布设也都应有利于污水的净化。

2. 从建筑美学视角审视水利工程水景观设计中的空间造型布局

建筑美学是建立在建筑学和美学基础上的，研究建筑领域里实用和审美问题的一门新兴学科，它以美的规律为基础，以建筑的实用性为出发点，平衡建筑的科学性和审美性之间的关系。从建筑美学视角审视水景观设计，应着重使水景周边环境的意境和谐统一。

美国现代建筑学家托伯特·哈姆林指出了现代建筑设计的十大法则，即统一、均衡比例、尺度、韵律、布局中的序列、规则的和不规则的序列设计风格、色彩等，全面概括了建筑美学的基本原则。水景的设计也应借鉴建筑的设计手法，使得水景与水工建筑和谐统一。同时，建筑美学强调运用序列设计和环境气氛烘托营造审美效果，对环境内在意境的注重应强于单纯的造型美观。有研究者以都江堰水利工程为例进行解析，认为它在设计时从"西北高，东南低"的自然地理条件出发，运用江河出山口处的特殊地形和水势，通过因势利导，实现了"无坝引水，自流灌溉"的效果，使堤防、分水、泄洪、排沙、控流等相互依存，共为体系，保证了防洪、灌溉、水运和社会用水综合效益的有效发挥，营造了天、地、人和谐统一的意境，实现了水利工程实用功能与奇特景观的有机结合。

3. 从科技美学视角审视水利工程水景观设计中的科技元素运用

科技美学是将美学应用于科学技术方面的研究，科技美学应用在水利工程水景观设计领域，主要是以技术为起点，以工业材料如砖、瓦和钢筋混凝土等为要素，研究景观、观赏者和景观审美意境三个方面及其相互关系。从科技美学视角审视水景观设计，应着重把握好以下三项原则。

（1）要广泛采用新型建造材料 随着现代建筑技术的突飞猛进，各种新型建造材料不断涌现出来，并通过它们自身的形状色彩和质地，营造了不可取代的特殊表现力，从而达到传统材料所不能达到的质感、色彩、透明度、光影等艺术效果。例如，近年来在水景观建筑幕墙设计中使用的压花玻璃材料，这种表面压有花纹的玻璃原本是太阳能电磁材料，其目的是为了把更多的太阳能折射并引入到太阳能光伏板中，由于其表面凸凹不平，看起来不像玻璃但又具有玻璃半透明和局部点状反光的特性，许多设计师认为这种效果很奇妙、很独特，因此这种材料被逐渐运用到了建筑设计领域中。

（2）要积极应用先进技术手段 近年来，日新月异的新技术在环境艺术设计中被广泛应用，给当代水景观设计提供了更加多元化的表现手段，同时也为水景观增加了新的，甚至是完全区别于传统环境景观的内容。例如，对一些水域附近裸露山体的处理，可通过植被混凝土覆盖技术来阻止土壤流失和对边坡侵蚀，当由内含草籽树种的混凝土材料缓慢降解时，岸坡的植被已生成发达根系能起到护岸作用，并且可形成林草丰茂的自然景观。

（3）要灵活运用现代机电设备　在当代，参与和体验是现代人休闲娱乐的重要方式。水景观设计是为人服务的，要让人随处感受到水的特性、自然的气息。我国目前的水景观设计还相对缺乏亲和力，大部分水景不是以人的需求作为首要考虑要素的，建成的水景可看的多，可接近、可玩耍的少，不能满足人的体验和参与需求。基于"体验经济"，一些前卫的水景观设计师开始把发动机等机电设备作为一种全新的艺术形式进行探索，有的甚至把整个灌溉系统设计成为一个动态的雕塑，这类由现代高科技机电设备打造的水景空间，使审美主体能够直接参与其中体验而不再作为单纯的观赏者出现，让人耳目一新。

4. 从大众审美视角审视水利工程水景观设计中的人文价值内涵

当前，我国社会主义文化建设、水利风景区建设如火如荼，所以水景观中文化挖掘尤为重要。水具有丰富的文化内涵和社会意义，把握文化与自然的关系，是了解社会和生态系统的恢复性、创造性和适应性的必由之路。在水资源日益紧缺的今天，人们应从社会文化现象层面入手，从大众审美的视角出发，探讨如何正确处理水景观设计中东西方多元文化的交融与碰撞、传统与现代不同属性的蜕变及冲突等诸多问题，从而避免形成水景观设计艺术的虚假繁荣。

（1）要突出体现地域民族特色　在当前全球一体化的时代背景下，文化的多样性和多元化开始受到挑战和威胁。我国的水景观设计艺术正面临地域民族文化消逝的问题，这主要表现在：各地对"高、大、洋"的城市水景观盲目模仿，过分追求水域的广阔和场面的壮观，人为打造生硬突兀的标志性水域景观等方面，这些导致地域和民族特色的弱化和丧失。为防止这一现象继续蔓延，未来的水景观规划和建设应在吸收世界先进文明的同时，时刻防止同质性、欧化景观对我国本土地域水景观文化的侵蚀，应努力营造出更多地域和民族特色鲜明的水景观。例如，在江南地区水利工程设施中，其水景观设计应注意结合当地地理环境和气候特点，鼓励使用地方建筑材料，突出白墙、青瓦、褐木、青石与河水相映的水乡特色，从而充分体现江南的性格特征。

（2）要注重挖掘优秀传统文化　文化的继承与创新是文化发展的内在规律，也是文化价值的实现途径，但值得警惕的是，弘扬传统文化并不等同于兴建仿古建筑。现在，一些地方为了标榜所谓的"传统文化"，在破坏历史文化遗产的同时又大量兴建"假古董",肆意制造文化垃圾,实在令人痛惜。文化大发展大繁荣是时代的要求,也是水景观设计工作者的历史使命。因此,我们要从人类固有的亲水本性出发,把文化元素渗透到水景观设计的各个方面和各个环节中,进一步提高水景观对优秀传统文化的承载能力,使每一处水景观都能彰显出与众不同的文化品位,成为人们寻古访今,了解水利文化,陶冶性情的好场所。

（3）要始终秉承绿色设计理念　绿色设计提倡节能、环保、健康、可持续发展。水景观设计要体现绿色设计理念,就必须在强调"以人为本"的同时,积极构建新型设计伦理规范,大力倡导与人类生存环境相适应的生活态度和方式。例如,设计人工河道景观时,必须设法保证必要的生态基流,引导人们树立维护河流健康生命的理念,营造尊重河流、善待河流、保护河流的文化氛围;在设计广场水景时,应掌握经济节约、彰显出美的艺术原则,避免规划太多的大型豪华喷泉,因为大喷泉需要外部能量支持来抵消重力影响,所以此过程中将会耗费大量的人力、物力、财力。

第三节　水利工程静水景观设计

静水景观是指以自然的或人工的湖泊、水库、水田、池塘等为主要的景观对象,是自然环境中最为常用的水景形式。水利工程中形成的静水景观主要有筑坝蓄水形成的广阔水面,是水利工程景观中主要的水景元素和亲水游玩空间。静态水景是相对而言的,只是由于人的主观感受而没有感知到它的声音,水利工程中诸如宽阔的自然水面,或是人造的一池一潭都属于这一范畴。中国传统园林中的静态水景观设计,首先着眼于载体的形式,如"一池三山""四渎四海"等,然后再加以动态的利用,如观鱼游、观花草等。

一、静水景观分类

静水景观从水体形成上可分为天然静水景观和人工静水景观。

1. 天然静水景观

水利工程天然静水是指自然形成的湖泊、池塘以及拦水筑坝形成的自然水面等,以自然天成的不规则水岸形式呈现。自然形水景设计应该根据场地的风景特征、资源禀赋、景观视野等因素设置景点,并划分景观区域的主次关系,突出水景在区域中的景观功能，并体现出水景的丰富变化以及与自然的和谐统一。如新安江水利工程建设形成的杭州千岛湖便属于天然静水景观（图 4-14）。

图 4-14　杭州千岛湖天然静水景观

2. 人工静水景观

水利工程水景观中的人工静水景观一般设计建设于硬质景观环境中。人工静水景观根据水容器的平面变化一般又可分为规则式静水和自然式静水。

（1）规则式静水的设计

这类水景多用在水利工程景区中的硬质公共活动区域，可以起到美化、软化硬质场地的作用（图 4-15）。规则式静水在造景中主要突出"静"的氛围、水池的装饰及美化地坪的图案效果，强调水面光影效果的营建和环境空间层次的拓展。规则式静水线条坚硬分明，通常与周围的铺地密切相关，色彩与材料的选择与整体环境相协调；形状多为几何形，呈现出很有规则的平面效果，如圆形、方形、长方形、多边形或曲线、曲直线结合的几何形组合给人以特定的图案感；人们在构筑的色彩与边沿的处理上大都体现人工美学的特点，与规整的建筑有着相辅相成的关系。

规则式静水多运用于水利工程中广场及建筑物的外环境装饰。设置地点多位于建筑物的前方，或广场的中心，可作为地坪组成的重要部分，并成为景观视觉轴线上的一种重要点缀物。

（2）自然式静水的设计　自然式静水是模仿自然环境中湖泊的造景手法，强调水际线的自然变化，有一种天然野趣的意味，能让人产生一种轻松恬静的感觉（图 4-16）。自然式静水的形状、大小、材料与构筑方法，因地势、地质等不同而有很大的差异。平面曲折有致，宽窄不一，水面宜有聚有分；大型静水辽阔平远，水面以聚为主，分为辅，在水池的一角用桥或缩水束腰划出一弯小水面，非常活泼自然；小的水面则讲究清新小巧，方寸之间见大地，小水池形状宜简单，周边宜点缀山石、花木。设计时多模仿自然湖海、池岸的构筑、植物的配置以及其他附属景物的运用。

静水景观环境是水利工程中接触最广泛的景观类型，具有其他水景无可替代的

图 4-15　规则式人工静水景观

图 4-16　自然式人工静水景观

景观作用和价值。在静水景观设计中，无论是自然静水景观，还是人工静水景观，都要尽量表现出静水景观的以下几方面要素。

　　① 可望。平静的水面映照着环境中的各种物像，要满足各个视角的观赏需求。

　　② 可居。丰富稳定的水资源使得水域周边人居环境宜人，应充分利用水域空间营造可居的休憩空间。

　　③ 可游。蜿蜒的水岸、清新的空气、葱郁的植被，静水环境空间应该是一个供游人尽情游玩、体验的水空间。

　　④ 可玩。稳定的水文状态，应该提供更多的亲水、涉水活动。

二、静水景观要素

　　静水的景有两种类型。一是借助水色和光影变化形成的虚景，一是借静水作为基底烘托山石、花木等实景。

　　1. 虚景

　　静水的清澈透明可以很好地映出其容器的图案、色彩，并倒映出周围的景物，表现出若有若无的视觉趣味。

　　2. 实景

　　静水水面可作为基底衬托其他实体景观对象，共同形成一个景观统一体。常见的实景有水生植物、山石小品、岛状空间等。

三、静水景观设计

　　水利工程景观中，由于自然的湖泊水体景观自然天成，对其设计应以生态保护为主,只在适当的地方做合理的改动,建设亲水设施、景观亭等,满足人们景观游憩需求即可,不建议做大的设计建设。因此,静水景观设计主要针对人工静水景观。

1. 自然式静水景观设计

水利工程水景观中,自然式的静水景观主要有人工湖与自然式小水塘等表现形式,作为景观节点丰富的水景形式,可延伸水景空间。此类水景多远离建筑,结合自然环境,借鉴中国传统园林的艺术手法设计布置。

(1) 平面设计 水景的平面形态,即水容器的平面形态是设计过程中应首先解决的问题。自然静水的形状一般是不规则或有多种变异形状的,水面可大可小,但要尽量避免狭长形状,水面的形状应尽量与所在地块的形状保持一致,设计的水面要尽量减少对称、整齐的因素,注意水面的收、放、广、狭、曲、直的变化,进而达到"虽由人作,宛若天开"的景观效果。在塑造水体时,水体轮廓应是平滑的曲线而不是有棱角的折线,这样可以更好地反映水的波动。对于面积较大的自然静水应尽量做到沿水岸任意一点都不应看到全部水面,从而增加情趣,使观赏者具有自由想象的空间。图 4-17 是自然静水的几种基本形态。为了不使湖体过于单调,自然静水景观可以结合地形做跌水的处理,并且在湖中设计人工岛,由景桥与陆地相连,延伸景观空间,丰富景观类型。

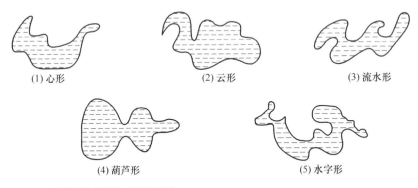

(1) 心形   (2) 云形   (3) 流水形

(4) 葫芦形   (5) 水字形

图 4-17 自然式静水的平面形状示例

资料来源:刘祖文《水景与水景工程》,2010。

(2) 岸线设计 水体的岸线部分是水陆交错的过渡地带,具有显著的边缘效应,这里有活跃的物质养分和能量的流动,能为多种生物提供栖息地。自然式静水的岸线设计要取得景观与生态的和谐统一。岸线设计应尊重自然地形,遵循"宜弯则弯、宜直则直"的原则,一方面要考虑整个临水边界的长度,丰富驳岸景观;另一方面还要考虑人们亲水活动的需要，必须具有良好的可参与性，能吸引人们近水、亲水、戏水，能让人放松心情，回归自然。较大水面的岸线应该采用多种形式，避免单调或过于直白的水面视线导致环境景观缺乏耐人寻味之处。一般岸线的弯曲都不要太急，在回湾处转弯半径宜稍大，通常不要小于2m，其布局则要充分与周围环境的功能景观特性相结合。水岸利用石、原木等材料来构筑岸线，并以植物的配置来控制视线的通达。在岸线的设计上，可以综合采用软质驳岸与硬质驳岸相结合的设计方法，再加以植物的多样配置，使整个水体空间更加丰富多样（图4-18）。

图4-18　自然式岸线设计

岸线平面处理手法主要有曲线型、直线型两种形式。

① 曲线型。流动感、波动感、动势感是曲线的特征。曲线形岸线使自然式静水景观更加生动活泼。曲线型岸线设计应该顺应水系的走向，不要单纯为了强调线型美观而加入曲线元素。同时，在驳岸立面的设计中，适当地运用"凹凸""起伏"的手法，并加入活动空间，以丰富空间层次感（图4-19）。

② 直线型。与曲线型驳岸相比，直线型驳岸可以给人以安静、平稳的感觉。但如果驳岸的线性过于平直，也会显得比较呆板、乏味。采用折线的直线型驳岸可以调节直线的不足，加强了水岸线的动感与节奏感，增强韵味，给人带来激情，并加大了人们的临水活动面积。通过这种节奏的重复与变化，可以使人产生强大的视觉冲击力。驳岸的设计通常是由曲线和直线交叉使用，两种不同形式线条的组合可以使滨水空间的岸线层次变得更为丰富，从而充满了节奏感与韵律感（图4-20）。

图4-19　曲线型岸线

图4-20　直线型岸线

（3）断面设计　根据工程、景观等方面的要求，自然式静水驳岸断面设计首先需要满足防洪的基本要求，并兼顾水体生态环境，能够提供形式多样、亲水性良好的滨水游憩空间。断面形式可以是通过人工刻意模仿自然驳岸的断面形式，也可以是为满足大量人流安全活动所需要的功能型的硬质断面构造形式。根据驳岸的断面形状，大致可以分为以下三种。

① 立式断面。立式断面一般用于水面与陆地竖向高差较大的情况，或者水位变化较大的水域边界。在驳岸空间尺度受到限制的情况下，也多使用这样的处理方式。立式断面在抗洪方面能够发挥很好的作用，但使游人对水的亲近程度不够，距离感强（图 4-21）。

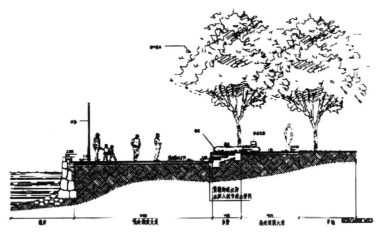

图 4-21　立式断面

② 斜式断面。斜式断面相对于立式断面来说，岸边可设置近水的步行道，休憩、观景的座椅等。斜式断面的驳岸多用生态景观良好的天然石材或者植物驳岸。斜式驳岸断面要求用地环境比较宽松，但是景观性好，这样易于打造视觉生态效果好的仿自然生态驳岸（图 4-22）。

③ 阶式断面。阶式断面是一种参与互动性较高的驳岸构造形式，这种驳岸形式可以随地形灵活多变，能很好地与环境相融，亲水性较其他的断面形式强。尤其在应对水位变化频繁的水体时，阶式断面的优势明显。同时，阶式断面更易于创造立体感强、空间丰富的驳岸造型，但是这种断面形式对于构造与一些细部的处理要求比较高，容易生成过于硬气的驳岸氛围，其施工难度稍大，容易积水，并存在产生安全隐患的风险（图 4-23）。

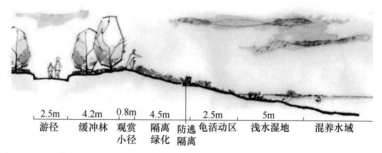

|2.5m|4.2m|0.8m|4.5m| |2.5m|5m| |
|游径|缓冲林|观赏
小径|隔离
绿化|防逃
隔离|龟活动区|浅水湿地|混养水域|

图 4-22　斜式断面

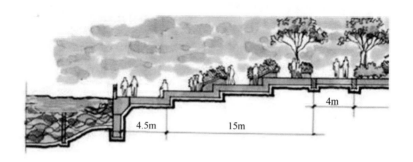

图 4-23　阶式断面

2. 规则式静水景观设计

规则式静水景观多以规则水池为表现形式，布置在硬质广场或建筑前，成为视线焦点。水池根据不同的建设模式，可以分为以下几类。

（1）下沉式　下沉式是指在地形低洼的地方进行局部围合，或者在平地进行局部开挖使地面下沉，从而形成蓄容空间，并根据场地条件和景观要求，控制水域范围、水位等水景要素。下沉式水景位于地面以下，人在观景时一般以俯视的方式观看，能够形成清晰的影印景象，取得人与倒影的充分互动，获得较完整的水面景观效果。同时，下沉式水景具有营造方便、利用率高、抗压性强等优点，是最为常用的人工水景方式（图 4-24）。

（2）台地式　台地式水景是指蓄水池修筑于地面，但又高出地面的水景形式，其分为高台式、低台式和多台式。台地式水景的规模相对较小，其突出地面的部分在景观环境中具有很重要的配套使用功能（如作为休息设施使用）和景观价值，往往被作为环境中的主体景观。台地式水景常与其他水景形式结合，形成动静、虚实有机融合的景观主体。台地式水景具有观赏角度多样、使用方便、给排水设施简单、水质不易受环境影响等优点，但对水池的防渗漏要求较高（图 4-25）。台地式水池顶部离地面高度不宜太高，一般为 200mm 左右。当用作游人辅助休息设施时，高度可以增加到 350～450mm。

图 4-24　下沉式水池

图 4-25　台地式水池

图 4-26　溢满式水池

（3）溢满式　溢满式水景是下沉式和台地式的延伸，水池的水面与边缘或地面齐平，可随造型需要与跌水景观结合，使水溢满后顺池壁流出。溢满式水景追求宁静、祥和的景观氛围，其体量通常较小，因此，对密切联系人与水的关系，增强亲水功能有很强的作用（图 4-26）。

水池一般体量较小，蓄容量小、近水亲水性强、易受污染、水更换频率高、给排水系统复杂，易造成环境阻碍，因此，设计上要采取相应的措施。

① 水深控制。水池具有很好的亲水性，为充分利用这一特性，水池的水深应该控制在 500～1000mm，对具有涉水功能的水池，水深应控制在 200～500mm。在节约水资源的同时便于人们亲水、戏水。

② 利用障碍。路旁、广场的下沉式水池应有高出地面的护栏，形成提示作用，护栏高度不低于 200mm，避免游人误入。

③ 控制动植物数量。水池水量小，更换不便，因此，池水中的动植物景观应控制在一定数量范围内，避免在有限的水资源下存在过多的动植物从而造成动植物死亡，进而影响水质。

为营造良好的水池景观空间氛围，避免水池景观单调乏味，水池常要进行池底、池壁的颜色和图案设计，为水景添色。同时，水池常与喷泉、叠水结合布局，闹中取静。

第四节　水利工程流水景观设计

流水是水景中重要的表现形式，不仅能使人产生欢快、兴奋、积极的心理态度，而且还能够加强各景观节点的联系，加深各景观间的空间层次，使景观丰富多变。

流水景观大多是因为地形的高差起伏形成的，水面形态因水道、岸线的制约而呈现出不同的形状，水流速度受流量与河床的影响，这些也是流水景观形成的必要条件。流水的形态以线性为主，是景观生态系统中重要的生态廊道。流水景观中线性的节奏控制和段落组织是流水景观中的重要内容。在水利工程流水景观中有多种流水载体形式，包括自然形成的江河溪流、人工引入的人工水系等，可导致设计手法和建设方法的不同。一般情况下，流水景观设计可以分为自然流水景观设计和人工流水景观设计两大类。

一、自然流水景观设计

水利工程自然流水景观即水利工程中的河流景观。水利工程大都借助自然河流修建，自然流水景观是水利工程水景观中最普遍，也是最神秘，最引人入胜的水景观对象。

自然流水景观设计，原则上应掌握以下两点。

一是根据自然地理条件、水资源、气候、汛期等自然规律与河道地质、植被等自然条件对客观存在的水系环境进行规划设计，同时结合流域文化形成总体设计思路。

二是找出造成流域环境生态干扰的不良因素，并进行有针对性的优化设计，对水体、水岸线、驳岸护坡、河道、桥梁、观景平台、植被等主要景观因素进行合理整治与建设，需突出河流水系的景观优势，增强景观表现力。

因河流长度和水域面积的不同，自然流水景观可以分为江、河、溪等大中小三类。不同规模的流水景观，有着不同的景观特异性。

1. 大型河流景观

大型河流通常指长度为数百千米以上、流量大、水域面积辽阔，对区域人文有

图 4-27　长江景观

重要影响的河流，如中国的长江（图 4-27）、黄河，埃及尼罗河，南美亚马孙河等。这些大型河流也是水利工程建设优先考虑的选址地，如长江三峡水利枢纽工程、黄河小浪底水利枢纽工程等，一系列依托大江大河而建设的水利工程都发挥了重要的水资源调节作用。

这些大型河流由于流域长、覆盖面广，有着丰富的人文背景和生产生活功能。大型河流景观是一个巨大的系统景观，由于尺度原因，人们常以中远视距来关注景观对象，并从区域环境的生态发展与应用角度去考虑景观格局与形成。

因此，大型河流景观设计需要根据河流生态格局、水流特征，结合区域文化（水文化）和社会生产生活，构建具有多重功能与价值的流水景观系统。依据河流的流线特征，应分区域、分系统、分段落进行水景观规划设计，实现河流生态功能和景观价值的最大化。由于河流特征，以及人的视距与景观对象的距离关系，流域环境中的具体景观表现比较模糊，而各系统相互作用所形成的区域景观的整体性十分重要。

换句话说，景观的整体性反映在区域环境的总体生态系统特征和景观功能上，每个景观对象是景观总体中的组成因素，与环境存在着必然的逻辑联系，并对景物间的因果关系起强调作用，即突出景观的整体性。如水岸线、护坡河道、观景平台等景观对象应更好地与线性的河流环境系统相结合，与区域人文融合。

2. 中小型河流景观

中小型河流主要指长度在数十千米以内，流量较小、水域面积相对较窄的河流。中小型河流景观对于观景者来说，更具亲和性，在距离关系上更亲近于人，因此有利于兴建中近距离的观赏河流景观。中小型河流线性特征更加明显，并具有水文条件易于控制、利用、改善等优点。中小型河流由于规模相对较小，生态系统区域简单，其景观设计常根据系统现状与景观功能需求进行区域整体设计。在强调区域生态系统的互补性和整体性的同时，突出其可利用性，根据河流线性特征建立独立的两岸景观廊道，参考近视距观察的特点，将单体景观对象，如水体、岸线、水坝、建筑等具体细致表现，形成变化丰富、景观多样性丰富的河流景观（图 4-28）。

图 4-28　中小型河流景观

二、自然河流的不同形态特征

1. 平面特征

河道从平面特征上通常分为顺直、游荡、分叉与弯曲四种类型，其形成原因是地貌状况不同，河流在长期的冲刷、变向作用下，沿着地貌形态而蜿蜒曲折。不同河道状态，其水面流速、水下流速都会有所不同，通常在迎峰面会受到急速水流的冲击，背峰面又被称为"死水坑"，多见于河岸的缩进部位和弯曲部位，水较浅，水流缓慢，泥沙容易淤积，容易固土保植繁衍出各种水生植物，从而吸引水生动物觅食产卵，慢慢形成相对稳定的小生态系统。

2. 纵剖面特征

天然弯曲的河流由于河床地形起伏的不同，有深潭与浅滩之分。浅滩流速较快，局部水量少而急，水底多为砾石和卵石，细小的泥沙颗粒全部被水冲走，河床多为松石，石头之间孔隙较大，可以附着多种水生生物如昆虫、藻类等。在浅滩的水生昆虫和藻类会随水流流入深潭，深潭则多栖息大型水生鱼类等，一般以水生昆虫和藻类为食饵，深潭水流流速缓慢，空间较浅滩大，深潭水生生物可以在此繁衍生息。

3. 自然河岸横断面特征

自然形成的河岸一般分为两种类型：一种是缓坡河岸，又称斜坡河岸；另一种是河岸角度较陡的直壁河岸。该区域是水域与陆域的生态交错区，一般动植物群落层次丰富。物种丰富，是水生生物和陆生生物聚集之地。但因不同的土质构造和不同的河流冲刷情况往往容易发生决堤，并且一旦生态环境被破坏，容易造成大量水土流失的现象，这些地方一般是生态系统结构较为脆弱的地带，也是该河流生态环境治理较为重要的部分。

4. 河流内栖息地特征

河流内栖息地指具有鱼或其他生物体生长发育及繁衍后代所需求的物理和化学特征的栖息地。根据河流内栖息地中物种的生活状态与日常活动，栖息地特征应通过调研测定，包括丰水期和枯水期的河床切割面、沙砾沉积状况、水深、水质、流向、流速、含氧量、pH、重金属含量、有机与无机污染物、有机质含量、农药残留、有害化工物质、水生动植物、生殖区、摄食区、迁移通道等要素。河流栖息地物种组成的稳定与否，则受以上这些特征直接或间接的影响。

三、自然河流景观设计

在水利工程建设过程中，对自然河流的景观规划设计应以生态保护为主，景观营造为辅。河流生态景观建设主要通过八个方面进行规划设计，这八个方面分别是"清澈、多样、品质、宜人、文化、生命、亲水、和谐"。

① 清澈。是指河流的主体部分，水质良好，达到景观用水标准。

② 多样。是指从时间和空间上体现景观的多样性和生物多样性，通过植物造景、适当的景观小品形成多样化的滨水景观。

③ 品质。是指景观不落俗套，避免批量化生产劣质景观，要体现当地自然特色与设计构思。

④ 宜人。顾名思义是要使人感觉舒适，要体现以人为本的思想。

⑤ 文化。是指滨水景观要作为历史文化的载体，人们在此能受到文化的熏陶。

⑥ 生命。是指河流景观建设应该为动植物提供栖息的场所，使各种生物在此得以延续下去，体现生命的活力与气势。

⑦ 亲水。是指提供人亲水、戏水的空间。

⑧ 和谐。是指在此使人、自然、生物、文化统一和谐发展。

为实现以上八方面要求，以"河流近自然化"为景观设计理念，通过河流地貌、河流生态系统多样性的修复与恢复，满足河流的全部或部分功能，使河流继续保持原有的自然景观特征。河流近自然化景观设计的目的是丰富河流生物群落和维护河流地貌及生物多样性，保持或提高河流的自我维持能力。

1. 保持河流纵向的蜿蜒性

蜿蜒性是自然河流最重要的形态特征，也是适宜河流自然生态系统自我循环的河流形态。水利工程自然河流景观规划，即使是要建设人工渠道化的河道设计也要尽量模仿河流的自然形态特征，保持河道的蜿蜒性。

蜿蜒性的保持和恢复不仅可以引导河流重新恢复其天然摆动的特性，促进河流的自然演替；同时与直线化的岸坡特征相比，蜿蜒性特征具有降低河道纵坡比降，减小洪水流速和促进泥沙淤积等优势。蜿蜒性的保持和恢复不仅可以使河流保持自然河流的天然摆动的演替规律和自然生态过程，同时还可提高沿岸景观的异质性和观赏性，增加沿岸栖息地的数量和质量，提供更为丰富的生物栖息地，从而丰富河流生态景观。其与水体的不规则咬合形态，丰富了滨水景观特色并给人们提供了更多的亲水近水空间。

2. 保持河流纵向的连续性

自然河流的连续性能够保证鱼类等水生生物的正常繁衍生息，并可对自然环境加以改善。水利工程中大量修建堰坝难免会造成水流、岸线的非连续性，使动水变成了静水，生物群落的多样性受到严重的影响，给鱼类洄游造成困难。因此，在水利工程河流景观设计过程中，可以设计鱼道等设施，保持河流的连续性。保持纵向连续性的主要目的是增强河流的景观异质性和提高栖息地环境质量，包括地理地貌特征的连续性恢复和河岸植被群落的连续性恢复。

（1）地貌特征的连续化　生态学研究表明生物多样性与景观格局存在正相关关系，景观格局越复杂，景观异质性越高，生物多样性越丰富，反之亦然。由于水利工程中护岸工程的硬质化和几何化，造成了河岸线景观异质性的降低，造成了生境基底单一化的现象，从而导致河流生态景观质量的下降。

（2）自然基底的保护与恢复　水岸线生境基底的硬质化和单一化现象，使河流生态走廊功能在上下游自然河段之间出现了间断，阻碍了沿岸动物的迁徙和植物群落的纵向演替。运用景观格局理论，通过自然岸坡的保护和覆土、堆石等措施，可恢复其自然性的基底条件；设置一定数量和规模的绿色斑块可为陆生生物和两栖类动物提供栖息地和避难所。斑块数量、规模、形状、性质和分布应通过对沿岸关键物种的生活习性和活动尺度进行观测研究，既保证了核心区的稳定，同时要有一定的"触角"和边缘，提高与基底和其他斑块的连接度，方便生物间的自然交流，同时也能柔化两岸景观效果。

3. 保持河流横向的连贯性和多样性

河流在自然状态下由于长期受水力与重力的影响和地质、降水量、泄水量、地势的制约，往往呈非线性分布，河道横断面的形态大多是不对称、不规则和不一致的。保持河流横向的连贯性和多样性，可在恢复河道横断面的宽度、外移堤防给洪水以空间、扩大洪泛平原的面积等策略上加以重视（图 4-29），还应使河流在洪汛期时保持主槽水流与副河道、漫滩地、泄洪区、池塘、湿地等的自如连接。

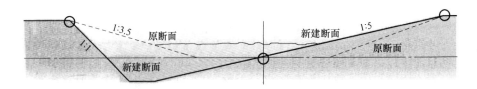

图 4-29 河流断面改造示意

资料来源：樊修文，《河（江）城市段消落带景观规划设计初探》，2010。

（1）尊重洪水 根据对河流水文规律的观测和总结，参考河流历史资料及其他未受干扰或受干扰程度较小的河流，合理设计河流、驳岸的断面形式和标高，允许一定频率的洪水漫滩，以满足河流横向的自然生态过程。

（2）堤防后退 堤防布置采取"宜宽则宽"的原则，结合水域控制线，顺应河道的天然走势，不妨碍河道的蜿蜒性，给河道以自由摆动的空间。堤防间距在满足河道行洪需求的同时，保留一定宽度的植被与河漫滩，为河流生物提供栖息地和临时避难所，同时也将洪水漫溢和回落的生态过程限制在堤防以内，尽量保证堤防内部生态系统的整体性和生态过程的连续性。

（3）复式河道 复式河道即具有河漫滩的两级河道，枯水期流量小，仅能维持河道栖息地环境的基本生态需水量，水流归槽枯水河道；上部河道主要是作为行洪空间的消落带，洪水期流量大，允许洪水漫滩，由于其过水断面大，洪水水位低，一般不需建设高大堤防（图 4-30）。

4. 竖向渗透化

河流驳岸的人工硬化，虽然在一定程度上提高了河道的过水速度，但由于其阻断了地表水下渗，增大了河流自身的流量而加重了防洪压力。由于硬质护岸的大规模覆盖，破坏了底栖生物的生活环境，生物量急剧减少，河流生态系统的食物网结构简化，系统稳定性会受到一定程度的威胁。竖向的连续性保持，主要是通过对自然岸坡的保护和表层物理基质的改造来完成的。

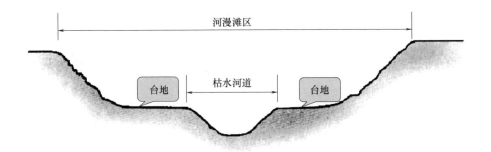

图 4-30　复式河道示意

资料来源：樊修文，《河（江）城市段消落带景观规划设计初探》，2010。

　　自然河流景观设计要注意充分发扬河流的天然美学价值，充分调动人们的亲水性与亲近自然的天性，避免营造过多粗制滥造的亲水建筑，如亭台楼阁等，避免造成喧宾夺主、自然化与人工化格格不入的景观效果。可以适当建设小型滨水平台或自然原木栈桥，与护坡设计相结合，可分段营造观景区、亲水区、文化区。河流的岸线选择原则是顺应左右岸地理走势与该地点落差，使得护堤间距宜宽则宽，宜窄则窄，不应强制截弯取直，防止河流渠道化，避免流速过大引起水流对河流堤岸的冲击力增大，并且在规划设计堤岸时要处理好引洪防洪与土地开发利用之间的矛盾。

四、人工流水景观设计

　　人工流水景观是在无自然水体的环境中进行的水景设计，可以根本改变原场地的景观状态。人工流水景观设计需要根据场地的地形地貌、空间大小、生态条件等，并利用各生态系统的相互作用，形成较为独立的小流域生态系统。人工流水景观多以小流量进行设计，在形式上注重流线与张弛有度，要能更好地体现出水在环境中的景观作用，并结合桥、景台、植物等表现精致的人工流水景观。

　　水利工程水景观中，人工流水的形式主要以溪流的形式表现。自然界中的溪流大多上通水源、下达水体，溪岸高低错落。流水清澈晶莹，且多由散砾净砂、芳草绿树相配，能够很好地体现水的姿态与声响。水利工程溪流景观设计是自然河流艺术的再现，是连续的带状动态水体。溪流浅而宽，溪水缓缓流下，能给人以轻松愉悦、柔和随意之感；相反，溪深而窄，水流湍急，则能扣人心弦。

1. 溪流的分类

生活环境中溪流形式丰富多样，具有多种分类标准。

（1）按溪水深浅划分　根据水体的深浅，可以将溪流分为可涉入式溪流和不可涉入式溪流。

① 可涉入式溪流。人可以进入溪水中玩耍嬉戏，称之为可涉入式溪流。这种溪流的水深一般在300mm以内，人可以在水中嬉戏游玩。若是人工建设的，溪流水底需要做防滑处理，还应安装水循环和过滤装置。

② 不可涉入式溪流。人一般不适宜进入的溪水，这种溪流水深一般在300mm以上。若水深超过400mm，则应该在溪流边采取防护措施。该形式的溪流适宜种养适应当地气候的动植物以及以山石的搭配，从而增加趣味性和观赏性，虽然人不能进入溪流中，这种景致却也能产生一种距离的美。

（2）按流水形式划分　根据流水的形式，可以将溪流分为自然溪流和人工溪流。

① 自然溪流。纯天然的原生态溪流景观，例如，湖南张家界森林公园的金鞭溪，它在深壑幽谷间环绕穿行，溪的两边高高耸立的山峰直接穿入云端，周边树木繁茂，伴有奇花异草和珍禽异兽，溪水潺潺、飞瀑琉璃，组成了一幅非常秀丽、清幽、自然的生态画面，被称为"最富有诗意的溪流"（图4-31）。自然溪流水利工程建设于崇山峻岭间，有着丰富的自然溪流资源（图4-32）。

图4-31　湖南张家界金鞭溪　　　　　图4-32　自然溪流

② 人工溪流。人工溪流主要分自然式人工溪流和规则式人工溪流。前者指的是模仿自然溪流形态辅以山石树木的溪流水体，多是自然曲折的狭长带状水，有强烈的宽窄对比，能呈现出天然野趣生态的自然景观（图4-33）。后者指的是以溪流的流水与声响等特点，运用现代式造景手法，形成个性化、图案化、简洁大方的流水景观（图4-34）。此类溪流多用于风格严整的环境设计中，例如铺装要求高的广场等处，或者作为环境艺术造型的一种手段。

图 4-33 自然式人工溪流

图 4-34 规则式人工溪流

2. 溪流的组成

溪流是线性更强烈的水态，狭长形带状，水面时而宽时而窄，曲折流动，岸边有若即若离的自由小路。自然溪水的基本组成有河心滩、三角洲、河漫滩，岸边和水中有岩石、矶石等。而在人工溪流景观中，除了上述景观元素外，岸边或水中还时常设有汀步、亭廊、小桥、栈道、木平台、景观小品等（图 4-35）。溪流景观一般采用"S"形或者"Z"字形，曲折符合自然之美。

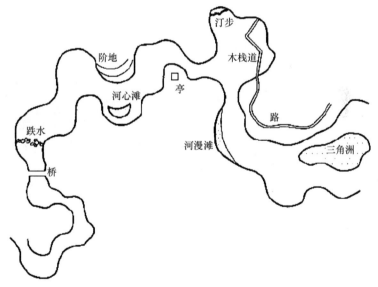

图 4-35 溪流组成模式图

资料来源：马天乐，《溪流在园林中的应用研究》。

3. 溪流景观设计

水利工程中，自然溪流富有原始的自然美，正式景观设计追求的，因而对其不做过多的人工设计修饰。溪流景观的设计对象主要是人工溪流景观。

（1）平面构图设计　溪流之所以能增加景观层次、丰富景观内涵，是因为它弯曲有致，具有多变的景观空间。在溪流平面设计中，应注意曲折、宽窄的有序变化，以及水流的变化和所产生的水力变化所引起的副作用，水面较窄则水流急、宽则水流缓，可形成水流的多种变化（图4-36）。水流平缓时对岸线的冲击力最小，随着转弯半径的加大，水对迎水面的驳岸冲击力会加大。因此，溪流设计对弯道的转弯半径有一定的要求。当迎水面有铺砌时，$R > 2.5a$；当迎水面无铺砌时，$R > 5a$（其中R为转弯半径，a为溪流宽度）。

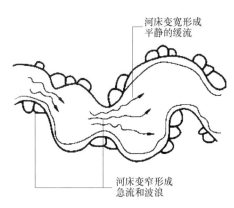

图4-36　河道宽窄变化对水流形态的影响

资料来源：刘祖文，《水景与水景工程》，2010。

一条成功的溪流水景如同一曲交响乐曲，序曲、过渡、高潮和尾声的和谐统一，才能传递出美妙的音符。溪流也有源头、过渡、高潮和尾声，只有合理布置、协调之间的关系，才能设计出令人印象深刻的溪流景观。

在溪流的源头，若单纯以驳岸收尾，则难免显得有些单调呆板而有失美感，所以可以结合瀑布、涌泉、跌水等水景形式。瀑布适用于水量较大、高差比较大的地方，或将水引至山上，使其聚集一处成瀑布流下（图4-37）；而涌泉适宜水量较小、地势稍平坦的地方（图4-38）；跌水可以通过山石的堆置，使其从石洞或石缝中顺流而出，或者运用现代造景手法使其呈现阶梯式叠落，形成流水叮咚的画面。喷泉的引用一般与规则式溪水相结合，可

图4-37　瀑布溪流源头

形成大气的场面（图4-39）。这样既丰富了水的表现形式，又增加了水声给人们的听觉享受。或采用古典园林中的"藏"，在溪流源头处密植植物，将源头隐于密林，给人以似乎有水流源源不断向内流动的感觉；在宽阔的溪流区域也可设置一些小品，例如亭、廊、水榭、木栈道、景墙等，将人们的视线从源头引开。

溪流的过渡阶段，主要是溪流路径的形状，这应遵循自然溪流的规律，一般多是蜿蜒曲折的形式，或宽或窄，或曲或直。在溪流过渡段，可以设置一些小桥或者汀步，可起到分割水面的作用，还可以加设一些景观小品，如雕塑、石头等以丰富

溪流空间。河道突然变窄会产生湍急汹涌的水流。平滑等宽的河道能产生缓缓流畅的水流，河床变宽，水流则缓慢平稳安静；河床凹凸不平，高低起伏，流水也会发生急缓的变化。

溪流中高潮阶段往往是曲径通幽后的豁然开朗，相对宽敞的溪流区域，是景致最好，最美丽的地方，也应该是人聚集最多的区域。此处可结合静水设计，并增设小岛，设置观景点，栈道座椅，或者引入喷泉跌水，植物配置与山石完美融合，让游人驻足停靠。

溪流的尾声与源头一样，一般设计时都会遮掩，计成在《园冶》中说：

图 4-38 涌泉溪流源头

"疏水若为无尽，断处通桥。"意为水已到尽头，却把终点藏起来，似无尽意。一般运用曲桥或者植物山石搭配来营造曲径通幽的意境，可增加景深和空间层次，使水面有幽深之感，似乎有未到尽头之意。

（2）竖向设计 要使溪流中的水呈现出一定的动态感，让人感受到流水的趣味和韵味，就必须使水流有一定的流速，在竖向设计上，有一定的坡度才可以使得水流产生跃动感，创造出活泼、欢快的溪

图 4-39 喷泉溪流源头

流。除此之外，还需要注意水与石头之间的关系，使其形成水花撞击或者跌水的景观。浙江省磐安县属山区县，其中有一条小溪支流，被称为"平板溪"，其河床净为石板状，经溪水长年累月冲击，河床十分平整而光滑，吸引了众多游客前来下溪戏水，别有一番情趣。

一般来说，溪水上流坡度宜大，下流坡度宜小。坡度大的地方放置圆石块、坡度小的地方放置砾石。坡度的大小，在于给水的多少，给水多则坡度大，给水少则坡度小。溪流的坡度一般为 1%～2%，最小坡度为 0.5%～0.6%，坡度变化尽量在 3% 以内，为了保护河床，最大坡度一般不超过 3%，如果坡度超过 3% 应该采取

工程措施。溪水深度一般在 200～350mm。

　　溪流中不同的石头摆放位置不同，溪流流水的效果也不同，水流线条的美也不一样。一般情况下，溪底石头高低不平，变化剧烈，则会产生上下翻滚的欢快水流；如果溪底石块光滑，则会产生平静的水流。溪中置石主要分为劈水石、溅水石、跨越石和跌水石（图 4-40）。劈水石一般可以让溪流分流产生波动。从石下流过，分流溪流水面，渲染上游溪水的气氛，多不规则布置在溪水中。溅水石，能产生水泡，激起小水花，水流快速流动可撞向石头，有时产生几条皱纹或者小漩涡，丰富活跃水面的姿态，多用于坡度较大、水面较宽的溪流。跨越石，这种石头较小而且大小都比较均匀，其可使水面隆起，水一弯一曲的蠕动着，像是被风吹起的微微涟漪，可以增加水面的起伏变化。跌水石是溪水两端的高差不同，石头从大到小过渡，溪水顺着石头跌落下来，水声跌宕，创造出水的音响效果，多用在局部水线变化的位置。此外，还有主景石，主要用于形成视线焦点，可起到对景、点题的作用，说明溪流名称及文化内涵，多用在溪流首尾或转角处。抱水石可调节水速和水流方向，形成隘口，用于溪流宽度变窄及转向处。垫脚石具有力度感和稳定感，用于支撑大石块。河床石，可以观赏石材自然造型和纹理，设于水面下。铺底石，用于美化池底，多种植水生植物，一般用卵石、砾石、水刷石、瓷砖铺在基底上；踏步石即汀步，既可以装饰水面，又能方便人们通行，横贯溪面，使布置自然。

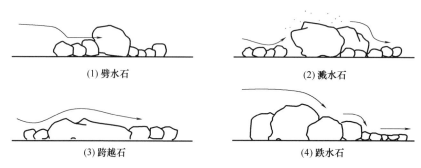

(1) 劈水石　　　　　　　　　　　　　(2) 溅水石

(3) 跨越石　　　　　　　　　　　　　(4) 跌水石

图 4-40　不同置石创造的流水效果

资料来源：闫宝兴，《水景工程》，2005。

第五节　水利工程落水景观设计

　　"水往低处流"，顾名思义，落水即为由上至下跌落的水，是水景中常用的形式，是由于地形突然的高低变化而产生的水流形态变化。落水景观中最为常见的是叠水和瀑布。前者是地形呈阶梯状的落差变化和地貌的凹凸变化，它使水流呈现层叠流动的姿态；后者是由于地形落差变化较大引起的，可使平面的水流呈现直落或者斜落的立面水流。

一、瀑布景观设计

瀑布原是一种自然现象，是河床造成陡坎，水在重力作用下从陡坎处滚落下跌时，形成的优美动人或奔腾咆哮的景观，因遥望下垂如布，故称瀑布。

1. 瀑布的构成

瀑布一般由背景、上游集聚的水源、落水口、瀑身、承水潭、下游河流组成。其中，瀑身是观赏的主体（图 4-41）。

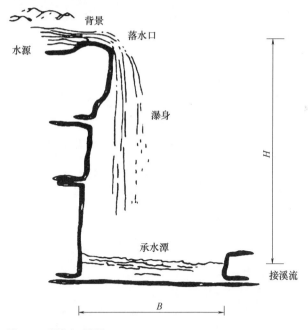

图 4-41 瀑布组成图解

2. 瀑布的分类

瀑布有自然瀑布和人工瀑布之分。自然瀑布是由于自然河床造成陡坎，水从陡坎处滚落下跌时形成的落水景观；人工瀑布是通过工程建筑手段修筑的落水景观，水利工程中的瀑布景观大多属于人工瀑布，是利用拦水大坝蓄积水源，水跌落大坝而形成瀑布景观，一般具有规模宏大的特点（图 4-42）。由于自然瀑布是自然天成的，对其进行的所谓设计只是对其进行保护利用而不是再造设计，因此，本文所涉及的瀑布景观设计主要针对人工瀑布景观设计，并多作为景观小品来点缀景观空间。

图 4-42　水利工程形成的瀑布景观

根据人工瀑布水流的跌落形式的不同，人工瀑布又可划分三种形式。

（1）自然式瀑布　模仿自然景观中河床陡坎造成落水形式，水从陡坡处滚落下跌形成的瀑布景观。自然式瀑布多用于突出自然景观于情趣的环境中（图 4-43）。

（2）规则式瀑布　强调水的规则性和秩序性，有着规整的人工构筑落水口，瀑面几乎连续而平滑，可形成一级或多级的跌落形式，承水池也多为规则式，有着很强的装饰效果，多用于较为规整的人工空间环境中（图 4-44）。

图 4-43　自然式瀑布

图 4-44　规则式瀑布

（3）斜坡式瀑布　是规则式瀑布的一种变化形式，落水由斜面滑落，它的表面效果受斜坡表面质地、结构的影响，体现了一种较为平静、含蓄的意趣，适用于较为安静的场所。水利工程中的泄洪道、水渠等，或是水流从大坝以水膜形式流下时可设计营造出这样的瀑布景观（图 4-42）。

3. 瀑布景观设计要点

在中国古典园林中天然的瀑布并不多见，但人们积累了丰富的人工瀑布的造景经验，并借以表达了崇高的审美意境。根据瀑布的组成要点，在设计时应把握以下几方面。

（1）水流量　不同的瀑布水流量，营造出的气势也不同。资料显示，随着瀑布跌落高度的增加，水流厚度、水量也要相应增加，这样才能保证有完整的落水面效果。一般高 2m 的瀑布，每米宽度流量为 $0.5m^3/s$ 较为适当；若瀑布高为 3m，沿墙滑落，水厚度应达 35mm 左右；若要使瀑布有一定气势，水厚常在 15mm 以上。

（2）落水口　不同造型的人工瀑布可以通过落水口形式来塑造，它的意境也可以通过落水口的处理来表达。根据传统园林分类，落水口有自然式和规则式的区分。根据落水口的隐藏、数量，落水口又可分隐藏式、外露式、单点式和多点式等。

① 隐藏式是将落水口隐藏在景观环境中，让水流呈现自然瀑布的形状（图 4-43）。

② 外露式是将落水口凸显在景观之外，形成明显的人工瀑布造型（图 4-45）。

③ 单点式是指水从单一出口跌落，形成单体瀑布（图 4-45）。

④ 多点式指落水口以多点或阵列的形式排列布局，形成较大规模的瀑布景观（图 4-46）。

图 4-45　单点式落水口　　　　　　　　图 4-46　多点式落水口

（3）瀑布底衬　水利工程瀑布景观常用的底衬材料有混凝土、花岗岩或块石等，形状有阶梯形、垂直形、斜坡形等。为了使水流更具动感，光的折射以及水形变化，可将瀑布底衬做成折线形的粗糙凹凸，或在底衬上镶嵌凸出的块石。

（4）瀑身的设计　瀑布的美主要表现在瀑身的形态上（图 4-47），具体设计中往往通过追求瀑身的变化来获得多变的水态。设计时应根据景观题材以及瀑布的性格要求选择适宜的落水形式来确定瀑布的基本类型，同时，要注意瀑布落差的景观效果与视点的距离间的密切关系。随着视点的浮动，瀑布景观的效果有较大的变化。设计师要根据瀑布所在环境的具体情况，空间景观的特征来确定其风格。例如，在人工瀑布底衬上镶嵌镜面石、分流石、破滚石，沿底衬流淌的瀑身则会形成分瀑、侧瀑和溅瀑等不同形状。

（5）承水池　为了防止水流冲击而形成泼溅的现象，应在落水口下面做一个承水池，瀑布承水池宽度至少应是瀑布高度的 2/3，即 $b \geqslant 2/3h$（b 为承水池宽度，

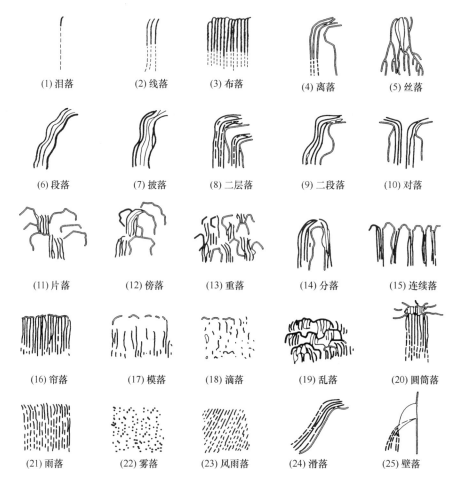

图 4-47　瀑身的基本形式

资料来源：刘祖文，《水景与水景工程》，2010。

h 为瀑布高度），并且保证落水点为池的最深部位。

瀑布跌落到水面时会产生水声和水花，如果在造景中充分利用，可产生更加丰富的听觉和视觉效果，常见的做法是在承水池落水处放一块的"击水石"，或者放入构筑物。

（6）瀑布的照明　对人工瀑布进行合理的照明设计可使人们欣赏到瀑布迷人的夜景景观，五颜六色的波光增添了瀑布的无穷魅力和神秘感，具有变色程序的动感照明增加了水的动态以及艺术美感，强调了瀑布的造型力度（图 4-48）。

（7）雕塑小品　在人工瀑布设计中用雕塑小品点缀承水池，可以增加人工瀑布的多样性及层次性。雕塑小品的设计强调与人工瀑布主体协调、统一，但又能彰显个性化的艺术特征，有着更为丰富的表现形式、想象空间和主题思想。水利工程中，应尽量与地域水文化结合设计雕塑小品。

（8）植物配置　植物不仅会给人工瀑布带来丰富的视觉色彩与情感特征，而且也是构成人工瀑布自然生态的关键所在。在人工瀑布，特别是自然式人工瀑布中点缀些湿生植物，如水芋、马蹄莲、多种蕨类、鹿蹄草等，可增加地势的变化，丰富色彩，逼真模仿自然瀑布原始的地貌特征，尤其是在地形轮廓线不是很理想的地方，植物可使瀑布自然地融入整体环境中。另外，承水池中的水生植物使人工瀑布的边缘显得柔和动人，弱化人工瀑布与周围环境生硬的分界线，使人工瀑布自然地融入整体环境之中（图 4-49）。

图 4-48　彩灯瀑布景观

图 4-49　瀑布植物搭配景观

二、叠水景观

叠水是多重跌落的流水，是地形呈阶梯状的落差变化和地貌的凹凸变化，可使水流呈现层叠流动的姿态。叠水景观可以认为是一种特殊的瀑布景观，是瀑布景观的浓缩小化和重复出现。在地形起伏变化大的地方，水流经过时容易对无保护措施的下游驳岸、河床等产生剧烈的冲刷。在这种情况下，叠水的设计可以有效地逐级消减水流的冲击力，减小水流的破坏作用，同时又能形成韵律十足的落水景观。在水利工程水景观中，叠水景观一般设置在硬质公共活动区作为景观小品点缀环境，或结合溪流景观营造溪流叠水景观。

1. 叠水的形式

叠水形式多样，根据其建设方式的不同，可分为单级式叠水、二级式叠水、多级式叠水、悬臂式叠水和陡坡式叠水。

（1）单级式叠水　这种叠水是在水体下落时，没有阶状落差。单级式叠水由进水口、胸墙、消力池、下游溪流组成。

（2）二级式叠水　水体下落时，具有两级落差的叠水形式。通常在二级叠水中，上级落差要小于下级落差。二级式叠水的水流量较单级式叠水小，故下级消力池底厚度可适当减小。

（3）多级式叠水　水体下落时，具有三级以上落差的叠水。多级式叠水水流量较小，各级均可设置消力池。

（4）悬臂式叠水　其特点是在落水口处理上与瀑布落水口极为相似，将泄水石突出成悬臂，使水能到达池中间。

（5）陡坡式叠水　这种叠水形式是以陡坡连接高低渠道的，在实际中多应用于上下水池的过渡。

2. 水流的形式

叠水小巧精致，具有丰富的水流形式。

（1）水帘　由较大的落差和较宽的水流面形成叠水，控制水流量与出水口的形状可以得到不同的水帘形态，如点状、线状和面状。

（2）洒落　流量较小的跌水，一般呈点状或线状落下。多运用于小规模的叠水景观，具有较强的趣味性。

（3）管流　由外露式的水管以多种阵列方式形成叠水，水流呈线状。

（4）壁流　水流顺池壁流下，水面可随池壁呈多角度落下，多用于较大规模的叠水景观。

（5）阶梯式　叠水景观中最常见的方式，以多层阶梯造型构成叠水形象。

第六节　水利工程喷水景观设计

喷泉原是一种自然景观，是承压水的地面露头。水利工程中的喷泉景观设计通常是人为的景观营造过程，是利用水泵提供的压力水，通过承压管道与不同类型的喷头，使水自孔中喷向空中，再自由落下形成的一种人造水景艺术。人工喷泉广泛应用于水景观设计中，作为建筑、园林的小品，它集光、色、音的变化于一身，给人的视觉、听觉都带来了美感。

一、喷泉的种类

喷泉的种类多种多样，根据不同的分类标准而有不同的形式，下面从控制方式、喷泉功能和应用场地分类。

1. 按喷泉的控制方式分

根据喷泉的控制方式，大体上可分为人工控制、程序控制与音乐控制喷泉三种。

（1）人工控制喷泉　人工控制喷泉是最原始、最简单的喷泉，喷泉的喷高、水形、色彩都是事先设计安装好的，只要人工开启水泵、闸门就可以喷射。

（2）程序控制喷泉　这是一种根据设计者的意图预先编辑好控制程序，变换喷射水形、彩灯颜色与照射强度的喷泉，并可显示程序过程中喷泉的工作状态与彩灯照度、水泵故障、漏电指示等工况。程序可以随设计者的需要而改变。也可设置几个程序更换使用。

（3）音乐控制喷泉　音乐喷泉是目前最先进的控制方式，喷泉的水形可以根据音乐的旋律而喷射，成为有形的音乐，故也称其为会跳舞的喷泉。

2. 按喷泉的功能分

（1）跑泉　跑泉是会跑动的喷泉（图 4-50），即每个喷头各自作有序的喷射运动，跑动的形式可如水波前推后涌奔驰而去，或如相向飞驰久别重逢，或如百花绽开缓缓舒展，或如大海漩涡呼啸聚集。

（2）娱乐嬉水喷泉　观赏者可以参与其间嬉戏娱乐的，称为娱乐嬉水喷泉，这类喷泉有以下三种。

图 4-50　跑泉

① 跳泉或踩泉。这种喷泉可定时或不定时地突然弹射出连串水球，如子弹那样，准确地射入另一个目标，而无水痕（图 4-51）；或者可用脚踩，一脚踩下去，泉水喷出来，或东或西，飘忽不定。

图 4-51　跳泉

② 歌唱喷泉。这种喷泉由于喷头喷射出的水柱速度、高度、粗度的不同，当你用手掌或其他障碍物掠过时，会随之发出旋律优美的歌声，掠过的部位与速度不同，唱出的歌声也不同。

③ 喷雾喷泉。采用喷雾喷头喷出雾状云朵，如舞台上制造出的仙界梦境（图 4-52）。

（3）浮箱式喷泉及可升降喷泉

在大型湖泊、水库，若需制作喷

图 4-52　喷雾喷泉

泉，增加湖光山色的壮丽景观，可安装浮箱式喷泉，喷泉及其一切附属设备均可安装于浮箱上。浮箱随水面升降，且不受风浪的影响。

3. 按喷泉的应用场地分

（1）旱喷泉 所谓旱喷泉，是指喷泉不设水池，喷头、管道、彩灯、电缆、水泵等一切设备均安装在地槽内，只在喷头出口及彩灯处留有足够的空隙，供水柱喷出，回落的水可迅速流至地槽（图 4-53）。喷射时游人可穿行嬉戏于喷泉之间，喷泉停止后场地恢复为广场，可供集会、休闲或其他集体活动。这种喷泉有非常好的娱乐性和参与性，而且可维持广场的多功能性，其主要的缺点是水耗比较大，水造型具有的局限性较大，如大的摇摆造型、蒲公英造型均不能实现，并易受地面污染，需要定期净化处理。

（2）水喷泉 水喷泉安装在水池、河面等地方，因有充分的水面做表演场所，故对喷头配置的限制小，像摇摆喷头、旋转喷头、牵牛花喷头等都可以安装。其主要优点是水源充足，回水性好，表演舞台大，喷泉种类不受限制，可以安装大型的喷泉如大型摇摆和超高喷泉，其主要的缺点是观众参与性不强，观众只能待在池边看而不能身临其中，设有专门水池比较占地方，空间不能被充分利用（图 4-54）。

图 4-53 旱喷泉　　　　图 4-54 水喷泉

二、喷泉的基本艺术要素

喷泉的基本形式要素是水流和灯光，包括水流的水点、水线、水面、水形、体量及灯光的亮度、色彩等。

（1）水点 喷泉的水点大者如涌浪，小者如滴珠，微者如尘沫。

（2）水线 线是水珠的运动路线，由喷头而出形成的喷水轨迹即形成水线。直线硬直明快；垂直线具有暖感；水平线具有冷感；斜线由斜度不同而产生不同的冷暖倾向；曲线优柔轻盈，在形态上有丰满的圆弧线、潇洒的抛物线和富有弹性的变径曲线；折线使人产生焦灼不安感，锐角使人紧张、直角显得冷酷、钝角有疲软感；旋线显得奔放飘逸，又有不稳定的动感。

（3）水面　水点、水线的结合可形成水面，形状上有扇面、方面、串珠面等。

（4）水形　点、线、面组合成形。不同的形，会表达出不同的情感。例如，三角形表达尖锐、冲动、紧张、兴奋；方形可表达稳定、平衡、静止；椭圆形表达柔和、优雅、秀丽。

（5）体量　体量的大小决定了观赏者的主观感受。如果说数十米高的巨型水柱能呈现雄伟崇高，那么轻盈细长的弧线则能表达亲切优美感。喷泉体量的艺术效果是相对的，它通常以喷泉的整体体积作为参照系。

（6）亮度　亮度高，景观环境显得明朗、积极、主动、激昂；亮度低，则会产生压抑、恐怖、神秘、悲哀感。

（7）色彩　色彩由光波组成。人肉眼能见的光波，按波长 $770\sim360nm$ 排列，出现红橙黄绿青蓝紫七色。喷泉的颜色由红蓝绿等水下彩灯生成。

三、喷泉景观设计

喷泉主要由水源、喷水池、喷头、管路系统和控制系统组成。

1. 喷泉位置的选择

喷泉景观的选址，首先要考虑喷泉的主题、形式，要与环境相协调，把喷泉和环境统一考虑，用环境渲染和烘托喷泉，以达到装饰、美化环境的目的。

在水利工程景观中，喷泉的位置多设置在建筑、广场的轴线焦点或端点处，或是平静水面上。此外，也可以根据环境特点，做一些喷泉小景，自由装饰景观环境。喷泉宜安装在避风的环境中，以保持常态水形。

2. 喷水池设计

喷水池主要针对陆地喷泉景观设计。喷泉虽以欣赏喷水形态为主，但喷水池的景观和功能不容忽视。喷水池在功能上用于承接喷泉跌落下的水和循环供应喷出的水。喷水池的形式有规则式和自然式，形状由喷泉的形式和喷射方向决定。喷水池的大小要根据空间尺度和喷水高度来确定。通常情况下，喷水池的直径宽度是喷水高度的两倍（即池面直径＝喷水高度×2）。如果是斜喷，以喷射的最高点的高度的两倍，从最高点的喷水方向计算水池的宽度（图 4-55）。

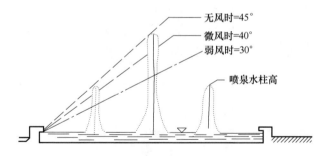

图 4-55 喷水池尺寸与喷水高度的关系

资料来源：《景观与景园建筑工程规划设计》，2006。

3. 喷泉水形设计

人工喷泉的综合艺术效果主要取决于水形，包括射流的观赏性能、可达稳定高度、稳定范围（半径、直径、长度或宽度）和运动的力度等。

喷泉的基本水形（图 4-56）单独或组合一起，能够派生出丰富多彩的水景景观，创作出意境、趣味、主题及自在等水形艺术，满足大家对喷泉的欣赏、娱乐、节庆、戏水等生活需求。水形艺术的表现方法一般采用模仿、象征、意境等几种方式。

（1）模仿 模仿的对象主要是自然界中的客观存在，是一种常规的表现手法，它以山川或动植物等客观存在作为模仿对象，引申出孔雀开屏、雪松、蒲公英等诸多水形艺术，形象直观且一目了然。为了加深表现效果，赋予更深层次内涵，还可增加摆动、起伏、高矮变换等节奏变化。

（2）象征 水形设计中，中心柱高喷可象征发展蒸蒸日上的意境。近百米高的射流水线，有时可加气喷射，粗大壮观，外加滋滋的水声，气势磅礴，热情豪迈，渲染并激励着意气风发的心灵。具有高矮多层的"节日礼赞"水形，包括光芒四射"礼花"复合水形，可增加喜庆的氛围。具有环形摇摆等运动姿态的水形，由于具有大幅起伏的水线，力度被加速，明显增大了夸张的成分。

（3）意境 意境通常指在文艺作品中，当描绘的生活情景与表现的思想感情融合一致时，所产生的艺术境界。水景喷泉水形所显示的意境，指的是欣赏水形后人们的情感联想。意境的好坏是衡量水形设计的重要影响因素之一。意境虽是虚幻的东西，但借助具体的水形可以营造出富有特点的意境氛围，例如围绕中心水柱作可调射流内抛水线环状喷射，寓意长期又无穷的向心凝聚力。而常被采用的环状外抛水形，又可被联想为遍地开花、满满的收获，具有欣欣向荣的寓意。

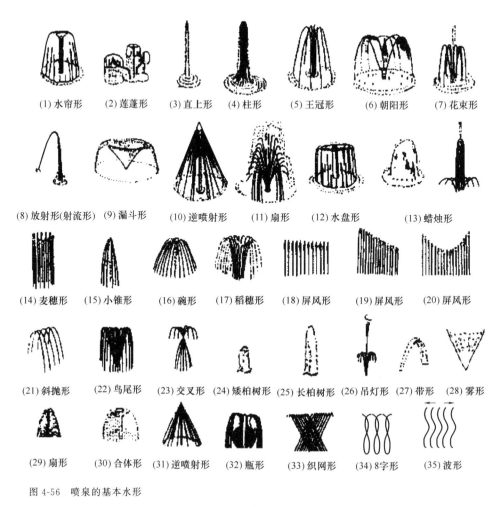

(1) 水帘形　(2) 莲蓬形　(3) 直上形　(4) 柱形　(5) 王冠形　(6) 朝阳形　(7) 花束形

(8) 放射形(射流形)　(9) 漏斗形　(10) 逆喷射形　(11) 扇形　(12) 水盘形　(13) 蜡烛形

(14) 麦穗形　(15) 小锥形　(16) 碗形　(17) 稻穗形　(18) 屏风形　(19) 屏风形　(20) 屏风形

(21) 斜抛形　(22) 鸟尾形　(23) 交叉形　(24) 矮柏树形　(25) 长柏树形　(26) 吊灯形　(27) 带形　(28) 雾形

(29) 扇形　(30) 合体形　(31) 逆喷射形　(32) 瓶形　(33) 织网形　(34) 8字形　(35) 波形

图 4-56　喷泉的基本水形

资料来源：《景观与景园建筑工程规划设计》，2006。

4. 喷头选择

丰富多彩的喷泉水形态都是由喷头的构造形式决定的。水流经过压力的作用，通过喷头可形成各种形式的水花，从而形成姿态丰富的喷泉景观。喷泉景观中常用的喷头可分为以下几类。

（1）单射程喷头　又称直流喷头，是压力水喷出的最基本形式。它能喷射出单一的水线，垂直式射流，升空后散成水珠落下，是喷泉喷头中使用范围最广的一种。其构造简单，通常又分为三种类型：定向直射型、可调定向直射型、万向直射型喷头（图 4-57）。

① 定向直射型。能喷射出垂直或倾斜的固定射流。它可以单独使用，也可以

用多数喷头组合使用，形成多种多样的喷水图案。

② 可调定向直射型。它的性能与定向直射程喷头基本相同，唯其喷水的压力可调节。

③ 万向直射型。这种喷头的喷水型与单射程喷头相同。但它是由活动喷嘴、套筒、底座和硬橡胶垫圈四个部件组成的。其喷嘴的球面体与套筒间为滑动配合，喷嘴的喷射角度可以以一定角度为轴任意选定，因此可组合出非常丰富的水造型。

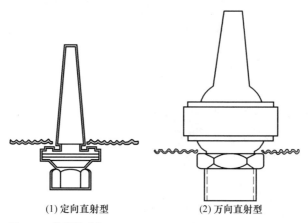

(1) 定向直射型　　(2) 万向直射型

图 4-57　单射程喷头

资料来源：孟兆祯，《园林工程》，1996。

（2）喷雾喷头　这种喷头一般在套筒内装有螺旋状导流板，使水沿导流板做圆周运动，当高压的水由出水口喷出后，能形成细细的雾状水珠。在阳光下，清澈的水面上常会随着蒙蒙的雾珠呈现出彩虹，景色瑰丽。也可以在喷头出水口外，装一个雾化针，当水流与雾化针碰撞时，水流便被粉碎成水雾（图 4-58）。

（3）旋转喷头　这种喷头是利用喷嘴喷水时的反作用力带动回转器转动，而使

图 4-58　喷雾喷头及水形

资料来源：张伟迪，《喷泉水景艺术及控制技术的互动式研究》。

喷嘴不断地旋转的，从而形成旋转的喷水造型。喷出的水花或欢快或飘逸，水形婀娜多姿（图4-59）。

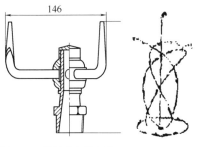

图 4-59　旋转喷头及水形

资料来源：张伟迪，《喷泉水景艺术及控制技术的互动式研究》。

图 4-60　扇形喷头及喷水型

（4）扇形喷头　喷头外形像扁扁的鸭嘴，喷水可形成扇形的水膜或像孔雀开屏一样形成美丽的水花（图4-60）。

（5）重瓣花喷头　这种喷头的出水口分布在三个不同高度的台面上，各台面上有不同数量、不同大小的出水口，能喷出不同高度、不同水量的水造型，从而能形成一朵亭亭玉立的重瓣花形（图4-61）。

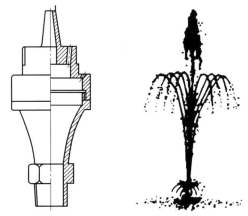

图 4-61　重瓣花喷头及水形

资料来源：张伟迪，《喷泉水景艺术及控制技术的互动式研究》。

（6）伞形喷头　这种喷头在出水口的上面有一个弧形的反射器，当水流通过反射器的导水板时，能形成像伞一样薄薄的水膜。射流沿周边喷射，可形成各种不同造型的均匀水膜，但此种类型易受风力干扰（图 4-62）。

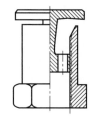

图 4-62　伞形喷头及水形

资料来源：张伟迪，《喷泉水景艺术及控制技术的互动式研究》。

（7）变形喷头　该喷头种类很多，共同特点是在出水口的前面有一个可调节形状（喇叭形）的反射器，当水流通过反射器喷出时，可形成各种水花造型，如能形成像牵牛花（图 4-63）、半球形、扶桑花形等一样的水造型。

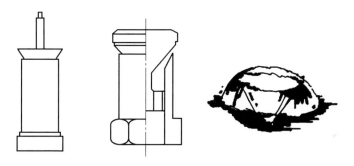

图 4-63　牵牛花喷头及水形

资料来源：张伟迪，《喷泉水景艺术及控制技术的互动式研究》。

（8）吸力喷头　这种喷头外面有一个套筒，利用压力水喷出时，在喷口处附近可形成负压区。由于压差的关系，将空气和水吸入喷嘴外的套筒内，与喷嘴内喷出的水混合后一并喷出，这时水柱膨大，因为混入了大量细小的空气泡而形成不透明的白色水柱。它能充分反射阳光，因此光彩艳丽，配上彩色灯光，则更加显得光彩夺目。吸力喷头又可分为吸水喷头（图 4-64）、吸气喷头（图 4-65）和吸水加气喷头。

（9）风车式喷头　这是一种旋转的喷头，它不是安装在管段的正上方，而是横向安在管段的侧方。当水流喷出时能喷出像车轮一样旋转的水花或呈螺旋状的水花（图 4-66）。

（10）蒲公英喷头　这种喷头是在圆球形的壳体上，装有数十个同心放射形的喷管，又在每个喷管头装一个半球形的变形喷头。当喷水时，能形成闪闪发光的球

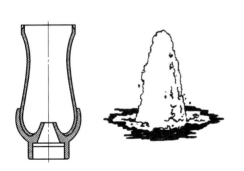

图 4-64　吸水喷头及水形

资料来源：孟兆祯，《园林工程》，1996。

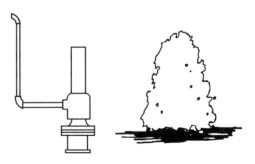

图 4-65　吸气喷头及水形

资料来源：孟兆祯，《园林工程》，1996。

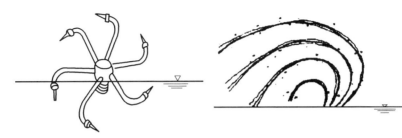

图 4-66　风车式喷头及水形

资料来源：张伟迪，《喷泉水景艺术及控制技术的互动式研究》。

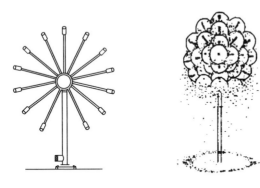

图 4-67　蒲公英喷头及水形

资料来源：张伟迪，《喷泉水景艺术及控制技术的互动式研究》。

形体，像一朵美丽的蒲公英（图 4-67）。可以单独使用，也可以几个喷头高低错落使用。

（11）组合造型喷头　不同类型的喷嘴组合，可出现优美柔和的空中曲线，形成一个多层次、多方位、多种水态的复合喷泉，人们可从喷泉不同的角度欣赏不同的水景：有的泉涌如柱，有的水花四溅，有的如玻璃般透彻晶莹，有的如浓雾笼罩，有的形如趵突，表现丰富多姿，耐人寻味。

5. 喷泉与配景

优美的喷泉景观不能只依靠水形的变化，也需要周边景物的有机配合来丰富景观视觉效果。喷泉景观的配景形式大概可以分为以下几种。

（1）自然形配景　喷泉周边景观模仿自然山水环境或动植物景象，可营造自然和谐的自然水景观。主要的手法有：山石的堆砌、植物的种植、动物形象设置等，配景的选型、选材要突出自然天成的景观效果（图 4-68）。

（2）规则形配景　规则形配景是结合空间环境形态，采用几何形或规则形，构成的具有现代风格的喷泉景观配景（图 4-69）。

（3）艺术形象配景　喷泉景观设计中通常将喷水与雕塑相结合，将水景的特殊现象与艺术形象相结合，可形成具有人文内涵、象征意义的主题景观。主要采用的方式有：具象艺术形式配景、抽象艺术形象配景等。在水利工程中可以结合当地水文化进行艺术抽象，营造文化主题喷泉景观。

（4）与其他水景形式结合　喷泉的设计应考虑场地面积、空间关系、环境风格等多方面因素，不盲目追求复杂的喷水形式，应多与静水、叠水、瀑布等水景相结合，并充分利用喷泉对水体补氧的功能进行景观养殖，让水景更有生命力。

图 4-68　自然形配景

图 4-69　规则形配景

第七节　水景配景设计

优秀的水景观不仅仅体现在水体本身，其与周围的环境景观也有着千丝万缕的联系，并组成一个统一的有机整体。配景的合理设计，能使水景锦上添花，反之，不协调的配景搭配，则会使实景失去了原有的美学价值和景观作用。

一、堤防景观化设计

堤防设施是保证水利工程有效实现其功能的重要构筑物，同时也是整个水景景观环境的重要组成部分。在堤防设计时应顺应河势，在保证水利安全的同时进行景观化营造，使其融入整个水景观环境，增强亲水性。

（1）以堤代路 利用堤顶的空间将防洪堤和外部道路有机结合。对水利工程设施的充分利用，既能发挥堤防的防洪功能，又能有效地改善滨水交通状况，同时，在一定程度上也拉近了城市和河流的距离，使堤防转化为滨水区的景观大道（图 4-70）。

图 4-70 以堤代路

（2）合理设置马道 考虑到水位提升对堤防防洪安全的要求，以及人亲水近水的需要，在常水位附近以及一定频率的洪水位线附近设置亲水马道，在不同的水文周期都能给人们提供观景的空间，能有效地协调堤防建设和人们亲水近水需求间的关系，一定频率洪水位线附近的马道在水位消落时可做日常游憩的休闲步道。马道设置宽度根据工程地质条件、经济条件和休闲需求而定。与马道相邻的结构挡墙或堤防岸坡应保持一定的坡度，以缓和其直立状态下的压倒感。每隔一定的距离设置台阶，可解决两级马道之间的竖向联系（图 4-71）。

图 4-71 堤防马道设计示意

资料来源：樊修文，《河（江）城市段消落带景观规划设计初探》，2010。

（3）营造观景平台　利用堤顶较宽敞空间和堤防的缓坡，在保证安全要求的前提下，可使观景平台和休闲栈道最大限度地向水中延伸。既扩大了滨水空间的观景面积，也拉近了人与水的距离。自然岸坡的岩壁栈桥和高架平台还为河道行洪和植物生长置换出了更多的空间，最大限度上保证了土地的连通（图4-72）。

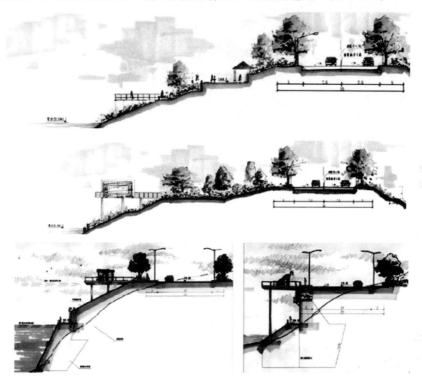

图4-72　观景平台建设示意
资料来源：樊修文，《河（江）城市段消落带景观规划设计初探》，2010。

二、水景山石设计

中国古典园林中，"山为园之骨，水为园之脉"，山水相依是自然的格局搭配，"山遇水则秀，水遇山则灵"。水至柔，却能以其独特的特质在石间穿梭，石至坚，却溶于水中。因此，水景观的设计，必然离不开"石"这一配景的存在。山石的造型和纹理具有很强的观赏性，经常与植物、水体搭配成景，叠山造景，可营造出自然的景观氛围（图4-73）。例如：静水景观中，置石一般散置或群置于水体当中或岸边，主要表现出山石的个体美或局部的组合美。在落水池中设置石块，通过水与

图 4-73　水景置石

石的结合，水落下时的流速不同，石头的质地各异可产生出不同的声响。各种声响交织在一起时就仿佛奏响了美妙的乐曲，这种天然的演奏能起到怡情的作用。

水景置石要做到片山多致、寸石生情、水石相融。置石与水体驳岸相结合、与水池吻合紧密，水石交错，意态清逸。山石的布置不以聚为奇，不以一石见长，而以水石相依、相互资借、顾盼生情为妙。置石应或隐或现、掩露适宜、起伏有致、尽取自然野趣。山石边或石缝中配置多姿多彩的水景植物更能勾勒出曲折窈窕的水面轮廓。在水畔散点数石，或立或卧，或近或远，若断若续，在坚硬、厚重的石块的衬托下，水体会显得更为轻盈活泼。利用山石由水面向堤岸过渡，空间的转换更为自然、多趣。山石应就近取材，避免破坏原生环境的。

（1）景石　景石注重"瘦、透、皱、丑"，多配置于点状水体中，可单独成景，意境深远。一些象形景石，也颇有趣味。小型水景中，常将景石放入水里让其一部分露出水面形成"石矶"，别有一番情趣。

（2）块石　块石宜三五成组随意置于水岸上，方有山林野趣。

（3）卵石　卵石常应用于溪流、水底或石漫滩，大块的卵石可置于岸边，可赏、可坐。

（4）塑石　塑石可随意造型，做工好的塑石可以假乱真，适于平原贫石地区。

三、水景灯光设计

夜晚，无色的水景在有色的灯光的照射下，别有一番情趣。例如，喷泉配以五颜六色的灯光，给人们带来了壮观的景象。水景观设计中灯光的设置有很多种方式，例如在水下铺设隐形灯孔，或者在水上设置观赏灯。如果设置水上灯装置，就要考虑灯的外部造型，可以考虑将灯具与水上雕塑结合起来进行设计，既能起到照明作用，又不影响美观。

在水景环境的照明设计中，水景照明追求的不是亮度，而是艺术的创意设计，营造特定的意境氛围。运用超前的照明科技手段：隐—露，抑—扬，可营造一个灯光与水景相结合的水景灯光文化。

1. 静态水景照明

静水景观的照明设计以突出水形，特别是对于精心设计的几何形状水池，效果尤为明显。在没有水泡对光源进行干扰的情况下，将灯具安装在水池底部并在其上安装毛玻璃灯罩，可以起到发散光束的效果。也可将灯具嵌装在池壁内或植槽中，对水池进行侧光照明，同时照亮附近的植物，创造出一定的艺术效果（图4-74）。

图 4-74　静水照明

2. 溪流水景照明

溪流本身的特点决定了它的水深不会很深，不可能采取水下照明方式，所以通常运用远距离照明技术。从树上进行月光效果照明是一个很好的办法，既可以产生比较自然的效果，也不像地灯存在隐藏灯具的问题，还不会产生直接眩光。月光效果照明属于漫射照明，照射范围广，不会产生光斑，而且这种灯光在静止水面上会产生银色的光辉。

图 4-75　瀑布灯景

3. 瀑布灯光设计

不管是从石崖上喷流而下，还是从金属水槽或打磨平滑的石板边缘泻流而下，瀑布流入水池中溅起的水花在夜晚都需要照明来突出效果。水下投光灯最好安装在水池中瀑布流入的位置，这样既可以借助激起的水泡将灯具掩盖，又能使灯光正好照射到瀑布上，产生棱镜折射的七彩效果（图4-75）。

四、水景生物景观设计

1. 水景植物景观设计

植物是水景的重要依托，植物丰富的色彩、季相变化，在水景中发挥着无可替代的作用。一处好的植物配置，可以使自然水景锦上添花，更加完美。水生植物会使水体的边缘显得柔和动人，能弱化水陆之间的分界线，使水体自然地融入周围的环境中（图 4-76）。

水生植物造景应根据水景动与静的不同情况而区别对待。在静水中可以配置浮叶植物和飘浮植物，使水面更加生动。动态水景植物配置一方面要注重耐流水植物的应用，另一方面要加强水缘植物的配置，很多湿生植物是点缀动态水景最重要的材料，因为它们不受流动水的干扰，色彩丰富，种在溪流边、喷水池边、瀑布的悬崖边都十分美观，这种效果是很多陆生或喜阳花卉无法代替的，如水芋、驴蹄草、慈姑、千屈菜、泽泻。有关植物景观设计，可参见本书第二章。

2. 水景动物景观设计

水景中，特别是静水景观中，水中如无运动的元素，则容易让人感觉景观单调。通过动物景观让水景运动起来是一个很好的办法，同时这也是生态景观的客观要求。

水生动物深受人们喜爱，水生动物的引入增添了水景的情趣。水景中使用最多的是各种观赏鱼，观赏鱼色泽鲜艳、姿态优美，深受群众喜爱，特别适合放养于清澈的水池中供人们观赏。不同的水景具有不同的水环境，鱼类的选择要与所处水环境相适宜。常用的观赏鱼有金鱼、五花金鱼、红娜鱼、锦鲤等（图 4-77）。较大的

图 4-76　水景与植物景观

图 4-77　水景与动物景观

水面可以放养多种水生动物及鸳鸯、天鹅等水禽。

　　动物的引入要结合水量及空间承载力来决定，避免因动物数量过多而造成景观拥挤的现象。

【本章小结】

　　水景观是水利工程景观中重要的景观对象，集文化性与艺术性于一身，是以水为主体的，是水与人类社会审美过程、文化活动等双向作用的产物，是在人类文明进程中所产生的一定地域内的水景观客体和与之有关的观念形态（传说、典故、文学等）及有形实体（建筑、交通工具、服饰等）的完美统一。按照景观的构成，一般将水景观分为自然水景观和人工水景观。水利工程水景观建设是一个融合多学科，在传统水景观的基础上，以自然生态机理为基础，融合了水利工程学、景观学、生态学、园林学、美学以及系统论等，营造既能满足水利工程的功能需求，又能满足社会发展需求的人水和谐的景观工程建设。

　　水文化具有广义的水文化与狭义的水文化之分，但其总是围绕着一个核心主题，即水与人的关系。在此基础上，水文化可以有形态水文化、行为水文化、精神水文化、地域水文化、工程水文化、科技水文化等诸多表现形式。

　　水利工程水景设计需要从水形、水声、水色、水的光影变化的多方面考虑，结合环境，运用对比、呼应、借声、借色、借景、藏引等多种手法进行系统设计，设计形式包括有静水、流水、落水、喷泉等多种形式，并可与山石、动植物、灯光等进行有机融合。最重要的是，水利工程水景观设计一定要与地域水文化相融合，使得水景观内涵丰富、意境深远，具有可持续性。

【参考文献】

[1]　龚志红. 城市公园人工湖驳岸设计研究［D］. 硕士学位论文，长沙：中南大学，2012.

[2]　孙慧. 城市广场水景的人性化设计研究［D］. 硕士学位论文，哈尔滨：东北林业大学，2012.

[3] 吕茵. 城市广场水景艺术设计初探 [D]. 硕士学位论文，西安：西安建筑科技大学，2005.

[4] 胡云卿. 城市河流水环境区域生态景观建设系统研究——以商丘市明清黄河故道生态工程规划为例 [D]. 硕士学位论文，北京：北京林业大学，2010.

[5] 黄婷. 城市湖泊型风景区景观设计初探 [D]. 硕士学位论文，武汉：武汉大学，2004.

[6] 丁自峰. 城市居住区水景设计研究 [D]. 硕士学位论文，杭州：浙江大学，2009.

[7] 夏伟静. 城市生态水景观设计研究 [D]. 硕士学位论文，青岛：青岛理工大学，2012.

[8] 王晶. 城市湿地公园与水景观设计研究 [D]. 硕士学位论文，天津：天津大学，2009.

[9] 宫蕾. 城市水景观设计的创新性研究 [D]. 硕士学位论文，济南：山东轻工业学院，2012.

[10] 吴军，黄诗敏，李鹏波，等. 城市水景规划设计模式探讨 [J]. 安徽农业科学，2009，37（36）：18298-18300.

[11] 尹平，郭江华. 城市水利工程中的河流景观设计 [J]. 东北水利水电，2009，27（9）：16-17.

[12] 梁述杰，邑性英. 刍议水文化 [J]. 山西水利，2010，26（1）：57-59.

[13] 蒋俊敏. 动物元素在中国园林水景创造中的应用 [D]. 硕士学位论文，北京：北京林业大学，2010.

[14] 樊修文. 河（江）城市段消落带景观规划设计初探 [D]. 硕士学位论文，武汉：华中科技大学，2010.

[15] 宋欣. 河流景观的近自然化设计研究——以荷兰莱茵河流景观设计为例 [D]. 硕士学位论文，北京：北京交通大学，2011.

[16] 陈雷. 弘扬和发展先进水文化促进传统水利向现代水利转变 [J]. 中国水利，2009（22）：17-22.

[17] 卢俊杰. 基于城市河湖型水利风景区特性的规划设计研究 [D]. 硕士学位论文，福州：福建农林大学，2012.

[18] 辛颖. 基于建筑类型学的城市滨水景观空间研究 [D]. 博士学位论文，北京：北京林业大学，2012.

[19] 陈明明. 江南传统公共园林理水艺术研究 [D]. 硕士学位论文，临安：浙江农林大学，2012.

[20] 任树强. 京杭运河杭州主城区段滨水景观研究 [D]. 博士学位论文，杭州：浙江大学，2011.

[21] 龚芸. 景观水体照明方法探讨 [J]. 灯与照明，2009，33（2）：27-28，32.

[22] 蔡英英. 居住区水景规划设计探析 [D]. 硕士学位论文，南京：南京农业大学，2012.

[23] 周波. 美学视域中的现代水景观设计艺术 [J]. 河南水利与南水北

调，2012（15）：31-33.

[24]　朱翔远. 喷泉发展史：起源、演变和展望［D］. 硕士学位论文，西安：西安建筑科技大学，2008.

[25]　廖肇达. 喷泉设计技巧分析［J］. 河南水利与南水北调，2011（22）：29-30.

[26]　张伟迪. 喷泉水景艺术和控制技术的互动式研究［D］. 硕士学位论文，西安：西安建筑科技大学，2008.

[27]　宋醒. 瀑布景观赏析与设计［J］. 中国园林，2004，20（7）：29-32.

[28]　吴践明，杨树永. 浅谈景观瀑布设计［J］. 西南给排水，2010，32（1）：36-37.

[29]　王非尘. 浅谈喷泉景观中的灯光设计［J］. 演艺科技，2011（1）：55-59.

[30]　崔彦波. 浅谈园林水景中动水的设计与施工［J］. 现代园艺，2009（5）：61-63.

[31]　茹一婷，张旭，宋力. 浅析居住区人工湖景观设计——以雨润黄金海岸人工湖设计为例［J］. 沈阳农业大学学报（社会科学版），2011，13（1）：100-104.

[32]　孙斌. 浅析我国城市广场水景观设计［J］. 美与时代（上半月），2010（5）：56-58.

[33]　张琪，姚明甫. 人工瀑布的设计探讨［J］. 现代园林，2010（4）：61-64.

[34]　徐元德. 人造景观喷泉水形的选用［J］. 中国建筑金属结构，2007（3）：41-43.

[35]　吴鑫. 山地公园节约型水景设计研究［D］. 硕士学位论文，重庆：西南大学，2009.

[36]　丁静雯. 上海城市综合性公园水体形态与水景特征研究［D］. 硕士学位论文，上海：上海交通大学，2013.

[37]　徐枫. 生态、景观与水利工程融合的河道规划设计研究［D］. 硕士学位论文，福州：福建农林大学，2011.

[38]　蒲晓东，张彦德. 水景观及其文化价值［J］. 河海大学学报（哲学社会科学版），2009，11（2）：10-12.

[39]　茹克亚·吐尔逊. 水景观可持续发展对策探讨［J］. 现代农业科技，2010（7）：235，248.

[40]　彭弟周. 水景照明设计中的灯光文化［J］. 现代装饰（理论），2013，（4）04：115-116.

[41]　庄晓敏. 水利风景区水文化挖掘及载体建设研究［D］. 硕士学位论文，福州：福建农林大学，2011.

[42]　黄明君，张金平，马铭. 水利建设应兼顾其自然景观和水文化［J］. 山东水利，2007（6）：68-69.

[43]　刘树坤. 水利建设中的景观和水文化［J］. 水利水电技术，2003，34（1）：30-32.

[44] 胡芳筠. 水利建设中的水景观与水环境 [J]. 中国新技术新产品，2009 (19)：46.

[45] 于开宁，孙平，孟亚明，等. 水文化传播的内涵及其与水利风景区建设的关系 [J]. 前沿，2010 (19)：188-190.

[46] 于开宁，孙平，侯宪龙，等. 水文化传播与水利风景区建设 [J]. 江南大学学报（人文社会科学版），2010，9 (2)：75-79，105.

[47] 梁标. 水文化的内涵及其对水利事业发展的意义 [J]. 沿海企业与科技，2008 (10)：25-26，24.

[48] 丽殷，张保祥，徐征和，等. 水文化与水景观及其在现代水利中的作用——以肥城市为例 [J]. 南水北调与水利科技，2012，10 (6)：137-141.

[49] 赵莉，刘颖，刘晓. 水文化与现代水利 [J]. 水科学与工程技术，2010 (5)：84-86.

[50] 于宁. 探究景观设计中水的艺术表现形式 [D]. 硕士学位论文，成都：西南交通大学，2006.

[51] 魏海波. 武汉市城市湖泊景观塑造研究 [D]. 硕士学位论文，武汉：华中科技大学，2006.

[52] 马天乐. 溪流在园林中的应用研究 [D]. 硕士学位论文，临安：浙江农林大学，2012.

[53] 庞琳. 现代城市居住区水景观设计与研究 [D]. 硕士学位论文，天津：河北工业大学，2006.

[54] 高岩松. 现代城市居住小区的水景设计研究 [D]. 硕士学位论文，西安：西安建筑科技大学，2012.

[55] 李宇. 现代公园静水景域园林艺术手法的初步研究 [J]. 温州农业科技，2005 (4)：16-19.

[56] 毛春梅，陈苈慈，孙宗凤，等. 新时期水文化的内涵及其与水利文化的关系 [J]. 水利经济，2011，29 (4)：63-66.

[57] 莫庆泉. 园林的水景设计研究 [J]. 广东建材，2005 (2)：51-53.

[58] 张敏. 园林喷雾景观的研究 [D]. 硕士学位论文，保定：河北农业大学，2009.

[59] 陈倩. 中国传统文化与水景观设计 [D]. 硕士学位论文，昆明：昆明理工大学，2006.

[60] 唐学山. 中国园林湖岛景观艺术 [J]. 规划师，1996 (4)：34-42.

[61] 张丽丽. 自然流水在滨水景观中的应用 [D]. 硕士学位论文，济南：山东建筑大学，2013.

[62] 王勇. 自然式水景营造研究 [D]. 硕士学位论文，西安：西安建筑科技大学，2009.

[63] 潘召南. 生态水景观设计 [M]. 重庆，西南师范大学出版社，2008.

[64] 刘祖文等. 水景与水景工程 [M]. 哈尔滨，哈尔滨工业大学出版社，2010.

[65] 孟兆祯，毛培琳，等. 园林工程 [M]. 北京，中国林业出版社，1996.

[66] 丁圆. 滨水景观设计 [M]. 北京，高等教育出版社，2010.

第五章
水利工程声光电景观设计

【导读】

在景观设计的过程中，没有哪一种设计可以像声光电景观这样天马行空，任凭思想自由驰骋。 没有哪一种设计可以像声光电景观这样无拘无束，轻松突破前人的壁垒，不断涌现出新的亮点。 也没有哪一种设计可以做到自然和科幻、朴素和绚丽的奇异交织。 声光电景观可以营造不同时间段、季节段、不同空间段的景观，将自然美和高科技展现的美实现完美融合。

声光电景观在景观里发挥的作用，正如微量元素之于人体一样，虽然不占主流，但难以取代，缺一不可。 声光电景观的应用不局限于城市绿地和园林景区。 水利工程中，同样可以通过声光电景观的塑造，有效提升水利工程景观的内涵，丰富景观的层次。 让游客在声景观中汲取文化、陶冶情操，在光电景观中感受绚丽、崇尚科技，让景观作为有机整体显得更有立体感和节奏感。

景观设计师在进行水利工程声光电景观设计时，应结合水利工程的特点和地方人文、自然环境，按照声光电景观设计过程中应该遵循的基本原则、程序和方法，充分吸收前人固有经验，极力发挥个人想象，创造性地进行设计。

本章对水利工程声光电景观设计的原理、方法、营造手段等基础理论进行了剖析。 同时，给出了水利工程声光电景观设计应遵循的一些基本原则和方法，为后续的水利工程声光电景观设计的具体实施，提供理论基础和方向指导。 通过对本章的学习，读者可以对声光电景观所涉及的领域有个初步了解。 本章中，读者要重点掌握声光电景观的分类，水利工程声光电景观设计的基本原则，以及水利工程声光电景观营造的技巧。

声音景观是一种多元、多层次、多功能的景观，蕴含丰富的历史、文化、社会、自然要素。在当今回归自然、欣赏自然，重视优美生态环境建设的历史潮流中，声景学日渐为学者和各级政府所重视，为百姓所关注。

光电景观是对景观元素在色彩上的夸张与重组，用以创造强烈的视觉反差与冲击。电弧灯的发明、"光构成"理论把光引入景观造型领域，使光电景观得以凸显。

再加上现代节能技术和照明技术的发展，光电景观越来越绚丽多彩。通过灵活运用人工夜间照明，以景区的日光效果为参照，人们可以更容易的欣赏到景观的标记和轮廓、轴线与框架，更好地了解到景观的空间结构。

不仅是在城市建设中、生活中需要声音景观和光电景观，在水利工程景观设计中也需要用它们来丰富景观的内容，以深化景观的层次，让游客在声音景观中汲取文化、陶冶情操，在光电景观中充分感受环境绚丽、心情欢畅、崇尚科技，让景观作为有机整体显得更为立体。

第一节　水利工程声景观设计

一、声景观概述

1. 声音

（1）声音的概念　自然界的物体振动与空气相互作用，形成疏密相间的纵波，就形成了与人的听觉有关的声音。声音不是以一个个单独的声响存在的，而是由各个声响共同组合在一起形成的。声音包括频率，音色、音调三个要素，它们是声音的重要属性。

（2）景观声音的特性　声音作为自然元素之一，有它本身许多固有的物理特性，但是在声景观中，由于和周围的环境、其他环境要素相互作用，也会具备不同的基本特性。

① 单体会变为综合体。传统上人们一提到声音，就觉得他们是哪一个或哪一种个别的声音元素，认为它们都是割裂开来的，之间没有任何联系的单体，这些都是对声音表面上的认知和把握。当我们从声景观的角度去研究和考虑时，声音环境是一个综合体，是由许多声音元素组成的结构系统有序、之间有相互联系的综合体。这个综合体里面包括人工声，社会声、自然声等，这些都是组成一个整体空间声环境的必须元素。例如，一个公园里面有树叶哗啦啦的声音，清脆的鸟鸣声音、老人晨练的声音、儿童嬉戏的声音等，正是由这些单体声音元素组成了公园的整体声景观。

② 孤立会变为联系。声音元素作为景观的组成部分，是和周围环境有联系的，并不是孤立存在的。声音元素会因面对的感受主体、环境、空间尺度的大小等因素

的不同而表现出来的直观印象效果有所不同。例如同一种声音，年轻人听了，和老年人听了，对它们的感情影响是不一样的；鸟鸣这种普通的声音，在安静的山谷里和在嘈杂的市镇里的效果又是不一样的。这就是声音的联系性。

③ 从纯粹物理性变为景观审美文化性。以前人们对于声音的研究，大多停留在物理认知的层面上。主要从声音的声级，声频、声传播时间等一些物理特性出发，而忽略了其所具有的社会性、历史性、环境性等特性。景观环境中的声音，人们对它有自己的感情因素及其评价。在听者的印象里面，有好的，坏的、喜欢的、讨厌的、印象深刻的、欢快的等，这些主观感受都带有鲜明的个人感情色彩。景观里面的声音，不仅仅单指人耳可以听到的声音，也有一些历史声，联想声。

2. 声景的概念

景观不是单独由人的视觉体验感知的，而是由包括视觉、听觉、触觉、嗅觉和味觉"五感"的综合体验感知。西方哲学将人的感官依照等级次序进行排序，首先是视觉，其次是听觉。人对于景观的认知85％来自于视觉感官，10％来自于听觉感官。然而在人们的学习经验中，往往把听觉当成主要的，有时甚至比视觉更为重要。

声景观一词是由 sound（声）和 scape（景）组成的，被翻译为声景、声音景观、声风景，是 Landscape（景观）的类推。soundscape 是由加拿大作曲家 R. Murray sehafer 于20世纪60年代末在 *The Tuning of the world* 中首次提出。声景观是相对于视觉景观而言的听觉景观，可以理解为"用声音界定空间属性"。对于声景的定义，有好多观点的存在。有的认为声景观是"音乐所创造的一种虚拟的环境或人类社会所产生的声音，它强调人类社会的影响，即社会声景"；也有人认为"声景是我们在所处环境中听到的所有的声音组成，强调自然环境，强调人们应该维持自然本身的声音，即自然声景"。但是这两种观点并不能截然分开，声景观不是一个简单的、独立的个体元素，它带有社会性、历史性、环境性等意义。一个完整的声景观环境，其构成要素应包括环境中的自然声、历史声、生活声，此外还有交通声、人工声等。声景观是会因感受主体的不同而有所变化的，景观中，设计师将其视为用耳朵这一器官去捕捉和感受的风景。

声景观设计即是运用声音要素，对空间的声音环境进行全面的设计和规划，并加强声环境与总体景观的协调。在传统的声学设计中，一般以人工声为主，而声景观的设计理念扩大了声音要素的范围，涵盖了自然声、城市声、生活声，也通过场景的设置，唤醒记忆声或联想声等内容。它超越了历来的"物的设计"的局限，不仅强调对"声音"的设计和规划,还重视对声音的感受、理解、体验和评价,重视对声音的"价值化"和"意义化"。在以视觉为中心的景观设计中引入声景观的要素后,把景观中固有的听觉要素加以明确的认知和积极的表现,可以更加客观全面地设计景观,通过五官的共同作用来实现对景观和空间的诸多表现。

景观规划设计中的声景设计,有助于平衡城市中的声音环境,让居民及游人从"被动地听"到"积极地去听去联想",提高居民及游人的体验,以丰富景观感受的多样性。同时,声景也有助于视障人士感受到客观存在的"景观"。中国古典园林中江苏省无锡寄畅园的八音洞(图 5-1),苏州拙政园的听雨轩(图 5-2)和留听阁,还有浙江杭州西湖的柳浪闻莺都兼备了声形的优美意境,是古代中国塑造园林声景智慧的结晶。

图 5-1 无锡寄畅园八音洞　　　　　　图 5-2 苏州拙政园听雨轩

3. 声景的特点

(1)声景观具有整体性　在一般的观念中,大众于对声音的理解,通常只集中在声音信息自己本身,是单独进行观察,不思考或者很少思考与周围环境的相关性。但声景观所讨论的则是将声音融入大的环境中,与环境形一个整体。例如,人们置身水利工程景观环境中,时常能听到的鸟鸣声、风吹动树叶的沙沙声、人们的谈话声、孩子的嬉戏声以及河流里的流水声等,这些声音要素和环境共同组成了水利景区的声景观。

声景观的存在并不具有独立性,其与景观空间、建筑、景观小品有着密切的联系。一方面,声音自有的物理特性,在它发生、传播的过程中,自身的物理性质例如波长、频率等随着入射、反射等过程的变化而产生改变,进而影响到人们听觉的主观感受;另一方面,从人群的个体角度来看,对于声音的感受,同时还受到主观因素和客观因素的双重影响,例如儿童的嬉戏声在商业区和远郊的森林中与在学校的操场和城市的道路上，人们的感受肯定不同，这就是声景观研究的一个必要性之一。

（2）声景观具有社会性　从声景观概念的角度来看，声音具有多方面的特征，包括其物理的、社会的、历史的以及环境方面的特征，并且根据个体差异而表现出不同的价值和文化内涵。因此，声音不仅是可以进行分析的物理量，而且还是带有个人情感色彩的文化的、社会的存在。对于同样的一个声音，其受众不同，被理解的意义也可能完全不同，可以相当满意，也可以是完全负面的，更可能是中间状态，或完全无法感知。同时，对环境中同时存在的众多声音，人们往往是有选择性的进行倾听和感知。

声音应该具有自己的社会价值，传统对声音的研究更多的是偏重于它的物理特性，通过定量的方法分析，如对测量统计声压级、声音的频率特性、声音的声波长短以及混响时间等，却忽略了它和环境之间能够产生的历史性和环境性的社会价值。人们通过声音能够唤起某一时刻的记忆，或者对某一场景的回忆。因此，声景观的出现，要求对声音的设计应该根据人群的感受，进行多要素、多重特性的考虑，凸显它所能带来的文化价值。因此声音的社会价值是声景观设计的重要组成部分。

声景观所研究的是多个的声音综合而成的整体声音及其所创造的环境，而不是单个声音的量化值。一是说明了自然声景的声音组合周期；二是声景与不同地区的文化背景和价值观有关，带有鲜明的感情成分，有助于表现一个区域的文化特征，例如少数民族的乐曲；三是声景能够创造空间感，烘托场所感，如教堂和寺庙的钟声、喷泉声和瀑布声等，都很自然地界定了空间，强化了特定场所的归属感和认同感。

4. 声景观的三要素及其相互关系

（1）声景观三要素

① 声音。声音是声景观设计中最主要的元素，根据声音的特色以及功能差异，声音在景观中大致分为以下三类。

基调声（keynote sound）：基调声又称背景声，作为其他声音的背景声而存在，描绘生活中的基本声音。在城市中我们常听到的交通声响为背景声，嗡嗡轰轰作响。而在自然环境或是公园中，背景声则是清脆的鸟鸣或沙沙作响的树叶声。在海边，海浪拍岸持续时不时地带节奏的声响则成为一切声响的基调。

前景声（foreground sound）：前景声又称信号声（sound signal），利用本身所

具有的听觉上的警示作用来引起人们的注意。火警声、救护车声、警车声、汽笛声、铃声等都属于信号声，这些声音往往音量特别大或十分尖锐，而有的信号声则倾向于噪声。

标志声（soundmark）：标志声是具有场所特征的声音，标志声又被称为"演出声"。在电影中，我们能深刻体会到不同场景具有特色的标志声，如钟声和传统活动的声音，是象征某一地域所特有的声响。标志声能够带给人以亲切感，同时也具有时代特征。在进行声景观设计时，如果能针对场地的地域特色和时代背景，适当加入标志声，则非常利于表达景观的特有性格。

② 人。人是声景观的欣赏者，也是声景观的创造者。人在感受周围环境中的声景观时，不是单纯依靠听觉器官直接感受，还通过其他方式间接感受，这种间接的方式主要是指感受者依靠自己的经验和想象完成对声景观体验。人对声景观的感知，不管是出于哪种方式，都与感受者的主客观因素密不可分。

感受者的主观因素主要包括两个方面：文化因素和即时状态因素。文化因素主要是指教育水平、文化背景和生活工作中的听觉体验等。人对声音的选择因个人价值观的不同而具有差异，这是受到个人文化因素的影响，如文化水平较高的人对噪声更敏感和强烈，并对周围环境的质量要求也更高；即时状态因素主要是指感受者在特定的时间和地点，通过感知环境而出现的瞬时心理变化，例如，在舒适的状态下欣赏风景，感知周围环境中声音，感受者忽然联想到一些不愉快的场景，这无疑给感受者带来心理上的负担。

感受者的客观因素主要包括性别、年龄和生理条件等。例如，对于音乐的喜爱类型，年轻人喜欢分贝高，活泼热烈的打击乐、摇滚乐等，而老年人则偏爱于慢节奏的类型，如古典音乐、戏曲等。

③ 景观空间。景观空间，是声波进行频率传输的空间载体与声音发生的场所，若缺失此场所，就难以形成优美的声景观；同时，景观空间是声景观欣赏和感受的场所，它既能创造声音，又能承载声音。声景观所存在的景观空间可以是有形的，也可以是无形的。有形的空间是指我们传统所说的作为视觉空间环境而存在的、创造或承受声音的场所；无形的空间是指由人的双耳去捕捉定位而产生的感受空间，例如人能够对环境中的各种声音效果形成听觉记忆，当声音作用于人耳时，就会产生一种联想空间作用于人的心理，并依据人自身的声音记忆与经验的不同，形成不同的声音感受空间。

（2）声景观三要素间的关系

① 声音和听者之间的关系。人从一出生，就会用眼睛去观察世界，用耳朵去聆听周围。用眼睛观察到的物象，人们可以有选择地去通过睁眼闭眼这个简单的行为来取舍，而听觉这一获得信息的途径一直都很"被动"，各种声音都会通过空气媒介反映给听者。人对声音具有很弱的选择性，选择不听某一声音的同时，也会失去对其他声音的感知。

② 声音和景观空间之间的关系。声音是空间的一部分，声音是环境中的声音，环境又包括了声音的环境。声音是处于一定的环境中的，有它独特的地域环境特性。声音的表现力和感染力也是靠它固有的环境来渲染和衬托的。环境因素直接影响声音所呈现出来给我们的直观感受。声景观设计的一个重要理念就是把许多个别的声音组合成为一个整体的声环境来进行操作。声环境不是孤立的，是作为整体环境中的一个组成要素，环境空间的大小，环境安静吵闹程度、环境色彩构成等都是声音特定的环境因素。人们在聆听声音或者欣赏音乐的时候，其审美感受不只是取决于听觉的感知，还和人们通过视觉以及其他的感官途径对于"在场"环境的感知有关。因此，景观中的声音是受环境影响的，声音的表达离不开特定的环境。

③ 听者和环境之间的关系。听者对于声音的主观评价主要是建立在环境这一要素基础上。听者作为环境的动态要素之一，本身就具有环境的不稳定的特性，主要体现在对于声音的感知是随着环境的变化而变化的。人们传统上对于环境的理解是比较倾向于一种"安静"的，"无声"的，像是一张黑白照片、一部无声电影，通常不会考虑人对于环境的感知。但当人处在一定的环境中，并不仅仅是眼睛在看，耳朵也在听。通过聆听各种声音，与视觉感知互相协同，来完成对环境的理解和体验。

总之，一个完整的声景观，人、声音、景观空间三要素之间应该是相互依赖、相互作用，相互制约的（图 5-3）。声音具有丰富性、变化性的特点，不是一成不变的，会随着环境的改变而改变，继而在特定的环境中表现出自身的特性，如物理性、文化性、社会性等；任何的声音都要通过听者利用自身的器官去感知，听者也会再根据主观与客观因素的影响对声音的特征、效应作出反应，这样才会出现审美活动；

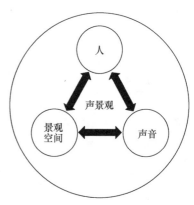

图 5-3　声景观三要素间的关系

环境是声音和听者两要素的载体，没有环境的存在，就不会出现声音景观。

5. 声景的分类

声景元素分为自然界所产生的各类声音、人工制造的各类声音以及人类活动的声音。

（1）自然声景 主要包括水声、风声、雨声等。杭州九溪十八涧景区（图 5-4）的山间步道多次穿越溪涧，游人反复体验水与路面相交的情景，伴随着溪水流过的声音，形成了"曲曲折折路，叮叮咚咚泉"的意境。与沿溪一侧而行的步道相比，十八涧的山泉之声更具吸引力。风和雨所营造的声景多与植物有关，河北避暑山庄的万壑松风处古松参天、松涛阵阵，是著名的以声取胜的景点。杭州西湖的曲院风荷（图 5-5）、苏州拙政园的留听阁，都以欣赏雨打荷叶所发出的声音为特色。而"雨打芭蕉"的声景意境更是在中国古典园林中屡屡出现。

图 5-4 杭州九溪十八涧

图 5-5 杭州曲院风荷

（2）人工声景 如钟声、琴声、人工喷泉声等。钟声帮助产生一定的场所感，如寒山寺的夜半钟声、西湖的南屏晚钟。琴声是中国园林人文景观的重要组成部分，如苏州怡园的东坡琴室、北海的韵琴斋。人工喷泉也是重要的声景元素，如文艺复兴末期的意大利罗马德埃斯特花园的水剧场、水风琴（图 5-6）、百泉长廊（图 5-7）等，

图 5-6 意大利罗马德埃斯特庄园水风琴

图 5-7 意大利罗马德埃斯特庄园百泉长廊

利用各种设备，通过不同的落水方式，发出多种交响乐般的美妙声音。此外，很多人工声景的创造增加了游人与景观的参与性，在西班牙巴塞罗那高迪公园，有几块精巧的音乐砖，分别由几块类似棋盘上的方格组成，每个方格都可以奏出一定的音阶。当游赏者踩跳不同的方格，就会奏出不同的乐曲。

（3）活动声景　人类生活声，如儿童声、运动声、游戏声、集市喧哗声，在特定场合也能构成景观。儿童声通常给人喧闹（吵闹）、温暖的感受，人声通常给人愉快安全、散乱、嘈杂的感受，而运动声通常给人有朝气、有活力、振奋的感受。

二、水利工程声景观设计概述

1. 水利工程声景观设计的原则

（1）保护原则

① 保护场地内原有的自然声音。在水利景观中，虫鸣鸟叫等自然界的声音相对于其他景观环境中较为丰富，也是进行景观设计过程中必须注意保护的。方案设计前，应对规划设计的用地范围进行细致的勘察，了解规划用地范围内原有的生态环境，并尽可能保护场地内的动物、植物，从而有效地保护场地内原有的自然声音。可以通过栽植鸟类喜欢的花灌木等来吸引鸟来达到保存鸟鸣的效果。针对原有场地的特有动物，可以考虑通过安置设施来保存其特有声音景观类型。

② 保护原有的地域特征音。不同的地域，都有着独特的文化，不同的生产、生活方式，在人们生存的空间范围内都有着一些独特的声音，这些声音被称为地域特征音。例如苏州寒山寺的钟声、老北京传统小店中跑堂的吆喝声等。这些都是声景观中的重要资源，必须加以保护引用。

（2）整体协调

① 与现场环境相协调。声景观作为整体景观环境的一部分，是与环境密不可分的。声景观设计也并非是简单地将声音作为一种造景要素直接应用于景观中，更需关注景观中的人和景观的内外环境相适应的关系。在对声景观设计的过程中，首先要对设计场所进行详细调研论证，并将场所内有价值的声音元素挖掘出来，然后围绕着这个价值元素进行创作，进而设计出与景观主题思想一致的声景观作品。

在动物声引进方面，也要主要与环境的协调。过多吸引动物，也是对环境的一种危害。例如，果实成熟的季节，尤其是浆果类植物，成群的鸟集结在树上，地面上满是从树上掉落的果实与鸟类的粪便，影响环境卫生，游人更是不敢踏足。蝉本身就是一种害虫，少量的蝉可以帮助营造意境，但如果蝉过多，会严重影响植株的生长，尤其在盛夏期间，白天景区蝉声阵阵，犹如闹铃，令人讨厌。因此，在吸引动物营造声景的同时，也必须加强虫害的管理工作。

② 听觉景观与视觉景观的协调。视觉能客观地感受环境，较理性；而听觉则常带有更多的主观色彩，更感性，这是因为声音本身的持续性特点使其具有节奏感和造型感。视觉与听觉相结合，两种感官体验相互碰撞，相互诠释，可以表现出美妙优雅的艺术效果。故视觉景观设计与听觉景观设计相协调，才能设计出较为完整的景观环境，但具体布局中也要符合章法，符合美学原则。

听觉景观和视觉景观存在着以下三种关系。

融合——听觉景观与视觉景观有统一的主题、基调；

对比——听觉景观与视觉景观有对比的主题、基调；

互动——相互之间随对方改变而改变。

针对不同的风景，不同的主题，视觉景观和听觉景观有不同的组合。有的需要相互协调，使某个主题得到加强，如用溪流潺潺的水声与郁郁葱葱的山景相配合就很有意境；有的则用对比的手法，即用自然的声音配上人工的视觉景观；而有的景观中加入了声音的元素后，使人的听觉和视觉互动起来，如音乐喷泉，水柱随着音乐起伏而摇摆委婉变形，听觉和视觉互相诠释，声音和画面互相印证，使景观的个性更加突出。景观和声音的谐和度越高，视觉与听觉相互作用越易产生共鸣，印象评价也就越高。

（3）因地制宜　声景观作为现代景观设计中一种新的景观体验途径，一定要体现地域特色，并围绕不同的水利工程类型和景观主题进行声景观设计的构思，同时，要注意区别于传统社区公园的声景观设计，做到因地制宜。例如在海滨水利景区，可以通过声景观体现出"千里莺啼绿映红，海鸥伴云飞"的景观效果。

（4）人文关怀原则

① 对视障人士的关怀。标识导向系统的规划设计，以前主要集中在视觉导向和触觉导向两个方面。视觉导向包括景观柱导向、色彩导向、灯光导向等；触觉导向包括盲道导向，触摸墙导向等。对听觉这一导向系统研究匮乏，人文关怀性不够。景观是向全部大众开放的，应该考虑到视障人士的体验感知需求，可以通过电子声乐导向系统或者自然声景的规划设计来弥补和完善绿地通用设施的设置。

② 对老人和儿童的关怀。在声景观的设计中，可以有意识地针对老年人喜欢安静的特点增加静谧空间的设计，降低空间的声级与增加自然声的比例等。儿童喜

欢热闹欢快的空间，在声景观的设计中，针对不同年龄段的儿童，可以通过广播系统播放儿歌，也可以播放动物声，调节情趣的同时，也起到了对儿童的认知教育。针对孕妇这一特殊群体，一定要避免尖锐、刺激性较大的声响，在声景观设计这个主题上，可以考虑设计一个孕妇专题声响园，增加她们之间的交流，也会使园林绿地充满人气，人文关怀也恰到好处。

2. 水利工程声景观设计步骤

（1）现状分析　对现状在视觉和听觉上分别进行分析。在对现状进行传统的踏勘的同时，对现状的声音进行记录和研究。首先，判断现状声音由哪些声源构成，分别来自于哪里，距离感受者有多远的距离。其次，判断声音是自然的还是人为的，哪些是特别的、具有场地特色的，哪些是乏味的、嘈杂的；最后对声音产生的心理效应进行分析，分析在感受地所能听到的声音给人们带来何种感受，是否能引起人心理的变化，是令人愉悦的，还是令人烦躁不安的。景区尽可能避开工矿企业、会所和交通要道，要与山体、水利工程紧密相连接。

（2）制定目标和原则　在对现状进行分析的基础上，思考景观中需要保留哪些声音，需要消除哪些与场所无关的噪声，以及需要增加哪些与环境相配的声音。考虑对声源的处理方式，并对传播媒介进行设计。

（3）声景创作构思　听觉景观的设计与视觉环境设计有本质区别，它超越了制造或消减声音等对声音个体的"物的设计"，而是对景观整体被人感知的意象和意境的设计，是整体的设计。

① 空间功能区的划分：根据不同区域的功能和空间结构，同时要考虑声音元素，为场地划分区域。如依据声音的特性及含义，将声景观空间划分为自然声景观区、运动声景观区、文化声景观区等，让游人在不同的功能分区中感受到不同的声景观氛围。或者根据声音环境的安静或热闹程度，将声景观划分为热闹区、缓冲区、安静区等，通过合理布局，人们可以各取所需，在安静的环境中放松心情，在热闹的环境中尽情嬉闹，以满足不同游人的心理需求。

② 为各分区定出声音主题：对不同场地的使用者及视觉与听觉的关系进行研究，定出各分区的声音主题。

③ 按声音主题确定营造的声音氛围：在声音主题的基调上，添加或减少其他的声音，构建和谐的声音"交响乐"。

3. 声景观设计原理

（1）声音的感知　近代的感知理论认为，感知完全或很大程度上由外界刺激特性决定。影响声音感知的因素有以下几种。

① 外界的刺激。一定的刺激对于某些人来说，开始通过听神经传递会产生强烈的反应，谓之"激应"。当这类刺激重复多次后，原先的反应即会逐渐降低以致消失，此时这个人已习惯了这类刺激，对此习以为常。例如，某些人习惯于在很吵闹的环境中工作，如果噪声一旦消失，他们反会感到某种不自在。

② 人的注意力的选择性。人的注意力本身有很大的选择性，同样的环境，不同的人由于其注意力集中在不同的方面，感知到的东西也有所差异，特别是在注意力集中于某些方面时，对其他方面往往可视而不见、听而不闻。

在我们的生活中存在着丰富而多元的声音，有的使我们感到愉悦，而有的却使我们烦躁不安，它们共同组成了我们的声音环境。我们日常感知到的声音大致有三类：即自然声、人文声和社会杂声，我们对各种声音的心理感受，通常随着声音物理特性的不同而有很大差异。

（2）听觉景观空间布置方式　我国古代绘画布局重视透视规律、用线规律、空白规律等规律。一是透视讲究近大远小、近繁远简、近实远虚、近明远浊。宋代郭熙侧重的山之"三远"，即平远、高远、深远的程式运用，掌握"无深远则浅，无平远则近，无高远则下"的三远透视规律。二是用线表现物景的体积和空间，运用笔墨与用线的功法技巧，通过不同的对立变化，寻求与表现物景的气势与神韵、体积与空间、平衡与协调等，如用线的明细暗粗、明晰暗浊、近粗远细、近密远疏、近浓远淡等，以构成景物的整体感、体积感与空间感，通过线的勾勒、皴、擦及用线的起、承、转、合形式，表现峰峦高低、前后穿插、弯转回旋的龙脉与气势及山石上面的阴阳向背，凸凹结构，以构成空间感、立体感。三是运用画面留白，以此平衡画面，调节重心，"知白守墨"，达到情趣、意境、透气、神韵、生动。

对听觉景观进行空间布置，我们可以从分析游赏方式入手。借鉴日本园林的游赏方式，按视点的固定和移动分为三种形式：定视式、露地式和洄游式。定视式是指从某一固定位置观赏庭院，注视感强烈，呈现绘画性的、静止的景观；洄游式是指可以沿循环的路线观赏园内各个部分，园林对于观者本身来说呈现立体的景观构成；露地式是介于定视和洄游之间，沿着固定、单一的方向移动，呈现连续的景观空间构成变化。

当我们在某个景点观赏时，就是定视式，我们布置声音位置时，需要按照透视原理，可将声音像画面那样分成远景、中景和近景，分别在距离观赏者不同位置和方向的地方播放声响，从而增强画面的层次感和虚实感。例如，在远景中是树叶的沙沙声和风声，偶尔配上一些鸟叫声，在中景中加一些水流的淙淙声，近景则为游客自身所发出的交谈的声响。

景观常是由观赏者在运动中感受的，单个景观的观赏不如景观序列的积累效果来得好。当视点跟着脚步移动时，移步异景的体验比视点固定的定视式游赏更具趣味性，使人流连忘返。采用露地式的方式游览，观赏者是沿着固定、单一的方向移动的，这就好像设计者在向观赏者描述一个故事。故事有开端、发展、高潮和尾声，听觉景观空间布置也要有这样一个发展的过程，让人有一个享受景观环境的过程。当采用洞游的方式时，观赏者的移动方式是多方向的，有更多的选择，我们可以划分不同的区域布置听觉景观，突出各景区的不同特色，以满足人们的不同需求。

三、水利工程声景观设计方法

根据声景观的定位，声景观设计手法一般分为正设计、负设计、零设计。

1. 正设计

正设计就是利用一定的技术手段和声音原理，在原有的声景观中设计添加新的声音要素，或者强化原有的协调的、好感度高的自然声音，使听者可以主动去体会优美声音，而不是被动地去接受声音。声景观的正面设计可以借助以下方法来实现。

（1）借声　"借声"是借景的一种形式，是声景观设计的一个重要手段。在水利工程景观中，水声、风声、橹声、渔唱都可作为一种"音画"被借用到景观环境之中，利用声景引起视觉联想，从而产生更丰富、更有层次的美感。

"借声"在中国古典园林中具有广泛的使用。苏州藕园的"听橹楼"借助了园外河上的橹声。扬州个园的冬山背后的墙上有很多圆孔——风音洞（图 5-8），微风吹过会发出"呜呜"的声音，让人联想到呼啸的北风，渲染了一种隆冬的气氛。无锡寄畅园的"八音洞"也是因为不同落差的水发出不同的声音而著称。

（2）补声　由于历史变迁、自

图 5-8　扬州个园风音洞

然因素缺乏等原因会导致声景的流失或暂缺，补声能够完善景观感受，增加景观的场所感，赋予景观浓厚的地域色彩。如拙政园的"听雨轩"，在没有雨的时节如何让游人体味其中的意境呢？可以循环播放一些"雨打芭蕉"的声音，以弥补和增强游客的感受。

澳大利亚布雷的海湾前滩公园原来是个造船厂，代表船身的范围内总是播放码头的声音。另外，在一些船下水的地方，下方也会发出模拟船下水的声音，像这样补充的声景将有助于体现生动的历史氛围。

（3）反衬　"蝉噪林愈静，鸟鸣山更幽"，正是由于蝉噪、鸟鸣更使人感受到寂静的存在，这是一种反衬现象。

中国古人常通过密植植物，或选址偏远来求取远离尘嚣的幽静之所，在此处欣赏风声、水声、虫鸟啼鸣声，这里就是运用了反衬的设计手法。

王维是富于视觉空间感的诗人，但他在辋川别业（王维在终南山下的居所，辋川有胜景二十处，下文"鹿柴"是胜景之一）中也很强调声景。《鹿柴》诗云："空山不见人，但闻人语响"，他通过"人语响"来确证"空山"的具体性、真实性。夜登"华子冈"，王维不但看到"寒山远火，明灭林外"，而且听到"深巷寒犬，吠声如豹"，这是借助于听觉来领略空间的广度和深度。

（4）汇声　单独孤立的听任何一种声音，时间长了都会厌烦。景观中更多的是对各种声音的综合利用。景观规划设计师的任务是合理搭配声音，与其他感官相结合，形成最赏心悦耳的声景。

北京颐和园的谐趣园中，逐层跌落的流泉"玉琴峡"附近栽植了大片竹丛，风动竹黄其声如碎玉倾洒，配合流水叮咚，为整个园区增加了一份诗情画意。

法国巴黎的拉·维莱特公园中的"竹园"低于原地面 5m，既为竹子生长创造了适宜的环境，又减小了外界的喧闹对竹园的影响。设计师借鉴意大利原来的水剧场，利用斜坡和竹林环绕的两端半圆形的、带有壁泉和格栅的墙壁，将轻风吹拂的声音、竹叶的沙沙声和潺潺的流水声汇聚在一起，似乎创造了聆听自然之声的"音乐厅"。

2. 负设计

所谓负设计，是指在景观中，利用人工手段去除或者降低在声景观中与环境不协调的，不必要的、不被希望听到的声音要素。在景观设计中，负面设计主要针对噪声，包括交通噪声、施工噪声、生活噪声等。

噪声是一种物理性和心理性污染物，属于令人不悦的声景。通常人们能忍受

45dB 以下的噪声。防止噪声有若干种方法。除了采用屏蔽的方法去除或削弱噪声，例如利用绿色植物作隔声屏障，起到防尘减噪作用；另一种方法是用其他悦耳的声音淹没噪声，例如利用水声缓和城市街头杂乱的噪声，这就是"掩声"。

（1）绿色植物隔离屏障 根据声原理，声音的传播主要靠声波的向外扩展，噪声也是如此。当噪声声波遇到障碍物之后，就会被阻隔或者强度遭到消减，噪声影响结果也会变小。当噪声声波碰到树干时，使声波破碎并分散出去，分散出去的声波又会遇到树叶的振动作用变得更加微弱（图 5-9）。此外，研究证明，植物树叶结构的特点注定它可以对噪声进行吸收。所以，在绿色植物隔离带上的设计，宽度越宽，效果会越好。选择单一植物种植时，可以选择质感较强，生长密度较大的植物品种，如法青、黄杨等，通过修建与管理，可以形成能够围合一定空间的绿篱，对中小场地的隔声效果较好。多植物品种选择时，尽可能地采用乔、灌、草结合的多层次种植方式，最大可能地吸收噪声的同时，也创造了美的景观效果。

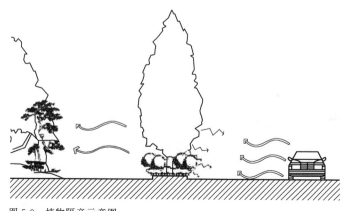

图 5-9 植物隔音示意图

（2）堆积人工地形进行阻隔 这种措施常用于交通干道隔音或者位于城市中心位置水利景区隔音中。城市发展迅速，交通也变得拥挤紧张，带来了交通噪声已经不可避免。在城市水利工程中，道路绿化设计中，常将机动车道与滨水景观带、非机动车道之间的绿化带放宽，其上人工堆积地形（图 5-10），作为隔音屏障，效果良好。

（3）隔音吸音新材料及产品的应用 隔音材料及产品在防治噪声方面具有很重要的地位，欧洲对其在园林景观规划设计中应用的较早。它主要是由水泥、天然石材、矿物质还有其他一些非污染性的化学材料组合加工而成的，具有生态性好、降噪功能强、可塑性强、经久耐用的特点。设计师可以根据自己的设计想法将它设计

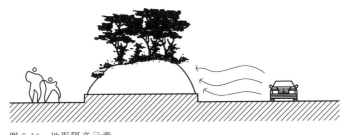

图 5-10　地形隔音示意

表现出各种形状，各种色彩、各种质感，以放置和安装在不同的环境条件里，起到阻隔噪声的同时，也创造了视觉美感。美国迈阿密飞机场的吸引墙就是声景观中新材料应用的典型例子。建于迈阿密国际机场北部边界的这堵吸音墙由玛莎·施瓦茨设计，长约 1.6km，沿第 36 街的走向而建。施瓦茨采用负设计的听觉设计方式，设计出色彩丰富而有趣味性的吸音墙，它在具有视觉美感的同时起到了阻隔噪声的功能。

　　（4）设计好的声音对噪声进行掩盖　在水利工程景观环境空间中，比较常用的手法是用水声掩盖交通噪声。因为水的可操作性比较好且资源丰富。可以根据现有地形设计不同的水景，如瀑布、喷泉、跌水等。美国波特兰市的伊拉凯勒水景广场（图 5-11），就是利用高低错落的瀑布的流水，下落后打击在池底的平台上发出的水声，从而借以掩盖周围的噪声。

图 5-11　美国波特兰市伊拉凯勒水景广场

　　同样，位于西雅图市中心先锋历史广场区，最吸引人的地方是位于角落的瀑布。水流激荡在高低错落石头上，以此掩盖城市的各种噪声。上海五角场下沉广场位于五条路成交叉处，广场利用喷泉环绕广场，以掩盖和减弱上方交通所产生的噪声。

3. 零设计

声景观的零设计就是把声景按照原有状态保护和保存，不进行任何的修改和变动。零设计所针对的声景类型，是原有自然的、声响效果较好的自然声景或者风景名胜区的声景。设计的主要目的有两个。一是把原有的声景进行保护；二是让人们主动去聆听和感受被保护和保存下来的声景。对于声音的感知和体验，是通过我们的听觉器官对声音特征的辨识才出现的。景观设计师在具体的景观设计中，可以结合现有场地中声音的特征和周围的环境氛围，来创造丰富的声景体验空间，从而使得游人得到全面的感官体验，也强化了游人对场地的认同感和归属感。

由 KuoRokkaku Architect & Associate 设计的 Shiru-ku Road 公园体现出零设计的听觉设计手法，其对公园原有的自然声响不做任何更改，而是设计一些声音装置来收集自然声音。这些装置形态各异，吸引了很多儿童，增强了他们与大自然亲近的经验。

四、水利工程声景观营造

1. 水声

水是水利工程的重要元素。水根据其特征可分为四种基本类型，即"流""落""滞""喷"，而除了"滞"以外，其他三种类型都是"动"水，水的不同运动形式形成了不同的音响，或叮咚，或潺潺，或哗哗，或汩汩。因此，在水利工程景观建设中，注重对"动"水的造景作用，不但可以营造引人入胜的视觉景观，而且可以创造出令人流连忘返的声音景观。水的音律之美有以心理时空融会自然时空的特点，从而将水元素在景观中的作用提升到更高的精神层面。

"流"：是水景中一种最为常见的形式，无论江、河、溪流等都是流动的，这种流动，象征着活力，给人以生生不息的力量。依靠流水流动过程中自身振动产生的声音相对较小，在噪声较多区域甚至不能很好听辨，可在水体中错落放置高低、形状、大小不一的石体，水在流经时撞击石头时水和石头同时发生振动产生更大的声音。根据这种原理，适当的设置水的弯道不但能较好的利用自然地形地势和增加视觉的美感，同时也能产生更加美妙动听的流水声景。

"落"：是水景的另一种重要形态，落是由高差决定的，从自然的瀑布演化而来。在水利工程景观中，利用大坝排洪、现有的地形高度差或是人为制造高度差都能模拟自然的瀑布、叠水的效果，营造"静中有动"氛围。小水量的落水，可以依墙壁缓缓地滑落，像窃窃私语，给人以宁静的动感；悬空设置的大水量落水，可以起到震撼人心的声响效果。另外，"滴"水设计巧妙地运用于洞体风景、室内风景之中，可以创造出独特的空旷神秘感。此外，在人为制造高度差的基础上可以合理设置流水经过的悬崖峭壁，造成水流直接或层次跌落，此情此景，跌宕起伏，颇有诗意。当然，也可以在景区坡体上利用石、木、竹等材料架起高差，这样在造成"落"水声景的同时也能表现视觉景观的独特性。还有，比较平缓的景区可以通过水车、水泵等向高处引水从而制造水的高差而形成"落"水。

"喷"：是当今水景设计中运用最多的一种手法，同时也是最为复杂的一种形式，象征着"水流涌动"。喷分为小涌泉、喷泉、射流等多种形式。小的涌泉，水声不大，是一种声音效果较为恒定的喷涌方式；喷泉和射流比较富于变化，水流速度的急、缓，水量的大、小，高度、角度的变化等都能产生不同的水声效果。

无锡寄畅园内的"八音涧"即是一处水声优美的景点，它将流水的音响比喻成金、石、土、革、丝、木、匏、竹八类乐器合奏的优美乐谱。它利用园外原有泉水，通过丰富的设计手法，使得水系的结构丰富活泼，有水池，有瀑布，有溪流，有泉水，有动有静，加上绿化点缀，山林意境，自然醇厚，更使游人觉得意趣盎然。

2. 风声

风是流动的气流，气流的大小，体现出风力的大小。风声的大小和周边环境的不同能给人以不同的感受，如"春风拂面，鸟语花香"等情景，给人以一种愉悦的感受。景观设计中，风声的营造主要运用"借声"的手法，借风之元素，借其他万物。在中国造园艺术中经常借自然风声与墙体、松林、竹林等园林要素相结合产生的洞音、松涛之声、竹籁之声等来营造和传递不同的意境。如承德避暑山庄的"万壑松风"景点，就是根据"万壑松风"这个意境来创造的。

景观中运用最多的风声是风吹树叶发出的或重或轻的沙沙声。一般适宜在春、夏、秋三季聆听风声。日本研究者发现，针叶林必须在强风下才能发出声响，而阔叶林只需微风就能发出声响，竹林比阔叶林更容易发出声响，而且竹林发出的声响比起阔叶林发出的声响更能映衬环境的寂静。此外，针叶林中的鸟声没有阔叶林中的鸟声频繁。因此，在景观中营建听风环境，首先应选择叶片大，叶柄长的落叶阔叶林或竹类植物，如杨树、紫竹等，除了春夏季节能够提供足够荫凉，便于听风外，秋季落叶在风的作用下还可以形成另一种声景。景观建筑的设计营建中也可运用风声创造意想不到的特殊效果。如江苏扬州个园的冬山庭院为了渲染北风呼啸、白雪皑皑的寒冬意境，特意在庭院的南墙上开了一系列的小圆孔，每当微风掠过，发出的声音的确宛如呼啸的北风。

3. 雨声

"雨打芭蕉淅沥沥""留得残荷听雨声""听雨入秋竹，留僧覆旧棋"这些脍炙人口的佳句，分别描述了雨在芭蕉、荷花和竹子上的声音，或潇潇，或沥沥，或点滴在心，充满雅致的韵味。在水利景观设计中设计好"雨声"景观也是必要的，在建筑窗台下，景观廊架前种植叶片肥硕的植物，如以上三类植物，或是芋科、莲科的植物，周围布置密度高的树木，雨季即可不时听到不同雨量冲击下的声音。

水利建设形成的大面积水域是倾听、欣赏雨声的良好场所，雨滴与水面的碰撞形成点点涟漪，伴随雨点落下的声音，会有"大珠小珠落玉盘"的音效，十分淋漓畅快。因此，在湖面和池塘边修建水榭是必要的，这样便于游人欣赏大雨和急雨的声音。

4. 利用熟悉的声音

熟悉的声音能够让人们感觉舒适；反之，如果是从未听过的声音种类则会引起人的恐惧、不安和厌烦。当然，这并不意味的所有空间的声景都是相似的，声景的地域特征显得更重要。

生活声的设计：生活声中，大部分声音可以代表特定地域的文化，选择这些富有文化内涵的声音结合当地特征景观营造声景观，贴近生活、比较真实生动，可以激发人们情感的共鸣，唤起人们关于往事的回忆，使游人情景交融，继而有形的物质空间和无形的精神感受融为一体，达到景观设计的最高境界。例如，在水利景观中可以结合当地水利文化，如祭水等民俗营造具有特色的、朴素的生活声景观。

针对具有地域特征的生活声景观的设计，应该有两个先期条件。一是所使用的声音元素和文化元素能被大众普遍认识和接受，只有人们普遍熟悉和认同的文化与声音才能引起共鸣，"曲高和寡"的元素应用，会显得陌生，将不会被青睐。二是应用的文化与声音应该是可以被传承的。文化情感经过长久时间的沉淀而积攒为内涵丰富的文化底蕴，这种文化与声音经过连续的传承，经住了历史的见证和考验之后，才能为后人运用甚至被创新。

5. 引入元素

（1）引入植物　植物不仅能通过与风等元素相互作用产生声景，还能提供野生动物栖息地所创造的声音。不同大小的树叶、不同硬度的树叶经风吹过会产生不同的声音，而不同的树种也能提供不同种类的动物栖息地，这对于声景和生物多样性也是十分有益的。风吹过发出明显声音的植物、鸟类喜好的花果植物和吸引鸣叫昆虫的植物是首选。

（2）引入动物　在中国园林景观中，动物的叫声是一道独特的风景，常取虫鸟鸣叫来营造独特的气氛和含蓄的意境。水利景观中良好的自然生态环境是动物良好的栖息地，可利用这一优势吸引动物聚居，从而营造优美的动物声景观。动物声主要来自鸟禽、鱼、蛙、蟋蟀等小动物和昆虫，它们都需要理想的树林和水际环境栖身。植物品种选择以及水系岸线的线形设计对动物尤为重要。

① 创造良好的自然环境来保留和吸引动物的栖居和聚集。我国拥有丰富的种质资源和生物多样性。因此，在水利工程景观绿化中可以大量选择适应性、抗性、耐性较强的园林植物进行栽植，做好野生动植物的引种、驯化、培育工作。另外，就是要在景观设计前期阶段做好充分的现场调研，在项目实施之时，尽量对原有环境做到最小程度的改变和破坏，保持原有的生态平衡，从而维持原有的动物声音生态链。景观中最为常见的动物声景观就是鸟鸣，可以采取种植一些鸟类比较偏好的植物来吸引他们聚集到设计地点，创造声音景观。

② 采用科学的人工放养。由于相对可控性比较好，现在大多数的景区和公园普遍采用这一手段来创造丰富的动物声音景观。如老北京城里，一些鸽子的饲养者，只要是发出召唤鸽子进食的声响，这些鸽子就会成群的飞回来，落地之前在空中发出阵阵嗡嗡声，能够勾起人们对于老北京生活的回忆与怀念。值得注意的是，人工放养的动物种类、数量、放养形式等，应该采取切实有效的手段进行严格控制，人们在享受良好的动物声景观的同时，还可以近距离的观赏动物，一举两得。

（3）引入特殊材质　不同质感的物体相接触会产生不同的声音。如人的脚步声，踩在木头、石板和落叶上的声音均不相同。在现代景观中运用陶瓷、亚克力、塑料、不锈钢、玻璃、膜结构等新型材料，可以使得声景观更加丰富，在进行水利声景观设计的过程中，可以根据需要选择合适的材料，以满足设计需要。

① 自然声的模拟。现代社会中，虫鸣鸟叫离我们越来越远，甚至从城市居民的听觉感受中逐渐消失，景区中的人头攒动，也让游客很少有机会听到细微的虫鸣。基于现代电子技术，使得我们可以对自然声音进行模仿和再创造。在条件不能满足实现自然声音的情况下，我们就可以用电子技术等人工手段来完成模拟，从而营造出生动有趣的声音环境，给游客制造优美的声景观，这在城市水利工程中尤为重要。城市的钢筋混凝土不能有效的集聚鸟类等动物，模拟自然之声往往能弥补这一缺陷，具有意想不到的效果。例如在城市水利工程景区中的滨水绿地中模拟自然鸟叫，人行走于树林间，耳边鸟鸣声、水流声时隐时现，那种幽深幽静的意境顿然

而生。又如日本有一块交通广场，就是把电子声乐设备安装到广场的 12 根景观柱中，制造出"声柱"，每根"声柱"会发出不同的调子，这些调子搭配组合到一起制造出微妙的滴水声，从而使人们联想到印象中各种不同水流的景象。这里创造了一种流水的意境感受，却不需要现实水体的视觉景观存在。这在水利工程的入口硬质广场中可以借鉴，给人营造一种"未见其水，先闻其声"的感受。

② 乐器声的应用。乐器演奏声很早就和园林结合到一起了，尤其是琴声。在中国历史上，琴声和园林结合在一起的纪事在汉代就有记载。有《汉书·五行志》为证："榭者，所以藏乐器园林建筑"，可见当时榭这种园林景观建筑已成为收藏乐器和进行音乐活动的场所了。"此曲只应天上有，人间能得几回闻"，这种听觉感受在优美的景观环境中表现得尤为强烈。苏州退思园中有"琴台"一处景点，窗前小桥流水，隔水对面设有假山小亭，东墙下幽篁弄影。在此处弹琴，自然有高山流水之趣。

6. 多层面设计

声景设计不仅要考虑空间和设计手法，还应包括意识层面、活动层面、土木层面、单体设施层面和音响层面。提倡通过听觉识别地域特征，展开对声环境的保护、利用和创造，合理安排土木设施规划，增加利于声环境的建筑物和设施的设计。

第二节　水利工程光电景观设计

光是一种电磁辐射能，是能量的一种存在形式。当一个物体发射出这种能量，即使没有任何中间媒介，也能向外传播，这种能量的发射和传播过程，就称为光线。

光，常被认为司空见惯却又虚无缥缈，由于其属性的捉摸不定，较少被纳入景观规划设计的范畴，而相关艺术门类如建筑、摄影、室内设计等，对光已有相对成熟的应用和研究。其实，早在古代的景观设计师就自觉或不自觉地运用着光，但其在现代景观设计中缺乏足够的关注。光作为一种景观元素，对景观功能的完善、艺术审美、意境营造等有着很好的启发作用，故光景观的应用对丰富景观内容有积极的现实意义。

景观设计中，除了地形、植物、建筑、水体等有形的实体设计要素外，光影这种无形的设计要素不仅是实体要素的附属品，而且是互相依存、互相制约的。许多造景材料的选择与构筑物形体的塑造都是为了凸显其光影的视觉特征，只不过设计师在设计过程中将光影看成是一种不变的基础条件，对其无意识的利用。光影是使景物可视、可感的基本条件，其巨大的艺术渲染力更给其他要素增色。特别是在现代景观设计中，光与电的和谐统一，为景观氛围的营造提供了多样化的技术手段。

根据发光源的不同，光可以分为自然光和人工光。

自然光是一个复杂的，不断变化的综合环境光。自然光在景观设计中的应用主要是借助光影对景物的视觉呈现规律，通过对采光的控制以及与其他设计要素互动刻意呈现出色彩与质感，让空间变得可观可感，满足空间的功能需求、精神需求、文化需求。

人工光即是人类创造的光源，包括烛光、灯光、烟火、激光等，种类非常丰富。电光源是现今最主要的人工光源，它的光谱构成远没有自然光丰富，会出现比较明显的色温倾向。如白炽灯缺少光谱端的蓝光，呈现偏黄的光色；白色日光灯则缺少红、蓝和紫光，使得灯下红、蓝、紫色的物体出现偏色。

在设计表达中，Peter Zumthor 比较自然光与人工光时称："不得不承认，照在事物上的自然光线是如此感人，以至我感到自然光具有一种精神的质量。"相比自然光影与生俱来的这种精神感染力，人工光似乎稍稍逊色。但是人工光扩展了人们夜间活动的空间与时间，设计的可塑性较强，并展现了一种科技的力量，同时人工光也可以通过对自然光带给人的视觉经验的模拟来表达特定的情感氛围。鉴于人工光具有更丰富的多样性，以及其可控性较强，本书主要从现代人工光电景观入手，介绍水利工程景观设计中的光电景观设计。

一、光电景观概述

光电景观是指以建（构）筑物、园林绿化、道路、水体等人造景观为载体，通过灯光及其投射、勾勒、映衬、造型等手法来体现和塑造景观形象的泛称。随着现代电子科技和光电技术的发展，园林造景设备更加智能、节能，元素也更加丰富，同时，在新技术的支撑下，灯光艺术也得到了长足发展。灯光艺术是综合性的、多方位的，它给人的感觉远远超出了视觉的范围，这种感受是全身心的，是从感官到心灵的。灯光艺术是灯、光、物、影的综合，是不同空间由整体到局部的综合，是与不同艺术形式的综合。灯光除了照明的功能外，在景观设计中合理组织运用灯光，通过一系列灯光手段，将人置于刻意营造的灯光环境之中，将营造出一种似真似幻的氛围。

了解光电景观设计，首先必须了解光电景观中的一些基本概念。

1. 影

影与光是相伴而生的，是一对密不可分的组合体。景观设计中的影包括两个方面：一是指阴影，即光线沿着直线传播遇到障碍物后所产生的阴暗轮廓（图 5-12）；二是指剪影，即人在逆光状态下所看到的形态明显但没有影调细节的黑影像，如中国古典园林的飞檐在逆光时产生的剪影别有韵味（图 5-13）。

图 5-12　阴影

图 5-13　建筑剪影

2. 剪影照明

剪影照明也称背景照明法，利用背光照明将被照景物和它的背景分开，使景物保持黑暗，并在背景上形成轮廓清晰的影像照明。

3. 层叠照明

层叠照明即选择性照明，对景观中最精彩和富有情趣的部分进行重点照明并对其他部分保持黑暗的照明方法。

4. 月光照明

月光照明就是将灯具安装在高大树枝或建筑物上或空中，模拟朦胧的月光效果，并使景物在地面形成光影的照明。这种照明效果比较自然和柔和。

5. 轮廓照明

廓照明就是用线光源（串灯、霓虹灯、美耐灯、导光管、LED 光条、通体发光光纤等）直接勾画景物轮廓或用窄光束照射景物边缘，从而起到勾勒轮廓、表现形体的作用。这种照明方式多用来表现景观建筑的外形轮廓。

二、光电景观的作用

1. 创造各种气氛

灯光是营造空间氛围的魔术师。灯光是一种物理学的光量子流，具备透射、折射、反射、散射等性质，具有质感和方向性，在特定的空间内会产生多样的装饰意义与不同的表现力，如强弱、明暗、柔和、对比、层次、韵律等，也会赋予人们不同的心理感受，如凝重、苍凉、舒展等。现代建筑由于灯光科技的提高与普及，室内灯光环境具备了丰富的语汇，在提供普通功能照明的同时向精神层面发展，用艺术的照明手段体现照明内涵，催生室内不同空间的个性特征，使室内空间环境贴切地烘托出鲜明的空间气氛。不同的空间给人的感受不同，形成特定的空间性格，空间设计正是要追求空间性格的差异，追求特定精神需求的空间气氛，满足人们丰富的空间心理知觉感受。灯光具有令人感动的魅力，可激发自由、丰富、灵动的联想。灯光通过强化、弱化、虚化、实化等特有的表现手段，可渲染特定的空间氛围，塑造各种不同的空间性格，将使室内空间这一物质存在上升到精神的高度。空间与灯光环境融合会提升其精神含量。美国建筑师路易斯·康深刻地揭示两者之间的关系："设计空间就是设计灯光"。

2. 突出空间感和立体感

景观空间的不同效果，可以通过灯光的意义充分表现出来。研究证明，景观空间的开敞性与灯光的亮度成正比，亮的空间感觉要大一点，暗的空间感觉要小一点；充满空间的无形的漫射灯光，也使空间有无限的感觉，而直接灯光能加强物体的阴影，灯光影相对比能加强空间的立体感。在景观空间设计中，可以利用灯光来加强空间视觉中心点，从而使空间主次分明。在许多商业空间中为了突出新产品，通常采用亮度较高的重点照明，而相应地削弱次要的部位，获得良好的照明艺术效果。如趣味中心，也可以用来削弱不希望被注意的次要地方，从而进一步使空间得到完善和净化。

3. 凸显景物特点

（1）硬质景观中突出软质景观 通常绿地是由软质景观、硬质景观结合而成的。灯光应突出树木花草的软质特点，对树木的色彩、质感、树形都进行重新塑造。绿地灯光环境又可起到增加视觉层次，柔化周边建筑的作用，并当建筑为亮、树木为暗，或树木为亮、建筑为暗时，均产生不同的视觉效果。在较大面积的绿地里，软质景观也包含硬质景观，建筑小品隐映于花草树丛之中。灯光常结合这些硬质景观使它在夜晚的绿地中更加突出，进而产生良好的视觉效果。

（2）对植物色彩、质感的重构　绿色成为植物的代表色固化在人的脑海中，而灯光对植物色彩进行了重新渲染，使以绿色统一的树木在夜晚变得绿的滴翠、黄的娇嫩、红的热烈、蓝的幽深，使人如临仙境，乐而忘返。同时，灯光也突显了树叶的质感，因为多个角度的灯光，将使树叶透明化，或反光，或阴影，形成丰富的视觉效果。

（3）突出树木不同的形态　树木在春天嫩芽初露，夏天枝繁叶茂，秋天落叶归根，冬天枝干清晰。灯光可分别以树木在四季中不同的形态特点而作不同的重点表现。春、夏、秋可突出树冠、树叶，风姿翩翩，而冬天则可突出树枝、树干，风采依存，且以其不同色彩的灯光，仍能使树木的枝条散发出生命的气息。

4. 创造极佳的艺术效果

灯光设计的合理与否，既关系到各房间的功能使用，又影响着装饰效果。在特定的环境中按照灯光的颜色、大小、形状、位置、方向等的变化，配合人和物的数量、位置、动态等的变化，能够充分显示出灯光的各式各样的表现力，创造出丰富的环境艺术效果。

（1）灯光造型　有灯光存在，就会出现阴影及这两者过渡的变化，从而产生灯光影效果，它对人和物能起到造型意义，使人和物具有立体感。如果妥善地改变灯光的位置和方向，不断调节灯光的光量和光强，就能够呈现出明暗、浓淡、轮廓等的灯光影效果，显示出灯光是能够造型的。

（2）灯光雕塑　灯光无论从物体的内部射出，或从其外部照射，都能将物体做成雕塑。例如，内装彩色灯的冰雕是灯光从物体内部出射的一个例子，常见的进口大厅中的巨型花灯，从其内部和外部用灯光照射，就能够做成明暗变化的雕塑。

（3）灯光绘画　在墙体内部装灯，将金属板或陶板做出图案或花纹覆盖在墙面上，灯光从墙体内部透射出来，做成墙面上的绘画，具有显目的装饰意义。

5. 聚焦重点，突出特色

灯光在现代化空间展示中聚焦视觉重点、突出核心形态起着至关重要的意义，是其他手段无法比拟的。视觉焦点能打破空间均质化所造成的单一形式的视觉现象，防止产生视觉疲劳，其手段是运用视觉感受的差异性原则制造等级偏差，以强烈地吸引人们视觉的注意力。灯光集束于某一点，从而降低其他区域的亮度达到突显目的，使之主次与轻重一目了然，空间重点得以强化。在景观环境中有些景观节点、景观饰物特别是如雕塑、壁挂等，在比较重要的视觉位置上，需要用适当的灯光渲染来表现，加强其个性与特色。

三、水利工程光电景观设计

1. 水利工程光电景观设计原则

为满足灯光设计的功能和景观的要求，水利工程光电景观设计应遵循以下七点原则。

（1）美观性原则　美轮美奂的水利景观一直是现代水利工程景区的追求。自从灯光设计被引入到景观设计中以来，它在景观的美观上所发挥的作用越来越重要了，灯光或明或亮，或虚或实，或动或静，还有各种色调，各种颜色灯光构成的景观绝对是美的享受。因此，在水利工程景观设计中进行灯光设计时，必须遵循美观性原则，使其与自然山水相得益彰。

（2）个性化原则　不同国家和地区的水利工程景观都有其独特之处，这也是国家和地区的一大特色之一，也是各景区间相互区别的关键。任何水利工程景观都必须体现出各自地区的文化特色，这一点在灯光设计时也不例外。因此，在水利工程景观中进行光电景观设计时也应该突出文化特色。

（3）安全性原则　光电景观设计毕竟是和电力系统相关的，电对人们的危害也是很严重的，并且在水利工程景观当中还存在着众多的水、金属等极易使电力系统发生损害的风险，这就要求我们在进行光电景观设计时要严格确保设计安装的安全性，杜绝存在任何安全隐患。无论是白天还是夜晚，灯光设备均需隐蔽在视线之外，不能让行人和儿童接触到裸露的电器部分。采用埋地灯的场所应注意出光口的温度，不宜过高，以免烫伤行人，尽量不要把灯具安装在树干上，过重的灯具会对树木的生长有不利的影响，且电线缠绕树干上有漏电的危险，又有碍观赏。在潮湿或特别潮湿的场所要选用密闭型防水防尘灯具。

（4）可行性原则　光电景观涉及总体规划、照明技术、审美艺术和经济投资等各方面，设计时要综合考虑其可行性。任何一种设计最根本的目的就是要在实际的施工中得到使用和体现，这一点在光电景观设计中也不例外。在进行光电景观设计时，我们首先要考虑的就是它的可行性问题，设计出来的光电景观效果应该能够切实被使用到水利工程景观中，如果不能够得到实际的应用，也还是毫无意义的。

（5）协调性原则　任何景观设计还有一个最主要的标准就是要设计协调。光电景观设计作为其中的一部分，并且是极为突出的一部分，更加需要做到协调。这里的协调不仅仅包括景观整体上的灯光协调，还应包括光电景观要和周围的环境相协调，也要和景观内的建筑物和植物种类相协调。

（6）节能环保原则　现在我国在大力提倡节能环保，在进行水利工程光电景观设计时，也必须体现出环境保护意识和效果，也就是说在进行光电景观设计时，要做到对周围的环境影响不大，尤其是对于一些绿色植被；另一方面，在光电景观设计中也应该注意采取一些节能措施。例如，在灯光亮度的设计上不应该盲目的追求高亮度，有时候高亮度也并不见得对于景观有很好的美观效果，还对能源造成很大的浪费；在灯具的选择上应该注意选择一些比较先进的节能灯具；在照明控制方式的选择上，从实际应用出发，尽量实现自动控制和时间程序控制。最后在电路的设计上也应该采用专门设计的、最为科学节能的电力系统。

水利工程光电景观设计应该通过从照明产品、照明管理、照明设计、天然光利用等方面着手来挖掘照明灯光节能的潜力，以达到节约能源，保护环境的目的。

（7）以人为本原则　水利景观设计的最终目的就是给人们提供一个舒适、美观的观赏环境，提高人们的生活质量。因此，光电景观设计也必须遵循这一最终目的，也就是说在进行光电景观设计时必须以人为本，使景观效果能在最大程度上为人们服务。在设计时要以使人们满意为标准进行灯光颜色、亮度的选择，一般说来，亮度不宜太强，要使人们感到舒适就好，颜色尽量选择一些暖色调，有利于舒缓身心，降低人们的疲劳感。此外，也要防止光污染的出现。

2. 水利工程光电景观设计理论

（1）灯光在景观中的色彩表达　人造光较强的可塑造性及可控性使得我们可以设计出自己想要的任何颜色。但是如何使得色彩的使用更好地为提升景观美感服务，需要我们对色彩有很深刻的理解。而对色彩的理解我们需要从色彩的三属性——色相、明度和彩度开始。

① 色相。色相即色彩的相貌和性格，是色彩的首要属性，是区分各种不同颜色的标准。在光电景观设计中，可以利用不同色相启发观赏者对景观对象的联想与心理感受。光谱中的红、橙、黄、绿、蓝、紫构成了色彩体系中最基本的色相，这六种基本色相使人产生的心理联想见表 5-1。同时，色相也最能展现光作品的象征意味，因此在应用中要结合历史、民族、文化、地域、意识形态等，特别注意色彩的象征意义对光电景观设计作品象征性的影响。

表 5-1　　　　　　　　　　　　六种基本色相的直接联想和间接联想

色彩	直接联想	间接联想
红	生动、活泼、喜庆、兴奋	热烈、刺激、激动、燃烧、爱心
橙	欢快、喜悦、兴奋、积极	紧张、亢奋、烦躁、食物、晚霞
黄	欢乐、喜悦、警觉、光明	单纯、高贵、危险、排斥、果实
绿	新鲜、希望、青青、生机	和平、未来、生命、春天、大自然
蓝	忧郁、深沉、平静、冷静	友善、舒适、天空、大海、交响乐
紫	哀伤、忧愁、拘谨、愁闷	暗淡、神秘、压抑、衰老、寂静

② 明度。明度可以简单地理解为颜色的亮度，白色明度最高，黑色明度最低。明度是色彩属性中相对独立性最强的要素，可以进行无彩度的叠加。不同色相的明度也不相同，其中黄色的明度最高，紫色的明度最低，黄与紫的搭配对比效果最为强烈。绿、红、蓝、橙的明度相近，为中间明度。另外在同一色相的明度中还存在深浅的变化，如绿色中由浅到深有粉绿、淡绿、翠绿等明度变化。明度是色彩的骨骼，是形成空间感和色彩体量感的主要依据。高明度的色彩给人轻快、活泼、华丽之感，有向前的感觉，最易成为视线中的前景，易于识别；低明度的色彩则给人厚重、沉稳、忧郁之感，有后退的感觉，适合充当背景。在光电景观设计时可以利用色彩明度的这些特点对其设计与布置形式进行审视，突出某些景观或对一些次要景观予以"隐藏"，从而使得景观在夜间进行有意识的重组。

③ 彩度。彩度是指颜色的鲜艳程度，又称色彩的纯度或饱和度。彩度体现色彩的内向品质，是色彩的精神。高彩度的色彩具有醒目、纯净之感；低彩度的色彩具有柔和、含蓄之美。彩度是凸显景观装饰性的重要色彩属性。彩度高的景观装饰感极强，是景观环境中浓墨重彩的一笔，常成为主角或节点；而彩度低的景观常作为景观整体系统的基本组成或配角。高彩度的运用是提升景观装饰性的有效手段，也是对景观设计艺术美感的极大考验。

（2）亮化分级　单调呆板或杂乱无章、毫无主次关系的夜景，会显得枯燥，容易使人产生审美疲劳。这就需在设计中引入亮化分级，以突出景观的主次关系，形成整体上有重点，局部有看点的光照环境。

将亮度按水平高低分为若干相对等级，称之为亮化分级。分级对象可以是观景视野内的整体或某个区域，甚至可以是单体的建筑。通常，在城市水利工程滨水区域中，观景点主视线范围内的景观要素或城市天际轮廓线的亮化等级相对较高，其次是城市交通、一般景观节点和滨水道路，视野边缘亮化载体等级最低。由此，需明确以亮度的明暗对比，突出水利景区夜景观的主次关系。

根据人眼的向光性，人的注意力会被自动吸引至视野中最亮的区域，而这个区域在多大程度上能成为一个自然的注意力的集中点，形成良好的视觉效应，则是界定亮化分级最大值的依据。如果仅靠增加亮度而不是借助技术手段来提高可见度，这样不仅会增加能耗，还可能形成光污染。这就要求设计者在科学的指导下，谨慎设计，并结合环境条件及景观元素的特征，如实制定出合理的亮化分级指标。

（3）光色分层　景观照明中，视野区内的立面分层是凸现景观空间层次感的重要方式，立面分层除采用亮化分层外，光色分层也很重要。光色分层就是利用光色的对比关系突出不同亮化区域的形态特征。由色度学原理可知，对比的色彩之间存在面积比例关系、位置的远近关系、形状肌理的异同关系等，这些存在方式及关系的变化，对不同性质与不同程度的色彩对比效果起着不容忽视的影响。白光为不含纯度的色光，明视度及注目性都很高。由于白光为全色相，能满足视觉的生理要求，加之白光金卤灯具有较佳的显色性，因此，常将其用于光色分层的冷光主光色。黄光是最为光亮的色光，在有彩色的纯色中其明视度和注目性均很高，且钠灯光源产生的黄光对大气尘埃具有较强的穿透力。所以，它也常被作为光色分层的暖光主光色。而其他色光则根据需要，多用于各亮化区域内的局部点缀。一幅绘画作品，其色彩构成常以主色调为基础，景观照明也如此。由于色调的主次关系与面积比例有关，所以，当某种光色在亮化区域内占有相对较大的被照面积时，即可形成相应的主光色。若采用白光或黄光作为不同亮化区域的主光色时，两种光色则可在相应的亮化水平下，形成适宜的明度对比，同时，光源色温的差异也可产生一定的冷暖对比，从而突出亮化区域的层次关系，由此奠定景观立体化照明效果的基础。

（4）点、线、面的结合　水利工程景观具有立体化的景观视觉效果，如何在茫茫夜幕下予以一一再现，这就需要在亮化分级和光色分层的基础上，根据景观对象的不同特点，采用点、线、面相结合的景观照明处理手法，以远近互衬，丰富多变的灯光效果形成多层次的立体化光电景观。在水利工程光电景观设计中，常将重要景观节点及建（构）筑物作为"点"，道路和桥梁照明作为"线"，一些性质相近，地貌完整的景观片区和大面积的建筑立面视为"面"，从而形成宏观的立体光电景观。对于景观的局部，抑或是单体的建（构）筑物，也离不开立体的灯光表现。例如，沿水系点状排列的路灯，其滨水地带的线状护栏及建筑物的立面照明等，就是由点、线、面结合方式构成立体光电景观的一种体现。桥梁或单体的建筑也如此。因此，点、线、面的有效结合必须建立在掌握环境和照明载体特征的基础上，由此，才可能创意出富有特色的立体化光电景观。

3. 光电景观设计手法

（1）仿照法 白天日光产生的光影效果，在夜景中可以通过类似的置灯方式和景观载体加以仿照，如日景的树影斑驳效果、水面的倒影效果等。

照明产生的投影可以刻画物的体量和细节，是照明中不可忽视的一个环节。中国古典园林讲究的"粉墙为纸影为绘"就非常形象地说明了在墙面上表现阴影的方法。这其实就是图底关系在夜景照明上的表现，即我们所说的剪影照明法或背光照明法。

根据光线反射的原理，利用水对光的反射，夜晚可以对景观建筑、小品、焦点景物及景观树进行照明，使得倒映在幽暗平静的水面，形成一幅意境深邃的画面（图 5-14）。同时我们可以采用景观建筑轮廓照明直接勾画景观建筑轮廓或用窄光束光照射景观建筑物边缘从而起到勾勒轮廓，表现形体的作用。

图 5-14　灯光倒影

随着科技的快速发展，人造光源已经不再局限于表现色彩及借助景观界面而表现形态。光纤、激光及全息技术的应用，使得人造光越来越表现出创造抽象派作品的天赋。各种抽象点、线组成的虚幻图案应运而生，并广泛应用于各个领域。

（2）对比法 人造光源的应用要有很好的黑暗背景，黑暗中的亮光很容易就能吸引人们的视线，形成视线焦点。但是在夜间照明设计中我们不仅可以利用光这种直接的设计元素，也可以利用黑暗这种间接的设计元素，二者的有机结合与对比能创造出独特的效果。

① 前亮后暗的对比关系。特定的空间环境中，人的视线首先会注意照度高、光线亮的区域，继而这样的区域就容易成为人视觉的焦点，成为景观的"主角"。

这里所谓的"亮"并不是要求空间的照度的绝对值要非常高，而是其照度和周围的环境要有一个合适的对比进而达到突出主题、主次分明的作用。例如，如果整个环境的光照很均匀，那么即便照度很高，重点也难被凸显，同时大量大功率照明工具的使用还会产生光污染破坏了周边地区的生物圈。实践表明，当亮化的主体和暗化的背景亮度控制在 3∶1 时就能形成很好的明暗对比关系。对于主体的亮化除了加大亮度外还可以通过光源颜色的选择来达到。如图 5-15 背景墙的暗与灯光的亮形成对比，从而突出灯光效果。

图 5-15 前亮后暗的对比关系效果

② 前暗后亮的对比关系。在以明亮的氛围为主导的设计中有时候我们可以尝试以比较暗的基调为主，把光作为背景，把暗作为主角，以剪影的形式来突出主题，形成前暗后亮的对比关系（图 5-16）。前暗后亮的对比关系，也可以通过景观对象的内透光照明手法来实现。内透光照明就是利用对象内部特殊位置的灯具，从景观对象内部向外透射光线，形成玲珑剔透的夜景照明效果，它能达到一种见光不见灯的艺术效果。

图 5-16 前暗后亮的对比关系

（3）重组法 如果说仿照法、对比法是夜晚人造光对白天光影景观效果的一种模仿，那么重组法就是设计师根据人造光的特性对景观进行主观取舍后而营造的一种夜景对日景景观档次的提升。我们可以从对日景进行的有意识的构图、景观景深的重组、景观意象的具象表达等方面进行具体阐述。

① 有意识的构图。现代形态构成理论认为，每个形体都有自己的张力，方向通常与其主轴线相同。在景观照明中，灯具的光束角和明显的光斑或投影就是最有张力的照明语言。如果想突出光影构图，就要强调光束和光斑。

② 景观景深的重组。通常我们在夜晚看灯光时会觉得近在咫尺，但实际上却隔着千山万水，说明人造光照明具有异化空间、误导尺度感的作用。可利用这种特性营造透视和景观层次感。我们既可以营造散点透视，也可以利用定点透视加强景

观的纵深感。夜景景深也分为近景、中景和远景，由于晚上灯光的易于控制，可以将日景中的景观层次在夜景中有意识的重组。夜景层次营造上常使用层叠照明法，使景观出现明暗交替，前后的层次变化。对于易被异化的景观空间，层叠照明方法可以强化透视感，增加景深。

正确而有效的照明位置也能加强空间意境和情调，表达出空间的层次感、深度感以及个性等。如有贝聿铭设计的苏州新博物馆庭院的石片假山照明——潇湘奇观图（图5-17）。其日景以粉墙为背景，采用青石切片作为远景山、皮纹黄石斜砌作为近景山，用碎石和水体作为前景；它的夜景照明灯位设置在近景山、远景山之间，向远景山低位侧光投射，这种照明方式使近景山被背光勾勒出山形剪影，远山脚被光虚化，最后在粉墙上形成朦胧隐约的山影，又增一层有别于日景的趣味，充分体现了贝聿铭"让光线来做设计"的理念。

图 5-17　苏州新博物馆庭院的石片假山照明

③ 景观意象的表达。光照就像绘画中的调子，起着决定光电景观的感情基调的作用，进而影响人的心理。我们可以根据不同光照给人的心理感受的不同来对景观进行选择性的重组。光可以是刺激醒目的，也可以是柔和朦胧的；可以是安静优雅的，也可以是活泼跳跃的夜间；可以是温柔浪漫的，也可以是热情似火的；甚至可以给人带来某种特殊意境。照明的适当营造可以艺术地表现不同功能要求的景观氛围，如静穆、追思缅怀氛围的纪念性景观，刺激、热闹氛围的娱乐区景观。表5-2列举了空间感受和所采取的照明方式间的关系。

为营造夜晚光影文化意境，可以采用借鉴设计法来实现。借鉴设计法的构思来源主要有两种形式。

一种是向自然现象借鉴，即仿生设计。仿生设计中最为常见的是对自然物形态的仿生，这是一种基于表象信息的设计模式。自然景象形态万千、自然美丽，自古

表 5-2　　　　　　　　　　　　不同照明方式的空间感观

心现感受	照明方式
视觉清晰感	均匀性白光照明、被照面是高反射材料、没有重点照明
放松感	低照度水平、非均匀光照、柔和的颜色
私密感	中心暗淡而周边明亮、温暖的光色
愉悦感	整体照明和投射照明相结合、适度的亮度分布
厌倦和单调感	均匀的漫射光、乏味的光色
压抑感	暗淡的光线、色调偏黑
戏剧性、兴奋和欢快感	闪烁、动态照明、鲜艳的色彩
混乱和喧闹感	色彩图案和空间其他视觉信息相抵触，如不规则的灯具布置
不安全感	中心区域明亮、周边很暗、视野中照度水平较低

以来就吸引着人们去模仿和学习，如人们对月光照明意境的借鉴。

　　另一种借鉴设计法是向人造物借鉴，借助已经存在的人类创造的各种文明成果进行构思转化。在水利工程光电景观设计中，伴随流域文明而产生的传统文化是我们可借鉴的良好形式。传统文化一直是世界各国设计活动和艺术创作的源泉。中国是历史悠久的文明古国，我们的祖先创造了许多流传至今仍令我们引以为荣的民族特色文化，如诗歌文化、图腾文化等，这些传统元素一直被设计师反复挖掘、运用。若想通过景观设施的设计来展现地域特色，从传统文化中提取借鉴形式的设计构思方式是非常行之有效的。如诗歌中关于写自然照明的有很多，我们可以通过诗歌中有关千变万化的自然夜景的描绘所产生的意境来指导我们的光电景观设计。如厦门园博园巨型"月光环"的设计（图 5-18）。月光环的设计理念来源于描写月亮的一句诗歌"海上生明月，天涯共此时"，取景于月亮的阴晴圆缺。

图 5-18　厦门园博园"月光环"

　　④ 整合法。整合法是指设计师在规划的最初阶段就对场地的布局、材料的选择、植物的配置进行综合的考虑。过去，设计师在景观规划的过程中多是考虑白天的使用情况，但是随着时代的发展，对晚间活动的考虑已经变得越来越重要。因此，在对白天景观规划时就要考虑夜间光电景观所需要的场地位置、介质和载体等。

四、水利工程光电景观分项设计

1. 景观照明设计

本节主要讲解水利工程景观的照明方式，区域内人行照明、车行照明、场地照明和装饰照明的设计方法。

在水利工程需要夜景照明的景观空间中，根据区域不同位置的特点，进行恰当的灯光配置。照明景观对人的影响主要表现在色彩和亮度上，而亮度的强弱决定了安全感的强弱。在灯具的选择方面，建筑物泛光灯照明、灯串照明、霓虹灯、广告灯箱照明等由于色彩斑斓而富情绪化，不易使人获得宁静舒适的感觉，因此区域内景观不适合大量使用，但在节日或特殊情况下可以适当使用。关于景观照明具体的细则请参考照明设计规范（表5-3）。

表 5-3 　　　　　　　　　　　　**照明设计规范**

照明分类	适用场所	参考照度 /Lx	安装高度 /m	注意事项
车行照明	水利工程景观园路 自行车、汽车	10～20 10～30	4.0～6.0 2.5～4.0	①灯具应选用带遮光罩的照明式 ②光线投射在路面上要均衡
人行照明	步行台阶 园路、草坪	10～30 10～50	0.6～1.2 0.3～1.2	①避免眩光,采用较低处照明 ②光线宜柔和
场地照明	运动场 休闲广场	100～200 50～100	4.0～6.0 2.5～4.0	①多采用向下照明方式 ②灯具的选择应有艺术性
装饰照明	水下照明 树木照明 花坛、围墙 标识、门灯	150～400 150～300 30～50 200～300		①水下照明应防水、放漏电,参与性较强的水池和泳池使用12伏安全电压 ②应禁用或少用霓虹灯和广告灯箱
安全照明	交通出入口 疏散口	50～70 50～70		①灯具应设在醒目位置 ②为了便于疏散,应急灯宜设在侧壁为好
特写照明	浮雕 雕塑、小品 建筑立面	100～200 150～200 150～200		①采用侧光、投光和泛光等多种形式 ②灯光色彩不宜太多

资料来源：袁明霞，唐菲，园林小品建设中的误区及发展趋势，2006。

（1）水利工程景观照明方式　水利工程景观的灯光设计主要表现在功能性照

明、景观性照明、人行道照明和车行照明四个方面。

① 水利工程功能性照明设计。水利工程照明设计应根据不同的照明要求，选用不同的照明方式和灯具类型。水利工程道路对照度要求高，可采用高杆路灯或庭院灯；游步道照明设计，可结合草坪照明或沿路缘布置光带，体现园路的导向性，灯具可选用耐美灯、LED 光源等。

② 水利工程景观照明设计。水利工程景观照明设计要注重区域与周围城市环境形成夜景的整体效果；注重高科技产品的运用，如光纤、电脑变色灯等，体现现代化科技手段下的夜景观质量；注重区域夜环境的光尺度、明暗关系处理，形成灯光的空间层次感，以满足人们的休闲心理；要注意高效节能产品的应用，美化环境，节约能源，实现可持续发展。

③ 水利工程人行道照明设计。水利工程人行道设置照明的目的主要是为行人提供安全和舒适的照明条件。水利工程人行道照明应能确保行人安全步行、识别彼此面部、确定方位。通常水利工程人行道灯具有 4 种安装方式（表 5-4），即柱顶（杆顶）安装、建筑物立面安装、地平面安装（图 5-19、图 5-20、图 5-21、图 5-22、图 5-23、图 5-24、图 5-25、图 5-26、图 5-27、图 5-28）。

表 5-4　　　　　　　　　　　　　　　人行道灯具安装

安装方式	使用场所	安装要点	作用与效果
柱顶（杆顶）安装	道路采用得最多的安装方式，使用场所广泛	将灯具安装在 3.8m 高的灯杆顶端(悬挑长度为零)安装高度取决于要照射的面积	照明的范围大
建筑物立面安装	适用于没有空间立杆的街道和不宜采用灯杆的场所	结合建筑部件(如墙体、柱子等)	能产生很好的艺术效果
地平面安装	在区域中园林的人行道或公共场所	采用灯墩将灯具贴近地面安装	营造环境氛围具有导向作用

④ 水利工程区车行道照明设计。车行道灯（路灯）主要突出功能性作用，水利工程景观空间车行道一般主要采用常规照明方式。适宜于水利工程区车行道的常规照明的灯具布置有 4 种形式（表 5-5）。

（2）水利工程场地照明设计

① 突出场所的特征。水利工程广场的照明设计一般比较活跃，通过丰富多彩的光与水的有机结合，产生灵动的感觉，适合用于喷水池、人工瀑布、景观小

品、草坪等娱乐场所的装饰，可以塑造热闹氛围的空间环境，带给人们梦幻般的意境。

图 5-19　路灯 1

图 5-20　路灯 2

图 5-21　人行道灯 1

图 5-22　人行道灯 2

图 5-23　景观灯 1

图 5-24　景观灯 2

图 5-25　草坪灯 1

图 5-26　草坪灯 2

　　② 丰富空间层次。照明能够丰富场所的空间层次。不同尺度和不同强度的灯光在场所区域内相互配合，形成明暗相间的灯光层次。如在广场和庭院运用广场灯和庭院灯可创造明亮、欢快的灯光环境；而草坪、休息区域等半公共空间则以草坪灯、低矮的庭院灯散发柔和的光线，营造静谧的休闲环境。在照明的辅助下，能够使场所景观的特征更加突出（图 5-29、图 5-30）。

图 5-27　景观射灯

图 5-28　泛光灯

表 5-5　　　　　　　　　　　　常规照明方式

布置种类	布置形式	使用场所	安装要求	优点与缺点
单侧布置	所有灯具均布置在用地的同一侧	适合于比较窄的区域道路	要求灯具的安装高度等于或大于路面或铺装有效宽度(灯具和不设灯一侧的水平距离)	优点是诱导性好,造价比较低 缺点是亮度纵向均匀度一般较差
交错布置	灯具按之字形交替排列在用地两侧	适合于比较宽的区域道路	灯具的安装高度不小于路面有效宽度的 0.7 倍	优点是亮度高 缺点是亮度纵向均匀度较差,诱导性不及单侧布置的好
对称布置	灯具对称排列在用地的两侧	适合于宽路面宽敞的区域道路	灯具的安装高度不小于路面有效宽度的一半	有利于形成良好的视觉诱导和强调轴线作用
横向悬索式布置	把灯具悬挂在横跨用地的缆绳上,灯具的垂直对称面与道路轴线成直角	灯具安装高度比较低,多用于树木较多、遮光比较严重的区域里弄、狭窄街道	直接把缆绳的两端固定在街道两侧的建筑物上。把灯具悬挂在用地中心上方(中心布置);悬挂在道路的一侧(单侧布置)	有利于节省空间,布置自由度大

图 5-29 红色灯光照明景观

资料来源：全球顶尖景观。

图 5-30 绿色灯光照明景观

资料来源：全球顶尖景观。

（3）装饰照明

① 水利工程植物照明设计。植物景观的处理要采用各种不同的手法，将植物和灯光作为绘制美景的工具。对于由乔、灌、草、花组合形成的前后错落、高低起伏的植物群，通过阴影的对比，可以突出部分植物的造型，起到剪影的作用。同时光源色彩的选择也要考虑冷暖色调的效果和搭配调和（图 5-31、图 5-32），水利工程景观光源应以白色和黄色光源为主，其他颜色尽量作为点缀。

图 5-31 黄色灯光照明景观

资料来源：全球顶尖景观。

图 5-32 混合灯光照明景观

资料来源：全球顶尖景观。

② 小品照明设计。装饰小品的塑造一般采用投光照明，以突出其立体感和质感，达到视觉强化的目的。照明设计可以通过借助灯光的颜色对景观小品进行色彩的塑造，使小品在夜间展现出于其不同的韵味。

③ 水利工程景观轮廓照明设计。水利工程景观照明设计需要注意夜间从远处眺望区域时的整体轮廓。照明应把握区域夜间照明所呈现的整体景观。例如，入口明亮的灯光可以增强入口的可识别性，同时突出入口的整体形象；建筑立面边缘与围墙边缘的彩灯，可以突出建筑轮廓，同时也可以弥补区域照度的不足（图 5-33）。

图 5-33　桥体景观照明

2. 水工建筑光电景观设计

（1）泛光照明设计　在水利工程景观中，泛光照明设计的主要目的就是突出建筑物的立体感，而且这种方式下灯光照明的效果很不错，电功率的消耗也比较小。一般把这种照明方式用在一些较大型的建筑物上，如用于主要的大型水工建筑上以体现它的立体感（图 5-34），并且在具体的设计中都是把建筑物的上半部分设计的亮度更大一些，而下半部分则比较昏暗，这样更能有效地突出建筑物的立体感，其效果则更强一些。

（2）轮廓照明设计　轮廓照明设计方式主要有两种情况，即轮廓照明和负轮廓照明，这两种方式各有优劣，使用情况也大不相同。轮廓照明是比较常用的一种景观照明方式，主要就是围绕着建筑物的轮廓铺设灯具，如水利景区中的景观桥（图 5-35）、亭等景观建筑。这里的灯具一般都比较小，目前常用的都是发光二极管，主要的目的就是勾勒出建筑物的大体轮廓，但这种方式也有一个缺点，就是容易忽略一些建筑物的细节；负轮廓照明则很好地弥补了忽视细节的问题，它主要是把建筑物的背面照亮，这样就很容易产生剪影或者说是另类透视的效果，并且能够对建筑物的各个部件进行细致的体现。

图 5-34　大坝泛光照明

图 5-35　景观桥轮廓照明

（3）饰景照明设计　运用彩色串灯、霓虹灯、LED（发光二极管）灯等照明器具，营造灯光雕塑、灯饰造型、灯光小品等。例如，各种花篮、动物造型，以及各类仿生造型，如椰树灯、礼花灯、石榴灯、竹节灯等。此种方式多适用于城市水利工程的休闲娱乐区，有利于烘托夜间环境气氛，并突显主题景观的可识别性（图 5-36）。

3. 水景光电景观设计

在水利工程景观中，灵动的水流能够使充满硬质景观的水利工程景观显得充满生机和活力。一般来说，水和灯光的结合会产生很好的效果，尤其是结合水的反光效果，这样的效果就更能体现景观美轮美奂的视觉效果。在夜晚，水面能给游客带来宁静而神秘的感受。在进行水景光电景观设计时要谨慎考虑

图 5-36　饰景照明

颜色设计，多种颜色在水中的混合产生不同的效果。此外，在设计中尤其要注意安全问题，确保灯具的安全使用。

（1）喷泉光电景观设计　对于喷泉的照明，一定要在设计之前就明确了解喷泉哪部分需要照明，是水体还是构筑物，并掌握周围的视觉环境，最后必须明确喷泉或水体的演示系统构造。在灯具安装位置方面，尽可能地做到"见光不见灯"效果，尽量选择体积小巧的照明设备，如小体积射灯的应用，可以把灯具隐藏的很好。

对于喷泉光电景观设计，在水落下的地方（图 5-37）或者水柱旁边（图 5-38）布置照明灯最佳，也可以在两处均设置照明灯，这样在水柱喷出处，游客看到的将是水集成光束的美景。在水流密度最大的地方，当水流空气通过时会产生扩散现象，由于水的折射率与空气不同，导致部分光线看起来像是被拴在水柱中一样，尤其在使用窄光束泛光灯具时，效果就显得特别明显。在水下落的地方，最好将灯具布置在水面以下 5～10cm 的位置，这样当水滴落下时就会产生一种闪闪发光的艺术效果。

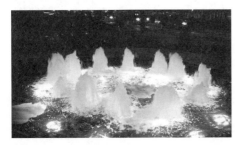

图 5-37　灯具布置在水落下处

图 5-38　灯具布置在水柱旁

（2）瀑布光电景观设计　瀑布的光电景观设计中，当水流比较湍急时，可以在水下设计上射光，上射光穿过晃动的水面时闪烁不定，动感十足，非常迷人。如将灯具安在水体落入位置，这样激起的水花不仅掩藏了灯具，而且使灯光穿过水珠时产生棱镜般折射的七彩效果（图5-39）；如果水流的形状是薄片状，把灯光布置在落水前方的水面下，当灯光照射到上面时会以一定的角度被反射回水面，产生意想不到的眩光效果；如果瀑布后面是美丽的岩石假山，将灯具安装在瀑布后面，会产生一种水帘洞的效果（图5-40）。

另外，也可以在静止的水面下安装上射灯进行整体照明，以突出水容器的结构，特别是几何形状优美的水池，效果尤为明显。如果将灯具上安装毛玻璃灯罩，可以起到发散光束的效果，形成一个个如退晕式的光斑。

图5-39　灯具布置瀑布下落处效果

图5-40　灯具布置在瀑布后的效果

（3）水下照明的注意事项　水下照明的首要目标是隐藏灯具，不需要正好消除光源的亮度，但是必须避免看到所有的线路连接装置，以及所有可能影响水体外观的装置。当灯具置于水下，光和热对水下生存的鱼类会造成影响，因此要在水下保留一些无光区域。水下灯具必须能承受腐蚀环境，所以材料通常是铜和不锈钢。水能滤掉蓝光，灯具在水下越深，光色变得越黄。因此彩色滤光片的使用很重要，但是滤光片的使用减少了光的输出，所以在使用时要综合考虑。水下灯具依靠周围的水为散热介质，上射灯要尽可能地靠近被照水面，建议在水下最小距离为5～10cm。由于流体的作用力，水下灯具需要牢固的锁定装置，以保持设计角度。

4.空间照明

（1）道路灯光照明　照亮步行路所需考虑的基本问题是安全和美学。可能的照明方式包括从月光照明到简单地按照城市规定的最小照度水平布灯的各种方法。对于所有步行回路的照明，要求在路面区域提供良好的可见性，同时不分散人们欣赏景观元素的注意力。

在园林景观中进行道路灯光设计时需要考虑的很多，除了一些照明等级、灯具间距、照顾路面宽度等外，还需要考虑到灯具的排列方式和灯具的颜色等影响景观美观的一些内容。

水利工程景区道路布置形式多样，不同的道路对灯光的要求各不相同。在水利工程道路中，可能会有车辆通过的主干道和次要道路需要考虑到安全照明的因素，即采取具有足够亮度而且光线均匀连续的照明，才能够使路上的车辆和行人清楚地观察到路上交通情况。而对于景观游步道则主要需营造出一种祥和、幽静的氛围，追求曲径通幽的艺术效果。可以利用环境照明的方式将道路融入柔和的光线之中。道路照明还需要注意避免灯光直射游客的眼睛，可以采用带有遮光罩的灯具，遮挡住视平线以上的光线，或者是使用乳白色的灯罩把光线转化成散射状。

（2）台阶灯光照明　台阶灯光照明的主要问题是通过光线能区别踢面和踏面。踏面是否容易分辨取决于踏面采用的材料、色彩，更主要的是由光所强调出得视觉对比。踢面和踏面在视觉上的构图韵律应该是稳定的，行人可以凭着最初几步台阶经验完成，将更多的注意力用于欣赏景致。只有综合考虑照度水平、台阶材料的反射特性以及环境光的水平，选择合适的光源和灯具，根据所选灯具的配光曲线，才能对最终效果做出评判。根据光线的投射方式，台阶灯光照明可分为三种类型。

① 来自台阶侧面。当台阶侧面有墙体时，可以选择将灯具布置在侧墙上，灯具与台阶的垂直距离在 1.5m 以内。灯具外观需要同墙体、台阶的设计相协调，与景观设计保持同一风格（图 5-41）。

② 来自台阶踢面。安装在踢面的灯具有两种形式——嵌入式侧壁灯（图 5-42）和暗藏式线性光源（图 5-43）。嵌入式侧壁灯仅适用于空腹台阶，不适用于石砌台阶或已有台阶。它在灯下的踏面形成光斑，踢面的亮度来自光斑反射，灯具通常使用格栅或乳白玻璃降低表面亮度，行人对台阶的判断通常是依据光斑和灯具的亮度图式。此种灯具可以逐级使用，也可以每隔几步设置，需要的是灯具间的准确对位，并保持亮度图式的规律性。如果有灯具失效，需要及时更换灯具。暗藏式线性光源可以是侧发光光线或美耐灯以及线性荧光灯带。一种情况是在踢面形成亮线，以此同踏面区分；另一种情况是暗藏于挑出的踏板之下，照亮踏面，并在踢面形成退晕光斑。由于此类光源具有可变色及可闪动性能，虽然漂亮，但出于安全和不影响景观的考虑，建议不要大量使用，台阶照明应保持稳定的状态。

③ 来自台阶上部。由于布线方便、构造简单且无须对已有台阶的构造做出改

动，因此成为使用最为广泛的照明方式（图 5-44）。光线可以来自台阶正上方安装于树木或构筑物的灯具，也可以来自台阶侧上方的庭院灯具。所有的下射照明都存在将台阶照明与景观中的其他元素的照明结合起来的可能性。这种照明方式成功与否的关键取决于灯具与台阶的相对位置关系，照明设计尽可能不要再在踏面上产生阴影。

图 5-41　台阶侧面照明

图 5-42　嵌入式台阶照明

图 5-43　暗藏式线性台阶照明

图 5-44　台阶上部照明

在同一个项目中，对于同类做法的台阶应该尽量采用同样的照明方式。因为行人是根据视觉经验作出判断的，如果出现了混淆的信息，很可能导致判断失误，甚至造成危险。

5. 植物光电景观设计

（1）植物生长对灯光的要求　在水利工程景观中以水景为主，但植物也是重要的组成部分，在景观植物身上进行灯光设计，可以在更大程度上突出植物的作用和美化效果。景观中的植物种类繁多，并且排列方式不一，各个植物群落的面积也不同，其中最为主要的有乔木、花带、草带、各种植物群落等，在进行植物光电景观设计时，要根据这些景观植物的特点进行不同的灯光设计，以期望起到最佳的效果。

同时，不同植物因受不同的基因（DNA）表达的支配，在植物生理上往往有不同的感温性、感光性和基本营养生长性。有的是属于短日照植物，有的则属于长日照植物。换言之，植物的表现型＝基因＋环境，不同的植物具有自身不同的固定的生物钟和日历，而不同色泽的光照又有不同的波长，如红光波长长，而紫光波长短，绿光则介于两者之间。因此不同植物就要求有不同的光周期。生理上要求周期长的，称为长日照植物，反之称为短日照植物。对于光照时间的影响基于光的数量和质量。光触发植物功能的开始和结束，黑暗主要影响植物的生长和开花。对于短日照植物来说，黑暗对于日常功能是必需的，当达到一定程度后，才能促进开花结实。当长日照植物处在黑暗中时间过长，往往将出现生理上的内在"压力"，植物生长可能变得十分虚弱，易于被很多疾病感染，直至死亡。但出于对夜间照明的需要，有时必须对植物进行照明，对于植物辐射周期的干扰不可避免。所以植物景观照明设计中，首先，要保证在开放时间段外，尽量关闭所有植物照明灯具；其次，选择对植物辐射周期要求不严格的植物进行照明，并选择辐射光谱对植物的生理周期影响小的光源。

对植物的光电景观照明设计，有以下几条原则：

① 照明类型要与被照明的各种植物几何空间造型匹配。

② 对淡色和耸立挺拔的植物，用强光照射，轮廓感强。

③ 不应使用某些光源去改变树叶原来的颜色，但可以用某种颜色光源去加强某种植物外观。

④ 许多植物的颜色和外观随季节而变，照明也应适应这种改变。

⑤ 可以在被照明物附近的一个点或许多点观察照明的目标，应注意消除眩光现象。

⑥ 对不成熟的及未伸展开的植物，一般不施以装饰性照明。

（2）植物灯光照明的设计程序

① 对种植清单上列出的植物进行统计：种植平面上列出的所有植物应给予考虑，不管是否进行照明。研究所有植物的整个过程将有助于区分哪些植物需要被照明，帮助理解景观中植物之间的关系，梳理出植物和灯具之间的潜在矛盾。

② 植物照明的规划：

根据景区夜景规划的总体构思对种植区域进行划分；

根据总体构思确定每个区域的亮度等级和光色特征；

初步确定每个区域所需灯具的数量和能耗，结合能源供给和预算进行校核；

根据预算效果对具体位置的具体植物进行深入的设计。

③ 植物照明的设计：设计中要区分哪些植物扮演主要角色，那些扮演配角角色，哪些是保留白天的景象，哪些是要在夜间被照亮时创造的另一种新的景象。

（3）植物照明方式　植物的照明方式取决于两个方面：植物在整体夜景中扮演的角色和期待的视觉效果。可供考虑的变量包括光的方向、灯具位置、照明的数量和质量等。

光的方向影响着植物的外观，光的投射方向包括上射光、下射光和侧射光。下射光在植物叶子的下面产生阴影，有模仿太阳或月亮照亮植物的效果；上射光将改变植物的外观，不同于白天的景象，通过穿透树叶的光线使树体发光，在树冠的顶部产生阴影，强调出质感和形式，创造出戏剧化的视觉效果。

灯具的安装需要考虑光源的位置同植物位置的相对关系——在前面、侧面、后面或是这些位置的组合。这将决定植物呈现出来的形状、色彩、细部和质地：前向光表现形状，强调细部和颜色，通过调整灯具与植物的距离以减弱或加强纹理；背光仅表达形状，通过将植物从背景中分离出来以增加层次感；侧光强调植物纹理并形成阴影，通过阴影的几何关系将不同区域联系在一起。综合看来，植物的照明方式可分为以下几种。

① 上射照明。是指灯具将光线向上投射而照亮植物，可以用来表现植物的雕塑质感，是植物景观中最常用的照明方式。用上射照明的方式照明（图 5-45），优美的树形和光感能给人留下深刻的印象。在灯具形式的选择上，建议使用插地式投光灯，因为植物会不断生长变换自己的形状，所以可根据实际情况做灯具位置的调整，但是这种照明方式容易产生眩光，在实际应用中，可将灯具放在灌木丛后或者加防眩光罩。当树冠离灯具高度大于 6m 时，不推荐此种照明方式，因为既浪费能源又易产生光污染。

② 下射照明。灯具安置在植物上方，向下投光的照明方式，也称"月光照明"（图 5-46）。常用这种照明方法来赋予植物特殊的意境。可以在植物的侧上方布置下照光，通过对角度的控制有选取地将植物的影子投射在另一物体上，影子与物体的结合又延伸出了一道景观。

③ 剪影照明。是使植物处于黑暗之中，用灯具将植物后部的物体或环境照亮，以突出植物外形的方式（图 5-47），类似于中国传统的皮影戏。植物在这种景观照明手法中是以凸显优美外形为主要目的，或者植物后面的物体可视性更强，植物只

图 5-45　植物上射照明　　　　　　　　　　　图 5-46　植物下射照明

是作为配景而出现。这种照明方式较适用于姿态优美的小树或几何形植物，并且要求植物后面有面积较大的背景，亮度比在 4 以上就可以形成较好的效果。

④ 内透光照明。自内向外的，使植物内部发光的一种照明方式。内透光运用在植物照明中有一定限制，如树干较为笔直、树冠体积均匀、靠近树干部分的枝叶要较为稀疏，而靠近枝的叶较繁茂的情况下使用此种照明可突出树木的形态特点（图 5-48）。在对内透光的使用上，建议使用向下的投光方式，这种透光方式的优点是既满足照明效果，又不至于光线太亮对天空造成光污染。

⑤ 侧面照明。将灯光照射在树冠一侧或两侧，以突出植物的优美外轮廓的照明形式。一般应用于树叶比较浓密、冠幅比较小、树形较为修长的中高乔木。在照明灯具安装时，应考虑将光源光线的投射方向和人的视线方向保持一致，避免不必要的眩光，影响人们的欣赏。在实际设计中，在很多情况下都要采用侧面投光照明，尤其是乔木位置在整个景观照明规划中，视线关系处于次要地位，在植物夜景营造中光色和亮度以渲染环境为主。

（4）植物照明设计　植物照明设计首先注重景观意境的再创造，以深层次的灯光明暗关系创造设计视觉兴奋点，并根据乔、灌、草等不同的植物材料及种植方式，选择不同的照明器具和照明手法。

图 5-47　植物剪影照明　　　　　图 5-48　植物内透光照明

① 孤植树照明设计。对于作为景观焦点的孤植树，其照明必须考虑树体的大小、树冠的浓密度、树形、树姿、树叶的颜色和质地，以及树体所处的位置。主要采用上射照明和月光照明等照明方式。

a. 对于树干和树冠舒展的树，可采用上射照明。灯具选用插入式上射灯，安装在植物丛中或插在草地上。照明的目的是重点突出树的结构。

b. 对于树冠浓密、姿态优美的树，必须从树冠外进行照明。采用插入式宽照型点射灯或泛光灯，安装在附近的花丛中，重点强调树型。

c. 对于浓密塔形的树型，可在树冠外不远的地方进行上射照明。采用窄照型或中照型插入式点射灯或嵌入式可调上射灯，重点强调树的质感。

d. 对于枝干舒展、树冠外围叶片较为浓密的成年大树、采用组合式照明。用窄照型上射灯照射树干，同时在树冠内安装一盏或多盏卜射灯，重点强调树的结构。

② 植物群落照明设计。植物群落是由乔、灌、草、花组合形成的前后错落、高低起伏的植物群。其照明设计是个难点，要把所有的植物景观都照亮不太现实，也没有必要，照射得如同白昼则更是景观上的败笔。在中国画中讲究"留白"，画与不画相结合，点到为止，其借鉴到植物景观照明上，就是适当地"留黑"，黑夜

是一个巨大的黑色画布，灯光是彩色画笔，先分析植物群落的组成因子，选择对植物群落的林缘线和林冠线起关键影响的植物，并根据其个体形态（球形、圆锥形、圆柱形等）及高度，确定照明方式和灯具。应有选择地、局部地照亮，来创造视觉兴奋点，并形成整体灯光环境的着墨重点，同时又给人以想象的空间，做到有明有暗，有收有放，这样才能将植物景观所表达的意境在夜间再现。如可选用大功率泛光灯，照亮植物群落的背景树木，前景采用暗调子处理，明暗对比，形成美丽的剪影；或者用彩色串灯，描绘背景树的轮廓线，沿林缘线布置灯具，突出前景树木的优美造型，也别有情趣。同时为了景观的和谐，在选择光色时，尽量采用色温的对比，而不是色彩的对比。

③ 花境（带）照明设计。花境（带）灯光环境为线形照明空间，照明设计要体现其线形的韵律感和起伏感。常用动态照明（即跳跃闪烁的灯光）方式，渲染活泼的空间气氛，丰富空间内容。照明灯具可选用草坪灯、埋地灯或泛光灯，并沿花境（带）均匀布置，勾勒边缘线，突出花境（带）舒展、流畅的线型。除此之外，在树上安装月光效果照明灯具特别适合于球根花卉缀花草坪和草木花境，因为草木花境一般种植密度较大，无法对每种植物进行上射照明。

④ 草地照明设计。草地照明设计应简洁、明快，以能更好地衬托主要植物景观为原则。光源要求低照度，显色性要求不严。小片草坪中灯具布置呈随机性和点缀性，可结合花境（带）、树丛，三五成群的布置灯具，其灯具安装宜为隐蔽式和地埋式，不能让照明设备破坏草地景观。而大片平坦或坡栽绿草地的夜景照明应能突出草体固有的嫩绿，宜设置低矮的草坪灯，自上而下向四周照射，将人们的视线引向绿草地。

6. 灯光小品设计

灯光、灯具在装饰、烘托园景的同时，也有造型添景的作用，在现代景观设计中应用比较广泛，成为夜间主要景观小品。

（1）灯光作为主体景物　广场中央高耸的中心广场灯、组团绿地或活动广场点布的变幻礼花灯、游园中布置的各式模型灯等都是夜间景区的主要景观。在水利景区的入口中心广场是重要的景观节点，只用简单的路灯照明，不仅光线不够，也达不到广场夜间的景观效果，若在广场中心位置耸立一几十米高，形状简洁大方的广场灯，作为整个广场的主要光源和主景，可使整体景观笼罩在同一光源下，增强了景观的整体性。同时，不同颜色的灯饰，还可以组成灯塔、灯柱、灯树、灯涌泉等多种造型，置于适当位置，作为局部空间的主要景观。

（2）灯光作为装饰配景　利用不同的装饰灯可作一些装饰物，作为景观小品来点缀景观环境。节假日为烘托喜庆气氛，用满天星串灯来装饰行道树也较为常见，同时将这些串灯整齐排列成下垂的灯串，形成一彩色瀑布或其他流动感较强的造型，置于景观环境中或装饰在主体建筑物的大厅内，都会起到较好的效果。

【本章小结】

声光电景观在水利工程领域的应用，可以看作建筑、园林和灯光照明等应用的一次延伸。水利工程声景观设计是运用声音要素，对空间的声音环境进行全面的设计和规划，并加强声环境与总体景观的协调；光电景观是指以建（构）筑物、园林绿化、道路、水体等人造景观为载体，通过灯光及其投射、勾勒、映衬、造型等手法来体现和塑造景观形象的泛称。水利工程声光电景观设计在设计方法、营造手法上传承了中国古典园林的经典做法，巧妙利用地形地貌、动植物、风、雨等各种自然要素，重视各种元素的组合搭配，因地制宜，注重细节，与各种视觉景观做到相映成趣、相得益彰。同时，借助高科技技术手段，引入各种现代元素的声光电景观，使得水利工程景观带有时代气息和科技内涵，轻松突出空间感、立体感，并创造良好的艺术效果，在景观的层次上也突破了传统的视觉、时间限制，人们可以从视觉、听觉等多感知角度、全时段地欣赏水利景观，使得水利工程景观更有韵味和观赏性。

声光电景观的美轮美奂和天马行空，给人的生活带来无限美好的遐想。在美的极致追求背后，我们也要清醒地认识到某些声光电景观会产生负面作用，应以人为本、节能环保，特别是要使其与水利工程优美的自然山水相协调。

在水利工程声光电景观设计领域里，暂时缺乏成熟的样本供人们参考。所以，设计理论上不落窠臼，鼓励设计人员在现有设计技术基础上，不断提升创新思维，开展大胆设计。坚持美学原理和安全节能原则，鼓励多学科合作、协调，共同进行这项工作。

【参考文献】

[1]　骆丽贤. 城市公共开放空间声景小品设计研究 ［D］. 硕士学位论文，西安：哈尔滨工业大学，2010.

[2]　孙崟崟，朴永吉，朱文倩. 城市公园声景分析及 GIS 声景观图在其中的应用 ［J］. 西北林学院学报，2012，27（4）：229-233.

[3]　喻有慧，高翅. 城市公园声景设计浅析 ［J］. 山西建筑，2008（27）：340-342.

[4]　张灼芊. 城市小街道声景观分析 ［J］. 华中建筑，2009（10）：110-113.

[5]　吴颖娇，张邦俊. 环境声学的新领域——声景观研究 ［J］. 科技通报，2004（11）：58-64.

[6]　卢俊杰. 基于城市河湖型水利风景区特性的规划设计研究 ［D］. 硕士学位论文，福州：福建农林大学，2012.

[7]　刘滨谊，陈丹. 论声景类型及其规划设计手法 ［J］. 风景园林，2009（1）：96-99.

[8]　季康. 绵阳花园小区声景观设计分析 ［J］. 山西建筑，2010，36（7）：24-25.

[9]　蒋伯诺，严力蛟. 民俗文化街声景设计初探——以杭州清河坊民俗文化街为例 ［J］. 现代园林，2012（7/8）：22-27.

[10]　郭永庆，杨洪杰，何文波，等. 浅谈水利工程中的景观设计 ［J］. 黑龙江水利科技，2001（3）：26-27.

[11]　蔡明明，张丽娟. 浅析历史文化保护下的声景文化 ［J］. 大众文艺，2011（17）：279.

[12]　陈明志. 生态声音互动装置在校园景观设计中的应用 ［J］. 演艺科技，2010（8）：15-21.

[13]　孙琳. 生态水利工程设计初探 ［J］. 河南科技，2013（4）：192.

[14]　刘爱利，胡中州，刘敏，等. 声景学及其在旅游地理研究中的应用 ［J］. 2013，32（6）：1132-1142.

[15]　李国棋. 声景研究和声景设计 ［D］. 博士学位论文，北京：清华大学，2004.

[16]　贺永恒，方燕琴. 水利工程河道治理景观趋势的探讨 ［J］. 中国水运，2008（7）：160-161.

[17]　翁玫. 听觉景观设计 ［J］. 中国园林，2007，23（12）：46-51.

[18]　吴晓华，王水浪. 园林中的声景观设计 ［J］. 福建林业科技，2008，35（4）：215-218，231.

[19]　朱鸿，王建，袁江华. 园林中声光电的应用 ［J］. 旅游纵览，2012（16）：31-32.

[20]　路晓东，唐建. 住区景观设计中声景学的应用研究 ［J］. 建筑文化，2011（3）：86-87.

[21] 王丽云. "光"与园林艺术 [D]. 硕士学位论文, 杭州: 浙江大学, 2011.

[22] 范世福. "人性化照明"是现代城市照明建设事业必然的发展趋势 [J]. 照明工程学报, 2011, 22 (5): 86-89.

[23] 孙成国, 黄俊发. LED光源在旅游洞穴景观照明中的应用 [J]. 中国岩溶, 2007 (1): 83-89.

[24] 段然. 城市园林景观照明生态性控制研究 [J]. 灯与照明, 2012, 36 (2): 10-13.

[25] 何媛媛. 古亭景观照明的光构成研究 [J]. 城市建设理论研究, 2012 (7): 17-19.

[26] 王秀文, 王娇, 毛靖哲. 园林绿化中灯光渲染探讨 [J]. 城市建设理论研究, 2013 (7): 25-27.

[27] 王立雄. 绚彩动态的景观照明 [J]. 灯与照明, 2004, 36 (2): 10-13.

[28] 张少军, 李俊武. 现代建筑的灯光景观与绿色景观的照明 [J]. 中国照明电器, 2004 (4): 32-33, 48.

[29] 黄斌斌, 谈景观照明的设计要点 [J]. 城市建设理论研究, 2011 (35): 45-47.

[30] 孔荀, 罗阳. 生态景观照明设计 [J]. 光源与照明, 2011 (4): 17-18.

[31] 张世丽. 光和影像是景观设计的灵魂 [J]. 现代园艺, 2013 (2): 115.

[32] 叶翠微. 光电转换技术在小区园林景观中的应用 [J]. 城市建设理论研究, 2013 (18): 31-33.

[33] 胡华. 光景观在城市带状绿地中的应用研究 [J]. 中国农学通报, 2013, 29 (16): 216-220.

[34] 乔佳峰. 光文化与城市照明 [D]. 硕士学位论文, 北京: 北京工业大学, 2006.

[35] 雷格·威尔逊. 光污染与城市照明 [J]. 光源与照明, 2005 (1): 19-21.

[36] 马丽莎. 建筑物灯光景观设计意义 [J]. 城市建设理论研究, 2013 (10): 11-13.

[37] 梁振锋. 景观的光环境与文化表现 [J]. 大众文艺, 2011 (19): 97.

[38] 蒋剑凯, 吴静, 刘雪华. 景观湖水质的三维荧光指纹 [J]. 光谱学与光谱分析, 2010, 30 (6): 1525-1529.

[39] 林秀华. 景观亮化中绿色光源与灯光文化 [J]. 光源与照明, 2007 (2): 22-24.

[40] 李原. 景观照明工程设计心得 [J]. 山西建筑, 2013, 39 (4): 117-118.

[41] 刘家琪, 沈守云. 居住区景观灯光环境的营造 [J]. 现代农业科技, 2010 (1): 242-244, 247.

[42] 任征. 凯旋帝景小区景观灯光设计案例 [J]. 城市建设理论研究, 2012 (18): 79-82.

［43］　倪晓利. 绿荫中的红飘带景观照明设计［J］. 科技创新导报，2012
　　　　（4）：104.

［44］　张伟迪. 论景观照明设计要素［J］. 大众文艺，2010（11）：115.

［45］　刘航. 浅谈光与景观［J］. 西江月，2012（5）：45-47.

［46］　王非尘. 浅谈喷泉景观中的灯光设计［J］，2011（1）：55-59.

［47］　赵荣纪. 中国传统绘画学［M］. 太原：山西出版传媒集团. 山西教
　　　　育出版社，2013（6），110-113.

［48］　阳柳溪. 光在园林景观设计中的具象应用研究［D］. 硕士学位论文，
　　　　长沙：中南林业科技大学，2012.

［49］　李晓萌. 景观虚体设计要素在景观设计中的应用［D］. 硕士学位论
　　　　文，西安：西安建筑科技大学，2011.

［50］　肖磊. 声光电在园林中的应用［D］. 硕士学位论文，北京：北京林业
　　　　大学，2005.

［51］　邬玲. 我国现代城市公园中的声景观设计探讨［D］. 硕士学位论文，
　　　　北京：中国林业科学研究院，2013.

［52］　程晓东. 现代园林中声景观的设计与营建研究［D］. 硕士学位论文，
　　　　杨凌：西北农林科技大学，2011.

［53］　郭以德. 园林声景观设计初探［D］. 硕士学位论文，南京：南京林业
　　　　大学，2010.

［54］　徐晞. 光景观规划设计方法研究［D］. 硕士学位论文，上海：同济大
　　　　学，2006.

［55］　白桦琳. 光影在风景园林中的艺术性表达研究［D］. 博士学位论文，
　　　　北京：北京林业大学，2013.

［56］　吴晓华，王水浪. 园林中的声景观设计［J］. 福建林业科技，2008，
　　　　35（4）：215-218，231.

［57］　郭宏峰，李辉. 声景观设计及其在景观规划中的应用——以嵊州艇湖
　　　　水城的声景观设计为例［J］. 华中建筑，2007，25（3）：149-151.

［58］　王燚，包志毅. 声景学在园林景观设计中的应用及探讨［J］. 华中建
　　　　筑，2007，25（7）：150-152.

［59］　袁晓梅，吴硕贤. 中国古典园林的声景观营造［J］. 建筑学报，2007
　　　　（2）：70-72.

［60］　葛坚，卜菁华. 关于城市公园声景观及其设计的探讨［J］. 建筑学
　　　　报，2003（9）：58-60.

［61］　赵秀敏，王竹，石坚韧. 社区公园的声景观研究［J］. 新建筑，2006
　　　　（4）：118-122.

［62］　赵盛焕，葛剑敏. 声景观指导思想与实现手段的分析［J］. 音响技
　　　　术，2010（1）：8-10，20.

［63］　葛坚，赵秀敏，石坚韧. 城市景观中的声景观解析与设计［J］. 浙江
　　　　大学学报（工学版），2004，38（8）：994-999.

［64］　葛坚，陆江，郭宏峰，等. 城市开放空间声景观形态构成及设计研究
　　　　［J］. 浙江大学学报（工学版），2006，40（9）：1569-1573.

第六章
水利工程景观与风水

【导读】

　　社会各界对风水的看法迥异，接触、了解、学习、研究风水的切入点不尽相同，争议也很多，无法轻易判断孰对孰错，每个人对风水的理解各不相同。本章汇编了风水古籍和近代风水研究中有关"水"的部分理论，以及风水研究中学术界比较认同的内容，从自然科学的角度解释风水现象，分析风水案例，求同存异，如实介绍给大家。希望能把风水作为一种中国古代文化来研究，以平常心来对待。读者应清楚地认识到，继承中国文化遗产，不是对古代文化毫无选择地一概接受，而是要选择性地吸收与继承其优良传统，摒弃其封建迷信糟粕部分，做到古为今用，理论创新。通过本章的学习，可以初识风水的基础常识，并在此基础上了解水利工程景观在规划建设中所体现的风水元素。

　　风水文化是中国传统文化中术数文化的重要一支，是由中华民族及其祖先所创造的、为中华民族世代代所继承发展的、具有鲜明民族特色的、历史悠久、内涵博大精深、传统优良的文化，它是中华民族几千年文明的结晶。在数千年的文明历程中，风水一直是中国人追求理想生存环境的代名词。主要用在城市、集镇、村庄、住宅营建的选址、设计、调整以及坟墓勘察两个方面，尤其在环境中与"水"有关的方面有诸多的规律归纳和经验总结。

　　一方面，风水把地理、气候等自然条件与人文景观综合起来考虑，提出了适合人类居住的生态环境要求和科学选址标准；另一方面，它通过对自然环境的利用与改造，添加某种装饰符号，以满足人们避凶就吉的心理需求。目前学术界普遍认同风水具有科学的一面，尤其在生态学、物理学、水文地质学、景观生态学、建筑学、城市规划学、宇宙星体学、地球磁场方位学、气象学、心理学和人体信息学等相关学科方面，都能找到一些与风水的共通点。从这些相关学科对风水的研究来看，还是具有一定的研究价值的。

　　本章阐述了风水的基础常识，以及现阶段在多个国家和地区的发展情况，通过案例分析来讲述"风水"如何指导水利工程景观建设，以期"风水"在新时代与水利工程景观的共鸣。

第一节 风水的起源与基础常识

一、风水的起源

1. 中国自然气候特征

从地理位置来看，中国处于北半球，一年中阳光大多数时间从南面照射过来，这就决定了建筑物采光的朝向必然是南向的；再者，由于中国大部处在季风气候区，大气环流随机混沌而四季分明，呈现出明显的周期性规律，通常冬季盛行偏北风，夏季盛行偏南风或东南风。地面淡水资源主要来源于海洋蒸发、大气降水以及植被的蒸腾作用，并受太阳辐射角度、地理区位、海拔、大气环流、海陆分布、坡向、地形条件、下垫面等因子的影响，淡水资源在我国大陆空间分布上，具有自东南向西北递减趋势，自沿海向大陆减少的规律；暖湿气流迎风坡多雨，背风坡少雨的现象。有鉴于此，中国环境模式的基本格局是坐北朝南面水的。

2. 中国地形特征

中国位于太平洋的西面、欧亚大陆的东部斜面上。在中国辽阔的疆域上，雄伟广袤的高原，纵横绵延的高山，茫茫无垠的沙漠，更有巨大富饶的盆地，极目千里的平原，以及岗峦起伏的低山和丘陵，各种地形相互交错，但又井然有序。大部分地区水利资源丰富，江河水系星罗棋布，受山系走向和西高东低的地形制约，河流流向皆是由西北向东南婉转而下，最终以奔腾湍急或平稳涌流之势，通过大江大河汇入海洋。

我国区域辽阔，地形复杂，山脉众多，地理分异和垂直分异明显，生物和生态多样性都十分丰富。但其垂直与平面空间分布却很有规律性。这个规律，便是我国地理学家吴上时教授提出的"一带三弧"的结构。"一带"是指东西走向的褶皱断块山地，即昆仑山——秦岭山系；"三弧"是指东西走向山系背面的"蒙古弧"，青藏高原上的"西藏弧"和华南的"华南弧"。这些山系是在亚欧板块、印度洋板块和太平洋板块三大板块相互作用下形成的。位于中国中部的昆仑山—秦岭—大别山脉是我国最重要的山脉系统。而我国地势的基本特点是西高东低，自西向东逐级下降，呈现出三个明显的倾斜阶梯。山脉的走向纵横复杂，这些纵横交错的山脉，把全国分隔成若干网络，山脉又是大河的分水岭，从而使得全国的河流水系也是纵横交错、星罗棋布。错综复杂的高原、盆地、平原、河谷川地就分布在这些山与水的网络之中。

3. 人与环境的关系

人类与环境是对立统一的。

从对立的方面看，环境总是作为人类的对立面而存在，按照自己的规律发生和发展的。因此，人类的主观要求同环境的客观属性之间、人类有目的的活动同环境的客观发展过程之间，就不可避免地存在着矛盾。如果人类认识到环境的客观属性及其发展规律，在利用自然和改造自然的过程中，就能趋利避害，引导环境向有利于人类生存的方向发展；反之，如果违反环境发展的客观规律，或迟或早总要受到自然环境的惩罚，产生影响人类生存的环境问题。

从统一的方面看，自然和社会环境总是作为人类生存的特定环境而存在。人类同他周围的环境是相互作用、相互制约和相互转化的。在一定意义上讲，人类既是环境的产物，也是环境的塑造者。

人类同环境的对立统一是人类在漫长发展历史中产生的。人类通过自己的生产生活活动和消费方式直接或间接作用于环境，从环境中获取其生存和发展所需的环境资源，并改变环境供应资源的能力；环境则在人类发展活动的作用下，不断改变其供应能力，供应人类其生存和发展所需的环境资源。要使人类同环境协调持续发展，就是要解决人类同环境对立的矛盾，促进人类与环境的统一。

中国传统风水文化中的一些风水理论，很好地阐述了人类在生产生活过程中，对周围自然环境的认识和理解，并将总结出来的符合自然规律的风水理论进一步通过人类行为作用于环境，用以选择或改善人居条件。

4. 中国古代文明与风水的起源

通过考察人类文明社会的形成过程中所留下的聚落遗址，我们不但可以看到聚落的社会组织结构、生产、分配等方面的情况，而且还可以通过分析选址和规划来分析古人与自然的关系。中国古代复杂多变的地理环境，决定了中国史前文化的多样性和各地文化发展的不平衡性。由于文化发展的不平衡，中国早期文明的形成主要集中在长江、黄河以及辽河流域。长江流域湖泊很多，气候温暖，经济较为发达；黄河是我国第二大河，黄河穿行黄土高原，河床宽广，气象博大，孕育出了灿烂辉煌的中华文明。长江流域文化与黄河流域文化构成了中华文化的两大主干。聪

明的先民徙水而居，从就近利用水利资源，到认识"风水"而据此修建住宅，建设
水利工程，创造水利工程景观等，他们不断认识人与环境之间的关系，开始敬畏大
自然的"风水规则"。

在古代的农耕社会，人们基本上是靠天为生，所以在自己居住环境的选择上十
分讲究，在寻找最佳居住点的时候，都是以先满足这两个层次的需要为前提的。

从丰富的考古发掘成果来看，史前人类选择居住环境主要考虑五个因素：第一
是有无水源，古代遗址大多在河边台地、河流转弯、河流交汇处、湖边、泉边；第
二是附近有无食物资源，是否适宜于从事生产；第三是安全因素，住处是否会被
淹，凶猛的野兽多不多；第四是避风，住宅避开谷口、山头，有的甚至采取半穴
居；第五是交通，进出要方便，要有活动的空间，视觉要宽敞。由此而形成史前聚
落遗址的突出共性在于：它们都分布在各地区的山丘和平原的过渡地带，依山傍
水，既有利于农业生产，也是渔捞、狩猎和采集的良好场所，自然山水特质浓郁。

通过比对分析，在中国传统风水理论（形势派理论）中发现了一些共同点。

对生活要素"水"的基本要求就是"清洁""流动"和"环抱"。清洁是第一要
素，只有清洁的水源才能保障健康；其次，取水要方便，流动的水可以冲去生活污
物，保持环境整洁；再次，风水理论对水的基本要求是环抱居住点，而绝对不能反
弓，环抱的水可以围护居住点，隔离猛兽危害，抵御洪水冲袭，而反弓的水在反弓
处容易决堤受灾；最后，水中还能行船交通，出产鱼类资源，方便获取食物。所
以，先民在选择居住点的时候就考虑到了水利资源的应用，必须找到一处容易获取
食物及水源的居住点，并且这个居住点必须安全、不易被野兽攻击，这是古人出于
人的本能需要而对自然规律做出的反应，这种本能的反应含有对"风水"的粗浅
认识。

对择址条件的基本要求是"有靠"，目的是"挡住风"和"排除从背后而来的
威胁"。"挡风"也是满足生理需求的需要，中国在北半球，冬天刮北风和西北风，
中国人很早就对"风"的作用和特性有了认识，特别对季风气候环境中不同方向风
的特性有了认识，因此在建筑物的选址上，特别重视对挡风聚气的环境选择。"有
靠"挡住了寒风，增加了安全过冬的概率；"排除从背后而来的威胁"便是满足安
全的需要，人最薄弱的地方在背后，即使面对危险，也要先排除没有从背后而来的
威胁。古人穴居，既吹不到风也没有背后的威胁，旧石器时代北京猿人居住的"龙
骨洞"即是靠周围的山体来阻挡寒冷干燥的偏北风的，迄今黄土高原上的大多窑洞
的洞口都是避开寒冷的偏北风而朝南向的；聚居后，即使从洞穴搬迁到了谷地和平

原，也会找寻南北东西都有山围绕、有水源流经的地方。生存需要是人类最基本、最强烈、最明显的一种刚性需要，要生存就离不开衣、食、住、行，因而居住成了与人类自身生存、繁衍休戚相关的大事。

仰韶文化半坡村遗址（图6-1）位于渭河盆地的腹地，浐河东岸的二级阶地，

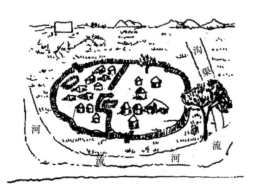

图6-1 仰韶文化半坡村遗址示意图
资料来源：《中国古代风水的理论与实践》。

北有北山山系，南有秦岭山脉，东西分别是灞河和浐河。其依山傍水，是聚落群居选址的典型代表，是迄今为止通过考古发现，最早有人工壕沟存在的村落。这种人工挖掘的水利工程有几种作用，首先壕沟可以防止野兽入侵给村落带来的危险；其次，壕沟可以蓄水，抵御干旱，便于灌溉，也可人工养鱼，利于开展生产活动。当人类步入农业文明之后，对居住场所的选择，必然要考虑以农为生，要利于农业生产；再次，城外开渠，既形成了环城水系以利防御，也符合界水层层围绕的风水要求。这可能是以人工建设的水利工程来满足理想风水模式中曲水环抱模式的雏形。

在封闭、半封闭的自然环境中，利用被围合的平原，流动的河水，丰富的山林资源，既可以保证市民、村民采薪取水等生产生活需要，又能为村民创造一个符合风水模式的理想生态环境。从遗址中的"人工壕沟"来看，是古人出于本能需要，利用朴素的风水原则建设水利工程，改善人居环境的方法。中国封闭的、自给自足的农村经济为这种聚落选址提供了可能性。根据考古成果显示，通过壕沟把居住点分成了生活区和工作区，还把墓葬区隔在了居住区以外，这种做法体现了朴素的"阴阳"风水理念。

普遍认同的风水起源和人的择址本能有密切关系，是古人对自然规律粗浅认识的具体表现。人类伊始，不论是距今250万年前开始的旧石器时代，还是距今1万多年前开始的新石器时代，出于人类生存的本能，需要寻求一种遮风避雨、防范天敌及虫害的寓所，于是便出现了人工建筑的原始形态。研究表明，风水来自生活与农业生产的需要，源于长期观察自然和改造自然的实践；而其中一个重要的组成部分便是"水"，"水"与环境实践中的水利工程又关系密切。

二、风水的定义

风水文化源远流长，经历代沿革，并掺和了儒、道、释思想文化，因此"风水"就有不少别称，除了"风水"这个名称外，还有诸如堪舆、卜宅、相宅、图宅、青乌、青囊、形法、阴阳、地理、山水之术等。每一种文化都有自己的归属，风水也有其归属，古代把它归于阴阳学、地理学、术数。

1. 古籍中对风水的描述

"风水"这个词，普遍认为最早出现在晋人郭璞传古本《葬经》："夫阴阳之气，噫而为风，升而为云，降而为雨，行乎地中为生气；生气行乎地中，发而生乎万物……"。《葬经》曰："气乘风则散，界水则止，古人聚之使不散，行之使有止，故谓之风水。风水之法，得水为上，藏风次之。"又云："深浅得乘，风水自成。"此外，《葬经》还简明概括了评价风水的基本标准："来积止聚，冲阳和阴，土厚水深，郁草茂林。"

《青乌先生葬经》中是这样描述"风水"的："内气萌生，外气成形；内外相乘，风水自成。"兀钦庆为此题注："外气成形，言山川融结而成形象也。生气萌于内，形象成于外，实相乘也。"

明代乔项《风水辨》解释"风水"："所谓风者，取其山势之藏纳，土色之坚厚，不冲冒四面之风与无所谓地风者也。所谓水者，取其地势之高燥，无使水近夫亲肤而已；若水势曲屈而环向之，又其第二义也。"

明代徐善继、徐善述在《地理人子须知》中综述前人论说，有谓："地理家以风水二字喝其名者，即郭璞氏所谓葬者乘生气也。而生气何以察之？曰：气之来，有水以导之；气之止，有水以界之；气之聚，无风以散之。故曰要得水，要藏风。又曰气乃水之母，有气斯有水；又曰噫气惟能散生气；又曰外气横形，内气止生；又曰得水为上，藏风次之；皆言风与水，所以察生气之来与止聚云尔。总而言之，无风则气聚，得水则气融，此所以有风水之名。循名思义，风水之法无余蕴矣。"

2. 现代学者对风水的定义

《辞海》对风水的定义是：风水又称"堪舆"，中国的一种迷信。指住宅、坟地等所处的地理位置，如山脉、河流走向等，是将地貌风物人格化，带有原始泛神论色彩的迷信学说。

《现代汉语词典（第六版）》对风水的解释是：指住宅基地、坟地等的地理形势，如地脉、山水的方向等。民间认为风水的好坏可以影响其家族、子孙的盛衰吉凶。

《风水与建筑》的作者程建军教授在书中写道："风水，主要是指古代人们选择建筑地点时，对气候、地质、地貌、生态、景观等各种建筑环境因素的综合评判，以及建筑营造中的某些技术和种种禁忌的总概括。"

韩国学者尹弘基在《自然科学史研究》1989 年第一期撰文说"风水是为找寻建筑物吉祥地点的一种景观评价系统。这种古老的中国系统不应该归类于或者是科学的，或者是迷信的，因为它同时包含有这两个部分。"

天津大学建筑学教授亢亮在《风水与建筑》一书中总结："风水就是通过考察山川地理环境，包括地质水文、生态、小气候及环境景观等，然后择吉而营筑城郭室舍及陵墓等，达成建筑与环境和谐统一的传统文化，也是古代一门调整人居环境的实用学术。"

"风水"的涉及面很广，从上述的典故以及释义，可以大概了解一些。通常情况下说到的"风水"，指的是从古代流传下来的，由专业风水从业者（风水师）总结出来的一种判断"环境吉凶"的标准，主要涉及建筑选址、阴阳宅吉凶、环境改造等。其中部分理论符合自然规律，经现代自然科学论证，含有科学成分，人们不可笼统妄以"迷信"两字充斥之。

3. 城市规划建设中的风水技术

传统城市规划与建设中，受风水思想的强烈影响，发展出独树一帜的风水技术，是古人在城市建设中进行各类择地的方法与原则，也是保持人与自然的调和，从心理、生理、文化上追求理想环境的代名词。

风水技术主要通过考察山川地理的环境，包括地质水文、生态、小气候及环境景观等，然后择吉营建城郭、室舍及陵寝等。通过风水术选定的吉居称为"穴"，它是在符合风水原则的前提下，由山水构成的理想环境。从使用功能上说，山可以挡风，水可以取用，两者结合之处宜于居住，也便于生产。从客观现象上说，水本无定形，却有个性，性情平淡，中性随和，容物释浓，象征和谐，蓄能不露，随遇而安，是工农业生产、人类生活、生物生存不可或缺的战略资源，还可用来发电、近水休闲、发展旅游、美化环境。但水具有"两面性"，用得好则为"水利"，用不好则"水害"，如发生洪涝、干旱、泥石流等自然灾害。因此古人认为"地理之道，山水而已"，狭义地说，风水术其实就是山水之术，地脉就是山脉，河流就是水脉。风水术对环境的要求既不能单独看山，也不能单独看水，内外相乘也就是山水相配得宜，所以风水术中多是论山水的，一些风水专用术语"龙、砂、水、穴"，都是用来描述自然环境景观的，与自然山水紧密相关。

风水作为古代一种实用技术，历来受到统治者的高度重视，因此，古代国家机关中，均有专设官员职守风水事宜。在这种制度化的运作框架下面，风水思想经由历代风水堪舆师的活动，与古代各级城市建设取得紧密结合，风水思想中蕴含着对山、对水的规律性总结，在城市的规划和建设中，需要考虑到便利和持久地获取水资源，也需要为了消除水害和开发利用水资源而修建一系列水利工程，风水技术中有专门记述与"水"有关的风水原则和风水理论。这些风水技术是为城市营建服务的，同时规范了古代城市规划，推动了古代城市建设，带动了水利工程等相关方面发展。

第二节 风水文化的发展情况

一、风水在中国及其他国家和地区的发展情况

风水是发源于中国的本土文化，但是它传播影响到了众多周边地区，甚至欧美国家。据考证，中国风水的对外扩散，在 7～16 世纪，主要是在以周边国家和地区为主的"汉文化圈"内传播；16 世纪以后，逐渐扩散到欧洲等地。

1. 中国风水在日本的发展

风水思想东传日本，通常认为是在 7 世纪左右，由日本的遣隋使、遣唐使将中国文化输入到日本。774 年（唐大历九年）日本难波京的建造、681 年（唐高宗李治开耀元年）日本天武天皇畿内都城的建造、710 年（唐景云元年）日本元明天皇的平城京的建造等都城建设中，都是由"地相"师鉴定而兴建的。也有人认为，风水传入日本是在 7 世纪左右通过朝鲜而传入的。

日本平安时代前半期宇多天皇宽平年间（889—898 年），藤原佐世编著的《日本见在书目录》在著录来自中国的道教经典时，在"五行家类"中，列有《青乌子》《玄女经》《黄帝龙首经》等风水著作。说明中国早期风水著作是与道教经典一起传入日本的。

中国风水传入日本之后，分为"家相"和"墓相"两部分。"家相"是针对阳宅的，"墓相"是针对阴宅的，基本内容和中国风水相仿。在日本，对居住宅地的

吉凶尤为关注，甚至比发源地的中国还要浓厚，所以"家相"在日本占有突出地位。

在日本，对风水做深入研究是从文化的角度切入，内容涉及民俗学、社会学、人类学、历史学、建筑学等诸多领域。日本对风水的研究在二十世纪七八十年代达到最盛，有100多所大学开设风水课程，主要对中国和朝鲜的风水进行专项研究，以理气风水研究为主。

2. 中国风水在朝鲜半岛的发展

由于毗邻的关系，朝鲜半岛比日本更便于接受汉文化。早在公元前3世纪（我国战国中期），朝鲜半岛就与中国开始了密切交往。中国风水思想大约是在7世纪（我国唐代中期）的新罗时代早期，随儒、道经典一起传入朝鲜半岛。起初把风水知识传播到朝鲜半岛的是通晓汉学的上流阶层的专职地官，很多由僧侣担任，所以民间影响较小。风水对朝鲜半岛影响的全盛期是在新罗之后的高丽时代后期和李氏朝鲜时代。

朝鲜半岛在接受了中国的风水思想后，能够完成知识的洗练和发展，归纳出相应的体系，并广泛地加以运用。中国风水在韩国农村受到普遍重视和欢迎，多数人认为它是真正的科学，其在朝鲜半岛的影响，可以从李氏朝鲜时代的镇邑和村落（邑集落）的选址中窥其全貌。根据地形、河流与集落的位置关系，对331个现存的邑集落进行分类，其中70%的邑集落选址在"背山临水"或"藏风得水"的北侧控山、南面临水的地带，符合典型的风水模式。

3. 中国风水在港台地区的发展

由于特殊的历史原因，港台地区成为中华传统文化思想的保留地，特别是风水思想，在两地得到了较为完整的保护。

在香港，民宅风水普遍讲究方位理气，认为不同坐向的住宅有不同的向生方；不同命卦的人也有不同的向生方，所以，选择住宅就按照这些原则进行。同样，室内布局也是如此。

香港风水的特点还在于与宗教的结合，香港著名风水大师李居明，为藏传佛教弟子。他在香港开坛讲经，把风水和唐代盛行的东密相结合，一方面通过东密功法开拓人体特异功能，以增强对环境的感知能力，可以更好地探知风水；另一方面通过宗教信仰聚集信众推广风水。众所周知，道家在风水研究和传承上有举足轻重的地位，道家也是结合了地区巫术和藏传佛教后创立的中国本土宗教，道教和风水从内容和形式上所表现出来的都是对美好生活的向往和对理想环境的追求。所以在香港，风水与宗教的结合，既可以说是一种传统的继承，也可以说是一种新时代的创新。

　　台湾的风水蓬勃发展，民众对风水的信任度和依赖度较高。台湾风水以理气派为主，辅以形势派，其较好地继承了中国传统风水理论体系，并加以改造、创新，以适合台湾的风土人情。许多有名望的台湾风水师开设正规的风水讲习班，系统传授风水理论知识，并公开收取风水传人，服务世人。部分台湾的学校开设风水专业，系统化、理论化地教授风水技术。许多从大陆迁移到台湾居住的风水师，把建国以前大陆风水的体系完整地带到了台湾，并出版了大量风水著作。

　　4. 中国风水在东南亚地区的发展

　　东南亚是汉文化圈南部的重要覆盖区域，这里不仅地缘上邻近，而且分布着人口众多的华人。华人成为这一区域中国文化包括风水文化的主要传播者。因这一区域的传播者和主要信奉者是华人，所以这里的风水体系与中国本土的风水体系相去不远。东南亚地区风水的传播，是与这一区域华人的长期漂泊和艰苦创业相伴随的，风水文化成为他们域外生活的护身符。所以，风水对东南亚地区的华人来说，比中国本土具有更深一层的含义。

　　在新加坡，风水被广为重视，一方面反映了新加坡人对美好生活空间的向往，另一方面反映了新加坡人更强的趋吉避凶的文化心理。风水和许多传统文化观念一起，像护身法宝一样，伴随着新加坡华人度过了艰辛磨难的创业年代，所以新加坡人对风水有着一种特别的信赖和情感。

　　风水在马来西亚的影响，类似新加坡，但不及新加坡，可能是华人、华侨数量少于新加坡的缘故，也可能是马来西亚文化不如新加坡文化与中国文化密切的缘故。但总的说来，马来西亚仍是一个风水极为流行的东南亚国家。

　　受中国风水文化影响的国家还有越南、柬埔寨、老挝、泰国、菲律宾和印尼等国，而当今流行的多是以方位理气为主的阳宅风水。

　　5. 中国风水在英国的发展

　　早在16—17世纪，中国风水就被西方传教士介绍到西方世界。如意大利的罗马天主教、耶稣会传教士利玛窦，在其所著《利玛窦中国札记》中就记述了关于中国风水的见闻，并对风水的哲学背景作了评论。

　　到19世纪，英国的新教徒伊特尔（Ernest J. Eitel）来华传教，看到中国人如此普遍而固执地坚信风水，便开始用近代科学的眼光审视风水。经过多年的资料搜集和研究，他撰写了《风水：古代中国神圣的景观科学》一书，成为西方学者系统研究和介绍中国风水的第一部著作。他认识到了风水中的有机整体自然观。

英国近代著名生物化学家、科学技术史专家李约瑟先生在《中国的科学与文明》（即《中国科学技术史》）一书中论及中国建筑与自然的和谐时，就蕴含着对中国建筑文化（包括风水文化）的赞美之词，认为"中国建筑总是与自然调和，而不违反大自然。"李约瑟对中国风水有比较深入的研究，还对中国风水的景观特色做过评价。

6. 中国风水在美国的发展

中国风水首先是由华工于 19 世纪带到美国去的，但在西方新的科学观的冲击下，一直未登大雅之堂，直到 20 世纪 70 年代前后才被人们认识到。西方工业化生产的高度发展，使人与自然互相对立，从而演变为 20 世纪下半叶一系列环境危机和社会危机，这时开始有学者瞩目中国传统文化中"天人合一"的整体论哲学思想，并因此而"发现"了风水思想的价值，掀起了风水的研究热。

20 世纪 60 年代末，美国宾夕法尼亚大学的麦克哈格教授在生态学理论的基础上，发展了生态建筑学，把人、建筑、自然环境和社会环境看作是一个人工生态系统，建筑只是系统中为满足人的某种需要而属于人的部分，它必须跟人一起成为生态系统中的一环，依生态规律行事，才能确保生态系统的政策运行。中国的风水讲究选择优良的建筑环境，重在适应自然，使人和建筑与环境密切融合。从这种意义上来说，建筑与生态学与中国风水思想找到了一致的步调。1984 年托德夫妇出版《生态学设计基础》一书，专门列有对"风水世界观"的探讨。正因为风水强调人的自然性，指出了人在自然环境中的正确位置，使人与自然保持对等和谐，与新兴的生态建筑学、景观建筑学的思想极为合拍，所以引起了学者们的广泛注意。

20 世纪 80 年代末期，在美国民俗中也开始有了风水影响的痕迹，"看风水"忽然兴盛起来，房地产业受到一定程度的影响，民俗中的风水的功能是"宽慰于生活与事业的未来"，让人们在激烈的竞争中，获得一种心理上和精神上的平衡。

二、基于风水的环境改造

人类生存在自然大环境之中，这种大环境中的山川水流，花草树木组合，形成了各种自然的环境景观。当人类选择了相对安全的栖身之处后，出于本能的会产生对美好生活的其他追求。除了营造便捷、舒适、美观的生存环境，还会改造环境景观，如为了方便取水的水利工程景观；再如创造一些与祭祀或崇拜有关的人文景观；以及出于各种目的的人造园林等建筑景观。

我国古代对环境美化是非常重视的，并在美化环境的过程中以风水原则为指导，认为建筑、植物、流水的组合布局，要符合风水的要求，这样才能有利于身心健康和财运事业，这是传统风水学中朴素的环境景观意识。如苏州园林就有许多水景布置符合古人这一理念。这些自然形成和人为营造的环境景观，都会对人类产生种种物理、生理和心理效应。人是自动化程度很高、对外界事物的反应能力很强的有机活体，周围环境景观形成的构架、色彩乃至引力、气场等都会对身心健康和事业发展等多方面产生重要的影响。当人们处在一种美观舒适、宁静、色彩和谐的环境景观中，就会感到心情舒畅，心旷神怡，甚至思维更加清晰敏捷，创造灵感也格外活跃。

现代水文地质学告诉我们，地球上亿万年来演变而成了交错的山川河流、丰富的自然地貌和地质构造，其中又包含和产生着各种有机和无机的化学元素，这些元素对人体会产生各种有益或有害的影响。例如，铁、锌、硒、有机蛋白等，对人体是有益的，而镭、氡、锶等放射性元素，对人体与智力的发展是有害的。由于这些化学元素的含量和组合结构的不同，对人类也会产生不同的正负面的效应。有的地方的人之所以能健康长寿，而有的地方的人之所以容易患地方病或英年早逝，这些都与当地水文地质条件密切相关，如缺少碘元素易引发甲状腺肿瘤，简称为"地甲病"，而氟元素过量则易引起氟中毒，简称为"地氟病"，在各地地方志书中或卫生疾控中心均有详细记载。因此，传统风水学对所勘察的风水区位的地貌、水流、水质特别重视，有时还要通过闻、尝土和水的气味，仔细倾听流水的声音等来判断这个区位的风水是否有利于人的体力和智力的发育，思维和事业的振兴。如水味甘甜通称为"吉地"，如果水味苦涩或者有异味则是"不吉之地"。其中许多道理与现代水文地质学是相合相通的。风水学中的"龙脉"思想就是现代地质地理学关于山脉、水流与岩层的走向的学问。而风水中"保护龙脉"的思想，也与现代水文地质学说中的水土保持、生态环境保护等观念相一致。

现代风水研究，其内涵与使命之一就是系统地将传统风水学的数千年经验与现代水文地质学知识相互联通，从而研究出山川河流、地质地貌、山脉走向、水土关系及其产生的各种化学元素对人类生理与心理、健康与事业的正负面影响，使人类更好地了解自然、利用自然、改造自然和顺应自然，使人类生活得更健康、更美好、更安全。

通过长期的实践，中国传统风水中的部分内容经验证，在水利工程景观方面，具有很多明显合理的成分。

在满足生理需求方面：

（1）生态方面的要求　背山面水，负阴向阳，山肥水美，林木秀蔚，环护有情为吉。

（2）排水蓄水的要求　宅院以西北高、东南低为好。且宅前应有质量完好的河渠或池塘。

（3）私密性的要求　河川桥梁交冲处应避开，防潮以及卫生等方面，也都有所考虑。

在满足心理需要方面：

（1）方位音响的要求　宅周流水、道路不能直硬冲射，以弯曲有情为好，水声也以悦耳为吉。

（2）环境形象的要求　避忌环境景观"破、败、坏、断"等不吉之处。同时也要考虑到水利工程景观的象征隐喻意义，如"门前忌有双池，谓之哭字；两头有池，为白虎开口；皆忌之"等。

（3）技术设计的要求　水利工程的跌水设计应合理，避免落差太高，以免产生声煞等问题。

三、客观地评价风水

1. 风水的研究方法

研究风水，首先应当坚持辩证唯物主义和历史唯物主义的观点，承认物质第一性、精神第二性的辩证唯物观；承认事物是发展的、变化的，是动态的且有一定规律的；承认事物是可细分化的，虽不能一时回答所有质疑，但随着科技进步，许多科学难题，迟早终究总会被人们所认识的。即要实事求是，通过分析研究得出结论，并且不断加以完善。

其次，要采用跨学科的方法。古今中外"风水学"的普遍流行并不是孤立的现象，应当从历史学、地理学、民俗学、伦理学、心理学、美学、社会学、建筑学、环保学、现代自然科学等广泛的领域，综合性地研究风水，从而对"风水"取得全面的、深刻的认识。

再次，应当交相采用一般的、常用的科学方法，从归纳到演绎，又从演绎到归纳，分类、假设、观察、实验、数学、信息等。通常方法与手段越多越先进，结论越能尽快接近真理。

与此同时，我们还要注意文献整理和社会调查的方法。

所谓文献整理，就是要把历代流传下来的有关风水的文献进行梳理，特别是对那些有关风水的经典进行研究，用科学的、实事求是的、严谨的态度进行考证和评述，这样，可以从理论上分清是非，从根本内涵上揭示风水术的本质。

所谓社会调查，就是走出书斋，到村镇、街巷作社会采访，听取民间风水师和广大群众的如实倾诉，积累各家口碑等第一手资料，综合考察其真伪，把深入调查研究的过程，当作正确引导人们认识风水的过程。同时通过文献整理调研，结合社会调查，进一步做到研究现代化，这样风水研究才能比较容易推进，但是对于任何事件与案例，也不要草率地下结论。

2. 取其精华，去其糟粕

风水理论以传统哲学观念和方法为基础，架构起其理论思维体系的框架，在历史上已经确立了其存在的价值与作用，当今仍需当作可资再发掘的一门学术，但在肯定它的时候，也必须对其确属于迷信的成分，持以清醒的认识和冷静的理性批判。

风水迷信，原因很多，中国古代社会长期停滞于封建专制时代，生产规模狭小，自然科学和社会科学未能充分发展，统治者及江湖术士为谋生而愚昧人民的需要等，与此固有不言而喻的关系；而在认识论和方法论上，传统哲学观念与思维方法的巨大缺陷，也在相当大的程度上为迷信的存在提供了容身之地。事实上，对风水的迷信成分，自古以来就有不少有识之士如王充、吕才、朱熹等，曾予以激烈批判，然而也正因为认识论和方法论的局限，终究破除迷信难以彻底。

中国传统哲学虽以其朴素的唯物主义与辩证法见长，闪射着古代民族智慧的灵光，但多注重宏观整体上类比性地表象万事万物的序列关系，乏于深层次的内在规律性和统计性的研究。在"天人合一"观念下，更对表微万物序列关系的宇宙图式赋以象、数、理的意义而无限制地推演，附会以诸多牵强无稽的成分等，无不造成了传统哲学体系的明显缺陷。而这种种缺陷，反映在风水理论中，也正是其迷信成分的认识论根源所在。

例如，在风水理论中，"地灵人杰"的观念格外令人瞩目，其正视自然条件对人文活动的影响，固然具有唯物主义的可取之处，然而直线化、简单化、夸大化的类比外推，把非线性的事物当作线性的事物来推断，从而把它推进了迷信的泥沼。

许多风水古籍在谈及葬法的时候，以传统哲学观念来解释死者荫福后人。最常见的，就是把死者与后人的血缘延续，纳入阴阳二气的交互作用而加以申说，是由于传统哲学"阴阳"与"气"的范畴本身所具有的模糊性和无限类比外推的取向，既难澄清是非，也无法阻止风水迷信振振有词地滥用。

典型如郭璞《葬经》："葬者，乘生气也……人受体于父母，本骸得气，遗体受荫。盖生者气之聚，凝结者成骨，死而独留。故葬者，反气内骨，以荫所生之道也。经云：气感而应，鬼福及人。是以铜山西崩，灵钟东应；木华于春，栗芽于室。"

这中间如"铜山崩而灵钟应"的典故，与"顿牟掇芥，磁石引针""同声相应，同气相求"的典故一样，曾引发古代哲人探究事物的感应关系，并以"气"而阐发出几乎近于今人认识到空气为声音传播的媒介及电磁场为电磁感应的基础等天才的科学猜测，成为古代科学技术史上的佳话，显示了中国传统哲学在认识论上的宝贵价值（值得指出的是，在郭璞的《山海图经·北山经第三》之《磁石赞》，也有此猜测）。然而，这种认识毕竟是幼稚朦胧的，"气"的范畴本身所具有的缺陷，不仅未能将这种认识引向深入，其无节制的类比外推，却使这种认识被滥用在荫福的风水上，连古代诸多痛切批判风水迷信的有识之士也无计可施。

中国传统风水在现代社会的生命延续，就是要将传统风水学中的朴素真理，与现代自然科学中的学科相互嫁接，不仅研究环境景观的自然规律、建筑学规律、美学规律和植物学规律等，更要进一步研究环境景观的结构、方位、材料、色彩、外形及其场态信息对人类生理和心理的各种作用力，从而探索选择和营造出有利于人类自身健康和事业发展的环境景观的科学规律和方法。

我们不能以今天的科学水准来苛责古人。然而在今天，当我们以当代的科学及认识论来批判风水迷信糟粕，发掘其合理内涵的时候，也应以历史唯物主义的态度来对待它。事实上，无论如何，风水理论毕竟是古代社会的产物，它以中国传统哲学为其世界观和认识论的基础，是中国传统哲学框架下，集迷信与科学于一身，糟粕与精华共存，合自然人文为一体的独特的古代中国学术门类。

四、风水与景观

居住环境不仅要有良好的自然生态，也要有良好的自然景观和人为景观。按照风水理论要求的选址，常包含以下的自然景观因素。

（1）以主山、少祖山、祖山为基址背景和衬托，使山外有山，重峦叠嶂，形成多层次的立体轮廓线，增加了风景的深度感和距离感。

（2）以案山、朝山为基址的对景、借景，形成基址前方远景的构图中心，使视线有所归宿。两重山峦，也起到丰富风景层次感和深度感的作用。

（3）多植林木，多植花果树，实行常绿树与落叶树合理混交，乔、灌、草科学布局，保护山上及平地上的风水林、水源林，保护村头古树、大树和名树，形成郁郁葱葱的绿化地带和植被，不仅可以保持水土，挡风保湿，调节温湿度，造成良好的宜居小气候，而且可以营造成鸟语花香、曲线优美、色彩动人、风景如画的自然环境。

风水理论在水利工程景观营建中体现，包含以下的人为景观因素。

（1）以河流水池为基址前景，形成开阔平远的视野，而隔水回望，有生动的波光水影，造成绚丽夺目的画面。

（2）以水口山为障景、为屏挡，使基址内外有所隔离，形成空间对比，使入基址后豁然开朗、别有洞天的景观效果。

（3）作为风水地形之补充的人工风水建筑物，如宝塔、楼阁、牌坊、桥梁等，常以环境的标志物、控制点、视线焦点、构图中心、观赏对象或观赏点的姿态出现，均具有易识别性和观赏性。如南昌的滕王阁选点在"襟三江而带五湖"的临江要害之地，武汉的黄鹤楼、杭州的六和塔等，也都是选点在"指点江山"的选景和赏景的最佳位置，均说明风水物的设置与景观设计是统一考虑的。

（4）当山形水势有缺陷时，为了"化凶为吉"，通过修景、造景、添景、避景、障景等办法达到风景画面的完整协调。有时可用调整建筑出入口的朝向、街道平面的轴线方向等办法来避开不愉快的景观或前景，以期获得视觉及心理上的平衡，这是消极的办法。而改变溪水河流的局部走向、改造地形、山上建风水塔、水上建风水桥、水中建风水墩等一类的措施，则为积极的办法，名为镇妖压邪，实际上都与修补风景缺陷及造景有关。

（5）在工程地质、水文地址方面的现代科技要求已有国家的规范可依。水利工程不应选在滑坡、溶洞之上。在风水方面，对罗盘磁针不稳的地域（可能有矿床、古墓、地震断裂带等）应严加注意。同时，对于地面水流及地下水潜流的来龙去脉应作调查研究。避免上游地下水因工业污染而影响环境保护。地面水系，应调查清楚来水方向（天门方向）和归水方向（地户方向）。

（6）对于滨河的选址，首先应查明水文统计资料，尤其是洪水流量和洪峰高程，是二十年一遇或是五十年一遇，甚至百年一遇。抵抗低于五十年一遇洪水的河道应有坚固提防，但最佳方法是在上游开辟泄洪河道。五十年以上一遇的，则影响较小，但在风水选址上，应避开反弓的河段。除河道、湖岸反弓易于冲蚀岸地，受水力破坏外，还存在风水气场问题。风水学认为"山环水抱必有气"，反弓与顺弓相反，得不到聚气的风水效应，影响地域繁荣发展。

（7）对水质的要求，以水味甘，水色碧，水气香为上贵；水味清，水色白，水气温为中贵；水色淡，水味辛辣，为下贵；而水味酸涩，馊味，则是劣地（《博山篇》）。由于水中的矿化物不同，水色、水味有别。含有矾盐矿物时水酸，含镁盐时水苦，含食盐时水咸，含铁盐时水涩，含藻类原生物时水腥，含有益人体的有机物时水甘，而水的酸碱度则可用石蕊试纸测定，其他水质诊断则可采用电子分光光度计等先进仪器测定。在古代，主要凭经验体察，传统方法是风水师尝水，还有子时、净口、静心等要求。

通过上述分析，可以看到，依照风水观念所构成的景观，常具有以下的特点。

（1）围合封闭的景观　群山环绕，自有洞天，形成远离人寰的世外桃源。这与中国道家的回归自然，佛家的处世哲学，陶渊明式的乌托邦社会理想和其美学观点，以及士大夫的隐逸思想都有密切的联系。

（2）中轴对称的景观　以主山—基址—案山—朝山为纵轴；以左肩右臂的青龙、白虎山为两翼；以河流为横轴，形成左右对称的风景格局或非绝对对称的均衡格局。这又与中国儒家的中庸之道及礼教观念有一定的联系。

（3）富于层次感的景观　主山后的少祖山及祖山；案山外之朝山；左肩右臂的青龙、白虎山之外的护山，均构成重峦叠嶂的风景层次，富有空间深度感，这种风水格局的追求，在景观上正符合中国传统绘画理论在山水画构图技法上所提的"平远、深远、高远"等风景意境和鸟瞰透视的画面效果。

（4）富于曲线美、动态美的景观　笔架式起伏的山，金带式弯曲的水，均富有柔媚的曲折蜿蜒动态之美，打破了对称的构图的严肃性，使风景画面更加流畅、生动、活泼。

综上所述，我们可以看到，风水实质上作为一种环境设计的风水术，在创造美好的居住环境方面，不仅十分注意与居住生活有密切关系的生态环境质量问题，也同样重视与视觉艺术有密切关系的景观质量问题。我们还可以看到，中国的风水观念实际受到中国传统的儒、道、释诸家哲学以及中国传统美学思想的深刻影响，是综合了中国文化的产物。

五、风水的美学意境

风水家自诩为"山水之士"，他们秉承这种文化传统，并在实践中应用发挥。观照山川自然美而巧加人工裁成，赋予中国传统建筑、景观及其整体环境以深永的美学气质。风水能以其娴熟细腻的实际处理技巧，使对自然的审美观照，得以细致入微的表现。

1. 文学中的风水意境

"及时行乐"和"寄情山水"的思想行为具有风水意境的山水文学。东晋文学家陶渊明的《桃花源记》是这个时期山水文学体现风水意境的佳作。

陶渊明是一位亦儒亦道、先儒后道的"田园诗人"，在要求人与自然环境融为一体理念的支配下，陶渊明创造了《桃花源记》。

"缘溪行，忘路之远近，忽逢桃花林。夹岸数百步，中无杂树，芳草鲜美，落英缤纷。渔人甚异之。复前行，欲穷其林。林尽水源，便得一山。山有小口，仿佛若有光。便舍船，从口入。初极狭，才通人；复行数十步，豁然开朗。土地平旷，屋舍俨然。有良田美池桑竹之属，阡陌交通，鸡犬相闻。"

其结构是"走廊＋豁口＋盆地"的高度理想化的山间盆地景观模式，这在中国山区是很常见的，陶渊明把四灵风水原则在文中完整地体现了出来。

2. 智者乐水，仁者乐山

风水中，建筑环境的选址规划极为注重自然景观的审美，讲究建筑人文美与环境自然美能达到和谐有机的统一，在理论和实践方面，表现出很强的美学性质，显示出中国传统文化的鲜明特色。发现自然美，研究自然美，在西方是在文艺复兴之后才开始；而在中国，由于农业文明的早熟，自然美很早就被发现并被重视。古代文人通过对山川自然的审美观照，就发展成为孔子所提出的"智者乐水，仁者乐山"，寄情山水的审美理想和艺术哲学。

智者何以乐水？夫水者缘理而行，不遗小间，似有智者；动之而下，似有礼者；蹈深不疑，似有勇者；障防而清，似知命者；历险致远，卒成不毁，似有德者。天地以成，群物以生，国家以平，品物以止，此智者所以乐于水也。

仁者何以乐山？夫山者，岿然高耸……草木生焉，鸟兽蕃焉，财用殖焉；生财用而无私为，四方皆伐焉，每无私予焉；出云雨以通天地之间，阴阳和合，雨露之泽，万物以成，百姓以飨；此仁者之所以乐于山也。

3. 风水中"水"景观的审美

论及风水中水的景观和审美,其一,水为血脉而造就自然钟灵毓秀,水美而景美。其二,水可界分空间,形成层次丰富、生动的环境围合。风水家认为"水随山而行,山界水而止,界分其域,止其逾越,聚其气而施耳",所谓"金城环抱"即一典型意象。又认为山主静,水主动,山为阴,水为阳,山水交会,动静相济,阴阳合和,乃为"情之所钟处",故以"山际水而势钟形固内就,水限山而气势聚以旁真",讲求"山称水,水称山,不宜偏胜";"山水相得如方圆之中规矩,山水相济如堂室之有门户"。而水面镜像映射可丰富空间意象,也为风水家所重,如《橘林国宝经·倒影》即论此。其三,水体形象,如流动、弯环、潴聚、动静及至声、色、味等,皆可予人悦情怡性的审美观照。对此,风水又有"左水为美,要详四喜,一喜环弯,二喜归聚,三喜明净,四喜平和""水本动,妙在静,静者何?潴则静,平则静"等讲究。而论及水质,则求"其色碧,其味甘,其气香,主上贵"。至于"穴前及内堂与外水相辏,潆回留恋于穴前,方名朱雀翔午(午:方位,指南边)",与基址的主山呼应,如臣如宾,成朝揖拱拜之势,显现出"群臣都俞,风化斯淳""宾王雍容,情味相投"之意象,人世间的伦理追求也在山水审美中反映出来,就传统哲学而言也是一种必然,无可厚非。

风水的追求,在择吉而营居,安顿人生的实践中,以其理论与技艺,观照山川自然,并审慎选择,巧加人工裁成。经营从城市到宅舍的各种建筑、协调河流到园林的各种景观,才能达到自然美与人文美的高度协调。而且,风水实践者历史悠久,影响深广,就艺术境界而言,自然不乏神妙之品。

第三节　城市风水与水利工程景观

水利工程景观具有城市服务功能,同时兼备美化环境的功能,是城市规划与营建中不可或缺的组成部分。中国风水理论尤其是形势派城市风水理论中,关于"水"的部分理论与水利工程景观设计有诸多共生基础。人类面对自然,在长期的劳动实践与经验积累过程中建立的对自然的理性判断,将风水理论视为工具与手段,把握其原则,应用于水利工程景观设计中,有利于更好地规划和完善我们的环境。

一、城市风水中的"水"理论及具体要求

1. 风水中的"水"理论

"观水"在风水理论中与"觅龙"有同等重要的作用，所谓"水随山而行，山界水而止"，足见山水不可分离。"藏风得水"是风水术中最为关注的核心问题，而其中尤以"得水"最为重要，又因水主财，因此作为构成风水宝地的重要特征，"观水"是一个极其重要的方面。

（1）水的形状与吉凶 在自然界中，水的形态千差万别、千姿百态，因此，有诸如干水、支水、顺水、曲水、缠水、界水、湖荡水等自然水法。在风水理论中，穴前的"界水"因其功能类似于城墙，可以保护、守卫建筑，故又名"水城"。"水城"基本形状有水、木、金、火、土五种。在这五种"水城"中，金形、水形和土形三种皆吉，而木形、火形则凶。形势派风水家们尤其重视水的形状，并从而引申演变出种种精华和糟粕夹杂在一起的说法。

（2）水口 风水师实地寻水时，不但要求水要满足环绕、澄清、源远流长和从生旺的方向来，并且还要求水要朝对山脉的来龙和至此止息不流。为此，关于"水口"的理论也很重要。所谓"水口"，就是一方众水的总出之处，也就是聚会之处。风水理论认为山的贵贱、格局大小，都和水口有关。如果在群山之中，必须有交互水口，生气才能有力。如果寻找帝王落葬的山陵佳地，还必定要有北辰尊星坐镇水口，高昂耸异，远远看去能够惊慑住人的，方才能够称得上"上格"。

如果大环境中有多条龙脉，多个穴位，那么每条龙脉每个穴位都会各自有着自己的小水口。昔人有云："大水之中寻小水"就是指由大水口中派生出来的小水口。因为水口和砂势有着极为密切的关系，所以对于两者的巧妙结合，又有"专结"的说法。这种专结，就是说，不管小水口还是中洋、外洋，周围最好都要有一重重的砂势收结，这样水澄砂环，以水口作为扼住喉咙的门户，阴阳宅地的风水自然就趋吉了。这用一句古话来说，就是："关门若有千重锁，必有王侯居此间。"图6-2为香港的水口，从维多利亚港开始，一收一放，二收二放，一呼应，层层收结，很形象地把水最大程度留住，同时意味着将财富留住。

（3）来水和去水 按照《葬经》的说法，上品的水应该是回环澄清，既源远流长，而又至此至而不流，朝对着山脉的真龙。原因是，这样的水十有八九能够留住来龙地中的充盈生气。反之，如果水直流，因为难留生气，因此便就"虏王囚侯"，

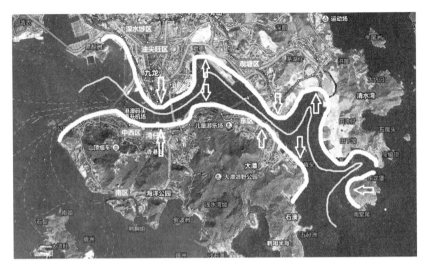

图 6-2 香港之水口

葬之不吉了。对于水要朝对山脉，后人还由此生发，提出了"山以得水为面，故不得水者背也"的向背之说。

《青囊奥语》是唐朝风水国师杨筠松的传家奥旨，其中提到水要从生旺方位流来时说："朱雀发源生旺位，一一开讲说愚蒙。"话虽说的比较简单，但大意认为龙脉之气，乘风则散，界水则止。原来地中生气随着山脉的龙势蜿蜒而来，必定要有水交会龙前才能止住并留住龙气。这就是说，寻龙之法，必定要有水交会龙前，然后才能辨别龙的形止和生气凝聚的处所。再次，有朱雀之称的水的发源，还要从生旺方流来，死绝方流去，因此，山则在穴中摄取它的生旺之气，水则在局前拦聚它的生旺之气，所以前人有"内乘生气，外接堂气"的论述。这样看来，可知山的生旺，只在入首，而不必过于拘泥它的发身之地；水的生旺，只在发源，而它的留出之处，虽然处在死绝之地也无关大要。

（4）自然科学与风水的"水"理论 现代水文学的理论表明，在边滩发育的河床上，如果河岸较易冲刷或边滩下移较慢，则当边滩下移还没有来得及掩盖原来被冲刷的河岸时，河岸就有可能冲成曲率较大的凹岸，凹岸的形成又加强了环流。环流一方面掏刷凹岸，另一方面把泥沙带到凸岸边滩，于是更加强了凸岸向河轴线方向推移和凹岸向谷坡推移，使河流更加弯曲。

河流的主流线靠近河岸时，河岸上层可发生崩塌。由于河床类型不同，主流线靠岸的位置不相同，崩岸的部位也不相同。在弯曲河床的上半段，主流线靠近凸岸上方，然后流入凹岸顶点；在弯曲河床下半段，主流线靠向凹岸。所以在弯曲河床的凸岸边滩的上方，凹岸顶点的下方常都是崩岸部位。在顺直河床上，深槽与边滩往往成犬牙交错的分布。在深槽处，主流线常是靠近河岸的，成为顺直河床崩岸的部位，随着深槽的下移，崩岸的部位一般不固定。游荡河床，主流线也随着江心滩的变化在河床中动荡不定，崩塌部位也是不固定的。分汊河床，江心洲洲头常处在主流顶冲的部位，常都是护岸工程重点守护的地段。

弯曲形河床的演变主要表现在横向变形上，其特点为凹岸不断地后退，凸岸不断地淤长，从而使河曲产生蠕移，当发展到一定程度时，则引起自然裁弯（图 6-3）。

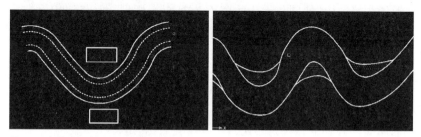

图 6-3 弯曲形河床易引起自然截弯

"三十年河东，三十年河西"，河床处于动态变化之中。河床演变的规律，中国古代的风水先生很早就已发现并将其应用于实际的基地选择中。事实上，风水水法理论之所以主张界水"来要之玄，去要屈曲，横要弯抱，逆要遮拦，流要平缓，潴要澄清，抱不欲畏，朝不欲冲，远不欲小，近不欲割，大不欲荡，对不欲斜"，以及金、水、土三种水城为吉，火、木二城为凶，无非是要求人们必须把建筑物选在"澄清停蓄"，流速不急的水湾内侧，即河床的凸岸部分。因为这样不仅可以取得较为清洁的饮用水，而且可以借助自然之力，使基地随着时间的推移由水流冲积泥沙而增大，可以在相当一段时期后，达到扩张土地之目的。例如《晋书·郭璞传》就记载说：璞母病故后，郭璞亲自在暨阳（今江苏省江阴市）为其选择葬地，所定穴位离河边只有百步。有人担心离水太近，于墓不利。郭璞回答说：不久即为陆地，后来，果然沙涨，滩扩，水去，离墓数十里皆为桑田。由此可见，风水之中不仅有美学，还有科学。

为了寻觅优良水源，堪舆家除"观水"——用目力对水形、水势、水的流速、水色、水质进行审视相度外，有时还采用"尝水"方法调查水文："寻龙认气，认气尝水，其色碧，其味甘，其色香，主上贵；其色白，其味清，其气温，主中贵；其色淡，其味辛，其气烈，主下贵；若酸涩，若发馊，不足论。"显然，其中也不乏科学道理。

2. 古代水利风水自然水法理论

中国传统风水理论中有专门针对"自然水法"的理论，用在水利工程规划和建设中，范围很广，主要有干水、支水、顺水、曲水等水法基本理论。

（1）干水 所谓"干水"就是大江大河的主干之水，就好比树木一样，粗大的树身是干，分散的树枝是支。自然界的干水，就风水的看法来说，大致有两种情况，一种是干水成垣，另一种是干水散气，前者可用而后者不可用。

干水成垣（图6-4），垣就是墙，风水术家认为，迢递而来的江河之水，也只有形成了环形的"墙"，才能围住地中生气而为有心人所用。在平原中看取穴地，水也是龙。如果水流一泻而去，不见回头环绕之处，那么流过之处即使偶然有着一些屈曲的处所，也绝不可能结成生地凝聚的吉穴。原来地中生气，直至环绕回顾之处，才是龙脉止聚的地方，这就是古葬书中所说的"气乘风则散，界水则止""界水所以止来龙"了。如果水流迢递而来，十里二十里处还不见水流回环成墙，那就说明以往的屈曲之处，就是行龙之处。

因此，在地势平坦之处寻找龙穴，必定要在水城大缠大回之处去做仔细的探求，些许小的曲折回头，只是真龙束气结咽的地方，是形不成生气凝聚的结穴的。

干水散气（图6-5），干水汪洋恣肆，斜行而来，中间看去虽有屈曲，然而却又形不成环抱之势，这期间如果没有支水回环以作内气，那就结不成生气凝聚之穴了。由于这种干水未能回环成垣，聚得生气，所以人们便将其称为"干水散气"。

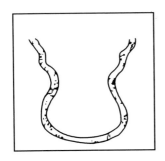

图6-4 干水成垣
资料来源：洪丕谟，《风水应该这样看》。

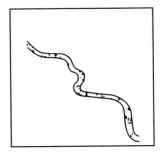

图6-5 干水散气
资料来源：洪丕谟，《风水应该这样看》。

（2）支水 支水是干水的分支，就好比树的分枝一样。当然支水也有种种情况，如果直流而去，不能交界回抱的，就结不成穴。所以交界的支水，有各种各样的状态。

如图 6-6、图 6-7 几种交界的支水，不是前后重重交锁，就是左右重重交锁，几分几合，说明束气结咽，龙脉到头，看去圆净端严，形势秀逸。这时如果再见局内龙虎前后左右，护卫周密，就可在此立穴了。

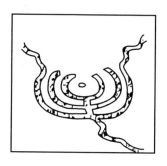

图 6-6　支水交界之一
资料来源：洪丕谟，《风水应该
这样看》。

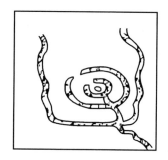

图 6-7　支水交界之二
资料来源：洪丕谟，《风水应该
这样看》。

（3）曲水　水流曲曲回环，形成墙垣的，往往有所结穴。其中又有两种情况：

一是"曲水单缠"（图 6-8）。这种单缠，就是曲水一支，回环缠绕，形成各种不同形式的墙垣。如图的形式，就是曲水单缠中较为有名的。据说选得这种吉地吉穴，家属爵尊福厚，富贵悠悠，美不可言。

二是"曲水朝堂"（图 6-9）。曲水不止一枝，或三曲五曲，回拖周匝，各个包裹朝护着生气凝聚的明堂。曲水朝堂有多种形式，绝大多数都是钟秀聚神的。

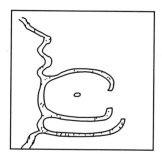

图 6-8　曲水单缠
资料来源：洪丕谟，《风水应该
这样看》。

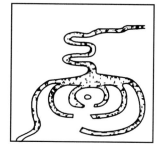

图 6-9　曲水朝堂
资料来源：洪丕谟，《风水应该
这样看》。

（4）顺水　水流顺势而来，只要不径直流去，到止息处有所环抱的，也能结穴而聚生气。

如图 6-10、图 6-11 能够结穴的顺水有曲勾和界抱两种形式。

顺水曲勾：水流或顺或曲，流到尽头处回环过来，形成"仰勾作钩"或"抱头勾势"，只要不疏密，不牵拽，摺摺整肃的都可以立穴。其穴"或迎曲水来处立向，或张曲水作朝，或垂钩尽处立穴"，据说都可使家属文名鼎盛，奕世显赫。

顺水界抱：如图 6-11 所示一大片砂势中，砂的四周被水团聚界抱围绕，并且水势蓄成河荡的，这时如果立穴荡前，据说也能因为生气结聚而获得福分。又如虽然不能蓄水成荡，涵于穴前，可是却又支水会聚宅穴明堂前面，按风水术家的话说，如此子孙也能发迹致富。

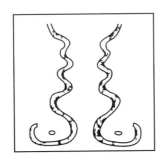

图 6-10 顺水曲勾
资料来源：洪丕谟，《风水应该这样看》。

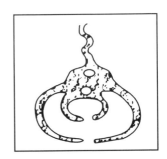

图 6-11 顺水界抱
资料来源：洪丕谟，《风水应该这样看》。

在自然水法中，风水家们都把通流大水作为行龙的干，沟渠小水作为界割的支。在安穴时，一般可以取支，就取支而不取干，这就好比高山起祖，在重岩叠嶂处难以取得真龙的结穴，在老龙发出的嫩枝处，却往往始有作结一样。原来大江大河，虽有弯抱，由于气势旷渺，其气和墓宅难以亲近贴附，而从旁分出的支水，则可因抱绕而获元气之真，结而成胎。此外，由于支水从干水分流而来，不仅有化气而内生之妙，并且还可因收揽大水的气脉而益发使得地气充盈会聚。

风水格局位属中重要的概念还有水口山，或水口砂。"水口砂者，水流去处两岸之山也。切不可空缺，令水直出；必欲其山周密稠叠，交节关锁"。实际上，水口砂所居地位不啻天然门户，故风水称之为"地户"。与此相类似，位于水来处的水口砂山称之为"水来处为天门"者，也是风水格局重点所在之一。而《周易》云："重门击柝，以待暴客"；《释名》曰："门，扪也。在外为扪，幕障卫也"。风水更喻门为"气口"，若人之口鼻息道，实与运命攸关，故对水口砂极为重视，既需险要，又须至美，以壮观瞻，有诸多讲究。尝倡"水口间有大桥、林木、佛祠""建台立塔本相宜"，以崇其胜，既成瞻仰之景观，又利俯览而观景，料敌捍卫更不在话下。

综上所述，再结合其他种种说法，古人有《自然水法》七古一首概括：

水法卦例难尽述，彼吉此凶行不得。
自然水法君切记，无非屈曲有情意。
来不欲冲去不直，横不欲斜反不息。
来则之元去屈曲，澄清停蓄甚为佳。
倾泻激流有何益，八字分开男女淫。
川流三脉业已倾，急泻急流财不聚。
直来直水损人丁，左射长男必遭殃，
右射幼子受灾迍，若还水从心中射，
中房之子命难长。
扫脚荡城子息少，冲心射胁孤寡天。
反跳人离及退败，卷帘填房及入赘。
澄清出人多俊秀，汗浊生子蠢愚钝。
大江洋朝田万顷，暗贡爵禄食五鼎。
池湖凝聚卿相职，大江洋朝贵无敌。
飘飘斜出是桃花，男女贪淫总破家。
又主出入好游荡，终朝吹唱呈奢华。
屈曲流来秀水朝，定然金榜有名标。
此言去留无妨碍，财丰亦主官豪迈。
水法不拘去与来，但要屈曲去复回。
三回五度转顾穴，悠悠眷恋不忍别。
何用九星并八卦，生旺死绝皆虚说，
述此一篇真口诀。

以上口诀道出了以风水理论判定水的参考标准，如"屈曲有情意""澄清停蓄""倾泻激流""冲心射胁""三回五度转顾穴"等这些都是在描述水型、流速、水声、水质等方面对水的风水要求，而至于风水中判定的吉水会带来哪些吉、凶水会带来哪些凶、口诀中的描述相对笼统，且无法考证，需辩证地分析参考。

中国传统风水理论中的干水、支水、顺水、曲水等自然水法有各种表现形式，

在《水龙经》一书中有详细的格局举例分析,对水利工程景观的建设有实践性参考
意义(表 6-1)。

表 6-1 《**水龙经》中归纳的自然水法**

支水交界格

曲水朝堂格

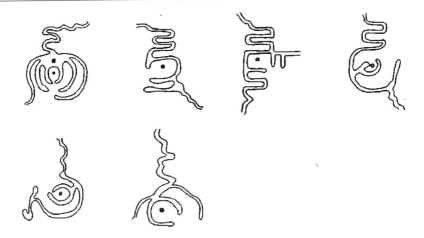

曲水单缠格

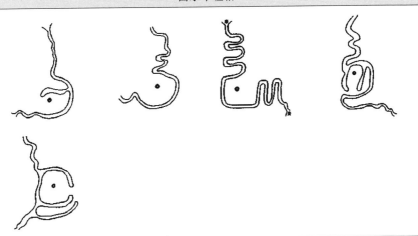

续表

两水夹缠格	顺水界抱格	顺水曲勾格	曲水倒勾格

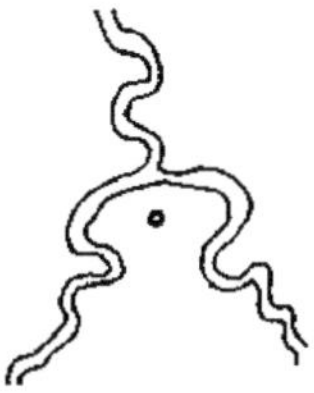

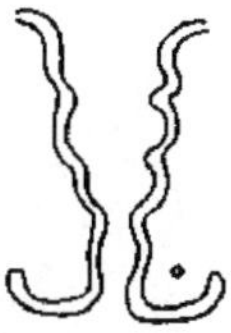

斩气迎朝格	斩气迎朝格	远朝接秀格	远朝接秀格

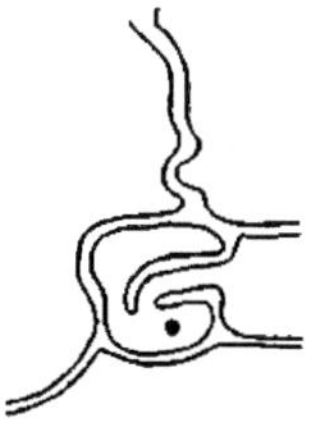

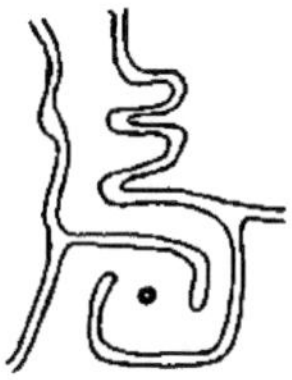

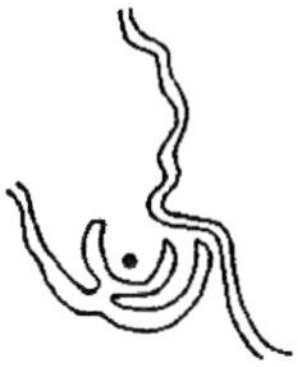

水缠玄武格

外荡

流神聚水格

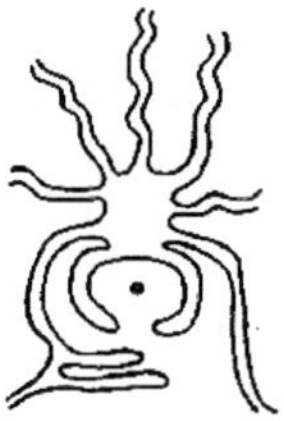

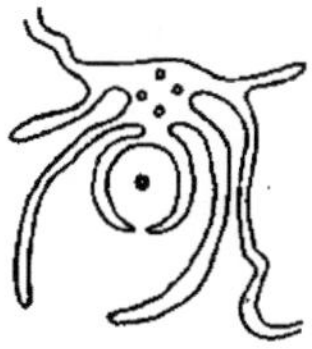

续表

一水横栏格		
	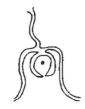	

界水前抱格	界水外抱格	双盘龙势	双盘龙势

湖荡聚砂格			

续表

曲水斜飞格		水城反跳格	

来水撞城格		界水无情格	

资料来源：《秘传水龙经》。

二、景观设计中的风水原则

1. "天人合一"原则

中国古人在城市、集镇、村落等营建过程中，始终恪守"天人合一"的传统思想，尊重自然、合于天地几乎成了人们自觉的审美意识。追求天、地、人三者和谐如一，成为营建企望达到的一个理想境界。

"天人合一"观念是造就中国古代城市建设思想的突出特点之一，其要旨就是要"顺之以天理"，追求与天同源、同构，达成和谐统一的整体。"天人合一"承认整体概念和普遍联系的辩证唯物观点，认为人与自然为一个整体，人不是与自然对立，而是与自然亲近、与自然共存、共荣、共雅的思想观念在中国文化上源远流长，影响巨深，由此也对中国古代城市规划、水利工程建设有着深刻的影响。

理性风水学的灵魂思想是"天人合一""万物一体"。"合一""一体"就是"和谐"。风水主张"天"和"人"既对立又统一，两者之间要相互协调，自然与人合二为一，形成一个整体系统，这个系统以人为中心，包括天地万物。这条原则是景观设计的整体指导思想，即核心设计理念，以此来保证景观的整体性。作为一个景观设计者，首先要把握好的就是一个规划设计的整体思想。

当前盛行的和谐理念，也是理性风水学说的精髓所在，倡导人与自然和谐并进的风水，即以"天人合一"为理论基础。风水理论中的"天人合一""天、地、人三才一统"的理念不仅是人与自然的和谐，同时它的全局意识和整体观点也反映了当代的生态思想，体现出古人对良好人居环境的追求，这样的理想追求与当今国际上生态园林、低碳设计等倡导也不谋而合。

2. "因地制宜"原则

我国古代十分重视因地制宜地营建城市、集镇和村落，其中最早、最著名的论断是管仲在《管子·乘马》中提出的"因天材，就地利，城郭不必中规矩，道路不必中准绳"的见解。这一见解强调了城市规划建设应充分结合地利条件，城市型制务必视地形的实际情况而定，不必强求形式上的规整。这对突出城市个性特色，摒弃单一的城市格局，有着积极的意义，也是古代崇尚自然的传统观念的集中体现。

从山、水、城三者的组合关系来看，既有"山环城，水抱城""山环城，水穿城""山环城，水含于城""城包山，水抱城""城包山，水穿城""城包山，水含于城""山是城，水抱城""山是城，水穿城""山是城，水含于城"这九种类型，又有着"山环水抱、用地平坦"和"山环水抱、因山为城"的差别。这既反映出我国山地地貌形态十分丰富，也展现了古人因地制宜运筹形式的高超技艺。

伍子胥曾根据吴大城地处"水乡泽国"的具体情况，以水网为城市命脉，建构起"三横四直""前街后河"的城市骨架，创立了江南水乡城市的样板。无论处在何种地形，古人都能设法既得山水之利，又省建设之功。

根据环境的客观性，人应主动地适应自然环境。我国幅员辽阔，地形地貌、气候条件差异很大，局部环境也不尽相同。因地制宜，不仅可以节省水利工程景观规划、施工等方面的开支，还能够保护生态环境。

3. "呼形喝象"原则

风水术上有一个名词为"呼形喝象"，一个普通的山头，当风水师按照其形象取了一个象形的名字后，如卧龙山，那么听到这个名字的人都会从山形上去寻找"一条卧躺的神龙"，久而久之，这个山在人们心里就变成了有卧龙存在的灵山。有了心灵寄托的山，自然是好风水的山。

在形势派风水中，常用到"呼形喝象"的原则来命名。例如，贵州梵净山观音瀑（图6-12），在瀑布水量合适的情况下，从某个角度远观此瀑，像极了正在向人间赐净瓶水的观音菩萨。又如某地水库从卫星图上看起来，就像是座观音的侧面像

（图 6-13）。可以根据实地情况，对符合风水"呼形喝象"原则的水利工程景观进行规划设计。

呼形喝象往往是先入为主的，从这方面来讲，景观设计之前还是需要慎重考虑风水元素。

4."弥补五行"原则

中国传统风水理念中一个重要的部分就是"五行"，即金、水、木、火、土，认为世界万物逃不出这"五行"，并且五行的平衡是衡量风水好坏的基本标准。

风水景观设计需要根据建筑物所在区域中的方位及造型的五行属性来设计，利用景观的造型、植物的选择和分布来补足周围环境的"五行"，缺什么补什么。个体布局需符合"五行"的相生相克关系，但其中蕴含最高风水技巧的还是平衡五行的泄溢：多了要泄，少了要溢。总之，最基本也是最重要的原则就是五行的平衡。

图 6-12　贵州梵净山观音瀑

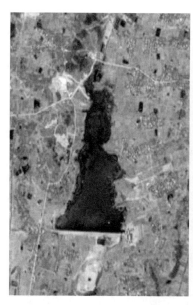

图 6-13　某水库卫星云图 "呼形喝象" 坐观音侧面像

根据"五行"属性，水利工程景观是"水属性"的，有"水属性"所应该具备的"水之体，动而不静；水之性，沉流就下势；势面顶脚，以层波叠泡、圆曲活动则吉，牵拽、懒坦、散漫、倾欹则凶。"同时，根据"五行"相生相克原理，应处理好水利工程景观与相生的"金属性"及相克的"火属性"之间的关系。

5."防冲挡煞"原则

在风水术中，"冲"和"煞"对建筑本身和建筑内部生活的人均是不利的。"冲"通常为肉眼可见，如对面大楼的尖角冲，马路朝着建筑的路冲，决堤的洪水等；"煞"相对而言为意识上的，如看到尖角冲，就会感觉有尖锐的东西指着自己，看到马路冲，就感觉有一股煞气迎面而来。浙江大学教育学院褚良才博士在研究中称"冲"和"煞"与次声波影响也有一定的关系。在民居中常可以看到在明堂前有一面"照壁"，它的风水作用很明显，一方面是挡住正面而来的邪风、光煞，另一方面把日光通过墙壁的反射，减弱后再照射进房间内。虽然不能精确地解释"冲"和"煞"，但是我们是可以肯定这些不好的东西是存在的。

一般而言，"冲""煞"都被认为是对生态环境不吉利的，甚至是有害的。风水景观中，通常用挡煞除冲的植株如竹子、铁树、仙人球等来消除这些"冲""煞"带来的不利影响，也可以通过建设水利工程景观来化解，如建设风水用途的"风水池"、筑高堤坝，或是设置水力推动的滚石等方法。

6."吉祥元素"原则

很多情况下，景观中的风水元素也是一种吉祥元素。《华阳国志·蜀志》有记载，李冰建造都江堰时，在白沙邮（在白沙河入岷江不远处）附近的岷江、外江、内江中各立一石人，其上刻有"水竭不至足，盛不没肩"九字，以观测三江水位的高低，这是我国见于记载的最早的水尺。它向人们指出，只要水位不低于石人的足部，成都平原就不会发生旱灾，不高出肩部，就不会发生水灾，否则，就应采取必要措施，以防止灾害的发生。1974年和1975年，在外江相继挖出两尊石人，其中一尊高2.9m，肩宽96cm，它是东汉水官所造，虽非李冰原作，但很可能是仿造李冰石人而成。

2012年年底，在成都市天府广场，修建四川大剧院的工地上，出土了一尊神秘的石兽（图6-14），经多位考古专家考察，其制作年代大致距今2000年，现藏于金沙遗址博物馆。对于这个石兽的来历众说纷纭，根据《蜀王本纪》《华阳国志·蜀志》等史料记载，秦朝的蜀守李冰在修建都江堰时，曾经下令雕刻了5只石犀，2只运到了成都，另外3只则在灌县的江中，作为镇水石神，据此有人认为这只石兽应该就是古时的"风水神兽"，还把2013年7月四川的暴雨和这只石兽的意外出土

联系起来。石兽和都江堰乃至成都的风
水阵有没有关系不得而知，石兽起到什
么风水作用也不得而知，但可以确认的
一点是，在水利工程施工时有在水底设
置镇水石的做法。

图 6-14　成都天府广场出土的石兽
资料来源：《中新网》。

在古代，不管是衙门、宫殿、庙
宇、豪宅、大户人家的门前，还是大桥
的两端或是桥身上，都可以看到石狮。
它不但是一种气派的象征，而且还是一
种被公认的"吉祥物"。"狮"与朝廷重
臣太师、少师的"师"谐音，以此表示荣显，又与"实思"谐音，表示劝勉一说。
不过在风水含义中，"石狮"更多的是用来镇恶驱邪，化煞趋吉。

著名的水利工程景观卢沟桥，全长 266.5m，宽 7.5m，下分十一个涵孔。桥身
两侧石雕护栏各有望柱 140 根，柱头上均雕有卧伏的大小石狮共 501 个（卢沟桥文
物保护部门提供数据），神态各异，栩栩如生。卢沟桥两旁有 281 根汉白玉栏杆，
每根柱头上都有雕工精巧、神态各异的石狮，或静卧，或嬉戏，或张牙舞爪，更有
许多小狮子，或爬在雄狮背上，或偎在母狮膝下，千姿百态，数之不尽，民间有句
歇后语说："卢沟桥的石狮子——数不清"。桥上的石狮寄托着百姓祈求平安，无灾
无祸的心愿。

建造房屋的时候，在房屋墙壁上砌入"石敢当"是一种在民间广为流传的做
法，"石敢当"源于先民的灵石崇拜，现代通常是在房屋被马路正冲尤其是被架有
桥梁的道路或河流正冲的情况之下应用"石敢当"化"冲"，马路正冲建筑物会造
成风水中的"路冲煞"，或是马路上还架着一座桥冲着建筑物，就构成了风水中的
"弓箭煞"，可以用"石敢当"化解。此外，一些设计精美的"石敢当"，也可成为
一种特殊的景观。

7. "生态作用"原则

20 世纪 80 年代末，天津大学建筑系王其亨教授通过对大量风水资料的建
筑——景观——规划分析，和对中国古代风水遗存认真的学术调研，提出以"形势
派"为代表的中国风水，其基本追求符合生态环保要求，王教授认为其"审慎周密
地考察自然环境，顺应自然，有节制地利用和改造自然，创造良好的居住环境而臻
于天时、地利、人和诸吉咸备，达于天人合一的至善境界"。

风水中除了利用合理布局构建小环境，让气流和缓地进入居住区，同时拂去污浊的气以外，对水的应用也充分考虑生态要求，大凡城市村庄选址必然利用江、河、湖的来水和上水口，都要求来水弯曲和缓，这样汛期不容易溃坝对居住区产生威胁，把城市选址在来水环抱的地方，一来取水方便，二来顺流冲去生活污水。

古语有谚"要知风水妙不妙，只看花草好不好。"风水中非常重视植物对环境的影响，草木繁盛，生气则旺，是富贵的表象。从现代科学的角度来看，这句话是有道理的，花草植物的生长旺衰与否，与其所在的土质、水质、日照、风吹、雨淋、湿度、温度等自然生态环境有着密切而直接的关系。传统风水术就是用来指导寻找符合这些要求的风水宝地，风水术中有"东种桃柳（益马）、西种栀榆、南种梅枣（益牛）、北种奈杏，大吉大利。中门有槐、宅后有榆，门庭前喜种双枣"等说法，甚至对树种和方位的关系也有描述"寅甲卯乙方种松柏树，丙午丁未方种杨柳树，申庚酉辛方种石榴树"。这些说法摆到现在来看，还是有一定科学道理的，这样的种植安排既符合树种的生长特性，又可以保持水土，改善宅旁小气候，减少噪声、增强私密性、便于观赏。

一个建筑周围的生态环境欠缺上述任何一个条件都不会有"好风水"。

三、城市选址的水利条件

1. 理想的风水模式与水利要求

这是一幅被广泛认可的理想风水模式——风水宝地示意图（图 6-15），主要包含了以下几个要素：龙脉、穴位、四灵兽、砂、案山和水。

图中有建筑的区域为最佳穴位，这个穴位的形成是由几方面因素共同作用的。前提是必须要有龙脉，龙脉即山峦，龙脉自发脉的始祖山开始，蜿蜒曲折，至父母山处昂首。父母山即为四灵兽中的玄武靠山，靠山前形成明堂，左右来水在青龙山、白虎山的护佑下交叉曲折流逝，远处有案山呼应。在这几个要素的共同保证下，玄武山前的明堂即为建筑、乡村、城镇选址的风水宝地。

风水上用"玄武垂头、朱雀翔舞、青龙蜿蜒、白虎驯俯"四神兽的姿态来表示建筑选址的方位和建造参照标准。玄武为后方背山，也称为靠山；垂头意为向穴位低头，低着头的玄武兽表示乖顺，为"吉"，反之昂起头的为"凶"。实际应用中主要是为了抵挡冬季北方的冷空气；朱雀是建筑前面隔水的近山，翔舞意为山形起伏和顺，山水潆绕为吉，不舞为凶，近山可以减缓正面吹来的风，夏风吹过水面再吹到建筑，可以增湿降温；青龙为建筑左边的次峰，蜿蜒意为游动之龙，即为活龙，生气迎穴；白虎为建筑右边的次峰，白虎为猛兽，必须驯俯才为吉；青龙身白虎尾环抱住建筑，利于藏风，使空气在内部循环，构建成相对封闭的空间，有利于形成良好的生态环境和小气候，被普遍认为符合这个模式的地块为吉地。

风水理论"生气说"认为，能够聚集生气的地方就是风水宝地。生气由层层山脉自远方传递而来，遇到环抱水的时候，由于"界水则止"，生气便被阻留下来，左边青龙山和右边白虎山将生气聚集拢抱在一起，加上案山的阻挡，减缓生气散失的速度，生气就源源不断地从穴位涌出留在明堂中。

图 6-15　理想风水模式示意图
资料来源：图片由洪水发绘制。

风水宝地的达成，对各个要素有相当详细的风水要求，就龙脉来说，必须保证连绵不断，层峦叠嶂，在地质学上，"龙脉"是走向一致的地层。龙脉断裂的地方往往是断裂线、断层线所在的地方，或者是两种地质区域的接触带。这样的地方往往多漏水层，多火山、多地震，是地表不稳定的区域，是隐患潜伏的地区。风水术把山石视为龙之骨骼，土壤视为龙之血肉，草木视为龙之鳞片，任何一个要素的不完美均可破坏风水，如有些地方虽然山势连绵不断，但山上草木稀少，露出山岩，此处龙脉即视为病龙，非但没有好风水，还带来了煞气。《雪心赋》对龙脉的描述是"耸于后必应于前""有诸内必形诸外"，意为龙脉的真谛必然是前后呼应、内外相符。

另外，"水"也是理想风水模式中重要的一个要素，许多符合"风水宝地"条件的地貌部位，多是山前冲积扇或洪积扇的地带。地下水丰富、土壤层深厚、排水流畅，水源近而供水充足，最适宜人们居住。《雪心赋》对水这样描述："交、锁、织、结之宜求""穿、割、箭、射之合避"。交水是水流两相交汇；锁水是指水流环绕砂峰同时关或拦，紧密像是一把锁；织水是水流的造型屈曲就像织成的一样；结水就是所有的水流总聚在一起，这四种情形的水流是比较吉利的。相反，穿水是指水流穿过明堂，割水出现在穴前没有砂遮拦，水直接过内堂而割脚，箭水急直而去，就像射箭出去一样，射水和箭水相反，是冲着穴位而来的水，这四种水的情况应该要极力避免，或者人工改道成吉利的水势。

在水系格局选择上，《山洋指迷》中提出八种不宜居住之地："一曰穿，穿胸破堂水之地；二曰割，断脉割脚水之地；三曰牵，天心直出，牵动土牛水之地；四曰射，来水如箭直射之地；五曰反，水流反弓之地；六曰直，水来去直走无情之地；七曰斜，水斜飞而去之地；八曰冲，大水冲胁之地。"

著名古建筑专家尚廓先生认为，风水理想模式的美学景观有以下特点：即围合封闭、中轴对称、富有层次感、富于曲线美和动态美的景观。在这几个要素共同作用下选择的理想穴地，充满了自然的美感，它追求的实质就是理想的生态环境，是局部环境内地质、地貌气候、土壤、植被、地表水和地下水等自然地理要素综合作用的结果。所以古代人通过"好气场"的外部表现——"草木郁茂"来寻找理想的风水环境。风水对保护生态环境的作用体现在对植被的保护和可持续发展的思想。在这个风水环境中，建筑多有背景的衬托，即风水中讲的始祖山、少祖山、祖山等。以河流为前景，案山、朝山为对景、借景等使视野开阔，又有归宿。"在有限中见到无限，在无限中回归有限"。是风景层次丰富，形成一幅壮丽的山水图卷，同时获得一个良好的生态环境。

我国的城市与地理形势的关系，大致有以下几类。

群山环抱类。如兰州地处黄河上游，四周群山绵亘，特别是皋兰山似天然屏障横卧在城南，各式各样的古建筑依山就势，层层相因，如乌鲁木齐位于天山北麓，四面环山，东面巍峨的博格达冰峰的山腰有一湖碧绿的天池；河北承德在群山包围之中，山上林木茂密，山中一块绿草如茵的平原和一泓湖水。盛夏时节气候凉爽，清朝统治者在此修建了避暑山庄。

三面环山、一面临水类。如昆明在群山之中网开一面，著名的滇池增添了城市的美色青岛三面是山，一面临海。

三面环山、一面平原类。如郑州北有太行，西依邙山，西南为中岳嵩山，东北是华北平原。

依山傍水类。拉萨在雅鲁藏布江支流拉萨河北岸，旁边高耸着普陀山，布达拉宫依山而建，气势雄伟；大理位于点苍山下、洱海之滨，周围是一片扇状平原；长沙位于湘江之滨，西岸有葱茏的岳麓山；泉州位于晋江入海处，市北有清源山。

水口交合类。常德在沅水入洞庭湖处，湘西物资在此集散；武汉在长江和汉水的汇合处，市内有龟蛇二山；上海在长江入海处；宁波在甬江上游鄞江、姚江、奉化江三河交叉处。

临水类。无锡在太湖之滨；福州滨海，市中心有于山；南昌在赣江下游、鄱阳湖西南岸。

风水原则是对城市形成的概括，城市的兴建应当考虑风水原则。我们应当认真总结历代的城建经验，采用最佳原则建设现代化城市。

2. 中国典型城市选址中的水利要素

一座城市的兴起和建立总是要涉及选址或建址的问题。为什么选建在此地而不是他地，做这种布局规划而不是另一种，即使是专门的研究者来回答这个问题也会给出多种答案和说法，如从地形、地质、气候、水文、交通、安全等方面考虑。

在古代中国，用风水原则来考虑城市的选址和建立已经成为一种传统。"堪天道、舆地道"。选择适当的地理位置，应考虑自然景观及生态因素，强调因地制宜、天人合一，这些都是"天时、地利、人和"这一自然哲学思想在选择居住环境上的反映。作为一个城市，可以不靠山，但一定要临水，无水则不能生存。交通水利要冲，是城市选址的重要地理因素。《国语·周语》述大禹"宅居九隩"并说"汨越九原"，"合通四海"，即为通治原上道路与水上交通，以车舆舟楫之利而便行旅。后人治国注重交通，既考虑军旅之需、帝王巡幸和四方入贡之利，也考虑商贾阜通货贿"归若流水"，而使"国求给矣"。临水还要治好水，为水利工程选择修筑地点，水利工程的选址从更广的层面来讲，可以理解为水利工程的规划与布局。如果有山靠则更好，可以防止水淹，又可以取得木材资源。根据风水的理论，城市的选址和营造最重要的就是选择一个吉祥安全的地方。这个吉祥安全的评价标准，包含了对地形、水流和方位的要求。从以下中国典型城市选址的案例中，我们可以看到这些城市选址所考虑的因素，以及选址后，对包括风景园林、水利工程景观在内的环境景观进行微调，以更符合风水原则的动作。

中国古代著名城市的风水内容及水利工程景观介绍。

（1）北京城　从自然环境看，北京的西面，是由山西、河北延伸过来的太行山北段；北面和东面，横亘着燕山山脉，由西南伸向东北，在蒙古高原与华北平原之间构成了一道天然屏障；当其逶迤东至渤海一带时，又将东北大平原与华北大平原分隔开来；南面则是广阔的华北平原。山地约占全市面积的 62%，平原约占 38%，背山面海，地势优越。

北京地区气候温凉干燥，四季分明，永定河、潮白河、北运河、大清河、蓟运河五大水系保障了北京有充足的水源。北京地区东南一带水网稠密，湖泊和沼泽星罗棋布。所以北京地区不仅是关联华北平原、蒙古高原和东北平原的交通枢纽，具有关隘险要、高山环峙，可攻可守的战略优势，而且在经济上也有其优越之处。

历史上曾有不少人称颂北京地区的风水，例如，南宋朱熹云："冀都，天地间好个大风水，山脉从云中发来，前面黄河环绕，泰山耸左为龙，华山耸右为虎，嵩山为前案，淮南诸山为第二重案，江南五岭诸山为第三重案。故古今建都之地，皆莫过于冀都。"

金臣梁襄云："燕都地处险要，北依山险，南压区夏，若坐堂皇，俯视庭宇：本地所生，人马勇劲；亡辽虽小，止以得燕，故能控制南北，坐致宋币。燕盖京都之选首也。"

元代霸突鲁谏世祖忽必烈云："幽燕之地，龙蟠虎踞，形势雄伟。南控江淮，北连朔漠。且天子必居中以受四方朝觐。大王果欲经营天下，驻跸之所，非燕不可。"

清朝孙承泽说："（京师）形势甲天下，依山带海，有金汤之固。盖真定以北至永平，关口不下百十，而居庸、紫荆、山海、喜峰、古北、黄花镇，险扼尤著。会通（河）漕运便利，天津又通海运，诚为万古帝王之都。"

根据郦道元的记述，以及北京城内的考古发现，考古工作者推测，北京的雏形——蓟城的位置在广安门一带。历史上，它的西、北和东北三面群山围绕，状若围屏，只有正南一面，向平坦广阔的华北大平原展开，背靠崇山，前面大河，形势极为有利。

从秦始皇统一中国到唐朝末年，前后 1000 多年间，蓟城一直是北方的军事重镇，城址也没有发生大的变化。此间开展了大量的水利建设，例如早在三国时代戾陵堰的建造和车箱渠的开凿，以及北魏时期对车箱渠旧道的疏通，北齐时代把高粱河水导入温榆河等，为解决北京的水源、防洪抗旱、农田灌溉和漕运提供了丰富水源，也为日后的发展奠定了良好的基础。金灭辽和北宋后，海陵王完颜亮于 1153 年（南宋绍兴二十三年）正式迁都到燕京，改称中都。在扩建时，把原在辽南京旧城西郊的洗马河，有计划地纳入城内，一方面利用这条河流，开凿了环绕大城的护城河，另一方面还将河流引入皇城西部，造成了同乐园，园内辟治了瑶池、蓬瀛、柳庄、杏村等风景中心。元大都的水利建设规模宏大，从大都初建时起，就修筑了一条专门的渠道，将玉泉山之水南引，注入太液池，构成宫苑内部用水系统。为了引水济槽，又从城西北30km外的神山（今昌平凤凰山）下，引白浮泉水西行，然后循西山山麓转而东南，导入瓮山泊（今昆明湖前身），又疏浚旧渠道，汇入积水潭内，不但为大都城开辟了前所未有的新水源，还形成了通惠河漕运系统为元代水利建设提供了有益的借鉴。

由此可见，水利工程的选址不拘泥于"负阴抱阳，山环水抱"的风水模式，而且不难看出，从风水的角度来探讨水利工程的规划与布局与从现代科学角度出发所形成的水利工程规划与布局的系统是相似相通的。

（2）温州城　温州古为瓯地，唐高宗上元二年（675年）在此地置温州，自此以后，历1338年至今，州名未改，州境也无大变。志书记载，温州城最初的选址布局，为东晋哲学家和风水大师郭璞所定。按风水普遍规律，城应建在瓯江北岸，坐北朝南。然而，郭璞经过实地勘察，对南北两岸的土壤取样比较后发现，北岸土轻，南岸土重，于是决定把城建在南岸。郭璞参照北斗七星来排布温州城，其中华盖、松台、海坛、西郭四山是北斗的"斗魁"，积谷、巽吉、仁王三山像"斗构"。另外的黄土、灵宫二山则是辅弼。正是因为这样的地形，郭璞才确立了温州城的布局。他建议跨山筑城，这样可以常保安逸，因此城名也为"斗城"。

郭璞还在城内设计开凿二十八口水井（现在还存有几口），象征天上的二十八星宿，以解决城内人民的用水。同时，考虑到若发生战争，城池被围，引水截断，更在城内开凿五个水塘，各潭与河相通，最后注入瓯江。风水上解释"城内五水配于五行，遇潦不溢"。

温州古城设计营造的风水思想，构思巧妙，通过北斗、二十八宿和五行等配置，集中体现了天人合一的思想，对现代城市规划设计或许仍有借鉴意义。郭璞量土之事，也有一定的科学道理。今天的地质勘探已经证实，瓯江北岸地质情况确实不如南岸，因为北岸土壤为流水冲刷沉积下来的江涂泥而成，基础不实，承载力不大。而南岸土壤是山区冲刷沉积的沙砾土，基础厚实，承载力强，保证了城市地基的稳定。

一条瓯江给温州城带来无限诗意，从江北眺望江南，水天之间，林林总总的高楼，突破了旧日城墙的束缚，宛如一道城市风景线，凭江矗立。而江心那郁郁葱葱的小岛，仿如案山来朝，给温州增添了极佳的风水意境。

温州市内位于瓯江以南的温瑞塘河，被称为温州的母亲河。温瑞塘河为东晋时人工开凿而成，后经历代疏浚，修筑，形成"八十里荷塘"的景象，成为温州山水城市特征的重要标志。温州市还计划把温瑞塘河建设成为一条城市塘河、生态塘河、文化塘河、景观塘河，从市区南塘河到仙岩景区的温瑞塘河上还将重现"塘河八景"。

在清华大学环境科学与工程系编制的《瑞安市温瑞塘河综合整治规划》中，明确提出要把塘河建设成为生态城市的亮点，成为提升城市品位和人民群众的生活品质的良好滨水空间。

规划中提出的水环境保护目标：2004—2007 年，全流域水质逐步改善；随着城市污水管网和城市污水处理厂的建成和投入运行，到 2005 年年底，允许有少数断面不达标，但控制各断面的水质达标率（按水质功能区区划目标考核）超过 85％；到 2007 年，流域内所有功能区水质基本达标，满足生态市水环境质量要求。2008—2012 年，全流域水质进一步改善；到 2012 年年底，流域内所有功能区水质稳定达标。

规划中提出的城市滨水地区景观控制目标：与两岸景观及土地利用规划衔接，与瑞安大道规划衔接，明确温瑞塘河绿化美化工程要求，结合护岸工程建设绿化带，充分发挥温瑞塘河作为城市景观轴的带动作用以促进沿岸城市建设的发展。

规划中还明确了水利及航运目标：整治后的温瑞塘河应该能够满足其防洪排涝功能、航道等级要求以及工业供水和农业灌溉的需要，并与相应的水利、交通规划目标衔接。

水利规划要求：温瑞塘河主干河道平均宽度要达到 60m（旧城区不少于 50m），主干支流宽度不少于 30m，一般支流宽度不少于 20m，河床底平均深度−1.0m（黄海高程）。河两侧护岸顶高按各自具体地区的实际确定，但不得低于 4.2m（黄海高程）。排涝标准：农田部分按 10 年一遇设计，集镇部分按 20 年一遇设计。根据温瑞塘河水系各段航道的规划等级，主河道应满足 7 级航运要求（航道宽度 30～60m，水深 2～2.4m，弯曲半径 480m），主要支流满足地方 8 级航运要求（航道宽度 20m，水深 0.8～1.0m，弯曲半径 120m）。

（3）昆明城　古昆明城由城墙围合成一个近似正方形的封闭空间。城外群山环绕，河水蜿蜒。在城南，浩瀚的滇池交汇融合，形成外环的封闭空间，是风水原则中选址注重的三面环山、一面临水、坐北朝南之宝地。北边有长虫山，是昆明的主山，此山向南逐级而下，依次为商山、螺峰山、五华山、祖遍山，如玄武垂首，包容有情，昆明城就建在它最为关照的明堂点穴之位。东边由北向南是鹦鹉山、金马山等峰峦重叠，逶迤绵恒，环抱明堂，此乃青龙。西边，由北向南是妙高山、玉案山、进耳山、碧鸡山、太华山、罗汉山等。南边，滇池水与北、东、西三面群山、重重朝案形成绝妙对景。

除了天造的山，还有地设的水。东边，有两条主要河流——金汁河和盘龙江，蜿蜒回旋，平行而下，南流注入滇池，这是流自青龙的水，为阳水。盘龙江到了城东南官渡一带折向西为玉带河，然后又分一支西流为永畅河，进而折向北与护城河相通。西边有白虎之玉案山水、进耳山水等，皆东南与滇池相通，这是阴水。东边金马山处，北来之水遇山东折，回环之后，继续向南向东流向平坦宽阔的城南，直至汇注滇池。山顶建有一塔，说明这是昆明的上水口，处于八卦"巽位"，为吉方。西边碧鸡山如一把锁匙，扼住西北而去之水，这里就是昆明的下水口。水口被认为是一个象征城市的生命源泉，古往今来，人们竭力美化，修建塔寺崇拜。风水上说，上下水口，合为天门地户，左右着城市的财运。

城四周诸山左旋自西而南而东，诸水右旋自东而南而西，志书上说，此乃阴阳互根，点出了昆明城的风水大势。

滇池古称滇南泽，位于昆明城朱雀位，是城市选址于此的重要风水前提。滇池是我国西南地区最大的高原湖泊，地处长江、珠江和红河三大水系分水岭地带，流域面积 2920km^2。滇池是云南省居民最密集、人类活动最频繁、经济最发达的地区，是支撑昆明国民经济建设和社会事业发展的基础。

但是近三十年来，随着滇池流域经济快速发展和城市规模的急剧扩大，入湖污染负荷不断增大，导致滇池富营养化日趋严重，水体功能受到极大损害。随着大量污染物排放给滇池带来的严重污染，高原明珠不再明亮。滇池治理已经历几个五年计划，"九五"期间完成投资 25.3 亿元；"十五"期间投资 31.7 亿元（含完成"九五"续建项目投资 9.38 亿元）。"十一五"期间计划投资 183.3 亿元，到 2009 年年底，已完成投资 123.8 亿元。随着治理投资逐步升级，点源污染负荷增长势头已经扭转，滇池污染恶化的趋势得到遏制，但湖体富营养化治理效果仍不尽如人意，富营养化严重、生态系统被破坏的状况难以在短期内根本扭转。2009 年草海和外海的 COD 和总氮浓度均为劣 V 类，"十二五"期间滇池水环境污染的形势仍十分严峻，滇池水污染治理依然任重而道远。综合采取各项措施，包括"湖外截污、湖内清淤、流域调水、生态修复、水源保护、强化监管、创新体制"等，采取综合手段进行滇池流域水污染治理，逐步实现流域"优化调控水资源、有效改善水环境、全面修复水生态"的目标（图 6-16、图 6-17）。

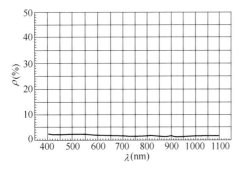

图 6-16　清洁水体的反射率

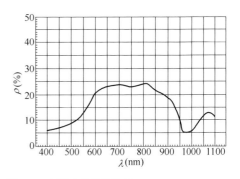

图 6-17　浑浊水体的反射率

风水认为水质关系到人的吉凶。如臭秽水，主女人崩漏，男子痔瘘，门户衰落，至于腐臭之水，如牛猪涔，最为不吉。天应水，主大贵。真应水，如果能够春夏不溢，秋冬不枯，主大富。缘储水，主厚禄。山泉水，风味甘色莹气香，四时不涸不溢，冬暖夏凉，主长寿。黄妙应《博山篇·论水》云："寻龙认气，认气尝水。水其色碧，其味甘，其气香，主上贵。其色白，其味清，其气温，主中贵。其色淡，其味辛，其气烈，主下贵。若酸涩，若发馒，不足论。"水质对人体是有影响的，但若说水可以主大贵、中贵、下贵，则太玄虚。我们知道，在同一水源情况下，有人富，有人穷，穷富的决定因素不在于水。

（4）杭州城　杭州来龙，源于昆仑之南干龙，南下北上的武夷山脉，至黄山转东过峡后入浙江境内，起峰为天目山脉。天目山经临安向东南蜿蜒至杭州，一支起南高峰，从石屋洞过钱粮司岭，起九曜山、玉皇山、过慈云岭，起将台山、圣果山、凤凰山，过万松岭，起吴山、入城。一支起北高峰，从桃园岭、青芝坞跌断，起岳坟后栖霞岭，从智果山、保俶塔山入城。受北东向华夏构造和北西向喜马拉雅构造联合作用发育的钱塘江，在杭州东南侧呈"之"字形流入海，故称"之江"，控东西之要冲，扼南北之咽喉。其山水形势，历为风水家看好。来龙沿钱塘江而下，隔江诸峰远映护龙。左界水自余杭西溪流入运河。塑造了杭州"三面环山一面水"的西湖"马蹄形"湖盆。

"西湖之水从昭庆左分出流，断北龙，致使形势不很完全。风水造化难称佳胜。"城北西溪河水直流运河，钱塘江转东入海，故形家称"东西界水分流未合，城中塞阻秽浊，脉络不清，排水不畅"。这就所谓的杭州风水大局"脉断水分，形局不全"，"东北开口，朝向不佳"。

宋徽宗被俘后，赵构南逃杭州建都，最后选定凤凰山东麓建皇城大内；北起凤山门，南止江干地带，东起候潮门，西达万松岭，方圆九里。凤凰山地处西湖西南，北有九华山，南有将台山，三山之间有向东展开的谷地。凤凰山向东延伸的岗丘成为大内宫殿的"玄武"主山；前有将台山东伸余脉为"朱雀"案山，东有馒头山为"青龙"左辅，西有慈云岭为"白虎"右弼，东河屈曲环抱。向东南可远眺钱塘大潮，西北可看西湖美景。倚山临水，进退自如。在这里东南由人工开挖的中河护围，漕粮官船可经中河水路入宫。

　　杭州河网密布，众多的河道中，有两条极其重要的古河，那就是位于杭州老城区的中河、东河（图6-18）。两河平行贯穿城区南北，相距约510m。中河全长10.3km，宽8～15m，北与东河相连，南至钱塘江；东河全长4.5km，宽8～45m，北与京杭大运河相通，南至河坊街。至今，沿线区域内仍分布着众多历史文化遗迹，包括2处全国文物保护单位、7处省级文物保护单位、14处市县级文物保护单位、7处历史街区等。

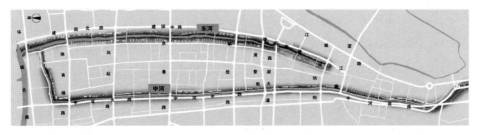

图6-18　杭州东河、中河分布图
资料来源：图片来自杭州市市区河道整治建设中心。

　　到了近代，中东河逐渐淤积。在20世纪50年代末和80年代初，杭州市对中东河进行过两次较大规模整治。然而，随着城市经济快速发展，沿线人口剧增，设施老化，河道污染日趋严重，水质恶化为劣Ⅴ类。同时，沿岸部分区域建筑破旧杂乱，历史街区、历史建筑和部分古桥保护不足，景观配套设施缺乏等问题突出。中东河已不能满足城市发展和市民对居住环境品质的要求。

　　2007年以后，杭州市将城市有机更新理念引入河道综保工程建设，对市区222条河道进行综合整治与保护更新。2008年启动新中东河综合整治与保护开发工程。工程重点为历史文化遗产保护、水质改善、城市生态保护带和复合景观廊道建设三项内容，涉及历史街区保护、截污纳管、景观提升、桥梁保护与修缮、慢行系统等72个子项工程。

　　整个工程分两期建设。中期工程中河南段（白塔—凤山桥）于2008年8月开工，2009 年 12 月完工。二期中河北段（凤山桥—东河）和东河（河坊街—运河）于 2010 年 1 月开工，同年 9 月底完工。通过控制污废水和底泥中污染物的排放，应用截污纳管、引水配水、疏浚清淤等河道污染修复措施，来治理污染。

杭州市建委经过专家会诊、社区问计等环节，确定中东河整治方案。根据《杭州中河北段、东河综合整治及开发保护工程方案》，中、东河综保工程将把连接中河、东河的河坊街段挖路改河，凿通中河与东河，改造后将变成长 290m，宽 9.5m 的河道，贯通中河、东河，今后将开通手划船、电瓶船，市民和游客可乘船穿梭在中河、东河、运河之间，沿路欣赏杭城风景见图 6-19。挖路改河后，河道两侧保留双向 2 车道，原有的自行车道，车辆仍可自由通行。中河东侧、东河两侧的游步道将实现全线贯通，沿河还将建设、修缮船闸、桥梁、公园等，对跨中东河的 52 座桥梁，通过设立桥名牌、桥下空间文化创作、栏杆、桥面铺装等手段，分保护、保留和修缮的形式建立桥梁"博物馆"，让中东河沿线靓丽起来。

(1)　　　　　　　　　　　　　　　　(2)

图 6-19　杭州中东河实景图

城市的内河网络就似人体血管，血管通畅人体才能健康。同理，内河的淤塞和污染会导致城市循环体系出现问题，引起环境恶化。只有内河网络顺畅，水质达标，才能创造美观和谐的水利工程景观。该工程充分而巧妙地利用自然条件和规律，并调度其中的一些因素，又充分发挥人的聪明才智，是我国古代"天人合一"思想的完美体现。

通过对杭州城区内两条内河"中河""东河"的水利工程治理和水利工程景观规划建设，在水质改善、历史文化遗产保护、城市生态保护带和复合景观廊道方面都取得了相应成效。

3. 中国古代著名水利工程简介及风水分析

在春秋战国城市建设高潮中，被山带河的选址思想趋完善成熟。《管子·乘马》："凡立国都，非于大山之下，必于广川之上，高毋近旱而水用足，下毋近水而沟防省。因天材，就地利，故城廓不必中规中矩，道路不必中准绳"，并从城市选址到堤防、沟渠排水系统建设、管理监督等方面详细论述了城市的防洪学说。同书《度地》还指出"乡山左右，内为落渠之写，因大川而注焉"，对修水利而备水旱也有统筹考虑。并视充沛水源为"积于不涸之仓"，而水质也备受重视。实例如《左传》成公六年（公元前585年）载"晋人谋去故绛（离去故都绛）"，对新都选址于"郇瑕氏之地"或是"新田"，就特别对两地水质作了讨论。终以郇瑕氏之地虽"沃饶而近盐国，利君乐"，但"土薄水浅，其恶易构""不如新田土厚水深，居之不疾，有汾、浍以流其恶"，晋景公遂从之，迁都新田，是为新绛。这些选址思想，由凭依的山川格局及环境质量影响。

（1）李冰兴建都江堰——开山巧化反弓煞　约在公元前256—公元前251年，李冰任秦国蜀郡郡守时，带领蜀郡各族人民大兴水利，筑都江大堰，凿郫江、检江、羊摩江等渠道。

成都平原处于四山之中，东为龙泉山，南为峨眉山，西为邛崃山，北为岷山，是岷江和沱江的冲积平原，地势由西北向东南倾斜。这里的土壤和温度都很有利于农作物的生长。土层深厚，有些地方达二百多米，无霜期长达九个多月。降雨量也比较丰富，年平均降雨量在1000mm左右。不过降雨的季节分布与农作物的生长并不协调，春雨偏少，影响春播，夏雨来迟，不利农作物发育，而盛夏多暴雨，常有洪涝灾害。同时大部分自然河道短促，不便航运。李冰治水的主要目的就是开发岷江水利，用岷江水灌溉成都平原的农田，发展成都平原的航运。

从风水的角度来分析都江堰水利工程，首先将都江堰所在的区域还原至未建设水利工程之前的地形（图6-20）。风水中认为正常情况下的水道弯曲必然给两岸带来环抱和反弓两种情况，并且认为环抱处的选址为吉，反弓处为凶。通常在发洪水的情况下，洪水往往是以反弓

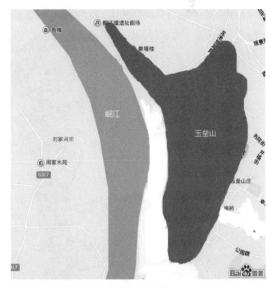

图6-20　四川都江堰地形还原简图

处为突破点，造成决堤，冲毁建筑（图 6-21）。

图 6-21　河流的环抱位与反弓位

资料来源：图片由洪水发绘制。

　　根据历史记载，公元前 256 年治水之前，每当春夏山洪暴发的时候，岷江水奔腾而下，进入成都平原，由于河道狭窄，古时常引起洪灾，洪水一退，又是沙石千里。但是当洪水到达玉垒山时（图 6-22），由于玉垒山处于河道东岸反弓处，受到

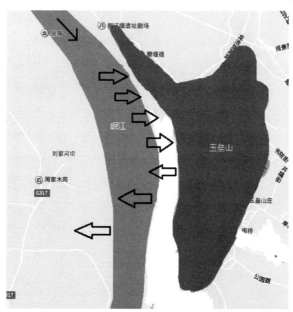

图 6-22　四川都江堰玉垒山迫使反弓水的西流

洪水的冲煞，以磐石之力阻碍了江水东流，并把洪水反向西岸，造成东岸的旱灾和西岸的涝灾。

修建都江大堰，在古书上称为"壅江作堋"。堋的原义是矮墙，堰指低矮而具有拦水和溢水功能的水工建筑。壅江作堋，就是在岷江上建立大堰，壅高水位，以便将一部分江水引入成都平原，这样既可以分洪减灾，又起到了引水灌田、变害为利的。堰首为分水鱼嘴，在湔水（今白沙河）与岷江汇合处的江心，将玉垒山一分为二，堰尾下接离堆，以便江水通过宝瓶口而进入成都平原。《史记·河渠书》记载："蜀守冰凿离堆，辟沫水之害，穿二江成都之中。此渠皆可行舟，有余则用灌浸，百姓享其利。"这样，岷江就被一分为二（图6-23），形成外江和内江，外江即原来的岷江，内江就是都江堰和玉垒山间新形成的新水道。

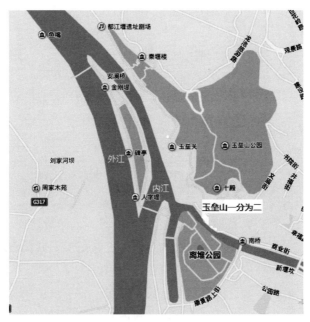

图 6-23　四川都江堰水利工程示意图

两千多年来，鱼嘴的位置虽曾有上下移动的历史，但始终存在，是成功的分水设施。清人彭洵《灌记初稿》中议论："分水必须顺其大溜，河身渐顺，水势益伸，因势导之，不与水为敌，工乃可久。"这正是古人的治水思想，也正是鱼嘴的分水原理。不顺其大流，不因势导之，与水为敌，其设施必受江河"大流"（大溜）直冲和折流淘底，而工不可久。都江堰鱼嘴的成功范例，后人效仿，将其传播，成都平原上灌渠间的分水建筑物，大多数采用这种形式。蟆水河支渠取水口顺水坝，古称"余水鱼嘴"。公元前 219 年（秦始皇三年），秦朝修著名工程灵渠，在今广西兴安县城处将湘江上游之水一分为二，北渠入湘江故道，南渠入漓江，沟通了湘江与珠江流域的航运。其分水建筑物"桦嘴"，形状、功能均如鱼嘴。

《水经注·江水注》说，李冰不仅兴建了都江堰，还总结了做堰的经验——"深淘滩，低作堰"。春季和夏初，成都平原比较干旱，也是岷江的枯水期，只有把内江的河滩淘得深一点，才能使更多的岷江水流入成都平原。盛夏，成都平原多雨，也是岷江的洪水期，只有低作堰，使大部分洪水漫堰排入外江，才不会酿成成都平原的涝灾。这是非常宝贵的治堰经验。中国古人对待大自然，均持"道法自然""无为而治"的态度，既不违背自然法则，又求得人之生存与发展。对于江河流水，古人必是"顺水之性，因势疏导"，禹治水为此法则作了垂范。李冰治水同样遵循这一原理，"因高卑之宜，驱自然之势""乘势利导"。李冰之后，中国古代水利工程均以疏导为主。

古书记载说，自从李冰兴建都江堰后，蜀地沃野千里，"旱则引水浸润，雨则杜塞水门，故记曰：'水旱从人，不知饥馑，时无荒年，天下谓之天府也。'"（《华阳国志·蜀志》）东汉应劭的《风俗通》说，这一水利工程可以溉田一万多顷。它是我国最早的、溉田面积最大的水利工程。

水流形态，对人居环境有着直接影响，若形态物语不利人居，势必隐患丛生。水之本性是曲线运动，屈曲的河床能消能防灾，这也是风水理论中"水"理论的基础，但有不少水利工程将河流截弯取直，结果造成河流暴涨暴落，旱涝灾害加剧。还有一些土管部门，为争取当地用地指标，大肆填河、埋塘，破坏自然水系格局，其后果也是不堪设想的。因此，水利工程规划建设必须深刻解读水流物语，借鉴风水理论，作生态环境的分析评价，然后再作改造和取舍。

（2）漳水十二渠——舞风吉水局　漳水发源于山西太岳山北麓，东南流，穿过太行山南段，在古邺县境内进入河北平原，再向东，注入黄河。在它由山地进入平原的过程中，因为地势由陡变缓，流水速度由快变慢，雨季时节，极易泛滥成灾。土地的农业生产条件较差，从土质说，盐碱化很重；从降水量说，也满足不了农作物生长的需要；更为严重的是，漳水常泛滥，冲毁庐舍和农田。因此，在漳水上筑堰凿渠非常必要，可以变水害为水利，能大大改善这里的农业生产条件。

当时由于科学知识的局限，许多人还不懂水灾发生的真正原因，他们相信迷信，以为是河神（河伯）作怪的缘故，因而流行着这样一种陋俗，每年都要给河伯娶妇、贡物，挑选一名年轻貌美的姑娘投进河里，还要送上大批嫁妆，祈求河伯不再兴风作浪。

这种做法当然解决不了水灾问题，相反，于水灾之外又给人民造成了新的灾难，特别当地的三老、廷掾、巫姆等，利用自己所掌握的政权和神权，以选妇、治妆为借口，勒索百姓年达"数百万"钱。

《史记·魏世家》载，文侯二十五年（公元前421年）"任西门豹守邺，而河内称治。"投巫于河，凿渠溉田，当在他为邺令不久后进行。西门豹组织邺县人们在漳水上兴建水利工程，以便大水时可以分散水量，不至泛滥成灾，干旱时可以引水灌溉，不致发生旱灾。他在漳水上修建的水利工程由十二条渠堰组成，所以后人称之为漳水十二渠。

从风水的角度来看漳水十二渠，通过比较发现，漳水十二渠与《水龙经》中吉水格局的"舞凤水局"有许多共同点（图6-24）。

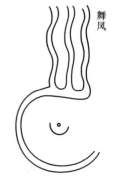

图6-24 舞凤水局
资料来源：《水龙经》。

符合上图格局的水道为吉水格局，有配诗解释"舞凤水局"：

群流飞舞入垣城，凤舞鸾翔羽翮轻，

更得穴中真气结，不为仙客也公卿。

用"舞凤"来形容这个风水水局，形如舞动的凤凰，甩起多条方向一致、屈曲漂亮的尾羽（图6-25），通过配诗的意思表达。风水理论认为"舞凤水局"的基本特征是：多支（三支以上）细小水流汇集到一支，聚集大水量，并形成环抱水，这样的格局下被环抱的穴位是风水宝地，可以出贵人。古邺县地处河北平原西缘，这里的坡度虽远远小于太行山麓，但仍比较大。西门豹利用坡度稍大的特点，在长约十二里的漳水河床上，建了十二条拦水低堰，同时，又在漳水的南面凿了十二条引水渠道。有了这十二堰和十二渠，水量多时，可以从多条渠中汇集，水量少时，则可由适宜的渠中导水，基本符合风水中"舞凤水局"的基本特征，从而基本解决了这里的水旱灾害问题。由于漳水中上游流经山西黄土高原，水中含有较多的泥沙，水质很肥，所以引漳灌

图6-25 舞凤效果图
资料来源：昵图网。

田，不仅为农作物提供了所需要的水量，还起着施肥压碱作用，又由于这里的坡度较大，因此，泥沙淤积之害较轻，在较长的时间里水利工程发挥巨大的效益。

在水利工程修建之前，因为有严重的旱盐碱之害，这里的土地被认为是"恶地"，亩产量等于魏国其他地方一半左右。那时，魏国授田制度规定，每户一百亩，而这里只好加倍授田，每户二百亩。据李悝说，魏国的土地平均亩产为一石五斗。这里当在七斗五升左右。修建水利以后，由于水旱盐碱问题得到解决，又起了施肥作用，"恶田"竟变成了"好田"，亩产高达一钟。一钟为六石四斗，与过去七斗五升相比，提高了七倍多！正是因为大幅度地提高了农业的产量，所以《史记·河渠书》说，它使魏国的整个河内之地都富庶起来了，成为名副其实的"风水宝地"。

（3）穿凿引水筑运河——导气利财通文化　我国地势西高东低，黄河、淮河、长江、珠江等主要大河，都是由西向东流向，东西的水上交通比较方便。但是，南北的水运比较困难，所以有必要在南北之间开凿人工河道。这些主要大河的干流，虽然都是西东走向，但它们的直流多是南北走向，而且各条大河的支流之间往往相距很近，再加上这些大河的中下游，土地平坦，湖泊星罗棋布，最便于开凿人工河道。

人工运河水利工程的营建，与风水中关于"水能载气"的概念密切相关。

"气"是中国风水的核心，无论是"形法"还是"理法"都是围绕寻找"聚气"宝地而展开选址活动。风水论述中反复提及"生气""迎气""藏气""纳气""聚气"，紧紧围绕着"气"这个概念。要理解气的概念，必须在中国古代哲学体系中去认识它。道家《道德经》云："道可道，非常道。名可名，非常名。无名天地之始。有名，万物之母。"儒家的观点："太极之气无形，其凝聚则转为天地万物，其散开，万物又复归于太极之气。个体有生灭，气则无生灭。"术家对气的认识上升到应用层面："气乘风则散，界水则止，古人聚之使不散""水随山而行，山界水而止，界分其域，止其逾越，聚其气而施耳……山为实气，水为虚气。土愈高其气愈厚，水愈深其气愈大。土薄则气微，水浅则气弱"。通过风水典籍中对"气"的分析，我们大致可以得出对"气"的基本理解，"气"是生发万物所需具备的基本元素，受"风"和"水"的影响，可以利用风水原则来找寻"聚气"的地方，符合"聚气"要求的地方就是适合城市选址、人们乐居的风水宝地。

引入现代量子物理学对风水进行研究后，研究结果表明"气"是一种微波，而微波是一种具有波、粒二重性的电磁波。微波具有较强的穿透性，能透过云雾，能穿透百米疏松干土层，对岩石也有一定穿透力；微波遇风，会飘散而能量减弱，即

"遇风则散"；微波的能量可以被水强烈吸收，很难穿透水层。因此微波和水有很大"亲和力"，即"遇水则止"。正由于这些特性，风水中认识到水能"纳气""聚气"，气随水流注而"导气""界气"。同时，提出可"以水证穴"，推断"生气"的聚结之地。

运河水道水利工程的建设，从风水上人为地驱使"生气"流转，使得"生气"以水为载体，流转到运河水道通过的地方，对促进南北水利交通，经济、文化交流，尤其是南粮北运，作用都非常巨大。可以说，运河水流到哪里，就把经济的繁荣和文化的昌盛带到哪里。在风水的要求下，对运河的水体形态、布局也十分注重。《管子·度地》中指出："水之性，行至曲必留退，满则后推前，地下则平行，地高即控，杜曲则捣毁，杜曲则激越，跃则倚，倚则环，环则中，中则涵，涵则塞，塞则移，移则控，控则水妄行，水妄行则伤人。"

风水中也把"水"称为"财"，不无一定的道理。明、清时，我国出现了30多座规模较大的城市，十之八九，都在运河水利工程沿线，从明朝中后期起，我国资本主义经济的萌芽，反封建的民主主义思想的酝酿也在这里，这些都与运河水利工程有一定的关系。而因各种原因导致的运河水利失修和淤塞，也伴随着那些沿水城市的衰落，甚至是朝代的消失。

中国是世界上最早开凿运河的国家之一。春秋时期，最先开凿运河的是陈、蔡、楚等国。陈、蔡两国为改善两国间的交通，它们用一条不长的运河，将淮河的两条支流沙水和汝水连贯起来。楚国也凿了一条从都城郢（今湖北江陵北）到汉水的水道。不过，春秋时期最重要的运河，是由吴王夫差为用兵北方而主持穿凿的邗沟和菏水。凿邗沟是便于向北运送军队和粮秣。据《水经注·淮水注》的记载，邗沟的渠线比较曲折，主要原因是要利用湖泊，以便减少工程量。夫差利用邗沟的运输便利，轻松打败齐国后，在今山东鱼台县东和定陶县东北之间开凿菏水，以进军中原。汉水和菏水是为了政治、军事需要而开凿的，但在后来长时间中，对加强黄河、淮河、长江三大流域的经济、政治、文化的联系，都有重要作用。

战国时期（公元前475年至公元前221年），魏国最先进行变法，魏惠王迁都大梁（今河南开封西北），面对齐、楚、秦等国的牵制可以攻守自如，迁都后，魏国多次动工穿凿以大梁为中心的运河——鸿沟。凿鸿沟后，引来了丰富的黄河水，在黄河、淮水、济水之间，形成了一个相当完整的水上交通网。鸿沟位于中原地区，除了把许多自然河道组成一个四通八达的交通网以外。还因为它所联系的地区，都是当时我国经济、政治、文化最发达的地区，所以，在历史上影响很大。

到秦汉时期，运河工程的范围扩大了，南到五岭，西到关中，北到河北平原，都凿有运河。秦灭楚后，继而进军南越，当时由于五岭的阻隔，交通不便，粮秣运输困难，于是秦始皇二十八年（公元前 219 年），在湘江上游的海洋河与零水上游的始安水之间开凿了秦凿渠，即著名的灵渠，又称兴安运河，由分水工程、南渠和北渠三部分组成。灵渠是世界上最早的有闸运河和越岭运河，不仅在秦朝，而且在以后的两千多年中，都是岭南和内地的主要交通孔道，直到 1956 年，改为灌溉渠道。

西汉建都长安，到汉武帝时，由于京都官僚机构迅速膨胀，人口不断增加，中央政府的粮食支出压力很重。西汉从关东运粮入京，取道渭水西运，但渭水多沙，水道浅涩弯曲，运输力量有限。汉武帝遂下令在渭南与渭水并行凿一条运粮渠道，史称漕渠。西汉中后期，漕渠一直是东粮西运入都的主要通道，年运输量在 400 万石左右，最高时达到 600 万石。漕渠实际上具有双重功能，除了漕运粮食外，还可灌田一万余顷。

东汉末年（延康，220 年），河北平原河流纵横，南部多黄河故道，由西南流向东北，中部多为东西流向的河道，发源于太行山，北部河流多发源于燕山，由北向南流。曹操从政治、军事的需要出发，在各河之间凿渠沟通，先后开了白沟、平房、泉州、新河、利漕五条渠道，使它们连缀起来，水源得到集中，航运效率大大提高，同时加强了河北平原与黄河以南各地的联系，在历史上发挥着重要作用。

隋（581—618 年）、唐（618—907 年）、宋（960—1279 年）三代，在统一规划下，我国运河建设有了很大的发展。

隋代以长安、洛阳两都为中轴开凿运河，向东南通到余杭（今杭州市），向东北通到涿郡（今北京市），将政治中心和经济繁华区联系起来。隋朝最早修建的一条运河是从长安东通黄河的广通渠，引渭水为主要水源，长 150 余 km。隋炀帝即位后，政治中心由长安东移到洛阳，需要改善黄河、淮水、长江间的水上交通，以便南粮北运和加强对东南的控制，于是开凿通济渠，扩建邗沟，同时修建山阳渎。隋炀帝积极准备对高丽的战争，需要把大量的军队和军用物资调集到北方，遂在完成了通济渠和山阳渎之后，又修建了永济渠，据载全长 1900 多里（1 里＝500m）。隋炀帝还对春秋时吴国修凿的两条南北走向的人工水道——江南河作了进一步疏浚。广通渠、御河、永济渠、江南河等渠道，虽然不是同时穿凿而成，可以算作各自独立的运道，但是由于这些渠道都以政治中心长安、洛阳为中轴，向东南和东北辐射，形成完整的体系。向东南通到余杭，向东北通到涿郡，全长 2500 余 km，是古今中外最长的运河，贯穿了钱塘江、长江、淮水、黄河、海河五大水系，密切联系了冀州、扬州两个经济重地，对加强国家的统一促进经济文化的交流，都有重要作用。隋朝的统治时间很短，虽为大运河付出很高的代价，而真正受运河之利的不是隋朝，而是唐朝。

唐朝（618—907 年）为了发挥大运河的作用，十分注重渠道维修，也很重视改造和扩建，特别是对通济、永济两段最重要的渠道。还在开封凿了一条湛渠，使汴渠的一支通到兖州、曹州等地。大运河成为唐朝不可缺少的交通大动脉。可惜的是，唐末天祐 2～4 年（905—907 年）藩镇割据，战乱频仍，隋唐的大运河遭到严重的破坏。

从五代（907—960 年）到北宋（960—1127 年），除后唐（923—936 年）外都建汴京（开封），东迁的原因之一就是旧的运河系统多被破坏。而开封比较接近产粮区，以它为中心的新运河网，也就逐步形成。特别是在政局比较稳定的北宋时期，开封周围有四条重要的运河，而以汴河最为重要。除汴河外，另外三条运河是广济渠、金水河和惠民河。南宋（1127—1279 年）与金（1115—1234 年）对峙时期，以临安（今杭州市）为都，除江南河以外，还有许多自然河道可以利用。不过在这个时期，黄河南北两条重要运渠——汴渠和永济渠，由于黄河的决口，大量泥沙淤填渠道，长期失修，大部分渠段堵塞，甚至消失殆尽。

元（1206—1368 年）、明（1368—1644 年）、清（1616—1911 年）三代都在北京建都，每年须从南方调运大量粮食，为了便于南粮北运，元朝凿了济州、会通、通惠等河，明、清两代又对大运河中的许多河段，进行改造。济州河南起济州（济宁市）南面，北到须城（今东平县）安山，长 75km。凿成后，南方的粮船可以沿淮扬运河北上，由济州河循大清河（古济水）到渤海，再由界河口（海河口）上溯白河，可抵通州。会通河南起须城安山西南，接济州河，凿渠向北，经聊城，到临清接卫河，全长 125 余 km。南方的粮船可以经此取道卫河、白河到通州。元世祖至元二十九年（1292 年），郭守敬奉命为大都"兴举水利"，凿建通惠河，从昌平白浮村开始按地势穿渠，经瓮山泊，到积水潭，经皇城东侧南流，东南出文明门（今崇文门北），东至通州高丽庄（今张家湾北），西入白河。通惠河建成后，积水潭成为繁华的码头。

【本章小结】

我们伟大的祖国和人民，历经艰苦奋斗和几千年漫长发展，创造了物质丰富和辉煌灿烂的古代文明。中华民族所创造的中国文化是 56 个民族延续和持续发展的精神支柱，并曾长期居于世界文明的前列，为人类的文明与进步做出了巨大贡献，是世界文明史上的一笔巨大财富。

"风水文化"是中国传统文化中专注于"实用"的一支，尤其在对人居环境建设上有突出作用。大千世界的风与水若隐若离，富有动感，美在其中，它们是大自然中最为灵动、无拘无束的两种客观物质存在。聪明的先民徒水而居，风水无形，动流有律；风向可更，水流可变。他们不断认识风水，从利用，到治理，至敬畏。不断对风水的规律进行学习和总结，顺其势、用其势、变其势，创造了一个又一个水利工程奇迹。

"水"作为"风水文化"中不可缺少的组成部分，也有诸多经验总结，其中大部分内容经科学验证是符合自然规律的，对水利工程实践有重大指导意义。而"风水"这两个字在精神和心理层面上却是一种向往与寄托，对华夏子孙有着更深层的意义。

在全世界对东方文化重新认识的今天，我们更应科学地研究和利用"风水"，用客观公正的眼光看待、理解、挖掘、运用、提升中华文化中属小众却生生不息的这一部分。它对认知自然、改造自然，尤其是其对水利工程专业领域具有极为现实的指导意义。

【参考文献】───────────────────

[1] 王其亨. 风水理论研究[M]. 天津：天津大学出版社，1992.

[2] 颜廷真，孙鲁健. 中国风水文化：理论演变和实践［M］. 西安：陕西师范大学出版总社有限公司，2011.

[3] 于希贤. 中国古代风水的理论与实践［M］. 北京：光明日报出版社，2005.

[4] 刘沛林. 风水——中国人的环境观［M］. 上海：上海三联书店，1995.

[5] 王深法. 风水与人居环境［M］. 北京：中国环境科学出版社，2003.

[6] 洪丕谟. 风水应该这样看［M］. 西安：陕西人民出版社，2007.

[7] 王玉德. 神秘的风水——传统相地术研究［M］. 南宁：广西人民出版社，1991.

[8] 亢羽. 易学堪舆与建筑［M］. 北京：中国书店，1999.

[9] 许真人. 万增全补玉匣记［M］. 北京：中国文联出版社，2005.

[10] 中国地理学会. 中国国家地理·风水专辑［M］. 北京：《中国国家地

理》杂志社，2006.

[11] 龙彬. 风水与城市营建 [M]. 南昌：江西科学技术出版社，2005.

[12] 程建军. 中国风水罗盘 [M]. 南昌：江西科学技术出版社，1999.

[13] 程建军. 风水与建筑 [M]. 南昌：江西科学技术出版社，2005.

[14] 何晓昕. 风水探源 [M]. 南京：东南大学出版社，1990.

[15] 邵伟华. 风水学全书 [M]. 西安：陕西旅游出版社，2004.

[16] 亢亮，亢羽. 风水与城市 [M]. 天津：百花文艺出版社，1999.

[17] 亢亮，亢羽. 风水与建筑 [M]. 天津：百花文艺出版社，1999.

[18] 高友谦. 中国风水 [M]. 北京：中国华侨出版公司，1992.

[19] 张惠民. 中国风水应用学 [M]. 北京：人民中国出版社，1993.

[20] 俞孔坚. 理想景观探源——风水的文化意义 [M]. 北京：商务印书馆，1998.

[21] 何晓昕，罗隽. 风水史 [M]. 上海：上海文艺出版社，1995.

[22] 朱学西. 中国古代著名水利工程 [M]. 天津：天津教育出版社，1991.

[23] 蒋子杰，严力蛟. 浅谈风水和城市地产的结合及风水景观分析 [J]. 中国人口•资源与环境，2011 (S1)：235-238.

[24] 连艳芳，蔡菊香. 风水在园林景观设计中的应用研究 [J]. 安徽农业科学，2012 (20)：10523-10525.

[25] 周大川. 我国古代水利工程景观 [J]. 水利天地，2003.

[26] 程建军. 从华安二宜楼选址看风水"水口"之理念与影响 [J]. 华中建筑，2010 (6)：111-115.

[27] 蒋平阶. 水龙经 [M]. 海南：海南出版社，2003.

[28] 华清. 都江堰——天府之源 [J]. 城建档案，2007 (5)：18-21.

[29] 李映发. 都江堰科学技术的传播与发展 [J]. 四川水利，2005 (6)：51-53.

[30] 王培君. 古代水利工程价值及其当代启示 [J]. 华北水利水电学院学报（社科版），2012 (4)：13-16.

[31] 曾蕾，余敏. 水景设计与传统文化 [J]. 艺术探索，2009 (1)：131，133，168.

[32] 张卫东，赵英霞. 我国一些尚在利用的古代水利工程简介 [J]. 中国水利，2006 (10)：58-60.

第七章
水利工程景观与生态

【导读】

本章在阐述生态系统概念、组分和功能的基础上，简要分析了我国河流湖泊生态系统的现状及水利工程对生态系统的胁迫效应。针对水利建设对生态系统的负面影响，提出了水利工程景观生态化的理念。内容包括对生态系统的认识，水利工程景观生态化理念，城市河流景观生态化，城市湿地景观生态化，城市水库景观生态化等。此外，还列举了一些国内外的水利工程景观生态化设计的相关案例。在本章中，读者应重点掌握水利工程景观生态化设计的理论基础、原则及相关设计方法，以充分了解景观生态设计在城市河流景观、城市湿地景观、城市水库景观等几种常见水利工程景观规划设计过程中的应用和必要性。

2011年，国务院1号文件——《中共中央国务院关于加快水利改革发展的决定》，提出了大力发展民生水利，促进与确保水利可持续发展的顶层设计思维。水利工程景观生态化建设可推动水利经济发展方式的转变，保护水利景观与环境，提高民生水利的社会、经济和生态效益，促进民生水利的全面、协调发展。为科学开发和保护我国丰富的水利工程景观资源，2001年水利部开始启动水利风景区审批与建设工作，截至2012年年底，水利部已批准设立12批共518处国家水利风景区，另有省级水利风景区千余处。这些水利工程景观在工程效益发挥、景观生态保护、水利旅游发展、区域经济社会结构优化等方面起着重要作用。无疑，以水利工程景观为依托的水利生态旅游业，已经成为水利经济新的增长点和发展民生水利的重要方式。

虽然我国在水利工程景观设计和实践经验方面都有了相当的进展，但总体而言，我国水利工程景观设计尚处于发展的初级阶段，水平不高，往往注重水利功能的建设，而忽略了以游客为本的理念和旅游服务功能的建设；硬质景观较多，软质景观较少；在设计过程中往往容易缺乏对地域地脉人脉文脉的解读与设计；偏重于经济效益而忽视环境生态效益。近几年来，景观生态学理论已大量应用于干旱区、湖泊区、滨河区的可持续发展研究与实践之中。探讨水利工程景观的生态设计方法，则有助于上述问题的解决，这对于指导水利工程景观规划建设与可持续发展具有十分重要意义。本章借鉴景观生态学的理论提出水利工程景观生态设计的原则、目标与方法，并以相关国内外案例进行景观生态设计分析，旨在为我国水利工程景观生态设计提供理论指导和借鉴。

总之，水利工程景观设计与建设应尽量与区域整体生态过程相协调，尽量使之对环境的破坏性达到最低程度。景观生态设计不是单个景观项目的实施，更不是局部景观小品的点缀，而是要尊重水利工程项目区的历史文化与人脉地脉背景。应结合生态自组织性、生态地方性、生态恢复性、生态显露性、生态可持续性的方法，让水利工程项目区的生态系统保持平衡。

第一节　生态系统基本理论

一、生态系统的概念与内涵

1. 生态系统

生态系统（ecosystem）是指在一定的时间和空间范围内，生物与生物之间、生物与自然物理生化环境之间相互作用，通过物质循环、能量流动和信息传递，形成特定的生物营养结构和生物多样性的功能单位。1935 年英国植物学家 A. G. Tansley 率先提出"我们不能把生物与其特定的自然环境分开，生物与环境形成了一个自然系统。正是这种系统构成了地球表面上具有大小和类型的基本单元，即生态系统"。随后，V. N. Sukachev、R. Lindeman、E. P. Odum 和 H. T. Odum 等学者从生态系统的物质循环与能量流动规律，营养流的迁移规律，生态系统发展中结构和功能特征的变化规律等方面进一步完善了生态系统的概念。

在生态系统的定义里，包括了以下几层含义：第一，生态系统是一个客观存在的实体，具有确定的空间，存在于时间中；第二，这个系统是由生命部分和非生命部分组成，生命部分是主体，两者相互依赖、相互作用，形成了不可分割的有机整体；第三，生态系统的各个组分是靠食物链和食物网组织起来，借助能量交换、物质循环、信息传递和价值流动形成自身的结构和自组织功能的；第四，系统处于动态发展与演进之中，其过程就是多元复合的生态系统的行为，从而体现了系统的整体功能特征；第五，生态系统是人类赖以生存和可持续发展的基础。

我国著名生态学者马世俊、王如松于 1984 年提出了社会—经济—自然复合的生态系统，将人类社会体制、经济发展与自然生态系统的复杂关系列入生态系统考虑范畴，指出可持续发展问题的实质是以人为主体的生命与其栖息劳作的环境、物质生产环境及社会文化环境间的协调发展，它们在一起构成了社会—经济—自然复合生态系统。这种系统包括三个子系统，即自然子系统（包括金、木、水、火、土），经济子系统（包括生产者、流通者、消费者、还原者和调控者）和社会子系统（包括知识网、体制网和文化网）。社会—经济—自然复合生态系统的提出扩展了生态系统的概念，突出了人类活动与自然生态系统的互动制约关系。

2. 生态系统的组成

生态系统的尺度可以大到地球生物圈，小到一个试管水中的一只水螅，但其共同点在于要有两个以上的要素组成。系统内的各要素既互相依存又互相制约，形成各具功能的整体结构。同时，系统又与外界环境紧密联系，密不可分。

生态系统由生物和生境这两部分组成，也称为生命系统和生命支持系统。生命系统包括动物、植物和微生物（含真菌、放线菌、细菌、病毒、类菌质体、土壤原生动物和部分小型无脊椎动物等）。在各自的基因（DNA）与环境因子（水、土、肥、气、热、温、湿、光、矿物质、pH、海拔、立地空间、生物群落等）支配下，在复杂的循环往复的多种酶系统参与下，通过一系列生理、生化、生态结构的动态过程，进行有序的物质交换、能量循环和信息传递，以持续实现不同的基因表达与系统功能。生态系统可进一步划分为三个亚系统，即生产者亚系统、消费者亚系统和分解者亚系统。所谓生产者包括绿色植物和一部分细菌。绿色植物通过光合作用，把光能转化为生物能，把无机物（$CO_2 + H_2O$）转化为有机物——碳水化合物。而碳水化合物经呼吸作用，再在酶系统及相关辅酶的参与下，进一步合成脂肪和蛋白质，从而构成了食物链的初级阶段。这些都可以成为包括人类在内的所有异养生物的食物来源。而消费者本身没有能力用无机物制造有机物，需要直接或间接依靠生产者提供的有机物存活，因此，它们又被称为异养生物。消费者又分为以植物为食物的草食动物，称为初级消费者；以草食动物为食物的肉食动物，称为次级消费者；以次级消费者为食物的肉食动物称为三级消费者。消费者在生态系统中具有重要的作用，不仅对初级生产物进行加工和再生产，还促进其他生物的生存和繁衍，在不断地处于平衡与不平衡、繁荣与衰弱的动态交替中形成不同结构与功能的生物群落和生态系统，构成了生物多样性。分解者则包括细菌、真菌、放线菌、土壤原生动物和部分小型无脊椎动物，它们都属于异养生物。其作用在于把落叶、枯草、动物的残肢、死亡的藻类等进行分解，把复杂的有机物变成简单的无机物，回归到大自然中。因此，这些异养生物又称为"还原者"。也有把生物按照营养等级进行划分。生产者属于第一营养阶层，草食动物属于第二营养阶层，以草食动物为食物的动物属于第三营养阶层，还有第四和第五营养阶层。

在自然生态系统中，从绿色植物的光合作用开始，无机物转化为有机物，成为营养物，被各个层级的营养级所利用。所有的植物、动物及其排出的废物都可以作为食物被其他生物所利用，后由微生物把残存的有机物还原为无机物。自然生态系统就是如此周而复始地进行着这种良性循环，从而保持系统的相对稳定（图 7-1）。

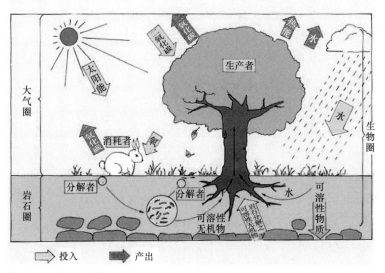

图 7-1　自然生态系统

生态系统的第二大部分是生境，它是非生命部分，也是生命支持系统。生境是生物赖以生存所必要的、基本的条件。它包括能量、气候、基质和介质、物质代谢原料。能量主要是太阳能；气候系统包括日照、降雨、气温、湿度、风力等重要因素；基质和介质包括陆地的空气、地表水、地下水、土壤、岩石等；物质代谢原料指碳水化合物、蛋白质、脂质、CO_2、H_2O、O_2、无机盐（氮、磷、钾、钙、镁、硫、硅、氯、钠、铝等大量元素和铁、锌、钼、硼、硒、碘、氟、汞、镉、铬等微量元素）等。从本质上讲，生境中最重要的两个因素是太阳能和水。太阳能通过绿色生物的光合作用转化为生物能，营养物质通过食物链和食物网输送到不同的营养阶层。食物链和食物网如同人体的血管，随同营养物质的输送，能量也一级一级地往下传递。这也是生态系统中物质流与能量流的传递过程。水在生境的各个要素中，具有至关重要的作用。地球上之所以能够具有生命体而区别于其他行星，就是因为地球上具有宝贵的水资源。水是生物生命的载体，又是能量流动和物质循环的介质，是地球上所有生物物种的生命之源。从本质上讲，在大的尺度上，地球生态系统就是一个由太阳驱动的、由循环的水联系在一起、由生物组成的巨系统，这个系统由太阳提供能量，食物网作为血管，水就是系统的血液。

3. 生态系统的结构

（1）营养结构　营养结构是指生态系统中生物与生物之间，生产者、消费者和分解者之间以食物营养为纽带所形成的食物链和食物网，它是构成物质循环和能量流动的主要途径。所谓食物链，就是一种生物以另一种生物为食，彼此形成的一个以食物连接起来的链锁依存关系。受能量传递效率的限制，食物链一般 4～5 个环节，最少 3 个。但也有例外的时候，如我国的蛇岛，曾出现过 7 个环节"花蜜—飞虫—蜻蜓—蜘蛛—小鸟—蝮蛇—老鹰"，但这种情况是极为特殊的。食物链是物质循环和能量流动的通道，在生态系统的结构中具有至关重要的作用。通过食物链把生物与生境、生产者与消费者、消费者与消费者、消费者与分解者连接在一起。食物链又分为捕食食物链，以活的植物和藻类为食物链的起点，如小麦—蚜虫—瓢虫—食虫小鸟；碎屑食物链以动植物的残体等为食物链的起点，如动植物残体—蚯蚓—动物—微生物—土壤动物；寄生食物链以活的动植物为基础，如鸟类—跳蚤—鼠疫细菌。实际上，一种生物往往同时属于若干条食物链。例如，6 种植食动物都摄食禾草，于是禾草可以与 6 条食物链相连接。食物链往往互相交错，形成复杂的网络结构即食物网。可以说，食物链是一种二维结构，食物网则是三维结构。由于食物网的存在，如果某条食物链在局部节点上发生断裂或障碍，系统就有可能绕过这个节点从食物网的其他通道中联通，在一个新的生态平台上恢复与保持生态系统结构和功能的相对稳定。

（2）时空结构　时空结构也称形态结构，是指各种生物成分或群落在空间上和时间上的不同配置和形态变化特征，包括水平分布上的镶嵌性、垂直分布上的成层性和时间序列上的发展演替特征，即水平结构、垂直结构和时空分布格局。

① 生态系统的水平结构。指在一定生态区域内，生物类群在水平空间上的组合与分布。在不同的地理环境条件下，受地形、水文、土壤、气候等环境因子的综合影响，植物在地面上的分布并非是均匀的。有的地段种类多、植被盖度大的地段

动物种类也相应多，反之则少。这种生物成分的区域分布差异性直接体现在景观类型的变化上，形成了所谓的带状分布、同心圆式分布或块状镶嵌分布等的景观格局。例如，地处北京西郊的白家疃村，其地貌类型为一山前洪积扇，从山地到洪积扇中上部再到扇缘地带，随着土壤、水分、土层、坡向、植被、海拔等因素的梯度变化，农业生态系统的水平结构表现出规律性变化。山地以人工生态林为主，有油松、侧柏、元宝枫等。洪积扇上部为旱生灌草丛及零星分布的杏、枣树。洪积扇中部为果园，有苹果、桃、樱桃等。洪积扇的下部为乡村居民点，洪积扇扇缘及交接洼地主要是蔬菜地、苗圃和水稻田。

② 生态系统的垂直结构。包括不同类型生态系统在海拔不同的生境上的垂直分布和生态系统内部不同类型物种及不同个体的垂直分层两个方面。随着海拔的变化，生物类型出现有规律的垂直分层现象，这是由于生物生存的生态环境因素发生变化的缘故。如川西高原，自谷底向上，其植被和土壤依次为：灌丛草原—棕褐土，灌丛草甸—棕毡土，亚高山草甸—黑毡土，高山草甸—草毡土。由于山地海拔高度的不同，光、热、水、土等因子发生有规律的垂直变化，从而影响了农、林、牧各业的生产和布局，形成了独具特色的立体农业生态系统。生态系统内部垂直结构以一个湖泊为例，由于水面表层阳光充足，红外线在水体表面即被大部分吸收，在 $4\sim5m$ 以下紫外线即变得微弱。相应的水体温度也具有分层现象。由于生境的特殊结构造成了沿水深分布不同生物的层状结构。浮游植物作为生产者聚集在表层，为水生动物提供食品。浮游动物、鱼类等消费者分布在水体中的不同层次。在底层的淤泥中生活着分解者：大量的微生物，它们的任务就是将有机物分解并还原为无机物（如 CO_2、NO_2、NH_3、H_2S 等）。

生态系统处于一种动态发展的过程中。在不同的时间尺度内，生态系统的结构与功能的变化也不同。作为观察者可以按照三种时间尺度对生态系统进行考察：一是长时间尺度，考察生态系统的进化过程；二是中等时间长度，考察生态系统的生物群落的演替；三是短时间尺度，如日、月、年这样的时间间隔，考察生态系统的周期变化。在一次迁移的状态下，形成有一定结构的稳定的生物种群，通常需要经过 1000 多年时间；而从成土母质、生物、地理、气候等综合因子，经过漫长的风化、积淀、成土过程最终形成有一定结构和具有"水、肥、气、热、生物"功能的土壤，大约需要有一万年以上的时间。可见，时间和空间也是成土因素之一。

（3）组分结构 组分结构是指生态系统中由不同生物类型或品种以及它们之间不同的数量组合关系所构成的系统结构。组分结构中主要讨论的是生物群落的种类组成及各组分之间的量比关系，生物种群是构成生态系统的基本单元，不同物种（或类群）以及它们之间不同的量比关系，构成了生态系统的基本特征。例如，平原地区的"粮、猪、沼"系统和山区的"林、草、畜"系统，由于物种结构的不同，形成功能及特征各不相同的生态系统。即使物种类型相同，但各物种类型所占比重不同，也会产生不同的功能。此外，环境构成要素及状况也属于组分结构。

（4）层级结构　按照生态系统的层级性结构研究成果，一般按照生态系统不同的尺度、结构和功能划分为 11 个层级，它们分别是生物圈（全球）、生物群系（区域）、景观、生态系统、群落、种群、个体、组织、细胞、基因和分子。

4. 生态系统的功能

（1）生态系统的能量流动和物质循环　生态系统的物质，主要指生物生命活动所必需的各种营养物质，在生态系统内和生态系统之间进行传递并联结起来，构成了物质流。营养元素在生态系统之间的输入和输出，生物间的流动和交换以及它们在大气圈、水圈、岩石圈之间的流动，称为生物地球化学循环。生物地球化学循环是一个非常复杂的过程，这表现为营养物质在陆地、水域和大气中的运动形式有很大的差别。营养物质在循环过程中不断发生氧化、还原、组合和分解，其反应条件多种多样，因此发生的化学作用是多样的。

生态系统的生物地球化学循环主要包括水的循环，碳、氮、磷和硫的循环，其中水循环是物质循环的核心，因为水是地球上一切物质循环和能量传递的介质，是一切生命形式的载体。离开了水，生命就会死亡，生态系统的运动就会终止。水是物质良好的溶剂，大多数物质都溶于水，生物必需的营养物质是依托于水循环产生迁移、转化运动，因此，水循环是地球最重要的物质循环。水的运动把陆地生态系统和水域生态系统联结起来，把各个局部生态系统与地球生物圈联系起来。水的运动又是地球表面上地貌形成的动力之一，依靠水的侵蚀、冲刷和淤积作用，形成了河流中下游的冲积平原，不但成为人类农业经济的基础和文明的摇篮，同时这种作用也为生物群落的繁衍创造了丰富的栖息地。

生态系统的能量流动是以食物链为通道进行的，使能量在生态系统中各个要素间运动。有研究成果认为，生态系统的能量流动遵循热力学第一定律和第二定律。能量在生态系统的流动是不断递减的单向的过程。

（2）生态系统服务　地球生态系统是人类孕育的摇篮和生存的乐园。地球生态系统为人类当前生存和长远可持续发展提供的物质和环境称为生态系统服务。有的学者把生态系统服务定义为对于生命系统的支持功能，如净化、循环、再生等，也有学者主张把生态系统服务用商品和服务表示。近年来，随着生态系统价值评估的深入研究，一些学者认为生态系统对于人类社会当前和长远的贡献，有形和无形的作用都应该归结为生态系统服务。

在广义上，生态系统可看作是社会和经济发展基本的和动态的"生产要素"，生态系统产生大量的可更新的资源和生态系统服务，而这些都是人类社会福利的基础。这意味着人类的生存依赖于一个多功能的生态系统的存在、运作和维护。

按照当前生态系统价值评估研究成果，生态系统的价值可以分为两大类：一类是利用价值；另一类是非利用价值。在利用价值中，又分为直接利用价值和间接利用价值。直接利用价值是可直接消费的产出和服务，包括直接提供的食品、药品和工农业所需材料，淡水供应和对于水资源的开发利用。间接利用价值是指对生态系统中生物的支撑功能，也是对于人类的服务功能，包括河流水体的自我净化功能，水分的涵养与旱涝的缓解功能，对于洪水控制的作用，局部气候的稳定，各类废弃物的解毒和分解功能，植物种子的传播和养分的循环。此外，自然界的奇异绚丽的地貌景观所赋予的美学价值，可以满足人们对于自然界的心理依赖和审美需求，更是全人类的宝贵遗产。

另一大类是非利用价值，它不同于河流生态系统对于人们的服务功能，是独立于人以外的价值。非利用价值是对于未来的直接或间接可能利用的价值，如留给子孙后代的自然物种、生物多样性、矿藏资源、能源、可耕地、名胜古迹、文物景区、交通带、市场群，以及"天蓝、地绿、气净、水清、安静、安全"的生境等，还包括人类现阶段尚未感知的但是于自然生态系统可持续发展影响巨大的自然价值。

生态系统带给人们的经济利益或者实物型的生态产品（食品、药品和材料等），其价值在市场流通中可以得到体现，因此为人们所重视。另一部分非实物型的生态服务，包括生物群落多样性、环境、气候、人文和遗传等功能，这些功能往往是间接的、却又对人类社会经济产生深远、重要的影响，往往为人们所忽视。但是，一旦这些生态功能受到破坏而不可逆转，人们才可能悔悟到曾经享受的大自然的赐予是何等宝贵。

（3）生态系统的物种流动　物种是指一群相似生物个体的集合群。物种在形态上相同的有机体，是分类学的基本单元；个体成员间可以通过有性生殖、正常交配，繁育后代，是生物繁殖的基本单元；物种以种群形式存在于自然界，受环境作用而发生变异，又是遗传学的基本单元。物种流是指物种在空间位置的变动，表现为物种的种群在生态系统内和生态系统之间时空变化的状态。这种变动可以以个体、种群或群落等多种形式进行。物种流的特点有：种群个体迁移有季节、年幼、成熟个体先后次序，形成有序性的特点；种群向外扩张往往是成群的，表现为连锁性的特点；种群在系统内部运动常是连续的，表现为连续性的特点。通过风力和动物作为载体的植物的种子流以及各类动物的迁徙都是物种流动的重要方面。在水利工程景观中，鱼类的迁徙洄游是要考虑的重要因素之一。鱼类的洄游对于一些重要鱼类物种的繁衍生存至关重要。洄游鱼可以分为溯源产卵洄游鱼和降河产卵洄游鱼两类。中华鲟是溯源产卵洄游鱼类，每年秋季中华鲟成群结队逆流而上，在长江上游重庆以七河段的深潭及金沙江的急流中产卵，幼鱼顺江游到大海，在海洋生活 10 余年后仍然返回长江上游，2000km 不迷路。生活在我国鸭绿江的鳗鲡属降河洄游产卵鱼类，平时生活在淡水中，生殖期成群聚集在河口，然后游到深海产卵，幼鱼溯源到淡水生活。

二、我国河流湖泊的生态系统状况

1. 河流湖泊生态系统现状

河流湖泊生态系统包含在广义的湿地生态系统。1971 年 2 月 2 日来自 18 个国家的代表在伊朗拉姆萨尔共同签署了《关于特别是作为水禽栖息地的国际重要湿地公约》（简称《湿地公约》），《湿地公约》中定义 "湿地系指天然或人工，常年或季节性，蓄有静止或流动的淡水、半咸水或咸水的沼泽地、泥炭地或水域，包括低潮水深不超过 6m 的海域"。1982 年《湿地公约》又修正了湿地的概念，包括了陆地上所有的水体、低潮时水深不超过 6m 的海滨。按照这个定义，湿地包括湖泊、河流、沼泽、蓄滞洪区、河口三角洲、滩涂、水库、池塘、泥炭地、湿草甸、水田以及低潮时水深浅于 6m 海域地带。根据我国湿地资源的现状及《湿地公约》对于湿地的分类系统，我国湿地共分湖泊湿地、河流湿地、沼泽湿地、滨海湿地和人工湿地 5 大类。据第二次全国湿地资源调查结果显示，截至 2013 年年底全国面积为 8hm² 以上湿地总面积为 5360.26 万 hm²，占国土面积的 5.58%（另有水稻田面积 3005.7 万 hm² 未计入调查范围），其中自然湿地面积 4667.47 万 hm²，占 87.37%，人工湿地面积 674.59 万 hm²，占 12.63%。自然湿地中，近海与海岸湿地面积 579.59 万 hm²，占 12.42%；河流湿地面积 1055.21 万 hm²，占 22.61%；湖泊湿地面积 859.38 万 hm²，占 18.41％；沼泽湿地面积 2173.29 万 hm²，占 46.56％。

湖泊湿地分为永久性淡水湖、季节性淡水湖、永久性咸水湖和季节性咸水湖。我国的湖泊湿地划分为 5 大区域，即长江及淮河中下游、黄河及海河下游和大运河沿岸的东部平原地区湖泊、蒙新高原地区湖泊、云贵高原地区湖泊、青藏高原地区湖泊、东北平原地区与山区湖泊。我国现有河流湿地分为 3 种类型：即永久性河流、季节性或间歇性河流、洪泛平原湿地，包括河滩、河谷和草地。我国的河流因受地形、气候影响，河流在地域分布差异很大，多数河流分布在东部湿润多雨的季风区，西北地区因地处内陆气候区，干旱少雨，河流较少。沼泽湿地分为藓类沼泽、草本沼泽、沼泽化草甸、灌丛沼泽、森林沼泽、内陆盐沼、地热沼泽和淡水泉或绿洲湿地等 8 大类。我国沼泽以东北三江平原、大小兴安岭、长白山地、四川若尔盖和青藏高原居多。各地河漫滩、湖滨、海滨也有沼泽发育，山区多木本沼泽，平原多草本沼泽。滨海湿地分为 12 种类型，即浅海水域、潮下水生层、珊瑚礁、岩石性海岸、潮间砂石海滩、潮间淤泥海滩、潮间盐水沼泽、红树林沼泽和海岸性咸水湖、海岸性淡水湖、河口水域和三角洲湿地。我国滨海湿地主要分布在沿海各省。滨海湿地以杭州湾为界，杭州湾以北，环渤海海滨和江苏滨海湿地，多为沙质和淤泥质海滩、其中山东半岛和辽东半岛为岩石性海滩。杭州湾以南则以岩石性海滩为主。主要河口及海湾有钱塘江—杭州湾、晋江口—泉州湾、珠江河口湾和北部湾等。我国的人工湿地资源比较丰富，包括水库、水闸及堤坝形成的蓄水区、运河、排水渠等输水系统、灌溉渠系和稻田、水塘、季节性泛滥的农用地、盐田、积水取土坑和采矿地等。

2. 水利工程对河流湖泊生态系统的胁迫

几千年来，人类为了自身的防洪安全与经济发展，对河流进行了大量的人工改造。特别是近一百多年来利用现代工程技术手段，对河流进行了大规模开发利用，兴建了大量工程设施，改变了河流的地貌学特征。河流一百年的人工变化超过了数万年的自然进化。有学者估计，至今，全世界有大约 60％的河流经过了人工改造，包括筑坝、筑堤、自然河道渠道化、裁弯取直等。据 2013 年公布的《第一次全国水利普查公报》结果显示，全国共有流域面积 50km² 及以上河流 45230 条，总长度为 150.85 万 km；常年水面积 1km² 及以上湖泊 2865 个，水面总面积 7.80 万 km²（不含跨国界湖泊境外面积）；共有水库 98002 座，总库容 9323.12 亿 m³；共有水电站 46758 座，装机容量 3.33 亿 kW；堤防总长度为 413679km；共有地下水取水井 9749 万眼；共有地下水水源地 1847 处。

各类水利工程在发挥其巨大的经济效益的同时，也对河流生态系统产生了极大的胁迫。

（1）自然河流的渠道化

① 河流形态直线化。将蜿蜒曲折的天然河流改造成直线或折线型的人工河流或人工河网，失去了弯道和河滩相间、急流和缓流交替的格局，导致对水深、流量、水温有不同习性需求的水生动物失去了原有的栖息地条件，同时河流廊道的植被也逐渐单一化。

② 河道横断面几何规则化。传统水利工程设计把自然河流的复杂形状变成梯形、矩形及弧形等几何规则断面，改变了河流横断面深浅潭交错的自然格局。

③ 河床护岸硬质化。混凝土、浆砌石等硬质材料在防洪工程中有着抗冲、抗侵蚀及耐久性好等优点。但是，硬质化的护坡隔断了地表水和地下水的联系通道，阻碍了地下水的补水过程，造成大量水陆交错带的植物、微生物失去了生存条件，改变了鱼类产卵条件。这些因素的叠加造成生物异质性下降，进而导致水域生态系统结构和功能发生变化（图 7-2）。

图 7-2　自然河流渠道化

（2）自然河流的非连续化

① 构筑水坝引起顺水流方向的河流非连续化。论及构筑水坝引起顺水流方向的非连续化问题，需要援引河流的连续性概念，用以说明河流生态系统是一种开放的、流动的生态系统，其连续性不仅指一条河流的水文学意义上的连续性，同时也是对于生物群落至关重要的营养物质输移的连续性。营养物质以河流为载体，随着自然水文周期的丰枯变化以及洪水漫溢，进行交换、扩散、转化、积累和释放。沿河的水生与陆生生物随之生存繁衍，相应地形成了上、中、下游多样而有序的生物群落，包括连续的水陆交错带的植被，自河口至上游洄游的鱼类以及沿河连续分布的水禽和两栖动物等，这些生物群落与生境共同组成了具有较为完善结构与功能的河流生态系统。研究成果还表明，洪水周期变化对于聚集在河流周围的生物是一种特殊的信号，这些生物依据这种信号进行繁殖、产卵和迁徙，即河流还肩负着传递生命信息的任务。大坝将河流拦腰斩断，形成了自然河流的非

图 7-3　自然河流非连续化

连续性特征（图 7-3），改变了连续性河流的规律。流动的河流变成了相对静止的人工湖，流速、水深、水温及水流边界条件都发生了变化，水库中出现明显温度分层现象。由于水库泥沙淤积，库床抬高，库容减少，也截留了河流的营养物质，促使藻类在水体表层大量繁殖，在库区的沟汊部位可能产生水华现象。由于水库的水深高于河流，在深水处阳光微弱，光合作用减弱，所以，与河流相比其生物生产量低。此外，不设鱼道的大坝对于洄游鱼类是致命的屏障。

②　构筑堤防引起的河流侧向的非连续化。堤防也有两面性：一方面保护了人类居住区免受洪水的侵害；另一方面也产生负面影响。在进行堤防建设时，往往为利用滩地缩窄主河道。堤防妨碍了汛期主流与岔流之间的沟通，阻止了水流的横向扩展，形成另一种侧向的水流非连续性。堤防把干流与滩地和洪泛区隔离，使岸边地带和洪泛区的栖息地发生改变。原来可能扩散到滩地、河汊和死水区的洪水、泥沙和营养物质被限制在堤防以内的河道内。其结果是植被面积明显减少，鱼类无法进入滩地产卵和觅食，也失去了躲避风险的避难所，使鱼类、无脊椎动物等大幅度减少，导致滩区和洪泛区的生态功能退化。

（3）水库运行期引起的生态胁迫　自然河流的水文周期有明显的丰枯变化，河流生物随之呈现脉冲式的周期变化。大坝运行期间，水库的调度服从于发电、供水和防洪等需求，使年内径流调节趋于均一化，这些都会对河流走廊产生压力。另外，如果从水库中超量引水用于供水、灌溉等目的，使大坝下游水量锐减，引起河流干涸与断流，也会导致生态系统的退化。在大坝下游，因为水流挟沙能力的增强，加剧了水流对河岸的冲刷，可能引起河势的变化。由于水库泥沙淤积及营养物质被截流，大坝下游河流走廊的营养物质输移扩散规律也会发生改变。这些因素都会使生物栖息地特征发生改变。

第二节 水利工程景观的生态化理念

一、生态水利的概念与内涵

1. 生态水利

所谓生态水利（ecological hydraulic engineering）是人类文明发展到"生态文明"时代的水资源利用的一种途径和方式。它以尊重和维护生态环境为主旨开发水利、发展经济，为人类社会可持续发展服务。生态水利涵盖了水利事业和水利产业目标，又突出了环境目标，与可持续发展的三维目标即经济、社会、环境是一致的。生态水利是一切顺应自然规律并旨在保护、改善和修复水生态环境、确保水生态和水资源安全的水利建设和水事活动的总称。其核心是研究水资源污染防治、水资源优化配置和可持续利用，通过生态设计、生态环境建设、生态监控、生态保护来实现生态修复、生态安全与生态灾难的防治。

生态水利包含六方面的内容：①生态水利发展模式与途径和传统水利发展途径对水的传统利用方式有本质性的区别；②生态水利的开发利用是在人口、资源、环境和经济协调发展的战略下进行的；③生态水利目标明确，要满足世世代代人类用水需求，体现人类共享环境、资源和经济、社会效益的公平原则；④生态水利的实施遵循生态经济学和景观美学的原理，应用生态美学理念、系统协同方法和现代高新技术，实现水利的公平和高效发展；⑤生态水利要求用生态学的基本观点来科学指导水利规划、设计、建设和管理；⑥节约用水是生态水利的长久之策，也是缓解我国缺水的当务之急。

2. 生态水利的基本原则

（1）工程安全性和经济性原则　生态水利工程是一种综合性工程，在河流综合治理中既要满足人的需求，包括防洪、灌溉、供水、发电、航运以及旅游等需求，也要兼顾生态系统健康和可持续性的需求。生态水利工程既要符合水利工程学原理，也要符合生态学和美学原理。生态水利工程的工程设施必须符合水文学和工程力学的规律，以确保工程设施的安全、稳定和耐久性。工程设施必须在设计标准规定的范围内，能够承受洪水、侵蚀、风暴、冰冻、干旱等自然力荷载。按照河流地貌学原理进行河流纵、横断面设计时，必须充分考虑河流泥沙输移、淤积及河流侵蚀、冲刷等河流特征，动态地研究河势变化规律，保证河流修复工程的耐久性。对于生态水利工程的经济合理性分析，应遵循因地制宜、安全第一、风险最小和效益最大的原则，事先切实搞好调查研究，事中经过专家评估论证，事后需坚持长期定点监测和评估。由于对生态演替的过程和结果事先难以把握，生态水利工程往往会带有一定程度的风险。这就需要在规划设计中进行方案比选，选取最优方案。另外，充分利用河流生态系统自我恢复规律，是力争以最小的投入获得最大产出的合理技术路线。

（2）提高河流形态的空间异质性原则　有关生物群落研究的大量资料表明，生物群落多样性与非生物环境的空间异质性存在正相关关系。这里所说的"生物群落"是指在特定的空间和特定的生境下，由一定生物种类组成，与环境之间相互影响、相互作用，具有一定结构和特定功能的生物集合体。一般所说的"生物群落多样性"指生物群落的结构与功能的多样性。实际上，生物群落多样性问题是在物种水平上的生物多样性。非生物环境的空间异质性与生物群落多样性的关系反映了非生命系统与生命系统之间的依存和耦合关系。一个地区的生境空间异质性越高，就意味着创造了多样的小生境，能够允许更多的物种共存。反之，如果非生物环境变得单调，生物群落多样性必然会下降，生物群落的性质、密度和比例等都会发生变化，造成生态系统某种程度的退化。

河流生态系统生境的主要特点是：水—陆两相和水—气两相的联系紧密性；上中下游的生境异质性；河流纵向的蜿蜒性；河流横断面形状的多样性；河床材料的透水性等。水—陆两相和水—气两相的紧密关系，形成了较为开放的生境条件；上中下游的生境异质性，造就了丰富的流域生境多样化条件；河流纵向的蜿蜒性形成了急流与缓流；河流的横断面形状多样性，表现为深潭与浅滩交错；河床材料的透水性为生物提供了栖息场所。由于河流形态异质性形成了在流速、流量、水深、水温、水质、水文脉冲变化、河床材料构成等多种生态因子的异质性，造就了丰富的生境多样性，形成了丰富的河流生物群落多样性。所以说，提高河流形态空间异质性是提高生物群落多样性的重要前提之一。

由于人类活动，特别是大规模治河工程的建设，造成自然河流的渠道化及河流非连续化，使河流生境在不同程度上单一化，引起河流生态系统的不同程度的退化。生态水利工程的目标是恢复或提高生物群落的多样性，但是它并不意味着主要靠人工直接种植岸边植被或者引进鱼类、鸟类和其他生物物种，生态水利工程的重点应该是尽可能提高河流形态的异质性，使其符合自然河流的地貌学原理，为生物群落多样性的恢复创造条件。在确定河流生态修复目标以后，就应该对于河流地貌历史和现状进行勘查和评估。包括河流与相关湿地、湖泊的形状与构成、水下地形勘测、水位变化幅度、河流平面弯曲度、河流横断面形状及河床材料、急流与深潭比例、河床的稳定性及淤积及侵蚀状况等，建立河流地貌数据库。河流生物调查，包括植物、鱼类、鸟类、两栖动物和无脊椎动物等的物种分布地图以及规模和存量，建立生物资源数据库。遥感技术（RS）和地理信息系统（GPS）是水文、河流地貌和生物调查的有力工具。

（3）生态系统自设计、自我恢复原则　生态学用自组织功能来解释物种分布的丰富性现象，也用来说明食物网随时间的发展过程。生态系统的自组织功能表现为生态系统的可持续性。自组织的机理是物种的自然选择，也就是说某些与生态系统友好的物种，能够经受自然选择的考验，寻找到相应的能源和合适的环境条件。在这种情况下，生境就可以支持一个能具有足够数量并能进行繁殖的种群。自组织功能原理与达尔文的进化论有相似之处，只是研究的尺度不同而已。达尔文的进化论研究是在地球生物圈，即在所有种群的尺度上进行的，而自组织功能是在生态系统中种群之间发生的。将自组织原理应用于生态水利工程时，其强调生态工程设计是一种"指导性"的设计，或者说是辅助性设计，其依靠生态系统自设计、自组织功能，可以由自然界选择合适的物种，形成合理的结构，从而完成设计和实现设计。成功的生态工程经验表明，人工与自然力的贡献各占一半。

自设计理论的适用性取决于具体条件。包括水量、水质、土壤、地貌、水文特征等生态因子，也取决于生物的种类、密度、生物生产力、群落稳定性等多种因素。在利用自设计理论时，需要注意充分利用乡土种质资源，引进外来物种时要特别慎重，以防止有害生物入侵。同时，要区分两类被干扰的河流生态系统：一类是未超过本身生态承载力的生态系统，是可逆的，当去除外界干扰以后，有可能靠自然演替实现自我恢复；另一类是被严重干扰的生态系统，它是不可逆的，在去除干扰后，还需要辅助以人工措施创造生境条件，再靠发挥自然修复功能，有可能经过较长一段时间使生态系统逐步实现某种程度的修复。这就意味着，运用生态系统自设计、自我恢复原则，并不排除工程师和科学家采用工程措施、生物措施和管理措施的主观能动性。

（4）景观尺度及整体性原则　河流生态修复规划和管理应该在大景观尺度、长期的和保持可持续性的基础上进行，而不是在小尺度、短时期和零星局部的范围内进行的。在大景观尺度上开展的河流生态修复效率要高，小范围的生态修复不但效率低，而且成功率也低。所谓"整体性"是指从生态系统的结构和功能出发，掌握生态系统各个要素间的交互作用，提出修复河流生态系统的整体、综合的系统方法，而不是仅考虑河道水文系统的修复问题，也不仅仅是恢复单一物种或修复河岸植被。

之所以在景观的大尺度上进行河流修复规划，有以下几个原因。

① 水域生态系统是一个大系统，其子系统包括生物系统、广义水文系统和人造工程设施系统。一条河流的广义水文系统包括从发源地直到河口的上中下游地带的地表水与地下水系统，流域中由河流串联起来的湖泊、湿地、水塘、沼泽和洪泛区。广义水文系统又与生物系统交织在一起，形成自然河流生态系统。而人类活动和工程设施作为生境的组成部分，形成对于水域生态系统的正负影响。当水域生态系统受到胁迫时，需要对于各种胁迫因素之间的相互关系进行综合、整体研究。如果仅仅考虑河道本身的生态修复问题，显然是把复杂系统简单割裂开了。

② 必须重视水域生境的易变性、流动性和随机性的特点。表现为流量、水位和水量的水文周期变化和随机变化，也表现为河流淤积与侵蚀的交替变化造成河势的摆动。这些变化决定了生物种群的基本生存条件。水域生态系统是随着降雨、水文变化及潮流等条件在时间与空间中扩展或收缩的动态系统。生态系统的变化范围从生境受到限制时期的高度临界状态到生境扩张时期的冗余状态。

③ 要考虑生境边界的动态护展问题。由于动物迁徙和植物的随机扩散，生境边界也随之发生动态变动。Gosselink 在研究水域生态系统物种管理的尺度问题时认为，对于给定需要修复的物种，考虑的范围应是这个物种的分布区。为便于理解，可以借用"流域"这个概念，如一个地区野鸭的种群也有一个"鸭域"。所谓"鸭域"的范围应该包括物种个体在恶劣的条件下迁徙到的任何地方以及支持此物种的生态系统。这个范围的边界，应划定在某特定物种经常利用的一个很大的空间内。如果进一步扩展，还应该包括所谓"临时生境"，指在自然界对于物种产生胁迫的时期，成为该物种的避难所的地区。如果这个地区有若干种标志性动物，那么物种管理的范围边界将是这些物种"域"的包络图。另外，还要考虑流域之间的协调问题。考虑到河流生态系统是一个开放的系统，与周围生态系统随时进行能量交换、信息传递和物质循环，一条河流的生态修复活动不可能是孤立的，还需要与相邻的流域的生态修复活动进行协调。

④ 河流生态修复的时间尺度也十分重要。河流系统的演进是一个动态过程。每一条河流生态系统都有它自己的历史，需要对历史资料进行收集、整理、分析，

以掌握长时间尺度的河流变化过程与生态现状的关系。有研究指出,湿地重建或修复需要 15～20 年的时间。因此对于河流生态修复项目要有长期的思想准备,不能急于求成。同时必须坚持进行长期的监测和维护管理。需要说明的是,对于规划、评估、监测这些不同的任务,工作对象的空间尺度可能是不同的。监测工作应该在尽可能大的尺度内进行。例如,修复一块湿地以吸引鸟类,经过一年或者更长的时间均告失败,这就需要考虑是否在更大尺度内有质量更好的生境吸引了候鸟而改变了它们的迁徙路线。监测工作可能在大陆的范围内开展,而评估工作可能在跨流域的尺度上进行,规划工作的尺度可能是流域或河流廊道(所谓"河流廊道"泛指河流及其两岸与生物栖息地相关的土地,也有定义其范围为河流与对应某一洪水频率的洪泛区),至于河流修复工程项目的实施,一般在关键的重点河段内进行。

(5)反馈调整式设计原则　生态系统的建立与成长有一个漫长的过程,同样河流修复工程也需要较长时间。从长时间尺度看,自然生态系统的进化需要数百万年时间。进化的趋势是结构复杂化、生物群落多样化、系统有序化及内部稳定性都有所增加和提高,同时对外界干扰的抵抗力有所增强。从较短的时间尺度看,生态系统的演替,即一种类型的生态系统被另一种生态系统所代替也需要若干年的时间,期望河流修复能够短期奏效往往是不现实的。

生态水利工程设计主要是模仿成熟的河流生态系统的结构,力求最终形成一个健康、可持续的河流生态系统。在河流工程项目执行以后,就开始了一个自然生态演替的动态过程。这个过程并不一定按照设计预期的目标发展,可能出现多种可能性,最顶层的理想状态应是没有外界胁迫的自然生态演进状态。在河流生态修复工程中,恢复到未受人类干扰的河流原始状态往往是不可能的,可以理解这种原始状态是自然生态演替的极限状态上限。如果没有生态修复工程,在人类活动的胁迫下生态系统会进一步恶化,这种状态则是极限状态的下限。在这两种极限状态之间,生态修复存在着多种可能性。

针对具体一项生态修复工程实施以后,一种理想的可能是,监测到的各生态变量是现有科学水平可能达到的最优值,表示生态演进的趋势是理想的。另一种较差的情况是,监测到的各生态变量是人们可接受的最低值。在这两种极端状态之间,形成了一个包络图,一项生态修复工程实施后的实际状态都落在这个包络图中间。意识到生态系统和社会系统都不是静止的,在时间与空间上常具有不确定性。除了自然系统的演替以外,人类系统的变化及干扰也导致了生态系统的调整。这种不确定性使生态水利工程设计不同于传统工程的确定性设计方法,而是一种反馈调整式的设计方法，是按照"设计—执行（包括管理）—监测—评估—调整"这样一种流程以反复循环的方式进行的。在这个流程中，监测工作是基础。监测工作包括生物监测和水文观测。这就需要在项目初期建立完善的监测系统，进行长期观测，依靠完整的历史资料和监测数据，进行阶段性的评估。评估的内容是河流生态系统的结构与功能的状况及发展趋势。常用的方法是参照比较方法，一种是与自身河流系统的历史及项目初期状况比较，一种是与自然条件类似但未进行生态修复的河流比较。

评估的结果不外乎有几种可能：生态系统大体按照预定目标演进，不需要设计变更；需要局部调整设计，适应新的状况；原来制定的目标需要重大调整，相应进行设计。

3. 景观生态学与水利工程的融合

景观生态学是以整个景观为对象，运用生态系统原理和系统方法研究景观结构和功能、景观动态变化以及相互作用机制，研究景观的美化格局、优化结构、合理利用和保护的一门新兴的综合交叉学科。景观生态学跨学科以及多学科的特征特别适用于集成生态的、地理的、经济的以及人文因素的各个方面，从而能够对复杂的情况给予一定的描述。水环境作为一种重要的生态要素，其生态过程受到了人类经济驱动以及社会兴趣的影响，而生态学的研究很难区分自然的和人为的影响。从这个角度来看，景观生态学却能为水利工程提供了一种多尺度、多学科的综合研究场所，可以解决水利工程景观复杂的科学和社会问题，从而为水利工程综合建设和管理提供科学支持。

另外，景观生态学的一个主要目标是认识空间格局与生态过程之间的关系，强调景观的时空变化。水利工程包括的河流廊道、大坝、水库等的多功能服务体，其本身功能的正常发挥不仅与其宽度、连接度、弯曲度以及网络性等结构特征有着密切的关系，而且例如河流廊道的起源、河流受干扰的强度和范围、河流功能的变化等都会对城市景观的生态过程带来不同的影响。特别地，由于结构和功能、格局与过程之间的联系与反馈正是景观生态学的基本命题，因此，景观生态学的原理非常适用于定量描述和研究评价水利工程景观。总之，该学科以生态的理念指导景观设计，对于水利工程来说是一种可持续设计，既兼具生态效益，又能被人类所接受，产生长远而优质的景观效益，因此，两者的融合为我国现阶段生态水利的发展提供了较好的理论支撑，是解决景观价值与生态价值、景观效益和生态效益之间矛盾的重要方法。

在将景观生态学应用于水利工程的过程中要充分把握好景观生态设计。所谓景观生态设计，是以现代景观生态学为理论基础和依据，通过一系列景观生态设计手法营建的具备生态功能、美学功能和游憩功能的良好的景观格局，在满足人们休闲游憩活动的同时，实现人与自然的和谐相处以及人类社会的可持续发展，从而提高人居环境质量的景观设计形式。景观生态设计强调的是人与整个自然界的相互依存和相互作用关系，从而维护人类与地球生态系统的和谐关系，其最直接的目的是自然资源的永续利用以及自然与人居环境的可持续发展，最根本的目的是人类社会的可持续发展。生态景观的设计则基于对景观的综合理解，提倡采用多样及与景观相呼应的设计方法。生态景观设计以 3 个基本目标为指导：即维持整体景观的统一性，提高景观的可持续性以及突出地域的自然与文化特点。景观生态设计强调空间异质性的维持与发展，生态系统之间的相互作用，以及人类对景观及其组分等方面的影响，其设计的基本原理可概括为以下三点。

（1）自然优先原理　保护自然资源、维护自然过程是利用和改造自然的前提。

（2）整体设计原理　对整体人类和生态系统进行全面、多目标的设计，为人类的需要，也为动植物需要，为高产值、高效益，也为美而设计。

（3）设计适应原理　自然景观有其自身和谐、稳定的结构和功能，应减少景观元素带来的负面影响。

目前，国内已有部分设计单位和研究院将景观生态学运用在水利工程中，如生态影响评价、构建城市人工湿地滞洪，指导新建水利项目的规划和开发，以及对渠化河道的恢复等方面，但多数水利工程在景观生态设计方面却还不成熟，这也说明水利工程与景观生态设计两者间还需要进行一段时间的磨合。

二、水利工程景观生态化的必要性

1. 偏离的景观价值

景观价值是景观所给予个人的美学意义上的心理满足，而美学理论主要可分为生物流派和文化流派。

生物流派主张以进化论的思想为依据，从人的生存需要和功能需要出发对景观进行评价，反映人类不仅满足于眼前景观的安全和舒适，还要利用各种景观信息去预测、探索未来的生活空间。受生物流派理论影响而产生的一个较为典型的景观形式是疏林草地（图 7-4）。由于该景观形式视野开阔，能给人较强的安全感，同时还可以从中欣赏到树木的个体美，但其不仅产生较高的维护管理成本，而且生态效益较低，遮阳、降温效果差，缓解城市"热岛效应"及气温变暖的作用微弱，虽然草地可以通过光合作用吸收 CO_2，但其保养维护过程会释放出远超过其吸收数量的 CO_2。

图 7-4　疏林草地

文化流派将景观作为人类文化不可分割的一部分，用历史的观点，以人及其活动为主体来分析景观的价值，如修建拦河闸坝工程创造大面积的景观水面反映的正是人类以自身为中心对环境的一种控制欲。然而，修建拦河闸坝会对生态环境有较多的负面影响，主要表现在枯水期由于拦河闸坝蓄水，造成下游河道生态用水减少，水质容易富营养化而使河道的纳污能力降低，并造成上游河道淤积、下游河道下切，破坏原有的生态平衡，并造成水土流失。不仅如此，部分拦河坝未设鱼道，致使鱼类、两栖类水生物繁殖受阻，也是对生态环境的一种破坏。由此可知，人类的景观设计是一种对自然景观的对抗活动，使之能直接为人类自身实际需要服务，并接受人意识的控制，此为水利景观偏离生态化的主要原因之一。

2. 有限的生态认知

人类的生态认知能力不高，是水利景观偏离生态化发展的另一个主要原因。

对于工程的投资者来说，生态水利工程是一项综合性工程，除了满足功能要求外，还需要满足生态系统的需求，这必然会增加建设阶段的工程投资，而工程的投资者在注重工程经济效益和社会效益的同时，忽视了工程的生态效益。这是由于生态效益具有正外部性和长期性，而工程的投资者却并不是直接的受益者，对自身的经济利益的关注度往往高于对工程生态效益的关注度。

对于工程的设计者来说，由于传统意义上的水利工程景观以建设水工建筑物为手段，目的是改造和控制河流，以满足人们防洪和水资源利用等多种需求，却在不同程度上忽视了河流生态系统本身的需求，而使河流生态系统功能退化，给人们的长远利益带来损害。这主要是因为水利工程学的学科基础是工程力学和水文学，水利工程规划设计的主要对象是水文系统，水利景观也只是从景观设计的角度出发，满足人类的视觉需求，而忽视了生态学的交叉融合，以致水利工程在满足人类社会需求的同时，未能兼顾生态系统的可持续发展。

对于工程的影响者来说，由于缺乏生态学的相关知识及社会文化的影响，民众往往持着错误的生态理念盲目地追求所谓的生态工程，而对生态效益较高的设计却不以为然，这主要是由于人类的文化并不是生态系统的文化，甚至很多时候是有悖于生态规律的，致使建设单位和设计单位为了迎合大众的审美和喜好，以景观为手段，满足民众的生态需求。最为典型的水利景观建设项目，就是人类出于美化或治理的目的，不顾生态系统的整体性和生境的异质性，把河道作为对象进行的人工化整治，河流的渠道化和非连续化使堤岸的自然形态被破坏，生态系统的循环和流动被阻隔，物种的多样性丧失，生态效应难以发挥，即使通过景观植物对河道进行装扮，也只能是成为披着"绿色外衣"的破坏性建设而已。

3. 生态效益与景观效益的矛盾

生态系统是由生物群落和无机环境构成的统一整体，生物群落与其附近的地理环境相互作用、相互交错，其主要功能是物质的循环和能量的流动，而不是以人类为中心的动态系统，更不会以人脑的认知方式运行和发展。以生态池为例，不仅能够收集雨水、净化水质，还能为动物提供栖息地，生态效益较高，但从景观设计的角度上看，由于对生态池的认识尚缺乏一致性，因此，既无法给予或满足人类的安全满足感和环境控制欲，更不符合现阶段相当部分民众的审美价值。在水利工程中，生态效益和景观效益也总是存在这样的矛盾。

目前，我国许多水利工程建设几乎都偏离了生态水利的发展方向，究其原因，除了技术问题外，更重要的是社会理念问题。社会理念问题的产生，一方面源于景观价值与生态价值、景观效益和生态效益的矛盾，另一方面在于工程建设相关者有限的生态认知能力。因此，为保证我国的生态水利能够快速健康发展，一方面需要采用新的设计理念指导工程建设，另一方面则是通过相应的措施和方法提高生态工程的景观性和国民的生态认知能力。

三、水利工程景观的生态化方法

1. 理论基础

斑块—廊道—基质模式是景观生态学用来描述景观空间格局的一个基本模式。构成景观整体的具有相对均质的各空间单元，按照其在景观的地位和形状，可区分为斑块、廊道、基质三种类型。

（1）斑块　在外貌或性质上与周围地区有所不同，并具有一定内部均质性的一块非线性空间单元。

（2）廊道　与本底有所区别的狭长地带。

（3）基质　范围广、连接度最高并且在景观功能上起着优势作用的景观要素类型。

景观生态设计是以多学科知识为基础，运用景观生态学原理和系统分析技术，为合理利用土地和保证人类、动植物及其赖以生存的资源都有适宜的空间而进行的设计。景观生态设计可将水利工程的景观在空间上分解为"基质""廊道"和"斑块"三个部分，将水利生态系统视为"基质"，将具有旅游景观价值的水域湿地、植被、山体视为"自然斑块"，而把水利旅游服务设施和人工景点等视为"人工斑块"，水利风景区的陆上道路和水路航线视为"廊道"，这种划分有助于对水利风景区进行保护性景观生态设计。景观生态设计主要对斑块与廊道进行设计，而基质则以维护自然现状为主。

2. 生态设计原则

水利工程景观生态设计应包括如下五个原则。

（1）景观异质性原则　将各种景观要素根据各水利风景区的地脉与文脉进行有机组合，根据景观异质性理论导入水利风景区旅游开发与环境保护的规划设计中，突出水域、森林、山体、人文各类斑块和水陆廊道等水利景观的异质性。

（2）景观共生性原则　采用生态学共生原理，使得人文景观与自然景观共生程度高，真正做到人文建筑的"斑块""廊道"和自然的"斑块""廊道""基质"相协调，促进景观生态系统的稳定。

（3）景观生态化原则　景观生态设计应尽可能保护性利用原有的湖泊、河流等自然要素，保留大型的自然斑块和廊道。依据地脉增加自然生态景观，建设充满水域自然风情的生态化风景空间，增加软质景观，以弥补硬质景观过多给游客带来不良的感觉。

（4）突出民生水利设计原则　将以人为本的科学发展观和生态文明建设理念运用于水利风景区的景观生态设计之中，强调设计理念与内容要以服务于当地居民和游客的民生水利为目标，以推动水利风景区旅游可持续发展。

（5）综合效益最大化设计原则　水利风景区景观生态设计必须优先保障水利设施的基本功能，保障河、湖、库、渠的水利功能正常发挥，要统筹兼顾各方利益相关者，以推动水利风景区的生态、社会、经济等综合效益的最大化发展。

3. 生态设计目标

水利风景区的景观生态设计需达到如下目标。

（1）优先设计保护自然景观，尤其是水域景观。

（2）突出水利与地域特色，使水利景观与自然环境和谐融洽，创造和谐健康的水利景观系统，使各类水利建筑和游憩设施与自然环境融为一体。

（3）控制水土流失，保护生态环境。

（4）提高水利景观美观度与水利景观旅游者的满意度。

（5）促进水利风景区综合效益最大化。

4. 生态设计方法

（1）人工斑块　水利工程项目区人工斑块的景观生态设计，主要应体现以下几点。

① 水利旅游的人工斑块与自然斑块景观共生设计。要求水利建筑设施除了满足水利的主要功能外，其本身也应成为水利风景，并与环境相契合。要把水利建筑作为景观要素来考虑，使之与周围的地形地貌相适应并融为一体，构成优美的水利景观。由于水利风景区往往依托水利设施及其周边自然环境而建设，不同的旅游服务设施应根据其功能及适当位置分散设置，同时，水利风景区内各项设施应在整个景观结构内与当地自然景色及自然地形融为一体。

② 积极融入当地民俗及风土环境等文化元素。注意从地方居民中汲取精华，从文化学及地方文脉的角度来探讨风景建筑的文化归属，从而找出其创作的着眼点，设计出得体于自然，巧构于环境的风景建筑。

③ 建筑物的规划与设计。要根据当地的水利文化，详细的做出水利建筑规划设计的思路，水利建筑规划设计要突出水利服务功能，所有的水利旅游建筑规划建设要以优先满足水利服务功能为前提。将水利旅游建筑作为水利风景区产品中的重要部分，打造成水利旅游的点睛之笔。建筑物的设计形式应有一定程度的统一和规

范，才能显得井井有条，但也应允许和鼓励一定程度的变异，这些变异应足以吸引人们的注意和兴趣，而又不会造成人们视觉景观的混乱。

（2）自然斑块　自然斑块对于水利工程项目区的景观设计具有十分重要的意义。它通常包括该区内主要的植被、水体、山体等。自然斑块的景观设计，主要应体现以下几点。

① 突出因地制宜的原则。植被景观设计提升要尽量以乡土植物为主，局部地区为营造景观，考虑外来物种时，应充分考虑其适宜性，避免出现严重的生态侵入现象，导致乡土植被斑块受到影响。

② 从实际出发，重在适当改造利用。要在尊重水利工程项目区的地脉基础上适当进行改造利用。相对而言，最核心的景观在于水体斑块，要营造良好的水体景观，须以地脉为基础，在适宜的局部地块适当地进行人工化设计与改造。

③ 从设计、建设到管理，要讲究慎重、质量、科学、到位。水利工程的景观生态设计要与水利工程建设和管理紧密结合，做到科学设计，慎重施工，强化管理，强调质量，力求在充分保证水利设施正常运行的基础上，利用其资金与技术对水利风景区进行景观生态设计。

（3）廊道　水利旅游廊道影响着水利旅游线路的合理安排、生物多样性的有效保护与水利设施的服务功能正常发挥，包括水利风景区外部的地点进入项目区的通道和区域内部的通道系统。从通过方式来说，可分为车行道、船行道和步行道，主要包括生态小道（步行）、骑马小道、自行车小道、汽车行道、航道等其他各种通道。除了简单高效的旅游交通运输外，廊道系统还具有多种实用功能：给旅游者留下第一印象，起着影响之后的旅游感知；是旅游活动较多地方，连接各个人工与自然斑块，具有观光、休闲体验等旅游功能。水利旅游廊道系统在景观设计时，应加强功能定位与建设，注重道路景观的美化及舒适性。依据地脉设计风景区的生态游径，在主要观景点适当加宽，以便在游径旁建成康体休憩区。

5. 生态建设措施

（1）水利建设注重自然景观、人文景观协调发展　水利建设对于当地的自然景观和人文景观会产生重要的改变，因此，在进行水利工程规划阶段，就要增加水利工程景观规划的指导和规定。在工程建设之初，就要综合考虑工程建设中及工程完成之后的整体景观。长期以来，我国的水利建设高度重视技术问题，各种技术如地基处理技术、筑坝技术等均被作为科技公关的研究课题，而与水利建设相关的景观、生态、移民、环境等却往往被忽视。诚然，技术对于水利建设是至关重要的，技术不过关，水利建设将无法进行，但景观、生态、移民、环境等是和人民生活品质和当地知名度息息相关的，而且具有长期效应，是不能被忽视的。

对于水利建设的景观性研究应从以下几个方面进行考虑。

① 坝体设计的景观性。水利大坝——大型构筑物修筑在高山峡谷区，坝体的形态、尺度应具有建筑美感，它的修建应充分体现技术与艺术的完美结合。大坝建成之后运行时，其和周围的景观可形成一道亮丽的风景，促进当地旅游业的顺利发展。

② 整体流域的景观性。自古江、河、湖、海在中国古典园林中就被作为自然水景的不同类型，由此可见，河流的景观性自古有之。水景有动态和静态之分，不同的水景观将带给人不同的美的感受。人们对于水景的欣赏有观其型，河流的形态，驳岸的造型，河水的流动；嗅其味，河水的自然气息；查其色，河水的清澈、浑浊、水中的生物，岸边景物的倒影等水利建设势必会使原来的河流产生改变，水利景观设计就是在水利工程施工中的坝型、坝体、河流形态、堤岸造型、岸边的植被等进行设计，使河流的变化尽可能最小。

③ 水景观的可参与性。"仁者乐山，智者乐水。"人对于自然有参与的热情，大自然能够激发人的各种情感，因此，在进行水利景观设计中应着重考虑人的可参与性，故亲水设计必不可少。

④ 人文景观的保护与延续。深山古刹、古民居等人文景观中蕴涵着人类文明的发展历程，是景观文化中所不可或缺的，水利建设中人文景观的保护和延续是相当重要的，必须予以重视。

(2) 注重原生态环境与生态恢复　生态水利工程注重对生态环境的保护和恢复，在工程设计之初，对整条流域进行详细勘察，确定流域的最低生态用水量。流域的最低用水包括：流域两岸植被生态用水；流域内维持水生植物、动物的生存而所需的用水；流域内对于污染物质稀释净化所需用水；流域内输沙排沙，维持冲淤动态平衡所需用水；水而蒸发及河底渗漏所需用水。最低生态用水量是在进行工程设计时，电站大坝最小下泄流量的依据。

同样，水利建设产生的低温水对流域生态也会产生一定的影响。水温分层现象十分普遍，但凡水深超过10m的水体都存在温度分层现象。电站取水口通常处于水温较低的水层以下，下泄低温水就产生了。低温水对于水生生物的生长发育将产生不利影响，尤其是鱼类的产卵、繁殖对水温有严格的要求。再有，低温水对于农业生产也存在影响，特别在温带和寒带地区，将会导致农作物减产。因此，电站分层取水对于解决低温水将是一个行之有效的方法。

注重流域的生态恢复还包括生物种群的异质性以及岛屿生态环境的形成。景观生态学中的"岛屿理论"把生态环境分为若干个生态岛屿，每一个岛屿都有一个相对自然化的环境，而且该自然环境中有比较明显的"边界"，有不受人为干扰的"体系"，有内部相对均一的"介质"，有外部差异显著的"领域"，这样的生态岛屿相互之间具有相互渗透的作用。我们可以把整条流域看作是由若干个生态岛屿组成，每个岛屿由水境、湿地、河流廊道（是指沿河流分布而不同基质的植被带，包括河道边缘、河漫滩、堤坝和部分高地）组成，针对不同地段建立不同的岛屿生境。

四、设计案例

水利风景区景观生态设计案例：白龙江腊子口国家水利风景区

1. 项目区概况

白龙江腊子口国家水利风景区（图 7-5）位于甘肃省迭部县境内，介于 $103°10'\sim$ $103°56'$E，$33°53'\sim34°12'$N 之间，包括白龙江（电尕镇至代古寺段）与腊子河两侧河谷地带，以及老龙沟、朱立沟和美路沟峡谷区域，东西长约 65km，南北宽约 23km，面积 595km² ；所在流域的水系属长江水系的二级支流。地处青藏高原东部边缘，整体地势呈现西部高、东部低，海拔 1600～4920m；属于暖温带和高山气候

图 7-5 甘肃迭部白龙江腊子口水利风景区

带共同作用形成的半湿润区，年均气温 6.7℃，年平均降水量 634.6mm；生态环境较为脆弱，2010 年该流域爆发了舟曲县特大泥石流。因此，随着水利建设与发展，如何科学协调水利风景区内旅游开发与自然景观和生态环境保护成为实现该区可持续发展亟需解决的问题。

2. 景观构成

（1）水利旅游景观　白龙江腊子口国家水利风景区内已建成水电站 14 座，在建水电站 8 处，拟建水电站 1 处，共 23 处。丰富多样的水利设施，成为水利风景区内独特的人文景观。与此同时，水利设施的建设对自然景观与生态环境有一定的负面影响，例如对自然植被、地质地貌造成一定的破坏。

（2）红色旅游景观　1935 年，红军长征在水利风景区留下了大量的历史文化胜迹，如"俄界会址""茨日那毛主席旧居"、杨土司粮仓遗址"崔古仓""腊子口战役"遗址等重要革命遗址。而风景区中的腊子口景区已列入全国一百个红色旅游经典景区，腊子口战役纪念馆陈列的主要红色文物有 368 件。

（3）森林旅游景观　风景区处于亚热带和寒温带植物区系的交界地带，主要植被类型为：森林、草地、农业种植，以自然针阔叶混交林、山地草场和亚高山草甸及灌丛草甸为主。风景区具有丰富的生物多样性，其中高等植物种类计有 144 科、481 属、1671 种；野生珍稀植物资源种类多，国家Ⅰ类保护野生植物有红豆杉、独叶草 2 种，国家Ⅱ类保护野生植物有岷江柏木、秦岭冷杉、麦吊云杉、紫果云杉、水曲柳、杜仲等 10 种。

（4）藏族文化景观　白龙江腊子口水利风景区蕴藏着悠久灿烂的藏族民族文化，有甘肃省唯一保留的萨迦派寺院白玉寺，建筑风格独具特色，建筑精雕细刻，雄宏庄严，经卷、佛像历史久远，文化价值极高，壁画、酥油花、木偶表演、泥塑、木刻等民俗文化主要集中于寺院。非物质文化有：民间音乐（民歌、山歌、劳动号子等）、舞蹈（尕巴舞、阿嘉舞等）、其他民俗文化。

3. 景观生态设计

（1）人工斑块　白龙江腊子口国家水利风景区内的人工斑块主要有：水利旅游设施、红色旅游建筑、藏族民俗文化建筑，其景观生态设计如下：

① 从当地藏族民俗文化、红色旅游文化中提取景观元素，依托岷山、迭山与白龙江等自然斑块设计水利旅游建筑等人工斑块，如藏族的六字真言和水嘛呢融入白龙江畔的水车等水利旅游项目设计。对于已建成的水利设施，在不影响水利服务功能的前提下，予以景观生态提升设计与建设。

② 水利旅游设施的设计与建设不但满足景观效果的需要，而且本着"以人为本"的设计建设宗旨，尊重当地历史、尊重游客、维系水利风景区的生态系统的前提下，促进"水文化·水生态·游客为本"和谐共处，为游客提供一个立足于保护水生态环境、集旅游六大要素为一体的水利风景区。

③ 白龙江旺藏乡段的部分村落房子太破有损感观，可以考虑两种方案：一是可考虑根据当地藏族建筑风格，重新改造，这种方案适宜于开展农家乐或渔家乐；二是可考虑用分枝较低、树形高大的树种来遮挡视线、美化景观与保护生态。

④ 红色旅游建筑突出长征精神，依托白龙江和腊子口险峻的地形，营造红色历史文化景观；沿岸藏族寺院予以环境综合整治，完善其旅游服务功能。

（2）自然斑块　白龙江腊子口国家水利风景区内的自然斑块主要有自然植被、白龙江水体、岷山与迭山山体。当前风景区内面临着重大的生态保护任务，因此自然斑块的景观生态设计尤为重要。针对当前水利风景区内水土流失、生态恶化的自然斑块，这部分主要分布在电尕镇至代古寺段。解决水土流失与生态环境恶化问题将面临三大难题：第一，"退耕还林""退牧还草"工程的实施需要解决好当地居民的替代性生计；第二，长期严重的水土流失已使不少土地发生逆向演替，土地生产潜力严重下降，如何科学开展植树造林；第三，作为水利风景区的自然斑块，应考虑其景观的观赏价值。提出下述生态设计思路。

① 从技术、政策与资金三方面鼓励和支持退耕（牧）后的居民参与水利旅游开发，发展休闲农业，转变其生产生活方式，发挥水利旅游的扶贫和生态保护功能。

② 植树造林要因地制宜，选择适合当地气候条件的乡土植被类型，土地生产潜力特差的地区，须遵循生态学原理，精心设计建设与管理，从种草种灌木开始。结合地形地貌，营造符合当地气候条件的自然林相景观。例如在岷山与迭山的山腰与山顶处，宜种植高寒带绿草叶灌丛，而山底、山谷、江畔则适宜种植寒温性针叶林，温性针叶林和落叶阔叶林等植被类型。

③ 根据水利风景区景观的观赏性需求，按照景观异质性原理，根据各地块植被生长条件，构建针叶与阔叶、乔灌草相结合的自然斑块，提升自然斑块景观的观赏性与异质性，满足水利旅游功能的需求。此外，对于水体与山体的景观生态设计，应尽量保持原始的地脉格局，尽量展现自然生态之美，自然美化和修复人工建设所留下的痕迹。

（3）廊道　根据白龙江腊子口国家水利风景区景观呈现带状结构的特点，旅游线路主要为沿江旅游，以沿江公路为主廊道，在个别地段设置水面旅游廊道和生态游步道。为提升旅游景观廊道的观赏性和保护环境的生态功能，可在廊道两侧进行下述生态设计。

① 沿江公路行道树的设计，水利风景区的中间地带为白龙江，两侧分别为岷山和迭山，故行道树的选择靠江一侧宜用不遮挡视线的矮乡土树种，而另外一侧则适宜种植冠幅较大的树种，如岷江柏木、秦岭冷杉、麦吊云杉等。

② 在廊道两侧的果园与农牧地内，可以选种适合当地气候条件的乡土苹果、桃、杏、小麦，进行景观生态设计，形成一定规模，营造良好的果木、农牧生物景观效果，科学管理经济果林与农牧地。春来赏花、夏秋采摘，获得生态、经济、社会效益，实现水利廊道的旅游观赏—经济增收—生态平衡三方面协调发展。

③ 水上旅游廊道、生态游步道的景观生态设计主要在于三个方面：旅游服务节点、水面旅游廊道与生态游步道的生态化建设。旅游服务节点主要为水面廊道的码头、峡谷探险廊道的入口服务处，水面旅游廊道主要为漂流、游船等水上活动的航线，生态游步道主要包括峡谷探险廊道、生态游步道。这三类廊道的建设首先要选择景观效果好的地段；其次，以生态保护优先，尽量依托自然地形，建设内容要尽量与周边环境保持协调；最后，尽量采用生态环保型材料，如木栈道和环保垃圾箱等，减少环境污染。

第三节　城市河流景观生态化

一、城市河流景观的概况

城市河流是指发源于城区或流经城市区域的河流或河流段，也包括一些历史上虽属人工开挖，但经多年演化已具有自然河流特点的运河、渠系。从景观生态学的角度来看，城市河流景观是城市景观中重要的一种自然地理要素，更是重要的生态廊道之一。河流廊道作为一个整体不仅发挥着重要的生态功能，如栖息地、通道、过滤、屏障、源和汇的作用等，而且为城市提供重要的水源保证和物资运输通道，增加城市景观的多样性，丰富城市居民生活，为城市的稳定性、舒适性、可持续性提供了一定的基础。但是，由于受到城市化过程中剧烈的人类活动干扰，城市河流成为人类活动与自然过程共同作用最为强烈的地带之一。人类利用堤防、护岸、沿河的建筑、桥梁等人工景观建筑物强烈改变了城市河流的自然景观，产生了许多影响，如岸边生态环境的破坏以及栖息地的消失、裁弯取直后河流长度的减少以至河岸侵蚀的加剧和泥沙的严重淤积、水质污染带来的河流生态功能的严重退化、渠道化造成的河流自然性和多样性的减少以及适宜性和美学价值的降低等。

近年来，城市河流景观的生态设计一直是社会舆论与建设发展的理论热点，同时也是城市环境建设、水利建设中最有综合性、最庞杂，极具有挑战性的学科。城市河道及其滨水区在环境生态系统和社会功能系统中有包含水利、交通运输、城市形象、生态等各个方面的职能，因此，城市河流工程就涉及水路交通、河道治理、水资源蓄存与城市供排水、调洪排涝、植被及动物栖息地保护、水力发电、城市格局与政区安全等，建筑和城市设计也可以包含在这个方面的内容中。由此来看，现代城市河流的综合开发要与生态学、园林景观学等众多学科相互融合进而产生符合社会发展规律的科学的规划与设计，从而改进和完善水利工程，并将城市河流贯穿到整个城市形态的发展之中。

二、河流生态景观对城市的重要意义

1. 环境质量的提升

从环境角度来看，河流及其沿岸生态群落是城市重要的环境组成部分，更是城市环境有机良性循环的动力源泉。首先，河流生态景观是城市空气环境改善的源泉和动力。河流水域是动态的，它带动了城郊新鲜的气流向城市中心的流动循环。河流沿岸形成的自然生态环境，适宜植物的生长，植物群落产生大量的氧气，提高了空气质量。其次，河流生态景观在城市密集的建筑群落和道路网络间形成一片集中的空间带，极好地消解了城市中各种音源形成的噪声，使城市噪声污染得以改善。再次，河流生态景观影响着城市人居的环境质量。河流水域形成的生态群落成为包括人类、昆虫、植物、鸟类、鱼类共同和谐相处的多元环境形态，对于城市过于单一的生存结构是一种重要的丰富。

2. 城市空间格局的引导

城市的发展轨迹在沿着河流和其他地形条件展开的同时，河流生态景观的形式也是城市规划和建设的重要影响因素。河流生态景观对城市空间格局的影响主要表现在城市道路系统、规划格局两个方面。

城市河流生态景观对于城市道路系统的影响就主要表现在对外交通的道路组织

和城内道路系统的组织形式两个方面。在对外交通方面，河流是城市道路必须跨越的空间形态，河流生态景观的格局和形式直接影响着城市对外交通道路跨越河流时的选点和位置。从交通的角度来看，这样的对外干道一般既要满足在地质条件较好的位置，地质条件能够符合架设桥梁、钻建隧道等条件；又要能最便捷的联系市内交通干道和地域交通系统。而河流生态景观对于城市内部交通系统的影响主要是：河流本作为城市地貌，即城市的组成部分，存在交通道路的组织问题；河流走向影响城市格局和主要建筑的走向骨架，从而对整个城市道路网络的形式产生影响。

河流生态景观影响城市规划格局（功能分区）是一种宏观的影响作用。河流形成的地貌是城市发展的基础。由于河流生态景观的存在，城市的居住、服务、商业的分区规划会以河流为轴线坐标，按照其他规划要素依次散发规划。从传统规划理论上来讲，河流的上游适宜于规划为居住区、商业区、下游适宜于规划工业区。河流通过城市中心，城市格局会形成区块团组和多分中心；河流通过城市外围，则会形成一心式城市或者条块式城市。现代城市对于居住条件和环境质量的要求越来越高，城市河流区域成为城市商业、居住、服务业首选的环境位置。新型的城市格局把城市河流变成了城市核心地带，空间格局形成了以河流或其他水域为依托的辐射式格局。

3. 城市人群行为方式的影响

河流生态景观作为城市环境景观形式和城市人群的关系是非常密切的。一个形态良好、生态和谐的河流生态景观对城市人群的作用力是非常明显的。

首先是人的生活方式受到河流生态景观明显的影响。生活中人们会更亲近于植物、动物等自然因素，良好的环境会产生更多的到室外散步、聚会等愿望，使人们的生活热情更加高涨，人们的生活方式会保持在一种积极向上的情态中。全方位来看，城市河流生态景观是假日休闲和工作之余休闲的主要目的地，河流生态景观既满足人们对环境的要求，又满足人们的审美需求和亲水需求，从而激发人们的休闲愿望。在一定程度上讲，河流生态景观的质量决定着一个城市假日休闲生活的质量。再者，河流生态景观影响城市人群的审美情趣和审美质量。河流生态景观是人们感受自然和艺术的最佳场所之一。人们通过休闲体验，从视觉到听觉、触觉和嗅觉系统感受自然生态文化的魅力。而且，人们感受到的不仅是生态文明给人的和谐自然的舒适和惬意，更是环境艺术带来的审美愉快和激发的生活激情。城市河流生态景观是集合自然景观和人文景观最有机的载体。同时景观区本身又是城市历史、文化、艺术很好的推动和承载体。人们通过设计师的设计，在景观区域感受城市文明和历史文化，接受艺术熏陶，陶冶情操，提高精神生活质量。

4. 城市人群心理健康的促进

河流生态景观对城市人群心理健康的作用首先是对人精神压力的消解。城市生活节奏紧张，居住和工作环境空间相对较小，人们的精神长期处于紧张和压抑的状态之下，而河流生态景观对人们的精神压力有良好的消解作用。开阔的水域能舒缓紧张情绪；静谧的林带能梳理繁杂的思绪；造型优美的小品能带动人们对美好生活的向往；鸟语花香让人们体会到自然的美好和谐。河流生态景观对城市人群的心理健康影响还表现在景观提供的公共空间促进了人们的交流，消除了人们的心理隔阂，使人与人之间的相处更为和谐和融洽。在河流生态景观区行动的人群，生态化设计更贴近人的自然需求，人们相互互动交流的愿望受到激发，促进了人们健康的心理要求。我们在不同城市的河流景观区域看到的诸如喜欢养鸟的老人在河边一起讨论；垂钓爱好者相互切磋技巧；男女恋人安详地诉说；晨读的学生向旁边健身的长者讨教等现象，正是这一环境对人心理健康促进的例证。

三、城市河流景观的生态设计

1. 城市河流景观的生态效果分析

现代景观环境规划设计将视觉景观形象、环境生态绿化、大众行为心理作为规划设计三元素。景观视觉形象是指一个景观空间所给人的印象，主要是从人类视觉形象感受要求出发，根据美学规律，利用空间虚实景物，研究如何创造赏心悦目的环境形象；环境生态绿化是随着现代环境意识运动的发展而注入景观规划设计的现代内容，主要是从人类的生理感受要求出发，根据自然界生物学原理，利用阳光、气候、动物、植物、土壤、水体等自然和人工材料，研究如何保护或创造令人舒适的良好的物质环境；大众行为心理是从人类的心理精神感受需求出发，根据人类在环境中的行为心理乃至精神生活的规律，利用心理、文化的引导，研究如何创造使人赏心悦目、积极上进的精神环境。

景观视觉形象、环境生态绿化、大众行为心理三方面对于人们对环境感受所起的作用是相辅相成、密不可分的。一个优秀的景观环境给人们带来的感受，必定包含着这三方面的共同作用。基于上述景观的三个方面，同时考虑河流的多种功能，对城市河流景观生态设计（图7-6）可从以下6个方面进行分析：安全性、自然性、生态性、观赏性、亲水性和文化性。

（1）安全性　安全性是指河流景观要满足城市防洪的要求。河流的一个重要功能是防洪，为此，人们采用了诸如加固堤岸、衬砌河道等工程措施来保证安全。出于生态、美学等方面的考虑，人们对传统工程措施进行了许多改造，如采用生态河堤。河流景观应符合工程等的要求，保证行洪的安全。河流景观设计的任务就在于满足包括防洪功能在内的河流功能后，还能使设施及环境构成一个良好的风景区。

（2）自然性　自然性是指河流景观要体现河流的自然形态，保护河流的自然要素。天然河流蜿蜒曲折，深潭和浅滩相间。河流景观设计可运用曲流、浅滩、深潭、河漫滩等手段，使城市河流重归"近自然"状态。

（3）生态性　生态性是指河流景观应满足生物的生存需要，适宜生物生息、繁衍。城市河流景观要有生气就必须建立在生态基础之上。在天然环境中，靠河流维持生命的生物的种类和个体数量都是非常惊人的，动物和微生物无不藉水泽和树林等生长和繁殖。

（4）观赏性　河流具有较好的景观，符合人们的审美要求，从而具备可供观赏的性能。对于城市河流，美学考虑尤其重要。从河流的视觉景观形象出发，任何河流景观都应考虑其视觉景观上的审美要求，在河流空间中形成一定观赏价值的景观物。同时，整个河流景观空间的构成也要满足人的整体视觉观赏需要，从而形成一个赏心悦目的景观环境。

（5）亲水性　受现代人文主义的极大影响，现代滨水景观设计更多地考虑了"人与生俱来的亲水特性"。水的魅力主要通过视觉、听觉、触觉而为人所感受，因此，应提供更多位置能直接欣赏水景接近水面，满足人们在水边散步、游戏等的要求。

（6）文化性　城市河流不仅是一种自然景观，更蕴涵着丰富的文化内涵，它是自然要素，也是一种文化遗产。城市河流景观建设应大力提升城市河流的文化价值，促进水文化的继承和发展。若轻视文化的创造，万物则仅成为躯壳。

2. 城市河流景观的生态设计内容

（1）河道的景观设计　河道的景观设计涉及河道平面和断面两方面的问题。天然的河流有凹岸、凸岸、有浅滩和沙洲，它们既为各种生物创造了适宜的生境，又降低了河水流速、蓄洪涵水、削弱洪水的破坏力。在设计城市河道平面时，应尽量保持河道的自然弯曲如图7-6所示，不应强求平行等宽。河道断面处理的关键是要设计一个能够常年保证有水的水道及能够应付不同水位、水量的河床。这一点对于北方城市河流景观尤为重要。采用复式断面结构是一种有效的办法。

图 7-6 城市生态河流景观

（2）河岸的景观设计 在城市河流景观设计中，河岸处理是个重点。由于对城市河流进行人工治理，容易形成呆板的连续护岸。设计时，可采取措施使景观有所变化。在河岸处理方式上，应该鼓励修建生态堤岸，以代替钢筋混凝土和石砌的硬式护岸。

（3）河边的附属设施设计 河边要有适于河边风格的设置。栅栏、长椅、灯具等附属设施都应视作河边的小景物，为人们休闲、旅游提供方便。

（4）沿河植被的景观设计 "水"和"绿"是城市中象征自然的要素。沿河植被具有重要的生态功能，对维持河流生态系统的健康具有特殊意义。滨河两岸植被是河流景观的基本手段，不应简单地视作绿化。

（5）重要地点设计 包括桥、河畔公园、小广场等设计。过去在建设中往往只重视桥的交通功能，而忽视其景观作用。桥可以成为从上部眺望水面的视点场，桥本身可以成为地区标志，还可以起到分割河流空间的作用。要充分考虑城市河流作为开放空间的功能，可设计一些与城市景观相和谐的河畔公园、小广场等，使河流两岸周边的空间成为舒适、宜人的休闲娱乐场所。

（6）夜景设计 随着人们生活质量的提高，对城市夜景的要求也增加。河流空间夜间景色是一个城市最具特色的内容之一，可充分利用水的反光、倒影、波动等特性，营造五光十色梦幻般的景象，增添城市夜晚的魅力。回归自然成了河流景观建设发展的主流，先后提出了"多自然河流""建设家乡河"等概念。多自然河流意味着河流应当具有更多的自然特征，如使用当地材料、采用传统工艺等。在保证河流防洪安全的前提下，多自然河流对维护河流自然生态和自然景观具有良好的效果，即使对已高度工程化的城市河流。河流景观设计可包括生物栖息地结构、鱼道设施、河岸植被、混凝土衬砌的植被覆盖、恢复河流基流等方面。四川成都府南河（图 7-7）是采用多自然河流整治的成功案例，获得"联合国人居奖"。城市河流水质一般较差，城市河流景观建设如何与水质净化相结合，这是城市河流景观设计的一项重要课题。四川成都府南河公园就是一个以水的整治为主题的生态环保公园，它以表现水为主题，集水环境、水净化、水教育于一体，通过清洁水、污染水、净化水等各种形态的水，揭示了水、自然和人类互相依存的关系，旨在唤起更多的人们共同来爱护水、保护水。

图 7-7 四川成都府南河

第四节 城市湿地景观生态化

一、城市湿地的概念及利用现状

城市湿地是指分布于城市中的湿地，包括天然的和人工的各类湿地。目前，国际上对城市湿地的分类尚不明确，城市既可建在河湖湿地上，也可建在河口海岸湿地上，所以，城市湿地应包括河流湿地、湖泊湿地、沼泽湿地以及河口海岸湿地等湿地类型。城市湿地不同于非城市湿地，两者具有明显的差异（表 7-1）。

城市湿地之所以受到如此的重视，是由于它在城市中起着不可替代的作用。城市湿地能在一定程度上消纳城市排放到环境中的污水，改善城市水文特征，降低其富营养化趋势；城市湿地能够调节微气候，增加空气湿度，减少城市"热岛效应"，为动植物提供重要栖息地等。随着近年来城市化进程的加快，位于城市化区域中的湿地被大规模开发和利用，这导致湿地的水文、地貌、生态和自然条件等发生了巨大改变，主要表现在：围垦湿地用于农业、工业、交通、城镇用地，导致城市湿地面积减少，增加了内部生境的破碎化；筑堤、分流等切断或改变湿地的水分循环过程，建坝淹没湿地等，影响湿地的水分，从而改变了湿地的结构和功能；过度砍伐、燃烧或啃噬湿地植物，过度开发湿地水生生物资源，堆积废弃物，排放污染物等，破坏了湿地生境，降低了湿地中物种的多样性和生态服务功能；盲目引进外来种会导致土著种的灭绝。由于城市化对湿地的影响，导致城市湿地与非城市湿地相比具有明显不同。

表 7-1　　　　　　　　　　城市湿地与非城市湿地的差异

项目	城市湿地	自然湿地
斑块特征	分布不均匀、面积较小、孤岛式的湿地斑块，斑块之间的连接度很低，内部生境破碎化严重	多样的，斑块之间的连接度较高，破碎化程度较低
气候特征	具有与城市区域不同的气候特征，而且因城市功能区的不同而不同	湿地生境气候特征反映区域地理气候特征
功能特征	除了生态服务功能之外，还为市民提供休闲、娱乐和生态教育功能等，但其社会服务功能很难预测	以生态服务功能为主
干扰机制	自然干扰机制的作用不是很大，主要为人为干扰	主要受到自然干扰机制的控制
治理方式	主要以政府决策部门的指令为主，其维护和治理主要靠市民的参与	治理方式需要从流域尺寸进行，并主要由专业人员来进行

二、城市湿地景观的综合环境效益

湿地的水陆两相性使它在生态循环中扮演着重要角色。湿地是一个半开放的系统，一方面它是一个较独立的生态系统，有其自身的形成、发展和演替过程；另一方面它在许多地方又需要依赖相邻的地貌景观，和它们进行物质和能量的交换，同时湿地也影响临近系统的活动。因此，湿地是人类最重要的环境资本之一，它不但具有丰富的资源，还有巨大的环境调节功能和生态效益。如果湿地被誉为"地球之肾"的话，那么人工湿地可以说是地球的"人造肾"，在城市中人工湿地的生态作用、景观功能及社会服务功能也表现得很突出。

1. 生态作用

（1）改善水质，显著净化水体　湿地能显著地净化水体。当水流经湿地时，流速减慢，加上植物枝叶的阻挡，悬浮物沉积；附着在湿地植物上的细菌、真菌、单细胞生物等会将水中的有机物转化为植物根系可以吸收的无机物，从而促进了碳、氢、氮、磷、氧和微量元素的循环；捕食细菌消灭水中的病毒、病菌和其他病原体；湿地植物在其根、茎、叶中吸收和储存重金属物质。湿地可改善水质并促进物质循环，防止其对环境的负面影响。

（2）调节气候，提高城市环境质量　湿地可影响小气候，湿地水分的蒸发作用可保持城市的湿度和降雨量，使区域条件稳定，使城市环境质量得到改善。在有城市森林的湿地中，大量的降雨可通过树木的蒸腾和蒸发作用返回到大气中，然后又以降雨的形式降到城市森林周围地区。如果湿地被破坏，区域的降雨量就会减少，城市的空气就会变得干燥。湿地可以降解污染物，起到净化城市环境的作用，如湿地植物香蒲、芦苇都被成功地用来处理污水。

（3）提供多种生物的天然栖息地　湿地丰富的水源和多样的食物来源决定了其生物种类的多样性，湿地是多种生物的天然栖息地。中国幅员辽阔，自然条件复杂，湿地物种多样性极为丰富。据统计，中国湿地中人们已知的高等植物有 825 种，被子植物 639 种，鸟类 300 余种，鱼类 1040 种，其中许多是濒危或者具有重大科学价值和经济价值的类群。亚洲 57 种濒危鸟类中的 31 种，如丹顶鹤、黑颈鹤、遗鸥等就生活在湿地环境中。

2. 景观功能

在城市中，人工湿地无疑离不开人的存在、作用与参与。人的参与和人工湿地的生态性发展其实是并不矛盾的。湿地可以依据其规模的大小被设计成为国家公园、城市公园、滨水绿带、街区游园、小区绿地乃至庭院小景等，它可以是一个公共空间、半公共空间或私密空间。湿地是这块绿地的主要性质，它承载着自身重要的生态功能，又被赋予了新的功能，即相对于自然湿地而言，湿地在人口聚集的城市中所独具的功能——增加这一区域的景观美学价值及为人提供参与的空间，这种参与空间可以是远观的，可以是近赏的，可以是供人嬉戏玩耍的，也可以是供人休闲游憩的。

（1）城市湿地具有极高的美学价值　湿地是自然界最具生物多样性的生态景观之一，大面积的城市湿地、飞翔的水鸟、自然生长的水生植物和蓝绿色的水面，自然宁静，可以给人视觉上的美感，可陶冶情操、净化心灵，培养人们对美好事物的热爱，提高人们的文化修养。

（2）城市湿地是城市文化的载体　水滋养着人类文明，是城市产生的摇篮。城市在依水而建的过程中，在城市湿地中形成了各自独特的文化，它是根据人类历史和地理环境的变迁而留下的物质和精神文化遗产。历史文化、民俗文化、园林文化、建筑文化、宗教文化等都具有其独特的景观价值。

（3）城市湿地能开展多种活动　城市湿地可为市民及游人等提供各种娱乐休闲功能，人们可进行垂钓、划船、采集标本、摄影、绘画、运动、健身、自然观光等活动，从而缓解城市嘈杂、喧嚣的精神心理压力，使人重返自然环境，尽享新鲜空气，欣赏旖旎风光。

（4）城市湿地是科普教育的重要场所　城市湿地是许多珍稀、濒危鸟类的繁殖地、栖息地和迁徙地，它为人们观察鸟类的生态行为，了解鸟类的迁徙路线，查明湿地鸟类的生态、生物学规律提供了研究基地。城市湿地可作为大、中、小学的课外教育场所，通过建立自然历史博物馆及湿地现场考察，可向人们进行有关湿地的宣传教育，增加自然科学知识，提高人们热爱自然、保护自然的意识。

3. 社会服务功能

（1）提供丰富的动植物食品资源、工业原料和能量　湿地动植物资源极其丰富，可以提供城市轻工业的主要原料，可以为城市居民提供极富营养的副食品，湿地动植物资源的利用还间接带动城市加工业的发展。湿地能够提供多种能源，人们可从湿地中直接采挖泥炭用于燃烧，湿地中的柴草作为薪材，是湿地重要的能源来源。湿地有着重要的水运价值，有着水电开发的潜力。

（2）涵养城市水源，提供城市用水　水是人类不可缺少的生态要素，湿地是人类发展工农业生产用水和生活用水的主要来源，城市的湿地在输水、储水和供水方面发挥着巨大的效益。如巢湖和董铺水库每年分别为合肥市提供城市用水约 1 亿 t 和 0.7 亿 t。

（3）为城市居民提供休息、娱乐和教育场所　湿地具有自然观光和旅游等方面的功能，不少湿地是重要的旅游资源，如杭州西湖是著名的风景区，除可创造直接的经济效益外，还具有重要的文化价值；有些湿地因含有过去和现在生态过程的痕迹，可被用于开展环境监测、全球环境变化趋势、城市热岛效应、对照实验等科学研究。同时，一些湿地物种烙下了生物进化、环境演变等方面的重要信息，为环境教育和科学研究提供了重要的材料和实验基地。

三、城市湿地景观生态设计原则与方法

1. 城市湿地景观的生态设计原则

（1）生态性原则　景观生态学认为城市湿地景观是在城市湿地自然生态系统基础上形成的，具有生态、经济、历史、文化、审美等多重功能，其中生态功能是湿地景观最基本、也是最重要的功能。因此，城市湿地景观建设的基本准则之一就是要充分发挥其自然的生态功能。特别需要强调的是，在对城市湿地景观进行设计时要充分重视生物的多样性这一特点。因为，在生物多样性遭到破坏时，植物比动物的自我恢复能力和适应性要强得多，现在动物在快速的城市发展中已经没有多少驻足地了，只有在城市湿地的景观设计中能优先考虑动物的生存需求，才能有助于动物生存。因此，城市湿地景观设计中考虑到生态性原则，首先要重视生物的多样性，为其创造生存空间，这样才能很好地体现出城市湿地景观设计的生态意义。

（2）连续性和整体性原则　景观生态学特别强调维持和恢复景观生态过程及格局的连续性和完整性，这是现代城市生态健康与安全的重要指标。城市中的水系廊道是城市内外湿地之间物质、能量和信息交流的主要通道，是联系市内自然栖息地斑块与市郊自然基质间的生物廊道。在城市湿地景观建设中，维护和利用城市的水系廊道、保持其连续性，是维持和恢复城市中自然景观生态过程及格局的连续性和完整性的主要措施。整个湿地被水体覆盖，水系成为连接湿地中各个生态系统的桥梁，因此，在设计中，要充分利用水这一系统，来确保整个湿地生态系统的连续性和整体性，并且实现湿地与外界的物质与信息的交换。

（3）乡土原则　乡土原则是指城市湿地景观建设需要尊重传统文化和乡土知识这方面。不同地方的人关于环境的知识和理解是乡土经验的有机衍生和积淀。一个适宜于乡土并富有鲜明地方特色的景观建设，必须充分利用本地区的历史和人文文化，使本地区的文化对外界有个很好的展示。此外，乡土材料——植物和建材的使用，也是一个重要方面。在城市湿地景观设计过程中，合理利用本地区物种，可以很好地保护本地区的生物特性，防止外来物种入侵；而且乡土物种不但最适宜于在当地生长，而且管理和维护成本最少，更能有效地节约建设成本。

（4）美学原则　具有自然特征的湿地景观，随昼夜、季节气候的变化而多姿多彩，为人类提供富有诗情画意的体验空间。相对而言，过度人工化的湿地环境缺乏变化，人们很快就会对其产生视觉审美疲劳。城市居民对浅水卵石、野草小溪的自

然之美的需求，决不比对水草和鱼鸟的需求更弱。尽显自然之水、自然之树的美，同样是城市湿地景观建设的重要原则。有景观的区域或多或少的都会有些建筑物存在，但是，形式单一刻板的建筑物就会破坏湿地的自然环境。因此，城市湿地中的建筑的选址应与周围的自然环境相协调；建筑的风格应是朴实典雅的；造型应多利用非线性设计以充分贴近周围环境；选材上尽量就地取材减少资源浪费；建筑表面应采用垂直绿化来弱化建筑效果。

2. 城市湿地景观生态设计的方法

（1）保持湿地系统的连续性和完整性　湿地系统，与其他生态系统一样，由生物群落和无机环境组成。在对湿地景观的整体设计中，应综合考虑各个因素，以整体的和谐为宗旨，包括设计的形式、内部结构之间的和谐，以及它们与环境功能之间的和谐，才能实现生态设计的目的。

利用原有的景观因素进行设计，是保持湿地系统完整性的一个重要手段。利用原有的景观因素，就是要利用原有的水体、植物、地形地势等构成景观的因素。这些因素是构成湿地生态系统的组成部分，但在不少设计中，并没有利用这些原有的要素，而是按所谓的构思肆意改变环境，破坏了生态环境的完整性及平衡性，使原有的系统丧失了整体性及自我调节的能力，沦为仅仅是"美学"意义上的存在。

（2）科学的植物配置设计　能够直接体现湿地生态环境的重要因素就是植物。对湿地景观进行生态设计过程中，在植物的配置方面，一是应考虑植物种类的多样性，二是尽量采用本地植物。多种类植物的搭配，不仅在视觉效果上能相互衬托，形成丰富而又错落有致的效果，对水体污染物处理的功能也能够互相补充，有利于实现生态系统的完全或半完全的自我循环。具体地说，植物的配置设计，从层次上考虑，要有灌木与草本植物之分，挺水（如芦苇）、浮水（如凤眼莲）和沉水植物（如狐尾草）之别，将这些各种层次上的植物进行搭配设计；从功能上考虑，可采用发达茎叶类植物有利于阻挡水流沉降泥沙，发达根系类植物有利于吸收等的搭配。这样，既能保持湿地系统的生态完整性，又能带来良好的生态效果；而在进行精心的配置后，或摇曳生姿，或婀娜多姿的多层次水生植物还能给整个湿地的景观创造一种自然的美。

（3）生态的水体岸线及岸边环境设计　岸边环境是湿地系统与其他环境的过渡，岸边环境的设计，是湿地景观设计需要精心考虑的一个方面。在有些水体景观设计中，岸线采用混凝土砌筑的方法，可避免池水漫溢。但是，这种设计破坏了天然湿地对自然环境所起的过滤、渗透等的作用，还破坏了自然景观。有些设计在岸边一律铺以大片草坪，这样的做法，仅从单纯的绿化目的出发，而没有考虑到生态环境的功用。人工草坪的自我调节能力很弱，需要大量的管理，如人工浇灌、清除杂草、喷洒药剂等，残余化学物质被雨水冲刷，又流入水体。因此，草坪不仅不是一个人工湿地系统的有机组成，相反加剧了湿地的生态负荷。对湿地的岸边环境进行生态的设计，可采用的科学做法是水体岸线以自然升起的湿地基质的土壤沙砾代替人工砌筑，尽量避免有人工痕迹的砌筑，对于一些土壤裸露严重的地块，可以覆盖草皮或配置亲水性植物，使水面与岸呈现一种生态的交接，这样既能加强湿地的自然调节功能，又能为鸟类、两栖爬行类动物提供生活的环境，还能充分利用湿地的渗透及过滤作用，带来良好的生态效应。从视觉效果上来说，这种过渡区域能带来一种丰富、自然、和谐又富有生机的景观。

四、设计案例　生态湿地景观设计案例：伦敦湿地公园

1. 项目背景

伦敦湿地公园（图 7-8）位于英国伦敦市西南部泰晤士河围绕着的一个半岛状地带：巴·艾尔姆（Barn Elms）区中，于 2000 年 5 月建成开放，被誉为"一个让人惊异的、奇迹般的地方，使得人类和野生生物在我们美好的城市中相聚"。公园建成至今，已经接待了数以百万计的游客，并且赢得了很多奖项，其中包括 2001年英国航空旅游协会评选的明日之星金奖。这些都验证着伦敦湿地公园在湿地景观

图 7-8　伦敦湿地公园

保护和旅游实践方面，具有全球持续领先的地位。伦敦湿地公园所在的巴·艾尔姆区有着优越的绿化环境，有 96 个公园和花园，其中有两个著名的皇家公园和一个皇家花园。公园东临泰晤士河，为每年牛津与剑桥两个大学学生划艇比赛的必经之地，南边是大片的绿地，其上有网球场、运动场等公共体育休闲设施。其余两面与居民区相邻。湿地公园共占地 $42.5hm^2$，由湖泊、池塘、水塘以及沼泽组成，中心填埋土壤 40 万土石方，种植树木两万七千株。良好的绿化和植被引来了大批的生物，使公园成了湿地环境野生生物的天堂，每年有超过 170 种鸟类，300 种飞蛾及蝴蝶类前来此处；同时，公园也给伦敦市区的居民提供了一个远离城市喧嚣的游憩场所，为人们营造出了大都市中的美丽绿洲，改善了周围都市的景观环境。

伦敦湿地公园离市中心 5km，距离白金汉宫仅有 25min 的车程，是世界上第一个建在大都市中心的湿地公园，其周围的交通非常便捷。伦敦市的两条主干道：A205 公路和 A4 公路离公园都不到 1.6km，公园外围设有足够的泊车位，所以旅游者能非常方便地自行驾车前来。此外，尚有多条公交车线路可抵达公园附近，包括一路昵称为"鸭鸭公车"的专线。最近的地铁出口和火车站，也均在步行 10min 的距离以内。

2. 规划设计理念

湿地公园的规划设计、有以下两个主要目的：

① 为多种湿地生物提供最大限度地饲养、栖息和繁殖机会；

② 让参观者在不破坏保护地价值的情况下、近距离观察野生生物，并在游憩之余学习更多的有关湿地的知识。

从自然属性来讲，湿地公园的灵魂是"水"。水是流动的，贯穿于整个公园。然而因为各种生物饲养和繁殖有不同的需要，每个区域中水位高低和涨落频率也各不相同，因此，每一个水域都需要具有相对的独立性，这是技术上最大的难点。

从社会属性上说，这个公园不得不考虑"人"的因素。人流也是活动着的，散布于整个公园，如水般流动。但如何让这两者之间和谐共存，则是设计中最大的难点。经过广泛的调查之后，伦敦湿地公园的详细设计图在 1995 年被通过。为了实现以上这两个目的，湿地公园在设计上针对水体和人流两方面做出了精心的处理。

按照物种栖息特点和水文特点、湿地公园被划分为 6 个清晰的栖息地和水文区域，其中包括 3 个开放水域：蓄水泻湖、主湖、保护性泻湖，以及 1 个芦苇沼泽地、1 个季节性浸水牧草区域和 1 个泥地区域——这 6 个水域之间相互独立又彼此联系，在总体布局上以主湖水域为中心，其余水域和陆地围绕其错落分布、构成了公园的多种湿地地貌。

水域和陆地之间均采用自然的斜坡交接。陆地上建立了一个复杂的沟渠网将水引入，沟渠之间是平缓的丘陵和耕地，精致的地形设计使得水位稍微提高一点，就能产生一大片浅浅的湿泥地。因为各种生物的饲养和繁殖对环境的要求不同，伦敦湿地公园设计的关键点，就在于让每一个区域都具有相对的独立性，被称为水文学上的"孤立湿地"。这个难点是通过一系列巧妙的技术手段来解决的：通过在原有5m的混凝土坝上加筑一道泥堤以提高最高水位，使水库原有的水得到了保留。通过保留和扩展堤坝，以及在一些区域使用泥墙，让每个栖息地区域都能达到完全的水域隔绝，成为水文学上的孤立湿地；再加上从北到南的几个水域之间都设有操作杆，可使得各个栖息地都具有精确地控制水位的能力，能不受季节限制地达到必需的水位变化。公园内的水体是相对静止的、而人流却是相对活动着的。作为一个公共游憩场所，伦敦湿地公园对参观者开放，但同时力求让游客在近距离观测野生生物的同时，不惊扰生物的休养生息、不破坏保护地的价值。为了处理好这一矛盾，公园设计者按人流活动的密集程度、将整个公园分成了若干的区域和点。

第一，入口：所有车辆都停在公园外围的停车场上，游客步行进入湿地公园。公园为全步行区域，入口处有一个小湖，水面形成的屏障有效地将城市嘈杂隔绝在了外围。游客走过湖上的桥，便到了湿地公园的访客中心。

第二，聚焦：彼得·史考特访客中心（Peter Scott）位于公园入口处，是一个封闭性较强的建筑组群，6幢功能不同的建筑围合了一个"活动核心"，通过升降梯、望远镜和玻璃墙来观测外界的生物，是访客和教育的活动焦点。所有进入公园的人流在此汇集、在最大程度上不惊扰外界生物的情况下，完成公众性较强的一系列活动。

第三，动静分区：在访客中心聚集后，参观者便沿着通往各个观察点的观光小径散去。观光小径分为两路，分别朝向东方和北方。小径曲折回环，无形中组织起了一个曲折蜿蜒的视觉长廊。参观人流在移步换景时，便被不知不觉地逐渐分流了，小股的人流对环境造成的干扰力小，并能自然地渗入到周围的环境中。沿这两条路径向前走，访客将会先后通过静与动2个区域。

静：沿着观光小径往前走，进入的第一个区域是定点观测区。它由十多个用于安置被俘的猎鸟景区组成，反映了世界各地受威胁的洼地栖息地的特征。这十多个小景区具有相对的独立性和封闭性，设有固定座位，游客可以在此安静地近距离观测湿地生物。

动：第二区域强调湿地和人类之间的紧密关系，并鼓励游客积极参与。通过各种身边随处可得的经历，如浸手于池塘，喂食飞鸟和参与园艺，让前来的游客在积极参与中领会了湿地的基本价值和多样性。

第四，建筑：公园中的建筑稀少，而这些建筑作为凝聚人流的"点"分布在公园中，对整个湿地公园起到了画龙点睛的作用。主体建筑集中在入口处，和一般传统英国建筑类似，都是用黄或红砖砌成，外墙不粉刷。其余建筑散布在公园内，大都是些简朴的小平房木屋。此外观察平台、桥、栏杆、椅子、路牌、垃圾桶等也是木制的，和周围自然环境结合得非常融洽。建筑多为一层到二层，最高的孔雀观测塔也只有三层。散布在公园中的人流在这些"点"上聚集起来，游客的观测活动都在建筑物的内部进行，最大限度地降低了对这些湿地生物的打扰。

1995年伦敦湿地公园的设计深入分析了在这个特殊而复杂场所解决人与自然基本矛盾的方法，对水体和人流都做出了妥善而精巧的处理，从而成功地将原先废弃的水库恢复成了城市中心的美丽公园，成功地让自然和人类活动在此达到了和谐的平衡，在提供给野生生物一个舒适庇护所的同时，也给游客提供了了解和欣赏湿地的机会。

第五节　城市水库景观生态化

一、水库坝区的景观资源及特征

1. 水库坝区的景观资源

水库的水面水域是坝区景观的主景，水库周围的山体则是限定水域空间的实体，山水给人以强烈的视觉印象。与山水共同构成水库坝区景观的还有日、月、风、雨等自然气候因素和动植物景观。水库的人文景观除了坝区内的名胜古迹外，还有水库坝体及其辅助建筑，以及一些相关的历史传说，都江堰大坝，她的传奇故事和近千年的历史文化都是景区最吸引人的特色。

2. 水库坝区的景观特征

由于水库坝区景观有别于一般意义上的自然湖泊和江河水利工程，是城市很宝贵的资源。水利工程必须符合生态化、景观化的要求，而水库工程气势恢宏，泄流磅礴，技术含量高，人文景观丰富，观赏性强。水库工程可以依托当地的山水资源优势，利用具有一定规模和质量的风景资源与环境条件，在设计中以改善河道水土保持和水环境现状为宗旨，运用生物措施实现工程建设与生态保护的有机结合，开展观光娱乐、休闲、度假等项目，使其成为科学、文化教育活动的区域，成为复合生态型水库。

一般，水库的选址都为丘陵地区，而水库周围群山环绕，水库大坝建成后周边山体又形成"珠连坝合"的格局，围合成宽广的水面水域而成为库区景观的主景，从而是水库最为重要的景观特征。而限定水域空间的连绵起伏的山体及其水中的倒影则给人以强烈的视觉映像，天水合一的景象更加加深了市民对这种自然景观的向往；水库的水域依周边山体的形态在库中形成了湖区，在库尾则形成浅滩湿地，逐渐形成了从水面、草湿地、灌木湿地到森林的几种景观层次；水面的形态在蓄水前后、丰水枯水期风格各异，给人不同的大地景观印象、人文景观资源特征。大部分水库的周边都或多或少地有些古建筑，并由此流传着一些历史传说，因此在水库建设中难免会涉及诸如如何对其进行迁移和保护等问题，这更加增加了水库的历史人文特征，当地的文化传统也成为水库周边景观规划的人文资源之一。

二、水库景观生态规划的要素

1. 总体定位

由于水库跟一般的景观湖泊不同，水库担负着城市供水的储备和保障任务，对环境有着更严格的要求。因此，在进行水库的景观设计时，首先要对水库进行总体定位，如水库在城市中的战略地位，水库是否向公众开放等都应在设计前明确。像深圳的梅林水库（图7-9），三面青山环抱，不仅是周边居民的休闲去处，其后山也是深圳旅友的经典穿越线路；香港的万宜水库（图7-10）是海湾水库，其地理

图7-9 深圳梅林水库

位置位于山海之间，香港将其作为郊野公园来进行建设；而深圳宝安铁岗水库（图7-11）由于是供水水库，因此水库都实行封闭管理，由此可见，不同的水库定位是景观规划的前提。

图 7-10　香港万宜水库

图 7-11　深圳市宝安铁岗水库

2. 功能与布局

有了水库的总体定位，那么水库就可以根据开放区及非开放区进行总体功能划分和布局。如，水库可以大概分成几个景观片区，哪些区域可以向公众开放等都需要进行严格的界定。像深圳梅林水库，由于不是供水水源水库，又毗邻居民生活区，水库的大坝及坝下就划分成了周边的市民运动休闲片区，而库区内则采取封闭管理。有别于一般的其他景观设计，水库的景观设计有着其独特的设计元素：水库大坝、溢洪道、库区内的景观植被、水库消落带、水库库尾的湿地等，在设计时，也可以根据这些设计部位的特质进行分区，赋予每个分区不同的景观特征。

3. 空间分析

老子的"有无之说"道出了空间与形体之间互为补充的关系。建筑如此，更为宽大的景观环境更是这样。在水库坝区景观设计中，限定空间的因素可以是山体岛屿等这种大尺度的地貌，也可以是树木、景观小品等这种小尺度的成景因素。设计师应认真分析水面等游憩点的空间开合性，通过游路组织及观景点上空间实体的虚实来组织空间，形成一个开合起伏得法，轮廓气势相合的风景艺术整体。

4. 时序组织

水库的景观主要是自然景观，包含了一年四季的景色特征。水库的水位一年四季的变动带来了水面的大小形态的不同；水库涵养林四季的林相色彩不同也使得水库的山体背景都在变化，设计时要体现四季不同气候下景色变幻的特点，合理安排时序，如浙江天顶湖分别有桃花源、杨梅山、枫树湾和青松岭，象征一年四季的植物景色；如日、月、风等气象与动植物也都可相应成景通过分析合理的组织在一起形成一个和谐生动的自然景观形态。此外，要通过观景点上的空间虚实总体考虑水库的景观小品布置，合理安排景观序列，让人们深切体会到大地景观的变化。

5. 对水库大坝的利用

水库坝区中的坝体是一个重要的景观背景，景观设计要围绕大坝展开。对于坝区的整体景观而言，并不是说把若干个好的景观单元堆砌到一起就是一个好的景观效果，而是要把坝的整体景观的方方面面都设计好。

（1）保持周围景观与坝体的和谐　首先，将坝体周围，在水库修建过程中破坏的地面进行修复，除了尽量保持原有的地形和一些植物外，还要人工培植一些，保证坝体能够和谐地融入山水环境之中。其次，在坝体周围的辅助性建筑要和坝体在颜色、材质、体量上相协调，以缓解和周围环境的不调和感。

（2）坝体周围的景观小品要合理设置　景观小品的形式要简洁，轮廓分明，布局清晰；调整好大坝和景观小品之间的空间距离，以突出强调大坝的雄伟壮丽。

（3）在景观规划的过程中，要充分利用坝长　如将坝体方向作为一条景观轴线，进行景观节点的设置，这样既将坝体充分利用到景观之中，又能使景观序列的走向感增强，形成一个完整的景观形态。

通过以上的分析不难看出，在面对水库这样一个特殊的景观载体时，要把观者的视点和坝体本身同时加以考虑。视点设计是确定视点的位置和视点场的关键，而坝体本身则是用来确定景观小品、建筑体量、颜色、材质等要素的。对于坝区景观设计，一方面是要最大限度地发挥坝体的特征；另一方面是要使其和自然环境相协调，使之能形成充满象征性和魅力的精致画面。

三、水库景观生态设计具体要点

在对水库有了总体的规划分析定位之后，在水库设计中就要着重把握一些具体的设计要点。

1. 游路设计

游路设计的目的在于展现水库坝区各个景点的特色，合理进行空间组织。对于水库这样一个特殊的环境空间，应做好以下两点。

一是满足人们的亲水心理。要在条件允许的情况下，尽量多的在水边、洲岛开辟滨水路，这样既丰富景观的形态，又能满足人们对水的亲切感；

二是不同景致相间。元代饶自然的《绘宗十二忌》中有"径路需要出没，或林下透见，或见巨石遮断，或隐坡坨，或近屋宇"。景观的规划设计同这个道理一样，否则也会使景观画面单一，缺乏情趣。游路设计重点在路线设计及路的本身设计。

水库的游路一般是和水库的环库路结合在一起的，沿着环库路或可见的宽阔水面，或可见的郁郁葱葱的林带。沿路景观的最大特色是不同的景观形式相互交替，可以结合景观的变化沿途设置观望点及亲水栈道。游路的具体做法可以和周边的生态景观相结合，可以设置条石路面等。

2. 库区生态恢复设计

库区的生态恢复具体到设计阶段就包括两方面内容：林相改造及消落带的植被恢复。水库涵养林是指以涵养水域、改善水文状况，调节水的小循环，增加河水常年流量以及保护可饮用水水源的森林，涵养林分为核心林地、缓冲林带和延绵林带三个层面。水库景观设计应在水库沿岸营造多类型、复层次、多树种的混交林，改造劣质单层纯林，以进一步提升生态林的保育质量，增强森林涵养水源，净化水质，减少水土流失和美化环境的功能，形成稳定、高质高效的森林系统，为水库提供优质水源和风景秀丽的环境水源。水库消落带是指水库低水位与正常高水位间的岸带，即水库岸坡高水位时浸在水中，而在低水位时又露出的部分，低水位时可见其在青山绿水中往往是一圈侵蚀赤裸的黄土。如何进行消落带的景观恢复是具体景观设计中面临且必须解决的问题。在水库的景观设计策划中，可借鉴修建等高反坡梯地及反坡鱼鳞坑的设计理念，将反坡梯地的景观与整治消落带结合在一起考虑。

3. 辅助设施的设计

水库景观设计中的辅助设施包括宣传标识、栏杆景观雕塑、管理用房、闸房等。在参观游线上适当地设置景观化的宣传介绍栏，普及有关水文化、水资源的知识；结合设置一些水科学展示基地，如日本的琵琶湖边就建有水文化展示馆，是青少年的教育基地，这类设计无疑将为水库整体景观添姿增彩。

4. 坝体景观的塑造

水库的大坝是水库设计的重点，一般在水库设计中大坝是一个重点的景观，站在大坝上，水库周边的山体水面尽收眼底，大坝自然就成为整个水库设计的核心，一切的景观序列都从大坝开始。如何利用大坝的水利特征，将大坝的景观融入周边的环境中是景观设计的重点。大坝的景观设计分为坝顶形态、坝前坡、坝后坡、防浪墙，需将这些设计要素统一在一个完整的景观形态中。

【本章小结】

生态系统是指在一定时间和空间范围内，生物与生物之间、生物与物理地理环境之间相互作用，通过物质循环、能量流动和信息传递，形成特定的营养结构和生物多样性的功能单位。千百年来人类为了自身的防洪安全与经济发展，对自然水体进行了大量的人工改造，兴建了大量水利工程设施。各类水利工程在发挥其巨大的经济效益的同时，也对自然水体生态系统产生了诸如自然河流的渠道化、非连续化等极大的生态胁迫。

而生态水利是人类文明发展到"生态文明"时代的水资源利用的一种途径和方式。其核心是研究水资源污染防治、水资源优化配置和可持续利用，通过生态设计、生态环境建设、生态监控、生态保护来实现生态修复、生态安全与生态灾难的防治。本章在研究生态水利的基础上，基于大众偏离的景观价值、有限的生态认知水平及生态效益与环境效益的矛盾提出了水利工程景观生态化的理念，总结水利工程景观生态化设计原则、目标、方法及具体建设措施。

城市河流景观是水利工程景观中重要的一种，其生态设计一直是社会舆论与建设发展的理论热点。城市河流景观的生态化设计不仅能够提升城市环境质量，引导城市空间格局，影响城市人群的行为方式，而且具有促进城市人群心理健康的作用。因此，如何进行城市河流景观的生态设计也成了当代一个重要的课题。城市河流景观的生态设计要充分遵循安全性、自然性、观赏性等原则。

城市湿地景观不仅能在一定程度上消纳城市排放到环境中的污水，改善城市水文特征，降低其富营养化趋势，而且还能够调节微气候，增加空气相对湿度，减少城市"热岛效应"，为动植物提供重要栖息地等。随着近年来城市化进程的加快，位于城市化区域中的湿地被大规模开发和利用，导致湿地的水文、地貌、生态等发生了巨大改变。城市湿地景观迫切需要从保持湿地系统的典型性、连续性和完整性，科学进行植物配置设计，合理进行生态水岸及岸边环境设计等方面入手开展生态设计。

城市水库景观有别于一般意义上的自然湖泊和江河水利工程，水库工程气势恢宏，泄流磅礴，技术含量高，人文景观丰富，观赏性强。一般，水库工程可以依托当地的山水资源优势，利用具有一定规模和质量的风景资源与环境条件，在设计中以改善河道水土保持和水环境现状为宗旨，运用生物措施实现工程建设与生态保护的有机结合，开展观光娱乐、休闲、度假等项目，使其成为科学、文化教育活动的区域，成为复合生态型水库。

【参考文献】

[1] 刘增文，李雅素，李文华. 关于生态系统概念的讨论 [J]. 西北农林科技大学学报（自然科学版），2003，31（6）：204-207.

[2] 欧阳菊根，吴丁丁. 快速城市化背景下城市水利景观生态建设存在的问题及解决对策 [J]. 安徽农业科学，2011，39（36）：22435-22437.

[3] 董哲仁. 试论生态水利工程的基本设计原则 [J]. 水利学报，2004（10）：1-5.

[4] 唐承财，钟林生，成升魁. 水利风景区的景观生态设计方法初探 [J]. 干旱区资源与环境，2013，27（9）：124-128.

[5] 赵黎霞，崔建华，时静. 生态水利工程的规划设计基本原则 [J]. 水科学与工程技术，2008（Z2）：79-81.

[6] 董哲仁. 探索生态水利工程学 [J]. 中国工程科学，2007，9（1）：1-7.

[7] 廖世洁. 水利工程中的生态问题与生态水利工程 [J]. 广西水利水电，2006（1）：21-24.

[8] 刘正茂. 生态水利工程设计若干问题的探讨 [J]. 水利水电科技进展，2008，28（1）：28-30.

[9] 傅强. 生态水利工程如何规划设计 [J]. 中国水运，2012，12（3）：137-138.

[10] 吴淑华. 水利工程对河流生态系统的影响及解决对策 [J]. 民营科技，2011（6）：192.

[11] 王凌，罗述金. 城市湿地景观的生态设计 [J]. 中国园林，2014（1）：39-41.

[12] 温全平. 城市河流景观堤岸生态设计模式探析 [J]. 园林工程，2004（10）：19-23.

[13] 刘义兴. 水利工程设计中生态景观与文化元素的构成关系分析 [J]. 中国水运，2011，11（8）：145-146.

[14] 孙忠福，朴顺玉. 浅谈水利工程防洪与景观建设 [J]. 科学管理，2011，35（10）：55-56.

[15] 刘碧云. 城市湿地景观的生态设计探讨 [J]. 林业勘察设计，2009，20（1）：126-129.

[16] 马斌，黎鹏志. 城市湿地景观生态设计的理论与方法初探 [J]. 山西农业科学，2008，36（2）：84-86.

[17] 葛燕，梁文流. 复合生态型水库景观规划设计要素的思考 [J]. 广东水利电力职业技术学院学报，2010，8（1）：15-17.

[18] 朱玲，秦华，曾翔春. 城市湿地景观生态设计探讨 [J]. 南方农业 (园林花卉版)，2010（2）：43-46.

[19] 邹元章. 基于城市湿地景观生态设计方法 [J]. 黑龙江水利科技，2012，40（10）：96-100.

[20] 张远旺. 景观湿地设计中的生态优先 [J]. 科技资讯，2010（30）：129.

[21] 禹博. 论生态水利工程的基本设计原则 [J]. 河南水利与南水北调，2012（18）：77-78.

[22] 杨桂山，马荣华，张路，等. 中国湖泊现状及面临的重大问题与保护策略 [J]. 湖泊科学，2010，22（6）：799-810.

[23] 罗希，雍婷，杨祖强. 论景观水利向生态水利发展的偏离性和发展方向 [J]. 水电与新能源，2013（4）：71-74.

[24] 李伟. 水利设计中的生态理念应用初探 [J]. 中国水运，2013（10）：215-216.

[25] 詹卫华. 水生态文明城市建设中景观建设应把握的原则和方法 [J]. 中国水利，2013（15）：36-38.

[26] 李永乐. 生态化理念在水利设计中的应用分析 [J]. 现代商贸工业，2013（12）：178-179.

[27] 张卫东，翟宇翔. 北方城市河流景观生态恢复设计方法探讨 [J]. 规划师，2010（S1）：44-48.

[28] 许文年，熊诗源，夏振尧，等. 水利水电工程扰动区景观生态廊道构建方法研究 [J]. 水利水电技术，2010，41（3）：17-23.

[29] 欧洋，王晓燕. 景观对河流生态系统的影响 [J]. 生态学报，2010，30（23）：6624-6634.

[30] 岳隽，王仰麟，彭建. 城市河流景观生态学研究：概念框架 [J]. 生态学报，2005，25（6）：1422-1428.

[31] 王若盯，赵凯. 水库坝区景观设计的方法思考 [J]. 河南水利与南水北调，2008（12）：56-58.

[32] 王松. 水库型水利风景区景观规划研究 [D]. 硕士学位论文，福州：福建农林大学，2011.

[33] 杜菲菲. 水利水电工程景观影响评价的初步研究 [D]. 硕士学位论文，哈尔滨：东北林业大学，2012.

[34] 汪娟. 城市湿地公园湿地景观研究——以杭州西溪湿地国家公园为例 [D]. 硕士学位论文，杭州：浙江大学，2007.

[35] 孟蕾. 城市湿地景观规划设计研究——以潍坊北辰绿洲为例 [D]. 硕士学位论文，山东：山东大学，2012.

[36] 张功伟. 城市湿地景观生态规划研究——以株洲荷塘公园为例 [D]. 硕士学位论文，长沙：中南林业科技大学，2012.

[37] 胡海燕. 城市河流生态景观设计研究——以宝鸡市"金渭湖"生态景观设计为例 [D]. 硕士学位论文，西安：长安大学，2010.

[38] 付飞. 以生态位导向的河流景观规划研究 [D]. 博士学位论文，成

都：西南交通大学，2008.

[39] 胡云卿. 城市河流水环境区域生态景观建设系统研究——以商丘市明清黄河故道生态工程规划为例 [D]. 博士学位论文，北京：北京大学，2010.

[40] 邬建国. 景观生态学——格局、过程、尺度（第二版）[M]. 北京：高等教育出版社，2009.

[41] 董哲仁. 孙亚东. 生态水利工程原理与技术 [M]. 北京：中国水利水电出版社，2007.

[42] 董汪霞. 城市理水——水域空间景观规划与建设 [M]. 郑州：郑州大学出版社，2009.

[43] ［日］村田吉男，玖村敦彦，石井龙一. 作物的光合成与生态——作物生产的理论与应用 [M]. 东京：农山渔村文化协会，1976.

第八章
水利工程景观与建筑

【导读】

　　水利工程景观与建筑是一个宽泛的概念，包含了水工建筑以及相应配套用房。 从有人类活动及生产生活开始，经过 3.8 万年漫长的演变历程，为适应自然、改造自然，繁衍生存，人类便慢慢地学会抗御自然灾害，并修建了各种用途的水利建筑。

　　水利建筑设计包含了建筑设计、结构选型设计、美学设计等多方面内容，与地理学科、水文学科、生态学等自然学科也存在着千丝万缕的联系，是一项综合性很强的系统工程。建筑师在进行水利建筑设计时，首先要因地制宜考察项目所在地区的地理特征和气候条件，尽可能让水利建筑与自然和谐，融入环境，按照适用、经济、美观的原则，在满足功能要求、造价合理、技术可行的前提下，融入自己的理解，通过艺术加工手段来完善整个项目工程。

　　本章对水利建筑的类型和特点进行了梳理和分析，通过本章的学习，要求读者对这些内容有一个综合的认识，理解水利与水利建筑之间的关系。 在本章中，读者要重点掌握水利工程的几种常见类型、水利建筑设计的基本方法，以及面对水利建筑未来的发展方向，作为理论基础指导水利建筑设计。

　　人类为了生存、生活、生产和繁衍后代，一天也离不开水这个关键的自然资源，有了水就可抗御自然灾害，就可生存、繁衍、生产，发展经济，实现生态可持续。综观全球，人类进步的文明史与水文化的发展史几乎同步。而水利工程景观与建筑是水文化的重要组成部分，回顾其发展历程，成绩辉煌。近年来，水利工程项目除了满足基本的水利功能要求外，开始呈现多元化发展的趋势。不仅仅可开发为重要的旅游目的地和风景名胜区，也能结合科普教育形成教育基地，结合旅游度假增建酒店设施。

　　目前我国的水利工程除了大型的水利枢纽工程以外，大多采用老旧的施工工艺，建筑形式雷同，功能单一，缺乏优秀的保养维护手段，忽略了对地区生态环境的保护。除了将新型材料和施工工艺运用到水利工程中，满足水利工程需求外，增加少量的环保成本来保障水利建筑修建或者改建后与环境的共融共生问题，减少建筑对环境的破坏，采用乡土材料，在满足防洪抗旱、农田灌溉、电力供应等方面的要求外增加更多的功能，这对于修建及改建水利建筑工程是一个全新的设计指导理念。

然而在满足使用外，水利建筑同样可以采用美学造型，如均衡与稳定、对比与变化、节奏与韵律、主体与客体、基调与呼应、造景与借景、暖色与冷色、动与静、疏与密、刚与柔、浓与淡、直与曲、纵与横、高与低等原则来进行设计，使得线条、声像、意境的美感融合于水利建筑之中，以体现出时代的美感与节奏，尽可能使其成为地标性建筑，为打造和开发水利景观游览奠定坚实基础。

除了新建水利建筑外，对于废弃的水利建筑，同样可以进行改造、挖潜，以寻求更多的用途。例如，将废弃的水利建筑改造并进行增筑，形成文化创意园区，利用水利建筑环境优美的特点，吸引画家、书法家等人才到此定居或者定期开展书画创作与展出活动，从软件方面形成良好的文化氛围，为日后开展有序的水利景观旅游奠定基础。其实，废弃的水利建筑，通过合理改造，也能有效利用水力建筑水资源丰富的优势，形成水主题乐园。可根据其项目具体位置以及周边的环境及交通情况，进行分项发展，如可结合漂流，形成探险冒险产业链；也可结合游船、钓鱼等项目，形成休闲产业链；甚至可以结合人造冲浪、沙滩、水上游乐项目形成水上娱乐产业链。总之，改造废弃水利建筑的目的在于能最大化节约人力及自然资源，更合理的利用土地，同时进行二次开发，增加劳动就业，防止废弃水利建筑对环境的破坏。

本章详细解读了水利及水利建筑设计的相关理论基础。同时，给出了水利建筑设计未来发展的指导思想和应遵循的一些基本原则和方法，提供了水利建筑设计的案例和分析，为后续的水利工程建筑设计的具体实施提供理论基础和方向指导。

第一节　水利建筑概述

一、水利建筑定义

水利建筑是指为实现水利工程拦洪蓄水、调节水流、防洪灌溉和发电等需要而修建坝、堤、溢洪道、水闸、进水口、渠道、渡槽、筏道、鱼道等不同类型的水工建筑物以及相应配套的设备用房、人员管理用房、生活用房，以及其他附属设施。其中，水工建筑物是水利建筑中的主体，是水利工程得以发挥功效的关键所在，也是水利工程景观的主要景观对象。在水利工程建筑景观中，水工建筑是观赏的主要对象，但其他附属建筑的景观效果也不容忽视，二者是水利建筑景观的有机整体。

水工建筑在实现水利工程的蓄水、灌溉、防洪、排涝、发电、航运等方面发挥着巨大作用。但与其他传统建筑相比却有所不同，它往往依山傍水，与当地自然界关系紧密，通常受人的活动干扰相对较少，从而成为独特的景观。但若水利建筑在项目可行性研究以及立项过程中论证不够充分，修建的位置考虑不周，便急急地进入实施阶段，则往往容易危及项目区域的生态平衡，影响地质地貌，并带来重大的安全隐患。因此，通过周密的调研与论证，谨慎进行可行性评估，正确认识该项目环境与水利建筑的相互关系，着重做好规划设计，严格而切实谨慎施工，旨在改善生态环境而不是破坏生态。合理设计水利建筑，对于营造可持续发展的生态环境具有十分重要的现实意义。

二、水工建筑类型

水工建筑物按照功用大致可分为三类：挡水建筑物、泄水建筑物和专门水工建筑物。

1. 挡水建筑物

挡水建筑物是指阻挡或拦束水流、控制并调节上游水位的建筑物。挡水建筑物一般分为坝和堤两种：横跨河道的挡水建筑物称为坝，沿水流方向在河道两侧修筑的挡水建筑物称为堤（图 8-1）。坝和堤是现代水利工程中水工建筑物的主要建筑形态。

坝的修建形式多样，有利用当地石料填筑的土石坝，采用依靠坝体自身的重量维持其自身稳定、以混凝土灌筑的重力坝，以及采用钢筋混凝土的轻型支墩坝等。然而，须知轻型支墩坝抵抗地震作用

图 8-1　防洪堤

的能力和耐久性都较差。土石坝是一种最古老的坝，在 20 世纪 50—70 年代盛行，主要用于中小型工程。由于土石坝常依靠人力施工而不是全程机械化施工，承压能力较弱，进入 21 世纪后它几乎已逐渐被淘汰。

坝体设计中最主要的问题是如何确保坝体抵抗滑动或倾覆的稳定性，防止坝体自身的破裂和渗漏。随着工程技术水平的提高，当今坝体建筑工程有呈大型化和稳定化的趋势。

堤是世界上历史最悠久、应用最为广泛的防洪工程措施。其作用是防御沿岸洪水泛滥，保护居民、农田和各种生活设施安全。一般来说，把沿干流修的堤称为干堤；沿支流修的堤称为支堤；形成围垸的堤称垸堤、圩堤或围堤；沿海岸修建的堤称海堤或海塘。在海拔高程相对较低的地区往往通过建筑大堤，来围垦洪泛区或海滩，以增加土地开发利用的面积。对于海边的城市也大多通过修建海堤来抵挡风浪以及抗御海潮，考虑到海边的气候及地理特征，海堤常采用抗冲能力强的圬工结构（圬工挡土墙）。内陆沿河地区采用小规模的土堤，来约束河道水流，控制流势，以利于泄洪排沙。

材料上，堤以土堤最多，其特点是：方便就地取材，结构简单，造型多为梯形断面。为加固土堤，常在堤的临河或背河一侧修筑戗台，以节约土方。为加强土堤的抗冲性能，也常在土堤临水坡砌石或用其他材料护坡。石堤以块石砌筑，断面较土堤为小。在大城市及重要建筑周围修堤，为减少占地有时采用浆砌块石堤或钢筋混凝土堤，或称为防洪墙。防洪墙的堤身断面小、占地少，但造价较高。

2. 泄水建筑物

泄水建筑物是指能从水库安全可靠地放泄多余或需要水量的建筑物。历史上曾有不少大坝，因水量超过水库容量，洪水漫顶造成了溃坝，教训惨烈，值得汲取。为保证大坝的安全，必须在水利枢纽中设河岸溢洪道（图 8-2），一旦水库水位超过规定水位，多余水量将经由溢洪道有计划泄出。修建泄水建筑物，关键是解决建筑物的消能、防蚀和抗磨问题。泄出的水流一般具有较大的动能和冲刷力，为保证下游安全，常利用水流内部的撞击和摩擦消除能量，如水跃或挑流消能等。当流速大于 10~15m/s 时，泄水建筑物中行水部分的某些不规则地段可能出现所谓空蚀破坏，即由高速水流在临近边壁处所出现的真空穴所造成的破坏。防止空蚀的主要方法是尽量采用流线形体形，以提高压力或降低流速，采用高强材料以及向局部地区通气等。当河流多泥沙或当水中夹带有石渣时，还必须解决抵抗磨损的问题。另外，有的地区还要注意防止白蚁危害。

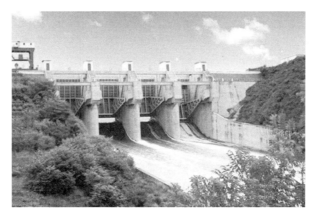

图 8-2 溢洪道

3. 专门水工建筑物

专门水工建筑物是指除挡水建筑物与泄水建筑物两类常见的一般性建筑物外，为某一专门目的或为完成某一特定任务所设的建筑物。渠道是输水建筑物，多数用于灌溉和引水工程。当遇高山挡路时，可盘山绕行或开凿输水隧洞穿过（水工隧

图 8-3 水力发电站枢纽

洞）；如与河、沟相交，则需设渡槽或倒虹吸。此外，还有同桥梁、涵洞等交叉的建筑物。现代最常见的专门水工建筑物就是水力发电站枢纽（图 8-3），其水工建筑物的布置应切实做到因地制宜，按引水方式分类可分为河床式、坝后式、引水道式和地下式等。水力发电站枢纽中的水电站建筑物主要有集中水位落差的引水系统、防止突然停车时产生过大水击压力的调压系统、水电站厂房以及尾水系统等。通过

水电站建筑物的流速一般较小，但这些建筑物往往承受着较大的水压力。因此，许多部位要用钢结构。水库建成后大坝阻拦了船只、木筏、竹筏以及鱼类洄游等的原有通路，通常对航运和养殖的影响较大。为此，应专门修建过船、过筏、过鱼的船闸、筏道和鱼道。这些建筑物通常具有较强的地域功能特征，修建前一定要做专门研究和论证。

三、国内案例

水利是国民经济和生态命脉，不仅关系到民生，也关系到国家的命运，故自古以来官民都比较重视水利建设。我国很早就有通过采用水利工程来改善环境的记载，且闻名于世。从古至今，水利工程和人民的生活息息相关，水利工程的营建对社会经济乃至国家形态都有着重要的推动作用和影响。

1. 古代案例

我国古代有不少闻名世界的水利工程。这些工程不仅规模宏大，而且设计水平也很高，说明当时掌握的水文及工程知识已经相当丰富了。在这些水利工程中修筑的水利建筑有的至今仍保持较好的外观形态和功能效用，具有很好的景观价值和应用研究价值。最为著名的水利工程有郑国渠、都江堰和浙江海塘等。

（1）郑国渠　郑国渠是一项伟大的水利工程，同时也是伟大的水工建筑群。根据《水经注·沔水》记载和今人实地考察，郑国渠（图 8-4）位于北山南麓，在泾阳、三原、富平、蒲城、白水等县二级阶地的最高位置上，由西向东，沿线与冶峪、清峪、浊峪、沮漆（今石川河）等水域相交。郑国在谷作石堰坝，抬高水位，拦截泾水入渠。利用西北微高，东南略低的地形，渠的主干线沿北山南麓自西向东伸展，流经

图 8-4　陕西泾阳郑国渠

今泾阳、三原、富平、蒲城等县，最后在蒲城县晋城村南注入洛河。郑国渠工程干渠总长近 150km。沿途拦腰截断沿山河流，将冶水、清水、浊水、石川水等收入渠中，以加大总容水量。在关中平原北部，泾、洛、渭之间构成密如蛛网的灌溉系统，使易旱缺雨的关中平原得到灌溉，加上沃野肥土，技术进步，获得粮食丰收，国泰民安。

《史记》记载："渠就，用注填阏（淤）之水，溉潟卤之地四万余顷，收皆亩一

钟，于是关中为沃野，无凶年，秦以富强，卒并诸侯，因名曰郑国渠"。"一钟"为六石四斗，比当时黄河中游一般亩产一石半，要高许多倍。郑国渠大大改变了关中的农业生产面貌，"用注填淤之水，溉潟卤之地"就是用含泥沙量较大的泾水进行灌溉，增加土壤肥力，改造了盐碱地 4 万余 hm^2，一向落后的关中农业，从此就迅速发达起来，一个雨量稀少、土地贫瘠的关中，变得富庶甲天下（《史记·河渠书》）。

郑国渠修成后，灌溉面积达 18.667 万 hm^2，是我国古代最大的一条灌溉渠道，使得秦国从经济上完成了统一中国的战争准备。郑国渠遗址，目前发现有三个南北排列的暗洞，即郑国渠引泾进水口。每个暗洞宽 3m，深 2m，南边洞口外还有白灰砌石的明显痕迹。地面上开始出现由西北向东南斜行一字排列的 7 个大土坑，土坑之间原有地下干渠相通，故称"井渠"。郑国渠工程之浩大、设计之合理、技术之先进、实效之显著，是我国古代水利史上乃至世界水利史上少有的。

（2）都江堰　都江堰（图 8-5、图 8-6）位于岷江由山谷河道进入冲积平原的地方，它灌溉着灌县以东成都平原上的万顷农田。原来岷江上游流经地势陡峻的万山丛中，一到成都平原，水的流速则突然减慢，因而夹带的大量泥沙和岩石随即沉积下来，久而久之淤塞了河道。其结果是每年雨季到来时，岷江和其他支流水势骤涨，往往泛滥成灾；雨水不足时，又会造成干旱。

图 8-5　四川都江堰 1

公元前 256 年，蜀郡守李冰采用中流作堰的方法，在岷江峡内用石块砌成石埂，称为都江鱼嘴，又称分水鱼嘴。鱼嘴是一个分水的水工建筑，把岷江水流一分为二。东边的称为内江，供灌溉渠用水；西边的称为外江，是岷江的正流。又在灌县城附近的岷江南岸筑了离碓（同堆），离碓就是开凿岩石后被隔开的石堆，夹在内外江之间。离碓的东侧是内江的水口，称宝瓶口，具有节制水流的功用。夏季岷江水涨，都江鱼嘴淹没了，离碓就成为第二道分水处。内江自宝瓶口以下进入密布于川西平原之上的灌溉系统，"旱则引水浸润，雨则堵塞水门"（《华阳国志·蜀志》），保证了大约 20 万 hm^2 良田的灌溉，使成都平原成为旱涝保收的天府之国，都江堰的规划、设计和施工都具有比较好的科学性和创造性。工程规划相当完善，分水鱼嘴和宝瓶口联合运用，能按照灌溉、防洪的需要，分配洪、枯水流量。

图 8-6　四川都江堰 2

为了控制水流量，在进水口"作三石人，立三水中，使水竭不至足，盛不没肩"（《华阳国志·蜀志》）。这些石人显然起着水尺作用，这是原始的水尺。从石人足和肩两个高度的确定，可见当时不仅有长期的水位观察，并且已经掌握岷江洪、枯水位变化幅度的一般规律。通过内江进水口水位观察，掌握进水流量，再用鱼嘴、宝瓶口的分水工程来调节水位，这样就能控制渠道进水流量。

都江堰水利工程的科学奥妙之处，集中反映在以上三大工程组成了一个完整的大系统，形成无坝限量引水并且在岷江不同水量情况下的分洪除沙、引水灌溉的能力，使成都平原"水旱从人、不知饥馑"，适应了当时社会经济发展的需要。新中国成立后，又增加了蓄水、暗渠的供水功能，使都江堰工程的科技经济内涵得到了充分的拓展，适应了现代经济发展的需要。

都江堰的创建，标志着中华文明与智慧，它不仅不破坏自然资源，反而以充分利用自然资源为人类服务为前提，变害为利，使人、地、水三者高度协调统一，是全世界迄今为止仅存的一项伟大的"生态工程"，开创了中国古代水利史上的新纪元，标志着中国水利史进入了一个新阶段，在世界水利史上写下了光辉的篇章。都江堰水利工程，是中国古代人民智慧的结晶，是中华文化划时代的杰作，并一直沿用至今。与之兴建时间大致相同的古埃及和古巴比伦的灌溉系统，都因沧海变迁和时间的推移，或湮没，或减效，而都江堰依然尚存，至今还继续滋润着"天府之国"的万顷良田。

（3）浙江海塘　海塘（图 8-7）（或海堤）是抵御海潮侵袭、保护沿海城乡安全和生产的堤防工程，主要分布在江苏、浙江等沿海各省，其中浙西海塘规模最大，历史上投入人力物力最多。从唐代，浙江即开始大规模修筑海塘，同时江苏、福建

图 8-7　浙江海塘

等地也兴建了海堤工程。宋代海塘有较大发展，已出现土塘、柴塘、木柜装石（石囤）塘、石塘等。明代经多次改进形成五纵五横鱼鳞石塘等重型塘，清代定型为鱼鳞大石塘。清前期沿海地区已形成完整的海塘系统，许多石塘至今仍在发挥着积极的作用。

浙江海塘以钱塘江口为界，北岸称浙西海塘，自杭州狮子口起，至平湖金丝娘桥止，塘工实长 137km，又可分为杭海段（杭州—海宁）和盐平段（海盐—平湖）。大规模修筑记载始于唐代。唐开元元年（713 年）重修北岸海塘 62km。五代后梁开平四年（910 年），太祖朱温在杭州用竹笼装石，打木桩固定塘基的"竹笼木桩法"筑塘，塘外的大木桩起防浪消能护脚作用。北宋大中祥符五年（1012 年），宋真宗赵恒告准通知杭州戚纶、转运使陈尧佐改用梢料护岸，薪土筑塘，这是修筑"柴塘"的开始，其比"竹笼木桩法"筑塘省工省料还可就地取材，特别适用于软基险工段抢修。景祐四年（1037 年），工部郎中张夏在杭州创筑块石塘，以后又发展成底宽顶窄的塘型，塘脚用竹笼装石防护，塘后筑土堤防渗和加固。南宋时盐官（今海宁）潮灾加剧，嘉定十五年（1222 年）冲毁土地后，筑土塘 50 里（25km）防护。元泰定四年（1327 年），海宁海岸冲坍 19 里（9.5km），都水少监张仲仁用石 44 万个修补。明代以永乐九年（1411 年）、成化十年（1474 年）、弘治五年（1492 年）、嘉靖七年（1528 年）和万历三年（1575 年）的海宁灾情最重。海盐平湖段海塘因潮势顶冲，灾害加剧，成为明代治理重点。成化十三年（1477 年）杨瑄筑斜坡塘 2300 丈（约 7.1km），弘治元年（1488 年）谭秀改石塘砌法为内横外纵式。稍后王玺再改为用方块石料纵横交错砌成内直外坡式，称为样塘。嘉靖二十一年（1541 年）经黄光升改进，创建五纵五横鱼鳞大石塘，在塘身后面开"备塘河"排水和防海水渗入农田。海盐段因地基较好，重型石塘比较成功，明代共修 21 次，其中大工 5 次，这一带已基本改为了石塘。清代，钱塘江出口由中小门改走北大门，所以北岸海宁灾情加重，人们开始大规模修筑石塘。康熙五十九年（1720 年），浙江巡抚朱轼在老盐仓筑鱼鳞大石塘 500 丈（约 1.55km），雍正（1723—1735 年）、乾隆（1736—1795 年）时增修了六七千丈（约 20.1km），一直使用到 1949 年以后。乾隆末年（1795 年）潮势南趋，灾情减缓。到道光十年（1830 年）后，潮势又北来，大工又增多。据道光十九年（1839 年）统计，海宁东西有石塘 17020 丈（约 54.5km），柴塘 12810 丈（约 41.0km）；海盐平湖土石塘共 17680 丈（约 56.6km）。咸丰（1851—1861 年）、同治（1862—1874 年）中失修，毁坏六七千丈（约 20.8km），光绪二年（1876 年）修补 4200 余丈（约 13.4km），工程质量不高。宣统元年（1909 年）试将柴塘改为混凝土塘，但因地基塌陷而失败。民国时（1911—1948 年）人们多次修补其损缺，开始用柴埽、混凝土等材料堵护决口，并试验改建斜边塘千余米。

钱塘江南岸海塘通称浙东海塘，自萧山至上虞一带为江塘，其中萧绍段（萧山至绍兴）长 103km，百沥段（上虞百官至上虞夏盖山、沥山）长 39km，夏盖山至镇海段为海塘，长 115km，自萧山至镇海总长 257km。因钱塘江口南岸有山，潮灾较轻，历代修治工程规模较北岸小。唐开元十年（722 年）有增修会稽（今绍兴）防海塘百余里的记载。宋代（960—1279 年）320 年中修塘记载不多，但已有石塘出现。明代（1368—1661 年）296 年中屡次增修，萧山县有海塘 500 余丈，绍兴海塘 6100 余丈，其中三分之一为石塘。余姚海堤始建于北宋（960—1127 年），在庆历年间（1041—1048 年）有海堤 2800 丈。南宋时（1127—1279 年）增修 4200 丈，其中石塘 570 丈，元代（1271—1368 年）又修石堤 3100 余丈。上虞有海堤 2000 余丈，明洪武年间（1368—1398 年）又筑 4000 丈。清代（1636—1911 年）南岸潮灾加重。康熙五十九年（1720 年）冲坍上虞夏盖山以西土塘，后改修为石塘 1700 余丈。雍正二年（1724 年）大风潮水冲毁会稽、上虞、余姚三县石塘 7000 丈。乾隆二十一年（1756 年）绍兴一带发生险情，增筑鱼鳞大石塘 400 丈，嘉庆年间（1796—1820 年）萧山、山阴（今绍兴一部）两县改土塘为柴塘，这些都是较大工程。浙东海塘之南，鄞县及浙南之平阳、瑞安等十余县自宋元（960—1368 年）也有修塘记载，但灾情不严重。另外，福建长乐海塘也有修补记载。

2. 近现代案例

新中国成立以来，建设的大型水利枢纽工程项目较多，如长江三峡水利枢纽工程、葛洲坝水利枢纽工程、黄河小浪底水利枢纽工程等。水利建筑对整个国家的繁荣稳定起着重大的作用，利用水力发电，减少了大量的火力发电带来的污染和资源浪费，保证了河道水量的常年稳定，为现代化农业生产提供强有力的支持。

（1）长江三峡大坝　三峡大坝是长江三峡水利枢纽工程（图 8-8）的核心水工建筑，是三峡水利枢纽发挥作用的关键。三峡大坝位于中国重庆市到湖北省宜昌市之间的长江干流上，宜昌市上游不远处的三斗坪，并和下游的葛洲坝水电站构成了梯级电站。它是世界上规模最大的水电站，也是中国有史以来建设最大型的水利工程项目。

图 8-8　长江三峡水利枢纽工程

　　三峡大坝为混凝土重力坝，大坝长 2335m，底部宽 115m，顶部宽 40m，高185m，正常蓄水位 175m。大坝坝体可抵御万年一遇的特大洪水，最大下泄流量可达 10 万 m³/s。整个工程的土石方挖填量约 1.34 亿 m³，混凝土浇筑量约 2800 万 m³，耗用钢材 59.3 万 t。水库全长 600 余 km，水面平均宽度 1.1km，总面积 1084km²，总库容 393 亿 m³，其中防洪库容 221.5 亿 m³，调节能力为季调节型。三峡工程的总体建设方案是"一级开发，一次建成，分期蓄水，连续移民"。工程共分三期进行，总计约需 17 年，目前已全部完工。一期工程从 1993 年初开始，利用江中的中堡岛，围护住其右侧后河，筑起土石围堰深挖基坑，并修建导流明渠。在此期间，大江继续过流，人们在左侧岸边修建临时船闸。1997 年导流明渠正式通航，同年11 月 8 日实现大江截流，这标志着一期工程达到预定目标。二期工程从大江截流后的 1998 年开始，在大江河段浇筑土石围堰，开工建设泄洪坝段、左岸大坝、左岸电厂和永久船闸。在这一阶段，水流通过导流明渠下泄，船舶可从导流明渠或者临时船闸通过。到 2002 年中，左岸大坝上下游的围堰先后被打破，三峡大坝开始正式挡水。2002 年 11 月 6 日实现导流明渠截流，标志着三峡全线截流，江水只能通过泄洪坝段下泄。2003年6月1日起，三峡大坝开始下闸蓄水，到6月10日蓄水至135m，永久船闸开始通航。7月10日，第一台机组并网发电，到当年11月，首批4台机组全部并网发电，这标志着三峡二期工程结束。三期工程在二期工程的导流明渠截流后就开始了，首先是抢修加高一期时在右岸修建土石围堰，并在其保护下修建右岸大坝、右岸电站和地下电站、电源电站，同时继续安装左岸电站，将临时船闸改建为泄沙通道。整个工程已告全部完工。

三峡工程主要有三大效益，即防洪、发电和航运，其中防洪被认为是三峡工程最为核心的效益。历史上，长江上游河段及其多条支流频繁发生洪水，每次特大洪水时，宜昌以下的长江荆州河段（荆江）都要采取分洪措施，淹没乡村和农田，以保障武汉的安全。在三峡工程建成后，其巨大库容所提供的调蓄能力能使下游荆江地区抵御百年一遇的特大洪水，也有助于洞庭湖的治理和荆江堤防的全面修补。

三峡工程的经济效益主要体现在发电量上。它是中国西电东送工程中线的巨型电源点，非常靠近华东、华南等电力负荷中心，所发的电力将主要售予华中电网的湖北省、河南省、湖南省、江西省、重庆市，华东电网的上海市、江苏省、浙江省、安徽省，以及广东省的南方电网。由于三峡电站是水电机组，它的成本主要是折旧和贷款的财务费用，因此利润非常高。因为长江属于季节性变化较大的河流，尽管三峡电站的装机容量大于伊泰普水电站，但其发电量却少于后者。

在三峡建设的早期，曾经有人认为三峡工程建成后，其强大的发电能力将会造成电力供大于求的情况。但现在看来，即使三峡水电站全部建成，其装机容量也仅达到那时中国总装机容量的3%，并不会对整个国家的电力供需形势产生多大影响。而且自2003年起，中国出现了严重的电力供应紧张局面，由于煤炭价格飙升，三峡机组适逢其时开始发电，在它运行的头两年里，发电量均超过了预定计划，供不应求。

自古以来，长江三峡段下行湍急，唐代诗人李白曾有"朝辞白帝彩云间，千里江陵一日还，两岸猿声啼不住，轻舟已过万重山"。（《早发白帝城》）的千古名句。但同时，船只向上游航行的难度也非常大，并且宜昌至重庆之间仅可通行三千吨级的船舶，所以三峡的水运一直以单向为主。三峡工程建成后，该段长江将成为湖泊，水势平缓，万吨轮可从上海通达重庆。而且通过水库的放水，还可改善长江中下游地区在枯水季节的航运条件。

（2）葛洲坝水利枢纽工程 葛洲坝水利枢纽工程（图8-9）是我国万里长江上建设的第一个大坝，是长江三峡水利枢纽的重要组成部分。这一伟大的工程，在世

图 8-9 长江葛洲坝水利枢纽工程

界上也是屈指可数的巨大水利枢纽工程之一。水利枢纽的设计水平和施工技术，都体现了我国当前水电建设的最新成就，是我国水电建设史上的一个里程碑。

葛洲坝水利枢纽工程由船闸、电站厂房、泄水闸、冲沙闸及挡水建筑物等水工建筑组成。船闸为单级船闸，一、二号两座船闸闸室有效长度为 280m，净宽 34m，一次可通过载重为 1.2 万～1.6 万 t 的船队。每次过闸时间为 50～57min，其中充水或泄水为 8～12min。三号船闸闸室的有效长度为 120m，净宽为 18m，可通过 3000t 以下的客货轮。每次过闸时间约 40min，其中充水或泄水为 5～8min。上、下闸首工作门均采用人字门，其中一、二号船闸下闸首人字门每扇叶宽 19.7m、高 33.5m、厚 2.7m，质量约 600t。为解决过船与坝顶过车的矛盾，在二号和三号船闸桥墩段建有铁路、公路、活动提升桥，大江船闸下闸首建有公路桥。两座电站的厂房，分设在二江和大江。二江电站设 2 台 17 万 kW 和 5 台 12.5 万 kW 的水轮发电机组，装机容量为 96.5 万 kW。大江电站设 14 台 125 万 kW 的水轮发电机组，总装机容量为 175 万 kW。电站总装机容量为 271.5 万 kW。二江电站的 17 万 kW 水轮发电机组的水轮机，直径 11.3m，发电机定子外径 17.6m，是当前世界上最大的低水头转桨式水轮发电机组之一。二江泄水闸共 27 孔，是主要的泄洪建筑物，最大泄洪量为 83900m³/s。三江和大江分别建有 6 孔、9 孔冲沙闸，最大泄水量分别为 10500m³/s 和 20000m³/s，主要功能是引流冲沙，以保持船闸和航道畅通；同时在防汛期参加泄洪。挡水大坝全长 2595m，最大坝高 47m，水库库容约为 15.8 亿 m³。葛洲坝水库回水 110～180km，由于提高了水位，淹没了三峡中的 21 处急流滩点、9处险滩，因此取消了单行航道和绞滩站各9处，大大改善了航道，使巴东以下各种船只能够通行无阻，增加了长江客货运量。

葛洲坝水利枢纽工程施工条件差、范围大，仅土石开挖回填就达7亿 m^3，混凝土浇筑1亿 m^3，金属结构安装7.7万t。它的建成不仅发挥了巨大的经济和社会效益，同时提高了我国水电建设方面的科学技术水平，培养了一支高水平的进行水电建设的设计、施工和科研的队伍，为我国的水电建设积累了极为宝贵的经验。这项工程的完成，再一次向全世界显示了中国人民的聪明才智和巨大力量。

（3）黄河小浪底水利枢纽工程 小浪底水利枢纽（图8-10）是黄河干流三门峡以下唯一能够取得较大库容的控制性工程，既可较好地控制黄河洪水，又可利用其淤沙库容拦截泥沙，进行调水调沙运用，减缓下游河床的淤积抬高。

小浪底工程1991年9月开始前期工程建设，1994年9月主体工程开工，1997年10月截流，2000年1月首台机组并网发电，2001年年底

图8-10 黄河小浪底水利枢纽工程

主体工程全面完工，历时11年，共完成土石方挖填9478万 m^3，混凝土348万 m^3，钢结构3万t，安置移民20万人，取得了工期提前，投资节约，质量优良的好成绩，被世界银行誉为该行与发展中国家合作项目的典范，在国际国内赢得了广泛赞誉。同时，小浪底工程被国际水利学界视为世界水利工程史上最具挑战性的项目之一，技术复杂，施工难度大，现场管理关系复杂，移民安置困难多、代价大。其复杂性主要在于工程泥沙问题和工程地质问题。小浪底工程控制几乎达到100%的黄河泥沙的水准，实测最大含沙量为941kg/ m^3。坝址有大于70m的河床深覆盖层、软弱泥化夹层、左岸单薄分水岭、顺河大断裂、右岸倾倒变形体、地震基本烈度七度等地质难题。黄河小浪底水利枢纽工程引进、应用、创造了新的设计、施工技术，取得了巨大成就。从技术上，较好地解决了垂直防渗与水平防渗相结合的问题和进水口防淤堵的问题。设计建造了世界上最大的孔板消能泄洪洞及单薄山体下的地下洞室群。通过运用大量新技术，实现了高强度机械化施工。管理上，成功地引进外资并进行国际竞争性招标；全面实践了"三制"建设管理模式，合同管理成效显著；移民安置做到了移得出、稳得住。工程建设计划全面完成，工期提前，投资

节约。精神文明建设取得了丰硕成果。枢纽投运之后走上了良性发展的轨道。

四、国外案例

水利建筑在国外运用得也非常广泛，除了巴拿马运河等古代案例之外，胡佛水坝等著名水工建筑也为后世的水利工程建设提供了参考和借鉴。同样，荷兰抽水风车这一类的水利建筑小品是人类最早运用水利建筑来拓展土地的代表作，作为荷兰这一国家的象征，也很好地代表了水利建筑的历史。

1. 阿斯旺大坝

阿斯旺大坝（图 8-11）位于埃及境内的尼罗（Nile）河干流上。在首都开罗以南约 800km 的阿斯旺城附近，有一座大型综合利用水利枢纽工程，具有灌溉、发电、防洪、航运、旅游、水产等多种效益。大坝为黏土心墙堆石坝，最大坝高 111m，当最高蓄水位 183m 时，水库总库容为 1689 亿 m³，电站总装机容量为 210 万 kW，设计年发电量 100 亿 kW·h。工程于 1960 年 1 月 9 日开工，1967 年 10 月 15 日第一台机组投入运行，1970 年 7 月 15 日全部机组安装完毕并投入运行，同年工程全部竣工。坝址位于阿斯旺老坝上游 7km 处的水库回水区内，水深为 30～

图 8-11　埃及尼罗河阿斯旺水坝

35m。坝址河谷宽约 500m，两岸边坡下陡上缓，高出河底 100m 处的河谷宽约为 3600m。河谷呈南北向，从变质岩、火成岩中切割而成。右岸为变质岩系，主要为混合岩，左岸除混合岩外，尚有花岗岩及火山岩，上部还有努比亚砂岩，岩体受一系列断层切割。左、右岸基岩出露。河床基岩埋藏很深，覆盖层最大深度达 225m，主要为砂层。上部为细砂，厚约 20m；其下为粗砂、砾石相间；在低于河床 120～130m 以下为弱透水的第三纪（距今 7000 万～260 万年）地层，由砂岩、细砂、粗砂、砂质垆姆及半坚硬黏土组成。

阿斯旺大坝看起来像是铺在大湖上面的一条宽广的公路。大坝两侧除了无边的水面外，还有很多水利设施，这样工业化的场面在埃及是不多见的。弧形拱桥式的大坝，将尼罗河拦腰截断，从而使河水向上回流，形成面积达 5120km² 、蓄水量达 1640 亿 m³ 的人工湖——纳赛尔湖。

阿斯旺大坝一次又一次成功地化解了尼罗河洪水对埃及的威胁。但是，大坝工程导致了泥沙被阻于库区上游，下游灌区的土地得不到营养的补充。所以土地肥力不断下降。由于河水不再泛滥，也就不再有雨季的大量河水带走土壤中的盐分了，而不断的灌溉又使地下水位上升，把深层土壤内的盐分带到了地表，再加上灌溉水中的盐分和各种化学残留物的高含量，导致了土壤盐碱化。河水性质的改变使水生植物及藻类到处蔓延，不仅蒸发掉了大量河水，还堵塞河道灌渠等。尼罗河下游的河床遭受严重侵蚀，尼罗河出海口处海岸线内退。大坝严重扰乱了尼罗河的水文环境。原先富有营养的泥沙沃土沿着尼罗河冲进地中海，养活了在尼罗河入海处产卵的沙丁鱼，如今沙丁鱼在尼罗河流域已经绝迹了。对于这些生态系统的演变，需引起人们高度重视。同时，这对此后一些国家和地区的大型水坝建设工作也起到了警示作用。

2. 胡佛大坝

胡佛大坝（图 8-12）是一座拱门式重力人造混凝土大坝，是世界闻名的水工建筑，位于美国亚利桑那州的西北部，于 1936 年落成。

图 8-12　美国亚利桑那州胡佛大坝

胡佛大坝是史无前例的大坝，也是当年最大的大坝，至今仍然是世界知名的建筑，已被定为国家历史名胜和国家土木工程历史名胜，1994 年，美国土木工程学会把它列为美国七大现代土木工程奇迹之一。

工程主要建筑物有拦河坝、导流隧洞、泄洪隧洞和电站厂房。拦河坝为混凝土重力拱坝，坝高 221.4m，坝顶长 379m，坝顶宽 13.6m，坝底最大宽度 202m，坝顶半径 152m，中心角 138°，坝体混凝土浇筑量为 248.5 万 m^3。左右岸各有 2 条直径为 15.25m 的导流隧洞，总长 4860m，导流流量为 5670m^3/s，左岸两条隧洞于 1932 年 11 月先建成过水。左右岸各设置 1 条泄洪隧洞，进水口各由 4 扇 4.9m×30.5m 的弧形闸门控制。泄洪隧洞系导流隧洞后半段改建而成，直径为 15.2m，用混凝土衬砌，长 671m，最大流速 53.4m^3/s，溢洪道总泄流能力可达 11400m^3/s。

胡佛大坝创造性地发展了大体积混凝土高坝筑坝技术，有些技术一直沿用至今。在混凝土坝施工机械和施工工艺等方面，如为了解决大体积混凝土浇筑的散热问题而采取把坝体分成 230 个垂直柱状块浇筑，并采用了预埋冷却水管等措施，使其成为大体积混凝土工程中的成功典型，对世界上混凝土坝施工技术的形成和发展有重大影响。

3. 荷兰风车

荷兰全国三分之一的面积只高出北海海平面 1m，近四分之一的面积低于海平面，是名副其实的低洼地。因此，对于荷兰这个国家，荷兰风车有着特殊的意义，其也作为国家的象征被世人所知。

图 8-13 荷兰抽水风车

荷兰风车（图 8-13），最大的有好几层楼高，风翼长达 20m。而有的风车则由整块大柞木做成。18 世纪末，荷兰全国的风车约有一万二千架，每台拥有 6000 匹马力。这些风车可用来碾压谷物、粗盐、烟叶、榨油，压滚毛呢、毛毡，造纸。更多的荷兰风车用以排除沼泽地的积水。正是这些抽水风车不停地吸水、排水，才保障了荷兰三分之二的土地免受淹没。16—17 世纪，荷兰人民认识了围海造陆工程的大规模开展的意义。风车在荷兰人民围海造陆这项艰巨的工程中发挥了巨大作用。首先是给风车配上活动的顶篷，其后又把风车的顶篷安装在滚轮上。这种风车，被后人称为荷兰式风车。

在欧洲流传着这样一句话：上帝创造了人，荷兰风车创造了陆地。如果没有这些矗立在宽广地平线上的抽水风车，也就没有后来的乳酪和郁金香的芳香，更没有荷兰这个国度辉煌灿烂的文化历史。每年 5 月的第二个星期六，是荷兰的风车节，这一天全荷兰的风车一齐转动，举国欢庆。到处都是风车或风车的图案饰物，商店摆满了造型精致、五彩缤纷的风车工艺品。抽水风车代表了荷兰人民改造自然、开拓进取的精神，这也是水利建筑共同的精神意义所在。

第二节　水利建筑景观设计

水利建筑工程由于相对专业，受到环境和气候的制约较大，建筑体量较大，因此，水利建筑的工程施工也具有工期长、施工难度大、专业性较强的共同特征。以下内容通过结合水利工程的建筑特色和造型风格特征，对水利建筑工程技术特点，以及设备的选取与使用来进行分析。

一、水利建筑的工程技术特点

在水利建筑工程当中，由于受到当地的地质、地形、气象以及水文等多种因素的制约，在很大程度上影响了建筑物的造型、项目的选址、工程的投资、施工以及总图的布置。水利建筑要求的技术条件很复杂，如用来挡水的建筑物需要承受非常大的水压，因为渗流而产生的渗透压，以及建筑物在进行泄水时产生的重力，将会对岸坡以及河床产生强烈的冲刷作用，这对水利工程建筑物的稳定性与强度提出了很高的要求。此外，在河流中兴建的水利工程的施工难度非常大，需要通过分步骤、分工期，妥善的将截流、施工期的度汛以及施工时候的导流结合起来。由于水利建筑的地基相应处理较复杂，尤其是在与水下工程、地下工程的施工结合的情况下，更是如此。大型的水利工程，其用来挡水的建筑物如果一旦发生了事故，则会给河流的下流造成重大的灾难与损失。因此，水利工程的相关设计与施工技术的研究是非常有必要的。水利工程的建筑设计与施工，除了需要注意其建筑的结构强度以外，还需要根据具体的施工工艺以及各个建筑物所处的地理位置，使其满足抗地震、抗开裂、抗渗透、抗拉伸、抗冻坏、抗风化、抗侵蚀以及耐磨抗冲击等设计的要求。

大型水利工程中，其水利建筑，特别是水工建筑的施工通常具备以下几个特点。

第一，工期相对较长、工程量较大。大型以及中型的水利工程，其建筑物施工的体量一般都非常大，需要用到的建筑材料如混凝土、钢筋、沙、石等材料的量也较多，如中等规模的水利建筑，其混凝土的用量一般都达到了几十万立方米甚至是几百万立方米；施工周期长，从建筑物混凝土的浇筑开始，直到水工建筑工程的基本完工蓄水，通常都需要经历 3～5 年的时间才可以将所有的工序实施完工。当然，随着科技的进步以及工程技术的完善，通过应用高新技术手段，可以加快水工建筑工程项目的施工进度以及提高水工建筑工程的施工质量，减少工程时间和成本的花费。

第二，与其他类型的建筑不同，水工建筑具有很强的施工季节性。水工建筑工程的施工经常会受到当地自然环境中降水与气温的变化、拦洪度汛与施工导流以及农业用水与生活用水等相关因素的影响，导致水利建筑工程在实际的施工过程中不能够进行均衡及连续施工。

第三，水工建筑对施工温度的控制要求非常的严格。因在水工建筑施工当中，存在着大面积的、大体积的混凝土施工，所以，在施工中经常需要采取分块分缝的方式对其建筑物进行浇筑。为了避免混凝土（尤其是工程基础约束部位的混凝土）因为温度而产生裂缝或出现冻害（尤其是薄型的大面积混凝土），保障水工建筑的整体性，在进行施工的过程中，则必须依据当地实际的气温条件，对水工建筑实行严格的接缝灌浆、温度控制以及建筑物表面保护。

第四，与传统民用建筑相比，水工建筑的施工技术难度较大。在水工建筑工程的施工中，由于其建筑物的工作条件以及其用途均不相同，体型通常因地制宜，缺乏通用性，所选用的施工材料也往往采用地域性的材料，即使在采用外来建筑材料时也往往根据用途，使用不同等级的建筑材料进行施工。此外，在进行混凝土浇筑时，经常与工程中的安装、地基的处理与开挖产生交叉作业，使得其施工工序容易出错，相互之间产生很大的干扰和矛盾等。

二、水利建筑的设计风格和造型选型

由于水利建筑功能的特殊性，施工的复杂性等，水利建筑的风格设计和造型选择要在满足水利建筑功能、施工方便的基础上进行。传统意义上，经过严密设计后的建筑造型，除了满足功能外，通常也反映出建筑物的特征。建筑可以采用流动、自然的形态来表现不拘一格、生动活泼的建筑特色，也可以采用严谨、规则的形态来表现出典雅大方的气质。建筑可以展示材料以及技术的先进，来突出现代的高科技的韵味；也可以注重历史的文脉，利用象征符号等隐喻手法将一种文化的底蕴表现，向历史致敬。通过体型体量的变化，建筑可以是挺拔、舒展；也可以是小家碧秀，温文尔雅。总而言之，一栋建筑其表现出的特征应与当地的环境和人文充分的结合，以美学和实用为原则，使得环境与建筑取得一致与协调，同时要坚持因地制宜，在设计的时候不能凭个人喜好随意处理、凭空臆想，更不可搞长官意志、脱离实际的、形式主义的所谓"政绩工程"。

　　就水利建筑而言，由于功能的复杂性，即使在同一个环境的整体建筑中，也由于其功能的不同，每个建筑单体的体量也不尽相同，个体之间既存在着共性，也有个性。共性来自内在元素间的相互联系，需和谐与统一；个性来源于物体存在形式的相互区别，形成物体形象的丰富变化，故应采取多元化设计，避免设计雷同、低俗、千篇一律。水利建筑的主体与辅助的关系就是如此。设计中，必须从当地实际出发，以工程力学和美学为原理，以当地地质、水文、气候、植被、人文、集水面积等实际条件为依据，立足于长远安全和确保工程质量，兼顾技术可行，经济合理，时空允许，做到有主有次，有质有量，有形有度，刚柔相济，经济可靠，安全第一。例如，在大坝设计中，坝体的体量就很大，高度也较高，所展现出来的气势与宏伟和管理人员所使用的管理用房、设备用房、办公用房与生活用房这一类的小体量建筑，就形成了对比与反差，应权衡轻重与利弊，实事求是地做出妥善安排。同时，"细微定成败"，不能因为建筑体量较大就忽略了其细部的处理，需注意到"粗中有细"、精益求精、合理布局。同样以大坝设计为例，坝体在设计上要尽量利用其本身的大体量，经过承重柱和坝面的关系处理，以及装饰等手段将其细部丰富起来，进行景观化建设，使得水利建筑不再那么单调呆板，改善水利建筑观感，给人以美的享受，丰富水利工程景观形式。同样，在管理人员所使用的管理用房、设备用房、办公用房与生活用房的处理上，以实用、可用、够用为前提，并稍留余地，可以互相组合，形成一个有机整体，这样的处理肯定比各自独立设计好，可以避免差异大，彼此缺乏联系，使之更为合理。至于建筑的风格特征，是采取仿古的风格还是采用现代的风格，又或者是欧式的风格还是中式的风格，除在考虑使用者的喜好以及当前流行因素的影响外，更多地应该从当地的人文的环境与地理环境出发，传承文脉理念，从而设计出因地因时制宜、和谐自然、符合水利景观设计要求的建筑物。

三、水利建筑常用的美学选型

在满足使用外，水利建筑同样可以采用美学造型，如均衡与稳定、对比与变化、节奏与韵律、主体与客体、基调与呼应、造景与借景、暖色与冷色、动与静、疏与密、刚与柔、浓与淡、直与曲、纵与横、高与低等原则来进行设计，使得线条、声像、意境的美感能融合于水利建筑之中，能体现出时代的美感，并尽可能成为地区性的标志建筑物，为打造和开发水利景观游览奠定坚实基础。

1. 结构的均衡与稳定

均衡与稳定是建筑构图规律的基础。均衡一般是指人们对建筑物形式以及体量等要素在视觉上观感均衡的判定。自然界中，相对静止的物体都是遵循力学原则，以稳定状态存在的，这个事实能使人产生审美方面的视感平衡。均衡包括对称均衡（属线性状态）和非对称均衡（属非线性状态）两种，前者的处理方式较为简单，是指在处理时通常借助轴线，将各节点空间进行放大，突出主题，轴线贯穿各节点空间可形成联系，并在轴线上进行严格对称的手法。无论从力学的角度，还是从美学的观点来看，对称都是均衡中较容易实现的建筑形式。而后者的处理方式则要复杂得多，处理时要突出强调均衡中心的作用，要符合平衡原理。事实上，各种建筑将通过非对称的均衡来获得空间自由感和空间稳定性，均能较好地提高建筑的艺术效果。因此，均衡与稳定是使建筑形象趋于完美的必备条件。水工建筑中的堤坝、各种生活用房、桥梁、高架渡槽、引水管道、调压塔等构筑物，为了节约成本导致体形简单，外表也没有什么装饰，而且大多规模较大、体量厚重，如果在设计上处理不好，往往给人以"笨重呆板"的感觉。因此，要善于利用结构中应力分布的规律和结构合理的受力要求，把稳定性这一基本要求同建筑的空间造型结合在一起进行考虑，而如何利用并展示水工建筑的庞大体量，即将建筑造型的优势发挥到最大，成为水利建筑造型设计首先要解决的问题。只要把握住了空间体量的比例与尺度，使建筑外形达到均衡、稳定，这种空间造型就会在视觉上给人以一种雄伟、壮观的景象，如运用黄金分割法、乾坤图像、杠杆原理等美学比例，就能实现我们的目标。有的设计，为慎重起见，甚至还需要收集相关数据，通过正态分布、时间序列、连续模型、规划模型、随机模型、多元统计模型、智能计算模型等数理统计和数学模型的计算后，再作科学决策。

随着建筑中新型材料、新型技术、新型结构的推广及运用，诠释建筑平衡与稳定的方法更加丰富了。现在，我们不仅仅可以使用"将一个实体放置在另一个实体上"的原则来解决结构的承重问题，也可以通过空间桁架、铰接等其他静态结构来解决结构的承重问题。这样，均衡与稳定的概念不再必须呈现出敦厚、庞大、雄伟等视觉感受，而高强材料的出现，各种空间结构的广泛运用，也带给水利建筑设计上的改革，让水利建筑可以拥有更加轻巧、生动、优质的建筑造型。

2. 对比与变化

水利建筑内部的各单体功能不同，结构形式也各异，如果能运用对比与变化的手法巧妙地把各种功能上的差异反映在建筑的外部造型上，并通过统一的风格进行联系，就可以打破造型的单调乏味而显得富于合理化。造型的对比主要有三种表现手法：方向性的对比、形状的对比、虚与实的对比。方向性的对比指的是组成建筑各部分前后、左右、上下关系的变化。这是基本的对比手法。而形状的对比则可直观地表达出建筑造型的丰富性，建筑各单体选型除了要服从总体造型的需要外，还必须满足内部空间的功能性要求，并追求流线的合理性。虚与实的对比也是建筑造型中常用的处理手法。虚指建筑的开洞部分，包括门窗以及百叶等半遮光构件，实则指建筑的实体部分，两者相辅相成，缺一不可。虚和实的对比可以根据功能上的不同要求而加以区别对待，两者既可以巧妙地互相穿插，做到实中有虚，虚中有实；也可以相对集中，某部分以虚为主，另一部分则以实为主，形成强烈的虚实对比。如西枝江水利枢纽中的大坝与厂房，建筑造型采用了上述三种对比手法，尤其是虚实对比的成功运用。大坝粗犷的混凝土立面与厂房排列有序的门窗、遮阳板形成强烈的对比，将大坝的雄浑和厂房的轻巧表达得淋漓尽致。

3. 结构的节奏与韵律

节奏就是有规律的重复，而所谓韵律，就是有规律的变化，使形式富有周期性的变化及重复。节奏是韵律的特征，而韵律是节奏的深化。建筑是凝固的音乐，指的就是建筑采用的节奏和韵律与音乐有共通之处。结构部件不一定要求完全一样，而是可以通过排列与组合按一定的规律进行变化，这样不仅可以简化结构，使结构受力合理，有利于快速施工，而且还可以使建筑空间的造型和色彩获得极富变化的韵律感、节奏感和舒适感。因此，水工建筑以及水利附属建筑设计环节应当从建筑学的整体出发，推敲并处理结构构件掩蔽与暴露的关系，并在美学上加以利用和发挥。可以说，合乎情理的外露结构本身就是最自然和经济的一种建筑外装饰手法。水工建筑中各种承重构件和构造构件，如闸墩、立柱、梁板、挑梁、屋架、挑檐、遮阳板等，既可以成为建筑物立面构图丰富的元素，也可以成为以某种韵律与节奏进行变化的基本要素。结构构件本身的形式美，以及结构构件排列组合后形成的韵律感，对于工业化的建筑空间造型艺术效果来说，具有重要的意义。因此，在设计环节上应当追求让这些构件同时具有结构承重和建筑造型的两种不同功能，这种构件的造型设计既要符合力学原理，便于预制和安装，又要考虑到美学原理，使这些构件组合、排列以后的比例、尺度、体型轮廓、色差、错落、阴影要达到美学标准并由此给人以节奏感、韵律感和舒适感等。总之，在设计过程中，应该围绕目标和宗旨，进行协同设计，需要建筑师与结构工程师的通力合作，尊重当地人文特色和各界群众的意愿，从而达到功能、结构、建筑美学的完美统一。水工建筑同时从力学、美学以及施工工艺的角度去深入研究结构体系和结构构件的造型设计，真正有效地利用和发挥结构本身所具有的均衡、稳定、韵律、节奏、轻快、舒适等形式美的因素，就能取得简洁凝练的建筑艺术效果，达到层次、结构、功能、技术、经济、材料和造型的完美结合。

四、水利建筑的改造

水利建筑有很多修建于二十世纪六七十年代，普遍存在着装机容量小、台数多、设备较为陈旧，电气设施老化，绝缘性较差，控制保护方式落后，振动及噪声大，故障率较高，发电效率较低等机组的通病。另外，还存在着设备制造质量较差、安全隐患较多等问题。特别是一些装机容量在 100kW 以下的微型电站，防洪标准低，随着人事更替频繁，工作人员通常缺乏专业培训，技术素养往往低下，缺乏熟练的检修知识，电气设备未能及时进行维护和维修。随着新型水利枢纽的建设，这些老旧的水利建筑的水利功能逐渐退化或丧失。但考虑到大部分老旧水利建筑本身及其内部设施具有很好的景观功能，是人们近距离接触水利工程设备设施的良好景观资源，其改造潜力巨大，可以使用新的工程技术进行改造，让这部分水利建筑发挥更大、更多的作用，延长设备有效使用年限，扩展设备的使用范围，将其作为良好的景观欣赏对象，挖潜增效，为水利工程景观建设添砖加瓦。

然而，要做好小型水利建筑的技术改造，首先要委托有资质的单位进行技术咨询并进行优化设计，还要请专家对改造设计方案进行审查。因为一个好的设计方案，可以合理降低造价并提高效益；反之，不重视设计，容易造成不必要的返工和经济损失。小型水利建筑的技术改造，必须贯彻"先进性、合理性、经济性和特殊性"原则。应该针对各个水利建筑的具体情况，因地制宜，进行优化设计。合理性就是要紧密结合和妥善处理水电站的不可变更或不宜变更的制约条件；经济性就是要在有限的投资情况下，尽量增加年发电量，提高水利建筑的经济效益；特殊性就是特殊问题用特殊办法处理，兼顾社会、经济和生态效益，把生态文化建设融入整个工程改造的全过程中。例如，对于多泥沙河流上运行的水轮机，既要改善其运行特性，又要采取抗泥沙磨损的综合治理措施，以延长水轮机的使用寿命，只有在设计中深入全面而周密的考虑才能具有先进性、合理性和经济性。

　　除了将上述的水利水电枢纽类型的水利建筑进行改造以更好地适应新时代社会发展的需求外，对于其他种类的废弃的水利建筑，同样可以进行改造、挖潜，以寻求更多的用途。利用废弃的堤、坝、塘可以形成水文化公园，通过一系列景观小品的设置，局部保留原水利建筑的风貌来传递地方文化。在江河处也可结合河堤，局部放大形成观景平台，围绕江景，进行休闲娱乐活动。除了水利建筑以外，小型的水利建筑小品同样也拥有改造的可能性。例如，

图 8-14　水上建筑小品

将废弃的水利建筑小品改造成水上建筑小品（图 8-14），条件允许的情况下甚至可以进行增筑形成文化创意园区，利用水利建筑环境优美的特点，吸引画家、书法家等人才到此定居或者定期开展书画创作与展出活动，从软件方面形成良好的文化氛围，为日后开展有序的水利景观旅游奠定基础。其实，废弃的水利建筑小品，通过改造，也能有效利用水利建筑水资源丰富的优势，形成主题公园。它可根据其项目具体位置以及周边的环境及交通情况，进行分项发展，如可结合漂流，形成探险冒险产业链；也可结合游船、钓鱼等项目，形成休闲产业链；甚至可以结合人造冲浪、沙滩、水上游乐项目形成水上娱乐产业链。改造废弃水利建筑的目的在于能最大化节约人力及自然资源，更合理地利用土地，同时进行二次开发，增加劳动就业，防止废弃水利建筑对环境的破坏。

第三节　水利建筑未来的发展

随着水利风景旅游的兴起与发展，水利工程的旅游景观功能将得到进一步的发挥。作为水利工程中的重要景观元素的水利建筑在满足传统的水利建筑功能需求外，也要从艺术美学、建筑美学的角度对其进行设计建设，使其兼顾水利使用功能和景观欣赏功能。水利建筑，特别是水工建筑在满足水利功能需求的基础上，景观化建设将是未来的发展趋势。

一、水利建筑造型及美学发展趋势

水利建筑由于相对规模较大，功能性要求较高，因此，传统的水利建筑往往不考虑或者较少考虑造型和外观。随着时代的发展，科技的进步和水利建筑功能性的扩展，水利建筑也被要求具有更好的造型和美学来吸引人群。因此，水利建筑的造型将成为新的研究点，被深入探讨。

水利工程大多气势宏伟，建筑体量较大，给人以强烈的视觉冲击力。但若一开始就直接进入到水利工程中，会给人感觉缺乏过渡，会稍显普通和平淡。因此，通过建筑的对比，用狭长的甬道来引导人流，则人在经过甬道后见到水利工程的主体建筑后会有心理上的放大，给人以震撼感。同样，可以采用序列的手法，通过诗词创作中的"起—承—转—合"的过渡手法，用小建筑和大景观产生放大节点来给人以心理暗示，将重心放在水利建筑主体上来突出主题，结合水利建筑其他扩展的用途，如展览和观赏等，让更多的人来认识水利建筑，进一步深入了解水利建筑的作用，从行动上保护和关心水利建筑，从心理上展示现代水利工程的风采。

传统水利工程中的建筑都是严谨对称的，虽然均衡，但往往缺乏美感，进而给人以严肃和不易亲近的观感。通过进行非严谨对称，而是均衡对称的布置，可打破水利工程建筑单调乏味、呆板简单的视觉观感。传统水利建筑的结构大多统一，缺乏变化。在不改变其功能的情况下，若稍加变化，能将统一的结构构件进行有韵律的改变，可形成有趣的变化空间，减少重复空间给人的压抑感与烦躁感，使人的心理具有更好的活动感受。

随着高新材料和技术运用到传统水利工程中，水利建筑的美学设计也会有所进步。例如，外立面，不再是单调的混凝土面，可以是具有细节的清水混凝土面，也可以是绿墙体系的植物种植墙面，也可以是带有目的性的墙面如太阳能聚能墙等。这一系列的变化和进步将极大地改变人们对传统水利建筑的认知，水利建筑将不再是乏味无聊的纯功能性设施，而是具有观赏价值和具有特定目的的旅游观光建筑。这也会带给水利建筑以更多发展的空间，更多功能性拓展的空间，如下文所讲的和其他功能体结合的可能性。然而这些在传统的水利建筑中是完全不可能实现的，只有在赋予了水利建筑全新的建筑理念、造型结构和美学思维后，水利建筑才会展示出新的价值体现，人们也能够给水利建筑更多关注和认可。

二、水利建筑未来的趋势和目的

随着工程技术的进步和材料的改革，水利建筑除了满足改善水环境的传统需求外，也应该体现更多的生态文明等"五个文明建设"的价值与功能。水利建筑修建的地方往往风景优美，山清水秀，天蓝地绿，适合作为城市度假的活动区域，缓解城市生活的多种压力。同样，水利建筑与环境息息相关，它作为教育科普基地也非常合适，能够给学生提供生物、建筑、水利、生态、美学、水电工程方面的科普教育环境。因此，通过技术措施来改善水利建筑的单一功能特征，解决水利建筑建成后自我维护所需的后期维护资金，将水利建筑拓展成为集水利功能、旅游度假功能以及教育科普的综合性建筑，是水利建筑未来发展的趋势。

旅游度假功能的水利建筑一般结合地势，因地制宜布置居住单元和休闲设施，同时可结合水利项目的特质，设置水利博物馆与展览馆来介绍水利项目的功能功用与所在地的风土人情，并可设置一系列小规模的 5D 观演厅来给观众提供水灾感受，是较为可行的方案。水利建筑人员活动较少，环境幽静，结合水体，能营造较好的度假氛围。居住单元可单独成组，也可集中布置，可观景也可临水择居，而水利建筑由于人类活动程度低，周围的小型生态圈保护较好，能够作为动植物方面的教育科普的实践活动区，同时，水利工程也能够为建筑、水利、生态、水电工程方向的专业学生提供专业性较强的展示区，其他还能够对关心和喜欢水利工程的人群提供科普的学习基地。但是，水利建筑尚存在着很多的问题，如设备带来的噪声和电磁污染等，这些都是不利于人的居住环境，需要通过几种手段来解决。

第一，通过防护林带，如用日本珊瑚一类的植物来遮挡噪声源，可以有效降低噪声所带来的危害。同时，防护林带能够结合景观挡墙，形成叠水等景观小品，有利地提升水利建筑的美感。

第二，结合地形，将居住单元安排在上风口，将污染源安排在下风口，并避免安排在盆地地形中，避免水利建筑产生的污染。

第三，通过改善水利建筑的设施设备，来降低设备本身对人体的负面影响。

第四，建筑采用可持续材料或者生态材料构件，能够方便地进行安装和拆除，实现水利建筑在灾害发生时的临时改建。

第五，要设置避险区域，避免水利建筑所带来的风险。

通过盈利性的建筑设施，能够给水利项目提供后续维护所需的资金支持，这是未来水利建筑功能多元化的初衷。分析水利建筑的优势和劣势，我们可以提出度假性质的水利建筑附属设施，以及带有科普性质的教育旅游基地等几种较为现实的结合方案，为水利建筑未来的发展提供更好的建议。

三、水利建筑未来的特征

水利建筑未来特征：第一个就是高新技术化趋势。目前，除了大型水利工程外，其他小型水利工程中，水利建筑多采用较为简单的构筑模式，以及粗放式管理，如大多数的河堤还是采用传统的土堤形式。土堤这种建筑形式虽然施工简单，但占地较大，施工周期长，虽然后期保养简单，但由于结构部分缺乏较好的保护，维护难度大，且稳定性不佳。欧洲地区，在遇到水灾时，利用技术上的优势，却能够在短时间用先进的建筑材料，达到防灾的目的。德国多瑙河地区泛洪，政府通过设置防洪挡板，在很短的时间内就构筑了堤坝，保护了居民的生命和财产安全。由此可见，先进的技术材料和措施，是未来水利建筑的特征。防洪挡板（图 8-15）一般是由 15cm 厚的铝合金压制成的长 2m 的口字形铝梁，为了保证坚固，建造采用了先进的结构特征，让水可以进入铝梁内部，以此来增加防洪挡板的重量，是能挡水的核心关键。这种移动防洪挡板于 1984 年在科隆第一次被使用，但造价很高，11km 长的防洪墙价值 1100 万欧元。随着技术的进步，未来能够进行大规模运用高新技术材料在水利建筑中将成为可能。

水利建筑未来同样呈现快速化模块安装与拆卸的趋势。在水利建筑做好基础的结构后，采用工厂的模块化预定制，大量相同构件能够迅速被安装在水利建筑的基础结构之上，结合榫卯等手段，可实现水利建筑的快速化建设。快速化模块安装与拆卸可以首先运用在防洪抗洪的小型水利工程中，这些项目由于工程规模较小，受

到环境的影响较小，能够有效地检测模块
化建设的优劣，并进行改进，在未来可实
现大型水利枢纽的模块安装。

　　水利建筑模块化在研发时序上，可以
分为三个步骤。

　　第一个步骤是实现水利建筑基础建筑
单元的模块化，如堤、坝的建筑单元，并
解决互相结合的技术工程方法，以及解决
因热胀冷缩、地质沉降而带给水利建筑的
困难。

　　第二个步骤是实现水利建筑附属用房
的单元模块化，如工作人员的宿舍、食堂、
办公楼的模块化设置，以及增加附属功能
用房所需要的单元模块化，如结合度假，
需要对度假居住单元实现模块化；结合科
普展览，需要对展厅、5D 观演厅实现模
块化。

　　第三个步骤是实现水利建筑核心的单
元模块化设计，如实现多核心化，将一个
核心分为多组布置，将设备进行多组化，
以避免集中布置所带来的密集电磁污染。

　　水利建筑未来发展，另外一个重要的
特征是环境化与地下化。现代水利建筑大
多建设在地面，无论如何处理，总不能实
现与环境最佳的结合，并且，建筑占用了
植被与动物的生活区域。在未来，由于技
术的发展，人能够更多地在地下进行活动，
将地面还原，能够为动植物提供更好的栖
息和生活环境。利用地下空间，来布置工
作区域和生活区域。将建筑围绕局部的地
下庭院和采光井布置，来满足采光和通风

图 8-15　防洪挡板

要求。对于水利建筑的设备来说，受潮是相当麻烦且难以处理的，因此，解决好水利建筑设备的抗潮，是水利建筑环境化的关键所在。未来人类将承担更多的人与自然环境共存的责任，将自然保护好，让自然能够更好的延续，减少人类对环境的破坏。对水利建筑这种大型建筑来说，将水利建筑地下化只是第一步。除此以外水利建筑还有更广阔的应用前景，如水坝等设置对鱼类的活动区域做了很大的限制，打破了鱼类回溯产卵的习性，这些都能通过建筑的环境化逐渐去解决，如在特定的季节设置鱼道，可顾及鱼的活动习惯。将环境化运用到水利建筑中来，使美好的环境能够可持续发展。

水利建筑未来的发展，也将为其景观化建设提供一个全新的思路。将全新科技与建筑美学结合，从而营造出形式丰富的水利建筑景观，使得水利工程景观具有更丰富的景观多样性。

四、可借鉴的案例分析

由于对废弃水利建筑的改造、对水利建筑的多功能开发还处于研究阶段，未来的水利建筑的多功能开发需要不断的探索和总结经验。这里选取几个可供借鉴的案例来进行分析。

1. 世界摩天楼设计大赛季军作品——胡佛大坝

胡佛大坝是世界著名的水利工程，知名度较高，因此吸引来了大量的游客。作为著名的旅游景点，胡佛大坝需要更多的功能性的拓展，但限于现有工程水平暂时无法实现。随着新材料的运用以及科技水平的日益进步，也有很多胡佛大坝的改造方案拥有了实施的可能性，2011 年的世界摩天楼设计大赛中的胡佛大坝（图 8-16）改造就是很好的一个例子，并因此获季军奖。

设计公司重新构思了胡佛大坝的建筑，并把它重新设计成一座集展览、游览、居住等多功能于一体的综合体。由于未来新型材料具有更好的力学性能，因此，通过改造与加建，在原胡佛大坝的表面全新构架出了具有弯曲的美感、会令人想起"水流侵蚀的峡谷"的建筑，电站跟美术馆、水族馆、观景台等设施巧妙地整合在一起，展现出了优美的线条，"怪物"摇身一变，出脱成科罗拉多河上熠熠生辉的"天使"，让人怦然心动。它的观景平台位于大坝底部，设计独具匠心，游客可以直接同水接触，并可乘坐船只进行水上活动。垂直的水族馆和美术馆功能，变成一个垂直的超级结构，提供给了游客更多地了解和全新体验水利工程的机会。虽然项目并未实施，仅处于概念方案阶段，但设计展望了水利建筑与展览、游览和居住等功能的结合可能性，并给未来的水利建筑的多功能性提供了设计思路。

图 8-16　世界摩天楼设计大赛季军作品——美国亚利桑那州胡佛大坝

2．上海佘山深坑酒店

上海佘山深坑酒店（图 8-17～图 8-19）并不是一个废弃水利建筑改造的酒店，

图 8-17　上海佘山深坑酒店 1

图 8-18 上海佘山深坑酒店 2

图 8-19 上海佘山深坑酒店 3

但由于建筑所建造的地形很符合水利建筑的地形特征。对于水利建筑的度假酒店性质的功能拓展，从概念方案走向实际运用，具有很好的借鉴意义。

"深坑酒店"位于著名的佘山脚下，是一座深达 80m 的废弃大坑。该深坑原系采石场，经过几十年的采石，形成一个周长千米、深百米的深坑。早在 2006 年，深坑酒店就已立项，但作为一个世界性的建筑难题，无论是地下空间的运用，地质方面的考查和研究论证，以及建成后的使用和管理，都没有先例可查，要想在科学论证的保障下，在一个废坑上创造建筑奇迹并非易事，因此，项目的可行性研究经过了 7 年的反复研究和论证，才开始建设。酒店的主体部分会建造于深坑的南侧崖壁上，另有两层建于深坑的水下，是一个负 70m 的超五星级度假酒店，是世界海拔最低的酒店，也是世界首个深坑酒店。然而事实上，要建造这样一个上下高度落差之巨大的深坑酒店将是一个极其复杂、浩大的工程，深坑酒店的周边是陡峭的岩石壁，给建造带来了无数的建筑技术难题，其中尤其包括消防、防水、抗震等难度系数很高的问题。

　　酒店是在负 80m 的坑中建造的，消防逃生需要自下而上，人类居住的空间里未有任何案例可参照，一旦发生火灾，消防车根本进不了矿坑，为了保证客人的绝对安全，于是又产生了一个创新设计：确保酒店任何一个阳台均与消防通道相连，这对空间布局的设计要求非常高，存在地上空间设计所无法比拟的难度。

　　解决了火的问题，水的问题更不可轻视，"水往低处流"是最基本的自然规律，在一个露天百米的深坑里，如何防积水就成为一个突出问题，而且为了呈现更完美的景观效果，设计师想在坑底建造一个人工景观湖，但是积水没有天然的泄洪口，而且湖水水位会在汛期因洪水而暴涨，如何才能将湖面维持在一个安全的水位？最终的解决方案是安装一部抽水泵以确保每日湖中水位变化不超过 500mm 的安全区间，这数字是基于对上海历史水文资料的研究，人们发现在过去 500 年中上海本地单日降水量从未超过 300mm。

　　人工湖的另外一个功能是处理废水，巨大的储水罐被安装在湖中最低水位以下，污水可通过过滤净化处理排入湖中，处理后的水质将能够直接达到洗浴标准。当然，如何在这么低的海拔保持房间干燥，营造出舒适的微环境也非常不简单。

　　对于施工方面也同样存在很多难题，大多数工程中施工单位要解决的是如何将人员和材料、设备向上运输，而建造深坑酒店，则是解决如何将这些向下送到 80m 深的泥泞坑底的问题。由于坑壁具有弧度，酒店主体结构也被设计成为了沿坑壁的弧形。它使用的是异形钢，它的结构不规则，且处于深坑边缘，运输和吊装难度都很高，有弧度的设计同时也对结构的整体强度增加了要求。

　　建成后的上海佘山世茂深坑酒店拥有 370 间客房，共 19 层，其中坑表以上有 3 层，为酒店大堂、会议中心及餐饮娱乐中心等；坑下（水上部分）14 层为酒店主体，主要设置标准客房；水下 2 层则为水下情景套房和餐厅、SPA 等。

因为深坑酒店的许多独一无二、创新与"第一"，它是最具野心和不可复制的工程特色项目，它的建成和开张吸引了全世界的目光，成为上海新地标，并成为城市新的名片。

3. 河岸观景平台

钱江新城城市阳台工程（图 8-20～图 8-22）约 35000km²，是新城核心区块环境建设的标志性工程，它利用钱塘江的水工建筑（防洪堤）进行休闲、景观、交通、服务等多重功能拓展，以一种全新的方式将城市与钱塘江连接，充分体现了城市历史文化的延伸。钱江新城城市阳台由城市主阳台和波浪文化城组合而成，二者并没有明确的分界线。波浪文化城自南向北呈"T"形，两个方向分别与钱江新城的商业轴线和文化轴线呼应。城市主阳台由主阳台和两翼阳台组成，北部的平台和波浪文化城连成一体。其中阳台位于城市轴线的端头，宽约 350m，外挑江面 80m；两翼阳台分别位于清江路至解放路东路、新业路至庆春东路范围内，由上部景观、地下停车库和之江东路下穿段组成。城市阳台建设涉及的道路主线均采用下穿形式，同时充分利用现状防洪堤与钱江新城地块地形的高差，设置近 2000 个车位的地下车库，以满足新城核心区块的需要。城市阳台以大片生态绿化为主，结合硬质铺装、休闲小品等构成旅游观光、园林艺术的生态景点，将钱江新城核心区与钱塘江沿岸互相衬托和有机地结合起来。

图 8-20　杭州钱江新城城市阳台 1

图 8-21　杭州钱江新城城市阳台地面层

图 8-22　杭州钱江新城城市阳台 2

　　城市主阳台有 2 个主要层面：地面层和屋面层，地面层为主层面，几个不同标高的层面通过台阶、坡道连接组成。屋面层则是一个高低起伏的大观景平台。

　　波浪文化层主要楼层有 3 个：地面层、地下一层和地下二层。地面层（图 8-21）其实就是一个开放的绿化和景观广场。位于不同标高层面的地面空间、坡道、主体广场、敞廊和折线型的连廊和铺地等组合成了一个波浪形的、活跃的文化与商业群落。大剧院和会议中心也被巧妙地组合在了这一结构之中。地下一层是波浪文化城的主层平面。中心区域内主要设置了电影超市和大型的购物商店，而便捷区域由一些小规模的商业体、服务设施和餐饮等功能组成。中心区域与便捷区域

图 8-23　杭州钱江新城城市阳台嵌入圆形天窗的屋顶

通过灵活多变的步行街和不同规模的广场交织于一体。在这些步行街和广场的屋顶分别开设了两条相互平行的采光天井和大量的采光天窗（图 8-23），它们不但为地下一层空间引入了宜人的自然光线，而且提供了良好的方位感，将内外空间有机结合在一起。

城市阳台在地下和周围建筑实现无缝对接，人流可以从周围道路到达城市阳台，也可以从地下的地铁站及地下的周围建筑到达，公共部分设有电梯、自动扶梯和自动行人道，并在高低起伏处考虑无障碍设施。地下二层设置物流中心，进行货物的周转。

城市主阳台的建筑体态走向呈不规则形态，与江堤的走向相协调，外立面虚实相间，时起时沉。天花板、地面和墙壁都打了孔，嵌入圆形窗户，这样一方面可以保证室内光线，另一方面可以让游客感觉与天、水连在了一起。由于波浪文化城全部位于地下，又要连通周围大型建筑，在地面看不到什么体型，只有一些开敞的楼梯、大台阶、庭院以及玻璃长廊等（图 8-24），空间开放并富有变化，优雅大气。由于建筑设计极具动感，很多墙面采用了斜向分割，吊顶也采用了起伏不定的波浪形态，结构和建筑结合紧密，大量采用了钢结构空间桁架，斜杆穿行整个层面，成为建筑体的一大特色。

钱江新城城市阳台是一个已经建成的、休闲娱乐建筑与水工建筑无缝衔接的优秀案例，提升了水工建筑物的附加产值，并将商业建筑主体埋在地底，将休闲景观放置与地表，将河道观景、水工建筑

图 8-24　杭州钱江新城城市阳台玻璃长廊

的防护性、休闲娱乐的商业性巧妙地融合在了一起，成功地将其打造成为了钱江新城的标志特色。

【本章小结】

　　水利工程与建筑本身就是一体，从人类开始改造自然、创建更为舒适的人居环境时，人就开始通过建筑手段来改善水环境，从而发展出各种用途的水利建筑。早期的水利建筑能够减少灾害气候对农业生产及人居环境的影响，使地区经济变得富庶。随着时代的变革和发展，新型材料的使用和建筑结构理论的完善，水利建筑能够利用自然，转化清洁能源供人类使用，水利建筑从而进入了大型化和枢纽化的时代，这对整个世界的生存模式和经济都有很重大的影响。未来，水利建筑除能够满足水利要求外，将增加更多新的功能来满足更多的使用要求，通过技术革新和功能多元化，建立更为完善的水利环境，使建筑不再作为环境的对立面而是共存体，让未来的水利工程更好的来为人类的未来、为子孙后代服务。

　　水利建筑是一种特殊类型的建筑形式，和民用建筑不同，水利建筑往往包含了为实现水利工程拦洪蓄水、调节水流、防洪灌溉和发电等需要而修建坝、堤、溢洪道、水闸、进水口、渠道、渡槽、筏道、鱼道等不同类型的水工建筑物以及相应配套的设备用房、人员管理用房、生活用房以及其他附属设施。水利建筑往往依山傍水，与当地自然界关系紧密，通常受人的活动干扰相对较少，从而形成独特的水利景观区域。

　　水利建筑工程的设计和施工要在满足水利建筑的工程技术特点的前提下，以"功能、经济、美观"为原则，分析地区的地理特征后，因地制宜进行建筑物的造型、项目的选址、工程的投资、施工以及总图的布置，并实施环境保护的措施，需要建筑学、电气设备、建筑结构、美学等多学科的专业人才协调同时进行，切忌盲目套用他人的项目及设计方案。

【参考文献】————————————————————

[1] 邓卓智. 从"水工构筑物"到"水工建筑"——水利建筑设计实践与思考 [J]. 北京水利，2004（6）：1-2.

[2] 李金梅，周霄. 浅论水工建筑的造型设计 [J]. 治淮，2009（5）：42-43.

[3] 卢穗先. 浅谈水工建筑设计 [J]. 沿海企业与科技，2010（4）：121-122.

[4] 刘本贵，唐伟亮. 浅论水工建筑造型艺术 [J]. 民营科技，2012（4）：285.

[5] 胡春莹. 浅谈水利工程建筑的设计问题 [J]. 科技创新与应用，2012（29）：179-180.

[6] 许勇，曹先玉，赵禹然. 浅谈水利工程中的建筑设计 [J]. 山东水利，2002，12：34-35.

[7] 时建祥. 浅谈水利建筑造型艺术设计的程序与方法 [J]. 工程建设，2008，22（1）：37-38.

[8] 赵炳全，沙际德. 试论水工建筑的美感 [J]. 北京水利，1995（2）：55-57.

[9] 郑文，李超雄. 水工建筑的结构形式与空间造型 [N]. 中山大学学报（自然科学版），2001（S4）：40.

[10] 邓月怡. 水工建筑的造型探讨 [J]. 科教文汇，2007（8）：200.

[11] 张树军，王玮，吴菁. 水利建筑美化设计探索与思考 [J]. 治淮，2004（11）：32-33.

[12] 陈旭彤，丁建钢. 水利建筑水环境特性及其价值研究 [J]. 人民黄河，2012（2）：49-51.

[13] 钟斌强. 水利水电工程主要水工建筑施工中常见技术问题分析 [J]. 水利天地，2008（10）：39-40.

[14] 许伟幸，吴联袍. 现代水工建筑混凝土结构施工要点 [J]. 黑龙江水利科技，2013，3（41）：119-120.

[15] 凌杰. 小议水工建筑设计与施工特点 [J]. 科技创新与运用，2012（15）：134.

[16] 杨建军，冯江虹，常振华. 关于中小型水电站技术改造的几点建议 [J]. 山西水利，2004（2）：65-66.

[17] 张羽进. 浅析中小型水电站的运行维护方法 [J]. 河南水利与南水北调，2012（10）：16-17.

[18] 金应展. 试论小型水电站技术改造要点及施工管理 [J]. 企业技术开发，2013（3）：128-129.

[19] 陈忠良，吴娜. 中小型水电站运行管理浅析 [J]. 河北水利，2010（8）：74.

［20］　金瓯，金澜. 杭州钱江新城核心区城市主阳台及波浪文化城设计 ［J］. 建筑创作，2010（9）：116-129.

［21］　http：//www. china. com. cn/aboutchina/data/zmslgc/2008-05/23/content_ 15431491. htm.

［22］　http：//sh. house. 163. com/13/0313/07/8PR26OT000073SDJ. html.

第九章
水利工程景观与旅游

【导读】

　　水利工程景观旅游开发涉及生态保护、文化历史、市场经济、管理运营、建设工程等综合性学科专业，是以旅游为发展建设背景的一种开发手段。 总的来说，水利工程景观旅游开发实质上就是资源与文化、资源与市场的价值可持续性优化与增益的发展过程。 因此水利工程景观的资源开发在关注永恒资源本身价值的同时，需要从资源特色出发，结合市场，结合开发者利益等多维度多角度，解析资源的合理规划与利用。 并从旅游开发本质上进行有针对性的专项文化设计、主题设计、功能设计、产品设计以及详细景点化节点设计等。

　　因此本章将重点围绕旅游开发规划中的主题、空间、产品、开发模式、具体设计这五个层面展开。 从中可以对旅游开发价值目的有更深的了解，以及有助于我们了解旅游开发的本质、基本程序和主要的内容。 在本章中，读者需要掌握水利工程景观资源中旅游开发的类型、规划的侧重，以及如何旅游化设计体现，要求读者清晰掌握水利工程景观旅游开发中各任务关键节点的本质关系与指导思想。 便于在实际案例操作中，能作为参照经验与指导。

　　水利工程景观的形成初期存在单一的赏析目的性，而旅游的开发利用，将这种单一性变得更加具有多重目的性，其中包含着传播、开发、复兴等手段，让原始水利工程景观状态通过旅游途径，包装、更新，实现其更多的价值。这种价值的创造过程根据旅游的刚性需求变化，而不断进行再创造和更新。这种商业需求化意识，将使水利工程景观中非永恒的景观成为主要改造提升对象的目的。而被改造提升的却往往取决于旅游性质。这种性质，最终将在景观中得到体现，如景观主题的策划，功能的定位布局，以及道路、建筑、小品、植被、材料等。因此，水利工程景观是一种静态载体，而旅游则是将静变动，让人与环境交融为一体的一种关键综合手段，也是实现资源与区域可持续发展的最佳开发方式。

众所周知，我国地域广阔，拥有丰富的水利工程景观资源，但在水利工程景观资源合理利用、高效开发层面，却起步比较晚，经验比较缺乏，因而造成的问题层出不穷，尤其在生态与发展可持续方面较为突出。随着社会经济发展及国民文明的进步与国家对生态文明发展的重视，水利工程景观资源如何更加合理有效有序地进行可持续性开发逐渐成为开发前期应予关注的重点。因此，深入研究水利工程景观资源特色、市场价值、生态适宜性开发条件、战略定位、发展策略已成为开发前奏的重点课题。而前期这一揽子整体发展战略，将成为水利工程景观区域指导旅游发展、项目开发的可持续性关键。

本章将从旅游规划角度剖析水利工程景观资源开发中的各项规划与应用，以实际开发的可操作性范例为蓝本，说明各个规划基本内涵、内容及程序，以期作其为水利工程景观资源的旅游开发的入门，提供参考性的经验与理论方向指导。

第一节　旅游规划与开发理论基础

一、旅游规划开发原则与步骤

1. 旅游规划开发的原则

（1）市场导向原则　它是指在旅游规划与开发前进行的一系列市场调查研究与预测，旨在把握旅游市场的需求和供求变化规律，结合当地自身资源优势，明晰项目开发方向、主题、规模和层次。

（2）突出特色原则　强调核心吸引物的特色性是针对旅游目标市场进行的差异化开发原则。突出自身特色性，需要从战略层面上认识自身的优势，据此制定相应的开发措施，构建吸引力体系和独特的形象。因此，在规划开发中要坚持突出各种资源特色与规划开发手段的融合，以形成项目的特色卖点。

（3）综合效益原则　通过旅游资源规划开发，使资源变成旅游经济价值，直接产生综合效益，并带动区域产业提升和周边协调发展，使之产生最佳的经济效益、社会效益、生态环境效益，实现旅游开发的可持续发展。

（4）可持续发展原则　此原则旨在做到开发与保护并举，以及强调经济效益、社会公益及生态平衡"三结合"，在规划与开发中必须兼顾局部与全局、当前与长远利益，安排好资源的开发时序，确保资源的有序可持续的开发与发展。

2. 旅游规划开发的步骤

（1）调查与研究 在任何资源的开发利用中，调查与研究是最为基础的工作。其主要目的是了解项目的资源类型、规模、开发价值、区位特征以及土地、交通、水电等开发设施状况。通过客观分析与科学评估，了解项目资源的优劣与潜力挑战。

（2）条件分析 资源是否具有旅游开发价值，需要根据目的地调查情况加以如实公正评价，其分析要素一般为自然条件、可进入性条件、客源市场条件、基础设施条件、服务设施条件、投资条件等六个方面。

（3）旅游规划 根据旅游资源调查研究与开发条件分析，确定目的地旅游开发的总体战略，然后根据战略编制相应的旅游规划，诸如旅游总体规划、旅游资源开发规划、景区总体规划、景区控制性详细规划等，并报请上级政府部门审批。

（4）实施计划 各种旅游规划一旦经过相关政府部门批准，即可进入实施规划的开发建设阶段，其中内容包括：景区的修建性详细规划、相关的工程设计、资金投入估算、工程施工等。

二、旅游规划开发基础理论

我国的各种旅游资源开发历史比较短，但发展迅速。相比其他领域有健全的理论体系，旅游开发急需一个相对成熟的理论指导体系。而已有多年研究历史和相对成熟的城市规划、园林、地理、气象、经济、社会、民俗等学科，为旅游开发理论的建立与完善提供了重要的基础理论，同时在不断的旅游开发实践中不断被消化改造，已逐步形成旅游领域独特的理论。

旅游规划理论涉及学科众多，相对比较复杂，以下仅介绍六个重要基础理论。

1. 体验经济理论

以"体验"为经济提供物的体验经济被称为继农业经济、工业经济和服务经济阶段之后的第四个人类经济生活发展阶段，或称为服务经济的延伸。体验经济在旅游领域中运用非常广泛，几乎涵盖了旅游各个环节。尤其在旅游产品设计、旅游景观设计、旅游营销、旅游管理等方面。在未来的旅游市场中，旅游的参与性、互动性、烙印性、经济高附加性等特点将成为旅游开发体验性设计的主导因素，如法国"南特岛的机器游乐场"中供游客乘坐的机器大象（图9-1）。

2. 旅游地生命周期理论

旅游地生命周期理论是由加拿大学者 R. W. Butler 提出的。Butler 根据经济学中有关产品生命周期的概念，将旅游地生命周期分为 6 个阶段，即探索期、参与期、发展期、稳定期、停滞期、衰落期或复苏期。

图 9-1　法国"南特岛的机器游乐场"中供游客乘坐的机器大象

探索期——其特点是自然和社会环境未受旅游的产生而变化。

参与期——随着旅游人数增多，旅游变得有规律，旅游季节、旅游组织开始出现，迫使地方政府和旅游机构的增加和设施建设的投入改善。

发展期——一个成熟的旅游市场形成，投资剧增，旅游目的更加明确，对周边的带动与改变更加明显。

稳定期——旅游人数总量的增加将维持在一定的比例值上，市场范围与旅游季节变动相对恒定，旅游对资源的占用进入饱和或临界状态。

停滞期——旅游发展出现产品吸引力消退，环境容量超饱和，开发与经营问题日渐增多且突出，从而制约了可持续性动力产生。

衰落期或复苏期——在衰落期，以旅游市场衰落为特征，最终将失去其旅游功能。同时也伴随着复苏的可能，这主要通过新的市场吸引力的营造和资本的投入，重新开发或提升原有的资源优势，重建旅游市场动力。

该理论在旅游领域主要体现在旅游开发的自省危机意识，以及指导旅游产品开发深度与战略内涵层面。尤其是对旅游开发投资者的决策具有重要参照意义，任何忽略周期性的开发行为，将带来极大的后续经营风险。反之，则可以不断地提高推出旅游新产品的能力，保持旅游市场的新鲜度与经济的可持续性。如国际上一些主题公园，保持了常年的魅力，实现经久不衰（表 9-1）。

表 9-1　　　　　　　　　　一些经久不衰的主题公园

旅游项目	地点	建成年代	历史（至 2020 年）
CITYPARK	维也纳	1897 年	123 年
环球影城	美国	1915 年	105 年
马都洛丹	荷兰	1952 年	68 年
海洋公园	中国香港	1977 年	43 年

3. 区位理论

区位理论是关于人类活动的空间分布及组织优化的理论，它产生于 20 世纪 50 年代，最早由德国的克里斯泰勒提出。该理论在实际旅游开发中表现为以下几个方面。

首先，区位因素确定旅游资源开发序列，包括开发时间的先后与建设规模、功能体系。

其次，旅游资源开发和旅游业态布局要充分发挥集聚效应。在同一旅游区域布局相互联系的旅游企业、供应商及相关产业机构，从而形成区域集聚效应、规模效应、外部效应和区域竞争力效应。

另外，可根据区位理论做相应的旅游服务选址安排。选址对旅游开发主体而言意义非常重大，除了保证旅游服务水平品质之外，在旅游资源保护、提高土地利用率以及发挥旅游经济联动层面发挥着根本性作用。因此，区位理论主要在从区位价值对旅游开发条件影响层面，提供可参照的理论依据。

4. 增长极、点轴和网络开发理论

(1) 增长极理论 它是区域非均衡发展模式理论的代表。其概念最早由法国经济学家费朗索瓦佩鲁于 20 世纪 50 年代提出。1957 年，法国地理学家 J. 布德维尔将"极"的概念引入地理空间。其核心观点是，区域经济的发展主要依靠少数条件较好地区或产业来带动，注重投资和重点发展一些区位条件理想的区域，再通过增长极的辐射作用逐步发展，最终实现区域联动综合发展。简而言之，增长极理论，就是靠优势资源优势条件来带动，实现以点及线带面的发展目标的指导性理论基础。

(2) 点轴和网络开发理论 该理论最早由波兰经济学家萨伦巴和马利士提出。"点"即增长极，"轴"即交通干线。点轴理论就是在增长极理论和生产轴理论的基础上所提出的一种非均衡发展理论。所谓的点轴开发，就是确定具有良好发展条件的交通干线或线性空间作为轴线，对轴线上若干点进行重点开发。而网络开发理论是由控制一点的极化过程发展到控制轴线的不断延伸和聚集，从广度与深度层面进一步扩展，进而实现均衡性开发。

(3) 景观生态学理论

① 景观要素。景观生态学中的景观是由不同生态系统组成的联合体，因此称其组成单元为景观要素。按照各种景观要素在景观中的地位和形状，景观要素分 3 种类型：即斑块、廊道、基质，如图 9-2。

② 斑块、廊道、基质网络体系设计。景观生态学在旅游规划开发中的应用主

要体现在景观结构要素（斑块、廊道、基质）的具体设计上。在旅游区开发与规划中，斑块代表旅游产品，如景点、特殊景观、接待设施、功能设施等；廊道代表各个旅游斑块连接的通道；基质就是旅游景观，主要是旅游开发的背景资源。由此形成一个旅游规划开发的"斑、廊、基"三

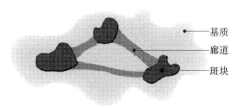

图 9-2　斑块、廊道、基质

者构成的网络体系。并依此理论体系，旅游景观规划设计围绕人与景观的共生发展这一原理展开，做到景观旅游规划开发中整体优化性、多样性、异质性、综合效益性和环境保护性，实现人与环境、社会经济发展与资源环境的协调发展与统一。

第二节　水利工程景观与旅游开发动因

一、水利工程景观建设与旅游发展

1. 水利工程景观建设背景

19 世纪末，滨水景观设计发端于美国的公共滨水区。自 20 世纪 50 年代开始，许多欧美国家开始了以游憩和旅游为开发导向、以城市为重点的滨水区重建历程。尤其是 20 世纪 70 年代"滨水更新"活动在北美率先发起之后，许多国家的旧港口和滨水工业区，重新焕发活力，满足了城市居民回归自然和就近旅游的需求。与此同时，许多城市滨水区在开发或更新过程中引入休闲与旅游功能，强调滨水景观的规划设计和休闲旅游形象的塑造。

根据城市滨水区特性不同，建设的方式主要有五个方面：一是保护滨水历史文化传承，凸显城市文化特色；二是组建滨水区的交通和物流；三是建设滨水区活动空间景观及为公众服务的设施；四是重组滨水区的用地功能，提升城市吸引力，引导城市重新走向复兴；五是综合整治城市水系，改善生态景观环境。

在 20 世纪 90 年代，我国也掀起城市滨水区空间开发的热潮，国内很多城市将滨水区的开发建设作为城市规划和土地开发的重点，纷纷提出要"显山露水"的战略目标，希望通过改善滨水区环境、整治水域景观，为居民提供更多的休闲娱乐空间，推动一、二、三线城乡旅游、房地产等产业的发展。

2. 水利旅游发展历程

根据历史记载，世界许多古代文明区域都有过水利旅游活动的萌芽，但人类真正意义上的水利旅游起步较晚。相比之下，欧美等发达国家对水利旅游关注较早。1947 年，美国田纳西河流域管理局将环保、旅游计划与水利工程规划相结合，被认为是进行现代水利旅游业开发的开端。

水利旅游作为水体景观、滨水地带景观的设计研究和开发实践，在许多发达国家已有近百年的历史。尤其是英、法、美等国家，在水利旅游开发方面已积累了丰富的实践经验。例如，美国几乎所有水库都建成风景区，开发度假、野营、划船等各种设施和活动。以美国田纳西流域为例，在田纳西河干支流上 37 座水库的沿岸，开辟了 110 个公园、310 处休养区和数以百计的旅游宿营地，以及许多娱乐场所，使整个流域成为美国著名的旅游胜地。

总体上看，我国水利旅游的形成和发展经历了自然萌芽发展、初步形成发展、快速和引导发展、规范和稳定发展四个阶段。我国真正意义上的水利旅游活动起步于 20 世纪 80 年代初期，到了 20 世纪 90 年代中期之后，即进入了迅速发展的阶段，并实现了水利行业向生态、社会和经济效益多赢的综合功能型阶段发展。截至 2013 年，全国已建成 475 个国家水利风景区和千余家省级水利风景区，形成了涵盖自然河湖、城市河湖、水库、湿地、灌区、水土保持等多种类型的水利风景区，打破了原来单一的水库型水利风景区的类型结构，也进一步提升了水利风景区的功能作用，带动了更多地域水利资源的开发利用、水环境的整治改善以及水利文明的传承发扬，实现了水利业向生态、社会和经济效益多赢的综合功能型行业发展。

二、水利工程景观再开发规划动因

1. 景观资源的升级改造

原有的水利工程建设是以保证水利安全与效益为主旨的。随着现代产业经济发展需求，水利工程作用也由原来的单一、单调变为整合、复合作用。这种转变将根据发展目的，通过资源配置与配套的升级和改造来完成，并体现在治理改善和发展提升这两种类型上。

（1）治理改善型　治理改善型通常指资源原有品质受到破坏或原有资源未满足目的需求，需要通过专门手段来治理或改善原有的资源水平。此类型特质是强调水利工程景观资源的先期治理与环境改善，并以旅游作为后续可持续发展的一种方式。

　　这种方式尤其体现在我国尚处于工业化高速发展期，很多地方生态关切往往让步于经济建设，以 GDP 指标论"英雄"，导致碳排放严重超标和各种污染日渐严重。其中涉及江、河、湖泊等与人关系最近的地方污染更为直接。

　　但随着社会和科技的日益进步，城市人口和车辆的增多，对生态污染尤其水、气资源的污染，社会的容忍度越来越低，同时很多水利资源关系到城市的形象与大众健康，因此水系和大气污染的治理已成为各地城市迫切的需求。而这一基本需求又受水利资源区位、规模等因素影响，承载起更多改造愿望。其中如何通过治理与改造让整体环境更宜人，已成为治理改善型的首要目标。以福建厦门筼筜湖及水岸公园系统景观提升整治为例：厦门是一个美丽的国际性海港花园城市，城在海上，海在城中。筼筜湖是 20 世纪 70 年代为了"备战备荒种粮食"而建的围垦地，结果阴差阳错，这个功能没有实现，倒为市民们留下了一个难得的城市空间。但是由于管理问题，筼筜湖一度成为垃圾遍布、人人感到头痛的臭水潭（图 9-3），附近数十万居民的生活污水和数百家工厂的工业废水直接倾入湖中，湖区受到严重污染。2000 年初，厦门市政府有关部门开始致力于对筼筜湖的整治。并希望通过治理改造打造重新焕发活力的城市空间，因此在强化湖区功能布局的同时，非常注重景观环境的改造建设。在整治工程完成后（图 9-4），如今的筼筜湖水质越来越清澈，绿草如茵、鱼鸟翔集、美不胜收、令人流连忘返，达到了改造的初始目标。

图 9-3　福建厦门筼筜湖整治前

图 9-4　福建厦门筼筜湖整治后

　　（2）发展提升型　发展提升型指资源在已经具有一定的发展历史的情况下，根据新的目的需求，进行的一种以提升为核心的改造方式。这种发展提升，可以是发展方向提升，也可以是具体景观节点品质的提升。简之，这类型是一种以再发展为目的，提升改造为手段的方式。

　　我国拥有非常丰富的水利相关景区、景点，很多历史悠久，可往上追溯上千年，如都江堰、郑国渠等。也有如长江三峡这种现代的宏伟水利工程景观。然而随着经济社会的发展，以及追求旅游休闲方式的多样化，离城市越近的水利资源，越被人所关注利用。因此，针对原有的水利工程景观的开发提升，已成为近年来景观工程建设的热门。其中最为受人瞩目的往往是位于城市区域的江、河、湖泊、湿地等水利资源。而这些资源很多不是被首次提及的，而是随着全球化进程，人们的视野更高、更远，对原有的资源现状有了新的期待。

　　因此，如何在现状资源基础上，发展与提升适合新的经济社会发展需求，已成为这类资源发展利用的首要问题。如以杭州西湖为例："欲把西湖比西子，淡妆浓抹总相宜"，历史上无数文人墨客和海内外游客为杭州西湖的湖光山色所倾倒，也铸就了杭州西湖的美好形象。杭州西湖的发展提升从今日成果来看，很大程度上可成为这类背景资源开发的典范。首先她很好地解决了文化传承及新文化融合问题，又非常巧妙地将旅游资源与城市经济相结合，创造了新的城市发展热点。同时利用提升契机完善了西湖及连接周边景点的景观环境，使之成为一体的大西湖景区。此外，由于其与城市时尚产业及开放空间的结合，大西湖景区又成为新的城市客厅。其发展提升角度已不仅仅局限于景观环境改造层面了，而且也非只有旅游开发这单一层面了，而是多元价值链优化组合的复合化发展，如西湖的湖滨商业圈（图9-5）。因此，杭州西湖从历史上单一的自然旅游景点，发展到近代的风景区，至现代的国际性公园、复合型城市客厅，西湖在经历不断的发展与提升。这种发展提升动力来源于文明的进步与生活品质的提高。图9-6为西湖文化广场音乐喷泉。

图 9-5　杭州西湖湖滨商业

图 9-6　杭州西湖文化广场音乐喷泉

同样受经济发展影响而被广大人民群众所青睐的还有地处偏远的郊区型水利风景区、景点。它与城市型水利资源面临的复杂追求所不同的是，郊区型水利资源开发，往往只能享受旅游所带来的单一红利。因此，其发展提升的关键在于围绕"吸引游客"这一开发的核心。如杭州的千岛湖、江苏的天目湖等在发展初期，都采用热点项目来吸引客流的方法来实现其旅游发展的目的。而如今随着旅游产业的多样化发展，传统观光项目陷入瓶颈，更多高端的休闲度假旅游方式开始改变这类水利风景区的面貌。因此，这种类型的水利风景区开发提升建设也因旅游产业的多元性需求在不断发生着变化。

2. 资源的复兴利用

何谓复兴？一般是指兴盛以后衰落，然后再兴盛起来。在水利工程景观中也存在着这种兴—衰—兴现象，不过它是伴随着社会文明的发展而不断发生改变的。现代水利工程景观的复兴意义，往往是重拾历史记忆、寻求再发展的生气与文化之源。因此，复兴比改造更多的强调景观载体所代表的历史与文化意义。而这种意义决定于资源性质与发展目的，其中以文化意义复兴和经济意义复兴两种类型最具代表性。文化意义复兴与经济意义复兴的本质区别在于前者多关注自身的旅游经济目的，通常这类以郊区型水利资源为代表；而后者通过自身资源环境改善，来提升周边产业价值，来实现区域经济驱动发展和宜居环境的目的，这类基本以城市滨水区为代表。

（1）文化意义复兴　现在很多水利工程景观的开发与建设，在景观与文化层面结合上通常比较生硬。因此，给项目后续发展带来的体验感不强，缺少文化的共鸣。所以在旅游发展领域，将越来越强调文化的复兴。由文化复兴所带来的景观变化，可以使景观更具亲切感和认同感。如著名导演张艺谋的《印象刘三姐》以文化为背景，将桂林漓江的山水融入剧中，艺术地再现了传统文化精粹，并利用各种手段制造的山水景观，堪称一副美轮美奂的山水情景诗篇。进行水利工程旅游开发，复兴水利工程景观的文化意义，不能只停留于静物元素的文化刻画上，也需要更多地注重文化内涵的实际多重发展与体现。

（2）经济意义复兴　近年来，我国城市河流水上旅游开发方兴未艾，大量跨河或滨河城市已经开发了水上旅游，如桂林"两江四湖"建设，上海黄浦江、苏州河旅游开发，南京长江旅游，武汉沿江游，运河沿线省市的水利工程，浙江钱塘江上游水系污染治理工程，浙江全省的"五水共治"等。由于受区位价值影响，其经济地位会成为其所在地区的历史发展主要标志。因此，经济复兴意义更多地侧重于旅游经济和卫生保健功能因素。而这种旅游经济和卫生保健功能，也会因区位、规模、性质、周边影响等细分成独立旅游经济发展因素与驱动经济发展因素，以及卫生保健效应因素。

第三节　水利工程景观旅游开发规划概述

一、水利工程景观旅游开发规划关注重点

1. 功能把握

在目前水利工程景观的旅游规划与开发中，水利工程自身的功能往往没有得到足够重视和正确把握。例如，在泄洪区规划度假别墅，严重影响了水库功能的正常发挥；还有一些具有水源地功能的水资源被错误地用于旅游开发，甚至作为电视剧拍摄基地，结果水面残留物多，影响视线和水质，不仅影响了当地居民的生活用水质量，还可能造成投资浪费。因此，要严格做到"规划先于开发"，诸多旅游功能的发挥，必须建立在充分考虑水利工程景观特点与功能的基础上，即要在保证水利工程设施正常运行的前提下，考虑旅游功能的发挥；根据水利景区的资源特点，做出对应于符合资源特点的功能布局规划。

2. 水生态环境

在水利工程景观区的旅游开发规划中，应避免盲目开发、使水质遭受污染，破坏生态环境的情况，旅游规划开发要体现可持续发展的理念，尽可能做到环保用水、节约用水、循环用水，减少水体污染。切实把握区域生态状况、水利设施条件和功能及环境质量，保证水生态环境不被破坏的基本要求。

3. 旅游产品特色

旅游产品单一、缺乏特色是目前水利诸多景观风景区在旅游开发规划中面临的一个重要问题。具体表现在：项目雷同，参与性和竞技性项目较少；旅游开发深度不够，难以诠释水利文化的核心内涵。水利工程景观风景区吸引人的地方在于水利工程文化和当地的特色文化，水利工程旅游开发，应将这些治水文化、工程文化和当地特色文化（含原生态农耕文化和历史名人文化）进行深度挖掘、巧妙组合后，展示给旅游者，给游客一种别样的感受。

4. 管理运营

我国水利工程景观区受地域形态，所辖行政区影响，出现多头管理、各自为

政、独自开发、缺少协调统一性问题。因此，需要建立一个级别高的管理机构，负责协调好旅游部门、水利部门和当地政府三者之间的利益关系，合理界定水利风景区的建设范围和保护管理范围，妥善解决水利工程景观区开发的各种问题。

二、水利工程景观旅游规划开发要求

1. 水利景区旅游开发规划意义

从严格意义上说，规划是一种土地使用计划，目标是对水利工程景观资源和空间进行综合保护和利用。从资源利用的角度，规划应有组织的搭配景观观赏和游憩的功能，充分展示景观资源的鲜明特色。科学合理的规划基于水利工程景观资源价值和环境条件的总体评价，其目的在于保护水利工程安全及水生态景观资源安全的同时，进行相应的旅游性质的视觉观赏和娱乐游览的开发建设，从而充分体现和挖掘利用水利工程景观资源的价值。规划作为开发建设的指南，其意义主要体现在以下几点。

（1）风险评估　对风险进行全面分析，制定安全保障应急预案，确保水利工程安全运行，保护水生态安全。

（2）明确目标　制定水利工程景观风景区开发的战略目标和发展方向，根据资源特色和社会需求确定风景区的主题、性质和开发目标。

（3）合理布局　整合资源和空间，根据水利工程、生态环境、视觉美学、社会人文和娱乐游憩等要求进行土地的功能配置和总体空间上的布局安排。

（4）制定计划　制定水利工程景观风景区开发的策略、原则和开发的时空顺序。

（5）明确框架　提供规划设计与建设管理的依据和整体框架。

2. 水利景区旅游多元化开发目标的确定

水利工程景观区与其他类型风景区一样，都以风景景观资源特色为开发价值。通常其他景观资源的开发，要经过资源调查、综合评价、明确发展性质、开发方向和目标。而水利工程景观风景区不同的是，受自身资源的特性影响制约，在功能内涵、发展目标、开发理念和策略等方面与一般风景区存在较大的差异。

水利工程景观风景区的开发可以具有多元目标，涵盖范围包括水域（水体）在内及相关联的周边的土地、水利工程、水文化及其生态生物资源等。新时期的水利建设已从单一的水利工程扩展到风景保护、生态建设和娱乐利用等诸多方面。因此，以景观资源为依托的水利风景区的开发目标具有多元性和全方位的特点，主要包括水利工程安全、防汛供水保障及水资源保护、自然与景观资源保护、生态环境修复、自然景观美学塑造、空间环境品质提升、旅游观光组织、娱乐休闲与科普教育功能等。开发目标多元化和全方位的特点决定了其开发建设的多领域、多专业性，其中涉及包括水利工程、环境保护、风景旅游、景观规划、建筑设计、绿化造林、交通、农业、渔业、商业流通服务等。因此，这种多元目标开发整合需要通过综合、系统的旅游景观规划，对水域及周边土地的使用和空间布局进行科学合理的规划，整合水土风景资源，兼顾各种利益和需求，以实现开发的多元目标。

3. 水利景区旅游开发规划基本要求

规划引导是基于资源现状和可行性研究的结果，需通过确定若干准则或规定，控制和指导水利工程景观风景区的开发和建设。其中包含了景观风景区开发的意图和目标，体现了开发建设的方针和策略。其内容形式为一系列原则性和纲领性条文，以指导、审核和检验规划的思路、概念及方案。规划引导有利于规划方案的比较、优选和决策。因此，在水利景区开发项目确定后，制定和遵循相应的原则显得十分必要。

（1）安全节约规划原则 坚持水利工程安全保障和节约的原则，应十分重视水利工程设施的安全运行，包括大坝、涵闸、枢纽、泵站等水工设施的长远生态安全，并确保充分发挥其原有的和预期的工程效能。

（2）统筹发展的原则 应根据资源特征、环境条件、历史情况、现状特点及社会经济因素，综合考量、统筹安排。强调统一规划、科学论证、多目标一体和可持续发展；同时，还应考虑与地方规划和上位规划的衔接。

（3）生态与自然保护的原则 应严格保护生态环境，保护水土资源，保护天然和已有的水利风景资源；维护生物多样性和生态良性循环，防止、杜绝、整治和修复因开发建设带来的污染和破坏。

（4）风景观赏和游憩利用的原则 充分发挥水利工程景观资源和客源资源的潜力，开拓水利工程景观旅游市场，合理配置配套服务设施，创造自然风景优美、生态环境良好、景观形象独特的风景游憩境域，实现景区环境、社会发展和经济建设综合效益的最优组合。

（5）传承水文化的原则 应将水利风景区建设作为我国悠久水文化的重要传承载体，在景区规划中对项目地历史沿革及变迁、文物古迹、民俗风情、社会状况等进行充分调查，分析研究其展示与表现方式。

4. 编制要求

以国家水利事业发展方针、政策、法规和当地社会经济发展目标为基础，与水利工程建设规划和设计、土地利用规划相结合，并与其他相关规划相衔接。根据水利旅游资源特点与内容，以市场需求和旅游产品为导向主体，做到水利景区经济效益、社会效益、生态效益的协调与可持续发展。

5. 规划导则

水利景区分为水库型、湿地型、河湖型、灌区型等，具有各自的资源特色和空间构成。水利景区范围，尤其是游览区的范围和边界，应根据资源状况和地形地貌特征、旅游功能和活动区域要求以及相应的基础服务设施来确定，应有利于保护水利工程安全、水生态和地区生态，维护自然风貌和历史景观的连续性和完整性。

（1）针对规划范围内及其外围保护地带进行资源条件和环境条件的现状调查、分析和评价，为水利景区旅游规划提供基础依据。

（2）凭借景区所依托的水域（水体）为依据，水利风景资源形成的特征，结合外部环境和地域条件，明确水利风景区的性质、规模，突出景区的类型、特色和游览功能。

（3）保护现有的风景资源，包括工程设施、水体水域、陆地水岸、山体植被和遗址遗存等，在保护的基础上进行分类甄别，采用保留、改善或更新等不同方式加以利用。

（4）进行旅游容量分析和游客规模预测，确保风景区生态环境质量，并满足游览心理容量和旅游接待服务设施的需求。

（5）从工程、生态、游憩和服务等功能需求出发，进行用地资源合理配置和分区规划，尤其应注意近水土地的保护和利用，并解决好局部、整体和环境的协调关系，调整好功能与空间的适配关系。

（6）通过景观视觉与意象感知分析，组织整体空间结构与序列，调控点、线、面等景观结构要素，配置远、中、近景，强化主题，弘扬特色，遮蔽不良景观，提升和完善视觉景观质量。

（7）根据风景资源特色和景观空间类型，并按照景观多样化、丰富化的特点，精心设计景区景点；确定游览项目，组织游憩活动，安排游览路线和游程。

（8）配合功能和用地布局构建内外交通系统，解决好外部道路的通达性，区内线路布置应考虑观赏游览需要，注重通达效率与道路美学相结合。

（9）按照总体规划要求设置配套服务设施，确定建筑的性质、功能、数量和位置，并对建筑体的数量、高度、色彩和风格方面进行合理控制，以与周边山水自然环境相协调。

（10）基础设施包括给排水、供电、通信等配置，在满足基本需求外，应做到零污染，维护生态环境，避免破坏景观的建设行为。

（11）据总体规划，通过保护自然植被和提高绿化覆盖率，保护生态系统和动植物多样性，维护景观资源和自然美学价值，提升环境品质，创造健康舒适的旅游条件。同时，水利景区规划设计导则应根据所在地域的自然地理环境、资源特征、空间形态、社会经济条件等因素进行综合分析研究而确定。

第四节　水利工程景观旅游开发主题规划

一、水利工程景观的旅游主题分析方法

旅游主题是旅游地形成鲜明特色和独特个性的灵魂，旅游主题的选择与定位，需要从资源、市场和产品角度去详细解析。

1. 资源分析——资源特性与主题立意

资源特性与主题立意依托于水利资源环境与各种旅游资源的结合，是目的地旅游借以吸引旅游者的重要因素，也是区域旅游开发的物质基础。同时旅游主题的设计需要创新性，以应对旅游业愈演愈烈的竞争，因此旅游主题的创意必须坚定资源自信、管理自信和技术自信，在旅游资源评价的基础上进行选择、加工、提升，突出景观资源的相对优势，突出其个性，使其最能体现地方精神，让地方特色成为景区增强地方认同感、自豪感和凝聚力的深层次精神内涵。

2. 市场分析——市场导向和主题选择

就市场经济而言，旅游开发是一个经济过程，开发与规划的最终目的是使旅游产品进入广阔市场。所以，旅游主题要以市场为导向，实现最佳的社会、经济和生态"三个效益"是旅游开发的基本目的。因此，旅游主题的选择可以根据市场需求灵活多变，但必须根据市场动态需求趋势来进行选择。尤其主要考虑以下两个方面。

（1）旅游发展及旅游行为的发展趋势　随着可持续发展的提出，永续旅游成为主流的新的全球性旅游发展哲学，形成一些以永续旅游为出发点的新的旅游形式，

诸如绿色旅游、软旅游、探险旅游、生态旅游、责任旅游和替代旅游等。此外，中短途观光和周末短途度假旅游也逐渐成为新旅游趋势。

（2）旅游客源市场的构成　尤其是其文化层次构成。如保继刚从旅游者的年龄、职业、学历三方面来研究旅游者的旅游偏好，实际上是旅游者的文化层次构成的不同，影响并决定了旅游者最终选择。

3. 产品分析——产品设计与主题深化

旅游主题是旅游区形成竞争优势的最有力工具。一个良好的、个性鲜明的主题可以形成较长时间的垄断，但其垄断力的来源在于产品的差异化，因此，建立完善的旅游产品体系对突出、深化主题将起到决定性作用。如将旅游产品体系中的游览观光、娱乐、旅游线路组织、接待、形象营销策划等进行有机包装整合，形成一套特色的旅游形象系统。通过传播途径和多种多样的传播方式，体现旅游产品的差异化和特色，深化游客对主题的感知。

二、水利旅游主题定位

1. 旅游主题形象定位的内涵

水利旅游主题形象定位，是旅游规划者研究了水利景区特性及其市场需求之后，按照其预想所设计出的一种景区打造理念。旅游消费者通过在游览水利景区的过程中或游览之后的综合体验对其加以评价认可。因此，旅游消费者的认可是旅游主题形象定位成功的关键。而旅游消费者对景区环境形体（硬件）的观赏游览和景区内居民素质、民风民俗、服务态度等（软件）的体验所形成的综合感受印象，成为景区主题形象定位的内容，也成为旅游主题形象定位环节中的决定因素。水利旅游主题形象定位的本质是：挖掘出水利景区自身所承载的历史及文化内涵，结合旅游市场的需求，通过某种恰当的方式，诸如特定环境形体（硬件）的建设，民风民俗、服务态度等（软件）的培育，让旅游消费者在景区一点一滴的体验中感悟到主题文化、形象定位的存在。

2. 旅游主题形象定位的构成要素

水利旅游主题形象定位源自水利景区的景观旅游资源内涵，其构成要素主要包括形象硬件定位和形象软件定位两大方面。

（1）水利旅游主题形象硬件定位　水利旅游主题形象硬件定位会决定一个景区主要的环境氛围，是一个景区内涵的主要载体。首先，应挖掘、提炼出水利景区的内涵特点，然后结合旅游需求和市场竞争环境重点考虑，明确主题形象定位点。主题形象的确立，将成为水利工程景观硬件形体精神与游览的建设指导。一般而言，景区的水利设施景观状况基本奠定了景区原始的环境氛围，是景区确立主题旅游形象的重要参考物。同时，景区内的一些重要的建筑物、文化小品、绿地系统等对景区主题旅游形象的形成也起着非常重要的作用，它们往往对景区氛围的营造起到潜移默化、无声胜有声的效应。例如，厦门鼓浪屿景区滨海的"郑成功石像"，成都金沙遗址景区的"太阳神鸟"雕塑等。在景区绿色环境与生态环境的营造层面，绿色、环保已经成为当今旅游界的广泛共识。景区内的区域规划、标识设计、绿地营造以及为游客服务的吃、住、行、购、娱等设施条件，都应该体现安全、清洁、环保、便利的绿色理念，避免对水资源造成污染。而绿色理念本身就是一种旅游主题形象的定位，同时它也是一个水利景区整体旅游形象的重要组成部分。

（2）水利旅游主题形象软件定位　水利旅游主题形象软件定位是完整的景区主题形象外表和心灵的有机统一。很多水利景区除了秀丽的水景观外，还有其他民风民俗人文景观，是景区所拥有的除水资源以外宝贵的原生态财富，也是构成和体现景区独特内涵的重要软件元素。景区主题氛围的营造，需要展现出景区独特的民风民俗等人文景观，增强旅游吸引力和形象魅力。如以江南水乡民俗为载体、展现传统水乡风情为主题形象的乌镇景区以及杭州运河文化旅游带等都属于结合民风民俗、因地制宜的优秀水利相关景区代表。人文素质作为景区生命力的体现，成为形象软件的组成部分，其源于历史文化的内在气质。它是景区旅游主题形象定位中的精髓，也是构成水利景区独特主题旅游形象软件定位的关键点。

3. 个性化水利旅游主题形象定位

旅游主题形象定位的目的是凸显旅游景区的体验差异性，从而创造出景区源自内涵的核心竞争力。在提炼水利景区的主题旅游形象过程中，除了充分挖掘水利景区内涵、旅游需求以及竞争环境，还应具有体现自身优势的最佳个性定位。这个性化的旅游主题形象定位在区别周边差异化竞争时就显得尤为重要，这也成为景区旅游主题形象定位成败与否的关键。

（1）个性特征是旅游主题形象定位建立品牌优势的关键　旅游主题形象定位的个性特征，应该是源自景区自身的内涵，是在调查旅游消费者的认知程度与旅游需求、对比分析同类型旅游景区之间的旅游体验差异以及定位角度之后，结合能体现自身优势的市场机遇而形成的具有景区核心竞争力的个性化旅游主题形象定位。任何一个景区在其形成和发展过程中，通过特定人群行为与特定自然环境之间的相互作用，都会形成与其自身职能和性质相关的景区外部形象和内在特征相统一的独特的风格。因此，总能找到充满个性化的并且尚未被消费者了解或了解不足的市场机遇，从而展现景区的个性化旅游主题形象，表达一种独特的具有优势的需求主题。

（2）个性特征是旅游主题形象定位建立可持续发展优势的关键　旅游消费者的需求不断变化，旅游市场的竞争环境不断变化，旅游景区的社会经济文化发展也不断变化，一个景区的旅游主题形象定位，必须要能经得起时间和空间的检验。因此，一个景区在定位其旅游主题形象个性特征时，需要立足于可持续发展优势和后续运行不断的完善和维护。

三、设计案例　水利工程景观开发规划主题案例：大连普湾新区滨海景观带概念规划设计

1. 项目概述

（1）背景与现状　2010 年普湾新区的正式成立，这标志着大连新市区建设的全面起步。本项目作为普湾新区中心最重要的滨海景观带，将是新区未来高品质城市形象的展示窗口。规划区用地面积约 7.3km²，区位条件优越。基地整体呈现长 U 型的海湾特点，空间集聚与开放有序，海湾两岸视线距离良好，内部多以盐田、海产养殖用地为主，周边多为山体，视域开阔，山海之间特色鲜明，景观良好。但比较狭长的海岸线，对项目定位布局提出了更大的挑战。尤其是绵延数万米的景观带在满足自身及周边需求的同时，通过与整体相呼应，形成一个独立、具特色，又相互联系的景点体系，成为一道环绕海湾的亮丽风景线，是规划需要重点研究分析的内容。

（2）主题定位研究重点

① 周边城市结构与产业布局。海湾景观带所处新区城市是包含未来行政中心、金融商务、体育会展及文教旅游于一体的综合性新区。以发展新兴产业、建设人文环境、生态宜居为城市建设重心，整体形成"三个中心、一个聚集区"结构，并围绕景观带形成人才培训区、会展中心区、居住区、文化商业区、商务办公区、总部经济区六个产业特色服务区。并将整个景观带自然的分成六段（图 9-7），而在后续景观功能定位中将着重考虑这一因素的影响。

② 文化背景资源。文化是景观规划中必不可少的重要元素。大连市被誉为旅游、服装、足球之城，文化资源丰富。本项目分析了新区城市的产业特色，城市定

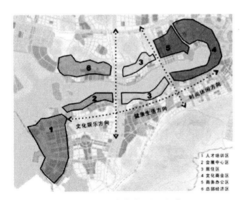

图 9-7 景观分段（图片来自项目文本）

位，确立了以现代文化为基本载体的基调，体现了大连文化特征，并以海洋文化作为贯穿全项目的主导文化，突出了滨海特性，强调了本地域文化特色，同时分别以产业文化、民俗文化为各区域的代表主题，涵盖动漫、影视、汽车、服装、会展、传统民俗、运动等。

③ 主题定位与策划。项目功能定位上充分利用海岸线资源，将海湾景观与城市功能相结合；由市民休闲、会展教育、商务贸易、居住休闲、观光旅游、主题游乐六大区域特有功能衍生出文化体验、会展商务、康体养生、海上运动、高端接待、娱乐休闲等多元复合型功能，使海湾景观体现出城市客厅阳台作用。

在分区定位与项目策划上分三大湾，分别是：时尚动感普湾（图 9-8）——以时尚流行文化、产业文化及现代文化作为主题定位此区域，包括时尚湾、创意湾、现代湾三个部分，项目包含 360°海景酒店、海底旋转餐厅、时尚生活展馆、休闲商业等时尚休闲商务类项目；乐活文化普湾（图 9-9）——以地域文化、主题旅游文化及养生文化作为主题定位此区域，包括民俗湾、艺术湾、绿色养生湾三个部分，项目包含渔港集市、光影渔场、垂钓小筑、特色海鲜餐饮、水上民俗风情园、生态植

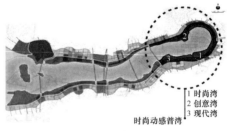

图 9-8 时尚动感普湾主题分段

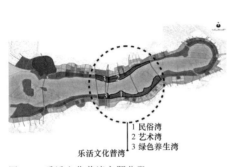

图 9-9 乐活文化普湾主题分段

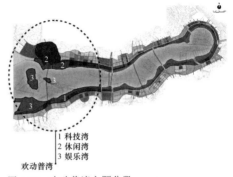

图 9-10 欢动普湾主题分段

物园等市民康体休闲民俗类项目；欢动普湾（图 9-10）——以海洋文化及休闲娱乐、运动文化作为主题定位此区域，包括科技湾、休闲湾、运动湾、娱乐湾四个部分，项目包含船舶文化观光区、海洋文化博览园、海洋科技运动主题乐园、帆船运动中心、航海时代小镇、阳光海湾沙滩等娱乐休闲类项目。

2. 主题理念

以"都市时尚海湾、五彩魅力水廊"为设计主题，来诠释 $7.3km^2$ 的、集生态绿色低碳、价值增益、多元文化于一体的设计理念。

3. 主题定位策略

通过城市产业、文化、项目策划、景观塑造等手段构建海湾多彩魅力四大体系，并依据体系制定包含生态节能、景观、多元功能、文化、交通、岸线开发利用六大实施策略（图 9-11）。

① 一湾六园主题——主题公园体系

以海底之城为中心的海螺湾为景观核心湾，包含海洋科技运动主题公园、健康运动水上休闲公园、滨海植物园、民俗文化公园、海之恋爱情主题园、十里风情滩休闲公园，六大主题休闲娱乐公园构成的海湾滨海主题公园体系。

② 海湾十景主题——旅游体系

以各个特色景观主题园区构成的海湾十景景点

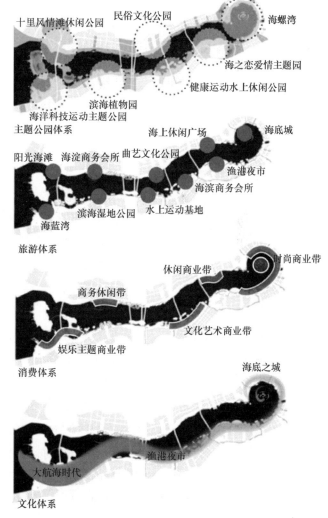

图 9-11　六大实施策略

体系，并开辟相应的主题的旅游线路，打造海湾景观带的旅游品牌。

③ 水上时尚世界主题——消费体系

充分利用岸线价值，设计不同亲水岸线，配合岸线景观设置体现主题文化的休闲时尚商业，满足游客市民的休闲购物、餐饮休闲、文化艺术赏鉴、商务交流等需求，打造海湾景观的黄金消费体系。

④ 海之韵文化主题——文化体系

以海文化为主导，融合传统民俗、现代时尚、产业科技等文化，体现滨海城市文化的特色，展现现代海文化时尚文明。

第五节　水利工程景观旅游目的地空间规划

一、旅游目的地空间概念

1. 旅游目的地区域

旅游目的地区域的边界是与旅游方式和旅游特征紧密相连的，旅游目的地区域或大或小，也许会相互重叠，在一个旅游目的地，这些区域以不同的规模存在并与行政边界密切相关。旅游目的地规划与设计者必须克服及重视旅游目的地各区域之间的边界限制及旅游目的地内的行政区域边界所带来的各种问题，特别是旅游土地使用规划问题，进行合理的空间规划布局。

2. 旅游客源地市场

旅游客源地市场通常指旅游者及潜在旅游者长期居住的区域。某一个给定旅游目的地的客源地市场是受多种因素所制约的。据吴必虎的研究结果表明，中国城市居民旅游和休闲出游市场，随距离增加而衰减；80％的出游市场集中在距城市500km 以内的范围内；由旅游中心城市出发的非本市居民的目的地选择范围主要集中在距城市 250km 半径范围内。旅游者到旅游目的地是为了领略其独特的地域风情和风貌。旅游者对旅游目的地的需求和愿望来自其旅游动机和旅游偏爱并受客源地各种主客观条件的制约。旅游目的地空间规划布局把旅游客源地市场纳入考虑范围有助于旅游目的地入口通道及旅游目的地旅游形象标识物的规划与设计。旅游规划者不能狭隘地只考虑旅游目的地的规划。任何一个旅游规划文件都必须把相互紧密联系的客源地和目的地两方面的因素综合考虑在规划与设计之中。

3. 旅游节点

旅游节点由两大相互联系的基本成分组成：吸引物聚集体及旅游服务设施。我国关于吸引物聚集体的研究也取得了初步成果，杨新军指出旅游吸引物比旅游资源更能确切地表达旅游活动的经济意义，吸引物在一定空间上的积聚形成吸引物聚集体，并作为旅游产品的核心成分向游客出售。吸引物聚集体包含旅游者游览或打算游览的任何设施和资源，其包括一个或多个个体吸引物及能产生吸引力的景观和物体等。

吸引物聚集体由三种相互联系的成分组成：核心吸引物、旅游者、旅游形象标识物。吸引物聚集体也许位于一个地理位置上，也有可能在旅游目的地区域的空间上成簇状分布。吸引物聚集体之间的相互补充特性使其所产生的旅游吸引力比由个体吸引物的吸引力简单相加所产生的吸引力要强得多。根据吸引物聚集体的吸引力的重要程度差别，吸引物聚集体在空间上呈等级结构。旅游地形象标识物是关于旅游聚集体的任何信息载体，这种信息也许为了目的地促销，也许为了方便旅游者旅游活动。旅游者去旅游目的地旅游或在旅游目的地旅游都要受旅游形象标识物的影响甚至操纵。

旅游形象标识物的功能有：诱发旅游者旅游动机、帮助旅游者进行目的地决策、旅游者旅游线路的安排、旅游活动的选择、核心吸引物聚集体的辨别及旅游购物等。

旅游节点的服务成分包含一系列设施，如住宿业、各式餐馆、零售商店或其他任何以旅游者为主要服务目的的服务设施等。这是旅游目的地的空间主要成分。对区域的经济价值有重要作用，但它们不是目的地吸引力的要素。然而，近年来旅游发展的实践表明，服务设施和吸引物聚集体之间的关系正慢慢地模糊，兼有度假、娱乐、休闲、观光功能的各式度假村、生态旅游地的有住宿功能的生态小木屋、各种游乐场等，自身既是服务设施，又成了吸引物聚集体。旅游服务设施对旅游目的地的空间演化和空间结构有重要的影响。这些设施经常定位在：与吸引物聚集体越近越好。而住宿设施的延伸通常与核心吸引物聚集体的空间形态相一致的特性就是这种趋势的表现之一。

另外，不同等级的住宿设施很可能建在不同等级的旅游节点上，例如，客栈和乡村旅馆经常位于第三等级的节点上，而五星级住宿设施很可能定位在第一节点上。

4. 旅游区

任一旅游目的地区域都由一些不同旅游主题的旅游节点和旅游范围组成，如果一个范围内有一特定的风格和旅游重点，那么，这个范围就称为旅游区。一个旅游区由一个或多个相似的旅游节点组成，旅游区的存在使一个旅游目的地区域有可能满足不同类型的旅游者的多样性需求和旅游期望。如果能从空间角度把一个旅游目的地区域内的各旅游区很好地规划与设计，使这些旅游区能加强地域合作而共生共存，这一旅游目的地区域就能产生比各旅游区的吸引力简单相加更强大的区域旅游吸引力。

5. 旅游循环路线

旅游循环路线是指旅游者在旅游目的地的各个吸引物聚集体和服务设施之间的流动轨迹。旅游目的地旅游路线的设计，应根据旅游者的旅游动机和切身利益来设计，但还受其他一些因素的影响。例如，各旅游节点之间的直接通达性、潜在路线的景观质量、旅游者使用的交通工具及旅游地形象标识物的定位等都影响旅游路线的规划与设计。旅游目的地区域并非所有的旅游节点之间都直接通达，也并非所有的旅游者在返程时都选择同一路线，因此，旅游目的地区域的路线设计应是循环路线。

6. 旅游目的地区域出（入）口通道

出（入）口通道是旅游者进入旅游目的地区域的大门或到达地点。它们也许会沿着一条路线集中分布，也许是在旅游者由一个目的地进入，另一目的地区域的渐进过度点上。虽然有时并未标明，但对旅游者有着重要的生理和心理影响。出（入）口通道预示着一旅游者进入旅游目的地区域，也同时表明这一旅程的结束。它可以给出目的地区域的全景俯览，也可以帮助旅游者定位，因此，在旅游目的地空间规划布局中必须对出（入）口通道予以认真关注和考虑。旅游目的地区域的出（入）口通道是多重的，要根据客源地、旅游者特征、季节条件及交通工具的选择等因素来规划与设计。要充分考虑每个出（入）口通道的位置，要设计出最合适、也最具有吸引力的出（入）口告示。

二、旅游目的地空间规划布局模式

1. 单节点旅游目的地区域的空间规划布局

单节点旅游目的地区域是旅游地空间成长的第一阶段，旅游者从他们的来源地来到旅游地的这唯一旅游节点参观游览。这单一节点包含一个中心吸引物或一个吸引物聚集体，旅游者到达这旅游地只能待在这一个地方。相对于多节点旅游地来说，单节点旅游地空间范围很狭小。因此，所有旅游支撑系统和服务设施都要完备，且没有形成旅游地内循环路线。单节点旅游地是旅游地空间成长的最初阶段（图 9-12）。

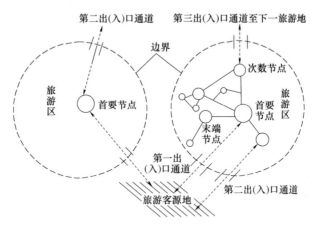

图 9-12　单节点旅游地空间模型图 5-2 多节点旅游地空间模型

2. 多节点旅游目的地区域的空间规划布局

随着旅游地发展，一些很具有吸引力的腹地旅游资源或深层次的历史文化资源被开发，多节点并存的旅游地开始出现。这里给出了多节点旅游目的地区域的空间规划布局模型。在这个模型中，有 3 类节点：即首要节点、次数节点与末端节点（如图 9-12）。

首要节点是旅游者所熟知的旅游目的地的核心吸引物聚集体。这是他们选择这一目的地的最基本的推动力。

次级节点及边缘旅游区的节点均要以首要节点为中心来设计和规划路线。次级节点虽不是推动旅游者来此目的地观光游览的原始推动力，但次级节点的中心吸引物聚集体却是增加目的地区域整体旅游吸引力的重要因素。次级节点区也有较为完善的旅游服务接待设施，即使没有首要节点，次级等级的节点也有足够的能力把旅游者吸引到该目的地来。

3. 链状节点旅游目的地区域空间规划布局

随着旅游目的地区域旅游空间的成长，旅游节点越来越多，不同性质的旅游区开始出现，旅游目的地日益呈现出多区的空间增长格局。旅游者到此目的地区域旅游可以选择其中多个旅游区旅游，因此旅游区间的竞争加大。旅游者到目的地区域后也许没有明确的参观路线，也有可能未确定参观哪些旅游节点，在这种情况下，各旅游区的旅游形象对激励旅游者的旅游兴趣显得尤为重要。在旅游目的地区域旅游空间成长的第三阶段中，旅游空间成长趋于成熟和稳定，旅游区间的空间竞争与合作关系加强，旅游服务质量和管理水平日益提高，旅游目的地迫切需要一体化的区域规划来指导和干预其旅游空间发展格局（图 9-13）。

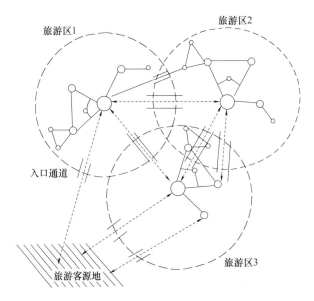

图 9-13　链状节点旅游地旅游空间模型

三、设计案例　水利工程景观旅游目的地空间规划案例：杭州千岛湖某高级休闲度假区

1. 项目概述

项目位于浙江省淳安县千岛湖严家，总占地 900hm²，其中陆地面积约 400 hm²。地块生态植被良好，环境私密，具有打造优秀的高级旅游度假区潜质。项目凭借良好的生态环境、水资源优势，结合国家小球运动，发展以养生康体运动为主导向的高级度假区，其中包含运动赛事及培训、国际商务会议论坛、健康管理、艺术文化发展基地等功能，并以打造国际级高端湖泊运动旅游综合体为目标愿景。

2. 项目旅游目的地空间布局

（1）目的地空间结构　区域整体旅游空间分运动商务休闲度假中心区、高雅运动疗养休闲度假区、时尚小球运动休闲度假区、高级养生休闲度假区四个区域，并在结构上形成一心：以顶级酒店与论坛会议、度假村、特色休闲商业街等构成区域发展核心；一湾：以新安文化为背景，民俗文化养生休闲湾；一带：以私人物业与私人个性服务形成的滨湖高级私人休闲居住休闲带；一岛：以独岛为标志的区域内顶级私人度假、商务、接待、会议等高级综合服务私人岛；三区：三个发展片区分别为度假房产区、运动区、旅游运动休闲度假区（图9-14）。

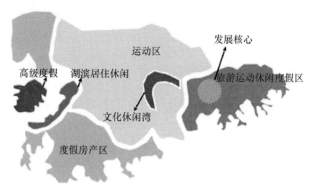

图 9-14　目的地空间结构

（2）目的地公共设施布局　区域采用双极双核的公共设施布局模式，即主核心：分别结合不同主入口位置设置主要公共配套中心；次核心：为各功能分区提供独立服务的次要公共配套中心，与主核心形成互补的关系。公共配套与功能分区、交通流线组织有机结合，形成完整的公共配套体系（图9-15）。

图 9-15　双极双核布局

（3）目的地各旅游区联动　区域充分发挥时尚小球运动区的带动作用，力图通过功能、交通、景观的衔接对三区的资源与优势进行整合，并通过功能与空间"渗透"的设计手法实现三区的联动（图9-16），从而构架综合国际度假区总体框架。同时，确立联动轴线，以运动区为核心，寻求空间渗透的方式及方向，提供了东西渗透通廊，整合了原本被运动区隔离的两个主要旅游度假地区，形成运动区即为核心又为其他两区辅助，凸显运动区双向联动渗透作用（图9-17）。同时联动轴线确立，为三区融合提供丰富连续的情感序列变奏空间，使度假区整体多元发展多姿多彩。

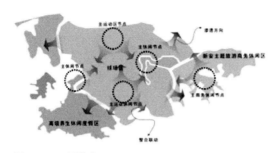

图 9-16 三区联动

（4）目的地旅游线路组织

① 出入口选择。旅游人群的不同有着不同的交通要求。如游客倾向方便、多样的交通方式、路线景色优美、宽敞的入口公共停车空间。业主，倾向于便捷、不受干扰、相对独立、直达户前的入口。物流希望有交通体系便捷、独立通道、结合仓储堆场设置停车回转场地。规划结合上述不同人群需求，再依据过境道路、来客方向、

场地资源、起步区因素及基础设施等其他因素，选择最终出入口的修建方位。因此本项目选择入口 A/B 为主入口（图 9-18）。因为入口 A 可以直接联通主要区域，降低对各区干扰；入口 B 可以直接为运动区服务；口 C 为次入口，主要服务于其他私密功能区块。

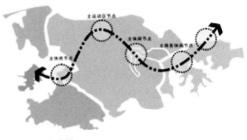

图 9-17 联动轴

② 交通流线。区域交通流线主要依据人群流线，人员（包括域内旅游人口、置业人口、各产业劳动人口等）活动的主

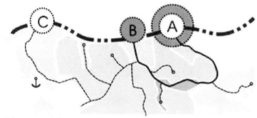

图 9-18 出入口

要交通流线，以及物流流线，为各功能区配套运输各类物品的专项交通流线（图 9-19）。并依此采用双入口形式进行交通分流，形成旅游风景区——置业区二元结构且彼此联系，同时路径最优。

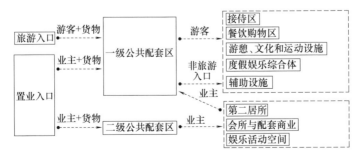

图 9-19 交通流线

第六节　水利工程景观的旅游产品系统规划

一、水利旅游产品开发原则

1. 因地制宜、突出特色的原则

旅游产品设计时，必须考虑其区位条件、规模大小、资源状况、场地提供条件、经济承受能力、技术开发能力、周边旅游发展等相关因素，针对不同时期和发展阶段相应地设计出切实可行的旅游项目产品。如以水库型水利旅游开发来说，要因库制宜，认真调研分析该地区的旅游市场，避免短距离、低水平的重复开发。由于水利旅游产品的功能主要是观光休闲、运动健身和度假疗养，在通常情况下很容易造成重复开发。因此，同一类型的水利旅游产品要考虑资源的互补性，突出地方特色优势。可从环境、项目、文化和经营四方面来创造本地的特色。其中经营特色要求景区要有独特性、参与性、挑战性和创意性。如浙江绍兴市环城河风景区充分发掘绍兴文化，特别是与环城河有关的历史文化，恢复原来有的古迹，延续绍兴的历史文脉。环城河八大园景中的匾额楹联就起到了画龙点睛、锦上添花的作用，提升了景点的文化品位，凸显出了绍兴丰厚的历史文化。

2. 注重主体、突出主题的原则

主体即旅游者。旅游开发应充分考虑到旅游者的兴趣和心理需求特点。尤其是旅游者对于健康、美和尊重的追求，以及对于隐私和安全的追求。对于水利旅游开发来说，以人为本，成为规划和旅游项目设计指标原则。水利旅游产品的开发要找准旅游者参与活动开展的角度，激发旅游主体的参与激情与参与程度，增强旅游经历体验感。同时，水利旅游的开发层面应突出一个主题，其他主题为辅的原则。主题构想要准确把握当地"文脉"，综合考虑其自然基础、历史文化、心理积淀和社会经济四维时空组合。对于拥有综合景观的水利旅游区，着力挖掘地域文化要素特色。例如，湖南省汨罗市滨江风光带以"屈原文化"为主题加以设计，从东至西按照屈原的"出生—辉煌—流放—投江—纪念"的序列展开。对于水库型水利旅游开发来说，核心精华部分是水体，因此"水"理应成为水库旅游产品设计的首选主题。因此，设计以水为旅游开发载体的各类水体旅游活动，最大限度地满足旅游的亲水性。通过"赏水、品水、玩水、戏水、用水、饮水"来加深旅游者对水利旅游的认知。

3. 结合水体特点，遵循"两结合"原则

具体来说：①坚持动态和静态结合原则。根据游客需求多样性的特点组织开发动态活动吸引和静态项目吸引。根据水利旅游发展现状和游客需求的发展趋势，动态活动与静态项目的种类比例近期总体上可以确定为 1∶2（静态项目为主）。中后期逐步加大动态活动，调整为 1∶1，远期为 2∶1（动态活动为主）。②坚持水上和陆上结合原则。水利旅游产品是一个水上与陆上相互融合为一体的综合产品。应把水上项目产品（包括空中、水面和水下）与陆上项目产品整合起来进行整体开发，两者种类比例依水利风景区的具体情况而定。对于那些水域面积宽广的大中型水库，宜在确保安全的条件下可适当加大水上旅游项目，而小型水库则以陆上项目为主。

4. 观光休闲度假结合原则

随着旅游者消费经验的日趋丰富，旅游者消费层次的提高，旅游需求必然要由过去单一的观光娱乐等形式向休闲化、个性化和参与性的形式转变。目前，我国居民的旅游习惯正由参加单一的组团观光游，向形式多样的度假游、特色旅游扩展。因此，应根据游客的需求类型，针对不同类型的游客开发观光、休闲、度假产品并形成产品的有机组合。

二、水利旅游产品体系开发的主要内容

水利风景区产品开发主体产品是观光，同时可开发文化科教产品、休闲度假产品、运动类产品、探险型产品、美食购物类产品等，这些产品可分别与观光产品组合，从而形成综合旅游产品开发模式。

1. 观光旅游产品

各区域、各县市都有自身的人文地理特点，观光旅游产品宜从当地实际出发，从大旅游、大文化、大文明、大农业、大繁荣的理念出发，因地制宜规划与开发。通常水利风景区地形地貌丰富、自然风光秀丽，山岳、森林、湖泊、河流、生物、建筑等各种景观交相辉映，辅之以浓郁的民俗风情，观赏价值很高。根据水利风景资源可以相应设计出以下观光产品类型：

（1）水体观光　包括游船观光、潜水艇水下观光、脚踏船观光等。

（2）山体观光　设计登山远足、地质地貌观光等项目。

（3）生物观光　如水生动植物观光、森林动植物观光、农作物观光。

（4）气象景观观光　包括观日出、看云霞、赏云雾、品雨雪等。

（5）水利工程观光　水利建筑，如大坝、发电站、灌溉渠等观光。

（6）生产生活观光　设计水产捕捞、水产养殖、乡风民俗观光等项目。

（7）民俗风情观光　如湖南九龙潭风景区苗族文化、龙文化可开发民俗风情旅游。有些水利风景资源具有较高的观赏值，但水环境较脆弱，只适合开展观光旅游，如青海湖。也有的水体是城市饮用水的水源地，也只适合开展观光旅游。对于小型水库的开发，尤其是在开发初期宜先开发投资少的传统观光旅游产品，待开发形成一定规模，旅游人气渐旺，再适当设计一些休闲、娱乐旅游产品，以丰富的游览内容，提高景区吸引力。

2. 文化科教旅游产品

水利科普旅游产品如水族馆和水科学馆，可以使人们学习水的知识，了解水文化。对水利常识的了解则可通过对水利工程建筑设施的考察游览及工程模型的模拟运行等方式来进行。另外，还可以设计面向水域、湿地、滩涂地、山地、森林等生态系统的科学考察旅游产品，此类产品需相应配套解说系统并加强对游客活动的管理保护。利用景区丰富的生物资源，以生物多样性为主题，辟建生态环保、科普修学、科研考察的高端园地，或者有计划地合理加工制作和销售一些具有科普性质的标本、模型。许多水利设施如水库修建在农业生产占主导地位的地区，故这些景区可开展农业科技园、花卉、农场、蔬菜基地等农业科普教育旅游，例如湖南九观湖水利风景区可充分利用景区内的湖南省首批农业旅游示范点白泥村来开发农业科教旅游产品。有的景区还可开发爱国主义教育旅游产品，如黄河小浪底水利风景区内的水利部小浪底爱国主义教育基地展示厅。

3. 休闲度假类旅游产品

喧嚣的闹市、紧张的工作和生活使人们愿意参与回归自然、放松身心的旅游活动。所以在旅游区可发展垂钓、沙滩、竞技、游戏、农业以及艺术情趣等多种休闲活动。其中垂钓休闲适合各个年龄段的游客，可开发池钓、溪钓、岸钓、船钓等。沙滩休闲主要有沙滩排球、沙滩足球、沙浴、沙滩散步、堆沙等项目。竞技休闲活动可开发射箭、掷飞镖、各类水战活动、水上航模等。游戏休闲如球类游戏、棋牌游戏、电子游戏、智力游戏等。农业休闲主要包括乡村生活体验（如休闲挖地、耕作、采摘等）和渔民生活体验（叉鱼、网鱼、特种捕鱼等）。艺术情趣休闲可设计茶艺、花艺、泥塑、制陶、绘画、书法、摄影、折纸、迷你饰品制作等。度假旅游呈现出多样化、高科技化、享乐化及家庭化等特点。多样化要求根据度假客人的特殊兴趣、爱好、职业、年龄、性别、身体状况设计度假旅游产品，如"健康度假游""民俗度假游""亲子度假游""保健疗养游""体育健身游"等产品形式。对于拥有优良水质、适宜气候条件、优良生态环境或附近拥有特殊有益物质（如温泉、冷泉、药泉等）的水利风景区多设计以水保健、生态健身等为代表的室外生态疗养型度假旅游产品，如水中静漂、静养房、森林浴等。享乐化趋势要求不断开发与增加旅游产品的享乐性功能，使游客尽享自然美的同时，尽享家庭的舒适与温馨，尽享康体、餐饮、药膳、休闲、娱乐之便利。

4. 运动类旅游产品

当水面开阔、深度适合，水体自净能力强时，适宜开展各种运动项目以吸引运动爱好者。根据场地不同可相应开发水体、空中、陆地三大类运动产品。水体运动如游泳、帆板、漂流、潜水等；空中运动可设计水上蹦极、空中飞伞、水上飞机、滑翔伞等项目；陆地运动可开发登山、攀岩、骑马、自行车、各种户外球类活动等，也可利用水域周围岸地山体开展户外体验式拓展训练。须避免水面、水下、空中等不同空间层次以及不同类型的活动发生冲突干扰。

5. 探险型旅游产品

特殊的地形地貌、丰富的人文历史、特殊的水生动植物、异常现象等造就了水利风景区多样的探险旅游资源，开发探险型旅游产品可以吸引探险爱好者和科学考察者。如湖南郴州永兴便江水利风景区被认为是全国最大、最典型的丹霞地貌风景区，便江也被誉为"天下丹霞第一江"，这种特殊的地形地貌无疑吸引了探险者和科学考察者。

6. 品食购物类旅游产品

水利风景区优良的水质和生态环境为各种水产资源和农林产品资源提供了优越条件。品尝当地风味美食成为游客的一项重要活动。如"茶香、水甜、鱼头香"构成"天目湖三绝"。丰盛的资源同时也丰富了水利旅游的购物对象。各类水产制品、肉制品、干果、野菜、新鲜瓜果蔬菜等绿色土特产品和风味食品是较为畅销的大众旅游商品。例如，千岛湖精心打造以"淳"牌有机鱼头为代表的淡水鱼系列和以生态产品为代表的农家土菜系列，培育了千岛湖的特色餐饮。

三、设计案例　水利工程景观旅游产品开发案例：杭州余杭区运河塘栖段中心区设计

1. 项目概述

塘栖位于杭州北部近郊，是杭州运河的漕运重镇，是著名的鱼米之乡，丝绸之府、花果之地，其中塘栖的枇杷果白质优，更是闻名国内。转化塘栖古镇作为杭州运河的水路历史功能为今日运河旅游开发的重要集散中心，重新塑造杭州段运河旅游的门户。同时借助杭州旅游发展优势，将塘栖打造成杭州人文度假旅游的拳头产品，国际运河旅游的商埠文化展示舞台。项目定位围绕"江南运河第一水路码头"做文章，主打人文度假、商埠文化、水乡名埠三个核心产品，构建了"一环一区两心十景"的旅游空间格局，奠定了塘栖新运河沿岸旅游业的发展基础。

2. 旅游产品体系构建

（1）复合的旅游产品结构体系　规划以历史文化旅游、休闲购物游为重点，以民俗风情旅游、商业文化游、观光旅游、生态体验旅游、商务会议游为特色，形成立体开发的旅游产品复合结构体系（图 9-20），并结合文化旅游产品，形成了文化品牌、拳头产品、辅助产品为一体的，涵盖大众市场、分化市场、细化市场以及相关的旅游业体系市场，从而使产品在复合基础上呈现出市场饱和覆盖以及品牌化的发展特点。

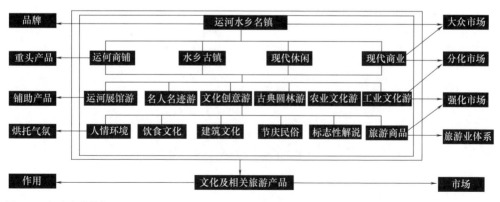

图 9-20　复合产品结构

（2）产品开发　塘栖旅游产品开发强调动静结合、游闲结合。其中有运河文化的动态展示系列，如运河文化水幕长廊游船文化动态展示、塘栖水上情景舞台展示

以及水上民俗节庆展示。在休闲购物游层面，主要开展如恢复古埠、古街桥、古茶街等传统文化休闲街，同时建设现代休闲商业街并与水系相结合打造独特的运河时尚休闲水市。并在塘栖原有观光旅游资源基础上，重新整合构建了新塘西十景，推出了新的滨河水上游以及湿地游等。综合而述，塘西旅游产品主要以人文、生态、休闲为主（表9-2）。

表 9-2 产品开发系列

产品	载体	功能
历史文化旅游	运河文化水幕长廊	观光游览、游船表演
	历史保护街区	历史建筑体验，艺术考古
	运河水上观光旅游	休闲购物
	水上休闲街市	文化休闲、传统休闲、传统民俗
	塘栖大型水上情景表演	表演、节庆、娱乐
	新水乡水上商城	时尚休闲、艺术文化
	市新河传统商贸街市	民俗体验、传统商贸文化、商业习俗
	历史保护街区、大纶丝厂	工业文化博览
休闲购物游	新水乡水上商城	休闲购物、时尚精品、艺术休闲
	水上休闲街市	传统庙会、市井文化休闲
	市新河传统商贸街市	传统商铺、传统饮食
民俗风情游	运河文化博览区	民俗体验、节庆活动
	水上休闲街市	民俗活动、民谷表演、传统休闲
	市新河传统商贸街市	商贸文化、商业习俗
观光旅游	水上游船	水上游览、游船表演、水上休闲
	湿地旅游区	湿地生态、湿地休闲
	社区景观	社区游览、社区公共游憩
	四季岛	农业体验、农业观光
生态体验旅游	湿地旅游区	湿地生态、湿地度假
	滨水游憩广场	滨水观光

第七节　水利工程景观旅游开发模式

一、水利工程景观资源旅游开发原则

水利旅游为了实现可持续发展，必须结合生态旅游，形成保护性开发导向模式。具体包含 3 个原则。

1. 保护性原则

保护性开发导向模式，即将"保护"作为其旅游开发的首选导向因素考虑。它是基于"生态旅游＝欣赏与享受自然＋了解与认识自然＋保护与发展自然"的认识，其核心内容是强调对旅游资源的保护，在此基础上有节制、有步骤的开发旅游资源。保护性开发导向模式的行为主体是水利风景区及周边的社区或村庄。两者对水利生态旅游资源的"三联式"管理是实现保护开发导向模式的基础。"三联式"管理，即资源管理联片共管、资源保护联防协作、资源利用联手合作，其优点在于使水利风景和当地社区资源都得到保护，使水利风景和当地社区经济都得到发展。具体做法是把与水利风景区毗邻的社区森林和山体资源纳入保护区管理范围，按水利风景区管理要求统一规划，使风景区和社区共同参与管理网。根据水利风景区多数位于乡村的特点，水利生态旅游开发可以走乡村生态旅游与水利旅游结合的道路。该模式依托已有的水利景点的吸引力和客源流来开发乡村旅游项目，使水利生态旅游与体验乡村生态形成有机结合。这种合作方式充分体现了"三联式"保护性开发导向模式的内涵，扩大了水利保护区的外围缓冲地带，加大了天然环境的有效面积。动物安全栖息地增多，有利于种群恢复和生物多样性保护，也增加了水利风景区的景观资源；同时社区也可以受益，社区资源得到了有效利用和保护，为可持续发展打下了基础。

2. 资源有价原则

景区旅游开发投入仅为单一的"资金"投入模式。这种模式认为资源无价、知识廉价，进而造成了由于缺乏珍惜资源及环境意识的粗放型掠夺开发，导致了资源及环境的破坏。因此，在水利生态旅游开发时，应树立两个新的观点。第一是"资源有价"。水利风景资源包括：水域（水体）及相关联的岸地、岛屿、林草、鱼类、水鸟等。资源有价的观点要求开发商在开发中让这些资源入股，纳入环境成本预算，并从旅游收入中回投资金专向保护资源及环境；第二是"知识有价"。生态旅游产品的开发比一般大众旅游产品的开发复杂得多，困难得多，需要更多的知识。此知识包括：一般的地理学（包括地理、地质、地形、地貌、海拔等）知识；预防与减少地质及自然灾害的知识；森林与大气循环关系的知识；水文与水环境知识；遗传基因（DNA）与生物多样性知识；自然及人文遗产保护知识等。在旅游开发中投入足够的知识，以保证资源及环境的高效利用和有效保护。

3. 循环性原则

水利生态旅游开发中需要实时关注水体质量、水源环境状况、水生动植物变化，以确保无污染和人身安全。因此，整个开发过程宜由规划、建设、管理、监制四个环节构成环状，检测旅游产品在市场运行中存在的不足和旅游活动对环境的影响，为进一步优化规划、建设及管理反馈科学依靠，使旅游开发成为一个循环往复，不断优化，兴旺不衰的一个持续过程。循环性原则从制度上保证了水利生态旅游开发的科学性、合理性、可持续性，防止了盲目经验主义和个人主义在水利生态旅游开发中的泛滥。

二、水利工程景观旅游开发模式

1. 工程设施的观光开发模式

（1）深化景区文化内涵　水利工程旅游资源应围绕"水"来做文章，并结合历史人文文化，使游客在游览景观的同时，通过文化知识更好地理解工程资源的旅游文化内涵。还可以用水利文化博物馆和水文化广场等形式，运用现代科技手段和现代艺术手法，充分展示了水利工程的科学性和工程美学原理，形成了景区特有的水文化。让旅游者既感受到水利设施的物质之"形"，又被其中蕴含的水文化的"神"所吸引。

（2）拓展景区景点群　避免景区性质单一性，应积极多方拓展景区的景点群，既可以对某一大型景观从不同的角度加以展示，也可以兴建相关的文化设施对工程内涵加以深化。以胡佛大坝为代表的美国的水电旅游开发有许多值得借鉴之处：在水电站枢纽设计阶段，就考虑到除了满足水电站的各项功能外，还要顾及景观设计。如预留适当的位置当作观景点，方便摄影者拍摄到令人心醉的画面；在合适的地方以很少的花费竖起永久性纪念标志牌，牌子上写清楚水坝的名称、建设时间、承建单位、投资额、建设者等，为游客拍照留念提供便利。此外，很多水电站还建有专门的展览室，以文字和图片的形式介绍水电站的布局、设计、建设和运行情况。

（3）全面完善的导游系统　导游系统，既有人员导游，也有图文声像导游。前者对导游员有较高的要求，应该掌握丰富的天文、地理、历史、水利、文化等方面的专业知识和聪慧灵动的口才，以及某些文艺特长，才有可能在讲解时游刃有余，能调动游客的兴趣，满足客户的需求。如三峡截流纪念园中的导游选用的就是曾经在三峡工程中工作的老工人。这样的讲解，通常能让游客更贴近水生态修复与景区建设，取得良好的反响。后者包括解说系统、标志系统和游览路径，目的是让旅游者以最便捷的方式、最优的线路游览景区，让旅游者轻松地"游懂"旅游对象。解说系统由文字说明、模型与模拟、录音解说等方法组成，此系统是人员解说的补充。一般可考虑在主要的景点采用立牌立碑的方式，以文字对景点进行说明。或是采用录音录像播放的方式为游客提供解说服务；在景区入口处可以塑造工程全景模型与相应的解释说明。此外，还可以利用现代科技制作工程的工作原理，以触摸电脑方式为游客演示，使游客对工程有较为形象的了解。

2. 水库的度假开发模式

（1）提供绿色生态产品　在景区环境方面，应保证库区水面及相关联的岛屿、山地、森林等景致呈现出良好的生态外观，以满足旅游者对景观观赏价值与生态价值的要求。为此，应大力推进绿化率的提高，保证水质达标，科学进行景区规划，为旅游者提供一个空气清新、环境优美、水体清澈、利于放松身心的生态环境。饮食方面，水库长于水产品，除此之外，深受旅游者喜爱的蔬菜、水果、粮食也是绿色饮食的主要内容，应给予大力开发。景区住宿应以科学发展观为指导思想，倡导节约、环保和健康的消费方式。客房的物品应尽量采用绿色材料，倡导旅游者尽量减少一次性用品的使用，减少不必要的床单清洗，拒绝浪费，促进生态和谐发展。景区交通方面，景区内应提供零污染或低污染的交通工具，如自行车、电瓶车、机械船、电动船等。汽车可选用无铅汽油，以达到国家规定的排放标准。

（2）开发康体旅游活动　水库景区丰富的水资源与周边的山林岸屿地带，都是开发康体旅游活动独到的资源。由于水库水体自净能力较强，不易受到污染，水面开阔，适宜开展游泳、划船、垂钓等传统水上旅游活动。但水体旅游产品远不止于此。围绕湖泊、岛屿、支流河流溪涧还可以开发漂流、游艇、摩托艇、赛艇、皮划艇、帆船、帆板、冲浪、溪降、溯溪、蹦极、热气球、跳伞、动力伞、滑翔伞、悬挂滑翔、滑翔机、牵引伞、水上飞机、飞艇、跳水、潜水等项目。库区所辖山体可以被用来开展攀岩、探险、登山、山地户外极限运动、野外生存、高山滑雪、徒步行走、自行车、野营等体育项目。有条件的草原和森林可以开展丛林越野、骑马、滑雪、滑草、高尔夫球等旅游活动项目。

（3）设置全面的配套设施　水库旅游开发应特别注意提高接待软硬件设施的质量。除去宾馆、饭店、度假村、车船这些常见的旅游设施外，还要根据游客的需求提供更全面的服务配套，如服务于自助游则需要有特别的接待设施，以及服务自驾车游的配套服务设施等。

（4）改善服务质量　度假者对服务质量要求较高、较挑剔。只有服务质量提升了才能真正保证旅游度假质量与度假区的品质。因此，度假旅游服务的专业度至关重要。

3. 城市堤防的休闲开发模式

（1）以水利功能为先　城市江河堤防的首要任务是防洪。此类资源的开发应突出防洪功能，以国家水利风景区湖北省武汉市汉口江滩公园为例，在建设时充分考虑防洪问题，修建了有利于防洪的分级平台，针对不同的水位将整个江滩分为三级平台，其中第三级平台为娱乐休闲场地，供市民及游客进行休闲健身文化等各项活动。

（2）合理布局建筑景观　城市堤防类水利旅游资源往往呈线性分布，占地面积比较大，布局的合理性至关重要。防洪工程、园林绿化、音响亮化、体育健身、文化娱乐等内容需要结合景观设计，并对应不同分区设计，以营造多样的景观新水利景点。

（3）开发特色旅游景点　沿江河的城市旅游景点开发应抓住城市文化特色，结合周边历史民俗特点或最新市民休闲时尚，塑造城市滨水旅游形象，以打造特色功能丰富的滨水长廊。

（4）组织多彩文娱活动　城市的滨江滨河开发空间广场，为举行民间节庆、演艺、健身活动与赛事、旅游节、商贸节等丰富的文娱活动提供最佳的空间与平台。同时，这些活动的举办，也将为城市滨水空间增添和谐人文的吸引力和城市活力。

第八节　水利工程景观旅游体验设计

一、水利工程景观旅游的体验化设计

1. 旅游规划体验化设计的原则

（1）差异性　差异性要求景区在设计项目时应力求独特，人无我有，人有我优，人优我特，时刻保持项目与众不同的个性，并通过创新，不断为游客获得新鲜的旅游感受，满足个性化需求。

（2）参与性　增强游客体验的重要措施就是提高游客的参与性。游客主要通过精神参与和身体参与两种途径参与景区的旅游活动。游客的精神参与是指游客通过各种途径获取旅游吸引物的信息，从而增强游客对旅游吸引物的感知和理解，旨在使游客获得更丰富的知识、美感和情感交流。而身体参与则是游客用自身行为获取所需的信息，体验旅游活动的真谛。

（3）真实性　项目设计的真实性是指景区项目设计要能使游客从所创造的美化环境中获得真实体验，直接为游客在景区旅游服务，使之品味到旅游产品的内涵和意境，沉迷其中，乐味无穷。

（4）挑战性　因不断增加的工作压力、不断缩小的生活空间、不断增多的污染刺激、不断变快的生活节奏、不断堵车和雾霾的无奈困扰，几乎使现代人的原有感觉渐趋"麻木"。于是人们需要强烈的刺激来激发休眠的感觉细胞，通过不断挑战自我以最大限度的发挥自己的智力与体力潜能，从而追求在超越心理障碍时的成就感和舒适感。

2. 旅游规划体验化设计理念

体验设计是以消费者的参与为前提，以消费体验为核心。它是一个动态演进的关联系统化成长方式，这样的一个创新的成长方式也是未来旅游活动的体验方式。在这个崭新的实战领域内，最需要的是富有创造激情和想象力的设计。1999 年，两位美国学者约瑟夫·派恩和詹姆斯·吉尔摩，在《体验经济》一书中，就塑造体验提出了五种方法：体验主题化、以正面线索强化主题印象、淘汰消极印象、提供纪念品和重视对游客的感观刺激。

（1）要确定一个鲜明的主题　精练的主题是通往体验的第一步，好的主题可以起到串联景物，增强体验的作用，使游客留下深刻印象，并产生持久的记忆。主题是景区的灵魂，没有主题的景区只是散乱景物的堆砌，游客就抓不到主轴，就不能整合所有感觉到的体验，也就无法留下长久的记忆。如《浙中水乡总体规划》，其主题是实现"四水归一""七水共荣"。本规划范围为浙江中部的金华市范围，涉及金华市区（含婺城区和金东区、金义都市新区和金华经济开发区）、兰溪市、义乌市、东阳市、永康市和武义县、浦江县、磐安县等，总面积为 $10942 km^2$。规划将浙中水乡定位为：美丽乡村之源、宜居城市之脉、幸福生活之舟。规划以"两连两蓄三统一"（"两连"说的是江溪河网连通、山塘水库连片；"两蓄"说的是时空错位蓄水、外引水源蓄水；"三统一"说是水资源统一配置、水景观统一建设、水效益统一开发）为抓手，把水蓄起来、连起来、活起来、净起来、美起来、亲起来，努力打造"城水相依、湖库相嵌、江河相连、山水相融、保用相促、人水和谐"的"浙中水乡"，不断提高科学"蓄水、调水、治水、用水"水平，实现水资源综合利用与人口、环境、经济社会协调发展。基本目标是建立洪旱无恙、供灌协调的水安全保障体系，打造水清河畅、岸绿景美的水生态环境体系，构建科学优化、合理高效的水资源配套体系，培育特色鲜明、繁荣发展的水经济文化体系，健全体系完善、统一高效的水资源管理体系，实现人水和谐。建设"城市水库"，打造"浙中水乡"，将坚持以治水为突破口，面向金华"浙中崛起、百姓富裕"发展全局，全面考虑水的资源功能、环境功能、生态功能，着力推动水乡建设与群众居住环境改善、生活质量提高相结合，与城镇特色形成、竞争力增强相结合，与产业发展配套、结构布局合理相结合，与农业基础设施完善、生产能力提高相结合，与生态环境改善、人水和谐相处相结合。实现"四水归一""七水共荣"，即河库水、引调水、地下水、废污水统筹开发利用保护，水安全、水资源、水生态、水景观、水文化、水经济、水管理共同繁荣。目前，在从早从严从紧抓好教育实践活动中，市县区和乡镇领导亲自督战，真抓实干，落实到位，以大力强化江河治污治水为重点着手启动规划方案，初见成效，反响甚佳。

（2）要通过体验来强化主题印象　体验是个性化的，不同的人对同一景象、同一游程的体验是不同的。因此，规划设计者应尽可能提供参与性强、兴奋感强的活动与项目；另外，需提倡深度的体验旅游，旅游者既要身游又要心游，游前要了解旅游地的历史与环境，游中要善于交流互动，游后要"反思"和"复习"，要动腿走、动嘴问、动脑想、动手记，把观察上升为心得，从经历中提炼体验。

（3）淘汰消极印象　旅游目的地的环境本身就是旅游体验的一部分，好的人文、自然环境会给游客带来美好的回忆。因此，仅靠展示正面线索是不够的，景区还应删除负面因素。消除可能会使游客产生消极印象的内容和环节，如景区超容量接待造成的拥挤使视觉污染、景区项目设计与景区主题不符而造成游客体验的不真实等。

（4）要充分利用旅游纪念品，给游客创造一个值得回忆的体验　旅游纪念品是美好回忆的载体，是对愉悦的旅游经历的纪念。旅游活动是旅游者花费了一定时间、精力和财力获得的一种旅游经历或体验。但经历是无形的，容易忘记的。因此，游客多以拍摄照片或购买纪念品的形式保存自己的旅游体验，并通过重温照片或纪念品来回忆每一次难忘的旅游经历。度假区的明信片会使人想起美丽的景色；绣着标志的运动帽会让人回忆起某一场球赛；印着时间和地点的热门演唱会运动衫，则会让人回味观看演唱会的盛况。从这个意义上讲，作为一个旅游目的地，尽管食、住、行、游、购、娱各种设施和服务都很完备和出色，但唯独没有提供一个代表其特色和形象的纪念品，这个体验就是不完整的，会给游客留下遗憾的。

（5）要整合多种感官刺激，调动游客的参与性　体验的前提是参与，如果没有参与，仅仅是走马观花似的旁观，而不亲自参与到其中，并在参与中细细思索与体会，仍得不到真正的生活美学体验。只有参与其中，体验所涉及的感观才会越多，也就越容易成功、越令人难忘。

3. 旅游体验设计的层次结构

美国西北大学心理学系的 Andrew Ortony 和 William Rwvelle 把神经系统对信息刺激的反应分为本能水平、行为水平和反思水平三种不同层次的反应。从心理学的角度来看，旅游体验就是旅游者的神经系统对外部刺激所作出的反应。与此相对应，旅游体验设计也分为不同的层次，而且不同层次的旅游体验设计有着不同的目标和功能。

（1）本能层次的旅游体验设计　本能层次的心理活动是指旅游者通过眼、耳、鼻、舌、体等感觉器官对形、色、声、香、味、触等外部刺激的感知及相应的反应过程。由于人们在形成感知反应时几乎不需要经过思考，而且感觉器官在这一过程中起到了决定性的作用，因此，可以将本能层次的心理活动过程称之为感官体验过程。本能层次体验设计的目的是通过感官刺激，使旅游者获得快乐、愉悦等积极的情绪，因此，也可以称之为感官体验设计。感官体验设计可以回答和解决怎样使旅游者感到愉悦以及如何避免不舒适的问题，关心的是旅游者本能层次的体验——感官体验。由于本能处于意识和思维之前，因此旅游者的第一印象十分重要，设计师应该在设计感知形象时下足功夫。在本能水平上成功的设计可以使旅游者在食、住、行、游、学基本旅游需求方面获得有效的、较高水平的满足。

（2）认知层次的旅游体验设计　认知层次的心理活动是建立在本能层次心理活动基础之上。认知是旅游者对所感知到的信息的理解和解释。相对于本能层次的反应，认知层次的反应较为复杂。根据认知心理学的理论，在旅游者与外部环境的相互作用中涉及两个基本过程："同化"与"顺应"。

"同化"是指当旅游者把在旅游过程中所接触到的有关信息吸收并整合到原有的认知结构中。"同化"过程是对旅游者原有认知体系的补充和完善，是旅游者认知数量的扩张。

"顺应"是指当旅游者原有认知结构无法同化新环境所提供的信息时，认知结构发生重组与改造的过程，即旅游者的认知结构因外部刺激的影响而发生改变的过程。在这一认知形成机制中，旅游者自己原有的认知结构和外部环境共同影响着旅游者的体验。认知体验设计的目的是通过影响旅游者的认知结构，使旅游者形成对外部环境和旅游资源的认知。认知体验设计强调旅游的认知功能，引导游客去关注那些应该关注的内容，回避那些与主题无关、甚至会产生不良效果的内容。

（3）反思层次的旅游体验设计　反思层次的旅游体验建立在前两种体验的基础之上，是旅游者对其感官体验和认知体验的深入思考，是一个较为复杂的思维过程。这一层次心理活动的结果是使旅游者形成某种领悟和理解，并影响旅游者的情感及其对旅游活动的最终判断。反思层次的旅游体验设计需要确定一个体验主题，并像精心设计故事情节一样精心安排旅游活动内容，制造恰当的冲突，设计幻觉效果（戏剧效果），以达到影响和控制旅游者情绪和情感的目的。在旅游者与旅游目的地之间建立某种稳定的联系，这是反思体验设计的基本方法。反思层次旅游体验设计的另一个重要使命是引导并帮助旅游者形成审美体验，为旅游者设计并提供各种情景，使旅游者的情感在各种审美意境中跌宕起伏，印象深刻。作为设计师有责任将环保、生态、低碳等先进理念融入设计思想和设计实践，引导游客成为负责的旅游者，体验到更高层次的快乐。在反思水平上成功的旅游体验设计可以使旅游者对旅游活动留下深刻的印象，获得深层次的情感体验或高峰体验。

4. 旅游体验化设计的内容

（1）确定主题　看到星际好莱坞、硬石餐厅、雨林咖啡厅这些主题餐厅的名字，我们就会知道这些名字意味着什么。因为它们都点出了明确的主题。制定明确的主题可以说是经营体验的第一步。主题就如同一篇文章的中心思想，一支乐曲的主旋律，缺乏主题和东拼西凑的体验设计，就难以给顾客留下深刻印象，甚至会事与愿违地造成负面体验。目前，我国不少旅游地缺乏个性与特色，或"翻版克隆"其他旅游地的模式，或张冠李戴、生搬硬套，或杂烩拼凑、零杂散乱，给旅游者千篇一律的感觉。据统计，全国仅"西游记"有关的景区和景点就达800多个，究其根由，在于规划者、建设者、经营者的头脑中缺乏鲜明独特的主题。如何确定一个明确的主题呢？一般而言，主题的确定应根植于本地的地脉、史脉与文脉，应根据主导客源市场的需求，突现个性、特色与新奇，避免与周边邻近地区旅游目的地的雷同。对景区来说，可以从九个方面来寻找：历史、宗教、时尚、政治、心理学、哲学、实体世界、大众文化、艺术。一般而言，创意好的景区体验主题有五大标准。

① 具有诱惑力的主题必须调整人们的现实感受。人们到某一景区游览，是为了放松自己或者寻求平常生活中缺乏的特殊体验。景区体验必须提供或是强化人们所欠缺的现实感受。例如，人们游览雷峰塔，可能是感受经典爱情或是团圆气氛，

所以雷峰塔景区必须提供类似的体验，才能吸引更多的游客。

② 景区的主题能够通过影响游客对空间、时间和事物的体验，彻底改变游客对现实的感觉。例如，美国的"荒野体验"融真（动物）、假（人造树林）、虚（电影特技）于一体，创造了"在广阔的户外漫步"的后现代旋律。而开封的"清明上河园"，通过对《清明上河图》的再现，通过对宋文化的真实演绎，满足了游客"一朝步入画卷，一日梦回千年"的体验，因而获得极大的成功。

③ 景区体验主题必须将空间、时间和事物协调成一个不可分割的整体。游客的体验是完整的，包含了空间、时间和事物的整合。因此要做到让游客"在适当的地方、适当的时间做适当的事"。任何一个景区的体验主题必须根据景区的特性，寻找关联的主题。并根据不同时期游客的心理氛围来设计，才能真正具有吸引力。

④ 好的景区体验主题应该能够在景区内进行多景点布局。景区是一个立体的景点的集合，推出的景区体验主题要能够让游客对景区进行立体的体验。美国荒野体验的五个生物群落区，从红木林、高山、沙漠、海滨到山谷的风景变化，囊括了影视中的故事，调动了人们的积极性。

⑤ 景区体验主题必须能够符合景区本身的特色。推出的体验活动，必须能够与景区本身拥有的自然、人文、历史资源相吻合，才能够强化游客的体验。

（2）策划体验旅游项目　主题确定以后，就要根据主题线索设计体验旅游项目，打造一个高享受的体验过程。体验旅游项目的设计是体验设计的核心，它的成功与否直接影响到旅游地吸引力的强弱。体验旅游项目的策划有以下三种方式。

① 寓教于乐。尽管教育是一件严肃的事情，但是并不意味着教育的体验不能充满快乐。实际上，求知与旅游是一种完美的结合，在中国古代便有"游学"；18世纪，修学旅游是英国贵族的必修课，直到今天，修学旅游依然是旅游市场上受欢迎的旅游产品。国际上有一种盛行的规划理念：edutrainment，就是将娱乐（entertrainment）和教育（education）合成一个词，译成中文就是"寓教于乐"。这一词横跨了教育和娱乐两方面的体验。在美国加利福尼亚州有一个称为邦布拉儿童乐园的主题公园，为十岁以下的儿童提供教育体验，其设计的项目以各种方式帮助孩子创造性地学习，例如从水族馆中学习鱼类生物的多样性，从景区书画展中学习线条美、章法美和色彩美，从农耕文化展示中体会中国农史的悠久和先民劳动创造世界的伟大，从游戏房中学习数学概念、从迷宫图中学习拼图技巧，甚至从水盆中学到物理定律等。

② 造梦。对大多数人来说，现实的工作和生活年复一年，千篇一律，每个人

内心深处都有逃避现实的渴望。各种科幻小说和童话故事中的情景使人憧憬不已，人们都会梦想自己能够成为故事中的主人公，体验冒险之旅。事实上，目前在成功的旅游项目中，逃避现实的体验主要来自于对一些科幻式、冒险式电影和故事的模拟。例如，欢乐谷的"美国西部淘金之旅"、美国加利福尼亚的荒野体验公园均是如此。

③ 身临其境。美是人类永恒的追求，优美的自然风光永远不会没有访问者。但是在旅游项目策划中，为游客创造审美的体验并非一定要依托优美的自然风光，因为审美体验创造的实质就是为游客创造一种身临其境的氛围，所以体验的审美愉悦可以完全是自然的，也可以是主要靠人工营造的。例如，阿联酋迪拜海滨的棕榈岛海滩度假区，就是通过填海工程。在海上建造了一座棕榈叶形状的岛屿型度假区，阳光、沙滩、海水等自然景观与人工营造的棕榈岛能完美地结合在一起。

（3）营造体验氛围 令人难忘的体验经历不仅需要主题和体验项目，而且还需要外围环境的和谐衬托。在确定主题和策划旅游项目以后，关键的就是要营造一种体验氛围，也就是利用现有的体验资源搭建体验的场景和舞台，让游客参与其中。

① 以正面线索塑造印象。主题是体验的基础，要塑造令人难忘的印象，就必须制造强调体验的线索。线索构成印象，在消费者心中创造体验。华盛顿特区的一家咖啡连锁店（Barista Brava）以结合旧式意大利浓缩咖啡与美国快节奏生活为主题，咖啡店内装潢以旧式意大利风格为主，但地板瓷砖与柜台都经过精心设计，让消费者一进门就会自动排队，不需要特别的标志，不仅没有像其他快餐店拉成像迷宫一样的绳子，同时也传达出环境宁静、服务快速的信息。而且连锁店也要求员工记住顾客的需要，常来的顾客不开口点菜就可以得到他们常用的餐点。北京同仁堂御膳餐厅，装饰古香古色，一切设施仿照宫内，无论龙椅、龙柱、匾额、字画等均有出处，服务人员衣着宫装，施宫廷礼仪，加上优雅的鼓乐、密致的熏香气息，使人恍如置身于清廷皇宫。事实上，每一个小动作，都可以成为线索，都可以帮助经营者为消费者创造独特的体验。当餐厅的接待人员说"我为您带位"，就不是特别的线索。但是，雨林咖啡厅的接待人员带位时说"您的冒险即将开始"，这就构成了开启特殊体验的线索。此外，建筑的设计也是很重要的线索。旅馆的顾客常有找不到客房，就是因为设计对这方面的问题有所忽略，或是视觉、听觉线索不协调。而芝加哥欧海尔国际机场的停车场则是设计的成功例子。欧海尔机场的每一层停车场，都以一个芝加哥职业球队为装饰主题，而且每一层都有独特的标志音乐，让消费者绝对不会忘记自己的车停在了哪一层。

②　减除负面线索。要塑造完整的体验，不仅需要设计一层层的正面线索，还必须减除削弱、违反、转移主题的负面线索。快餐店垃圾箱的盖子上一般都有"谢谢您"三个字，它提醒消费者自行清理餐盘，但这也同样透露出"我们服务不到位"的负面信息。一些专家建议将垃圾箱变成会发声的垃圾机，当消费者打开盖子清理餐盘时，就会发出感谢的话。这就消除了负面线索，将自助变为餐饮中的正面线索。有时，破坏顾客隐私的"过度服务"，也是破坏体验的负面线索。例如，飞行中机长用扩音器宣布和介绍"上海市就在右下方，上海是中国最大的城市……"，打断乘客看书、聊天或打盹，这就是失败的例子。如果机长的广播改用耳机传送，就能减除负面线索，创造更愉悦的体验。

③　充分利用纪念品。纪念品的价格虽然比不具纪念价值的相同产品高出很多，但因为具有回忆体验的价值，所以消费者还是愿意购买。如果旅游企业经过制定明确主题、强调参与等过程，设计出精致的体验，消费者将愿意花钱买纪念品、回味体验。从这个意义上说，作为一个旅游目的地，尽管食、住、行、游、娱等各种设施和服务都很完备和出色，但唯独没有提供一个代表其特色和形象的纪念品，这个体验就是不完整的，会给游客留下遗憾。然而，目前我国很多旅游地只注重景区建设而对旅游纪念品的开发深度不够，所以，普遍表现出缺乏创意、品位不高、质量粗糙、品种单一等问题，使游客不能得到一个完整的体验。旅游纪念品是旅游者完整体验的一个不可或缺的部分，是旅游业发展的生力军，它的开发要承载当地的历史文化内涵，具有一定的艺术价值或者有较高的收藏价值，它几乎可代表一定的民族和民俗特色。

④　整合多种感官刺激。体验的前提是参与，如果没有参与，而仅仅是走马观花似的旁观，就得不到真正的体验了。因此，旅游服务供给者应该设计和尽可能提供参与性强、兴奋感强的活动与项目；要提倡深度的体验旅游，旅游者既要身游，又要心游。游前要了解旅游地的历史与环境；游中要善于交流；游后要"反刍"和"复习"，要动腿走、动嘴问、动脑想、动手记，谓之"眼观六'事'，耳听八'音'"。把观察到的事物上升为意境心得，从经历中提炼体验，不断提高旅游素质。

（4）实施体验营销　传统的营销在很大程度上关注产品的特色以及对消费者的利益，认为一件产品对顾客而言，非常实用即可。然而到了体验经济时代，这样做就未必能赢得消费者了。谁也不能分辨出"娃哈哈纯净水"和"乐百氏纯净水"到底哪一个更解渴、更有营养，靠的是"我的眼里只有你"这种体验来打动消费者。为此，必须实施体验营销。

首先，建立展示体验的促销舞台，使用户能够方便地接触尝试这种体验。在这种促销活动中，单纯的电视、平面和广播广告的作用十分有限，必须大力加强户外促销、店内促销等形式的促销活动，这种促销活动更要侧重于营造一种体验环境，以便让客户试验相关体验来激发购买欲望。建立、健全游客与旅游企业间的沟通渠道也是旅游促销成功的重要一部分。通过沟通，及时了解旅游者的消费需求和购买渠道，因势利导，采取不同的营销方式来赢得顾客的信赖。

其次，建立体验式旅游的营销队伍。在体验式营销中，营销人员就像演员，通过各种刺激游客感官的形式来表演，表演的目的就是让游客参与其中，即购买旅游产品和旅游纪念品。

二、设计案例　水利工程景观旅游体验设计案例：江西龙虎山圣井山漂流概念设计

1. 项目概述

项目地位于江西省鹰潭市龙虎山风景名胜区上清镇沙湾村南 5km 处，是世界自然遗产世界地质公园龙虎山和上清国家森林公园所属的景区之一，至鹰潭直线距离为 31.2km。项目地占地面积为 2049hm²，以自然山水、峡谷风光和农耕风貌为依托，打造国内峡谷类型的顶级漂流。项目通过区域竞争力、文化可塑性、漂流开发潜力、资源开发价值的综合评估，提出打造第三代漂流产品的目标，并以"梦幻"为主题构建奇异的漂流之旅。

2. 项目主题定位

（1）文化主题定位　在文化主题层面上，以道教文化中引人向上的正能量文化体系为蓝本，采用道教哲学里的"五象"理念来阐述不同体系、不同板块的旅游休闲理念。如以世界"天象"的概念来包装项目地人文旅游产品的内容；以"地象"传说的概念来装饰项目地科技旅游产品；以"人象"农耕的形象来丰富项目地自然型旅游产品；以纷繁"物象"的勃勃生机来点缀项目地娱乐型旅游产品；并以内在"意象"的自我升华来诠释项目地度假型旅游产品。

（2）主题定位　在道教"五象"文化主题的指引下，将"天象""地象""人像"来表现漂流核心产品，其余两象用于延伸产品的表达，如漂流过程中，以人文生态观光为主，应对目前旅游市场年轻化的趋势，借鉴十二星座理念，营造"西域天界传说"。依势造洞，梦幻奇漂，以洞意象为"地城"，在"地城"中运用科技

4D和声光电手段,营造"地城万象"的奇幻体验。以互动娱乐为主,以水和地方民俗、农耕文化的互动体验为核心,在"人间仙境"进行最大化的互动娱乐体验。从而实现以人文、观光、梦幻为主的"天界"之漂主题,以科技、刺激、梦幻为主的"地界"之漂主题,以及以自然、互动、梦幻为主的"人界"之漂三大主题。

3. 项目产品规划

(1)产品布局 依据项目"第三代漂流"之梦幻主题漂流产品系列的策划思路,将产品分列为"人文天漂""科技地漂"和"自然人漂"三段(图9-21)。

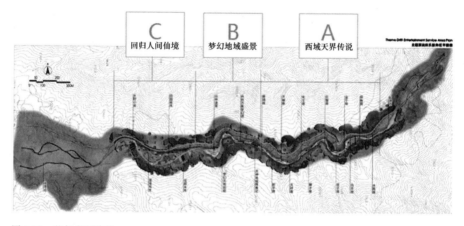

图9-21 梦幻主题分段

(2)产品设计 依据"人文天漂"段西域天界传说作为产品策划与规划布局思路,结合该段项目选址的现状分析和现场调研,特选取12处项目现场,作为西域天界传说12星座产品的规划落点(图9-22)。项目产品落点主要基于:①河道两旁地势相对平坦(坡度<15°)或河道中央地势最高的2处,小区域的景观视线好;②从人机工程学原理出发,相邻节点的距离控制在约60~80m。"西域天界传说"的"十二星座"产品主要是针对日益年轻化的旅游市场而设计的,以"人文""观

图9-22 十二星座落点

光"为关键词，表现形式将结合漂流场景进行拟人化的表现，提升漂流过程中的人文体验。产品布局是在项目选址的基础上，按星座的时间顺序在两岸或中间两处地势较高处交错布局的。

【本章小结】

　　水利工程景观资源的旅游开发实质上就是将水利工程景观资源进行市场化的过程，而在这过程中需要通过策划规划将资源最大限度的价值化、特色化，使之符合旅游市场需求，同时，在此基础上要强调将水利工程景观资源与旅游发展概念相结合，打造丰富的水利旅游产品品质需求，以及保障最终的旅游体验目的。因此，在旅游开发过程中规划设计需为整个项目开发过程提供发展战略与技术指引。

　　在水利工程景观旅游开发规划中必须以生态可持续为原则，以人性需求为导向，注重资源本身潜在的价值挖掘，充分地针对项目的风土人情、地理地貌气候、文化历史、市场人群、开发运营管理等进行综合分析评估，才能把握适宜性的发展方向，为最终的定位与具体规划措施提供切实的依据。

　　在具体的开发落实中，需要通过建设手段应用，将建筑、景观、水利、灯光等按前期开发概念、主题进行针对性的氛围塑造，构建具备多重功能的旅游节点。这个旅游设计过程实质上是将旅游体验需求，通过各种元素融入当地环境各个细节中。因此文化性、创意性、趣味性、标志性成为旅游开发中体现节点吸引力的重要标志，也是旅游设计中的关键考量因素。

【参考文献】

[1] 卞显红，王苏洁. 旅游目的地空间规划布局研究 [J]. 江南大学学报（人文社会科学版），2004，3（1）：69，65.

[2] 崔莉. 旅游景观设计 [M]. 北京：旅游教育出版社，2008.

[3] 曹新向，郭志永，雒海潮. 论旅游的体验化设计 [J]. 郑州航空工业管理学院学报，2005，24（3）：125-128.

[4] 杨淑琼，肖燕舞. 水利旅游产品体系的开发研究 [J]. 中南林业科技大学学报（社会科学版），2008，2（5）：49-51.

[5] 丘萍. 水利旅游发展的驱动因素分析 [J]. 旅游论坛，2012，5（3）：44-51.

[6] 丁枢. 水利旅游资源分类开发模式研究 [J]. 中国水利，2011，（14）：59-61.

[7] 刘静江，胡银花. 水利生态旅游开发模式探析 [J]. 安徽农业科学，2008，36（14）：16-18.

[8] 祁颖. 旅游景观美学 [M]. 北京：中国林业出版社，2009.

[9] 赵黎明，任凯. 旅游顾客价值开发模式研究 [J]. 电子科技大学学报（社会科学版），2009，11（1）：25-31.

[10] 明庆忠，邱膑扬. 旅游地规划空间组织的理论研究 [J]. 云南师范大学学报，2006（3）：137-147.

[11] 吴殿廷. 水体景观旅游开发规划实物 [M]. 北京：中国旅游出版社，2003.

[12] 邹伏霞，阎友兵，王忠. 基于场所依赖的旅游地景观设计 [J]. 地理与地理信息科学，2007（4）：23.

[13] 江金波. 旅游景观与旅游发展 [M]. 广州：华南理工大学出版社，2007.

[14] 吴殿廷，周伟，戎鑫，等. 水利风景区的旅游开发和规划若干问题 [J]. 水利经济，2006（5）：26-27.

[15] 李山石，刘家明. 水利风景区休闲度假型旅游产品开发研究 [J]. 水与社会，2012（4）：62-64.

[16] 刘亭立. 旅游价值链构成的统计研究 [J]. 商业时代，2010（35）：120-121.

[17] 张曼，李玲. 论旅游主题形象定位与设计 [J]. 中国电子商务，2011（12）：156.

[18] 杨世瑜，庞淑英，李云霞. 旅游景观学 [M]. 天津：南开大学出版社，2008.

[19] 李钰. 旅游体验设计理论研究 [J]. 云南社会科学. 2010（3）：125-126.

[20] 刘冰清，徐杰舜，吕志辉. 旅游与景观 [M]. 哈尔滨：黑龙江人民出版社，2011.

[21] 冯卫红. 基于系统观的水利风景区旅游可持续发展探讨 [J]. 水利经济，2010（6）：57-60.

[22] 徐永健，阎小培. 城市滨水区旅游开发初探—北美的成功经验及其启示 [J]. 经济地理，2000（1）：90-102.

[23] 王德刚，何佳梅. 旅游资源开发与利用 [M]. 济南：山东大学出版社，2005.

[24] 因斯克普，著，张凌云，译. 旅游规划：一种综合性的可持续的开发方法 [M]. 北京：旅游教育出版社，2004.

[25] 李宇宏. 景观生态旅游规划 [M]. 北京：中国林业出版社，2003.

[26] 肖星. 旅游开发与规划策划案例研究 [M]. 广州：华南理工大学出

版社，2010.

[27] 张洪顺. 浅析水利工程景观规划 [J]. 管理观察. 2009 (24)：233-234.

[28] 张亚东，陈乾坤，向晓晓. 浅析水利工程旅游中的景观设计 [J]. 魅力中国，2011 (17)：313.

第十章
水利工程景观与管理

【导读】

　　俗话说，园林树木"三分种，七分养"，水利工程景观管理也如此，既要靠规范的建设制度，也要靠合理的长效管理，才能保证水利工程景观的可持续发展。但目前的水利工程景观建设与管理往往存在着缺乏合理系统的规划、建设法规不健全、管理制度不完善或者不到位等问题。很多地方，存在"重建设，轻管理"的现象，在水利设施的建设上往往投入了大量的人力和物力，但后期经营管理却跟不上，使不少水利工程景观和风景区管理维护不到位，发展后劲不足，与水利旅游的发展要求相差甚远。

　　本章详细解读了水利工程景观管理的相关理论基础，同时，给出了水利工程景观建设与管理应遵循的一些基本原则和一般程序，并且说明了水利工程景观及风景区管理应包含的基本内容和可供选择的方法，为后续的水利工程景观建设和管理的具体实施提供了理论基础指导和方向指引。

　　水利工程景观是以经济社会与生态环境协调发展理论为基础，在达到防洪保安目标的同时，实现经济、社会与生态环境效益的同步增长，促使当地生态环境优化的一个系统性工程。通过水利工程景观的营造，不仅可以满足水利防洪的需求，更可以提供一处亮丽的山水风景，为群众提供休息、游憩和开展科学文化活动的场所，为改善城乡居民的身心健康服务。与此同时，还将担当保护、育种、研究稀有濒危物种的任务。事实表明，美丽的风景和良好的水利环境，是吸引投资、发展旅游业的基本条件。水利工程景观能促进水利经济、生态环境和社会系统的健康和活力。

　　要保持水利工程景观的可持续发展，科学的长效管理非常重要。一定要坚持建管并重的方针，提高水利工程景观的管理水平、管理能力和管理绩效，为民生水利、生态水利、文明水利和科学水利做好服务。

第一节　水利工程景观建设管理的基本含义及原则

一、建设管理的基本含义

水利工程景观建设和管理的全过程，以及后续的维护运营，是一项系统性极强的工程。在理解其含义之前，我们先要了解项目建设和管理的含义。

1. 项目建设的含义

项目建设是指具有独立的行政组织机构，并实行独立的经济核算，具有设计任务书，并按一定总体设计组织施工的一个或几个单项工程所组成的建设工程，建成后具有完整的系统，可以独立地形成生产能力或使用价值的建设工程。

按国家的规定，基本建设程序包括项目建议书、可行性研究报告、初步设计、开工报告和竣工验收等工作环节。根据以上几个建设程序，可以将建设项目分为项目前期工程阶段、施工管理阶段、竣工验收三个阶段。按照国家的规定必须严格执行以上各工作阶段的工作要求，确保国家项目建设资金的有效使用，充分发挥经济效益、社会效益和生态效益。任何部门、地区和项目法人都不得擅自简化建设程序和超越权限、化整为零地进行项目审批。

2. 管理的含义

（1）管理是为了实现某种目的而进行的决策、计划、组织、指导、实施、控制的过程。管理贯穿项目的全过程。

（2）管理的目的是提高效率和提高效益。管理的核心是人。管理的本质是协调，协调的中心是人。

（3）管理的真谛是聚合各类资源。即充分运用管理的功能，以最优的投入获得最佳的回报，以实现既定目标。

3. 水利工程景观的建设管理

对水利工程景观进行建设和管理，在当前形势下，就是为适应建立社会主义市场经济体制的需要，对水利工程景观的整体建设和运营过程进行决策、计划、组织、指导、实施、控制，以达到工程效益最大化的目的。工程效益体现在景观环境美化、生态保护和旅游开发等各方面。水利工程景观建设管理的重点是加强工程建设的行业管理，使工程建设项目管理逐步走上法制化、规范化的道路，保证景观工程建设的工期、质量、安全和投资效益。

二、水利工程景观建设和管理的一般原则

1. 政府牵头，科学规划，提升水利景观管理决策水平

目前，我国大部分水利工程景观规划由于缺乏长远和科学的理论指导，导致其发展与水利工程主体发展进程不协调，规划的可执行性、可操作性不强，不能满足公众对景观成果的生态保护和游憩休闲等方面的需求。

水利工程景观建设与管理应推行多元化的建设和管理模式，让更多的园林绿化规划设计和施工企业的专业人员投入到水利工程景观绿化行业竞争中来。在大量科研分析和技术应用的基础上，调整和补充景观绿化实际应用上的不足，可形成科学合理的水利工程景观绿化系统，发挥其应有的作用。特别是在目前用地紧张、建设资金有限的情况下，更需要科学的决策和实施，通过系统性的绿地规划、合理的植物种类配置，用有限的投入取得最大的生态效益和社会效益。

在实际工作中，政府必须牵头，并在以下几方面起到主导作用：注重水利工程景观绿化配建，合理安排水利工程景观建设用地，注重水利工程人文和生态价值的挖掘、旅游潜力的开发。总之，水利工程景观的建设和管理必须从规划抓起，要求在工程建设初期做好景观规划，中期督促完成施工，到最后工程验收时才能保证其景观效果。

2. 多渠道筹集建设和管理资金，重大项目公众参与

水利工程景观规划除坚持政府主导、科学规划外，还应坚持社会参与的原则。在保证公共财政加大投入的基础上，充分调动社会各方面的积极性，动员广大人民群众积极投身到水利工程景观建设和管理中去。

水利工程的景观建设，是改善水利设施生态环境和发掘水利项目旅游、文化价值的公益事业。与其他基础设施不同的是，水利工程景观的效益发挥需经一段较长的时间，所以其公益性不容置疑，应积极倡导社会各界投入到水利工程的景观建设管理事业。通过特许经营与放开经营相结合的方式，大力提倡企业入股出资参与景观工程和风景区的建设，吸引社会捐资建绿，可以通过出让冠名权、广告经营权等方式吸引更多的资金投入到水利工程景观建设事业中来。通过职能主管部门实现的规划、计划、市场等宏观管理是保证实现科学经营和健康持续发展的有力手段，为此切忌一哄而起，无序经营；当然，政府行为的越位换位和事无巨细的参与，也不

利于市场经济条件下水利工程景观的健康发展。

　　管理和建设资金是城市公共财政支出的重要组成部分，要坚持以政府投入为主的方针，省、市（县区）各级财政应安排必要的资金保证水利工程景观建设和管理的需要。水利工程上马初期，应将景观建设费用纳入投资预算，并按规定建设相应绿地和景观。

　　水利工程景观建设资金需要量很大，必须对重大项目进行民意测评和项目公示，并且欢迎广大市民和公众参与建设。应健全公众参与制度，鼓励和支持市民的参与热情，一定要明确公众参与景观建设的内容、渠道、方式和方法。在主要媒体上及时发布景观建设相关信息、决策程序、招标程序，在绿地更新、树木采伐前，应采取社会公示，逐步建立起公众参与、公众受益、公众监督下的生态水利景观工程建设体系。

　　3. 规范水利工程景观建设法制化，做到有法可依

　　我国的园林绿化法制已经初成体系，但健全程度还远远不够。有法必依的前提是有法可依，为使园林绿化事业有序发展，必然要完善园林绿化法制，使之成为园林绿化建设与管理强有力的保障和坚实的后盾，就要在建设和管理过程中，认真贯彻执行《中华人民共和国城乡规划法》《中华人民共和国水法》和《城市绿化条例》等，加强行业管理和行政执法工作，结合当地实际，制定和完善水利景观绿化技术标准和规范。行政主管部门要依法行政，坚决调查侵占绿地、随意破坏水生态和树木环境的行为，以及砍伐树木造成绿化成果毁坏，有非法占领河道、绿地空间的给予严厉惩罚。住房和建设部、林水部门及省级城市绿化行政主管部门要加大管理工作力度，加强执法检查和监督管理。

　　4. 积极协调生态环境保护和经济建设的矛盾

　　依据水利工程景观绿化具有系统性、综合性、整体性、时序性、市场性、行政性和地方性的特点，当地的绿色立法必须坚持加强当地的生态环境保护，解决经济建设和绿色保护之间的矛盾。加强绿化管理，制定有效的绿化管理工作的政策，以防止绿化成果被毁灭，当地绿化法规必须坚持在发展经济的同时，为绿化管理、绿地保护服务，集中制定和优化绿化的地方保护法规，尽量使当地法律法规体系得以均衡发展。没有绿化规划，任何项目不得开工，任何一方不得砍伐一棵树，增强全社会对水利景观和生态环境的认知意识。水利安全关系着民生，关系着每一个家庭，必须接受社会舆论的监督，保证法律的公平和正义，鼓励和支持公众的参与热情，扩大公众参与的范围。定期发布景观绿化信息、决策过程，并随时在"绿色空

间"更新，树木在砍伐之前，应该采取公示和审批，并对举报破坏水利环境的行为设立激励机制，鼓励人们同犯罪行为作斗争，给新闻媒体广泛的监督权。无论是谁，只要有破坏环境的非法行为，媒体可以及时的曝光，并交司法部门依法处理。

5. 健全监管长效机制，联合推动发展

加强政府职能，确保水利工程景观建设和维护的投资基金。严格执法，惩罚违规行为，采取一系列的措施强制推行和实施。除了处罚规定之外还需实行一定的鼓励制度。

水利工程景观是公益性事业，是政府进行公共管理的重要职责之一。一般采取大部门管理体制，健全部门之间的协调、合并机制，对水利工程景观建设实行统一管理、协调发展。水利工程景观建设是一项涉及多部门、多行业、多学科的系统工程，规划、土地、园林、林业、水利、工程监督、宣传教育部门应当做到各部门的协同配合，责任明确，在统一的领导下，推动水利工程景观整体的健康、安全、协调发展。

第二节　水利工程景观的建设管理

水利风景资源是水利资源的重要组成部分，水利工程景观的建设管理是水利资源有效管理的重要抓手，是水利工程建设管理的重要内容。将水利景观纳入水利建设范畴，是治水新思路的具体内容之一。一些水利工程在规划、设计、施工、建设期间就统筹考虑了后续景区的开发与建设，注重将旅游和景观建设作为一个重要因素加以考虑，工程建成后美观大方、风景秀丽优美，探索"建设一个水利工程、美化一片周边环境、塑造一个现代景区"的水利工程建管结合新模式是需要重点考虑的问题。

一、水利工程景观的基本建设程序

目前我国水利工程景观建设正处于稳定的发展状态，不管是相关的法规制度，还是建设的机构和程序，都得到了有效的完善、加强和提升，但从工程建设执行与落实现状来看，还有待改进。

1. 工程内容

水利工程景观主要包括景观绿化、慢行交通、生态治理、水质改善、架空杆线

"上改下"等内容，重要水利还包括开辟滨水空间、挖掘和保护历史文化遗存、景观亮灯、立面整治等内容，以及建设旅游休闲、船舶停泊、交通换乘等配套设施。

2. 建设管理组织体制

水利工程景观的建设和管理是由省、市（区、县）人民政府统一领导、统一规划、统一标准，实行省、市、区人民政府分级筹资、分级建设、分级管理的。

其分级建设和分级管理的范围及建设资金配比，分别由省、市（区、县）建设行政主管部门和省、市（区、县）管理行政主管部门提出方案，经上级人民政府批准后公布实施。

3. 政府职责

省、市（区、县）人民政府将城市水利的建设和管理纳入国民经济和社会发展规划及年度计划，所需资金纳入同级政府财政预算。

省、市（区、县）人民政府鼓励社会各界捐赠城市水利的建设和管理资金，依法多渠道筹集城市水利建设和管理资金。

4. 主管部门

建设行政主管部门、管理行政主管部门分别是水利建设、保护管理的行政主管部门。

各水利风景区建设行政主管部门、城市管理行政主管部门，分别负责本辖区内分管城市水利的建设、保护管理工作。

市（区、县）城市水利建设管理机构按照各自职责具体负责城市水利的建设管理工作。

市（区、县）城市水利监管机构按照各自职责具体负责城市水利的保护管理工作。

5. 相关部门职责环境保护

行政主管部门负责对水利的水污染防治工作统一实施监督管理。水上交通管理机构将按照有关法律、法规和规章的规定，负责做好水利通航水域的水上交通管理工作。

城乡规划、水、绿化、文物、国土资源、工商、公安等有关行政主管部门应当按照各自职责，协同实施。

6. 监督检查

为做好建设后的水利工程长效管理和绩效考核，省、市（区、县）人民政府通常建立水利长效管理机制，定期对其建设和管理工作进行必要的检查与考核，并对在水利建设和管理工作中做出显著成绩的单位和个人予以表彰。

7. 规划要求

（1）规划编制主体 水利工程景观的规划编制由城乡规划行政主管部门牵头实施，并同建设、城市管理、水、环境保护、水上交通等行政主管部门协商一致后，根据规划要求编制，经批复后组织实施。水利（网）专项规划及水利建设规划、水利管理规划是水利景观建设和管理的依据。

（2）规划编制要求 水利工程景观规划应当充分考虑优化生态环境、保护文化、防洪排涝、蓄水及调配水、通航等基本功能的要求，满足水环境生态综合整治的需要，实现水利流畅、水清、岸绿、宜居、繁荣的目标。

与水利有关的各类专业规划应当与水利建设规划、水利管理规划相衔接。有关部门在编制或者修改专业规划前，需先要征求建设行政主管部门、管理行政主管部门的意见。

有关部门编制或者修改与水利有关的各类专业规划，不得擅自减少规划范围内水利水域面积，不得擅自调整水利规划控制线、水利底标高、常水位标高等规划指标。确实需调整规划指标的，应当组织专家进行科学论证，并征求政府建设行政主管部门、城市管理行政主管部门的意见。

8. 建设管理

（1）建设计划 水利工程景观建设计划通常由水利建设管理机构根据水利建设规划，组织编制水利景观建设中长期计划和年度计划，并经发改、建设、财政行政主管部门批准后组织实施。调整水利工程景观建设计划应当经原批准机关批准。水利工程景观建设项目所需的建设用地应列入土地利用年度计划。

（2）建设标准 标准由建设行政主管部门根据有关技术规范，综合考虑水利生态环境、文化景观、防洪排涝、蓄水调配水、通航等相关因素，制定水利景观建设统一标准，经批复后组织实施。

（3）建设内容 水利工程景观建设通常包括截污纳管、疏浚清淤、护岸改造、景观绿化、慢行交通、生态保护与治理等内容，以及建设调配水、防汛排涝、水文水质监测、管理养护等配套设施。

建设具有人文历史和旅游开发价值的水利工程，除遵守前款规定外，城市水利建设工程还应当包括开辟滨水空间、挖掘和保护历史文化遗存、营造景观亮灯等内容，以及建设旅游休闲、船舶停泊、交通换乘等配套设施，满足居民休闲、健身、娱乐、旅游等需求。

（4）工程建设条件　工程建设应当符合下列条件：

① 保持城市水利自然形态，不得减少城市水利水域面积；

② 优先采用自然护岸、植物护岸等生态护岸形式，绿化优先采用本地树种；

③ 配置相应的污水治理设施及配套管网；

④ 挖掘、保护和展示沿线历史文化遗存；

⑤ 优先采用符合防洪规范、便于游船通行的大跨径拱桥；

⑥ 同步建设绿地、慢行交通设施，并与周边道路相衔接，有条件的路段，慢行交通设施应当满足自行车骑行规范的要求；

⑦ 配套建设公厕、管理养护用房、公共安全技防设施、照明设施等配套设施，以及报刊亭、候车亭、电话亭等城市公共设施；

⑧ 对具备开通水上交通条件及具有旅游功能的水利工程，配置船舶停泊设施，并根据实际需要配置旅游休闲设施；

⑨ 水利景观管理范围内的 10kV 及以下电力架空线路纳入地下管线网。

（5）工程建设条件对接手续　建设单位在编制水利工程景观建设工程方案设计、初步设计文件前，应向水利建设管理机构办理工程建设条件对接手续。水利工程景观建设工程的方案设计、初步设计文件应符合工程建设条件的要求。

（6）工程质量安全管理　水利工程景观建设的勘察、设计、施工、监理应当遵守《建设工程质量管理条例》《建设工程安全生产管理条例》《城市绿化工程施工及验收规范》等有关法律、法规的规定。

（7）设计审查规范　建设行政主管部门负责审查水利工程景观建设方案设计、初步设计文件时应符合下列规定：

① 涉及文物保护单位（点）以及历史文化街区、历史建筑的，应当组织专家论证，并征求规划、文物、房管等行政主管部门的意见；

② 涉及水上交通线路、旅游景点的，应当征求规划、交通、旅游、管理等行政主管部门的意见。

其他基础设施建设工程凡涉及水利工程的，建设行政主管部门在审查其方案设计、初步设计文件时则应征求行政管理主管部门的意见。

（8）保护方案　水利工程景观建设开工前，施工单位应根据建设单位提供的施工现场及毗邻区域内与施工相关的水文、气象、地质、地下管线资料，及相邻建（构）筑物、地下工程的有关资料，编制和实施地下管线、相邻建（构）筑物、周边生态环境等各类保护方案，以及相应的防汛防台风等应急方案。施工单位在施工过程中对城市水利设施造成损害的，应当及时组织修复；而易造成水利淤积的，则应当及时组织清淤。

（9）工程渣土处置　水利工程景观建设开工前，建设单位需编制工程渣土处置方案，并报当地管理行政主管部门备案。工程渣土处置方案应当符合环境保护、环境卫生、水利等方面的管理要求。

（10）建设管理　水利工程景观建设管理机构根据水利建设年度计划，对水利工程景观建设实施过程进行监督，并根据水利建设计划节点进度拨付相应的配比建设资金。如建设单位未按初步设计批复文件或者擅自改变初步设计批复文件内容实施水利工程景观建设的，则水利建设管理机构将责令其及时进行整改。

（11）竣工验收　水利工程景观建设竣工验收前，水利工程景观建设管理机构必须会同水利监管机构，对照工程建设条件和初步设计批复文件的实施情况向建设单位出具验收意见书。建设单位取得验收意见书后，方可实施水利工程景观建设工程竣工验收。

（12）整改到位　水利工程景观建设不符合工程建设条件和初步设计批复文件要求的，建设单位应根据验收意见书及时进行整改，整改合格后方可实施水利工程景观建设工程的竣工验收。水利工程景观建设工程竣工验收合格后，建设单位方可向城市水利监管机构等相关管理单位办理交接手续。

9. 工程建设基本流程及管理要点

（1）施工图设计

① 详勘、检测。建设单位应在取得建设行政主管部门的初步设计批复后，委托设计单位根据批复意见进行施工图设计。设计单位应根据工程的实际情况提出勘探与检测需求，由建设单位委托勘察单位进行详勘；委托检测单位进行既有设施（拟保留桥梁、驳坎等构筑物或相邻建筑物）的检测和鉴定。建设单位应及时（必须在施工图设计成稿前）将详勘及检测、鉴定资料提供给设计单位。为保证所提供资料的真实性、准确性和完整性，建设单位最好委托第三方进行勘察、检测监理。

② 前期统筹协调。施工图设计过程中建设单位应遵循初步设计原则继续牵头抓好技术前期统筹工作。建设单位必须组织相关各方踏勘现场，认真核对红线、绿线，尤其应对建筑物（构筑物）的拆迁或保留、各类架空杆线的"上改下"及地下管线情况、存量绿化的迁移或利用、新建设施（如公厕、管理用房、廊亭等）的选址等重要环节、重点部位收集意见、统一思路；建设单位应对关键工艺、施工组织设计、材料选型等方面提出指导性意见建议。

③ 施工图内审。施工图设计形成初稿后，建设单位应组织内部审查，内审的主要目的是为了提高设计的深度和精度，减少实施阶段设计变更。审查的重点：与初步设计批复的一致性，施工组织设计的可行性，涉水工程的可操作性，以及主体结构（桥梁、亲水平台或水中栈道等）型式及用材等。内审时应综合考虑主体工程（一般指土建工程）与景观、园林绿化、照明工程之间的衔接与合成。参加内审的相关部门须提交书面意见或建议，会议达成的统一意见应形成"内审纪要"。

④ 审查。建设单位委托具有建设行政主管部门认定资格的审查机构进行施工图审查。施工图审查的主要内容如下：是否符合工程建设强制性标准；地基基础与主体结构的安全性是否可靠；勘察设计单位是否越级或超范围承接业务；是否按照规定加盖相应的图章和签字；以及其他法律、法规及规章规定必须审查的内容。图审合格后建设单位方可进行招标。

（2）施工前准备

① 施工、监理招标。水利工程景观工程的施工、监理均应采用公开招标，实现应招尽招、进场交易。为防止围标、串标，施工招标采用网上报名，招标人不得以各种方式召开标前会或组织投标人踏勘现场。招标人应切实加强风险意识，认真编制招标文件，以防患于未然。应针对工程特点和管理需求，在招标文件中充分明确各方责任、权利和义务，消除潜在风险。水利工程景观除了在安全、质量、工期及文明施工等方面的要求与约定外，应重点关注易在施工或决算阶段产生重大分歧的内容，如质保（或绿化养活期）、创优夺杯的投入及奖惩等。

② 询标。水利工程景观建设组织询标，询标时投标人要对投标文件中含义不明确的内容作必要的澄清、说明或承诺。投标人的澄清、说明或承诺不得超过招投标文件的范围或者改变招投标文件的实质性内容，变成实质上的新要约。询标无歧义后按程序进行中标公示、发中标通知书。

③ 签订施工、监理合同。水利工程景观涉及面广，自拟施工、监理合同文本难以全面约定当事人的权利与义务，因而倡导使用国家示范文本。签订合同前应准确理解"通用条款"，并根据工程的具体实际情况切实约定"专用条款"，规范当事双方（或多方）的责任、权利和义务，避免因一些不必要的疏漏而造成索赔或纠纷。

④ 开工前相关手续办理。水利工程景观建设开工前，建设单位必须根据当地相关规定及时办理质量安全监督手续。园林绿化工程相应的监督机构为本地区绿化管理部门。

⑤ 施工许可证的申领。任何的工程都应遵循先领证后开工的顺序，开工前根据相关规定向建设行政主管部门申领施工许可证。

⑥ 绿化迁移。水利工程景观建设不可避免地会涉及已有绿化的迁移，绿化迁移之前，建设单位应根据用地红线和施工图，由建设单位会同属地绿化管理部门进行现场清点核对，只有在初审通过后才能报属地绿化办审批。

⑦ 临时占用、挖掘水利设施审批（围堰方案论证）。凡需要临时占用、挖掘水利设施及在水利设置、扩建、移动排水口、临时占用挖掘水利绿岸驳坎、在河内设置围堰的项目，均应编制专项施工方案，报批后方可组织实施。

（3）开工准备

① 监理例会。监理例会是工程管理解决问题的重要机制之一，参建各方通过例会进行交流沟通，及时协调落实"三控四管"（工程进度、质量、投资控制和安全、文明、合同、信息管理）和其他工程相关事宜。例会一般每周一次，特殊情况可根据需要即时召开，由项目总监主持，各参建主体的主要负责人应参加会议。第一次监理例会由建设单位牵头召开，介绍参建各方班子组成、建立项目管理机制、确定各项管理制度、明确工作基本流程、部署工程建设计划。

② 施工临时用电、用水申请及安装。除招标文件及施工合同中已约定由施工单位自理外，临时用电、用水应由建设单位在工程开工前根据工程实际需求负责申请办理。

③ 设施管养界定。工程内容确定，招投标完成后，建设单位应及时与水利监管部门对接，办理设施管养界定，以明确工程竣工验收后的移交接收主体。

④ 设计技术交底（施工图会审）。水利工程景观开工前建设单位应组织各参建主体进行技术交底（施工图会审）。着重由设计单位将工程设计理念、技术特点难点、主要参数指标、重点工艺以及新技术、新材料进行介绍，同时针对施工、监理单位消化吸收施工图纸后存在的疑问进行解答，对施工图中的错项漏项进行修正补遗。建设单位应综合各方的意见和建议形成技术交底和图纸会审纪要。

⑤ 综合管线施工协调。施工图设计若包含综合管线设计的，开工前建设单位应召集各管线产权单位进行施工协调。管线综合协调重点落实两方面事宜：其一是根据综合管线设计后各单位后续的施工图设计及施工招标进展；其二是统筹协调施工单位与各管线施工单位时间节点、工作面衔接等相互配合协作事项。

⑥ 质安监管交底及开工核验。工程开工后，需在当地质量安全监管机构注册登记，质安监管机构受理注册登记后，对符合条件的在 3 个工作日内发出《质量

安全监督书》。质安监管机构在发出监督书后，要确定监督组人员名单，制定监督工作方案，并将工作方案发送至建设、施工及监理单位进行质量安全监督交底。

⑦ 周边房屋安全鉴定。若工程涉及地面基坑开挖的，建设单位要对距离施工挤土桩桩长 1 倍范围以内的房屋，或距离开挖基坑深度 2 倍以内的房屋，或距离震动烈度 5 度以上震源 50m 以内的房屋，应按照相关条例的要求，在桩基施工或基坑开挖前委托房屋安全鉴定机构进行鉴定。建设单位要根据现场周边的实际情况，委托有相关资质的检测机构做好对周边房屋日常监测工作。对敏感区域或建筑，建设单位宜结合民主促民生工作加强与工程属地街道、社区衔接，抄送或公示监测日报、周报等动态资料。

⑧ 地面架空线"上改下"。地面架空线的上改下，也是有效提升景观的效果。对于有架空杆线"上改下"需求的水利工程，建设单位应根据配套管线综合协调会确定的原则在开工前予以落实，开展相关工作。例如杭州市，常规 10kV 电力"上改下"的设计施工委托电力部门实施，其中建设费用、土建部分由工程主体承担，电气部分由电力部门承担。弱电"上改下"一般由专业的弱电共同沟实施主体负责牵头，土建费用由其承担，敷线及割接费用由各运营商自行负责。

⑨ 管线交底及监护协议签订。无论是景观工程还是市政工程，不可避免的都要触及现场管线，作为承担建设管理任务的建设单位，应于项目启动阶段收集施工现场的管线资料，并在主要媒体发布管线调查公告，请在施工现场及毗邻区域内设有地下管线的产权单位及时提供有关资料，配合调查。开工前建设单位就组织管线产权单位向施工、监理单位交底，同时签订施工期间"管线监护协议"。

⑩ 创优夺杯规划。水利工程景观是民心工程、实事工程，参建各方应树立精品意识，严把工程质量关。开工前建设单位应督促施工、监理单位编制创优夺杯规划，并制定细则，在工程实施过程中贯彻落实。

（4）施工阶段

① 安全管理。施工安全管理必须坚持"以人为本、安全第一、预防为主、综合治理"的原则，参建各方应建立健全施工安全责任体系。各方建设主体必须严格遵守《建设工程安全生产管理条例》和各地区制定的相关法规和规章。

签订施工合同时甲乙双方须同时签订《安全生产文明施工协议》，明确各自职责和要求。建设单位在编制工程概算时，应确定建设工程安全作业环境及安全施工措施所需费用。在工程开工前，建设单位应为施工企业提供准确的水文地质、地下管线设施、相邻建筑物和构筑物、地下工程等资料和其他必要条件，并保证资料的真实、准确、完整性。建设单位应督促施工、监理单位编制防汛抗台、防冻抗雪及工地突发事故应急抢险预案。工程实施过程中建设主体应对每个工程进度、安全、质量等方面进行定期检查。

②　质量控制。水利工程景观参建各方应始终坚持"质量第一"的原则，严格遵守《建设工程质量管理条例》和《园林绿化工程施工及验收规范》，牢固树立工程精品意识。建设单位应从质量控制的源头抓起，重点检查施工单位有无转包或违法分包工程，对施工、监理单位的主要管理人员到位率、履职情况进行考核。建设单位业主代表必须以身作则常驻现场办公，宜采用现代信息技术对施工、监理项目管理班子进行管理考核。

监理单位对进入施工现场的苗木、原材料、半成品、构配件和设备机具的验收及管理应符合国家标准和合同约定；施工中使用的涉及结构安全的试块、试件和建筑材料必须执行见证取样和送检规定，未经检验合格材料不得用于工程施工。

施工过程中必须按规定对苗木、材料、设备、构配件等进行检验、检测。检测检验由建设单位委托具有相应资质的检测机构进行。检测机构应及时出具检测报告，并对检测数据的真实性、准确性负责。

严格控制过程质量，加强隐蔽工程监督管理。推行施工过程影像存档，施工、监理单位均应加强隐蔽工程影像（数码照片或视频）存档工作。所拍摄的隐蔽工程相关影像应进行光盘刻录留存，以作为竣工技术资料的组成部分。隐蔽工程影像拍摄应标注拍摄时刻、拍摄人、拍摄地点，以及影像对应的工程部位和检验批号。凡实施见证取样、试块制作、埋设钢筋笼、机电设备预埋件安装和功能性试验的，监理应全程旁站并拍摄影像存档。

③　进度控制。为确保工期目标实现，参建各单位应运用项目管理技术编制工程网络计划，确定关键线路，并根据总体网络计划分解年度、月度和周计划，合理配置工、料、机等各项生产要素。

每期的监理例会必须对照计划分析进度情况，查找滞后原因，提出解决对策。建设单位应帮助施工现场协调好外围关系，创造良好的外部环境。监理单位应抓好现场的监管考核，确保施工力量有效到位。施工单位应按照合同约定、计划，切实安排，抓好落实。

建设单位不得随意压缩合理工期；由于非施工单位原因（征地拆迁滞后、不可抗力等）影响网络计划关键线路时，应批准工程延期。

在确保安全和工程质量的前提下，可以通过增加投入、设计优化、技术创新等多种手段来提前工期或赶工。各参建单位应充分协商，达成共识，程序完备后付诸实施。

因施工单位不积极履约造成工期目标未按时实现的，建设单位可根据合同条款依法进行反索赔；同时，可以向建设行政主管部门、招投标管理部门报告，建议市场与现场联动，在预选承包商名录、建设诚信网中予以考核。

④ 投资控制。工程投资控制贯穿项目管理全过程，开工前应明确设计变更相关事宜，如管理原则和具体办法等。变更的管理原则是先审批后实施，应采取多部门联合审批，并根据变更的规模设置不同的审批权限。有条件的项目宜同步进行跟踪审计。建设单位对投资控制进行动态管理，所有变更需统一编号，并将定性、定量情况予以及时公示。在招标文件和施工、监理合同中宜提前约定，对变更联系单恶意虚报、冒报等情况将严肃进行处罚。施工过程中加强现场核对，对监理单位不作为或协助弄虚作假的应予以惩戒。

（5）竣工验收移交接管阶段　水利工程景观建设竣工验收前宜进行预验收，预验收的主要目的是对照竣工验收标准、设计文件及合同约定内容查找问题，除参建各方主体单位外，还应邀请监管部门及接收养护单位参加，园林绿化工程应邀请绿化管理部门与会。

预验收汇总的问题完成整改销项后，建设单位应及时牵头组织竣工验收。由建设、勘察、设计、施工、监理五方主体，与邀请的接收管理、养护单位组成验收小组。质量安全监督部门应全程参与并监督竣工验收工作。

水利工程景观建设项目移交接收遵循以下原则：

① 管理提前介入。工程完工后为杜绝管理真空，建设单位应联系接管单位提前介入。

② 先验收后移交。项目经竣工验收合格，满足质量、安全达标要求、功能齐全的，即可移交接管。

（6）后评价阶段（质量回访）　水利工程景观竣工验收移交接管一段时期后组织质量回访，了解掌握建成使用运营情况、接收管理单位对工程建设质量的整体评价、协商遗留问题的处置。

建设单位应重视项目的后评价工作，技术前期、工程管理、计划投资等各相关部门应从社会、经济、技术等角度进行分析评估，形成项目的后评价报告。同时，也应对各参建单位的建设行为、履约情况、诚信度进行客观公正的评价。

二、水利工程景观建设管理的基本方法

1. 坚持执行基本建设程序

水利工程景观的建设，应遵守《建设工程质量管理条例》《建设工程安全生产管理条例》《建设工程施工安全管理条例》等有关法律、法规。必须严格执行基本建设程序，坚持"先勘察、后设计、再施工"的原则。

2. 坚持健全施工安全责任体系

水利工程景观建设的施工必须坚持"安全第一、预防为主、综合治理"的原则，建立健全施工安全责任体系。

3. 坚持统一规划统筹安排

水利工程景观的建设和管理应当遵循"统一规划、综合保护、科学管理、生态优先、合理利用、共享开放"的原则。

4. 坚持保护优先合理利用

水利工程景观的建设和管理应当保护水体水面、景观绿化、野生动物、植被土壤、地形地貌等自然生态环境和特色建筑、文物、历史遗迹等人文历史风貌，以及沿岸民风民俗、民间艺术等非物质文化遗产等。

案例分析：欧洲莱茵河

莱茵河全长 1320km，流域内有 9 个国家，干流流经瑞士、列支敦士登、奥地利、法国、德国和荷兰。莱茵河流域面积为 22 万 km^2，至少 2000 万人口以莱茵河作为直接水源。20 世纪五六十年代开始莱茵河水质遭受污染，几乎完全丧失自净能力，莱茵河失去了昔日的风采，留下了"欧洲下水道"的恶名。为了改善莱茵河的水质，使莱茵河重现生机，莱茵河流域国家做了一系列努力（图 10-1）。

图 10-1　莱茵河

1950 年，荷兰、德国、法国、瑞士和卢森堡在巴塞尔成立了保护莱茵河国际委员会（International Colnmission for the Protection of Rhine，ICPR），总体指挥和协调莱茵河的治理工作。至今，莱茵河中的有毒物质减少了 90%，莱法州大部分河段达到 E 类水质标准，符合饮用水水源的要求；生态功能得到了恢复；水体微生物

种群已上升到了正常水平；鱼类品种不断增加，其中包括不少名贵鱼种，流域的社会、经济得到健康和持续的发展。

莱茵河流域生态环境修复成功的原因在于，无论从财务投入、政府职能、群众意识等层面都将此项目放在极为重要的地位，社会各阶层的团体都积极投入其中，从理论、技术、工程手段方面极力遵循自然科学原理，从生态的方面入手解决问题。人们都意识到了一个流域就是一个大的生态系统，彼此息息相关，从整体层面上全盘考虑，可避免走弯路，避免治点不治面，这是极为重要的。

因此，对水利景观工程而言，建立完整的建设管理组织架构、健全监督机制，提高公众的参与度，是极其重要的。

第三节　水利工程景观的长效管理

水利工程景观养护管理的好坏，直观反映了一个景观绿化建设的水平，也直接影响到该水利工程的形象，体现了管理水平的高低和综合经济实力的大小。随着人民群众对生存环境需求的提高，水利工程景观建设也越来越受到各级政府和水利管理部门的重视。截至目前，国家已经投入了大量资金用于水利工程景观建设，加强了城市绿化覆盖率，提高了绿色空间人均占有率。但与此同时，在很多地方经常出现"重建设、轻管理"的问题，重视水利工程景观的长效养护管理是实现水利工程景观可持续发展的唯一途径，只有充分落实了长效管理的理念，水利工程景观才能得到有效运营和发展。

一、长效管理基本原则

1. 立足长远，超前思维，着力解决建设与管理之间的矛盾

在水利工程建设中，规划是前提和基础。所以，负责规划的政府职能部门要高度重视，必须下决心抓好规划。在制定规划的过程中，要坚持做到超前思维，着眼长远。在规划的同时，要预留出足够的景观绿化空间，在实行景观绿化建设与土建工程同时规划、同时施工、同时验收制度。根据水利工程的长期特点，创新适应经济环保要求的工程质量监管模式，建立完备的工程质量监督体系，着重避免解决建设与管理的相互矛盾。

2. 进行统一景观养护管理，制定同一考核标准进行

各级部门积极配合，大力推进水利工程景观绿化养护统一管理，按照同一考核标准进行长效化管理。

3. 引入养护管理竞争机制，打破现有垄断模式

为适应社会、城市和水利发展的需要，打破现有垄断模式，引入景观养护竞争机制是历史发展的必然，通过组织绿化养护招标方式，"末位淘汰制"，淘汰景观养护不到位的单位，只有引入市场竞争机制，才能促进景观养护水平的提高。

4. 健全绿化养护管理考核标准，分类考核

养护管理部门应进一步健全、细化水利工程景观养护管理考核标准，通过过程控制、分类考核、结果考核，促进景观养护水平提高。

5. 加快园林新技术的研究及应用

现代社会科学技术高速发展，水利工程景观长效管理也要根据现代水利工程发展的需要，加快园林新技术的研究及应用，促进景观养护水平的提高。

6. 加强景观绿化养护技术培训及提高绿化管理人员的专业素质

景观管理水平的提高离不开管理人员素质的提高，只有大力加强景观绿化养护技术培训及提高绿化养护人员的专业素质，提高景观养护管理水平，才有坚实的技术基础。

二、水利工程景观长效管理的主要内容及要点

1. 管理范围

水利工程景观长效管理范围包括以下区域。

（1）已划定规划控制线的水利设施，为水利绿地范围控制线以内的区域。

（2）尚未划定规划控制线的水利，为两岸堤防之间的水域、湿地、滩涂（含可耕地）、两岸堤防及护堤地。护堤地的宽度为堤防背水坡脚线水平外延不少于 2m 的区域，无背水坡脚线的为堤防上口线水平外延不少于 5m 的区域。

水利工程景观的具体管理范围，由管理行政主管部门会同城乡规划、建设、国土资源等行政主管部门划定，经人民政府批准后公布。

2. 交接管理

管理行政主管部门负责协调、监督水利的接收工作。水利建设工程开工前，建设单位到管理行政主管部门办理接收管理界定、登记手续。建设单位应当按照水利

分级管理范围，将竣工验收合格后的水利景观设施分别交付监管机构接收管理。

政府城建投资及社会捐资建设的水利工程景观，由水利监管机构接收管理。政府其他部门及社会投资建设的、在水利管理范围内的其他附属设施，由其产权单位自行接收管理、维护，并接受管理行政主管部门和水利监管机构的监督。

3. 管理计划和规范

管理行政主管部门根据水利管理规划，编制水利管理中长期计划和年度计划，由水利监管机构负责组织实施。管理行政主管部门组织制定水利管理标准规范，并会同市政主管部门，编制城市水利养护运行综合定额。

管理行政主管部门和水利监管机构，对在水利管理范围内从事开设经营性场所、设置户外广告设施、实施景观亮灯工程、开展旅游休闲等活动的行为进行监督管理，保证其在符合水利相关规划的要求下进行，遵守水利洁化、绿化、亮化、序化和防洪排涝、水上交通、环境保护等管理规定。其他有关行政主管部门对涉及水利景观管理范围内的有关事项实施行政许可时，应遵照符合水利保护管理的要求。

4. 涉河建设管理

在水利管理范围内建设跨河、穿河、穿堤、临河的桥梁、道路、码头、渡口、管线、取水、排水等设施的，必须符合防洪减灾要求、水利管理规划和相关技术标准、技术规范，严格保护水利水域。建设单位在办理项目批准、核准或者备案前，必须将工程建设方案报经城市管理行政主管部门许可。

在水利管理范围内从事爆破、打井、钻探、挖窖、挖筑鱼塘、采石、取土、开采地下资源、考古发掘等活动的，不得影响河势稳定、危害堤防安全、妨碍水利行洪，并事先取得城市管理行政主管部门许可。

5. 涉河施工保护

在水利管理范围内从事工程建设活动，不得妨碍防洪度汛和水利设施运行安全。施工单位应当将施工方案报行政管理主管部门备案。

施工范围内水利的防汛安全责任应由施工单位承担。因施工需要建设的相关设施，规定施工单位在施工结束后或者使用期限届满前予以拆除，恢复水利原状。

因工程建设活动对水利工程景观造成损害的，建设单位应当及时组织修复；造成水利淤积的，应当及时组织清淤。

6. 占补平衡

因施工需要，在水利管理范围内实施景观建设工程需临时占用水利水域的，建设单位需根据水域保护规划的要求和被占用水域的面积、水量和功能，兴建替代水域工程或者采取功能补救措施，并与主体工程同步实施。无法兴建替代水域工程或者采取功能补救措施的，按政府有关规定要求缴纳相应占用水域补偿费。

7. 防汛排涝管理

管理行政主管部门在防汛指挥机构的统一领导下，建立健全水利防汛排涝体系和洪涝灾害预警监测系统，做好水利的防汛排涝、预警和险情处置工作。

水利用于通航、调配水及其他功能的闸泵设施的设置和使用，应当符合防汛排涝要求。在汛期，闸、坝、泵站的启闭按照城市防汛预案的规定实施，由管理行政主管部门按照规定职责调度管理。

对于壅水、阻水严重的桥涵、过河管线、码头和其他临河、跨河设施，由行政主管部门根据国家、省、市规定的防洪标准，报请本级人民政府责令设施设置人限期改建或者拆除。

对水利保护范围内阻碍行洪的障碍物，按照"谁设障、谁清除"的原则，由防汛指挥机构责令限期清除。对于逾期不清除的，则需由防汛指挥机构依法组织强制清除，其所需费用则由设障者承担。

8. 监督检查

管理行政主管部门和水利监管机构，对涉河建设项目承担监督检查的职能，确保水利排水通畅和设施安全。对不符合防洪标准、水利规划和其他技术规范的跨河、穿河、穿堤、临河等建设工程，督促建设单位和施工单位限期等，宜采取措施予以整改。

9. 水环境改善和治理

在长效管理中，管理行政主管部门同步推进水利水污染防治的科学技术研究，推广应用先进适用技术，采取疏浚清淤、生态修复等措施防治水利水污染。加强水利污水治理设施及配套管网运行的监督管理，按照水体功能区划对水质的要求和水体自然净化能力，向环境保护行政主管部门提出该水域的限制排污总量意见。

管理行政主管部门会同环境保护行政主管部门，对水利相关断面水质、河床淤积情况进行动态监测，监测到的数据及资料应当共享，并按有关规定定期向社会公开。

10. 调配水管理

行政主管部门负责水利调配和景观水位的控制和调度管理工作，按照上级人民政府批准的调配水方案，制定水利水量分配方案。

11. 排水管理

沿城市水利设置、扩建、移动排水口的，需事先取得管理行政主管部门许可。

新建、改建、扩建、迁建工业项目和新建住宅类建设项目严格执行雨水、污水分流排放制度，不得将污水直接排入水利工程设施。针对已建成的工业项目和住宅类建设项目，具备公共污水管网排放条件的，按计划实施纳管改造。

12. 绿化管理

水利管理范围内的绿地由水利监管机构负责管理、养护，并接受绿化行政主管部门的监督管理。

在水利管理范围内占用绿地或者砍伐、迁移、修剪树木的，需事先取得绿化行政主管部门的许可。绿化行政主管部门实施许可时，需征求水利监管机构意见。

13. 养护管理

由管理行政主管部门所编制的水利工程景观养护计划和养护规范，需由水利监管机构组织实施。

水利工程景观养护实行市场化运作、一体化综合养护。景观养护单位按照养护规范和养护合同的要求，对水利工程景观进行定期观测、检查和养护，并建立养护档案。

管理行政主管部门对水利工程景观养护计划实施监督和考核。

14. 附属设施管理

负责水利工程景观附属设施的单位应当保持设施的牢固、整洁、完好和安全，对于影响水利功能和安全的设施，管理单位必须及时进行修复。

案例分析：贵州安顺鲍屯乡村水利工程

伴随着农村小城镇建设的发展，农田水利工程景观设计日渐受到社会的重视，在水利工程建设的开展中将乡村景观建设科学的融合进来，能够保证在农村经济水平和城镇化水平进一步提升。同时，可有效维护农村的风土文化，使农村小城镇建设与农村人文和环境建设共同发展。贵州安顺鲍屯乡村水利工程就是这样一处具有水利功能、景观文化等多重功能的水利工程。

1. 项目概况

贵州安顺鲍屯村是全国历史文化名村，2011年该村的明代水利工程保护项目获得联合国教科文组织亚太遗产保护委员会授予的"亚太遗产保护'卓越奖'"，这是亚太遗产保护的年度最高奖项（图 10-2）。评委会对这一乡村水利工程保护项目的评价是：鲍家屯水碾房修复项目，树立了在中国进行农业景观保护的卓越范例。

参与保护项目的各个机构开展了富有创见的合作，注重基地的整体性。修复项目复原了以水碾房为代表的有着 600 年历史的水利设施，通过对水坝、水道、堤和水碾房的全面修复，恢复了农业生产的秩序。项目高度敏锐而周到地复原了它们的真实面貌。通过对传统农业实施功能的可持续利用以及和当地文化的

图 10-2　贵州安顺鲍屯村

结合，展现了保护在现代发展压力下快速消失的亚洲文化景观的重要意义。

　　鲍屯明代水利工程是一个完整的工程体系。其水源是乌江支流型江河，渠首修建驿马坝，从型江河分流出新河，形成老河与新河两个输水干渠，3 个水仓，一个门前塘，再经过二级坝分水，将水量分配到下级渠道，实现全村不同高程耕地的自流灌溉。该工程利用河水的落差和地形条件兴建了多处水碾房，供村民碾米，是有着综合效益的古代乡村水利工程。在 2008 年、2009 年和 2010 年西南地区连续特大干旱期间，这一古代水利工程充分地发挥了它长效的工程效益，鲍屯村粮食丰产，周围山上树木一片葱茏，充满生机，与贵州其他地方因严重干旱造成粮食减产、山上树木大片枯死的景象形成了鲜明对照。

　　2. 管理模式特点

　　鲍屯水利工程的特点主要有三点。一是合理的规划设计，用最少的工程设施获得多方面的利益。二是曲线型溢流堰坝顶形态，产生多方面的工程效益，表现出乡村水利工程特有的技术价值。三是完整的渠道系统，使输水条件达到最优，并极大地降低了工程维护成本。

　　3. 管理学价值

　　鲍屯水利文化遗产的管理学价值主要体现在鲍屯人维护水利工程所形成的公共管理制度上。鲍屯人为了维护水利工程，形成了行之有效的乡规民约和宗族家法制度，体现了中国传统乡村宗族社会组织对公共事务有效的管理。为了保护水利设施和河流生态，鲍屯人立有"禁水碑"。现存明代正德年间（1506—1521 年）《移马井碑记》及清代咸丰六年（1852 年）《大坝河碑记》上刻有村规民约，明确规定了对水利设施及河道的各种保护措施，如有违反，将罚处理。水利工程的维护工作由用水户承担，对水利工程的管理是依据田、沟、坝的关系进行。每年冬天枯水季节，在村落族长的主持下，各用水户都要出工打坝，即加固坝身，疏浚沟渠。水利工程

的公有性质和土地的私有制在宗族性质的管理中融为一体，从而使水利工程得以持续运用。1949 年实行土地集体所有制后，由生产队委派的享有工分待遇的管水员承担着公共管理的责任。1978 年以后实行土地承包制，支撑工程和用水管理制度的村落形态发生了变化，土地经营制度与公共工程管理之间发生脱节。至今鲍屯水利工程已有 30 年没有维修，渠道淤积比较严重。

从上文对鲍屯水利工程维护管理的历史演变以及水利工程在不同的社会制度下体现出来的维护结果来看，鲍屯水利工程在传统乡村宗族式的乡村自治管理模式下，得到了 600 多年的良性运行和持续利用，但是在现代的社会制度下，宗族式的乡村自治管理模式在水利工程管理上失去了效用。而相应的公共工程的管理机制却没有形成，致使水利工程的维护与管理处于缺失状态。在这里，传统水利工程管理模式的优势不言而喻。

由此可见，要使农村水利工程景观得到可持续的运行和维护，不间断地发挥其作用，建立运行良好的公共工程长效管理机制势在必行。

第四节 水利工程风景区的建设与管理

水利风景区是指以水域（水体）或水利工程（如水库、灌区、水利、堤防、泵站、排灌站、水利枢纽及河湖治理等）为依托，具有一定规模和质量的风景资源，在保证水利工程功能（如防汛、灌溉、供水、发电等）正常发挥前提下，配置必要的基础设施和适当的人文景观，可供开展观光、娱乐、休闲、度假或科学、文化、教育活动的区域。其本身不直接产生经济价值，而是通过其自然景观、人文景观及风景环境等可供人们游览的吸引物来吸引游人，再通过为游人提供吃、住、行、娱、购等服务产生经济价值。在水利风景区不断发展壮大的前提下，加强水利风景区建设和管理，对于促进现代水利可持续发展，推进民生水利发展，促进生态文明建设具有重要的现实意义。

一、国外水利工程风景区的建设与管理实例介绍

由于水利风景区的特殊性与其重要的功能性，国外对水利景区研究更多的集中在城市滨水区建设，而往往水利风景区多数保留原始状态，尽量少用工程设施建设

景区，恢复自然植被或生物群落，逐步将水利工程建设的不利影响降至最低。可以说，国外的水利风景区管理更多的是结合生态研究的形式进行的，更注重原始保护的性质。

1. 霍华德河流

霍华德河流下游峡谷位于美国肯塔基州"蓝草"区内边缘地带，河流中间是深深的峡谷，峡谷地区拥有丰富的景观和深厚的历史文化积淀，管理规划中将没有记录的文化和自然资源进行了记录和分类，将峡谷区域依法纳入自然保护区域，凸显了其景观资源重要性，让游客能接近和了解峡谷，强调了峡谷未来的发展，用生态保护和文化保护相结合等手段，对该风景区实施了保护性管理（图 10-3）。

2. 伊泰普水电站

伊泰普（Itaipú）在印第安语中意为"会唱歌的石头"（the singing boulder）。伊泰普水电站位于巴西与巴拉圭之间的界河——巴拉那河（世界第五大河，年径流量 7250 亿 m^3）上，伊瓜苏市北 12km 处，是目前世

图 10-3　美国肯塔基州霍华德河流

界第二大水电站，由巴西与巴拉圭共建，发电机组和发电量由两国均分。目前共有 20 台发电机组（每台 70 万 kW），总装机容量 1400 万 kW，年发电量 900 亿 kWh，其中 2008 年发电 948.6 亿 kWh，是当今世界装机容量第二大、发电量最大的水电站。电站主坝长 1064 m，为混凝土双支墩空心重力坝，混凝土量 526 万 m^3，最大坝高 196 m，是现在世界上同类型坝中最高的（图 10-4）。

大坝形成了著名的人文景观。从巴西著名旅游城市里约热内卢乘飞机向西南飞行约 3h，人们会看见机翼下方的热带丛林深处，有一个烟波浩渺的巨大湖泊，一道伊泰普水电站大坝在湖泊的一侧巍峨矗立，这是就是举世闻名的"世纪工程"。这是曾被称为"人类第七大奇迹"的世界第一大坝，挽断 1350km² 的浩渺烟波，气势宏伟壮观。溢洪道最大泄洪能力为每秒 6.2 万 m^3，相当于 40 个伊瓜苏瀑布。从坝底仰望，它们好似 18 根擎天巨柱，头抬得再高，也难望其全貌。大坝成了当地的巨大旅游财富。附近原来只有四五万人口的小镇福斯杜伊瓜苏已变成一座颇具规

图 10-4 巴拉那河伊泰普水电站

模的城市。市内道路宽阔，商店橱窗里商品琳琅满目，游人川流不息，一派繁荣景象。伊泰普水电站的建成也改变了当地的自然景观，水利上游的风景点七星瀑布被淹在水底，下游鱼产量减少。但新形成的巨大人工湖，可发展旅游业并养鱼。整个库区年产鱼可达 40 万 t。库区还建有 6 个生态保护区，总面积为 9.2 万 hm²。

伊泰普水电站是水利建设史上的一大奇迹，是水资源合作开发的一个重要里程碑，是拉丁美洲国家间相互合作的重要成果。在这里，可以欣赏到气势磅礴的水利工程，可以观看泄洪、人工湖和工程主体等水工建筑物，是水利风景区的一个十分著名并且极具特色的景点。

世界各国综合利用水利风景资源已成趋势。在欧美国家，旅游的重要性已不亚于灌溉、航运甚至发电。在美国，几乎所有水库都建成了风景区，开发度假、野营、划船等各种活动。仅田纳西河流域的水库水面旅游设施投资就超过 6 亿美元。休养游客达 7000 万人次/年，年纯收入 1.5 亿美元以上。苏联大约有 5% 的休、疗养所和 60% 的旅游娱乐区建在江河水库之滨，有 80% 的长期休、疗养者，90% 的短期疗养者被吸引到水利风景区中。

二、国内水利工程风景区建设管理状况

国内的水利工程建设与景区开发的模式是更注重效益与保护共同建设的一种模式。为科学合理地开发利用和保护水利风景资源，水利部于 2001 年 7 月成立了水利部水利风景区评审委员会，办公室设在水利部综合事业局。2004 年 5 月 8 日颁布实施《水利风景区管理办法》；2004 年 8 月 1 日施行行业标准《水利风景区评价标准》。截至 2018 年 12 月，18 批 878 个景区被批准为"国家水利风景区"，2000 多个景区达到"省级水利风景区"标准。根据水利部 2004 年印发的《水利风景区管理办法》规定：水利风景区管理机构在水行政主管部门和流域管理机构统一领导

下，负责水利风景区的建设和保护工作，因此水利风景区是隶属于水利部管辖的。

伴随"国家水利风景区"管理工作的推进，各地水利风景区建设与管理工作在逐步加强，陆续建立了水利风景区建设规章，基本形成了管理体系，有力地促进了水利风景区的发展。从实践成效上来看，不仅较好地带动了当地经济及相关产业的发展，而且其独特的保护水源、修复生态、维护工程安全运行的功能作用越来越明显。"以开发促保护，以保护促发展"的水利风景区建设与发展理念，越来越为社会所认可。

1. 我国水利风景区的主要类型

（1）水库型 水利旅游资源中最具潜力、开发最多的是水库，尤其是大中型水库。水库又称人工湖泊。与天然湖泊不同，水库是人工建筑和自然山水相结合的复合体，主要由水体（水域）、水生生物、库岸（盆）和水库相关建筑物四大部分构成。水体是进行各种水上娱乐活动的重要场所。水生生物是旅游活动中重要的观赏对象，同时，各种水生生物和两栖动物为旅游者提供了垂钓、捕捞、采集的娱乐机会。水库的库岸是进行各种户外游憩活动的重要场所，同时也丰富了景观类型，拓展了旅游活动空间。水库附属人工建筑物主要包括拦河大坝、发电设施、专用建筑物等。

（2）自然河湖型 自然河湖型水利风景区是指以河流、湖泊的自然风貌为特色，依托山水风光开发的旅游景点。据统计，目前我国自然河湖型水利风景区，在开发的水利风景区中尚处在第二位。

（3）城市河湖型 城市河湖型水利风景区是指在大中城市借修水利工程的机会，兴修的水利工程除具有防洪、除涝、供水等功能外，充分考虑水景观、水文化、水生态的功能作用，建起的一批供市民休闲的景点（图 10-5）。

（4）湿地型 湿地因其具有涵养水源、调节气候、保护动植物的独特功能，被称为"地球之肾""城市之肺"。以水域（水体）或水利工程为依托，兼有物种及其栖息地保护、生态旅游和生态环境教育功能的湿地景

图 10-5 整治后的杭州余杭塘河

观区域可以称为湿地型水利风景区。湿地型水利风景区是水利风景区的重要组成部分（图 10-6）。

（5）灌区型　灌区型水利风景区水渠纵横，叶陌桑图，绿树成荫，鸟啼蛙鸣，环境幽雅，是典型的工程、自然、渠网、田园、水文化等景观的综合体（图10-7）。

图10-6　杭州西溪湿地

图10-7　黄河灌区万亩田

图10-8　安徽省岳西县水土保持型梯田

（6）水土保持型　一些水土流失重点防治区采取生物措施与工程措施相结合的手段，综合治理、产业开发和生态修复并举，经过多年的努力，有效地防止了水土流失，形成了良好的生态环境。同时，又在良好的生态环境的基础上，营造生态风景，把生态资源转化为旅游资源，开发了各种旅游项目，这就形成了水土保持型的水利旅游风景区（图10-8）。

2. 国内水利工程风景区的建设与管理主要内容

（1）承担水利工程职能　虽然，水利工程可能在建设或被批准成为水利风景区之前，已经具备一定的景观游览功能，但在被批准建立以前，并不具备行政法规意义上风景区的概念。就像一些森林公园、地质公园或是风景名胜区，其原来也可能就是森林公园、地质公园或是风景名胜区，人们可以来到这里旅游、休闲、观光，但那只是人们约定俗成的风景区，其本身没有行政法规上的概念，因此，在这里游览的客人属于自由行为，即没有规章制度来规范其旅游行为，也没人和机构来为游客的行为承担法律责任。水利工程根据《水利风景区管理办法》批准成为风景区后，除继续要履行原有水利工程的职能外，又有了行政法规意义上的风景区所具有的旅游、观光、娱乐、休闲、度假或科学文化、教育活动的职能，并需要承担相关行政法规的权力与责任。

（2）在满足原水利工程职能的前提下承担风景区功能　作为水工意义上的水利工程，其建设发展的基本要求是满足水利工程功能要求。而作为水利风景区意义上的水利工程，它的规划、建设发展除要满足水利要求外，同时要考虑到风景区的规划建设内容。这是因为水利工程在被批准成为水利风景区之后，就具有了双重身份，它既是原来的水利工程，同时又是行政法规意义上具有休闲、旅游、度假功能的风景区。单一的水工规划、建设工作已经不能满足水利工程双重身份的要求了。

水利风景区设立后，应当在两年内依据有关法规编制完成规划。水利风景区规划分为总体规划和详细规划，总体规划的规划期一般为 20 年。水利风景区的建设与管理必须严格按照规划，结合水利工程的建设与管理进行。在水利工程被批准成为水利风景区以后，根据规划内容，相应需要增加与景观、园林、游览和与游人相关安全措施的相应设施。同时，还要做好与风景区相关的管理工作。也就是说，从风景区管理工作的角度，面对的对象不再是水利工程设施，而主要是旅游主体和旅游主体所产生的旅游行为，以及由此而产生的相关工作。同时，在人员配置上又有所不同，在水利工程被批准成为水利风景区之前，水利工程管理显得十分单一，一般为工程管理和运行单位进行工程、机械维护运行。而被设立为水利风景区后，需要增加水利风景区管理专职部门，负责景区管理，设施改造，景观规划建设和旅游服务的相应工作，这与原来水利工程的管理又截然不同。

（3）创造一定程度的经济价值　常见的水利工程收入来源主要是发电、供水、养殖和航运等，一般无其他营业性收入。而供水、供电的价格由国家相关政策规定，不是根据市场需求变化由水利工程单位定价的，因此，水利工程每年的收入变化不大。而将其设立成为水利风景区后，其收入却有了较大变化。由于水利风景区的设立，水利风景区具有了一定的营业资格，可以进行营利性经营，这样水利风景区就具有了一定的收入，从而改变了原来水利工程单一的依赖财政的情况。但由于水利工程管理主体不同，其管理体制制约以及交通便利程度、景区开发程度的影响，是影响水利风景区创造经济价值的主要因素。

3. 国内水利工程风景区的建设与管理成果介绍

水利风景区的建设和发展必须依据资源条件和自然规律，坚持做到因地制宜。

对于东部经济较发达地区，一方面需结合城市河湖水环境的综合治理、水生态环境的修复和生态景观水利建设，多规划、建设一批方便于群众近水、亲水的休闲性质的水利风景区；另一方面宜保质保量抓紧做好近城地区的湖、库等自然山水资源的综合开发利用与保护，尽快形成城—郊—乡，点、线、面相结合的水利风景区布局。

对于中部经济欠发达地区，可以沿江、沿河，结合文化、旅游风景资源价值较高地区的开发，有重点地建设一批水文化品位较高的水利风景区。

对于西部经济不发达地区，可选择部分国家大中型水利工程，结合工程的修建和生态修复，建设一批生态效益显著、经济联动性强、社会影响较大的水利风景区。在全国逐步形成以重要江、河、湖、库、渠为主体框架的水利风景区结构，并根据各地区、各流域的景区资源丰富程度、环境保护质量、开发利用条件和管理水平的高低，合理安排国家级、省级和一般水利风景区的布局。

（1）增强水生态保护意识　开展国家级水利风景区建设以来，各地水利风景区建设与管理单位通过工程、生物、管理等措施，疏浚河湖水系，改善水环境，在提高乔灌草覆盖、控制水土流失、优化改善水质、营造生态景观、保障工程安全和水生态系统的稳定等方面取得了良好成效。目前，国家级水利风景区的林草覆盖率平均提高约 10%，水土流失综合治理率达到 90% 以上，水质等级平均提高近 1 级，自然生态完整性和生态环境保护度均有明显提高。

（2）水利风景区建设美化人居环境，促进社会和谐　城市大多依河而建，靠河为生。近几年来，一些地方结合城市防洪和水源工程建设，修复河湖水系，绿化美化河岸；通过统筹规划，科学布局，拓展水面，美化自然景观，营造水利风景区。这些风景区多深入城市内部，成为城市的主要景观点和市民休憩场所，从而提升了城市品位和扩大了市民的活动范围，促进了社会和谐发展。

（3）提升水文化精神　水利风景区是集中展现和弘扬水文化的最佳场所，可以使人们在休闲、娱乐、度假中，体味水绿相依、宁静致远、美轮美奂的湖光山色，切身感受生态文化及水利为支撑经济社会可持续发展、创造人水和谐生存环境的重要意义，从而提高社会公众对节水、亲水、爱水和保护水的认识，增强生态和保健意识。水利风景区通常都是依托水利工程而建的，景区内的主体人文景观就是水利工程。人们在游览水利风景区的过程中，同时也可感受到深刻的水利人文文化，湖光山色，令人欢畅，并且会对水利文化产生好奇心，从而了解和掌握水利文化和相应的水利知识。

（4）规范水利风景区建设　在 2004 年国家行政审批改革中，国务院将"设立水利旅游项目审批"明确为政府管理事项，确定实施机关为"县级以上人民政府水行政主管部门"，使水利风景资源的开发利用和保护管理进入了一个崭新的阶段，成为一种社会公共管理事务。据此，水利部颁布实施了《水利风景区管理办法》《水利风景区评价标准》《水利风景区发展纲要》《水利旅游项目管理办法》等一系列办法，加以有序的规范，使水利风景区建设和管理、设立水利旅游项目审批等工作基本步入制度化、规范化轨道。

（5）开展水利风景区评价　水利风景区评价包括风景资源评价、环境保护质量评价、开发利用条件评价和管理评价四个部分。风景资源评价应包括对水利风景区的水文景观、地理景观、天象景观、生物景观、工程景观、文化景观及其组合的评价。环境保护质量评价应包括对水利风景区的水环境质量、水土保持质量和生态环境质量的评价。开发利用条件评价应包括对水利风景区的区位条件、交通条件、基础设施、服务设施、游乐设施和环境容量的评价。管理评价应包括对水利风景区的景区规划、管理体系、资源管理、安全管理、卫生管理和服务管理的评价［详见《水利风景区评价标准》（SL 300—2013）］。

4. 国内水利风景区建设与管理案例

（1）潍河水利风景区　潍河古称淮河，是山东诸城市第一大河，境内全长78km，其中城区段10km，流域面积1901.2万km²，占诸城市总面积的87%，经峡山水库汇流后入渤海。潍河是诸城市的"母亲河"，沿河沃野平川、水灵人杰，名人辈出，形成了以"恐龙文化、皮舜文化、名人文化、超然文化"为主的水文化（图10-9）。

2001年以来，诸城市以创建国家级水利风景区为契机，以水文化、水生态、水管理"三水"和谐交融为切入点，陆续投资2亿元，对城区10km水利实行防洪、生态、人文、景观、旅游一体化综合开发，建成"两河相交、三闸（坝）联体、水陆互映、人水和谐"

图10-9　山东诸城潍河水利风景区

的城市滨水景观带。两岸全长30km，大堤由原来的5m拓宽到10m，防洪标准由20年一遇提高到50年一遇，最大河宽1000m，最大水深5m，形成373hm²水域和150hm²绿地，蓄水总量达到2600万m³，并与紧依城区的三里庄水库形成"三水绕龙城"的特色。中心景区分为入口广场、观光平台、名人园、凤凰广场、金谷平原、音乐广场6大景区，并与名木古树、音乐喷泉、自然堆石、潍水风帆、潍水之灵、密州橡胶坝、水榭栈桥等滨水景观相配套，由水利部门实行水务统管。年客流量突破百万人次，2005年被水利部授予"国家水利风景区"称号。

① 建立管理体制。潍河水利风景区凸出"水务统管"理念，创新水务管理模式。在 2003 年成立水利管理局的基础上，2004 年 8 月诸城市整合密州、拙村、栗元 3 座拦河闸的水利、人力资源，成立了诸城市城区水利管理处，对水利风景区实行水面保洁、苗木管护、景点维护、排污监管、防洪供水、水量调配、水质监测、水上救护、水文化开发等水务统管。2005 年 7 月，又将水利管理局调整为市水利局直属管理的正科级全额拨款事业单位，将城区水利管理处调整为水利管理局直属单位，增加了负责全市水利风景区的规划、建设、管理职能。

② 创新管理模式。潍河水利风景区突出服务功能，市政府重新对景区范围进行确权划界，并划定潍河城区段为水利采砂禁采区，管理范围内的土地开发由水利部门统一组织实施。水利休闲渔业、水面保洁、苗木管护、开发项目由水利管理局实施市场化运作。同时，设立了警务区，并在主要景区设立了保安监控系统，进一步完善景区功能。人员配备上，在增加水利、水产、水电专业编制的基础上，又通过社会招考形式，充实了旅游、园林、公安、自动化控制等专业人员，因此打破了传统的水利队伍结构。

③ 建设管理经验总结

一是立足于可持续发展。即坚持统筹规划，在横向扩展、纵向延伸、土地增值上做文章，建设"百里水上画廊"。

二是树立大经济回报观念。即城市周边的水利风景区不同于著名历史文化旅游景点，应定位在人们亲近水体、回归自然的载体上，生态环境改善、投资环境优化、市民素质提高、经济实体积聚、"三产"繁荣、地方财税增加、文化韵味浓厚就是最大的经济回报。国内外 35 个过亿元的项目落户潍河岸边的经济开发区，已经彰显滨水景观的"洼地"效应。

三是深层次开发水文化。通过开展一些涉水娱乐活动，实现传统文化与现代文化、本地文化与外来文化、精神文化与物质文化的融合，使水文化表现方式古今、动静结合，切实增强水文化对水生态、水管理的影响力。

诸城潍河水利风景区通过水生态、水文化、水管理的和谐交融，从根本上突破了该市新中国成立以来沿袭多年的"就水论水"思维模式，其"崇尚自然、文化神韵、水务统管、人水和谐"的新定位，为生态水利可持续发展提供了一定的经验。

(2)飞来峡水利风景区 飞来峡水利枢纽是广东省新中国成立以来建设规模最大的综合性水利枢纽工程，它是以防洪为主，兼有航运、发电、供水和改善生态环境等综合效益的水利枢纽。枢纽控制流域面积 34097km²，水库总库容 19.04 亿

m³，发电装机容量140MW，船闸可通过500t级组合船队，是北江流域综合治理的控制性关键工程。飞来峡水利枢纽风景区区位条件良好，具有独特的自然与人工景观资源，位于北江干流清远市区清城区飞来峡镇境内，交通便利，广州的白云机场、火车站、汽车总站到达景区仅1h，地理位置十分优越。景区总规划面积120.5km²，其中陆地面积50.5km²，水域面积70km²。高峡出平湖，大坝展雄姿，3km长的大坝，14万kW的灯泡贯流式机组，下泄最大洪水量达28700m³/s的泄洪闸，库区内涢阳、盲仔、香炉三个峡谷素有"小三峡"之称，是一个集工程景观、人文景观、水利科普知识、旅游休闲、文化娱乐、运动健身、水上运动等为一体的旅游风景区（图10-10）。

图 10-10　广州清远飞来峡水利风景区

景区管理到位、功能齐全、制度完善、安全卫生、环境优美。景区栽植各种景观树木达1000多种，10万多株，林草覆盖率达95％以上，水质优良，符合国家饮用水标准，空气清新，生态环境的改善，使这里成为鸟类的天堂。景区内建有游客中心、码头、沙滩泳场、垂钓中心、大坝观景台、雕塑公园、全国最大的水利试验基地、商务酒店、飞来岛度假村、体育运动健身场所等旅游景点项目。目前，全省最大水利工程试验基地-广东省水利试验基地坐落在飞来峡景区内，该基地集水利科技、动态模型、工程试验、防洪功能演示等水利科技，可开展各种水利工程试验项目。

景区于2006年9月被水利部水利风景区评审委员会评为"全国水利风景区建设与管理工作先进集体"、2007年被国家旅游局授予"国家AAAA级旅游景区"。

① 管理组织架构。景区的管理机构为广东省飞来峡水利枢纽管理处，正处级事业单位，隶属于广东省水利厅，为加强景区的建设管理，景区专门成立广东省飞来峡水利枢纽风景区管理委员会，下设委员会办公室，专人专职，职责明确。

② 管理模式。飞来峡水利枢纽管理处和景区委员会在景区设立之后，不断完善配套设施，打造一个"以水景观光、水上运动、水上娱乐、河岛度假、科普宣传、生态环境教育于一体的大型、综合、高档的主题度假区"。2007年起，景区结合自身实际，对照标准，制订计划，加大投入，发挥优势，挖掘潜力，从"吃、住、行、游、购、娱"六个方面不断地完善景区的建设和管理。

一是重视景区发展，采取有力措施为做好景区建设管理工作。

在 2004 年 1 月成立了广东省飞来峡水利枢纽风景区管理委员会，2007 年获得国家 AAAA 级景区后，根据事业单位改革和人员变动情况的需要，2010 年 6 月对景区管理委员会进行了调整，由管理处主任担任景区管委会主任，处相关领导和部门负责人担任副主任、委员等组成景区管理委员会领导班子。自 2008 年起，景区加快建设，加强旅游基础设施和六要素配套建设，每年安排资金用于景区建设，完善游客服务（接待）中心功能，规范旅游标识标牌，加强景区信息化建设，大大提高了景区的景观档次。规范管理服务体制，搞活旅游产品开发，激活旅游市场，提高经营管理水平和服务质量。

二是完善景区基础设施、配套服务设施和接待能力。

主要包括以下工作措施：

a. 投资近亿元兴建了全国最大的水利科普教育基地——省水科院水利实验基地。

b. 启动清远首条自驾游绿道、旅游农业开发（百果园）、水利科普园、飞来峡旅游服务中心等一批重大旅游设施项目。

c. 完成了羽毛球馆兴建工程、景区旅游应急救援（消防安全）监控中心、飞来峡水库度假村接待场所翻新等配套工程建设。

d. 做好景区园林绿化美化工程建设，对休闲度假区的园林景观绿化带进行改造提升，增加乔灌木 600 多种，种植各类名贵树木达 1000 多棵，绿篱、花坛、草坪约 10 万 m^2 等。

e. 在景区左坝头、飞来公园、旅游码头建有三个停车场，占地面积 2 万 m^2，停车规模超过 1 千辆（按小汽车停车位计算）。

f. 完善景区引导标识系统，内外部设立了交通指示牌，每个景点、停车场、游客中心、游步道都设立了标识牌。各景点游步道进出口线路设置合理，标识明确，观景亭、台廊错落有致。在 2012 年 6 月对景区原有的各类标志、标识牌进行了全面维护和更新，做到中英文双语标识、标准规范，并增加了休闲座椅 30 多张。

g. 完善各景点公共卫生设施，建立公厕，专人负责保洁，设立环保垃圾箱，实行生活垃圾袋装化管理。2010 年新建一个大型景区垃圾临时中转处理站，与飞来峡镇政府签订了垃圾清运协议，做到日产日清。

h. 数字网路方面，由于景区是在飞来峡水利枢纽工程的基础上建立的，景区有工程防汛通信资源，由于防汛的重要性，每年管理处分别与清远移动、联通及电信公司签订通信服务协议，并拉了专线的光缆、光钎，建立了站（塔），通信信号覆盖景区每个角落，每个场所都装有可与国际、国内固定直拨电话。与清城区邮政局签订邮政服务协议，在景区内设立两个邮政信报箱，每日进行收送信报。2008年，建立了外部宣传网站，并在网站上宣传"国家 AAAA 级旅游景区""国家水利风景区"的建设成就、景区风光、旅游接待设施情况及旅游信息发布等。

i. 供水供电方面，景区内部建有发电厂，机组装机容量 14 万 kW，年设计发电量 5.54 亿 kWh，电厂与 220kV 省网和 110kV 地网连接，且还配有柴油发电机备用电源等，电源供应十分可靠，电力充足。景区还在大坝观景台建有自来水厂，日产水量达 2000m³，水源充足，水质符合国家饮用水标准。

j. 交通方面，景区连接外部陆地交通环境畅通，早期工程建设期间就与清远市政府联合投入资金扩建银英公路，由原来的两车道扩为四车道，建设景区右岸省道 S377 公路和环库公路。获国家 AAAA 景区后，每年投入 100 多万元改善景区内部道路建设，并在此基础上建设了首条清远自驾游绿道。水上交通方面，分别在飞来公园、飞来岛处建有 2 个码头，有游船 100 多艘，合计有 2000 多个客位，日接待能力可达 1 万人次以上。

三是完善管理制度，规范景区服务。

飞来峡水利风景区坚持以"安全、有序、优质、高效"为目标，通过完善景区特重大事故应急救援制度、节假日轮值班制度，规范服务标准，加大投诉查处力度，增强服务意识，打造景区规范的服务体系。景区管理委员会通过不断完善景区安全、卫生、服务、财务、营销、投诉、咨询、环境保护等管理规章制度，建立景区应急救援体系，景区没有发生重大游客安全事故，游客投诉接待率、游客提问解答率、游客投诉查处率达 100%，游客满意和基本满意率达 95% 以上。同时要求景区管理人员、导游、服务员、厨师等人员必须统一着装，做到仪表端庄、服务热情、周到得体。每年根据不同岗位的工作要求，定期组织开展景区管理人员、导游、服务员、厨师、驾驶员等人员的业务技能培训工作。

四是注重环境整治，提升资源环境、生态环境。

a. 景区各景点建立了生活污水处理设施，实现了生活污水零排放，生活垃圾由飞来峡镇政府环卫站统一运出景区集中到清远市垃圾填埋场处理。每年逢重大节日前组织全体员工进行大扫除活动，美化景区的环境卫生。

b. 实施园林绿化改造提升工程，美化景区生态环境。对景区的园林景观绿化带进行了改造提升，开展义务植树造林活动，增加种植了乔、灌木比例。

c. 抓好水质监测、空气监测和噪声管理工作。景区在枢纽工程范围内设立了水文监测站、水质监测点和空气监测点，水质符合国家饮用水标准。同时，积极开展治理机动车排放和噪声管理工作，进入景区的机动车禁止鸣放喇叭，通过近 5 年来检测的大气、噪声等各项环境指标结果显示，均达到国家标准。

五是健全安全保障体系，保障游览安全。

景区十分重视旅游安全保障体系的建立工作，枢纽景区每个景点、游客中心、住宿娱乐、停车场、办公区、码头、游船等场所均设有消防设施，配备消防器材。景区建成以来，未发生一起游客安全事件，主要是抓好了以下几点。

a. 加强景区游步道、自驾游绿道、码头和主要游客集散地的安全宣传、巡查和监控、利用科学技术，景区范围内的重点区域和游客集中区域等多处安装监控摄像头、防雷避雷装置等，保卫部门积极做好景区的治安工作，24h 不间断巡逻，严厉打击偷盗抢等各类违法犯罪活动，维护景区治安稳定。

b. 加强景区日常安全管理工作。定期维修保养各种旅游设施，建立了景区重特大事故应急救援制度、节假日轮班制度、消防安全制度和经营场所应急疏散预案。通过每月"消防登记卡"检查制度，做好消防器材检查和登记工作，每年积极开展"安全活动月""白日安全无事故"活动，对员工进行安全岗前培训，定期进行消防实战演习和经营场所应急疏散演习。

c. 加强水上游船交通安全的管理工作。清远海事局飞来峡处、清远水上交通检查站都设立在景区内，配备了专业的水上应急救援队伍和安全救援设施，定期开展游船安全检查和年审工作，使安全保障方面管理件件到位。

d. 加强节假日"五一""十一""春节"三个黄金周的安全管理工作。对节假日游客人数骤增，游客相对集中，接待压力大等情况，景区专门成立了节假日的高峰期安全应急管理机构，制定了针对性很强的接待方案和安全处置应急预案，切实抓好节假日高峰期各项工作，确保服务质量和景区的安全运营。

③ 管理可创新之处。飞来峡水利枢纽风景区要在保证水利工程安全完好、保护水环境和生态环境的前提下，充分利用现有的资源优势和地理位置优势，按照景区发展规划，逐步推进景区建设引向深入，因地制宜，科学规划，创新观念，引入多元化投资、融资管理模式，建立市场化的经营体制和机制，将景区建设成为"自然景观优美、生态环境良好、文化底蕴深厚、旅游项目丰富、接待设施齐全、服务质量优质"的极具地方特色的国家 AAAA 级景区和国家水利风景区，培植新的经济增长点，带动地方经济的发展。在景区建设、功能配套、市场营销等方面加快创

新、务求突破。主要从以下几个方面深化创新理念，加快发展。

一是立足长远，科学规划，实现新的突破。

随着旅游业的发展壮大，原来的旅游规划已不能适应旅游业市场化、科学化发展的需求，景区"吃、住、行、游、购、娱"6大要素为一体的旅游业发展格局尚未形成。必须重新规划，科学编制，坚持高起点、高档次、超前性的原则重新编制规划。在编制内，要对旅游产业的产品的开发、人才培训、宣传促销等制定出中长期的建设规划。积极创造现代的水文化，在保存历史文化的同时，大胆利用现代科学技术，将现代技术、文化理念引进现代水利景区建设中来，创造现代水文化。

二是理顺管理体制，整合旅游资源。

发展水利景观旅游，就要确定飞来峡水利枢纽风景区在旅游资源开发中的龙头地位，统一的管理体制，避免出现因体制不顺造成的管理部门各自为政，各行其道的现象，要形成一股合力，共同推动旅游业的发展。首先，要做好景区的资源整合工作，将与旅游产业相关的宾馆业、旅行社、现代农业、水库渔业、水上项目、水土资源等进行整合，形成产业结构。其次必需成立具有经济实力的旅游发展公司，全面负责水利风景区的旅游开发、建设和经营管理工作。

三是优化旅游环境，完善旅游基础设施和接待能力建设。

按照"旺季抓经营，淡季搞建设"的思路，加快景区的基础建设步伐，对游客中心、水库度假村的旅游接待设施设备进行改造更新，将游客中心建成一个集购票、展示水利科普知识、宣传水文化、旅游咨询、销售土特产商品、休息、旅游宣传促销等多功能的游客服务中心，提升景区接待档次。同时加强员工培训工作，提高服务质量水平。

四是加大宣传力度，开拓旅游市场。

加大国家水利风景区的宣传力度，提高人们对水利风景区的认知，塑造以自然山水，宏伟工程和独特水文化为特征的水利旅游新形象，提高水利风景区的知名度。在宣传形式上，要设立旅游宣传促销基金，以大型新闻媒体宣传为主渠道，有针对性地对不同层次的游客进行广泛宣传，宣传水利生态旅游和水利景区建设的辉煌成就，扩大景区知名度。

在宣传手段上，要充分利用现代化手段，建立景区的信息网络，有效开拓省内外市场，实施精品战略，打响景区品牌。

要培育推广旅游线路，通过宣传促销，将景区从过去的旅游过境地转变成旅游目的地，从过去的旅游中转站变身为旅游中心站。

要加大旅游招商引资步伐。根据《水利产业政策》资金筹集的原则规划，在保证水利资源统一管理、统一调度支配和水资源、水环境有效保护的条件下，对水利资源实行资产化管理。通过出台一系列优惠招商引资政策，吸引各种投资商。并争取得到省水利厅给予政策和资金的扶持，加大资金投入，优化旅游环境，以飞来峡水利枢纽为水利旅游的示范点，做大做强水利旅游产业。

加大与地方政府联系，强化水环境保护。由于库区内有 11 个乡镇，人口超过30 万，却仅有污水处理厂两座（日总处理量 5 万 t），远远未能满足当地污水处理要求。水库管理单位按照广东省水功能区划的要求，联合地方政府，争取省一级环境保护项目进入库区，建设具有前瞻性的污水处理措施，争取环境保护资金的支持，进行水库水生态修复，保护库区水环境。

合理利用植物措施，确保景观建设符合当地地理条件。飞来峡大坝所处位置雨量大，风速快，夏季非常炎热，冬季寒冷，风害非常明显。在园林建设过程中发现，由于飞来峡风大雨多，甚至在 2004 年还出现了一场较大的龙卷风，在常年种植过程中，许多种植的苗木成活率较低。建议在建设过程中，采用乡土树种为主，沿江建设符合水利工程要求的固定建筑，构造一定的挡风设施。在苗木初种时，采取必要的支架或防风措施，确保苗木正常生长。

【本章小结】

水利工程景观管理是对水利工程及其景观全过程的建设、管理和监管，以及后续的维护和运营。其重点在于建立完善的法律法规和管理机制，对项目建设的全过程进行有效的制约，对水利设施及其景观资源等进行有效配置和管理。

水利工程景观建设必须遵循的首要原则即是在实施之前就进行科学规划，着眼于长远，在有限的资源范围内进行的合理配置，并开展重大项目的公众参与，逐步建立起公众参与、公众受益、公众监督下的管理机制。同时，要积极规范工程项目建设，实现建设管理全过程有法可依、有制度可执行，并制定监管长效机制，联合推动水利景观和景区的可持续发展。

【参考文献】

[1] 胡铁. 旅游项目建设风险管理研究 [D]. 硕士学位论文，河北：河北

师范大学，2008.

[2]　丁家云，谭艳华. 管理学理论、方法与实践［M］. 合肥：中国科学技术大学出版社，2010.

[3]　尹艳青. 水利工程管理体制模式的研究［D］. 硕士学位论文，北京：北京工业大学，2006.

[4]　池慧. 我国政府投资项目管理模式的发展研究［D］. 硕士学位论文，南京：东南大学，2006.

[5]　周刚炎. 莱茵河流域管理［J］. 中国三峡建设，2005（1）：86-88.

[6]　杭州市市区河道整治建设中心编著. 河道综保工程施工管理导则［J］. 杭州，2011.

[7]　舒金扬. 深化改革强化管理促进水利工程持续健康发展［J］. 水利发展研究，2001（1）：53-58.

[8]　农村水利技术术语. 中华人民共和国水利行业标准 SL 711—2015.

[9]　谭徐明. 贵州安顺鲍屯乡村水利工程农业景观保护的范例［J］. 中国文化遗产，2011（6）：37-41.

[10]　冯广志，谭徐明. 关于安顺鲍屯古代水利工程的调查报告［R］. 北京：中国城市科学研究会，2010.

[11]　彭瑛. 安顺鲍屯人的生态文化观［J］. 安顺学院学报，2010（2）：5-8.

[12]　美国规划师协会. 美国-区域规划 & 城市设计［M］. 武汉：华中科技大学出版社，2010.

[13]　吴敬儒. 伊泰普水电站建设资金的筹措及管理［J］. 水力发电，1992（8）：64-66.

[14]　陈星. 尼罗河的开发治理——阿斯旺大坝的建设［J］. 中国农业，1999（2）：43-45.

[15]　中华人民共和国水利部. 水利风景区评价标准（SL 300—2004）［S］. 北京：中国水利水电出版社，2004.

[16]　马承新. 关于水利风景区建设管理的思考［J］. 中国水利，2006（6）：56-58.

[17]　陆均良，陆净岚. 基于景区生态信息的景区环境保护研究［J］. 旅游论坛，2009（3）：398-403.

[18]　中华人民共和国水利部. 《水利风景区管理办法》（水综合〔2004〕143 号）.

[19]　张文锦，唐德善. 水利风景区建设与管理中的政府角色重塑［J］. 水利发展研究，2011（5）：80-85.

[20]　季书杰. 试论水利风景区建设与管理［J］. 建筑设计与管理，2009（4）：25-26.

[21]　梁朝林，姚国荣，陈麦池. 水利风景区开发经营的负外在性及其治理［J］. 水利经济，2011（3）：58-61.

[22]　李浩. 水利风景区建设与管理研究［D］. 华南理工大学，2012（3）：60-65.

附录
水利工程景观相关政策法规汇编

一、相关法规、条例

1.《中华人民共和国水法》(2016 年)

2.《中华人民共和国防洪法》(2016 年)

3.《中华人民共和国水库大坝安全管理条例》(2018 年)

4.《建设工程质量管理条例》(2017 年)

5.《建设工程安全生产管理条例》(2003 年)

6.《关于印发〈危险性较大的分部分项工程安全管理办法〉》(建质〔2009〕87 号文件)

7.《中华人民共和国水利行业标准》(SL 104—2015)

8.《工程建设项目实施阶段程序管理暂行规定》(建设部 1995 年发布实施)

二、水利相关类规范、标准

1.《市政工程质量检验评定标准》(CJJ 1—2008)

2.《工程建设标准强制性条文》(2010 年)

3.《砌体结构工程施工质量验收规范》(GB 50203—2011)

4.《水工挡土墙设计规范》(SL 379—2007)

5.《公路挡土墙设计与施工技术细则》(人民交通出版社,2008)

6.《工程用机编钢丝网及组合体》(YB/T 4190—2018)

7.《砌筑砂浆配合比设计规程》(JGJ/T 98—2011)

8.《预拌砂浆》(GB/T 25181—2010)

9.《水工建筑物地下开挖工程施工技术规范》(DL/T 5099—2011)

10.《建筑施工土石方工程安全技术规范》(JGJ 180—2018)

11.《水工金属结构防腐蚀规范》(SL 105—2018)

12.《混凝土结构工程施工规范》（GB 50666—2019）

13.《混凝土结构工程施工质量验收规范》（GB 50204—2019）

14.《水工混凝土施工规范》（DL/T 5144—2015）

15.《水工混凝土钢筋施工规范》（DL/T 5169—2015）

16.《水电水利工程模板施工规范》（DL/T 5110—2013）

17.《水利水电施工工程师手册》（中科多媒体电子出版社，2003）

三、桥梁类

1.《城市桥梁工程施工与质量验收规范》（CJJ 2—2017）

2.《钢结构工程施工质量验收规范》（GB 50205—2020）

3.《公路桥涵施工技术规范》（JTG/T 3650—2020）

4.《公路工程基桩动测技术规程》（JTG/T 3512—2020）

5.《城市桥梁桥面防水工程技术规程》（CJJ 139—2017）

6.《新编桥梁施工工程师手册》（人民交通出版社，2011）

四、景观类

1.《城市绿化工程施工及验收规范》（CJJ/T 82—99）

2.《浙江省园林绿化技术规程》（DB33/T 1009—2001）

五、夜景照明类

1.《建筑电气照明装置施工及验收规范》（GB 50617—2010）

2.《电力工程电缆设计规范》（GB 50217—2018）

3.《建筑电气工程施工质量及验收规范》（GB 50303—2015）

4.《建筑工程施工质量验收统一标准》（GB 50300—2018）

六、配套管线类

1.《给水排水管道工程施工及验收规范》（GB 50268—2008）

2.《给水排水构筑物施工及验收规范》(GB 50141—2008)

3.《水利水电工程钢闸门制造、安装及验收规范》(GB/T 14173—2008)

4.《工业自动化仪表工程施工及验收规范》(GB/J 93—86)

5.《自动化仪表安装工程质量检验评定标准》(GB 50131—2007)

七、水利风景区类

1.《水利风景区管理办法》(水综合〔2004〕143 号)

2.《水利风景区评价标准》(SL 300—2013)

3.《水利风景区发展纲要》(水综合〔2005〕125 号)

4.《水利旅游项目管理办法》(水综合〔2006〕102 号)

5.《地表水环境质量标准》(GB 3838—2002)

6.《风景名胜区规划规范》(GB/T 51294—2018)